Lehrbuch
der
Elemente der Geometrie
und
der ebenen und sphärischen
Trigonometrie,
vorzüglich
zum
Selbstunterrichte;
verfafst
von

Dr. A. L. Crelle,
Königlich-Preufsischem Geheimen-Ober-Baurathe.

Zweiter Band,
welcher
die Stereometrie, sphärische Trigonometrie
und Polyëdrometrie
enthält.

Mit vierzehn Kupfertafeln.

Berlin, 1827.
Gedruckt und verlegt
bei G. Reimer.

Vorrede.

Dieser zweite Band der Elemente der Geometrie ist in demselben Sinne, aus denselben Beweggründen und zu denselben Zwecken verfaſst, wie der erste. Er macht mit ihm zusammen ein Ganzes aus. Die Ansichten, von welchen der Verfasser ausging, nebst den Bestimmungen seines Buches, sind in der Vorrede zum ersten Bande auseinandergesetzt. Der zweite Band weicht aber von den gewöhnlichen Abhandlungen des Gegenstandes noch mehr ab, als der erste. Man wird in dem Buche selbst die Abweichungen, und was hinzugekommen ist, leicht bemerken. Dieser zweite Band beschlieſst die Elemente der Geometrie, und die beiden Bände umfassen den ersten Theil der Raumlehre. Die Gegenstände des zweiten sind die krummen Linien in der Ebene und im Raume, und die Flächen.

Das Lehrbuch der Arithmetik und Algebra, welches der Verfasser im Jahre 1825 in dem nemlichen Verlage herausgab, und das gegenwärtige Lehrbuch der Geometrie zusammengenommen, machen nun einen vollständigen Cursus der Elemente desjenigen Theils der Mathematik aus, den man gewöhnlich reine Mathematik nennt. (Nach der Ueberzeugung des Verfassers gehört indessen auch die Mechanik zur reinen Mathematik.) Dieser Cursus der sogenannten reinen Mathematik gehet, wie man finden wird, weiter, als sonst gewöhnlich, selbst weiter als die französischen Lehrbücher, ohne dieselben jedoch an Umfang zu übertreffen. Eine solche weitere Entwickelung war indessen nach dem gegenwärtigen Zustande der Wissenschaft nothwendig; denn die Mathematik hat wirklich in der neuesten Zeit ihr Gebiet erweitert. Der Cursus umfaſst also auch nicht mehr, als wirklich jetzt zu den Elementen gehört, und den Lehranstalten, welche dieselben ganz vortragen lassen wollen, nothwendig ist. Der Lehrer, welcher sich auf weniger beschränken will, kann es leicht herausnehmen. Zunächst kann, wie in der Vorrede zum ersten Theile, S. X., bemerkt ist, mit gehöriger Rücksicht, daſs der Zusammenhang nicht zerstört werde, dasjenige weggelassen werden, was mit kleinerer Schrift gedruckt ist.

Der Verfasser wünscht, daſs gegenwärtiges Lehrbuch recht bald Eingang finden, und allen den Nutzen stiften möge, den es zu gewähren fähig ist. Er wünscht dieses sowohl Denen, für welche es bestimmt ist, als dem Herrn Verleger und sich selbst. Einiger Erfolg würde ihm die fast übergroſse Anstrengung, die er auch auf dieses Buch, wie auf alle seine literarischen Arbeiten zu verwenden gezwungen war, weil er, von Amtsgeschäften beladen, nur die Abende und Nächte für seine Wissenschaft übrig behielt, reichlich vergelten.

Er kann zum Schlusse nicht umhin, die Gefälligkeiten, mit welchen der Herr Verleger in vieler Rücksicht sein Unternehmen befördert und ihm seine Mühseligkeit erleichtert hat, öffentlich anzuerkennen und demselben dafür seinen besten Dank zu sagen.*)

Berlin, im Februar 1827.

Der Verfasser.

*) Zu diesen Gefälligkeiten des Herrn Verlegers gehört auch, dafs er den Satz des gegenwärtigen Werkes einem Manne übertrug, der in seinem Geschäfte sich in dem Maafse auszeichnet, dafs es, weil dem Verdienst überall seine Ehre gebührt, billig ist, seiner hier zu gedenken. Der Name dieses Mannes ist Barich. Die Verständigkeit, Präcision und die Schnelligkeit, mit welcher derselbe seine Arbeiten verrichtet, ist in hohem Grade vorzüglich, und sein Fleifs ist um so seltener und lobenswerther, da er nicht nach Arbeit, sondern nach Zeit bezahlt wird, und also seine Arbeitsamkeit nicht einmal aus dem Bemühen um Gewinn allein, sondern sogar aus wirklicher Thätigkeitsliebe entstehet. Durch die gute und correcte Arbeit dieses vorzüglichen Setzers ist dem Verfasser ebenfalls eine wahre Erleichterung zu Theil geworden.

Inhalt.

Zweiter Theil.

Seite

Von den geraden Linien im Raume und den Ebenen, so wie von den Figuren, die zum Theil oder ganz von Ebenen begrenzt werden.

Erstes Buch.

Von den geraden Linien und den Ebenen im Raume und von den Figuren im Raume, die zum Theil von Ebenen begrenzt werden.

Zweites Buch.

Erster Abschnitt.

Zweiter Theil.

Von den geraden Linien im Raume und den Ebenen, so wie von den Figuren, die zum Theil oder ganz von Ebenen begrenzt werden.

Erstes Buch.

Von den geraden Linien und den Ebenen im Raume und von den Figuren im Raume die zum Theil von Ebenen begrenzt werden.

I. Von den geraden Linien und den Ebenen im Raume.

409.

Lehrsatz. Zwei Puncte im Raume können in unzähligen Ebenen zugleich liegen und die gerade Linie durch die beiden Puncte, deren es nur eine giebt (§. 11.), *liegt nothwendig ganz in allen jenen Ebenen zugleich.*

Beweis. Wenn z. B. *A* (Fig 225.) einer der gegebenen zwei Puncte ist, so lege man durch denselben eine beliebige Ebene. *CAD* sey eine beliebige grade Linie in dieser Ebene, durch den gegebenen Punct *A*. Dergleichen gerade Linien in der Ebene finden nach allen Richtungen statt (§. 8. II.): Nun bleibe die gerade Linie *CAD*, während die Ebene alle mögliche Lagen annimmt, an demselben Orte im Raume, welches vermöge der Eigenschaft der geraden Linie angeht (§. 8. I.). Da die Ebene den ganzen Raum um die gerade Linie *CAD* herum durchläuft, so dafs kein Punct im Raume unberührt bleibt, so mufs sich der andere gegebene Punct *B*, in irgend einer Lage der Ebene, in ihr befinden. Folglich ist durch die beiden gegebenen Puncte im Raume nunmehr eine Ebene möglich. In dieser Ebene aber befindet sich auch die gerade Linie *EBAF*, welche durch die beiden gegebenen Puncte *A* und *B* geht (§. 8. II.). Läfst man also nun die Ebene um diese gerade Linie herum alle mögliche Lagen annehmen, während die Linie an demselben Orte im Raume bleibt, so folgt, daſs es unzählige Ebenen giebt, in welchen die beiden gegebenen Puncte *A* und *B* zugleich liegen, welches das Erste war.

In allen diesen Ebenen liegt aber auch die gerade Linie *EBAF* durch *A* und *B*. Da nun durch *A* und *B* nur eine gerade Linie möglich ist (§. 11.), so folgt, daſs die nemliche gerade Linie, welche durch zwei gegebene Puncte im Raume geht, nicht theilweise, sondern nur in ihrer ganzen Ausdehnung in allen den verschiedenen Ebenen liegen kann, die durch die beiden Puncte gehen; welches das Zweite war.

410.

Lehrsatz. *Durch drei Puncte im Raume, die nicht in gerader Linie liegen; oder durch eine gerade Linie und einen Punct auſser ihr, im Raume; oder durch zwei gerade Linien im Raume, die sich schneiden; oder durch drei gerade Linien im Raume die sich, zu zweien, in drei Puncten schneiden, ist allemal eine Ebene möglich; aber nur eine.*

Beweis. Durch zwei gegebene Puncte z. B. *A* und *B* (Fig. 226.), sind unzählige Ebenen möglich, und die gerade Linie *DABE*, welche durch diese beiden Puncte geht, liegt in allen diesen Ebenen zugleich (§. 409.). Da nun die verschiedenen Ebenen durch *AB* den ganzen Raum durchlaufen, so daſs kein Punct auſserhalb *AB* unberührt bleibt, so muſs es auch nothwendig eine Ebene durch *DABE* geben, in welcher sich zugleich der dritte gegebene Punct *C* befindet; in welcher Ebene dann auch zugleich die geraden Linien *FBCG* und *IACH* liegen, die durch die gegebenen Puncte *B* und *C* und *A* und *C* gehen. Folglich ist allemal eine Ebene möglich, welche durch drei gegebene Puncte, wie *A*, *B* und *C* im Raume geht. Und da zwei von den drei Puncten eine gerade Linie, oder die drei Puncte zwei gerade Linien, die sich schneiden, oder drei gerade Linien, die sich zu zweien in den drei gegebenen Puncten schneiden, bestimmen, und die geraden Linien durch die drei Puncte zugleich in der Ebene durch dieselben liegen: so giebt es auch durch eine gerade Linie und einen Punct auſser ihr, oder durch zwei gerade Linien, die sich schneiden, oder durch drei gerade Linien, die sich zu zweien in drei Puncten schneiden, allemal eine Ebene; welches das Erste war.

Gesetzt, es gäbe nun durch drei Puncte *A*, *B* und *C*, oder durch die geraden Linien, welche sie verbinden, noch eine zweite Ebene, so könnte eine beliebige gerade Linie *PQRS*, die nicht durch zwei von den gegebenen drei Puncten ginge, zum Theil in und zum Theil aufser dieser zweiten Ebene liegen; denn die Puncte *Q* und *R* könnte zwar auch die zweite Ebene mit der Linie *PQRS* gemein haben, weil die geraden Linien *AB*, *BC* und *CA*, welche *A*, *B* und *C* verbinden, der Eigenschaft der Ebenen (§. 8. II.) zu Folge, auch in ihr liegen müssen; hingegen aufserhalb der Puncte *Q* und *R* könnte die zweite Ebene die von der ersten, in welcher nothwendig die ganze Linie *PQRS* liegt (§. 8. II.), abweichen soll, die gerade Linie *PQRS* nicht enthalten. Dieses ist aber nicht möglich, weil eine gerade Linie, wie *PQRS*, zwar ganz in mehreren Ebenen zugleich liegen kann, aber nicht theilweise (§. 409.). Also ist keine zweite Ebene durch die drei gegebenen Puncte, und folglich durch dieselben, oder durch die geraden Linien, welche sie verbinden, nur eine Ebene möglich; welches das Zweite war.

411.

Lehrsatz. Durch vier und mehrere Puncte im Raume zugleich und durch die geraden Linien, welche sie verbinden, ist nicht immer nothwendig eine Ebene möglich.

Beweis. Durch drei von den gegebenen Puncten ist nur eine Ebene möglich (§. 410.), und die übrigen Puncte im Raume können aufserhalb dieser Ebene liegen.

412.

Zusatz. Eine von drei geraden Linien umschlossene Figur, oder ein Dreieck, befindet sich daher immer in einer Ebene, eine vier und mehrseitige Figur aber nicht nothwendig.

413.

Lehrsatz. Eine Ebene und eine gerade Linie im Raume können einander nur in einem Puncte schneiden.

Beweis. Denn schnitten sie sich auch nur in zwei Puncten, so fiele die Linie ganz in die Ebene und schnitte sie folglich nicht mehr.

414.

Lehrsatz. Zwei Ebenen können einander nur in einer geraden Linie schneiden.

Beweis. Befänden sich unter den Puncten, welche die beiden Ebenen gemein haben, oder in ihrem Durchschnitte, auch nur drei, die nicht in gerader Linie lägen, so würden die Ebenen sich nicht mehr schneiden, sondern ganz in einander fallen, weil es durch drei Puncte nicht zwei Ebenen giebt, sondern nur eine (§. 410.).

415.

Erklärung. I. *Eine gerade Linie soll senkrecht auf eine Ebene heifsen, wenn alle in der Ebene durch den Durchschnittspunct der Linie und der Ebene gehende gerade Linien mit der Linie rechte Winkel machen. Dafs solches möglich sey, wird in* (§. 417.) *bewiesen werden.*

Eine Ebene soll auf einer andern senkrecht heifsen, wenn sie durch irgend eine auf der andern senkrechten geraden Linie (I.) *geht.*

416.

Erläuterung. Da Puncte einer Figur im Raume aufserhalb einer oder derselben Ebene liegen können, so läfst sich das Bild einer solchen Figur, z. B. eines Körpers, nicht wie es ist, auf der Ebene des Papiers vorstellig machen. Es sollen deshalb statt der Puncte, die, wenn man die Figur gegen das Papier hält, nicht in die Ebene desselben fallen, diejenigen auf dem Papier gezeichnet werden, welche im Papier senkrecht darunter oder darüber liegen. Diese Puncte im Papier sollen horizontale Projectionen der Puncte im Raume, welche sie vorstellen, und die auf diese Weise entstehende Zeichnung der Figur im Raume auf dem Papier, soll horizontale Projection der Figur heifsen. Puncte der Figur im Raume, welche in die Ebene des Papiers fallen, sollen auf die gewöhnliche Weise willkürlich mit Buchstaben bezeichnet werden. Von denjenigen Puncten der Figur aber, welche nicht in die Ebene des Papiers fallen, sollen die Projectionen auf dem Papier mit den n'emlichen Buchstaben bezeichnet werden, unter welchen man sich die Puncte im Raume selbst vorstellt; und um anzuzeigen, ob die

Projectionen der Puncte unter oder über den Puncten im Raume liegen, welche sie vorstellen, soll im ersten Fall unter, und im zweiten Fall über die Buchstaben eine Eins gesetzt werden.

Da aber zuweilen die horizontale Projection einer Figur, wegen der Menge der Puncte, die aufser dem Papier liegen, oder weil es zugleich auf die Entfernung der Puncte von dem Papier ankommt, zur deutlichen Vorstellung nicht hinreicht, so wird man in solchem Fall noch eine zweite Ebene zu Hülfe nehmen, die man sich in einer, auf dem Papier angegebenen Richtung, auf der Ebene des Papiers senkrecht, vorstellen mufs. Auf diese zweite Ebene soll, ganz auf dieselbe Weise wie vorhin, die Figur ebenfalls projicirt werden. Die Puncte der Figur im Raume, welche nicht in die Ebene der zweiten Projection fallen, sollen wiederum mit den nemlichen Buchstaben bezeichnet werden, unter welchen man sich die Puncte der Figur im Raume vorstellet, und zwar soll unter die Buchstaben eine Zwei gesetzt werden, wenn die Projectionen hinter den Puncten im Raume liegen, welche sie vorstellen, und eine Zwei über die Buchstaben, wenn die Projectionen vor den Puncten im Raume liegen, deren Bild sie sind. Die hieraus entstehende Zeichnung soll verticale Projection der Figur im Raume heifsen. Und da man nicht füglich die Ebene der verticalen Projection wirklich senkrecht auf das Papier stellen kann, so wird die verticale Projection nur neben die horizontale auf dem Papier gezeichnet werden, und man mufs sich vorstellen, dafs die Zeichnung der verticalen Projection noch senkrecht neben der horizontalen *aufgerichtet* werde. Geschähe dieses, so würde man die beiden Projectionen der Figur im Raume, die horizontale und die verticale, wie sie wirklich sind, haben, und die verschiedenen Puncte der Figur im Raume lägen dann senkrecht über oder unter, und horizontal vor oder hinter ihren Projectionen.

Wenn z. B. der von sechs dreieckigen Ebenen eingeschlossene Körper (Fig. 227. I. II.) auf dem Papiere vorgestellt werden soll, und die Ebene des Papiers, in welcher die Ebene *PQRS* (Fig. I.) befindlich angenommen wird, soll durch *A*, *B* und *C* gehen, so liegt die Spitze *D* senkrecht über, und die Spitze *E* senkrecht unter den Puncten D_1 und E^1 auf dem Papiere. Nun stelle man sich die ebenfalls auf dem Papiere gezeichnete Ebene *TUVW* (Fig. II.) in der geraden Linie *PQ* (Fig. I.) senkrecht auf das Papier aufgerichtet, und von der Ebene des Papiers, oder der Ebene *PQRS* (Fig. I.), in der geraden Linie *PQ* (Fig. II.) geschnitten vor, so macht die verticale Projection $A_2D_2B_2C_2E_2$ (Fig. II.) die Gestalt des Körpers noch anschaulicher. Sie zeigt, wo und wie hoch die Spitze *D* über, und die Spitze *E* unter der Ebene *ABC* liegt. Die Lage der verschiedenen geraden Linien *AD*, *BD*, *AE* etc. (Fig. I.), welche den Körper begrenzen, zeigt sich nunmehr in beiden Projectionen.

In welcher Linie sich die beiden auf einander senkrechten Ebenen, auf welche die Puncte der Figur im Raume projicirt werden, schneiden, zeigt ohne weitere Beschreibung die Bezeichnung mit Buchstaben an. Diese Linie ist diejenige, welche in beiden Projectionen mit gleichen Buchstaben ohne Beisatz oben oder unten bezeichnet ist: denn eine solche Linie allein kann der Durchschnitt der beiden Projections-Ebenen seyn, weil sie allein in beiden Ebenen zugleich liegt. In (Fig. 227.) z. B. ist *PQ* der Durchschnitt der beiden Projections-Ebenen, und allein die diese Linie bezeichnenden, in beiden Projectionen gleichen Buchstaben haben in beiden, oben und unten keinen Zusatz *).

417.

Lehrsatz. I. *Wenn eine gerade Linie zwei andere in ihrem Durchschnitts-Puncte schneidet und auf beiden senkrecht steht, so ist sie auch auf jeder andern geraden Linie*

---

*) Gewöhnlich zeichnet man die Figurenbilder im Raume nicht auf diese Weise, in zwei Projectionen, sondern perspectivisch, das heifst, man zeichnet auf der Ebene des Papiers die Puncte und Linien, in welchen gerade Linien, aus dem Auge nach den verschiedenen Puncten der Figur gezogen, eine beliebige, aufserhalb der Figur, zwischen ihr und dem Auge befindliche Ebene, schneiden. Da aber, um eine solche Zeichnung zu machen und zu verstehen, erst die Lage der Linien und Ebenen und die Gestalt der Figuren im Raume abgehandelt werden mufs, so setzt man etwas voraus, was erst nachfolgt; auch ändern sich in der perspectivischen Ansicht die Verhältnisse der Abmessungen der Figuren, so dafs dieselben nicht nach dem Maafs gezeichnet werden können. Aus diesen Gründen ist die Zeichnung der Figurenbilder durch Projectionen besser, und zwar um so mehr, da sie die nemliche ist, deren sich hernach auch die beschreibende Geometrie (géometrie descriptive) bedient.

durch den Durchschnitts-Punct, in der Ebene jener beiden, und auf dieser Ebene selbst senkrecht.

Z. B. wenn (Fig. 228. I. II.) die gerade Linie *XPY* auf *APE* und *BPD* senkrecht steht, so ist sie auch auf jeder andern geraden Linie *CPF*, durch *P*, in der Ebene die durch *APE* und *BPD* geht, und auf dieser Ebene selbst senkrecht.

Erster Beweis. Man nehme *A* und *B* auf *APE* und *BPD* willkürlich, und mache *PE* = *AP* und *PD* = *BP*, so ist, wegen der Scheitelwinkel bei *P*, △*APB* = △*EPD*, also *AB* = *DE* und *PAB* = *PED*. Folglich ist in den Dreiecken *APC* und *EPF*, nächst den gleichen Scheitelwinkeln *APC* und *EPF*, und nächst *AP* = *PE*, *PAC* = *PEF*; also sind die Dreiecke gleich, und es ist *PC* = *PF* und *AC* = *FE*. Nun ist, wenn man *X* in *PX* willkürlich nimmt, in den rechtwinkligen Dreiecken *APX* und *EPX*, *AP* = *EP* und *PX* = *PX*: also sind sie gleich, und es ist *AX* = *EX*. Eben so ist in den rechtwinkligen Dreiecken *BPX* und *DPX*, weil *BP* = *DP* und *PX* = *PX*, und folglich die Dreiecke gleich sind, *BX* = *DX*. Es ist also in den Dreiecken *ABX* und *EDX*, *AX* = *EX*, *BX* = *DX* und, wie weiter oben bewiesen, *AB* = *DE*. Also sind diese Dreiecke gleich, und folglich ist *XAB* = *XED*. Es ist aber auch, wie vorhin bewiesen, *AC* = *FE* und *AX* = *EX*. Also ist in den Dreiecken *XAC* und *XEF*, *XAC* = *XEF*, *AC* = *FE* und *AX* = *EX*. Folglich sind die Dreiecke gleich und es ist *CX* = *FX*. Wie weiter oben bewiesen, ist aber auch *PC* = *PF* und *PX* ist sich selbst gleich. Also sind alle drei Seiten des Dreiecks *XPC* so groſs als die drei Seiten des Dreiecks *XPF*. Folglich sind diese Dreiecke einander gleich. Nun ist *CPF* eine gerade Linie und folglich *CPXF* eine und dieselbe Ebene. Mithin liegen die gleichen Dreiecke *XPC* und *XPF* in einer und derselben Ebene, und folglich sind sie bei *P* rechtwinklig; das heiſst: *XPY* steht auf der geraden Linie *CPF* senkrecht, eben wie auf den geraden Linien *APE* und *BPD*. Das nemliche wird auch von jeder andern geraden Linie durch *P* auf dieselbe Weise bewiesen; folglich steht *XPY* auf jeder beliebigen geraden Linie durch *P*, die in der Ebene *APB* liegt, und folglich auf dieser Ebene selbst senkrecht.

Dieser Beweis ist von Euclides.

Zweiter Beweis. Man nehme *C* auf der geraden Linie *CPF* willkürlich. *CG* sey mit *BP* parallel,

Man nehme $AG = GP$. ACB sey durch A und C gerade und GH mit AB parallel. Alsdann ist in den Dreiecken PGH und GAC, nächst $AG = GP$, $GAC = PGH$ und $AGC = GPH$. Also sind die Dreiecke gleich, und es ist $AC = GH$. Wegen der Parallelen aber ist auch $CB = GH$. Also ist $AC = BC$.

Da auf diese Weise in dem Dreieck APB die gerade Linie PC, und in dem Dreieck AXB die gerade Linie XC die Grundlinie AB, welche beiden Dreiecken gemein ist, halbirt, so ist zu Folge (§. 125.)

$$2AC + 2CP^2 = AP^2 + BP^2 \text{ und}$$
$$2AC^2 + 2CX^2 = AX^2 + BX^2.$$

Man ziehe die erste Gleichung von der zweiten ab, so findet man

$$2CX^2 - 2CP^2 = AX^2 - AP^2 + BX^2 - BP^2.$$

In den rechtwinkligen Dreiecken APX und BPX ist aber, nach dem Pythagorischen Lehrsatze,

$$AX^2 - AP^2 = PX^2 \text{ und } BX^2 - BP^2 = PX^2.$$

Also ist

$$2CX^2 - 2CP^2 = 2PX^2 \text{ oder } CX^2 = PX^2 + CP^2.$$

Daraus folgt, vermöge des Pythagorischen Lehrsatzes, dafs das Dreieck CPX bei P rechtwinklig ist, und dafs also XPY auf jeder beliebigen geraden Linie durch P, in der Ebene APB, und folglich auf dieser Ebene selbst senkrecht ist.

Dieser Beweis ist von Legendre.

Dritter Beweis. Man ziehe in der Ebene durch APE und BPD die Gerade ACB willkürlich, und mache in der, unter die Ebene verlängerten geraden Linie XPY, $PY = PX$, so sind die rechtwinkligen Dreiecke APX und APY, und BPX und BPY gleich, und folglich ist $AX = AY$ und $BX = BY$. Mithin sind auch die Dreiecke ABX und ABY, weil sie die dritte Seite AB gemein haben, gleich; und folglich sind die Winkel XAC und YAC gleich. Also ist in den Dreiecken XAC und YAC, $AX = AY$, $AC = AC$ und $XAC = YAC$; folglich sind die Dreiecke gleich, und folglich ist $XC = YC$. Also ist in den Dreiecken CXP und CYP, $PX = PY$, $CP = CP$ und $XC = YC$. Folglich sind diese Dreiecke, und folglich die Winkel CPX und CPY gleich, und da sie Nebenwinkel sind, rechte, das heifst: XPY steht auf CPF und eben so auf jeder andern geraden Linie durch P in der Ebene APB, folglich auf dieser Ebene selbst senkrecht.

Dieser Beweis ist von Cauchy. Er ist, wie man sieht, dem Euclidischen ähnlich, aber etwas kürzer.

II. *Wenn eine gerade Linie und drei andere in einem und demselben Puncte sich schneiden, und die drei sind auf jener senkrecht, so befinden sich diese drei Linien nothwendig in einer und derselben Ebene, welche auf der ersten Linie senkrecht steht.*

Wenn z. B. in (Fig. 228.) *APX*, *CPX* und *BPX* rechte Winkel sind, so liegen *AP*, *CP*, *BP* in einer und derselben *Ebene*, die auf *PX* senkrecht ist.

Beweis. Man stelle sich durch den Punct *C* und die gerade Linie *XPY* eine Ebene vor, so ist in derselben der Winkel *CPX*, der Voraussetzung nach, ein rechter. Nun lege man eine Ebene durch die beiden geraden Linien *AP* und *BP*, so mufs dieselbe die Ebene *CXY* nothwendig in *CP* schneiden. Denn da, der Voraussetzung nach, *APX* und *BPX* rechte Winkel sind, so steht *PX*, wie in (I.) bewiesen, auf *CP* und auf der Ebene *APB* selbst senkrecht. Schnitte also diese Ebene die Ebene *CXY* nicht in *CP*, sondern etwa in *OP*, so wäre *OP* auf *PX* senkrecht, und es gäbe zwei Perpendikel *CP* und *OP* auf *PX*, in einem und demselben Puncte *P*; welches nicht möglich ist.

III. *Wenn eine gerade Linie eine Ebene schneidet, und auf ihr senkrecht steht, so steht sie auch auf jeder geraden Linie in der Ebene, durch den Punct, in welchen sie der Ebene begegnet, senkrecht.*

Beweis. Die Linie heifst nur dann auf der Ebene senkrecht, wenn sie auf jeder Geraden in der Ebene, die durch ihren Durchschnittspunct mit der Ebene geht, senkrecht steht (§. 415.).

418.

Lehrsatz. I. *Aus jedem beliebigem Punct aufserhalb einer Ebene ist nur ein Perpendikel auf die Ebene möglich.*

Z. B. aus *X* (Fig. 228.) ist auf die Ebene *ADEB* nur das eine Perpendikel *XP* möglich.

Beweis. Denn gesetzt, *XK* wäre ein zweites Perpendikel, so sey *PK* eine gerade Linie durch *P* und *K* in der Ebene *ADEB*. Da das Perpendikel auf eine Ebene nach (§. 417. I.) auf jeder beliebigen geraden Linie in der Ebene durch seinen Fufs senkrecht steht, so wären *XP* und *XK*, in einer und derselben Ebene *XPK*, auf der geraden Linie *PK* zugleich senkrecht; welches nicht möglich ist. Also ist kein zweites Perpendikel *XK* möglich.

II. *Durch einen beliebigen Punct in einer Ebene ist auf die Ebene nur ein Perpendikel möglich.*

Z. B. durch *P* (Fig. 228.) ist auf die Ebene *ADEB* nur ein Perpendikel *PX* möglich.

Beweis. Denn gesetzt *PZ* wäre ein zweites Perpendikel, so sei *XPZ* eine Ebene durch *PX* und *PZ*. Dieselbe schneidet die Ebene *ABDE* nothwendig, weil sie von den drei Puncten *P*, *X* und *Z* nur den einen *P* mit ihr gemein hat. Der Durchschnitt sei PZ_1. Da nun nach (§. 417. I.) das Perpendikel auf eine Ebene auf jeder beliebigen geraden Linie in ihr, durch seinen Fuſs, senkrecht ist, so wären *XP* und *ZP*, in einer und derselben Ebene $XZPZ_1$, auf PZ_1 zugleich senkrecht; welches nicht möglich ist. Also ist kein zweites Perpendikel *PZ* möglich.

III. *Auf einer geraden Linie kann durch ein- und denselben Punct nur eine Ebene senkrecht stehen.*

Z. B. auf der geraden Linie *XPY* (Fig. 228.) kann durch den Punct *P* nur die eine Ebene *APB* senkrecht stehen.

Beweis. Gesetzt es wäre eine zweite auf *XPY* senkrechte Ebene durch *P* möglich, z. B. die Ebene *αPε*, so lege man durch die gerade Linie *XY* eine Ebene, welche die beiden Ebenen *APB* und *αPε* da, wo sie von einander abweichen, z. B. in *AP*, und *αP* schneidet. Alsdann wären, zu Folge (§. 417. I.), weil *XY* auf beiden Ebenen senkrecht stehen soll, *AP* und *αP* auf *PX* zugleich senkrecht, welches nicht möglich ist. Folglich ist keine zweite auf *XPY* senkrechte Ebene durch *P* möglich.

419.

Zusatz. *Auf einer geraden Linie im Raume können unzählige gerade Linien in einem und demselben Punct senkrecht stehen. Sie liegen aber alle in einer und derselben, auf der gegebenen Linie senkrechten Ebene, die durch den gegebenen Punct geht.* Z. B. auf der geraden Linie *XPY* (Fig. 228.) sind alle gerade Linien *APE*, *BPD*, *CPF* etc., welche in der auf *XY* durch *P* senkrechten Ebene, durch *P* gehen, senkrecht.

420.

Lehrsatz. I. *Gleich lange schräge Linien* QA = QB = QC *etc.* (Fig. 229.) *nach einer Ebene, durch einen und denselben Punct* Q *irgend eines Perpendikels* QP *auf die Ebene, machen mit diesem Perpendikel* gleiche *Winkel,* AQP, BQP, CQP *etc., und entfernen sich in der Ebene* gleich weit *von ihm, so daſs* PA = PB = PC *etc. ist, und also die Durchschnitte der schrägen Linien mit der Ebene in einem* Kreise ACE *liegen.*

II. *Schräge Linien nach einer Ebene durch einen und denselben Punct* Q *irgend eines Perpendikels* QP *auf die Ebene, die mit dem Perpendikel* gleiche *Winkel* AQP = BQP = CQP *etc. machen, sind* gleich lang, *und entfernen sich in der Ebene von dem Perpendikel* gleich weit, *so daſs* QA = QB = QC *etc. und* PA = PB = PC *etc. ist, und die Durchschnittspuncte der schrägen Linien mit der Ebene in einem* Kreise ACE *liegen.*

III. *Schräge Linien nach einer Ebene, durch einen und denselben Punct* Q *irgend eines Perpendikels* QP *auf die Ebene, die sich in der Ebene* gleich weit *von dem Perpendikel entfernen, so daſs* PA = PB = PC *etc. ist, sind* gleich lang, *und machen mit dem Perpendikel* gleiche *Winkel, so daſs* QA = QB = QC *etc., und* AQP = BQP = CQP *etc. ist.*

Beweis von I. Wenn z. B. *QA* = *QB* ist, so sind die rechtwinkligen Dreiecke *APQ* und *BPQ* gleich; denn auſser dem rechten Winkel ist auch noch die Cathete *PQ* beiden gemein. Also ist *AQP* = *BQP* und *PA* = *PB*; das heiſst, die beiden gleich langen schrägen Linien *QA* und *QB* machen mit dem Perpendikel *PQ* gleiche Winkel, und entfernen sich von ihm, am Fuſse, in der Ebene, gleich weit. Das Nemliche gilt für alle andere Linien *QC*, *QD* etc. = *QA*, und da nun *PA* = *PB* = *PC* etc. ist, so liegen *A*, *B*, *C* etc. in einem Kreise.

Von II. Wenn z. B. die Winkel *AQP* und *BQP* gleich sind, so sind die rechtwinkligen Dreiecke *AQP* und *BQP* gleich; denn auſser dem rechten Winkel ist die Cathete *PQ* beiden gemein. Also ist *AQ* = *BQ* und *AP* = *BP*; das heiſst: die beiden schrägen Linien *QA* und *QB*, welche mit dem Perpendikel gleiche Winkel machen, sind gleich lang und entfernen sich von ihm, am Fuſse, in der Ebene, gleich weit. Das Nemliche gilt für jede andere schräge Linie *QC*, *QD* etc. Und da *AP* = *BP* = *CP* etc. ist, so liegen *A*, *B*, *C* etc. in einem Kreise.

Von III. Wenn z. B. *PA* = *PB* ist, so sind die rechtwinkligen Dreiecke *AQP* und *BQP* gleich; denn auſser dem rechten Winkel ist auch noch die Cathete *PQ* beiden gemein. Also ist *AQ* = *BQ* und *AQP*

= *BQP*; das heifst: die schrägen Linien *QA* und *QB*, welche sich am Fufse gleich weit vom Perpendikel *PQ* entfernen, machen mit dem Perpendikel gleiche Winkel und sind gleich lang. Das Nemliche gilt von jeder andern schrägen Linie *QC*, *QD* etc. unter der nemlichen Bedingung.

421.

Lehrsatz. I. *Von zwei schrägen Linien nach einer Ebene, z. B.* QX *und* QB (Fig. 229.), *durch einen und denselben Punct* Q *irgend eines Perpendikels* QP *auf die Ebene ist diejenige die längste, und entfernt sich in der Ebene am weitesten vom Perpendikel, welche mit ihr den gröfsten Winkel macht.*

II. *Die längste von den beiden schrägen Linien macht mit dem Perpendikel den gröfsten Winkel, und entfernt sich von ihm in der Ebene am weitesten.*

III. *Von den beiden schrägen Linien ist diejenige die längere, und macht mit dem Perpendikel den gröfsten Winkel, welche sich von ihm in der Ebene am weitesten entfernt.*

Beweis. Man lege die rechtwinkligen Dreiecke *BPQ* und *XPQ* in eine und dieselbe Ebene und *PQ* in *PQ*, so hat man die Figuren (32. oder 33. 1ster Theil) und der Beweis liegt in (§. 61. und 62.).

422.

Zusatz I. *Von allen geraden Linien aus einem beliebigen Puncte nach einer Ebene ist das Perpendikel aus dem gegebenen Puncte auf die Ebene die kürzeste; denn jede schräge Linie, die sich von dem Perpendikel in der Ebene entfernt, ist länger* (§. 421. III.).

II. *Deshalb, und weil es nur einen Perpendikel aus einem Puncte auf eine Ebene giebt* (§. 418. I.), *ist die Länge des Perpendikels das natürliche Maafs der Entfernung eines Puncts von der Ebene.*

423.

Lehrsatz. *Wenn in einer Ebene* PDC (Fig. 230.) *eine gerade Linie* PB *auf einer andern geraden Linie* CD *im Puncte* B *senkrecht steht, so steht auch jede gerade Linie* QB, *die durch einen beliebigen Punct* Q *des Perpendikels* QP *auf der Ebene* PDC, *und durch den nemlichen Punct* B *der Linie* CD *geht, auf dieser Linie* CD *ebenfalls senkrecht.*

Erster Beweis. Man mache $BC = BD$, so sind die rechtwinkligen Dreiecke PBC und PBD gleich; denn es ist $BC = BD$, $PB = PB$ und $PBC = PBD$. Also ist $PC = PD$. Nun ist in den rechtwinkligen Dreiecken QPC und QPD, $PC = PD$, $QP = QP$ und $QPC = QPD$; also ist $QC = QD$. Deshalb ist weiter, in den Dreiecken QBC und QBD, $QC = QD$, nächst $BC = BD$ und $QB = QB$. Also sind die Dreiecke QBC und QBD gleich, und folglich ist $QBC = QBD = \varrho$.

Zweiter Beweis. Wegen des rechten Winkel bei B ist, vermöge des pythagorischen Lehrsatzes,

$$PC^2 = PB^2 + BC^2,$$

wobei man BC beliebig annehmen kann. Ferner ist, wegen des rechten Winkels CPQ,

$$QC^2 = PC^2 + QP^2,$$

also weil $PC^2 = PB^2 + BC^2$ war,

$$QC^2 = PB^2 + BC^2 + QP^2.$$

Nun ist in dem rechtwinkligen Dreieck BPQ,

$$QB^2 = PB^2 + QP^2;$$

also ist

$$QC^2 - QB^2 = PB^2 + BC^2 + QP^2 - PB^2 - QP^2$$

oder

$$QC^2 - QB^2 = BC^2, \text{ oder}$$
$$BC^2 + QB^2 = QC^2;$$

woraus, wieder vermöge des Pythagorischen Lehrsatzes, folgt, dafs der Winkel QBC ein **rechter** ist.

424.

Zusatz. Wenn in einer Ebene eine gerade Linie CD (Fig. 230.) *auf einer andern geraden Linie* PB *in der nemlichen Ebene senkrecht ist, so ist sie zugleich auf der Ebene* PBQ *senkrecht, welche durch* PB *und durch eine gerade Linie* QP *geht, die auf der gegebenen Ebene in irgend einem Puncte* P *der Linie* PB *senkrecht steht.* Denn zu Folge (§. 423.) ist CD auf PB und QB zugleich senkrecht, folglich ist CD, vermöge (§. 417.), auch auf der Ebene PBQ senkrecht.

425.

Erklärung. I. *Eine gerade Linie im Raume heifst* ***parallel*** *mit einer andern, wenn sie sich mit ihr in einer und derselben Ebene befindet und ihr nirgend begegnet.* Die Bedingung, dafs die Linien in einer und derselben Ebene liegen müssen, ist nothwendig; denn, wie sich weiter unten zeigen wird, begegnen gerade Linien im Raume einander nicht nothwendig, wenn sie auch nicht parallel sind.

II. *Eine gerade Linie im Raume heifst parallel mit einer Ebene, und umgekehrt, eine Ebene parallel mit einer geraden Linie im Raume, wenn eine der andern nirgend begegnet.*

III. *Ebenen heifsen parallel, wenn sie einander nirgend begegnen.*

426.

Lehrsatz. I. *Wenn eine gerade Linie im Raume mit einem Perpendikel auf eine Ebene parallel ist, so steht sie ebenfalls auf der Ebene senkrecht, aber auf keiner andern Ebene, die die erste schneidet.*

Z. B. wenn (Fig. 231.) *Pp* auf der Ebene *PQB* senkrecht, und *Qq* mit *Pp* parallel ist, so ist auch *Qq* auf der Ebene *PQB* senkrecht, aber nicht auf einer andern Ebene *VTU*, welche die Ebene *ABP* schneidet.

Beweis. Die Parallelen *Pp* und *Qq* liegen in einer und derselben Ebene (§. 425.). Ihr Durchschnitt mit der Ebene *PBA* ist also die gerade Linie *PQ*, und jede gerade Linie durch *Pp* und *Qq*, wie z. B. *pQ*, liegt ebenfalls in der Ebene der Parallelen. Nun sey in der Ebene *PQB*, *AB* auf *PQ* senkrecht, so ist auch *pQ* auf *AB* senkrecht (§. 423.), folglich ist *AB* auf *PQ* und *pQ*, mithin auf der Ebene *PQp* senkrecht (§. 417.), und folglich auch auf der Ebene der Parallelen. Dieserhalb ist *AQq* ein rechter Winkel. Aber *qQP* ist ebenfalls ein rechter Winkel, weil *Qq*, in der Ebene *pPQq*, mit *Pp* nach der Voraussetzung parallel ist. Also ist *Qq* auf den beiden geraden Linien *AQ* und *PQ*, folglich vermöge (§. 417.), auch auf der Ebene *PBA* senkrecht, eben wie *Pp*; welches das Erste war.

Ist *TVU* eine andere Ebene, welche die Ebene *ABP* in *TV* und die Ebene durch *Pp* und *Qq* in *TU* schneidet, so ist das Dreieck *TQU* in *Q* rechtwinklig. Also ist *TUQ* und folglich *TUq* kein rechter Winkel. Mithin steht die mit *Pp* parallele gerade Linie *Qq* auf einer Ebene *VTU*, welche die Ebene *ABP* schneidet, nicht senkrecht; welches das Zweite war.

II. *Perpendikel auf eine und dieselbe Ebene sind parallel, auf Ebenen, die sich schneiden aber nicht parallel.* Z. B. wenn *Pp* und *Qq* (Fig. 231.) auf der Ebene *PBA* senkrecht sind, so sind sie parallel, hingegen wenn *UW* auf der Ebene *VTU*, welche die

Ebene

Ebene *APB* schneidet, senkrecht ist, so ist *UW* mit *Pp* nicht parallel.

Beweis. Wäre das Perpendikel *Qq* mit *Pp* nicht parallel, so sey es irgend eine andere gerade Linie durch *Q*, z. *QR*. Dann wäre zu Folge (I.) *QR* auf der Ebene *PBA* in *Q* senkrecht, und folglich gäbe es zwei Perpendikel *Qq* und *QR* auf die Ebene *PBA* in einem und demselben Puncte *Q*. Da dieses nicht möglich ist (§. 418. II.), so kann keine andere gerade Linie durch *Q* mit dem Perpendikel *Pp* parallel seyn, als das Perpendikel *Qq*. Wäre ferner das Perpendikel *UW* auf der Ebene *VTU* mit *Pp* parallel, so wäre es auch, vermöge (I.), auf der Ebene *APB*, auf welcher *Pp* perpendiculair steht, senkrecht. Da nun aber, nach (I.), eine und dieselbe gerade Linie auf zwei Ebenen zugleich, die sich schneiden, nicht senkrecht seyn kann, so ist *UW* nicht mit *Pp* parallel; und folglich können Perpendikel auf Ebenen, die sich schneiden, nicht parallel seyn.

427.

Lehrsatz. *Wenn zwei gerade Linien im Raume mit einer dritten parallel sind, so sind sie mit einander parallel.*

Z. B. wenn in (Fig. 231.) *Qq* und *Ss* beide mit *Pp* parallel sind, so sind sie mit einander parallel.

Beweis. Auf *Pp* sey irgend eine Ebene *PBA* senkrecht, so sind zu Folge (§. 426. I.) die beiden, mit *Pp* der Voraussetzung nach parallele gerade Linien *Qq* und *Ss* auf der nemlichen Ebene ebenfalls senkrecht. Deshalb aber sind sie zu Folge (§. 426. II.) mit einander parallel.

428.

Lehrsatz. *Wenn eine gerade Linie im Raume mit irgend einer geraden Linie in einer Ebene parallel ist, so begegnet sie der Ebene nirgend, und ist folglich mit der Ebene selbst parallel* (§. 425. II.).

Z. B. wenn *CD* (Fig. 232.) mit *AB* parallel ist, so ist sie mit der Ebene *ABCD* parallel.
11

Beweis. Die Parallelen *CD* und *AB* liegen in einer und derselben Ebene *CDAB* (§. 425. I.). *CD* liegt also ganz in der Ebene *CDAB*, und sie könnte folglich der Ebene *ABCD*, wenn sie ihr begegnete, nur in der
11

Ebene *CDAB* selbst, folglich nur in der Linie *AB* begegnen. In der Ebene *CDAB* aber ist sie mit *AB* parallel und begegnet folglich *AB* nicht. Mithin begegnet sie auch nicht der Ebene *ABCD*, und ist folglich mit derselben parallel.

429.

Zusatz. *Wenn eine gerade Linie im Raume* CD (Fig. 232.) *mit irgend einer geraden Linie* AB *in einer Ebene parallel ist, so ist sie auch mit jeder andern geraden Linie in der nemlichen Ebene, z. B. mit* EF, *parallel, die es mit der vorigen* AB *ist.* Denn da *CD* und *EF* beide mit *AB* parallel vorausgesetzt werden, so sind sie auch nach (§. 427.) mit einander parallel.

430.

Lehrsatz. *Wenn eine beliebige Ebene parallele Ebenen schneidet, so sind die geraden Linien, in welchen es geschieht, parallel.*

Z. B. wenn die Ebene *KL* (Fig. 233.) die parallelen Ebenen *AE* und *CD* schneidet, so sind die Durchschnitte mit denselben, nemlich *EF* und *GH* mit einander parallel.

Beweis. Wären *EF* und *GH*, die in einer und derselben Ebene *KL* liegen, nicht parallel, so würden sie sich begegnen. *EF* liegt aber zugleich in der Ebene *CD* und *GH* in der Ebene *AB*. Also würden sich dann auch die Ebenen *AB* und *CD* begegnen. Dieses ist der Voraussetzung entgegen, weil *AB* und *CD* parallel seyn sollen (§. 425. III.). Also können sich die Durchschnitte *EF* und *GH* nicht begegnen und sind folglich parallel.

431.

Lehrsatz. I. *Ebenen, die senkrecht auf einer und derselben geraden Linie im Raume stehen, sind parallel.*

Z. B. wenn die Ebenen *PQ* und *BC* (Fig. 234.) auf *BP* senkrecht stehen, so sind sie parallel.

Beweis. Gesetzt sie wären es nicht, sondern begegneten sich irgendwo, z. B. in *M*, so wären die geraden Linien *MP* und *MB* in den Ebenen, aus ihrem Durchschnittspunct *M* nach den Durchschnittspuncten der Ebenen mit der Linie *BP* auf *BP* nicht senkrecht, weil *MBP* ein Dreieck wäre, welches nicht zwei rechte

Winkel *MBP* und *MPB* haben kann. Alle gerade Linien in den Ebenen durch ihre Durchschnittspuncte mit *BP* sind aber auf *PB* senkrecht, weil es die Ebenen selbst sind. Also können sich die Ebenen nicht schneiden und sind folglich parallel.

II. *Perpendikel auf eine Ebene sind auch auf jeder andern, mit ihr parallelen Ebene senkrecht.*

Z. B. wenn *PB* (Fig. 234.) auf die Ebene *BC* senkrecht ist, so ist es auch auf jede andere mit *BC* parallelen Ebene *PQ* senkrecht.

Beweis. Wenn *BD* und *BE* zwei beliebige gerade Linien durch *B* in der Ebene *BC* sind, und *PBDd*, *PBEe* sind Ebenen durch *PB*, *BD* und *PB*, *BE*, welche die mit *BC* parallele Ebene *PQ* in *Pd* und *Pe* schneiden, so sind die Durchschnitte *Pd* und *Pe*, zu Folge (§. 430.), mit *BD* und *BE* parallel. Also ist die, als Perpendikel auf die Ebene *BC*, auf *BD* und *BE* senkrechte gerade Linie *PB* auch auf den Parallelen *Pd* und *Pe* senkrecht. Deshalb aber ist *BP* nach (§. 417. I.) auf der Ebene *PQ*, in welcher die beiden Linien *Pd* und *Pe* liegen, senkrecht.

432.

Lehrsatz. Parallele Ebenen schneiden von parallelen geraden Linien im Raume, denen sie begegnen, gleich lange Stücke ab.

Z. B. wenn *AB* und *CD* (Fig. 233.) parallele Ebenen, und *EG*, *FH* parallele gerade Linien im Raume sind, denen die Ebenen begegnen, so ist $EG = FH$.

Beweis. Stellet man sich durch die Parallelen *EG* und *FH* eine Ebene *KL* vor, so sind nach (§. 430.) *EF* und *GH* parallel. Da nun auch nach der Voraussetzung *EG* und *FH* parallel sind, so ist in den Dreiecken *GHE* und *FEH*, $GH = EF$, $EH = EH$ und $GHE = HEF$; folglich sind die Dreiecke gleich und folglich ist $EG = FH$.

433.

Zusatz. Also schneiden parallele Ebenen auch von Perpendikeln auf ihnen gleich lange Stücke ab. Denn die Perpendikel sind parallel (§. 426.). *Deshalb sagt man, daſs parallele Ebenen überall gleich weit von einander entfernt sind;* auf dieselbe Weise, wie Parallelen in der Ebene.

434.

Lehrsatz. Wenn die Schenkel zweier Winkel die nicht in einer und derselben Ebene, jedoch nach einerlei Seite liegen, parallel sind, so sind die Winkel gleich grofs, und die Ebenen, in welchen sich die Winkel befinden, sind parallel.

Z. B. wenn in (Fig. 235.) *DE* mit *AB* und *EF* mit *BC* parallel ist, so ist *DEF* = *ABC* und die Ebenen *DEF* und *ABC* sind parallel.

Beweis. Man nehme in den Parallelen *DE*, *AB* und *EF*, *BC*, *DE* = *AB* und *EF* = *BC*, so ist in den Dreiecken *DEA* und *BAE*, *DE* = *AB*, *AE* = *AE* und wegen der Parallelen, *DEA* = *BAE*; also sind die Dreiecke gleich, und es ist *EDA* = *ABE* und *DA* = *EB*, das heifst: *DA* ist *EB* gleich und damit parallel. Auf dieselbe Weise ist in den Dreiecken *EBC* und *CFE*, *EF* = *BC*, *EC* = *EC* und *CEF* = *ECB*; also sind die Dreiecke gleich, und es ist *EBC* = *EFC* nnd *EB* = *FC*, das heifst: *FC* ist *EB* gleich und damit parallel. Also sind *DA* und *FC* beide mit der Linie *EB* parallel und ihr gleich. Sie sind also auch mit einander parallel (§. 427.), und einander gleich. Folglich ist in dem Viereck *DFAC*, *DA* = *FC* und an der Diagonal *AF* ist *DAF* = *CFA* nächst *AF* = *AF*; also sind die Dreiecke *DAF* und *CFA* gleich. Folglich ist *DF* = *AC*.

In den Dreiecken *ABC* und *DEF* sind also alle drei Seiten in dem einen so grofs als in dem andern, nemlich *DE* = *AB*, *EF* = *BC*, nach der Voraussetzung, und *DF* = *AC*, wie bewiesen; folglich sind die Dreiecke und mithin die Winkel *DEF* und *ABC* gleich; welches das Erste war.

Legt man durch den Scheitel *E* des mit *ABC* parallelschenkligen Winkels *DEF* eine mit *ABC* parallele Ebene, so schneidet dieselbe nach (§. 432.) von den mit *EB* parallelen geraden Linien *DA* und *FC* Stücke ab, die *EB* gleich sind. Wie vorhin bewiesen sind aber die Entfernungen *DA* und *FC* von *A* und *C*, in welchen die parallelen Schenkel des Winkels *DEF* den mit *EB* durch *A* und *C* parallelen Linien begegnen, ebenfalls gleich *EB*. Also werden die mit *EB* durch *A* und *C* parallelen Linien *DA* und *FC* von einer durch *E* mit *ABC* parallelen Ebene in eben den Puncten *D* und *F* geschnitten wie von den mit *AB* und *BC* parallelen Schenkeln des Winkels *DEF.* Also liegt der mit *ABC* parallelschenklige Winkel *DEF* in einer Ebene, die mit *ABC* parallel ist; welches das Zweite war.

435.

Zusatz I. *Wenn also in zwei Ebenen* $B\beta_2\alpha_2A$ *und* $A\alpha_2\gamma_2B$ (Fig. 236.), *welche sich schneiden, gerade Linien* $\beta\alpha$ *und* $\alpha\gamma$, $\beta_1\alpha_1$ *und* $\alpha_1\gamma_1$, *durch die nemlichen Puncte* α *und* α_1 *des Durchschnitts der Ebenen gehend, mit dem Durchschnitte der Ebenen* $A\alpha_2$ *gleiche Winkel* $\beta\alpha A = \beta_1\alpha_1 A$ *und* $\gamma\alpha A = \gamma_1\alpha_1 A$ *machen, so sind die Winkel welche jene geraden Linien mit einander einschliefsen, gleich, nemlich* $\beta\alpha\gamma = \beta_1\alpha_1\gamma_1$. Denn wegen der gleichen Winkel, und weil die Linien $\beta\alpha$ und $\beta_1\alpha_1$, $\gamma\alpha$ und $\gamma_1\alpha_1$ in einerlei Ebenen liegen sind sie parallel; also sind die Winkel $\beta\alpha\gamma$ und $\beta_1\alpha_1\gamma_1$, welche sie einschliefsen, parallelschenklig und folglich gleich (§. 434.).

II. *Mithin schliefsen auch Perpendikel, durch einerlei Puncte, auf den Durchschnitt zweier Ebenen, in den Ebenen gezogen, in allen Puncten des Durchschnitts gleiche Winkel ein.*

436.

Lehrsatz. Wenn zwei beliebige Ebenen, die sich schneiden, von zwei parallelen Ebenen geschnitten werden, so machen die Durchschnitte der beiden nicht parallelen Ebenen mit den parallelen Ebenen, in letzteren, mit einander gleiche Winkel.

Z. B. wenn in (Fig. 255.) *ABDE* und *BCEF* zwei beliebige, in *BE* sich schneidende Ebenen sind, und sie werden von den beiden parallelen Ebenen *DEF* und *ABC* geschnitten, so sind die Winkel *DEF* und *ABC* zwischen den Durchschnitten *DE*, *FF* und *AB*, *BC* gleich grofs.

Beweis. Vermöge (§. 430.) sind die Durchschnitte *AB* und *DE*, *BC* und *EF* parallel. Also sind die Schenkel der Winkel *DEF* und *ABC* parallel. Folglich sind diese Winkel, vermöge (§. 434.) einander gleich.

437.

Lehrsatz. Wenn zwei Ebenen von drei Parallelen im Raume, die nicht in einer und derselben Ebene liegen, gleich lange Stücke abschneiden, so sind sie parallel, und die Dreiecke, in deren Scheiteln die Durchschnittspuncte der Ebenen mit den Parallelen liegen, sind gleich.

Z. B. wenn (Fig. 235.) *AD*, *BE*, *CF* parallel sind, und es ist *AD* = *BE* = *CF*, so sind die Ebenen *ABC* und *DEF* parallel und die Dreiecke *ABC* und *DEF* sind einander gleich.

Beweis. Wenn man sich durch die Parallelen *AD*, *BE*, *CF* Ebenen *ABDE*, *BCEF* und *ACDF* vorstellt, so ist z. B. in der Ebene *ADE*, wegen der Parallelen, *DAE* ≐ *BEA* und außerdem *AE* = *AE*, auch nach der Voraussetzung *AD* = *BE*. Also sind die Dreiecke *ADE* und *EBA* gleich, und folglich ist *DE* = *AB*. Eben so wird bewiesen, daß *EF* = *BC* und *DF* = *AC* ist. Also sind alle drei Seiten in dem Dreiecke *DEF* so groß, als in dem Dreieck *ABC*; folglich sind die Dreiecke gleich; welches das Zweite war.

Weil z. B. in der Ebene *ABDE* die Dreiecke *ADE* und *EBA* gleich waren, so sind auch die Winkel *ADE* und *EBA* gleich und folglich sind, wegen der Parallelen *AD* und *BE*, auch *DE* und *AB* parallel. Daher sind die Schenkel der Winkel *ABC* und *DEF* parallel, und folglich sind vermöge (§. 434.) die Ebenen, in welchen sie liegen, mithin die Ebenen *DEF* und *ABC*, welche von den drei Parallelen *AD*, *BE* und *CF* gleich lange Stücke abschneiden, parallel; welches das Erste war.

438.

Lehrsatz. *Durch zwei beliebige gerade Linien im Raume, die sich nicht schneiden und nicht parallel sind, sind immer parallele Ebenen möglich, in welchen die Linien liegen, desgleichen ist immer eine gerade Linie möglich, die auf beiden gegebenen Linien zugleich senkrecht steht. Ihre Länge ist der Entfernung der Ebenen gleich, und zugleich die geringste Entfernung der gegebenen Linien von einander.*

Beweis. Die beiden geraden Linien im Raume sollen *DB* und *EC* (Fig. 237.) seyn. Man stelle sich durch eine von ihnen, z. B. durch *DB*, die Ebene des Papiers vor, und hierauf durch einen beliebigen Punct *H* der anderen eine Parallele *HI* mit *DB*, desgleichen umgekehrt durch einen beliebigen Punct *F* der ersten *DB*, eine Parallele *FG* mit *EC*, in oder außer der Ebenen des Papiers. Da *FG* mit *EH* und *FB* mit *HI* parallel ist, so sind die Winkel *GFB* und *EHI* gleich und die Ebenen *GFB* und *EHI*, in welchen sie liegen, sind parallel (§. 434.). In der Ebene *GFB* befindet sich aber die erste gegebene Linie *DB* und in der Ebene *EHI* die andere *EC*. Also sind immer parallele Ebenen durch die gegebenen Linien möglich; welches das Erste war.

Die Parallele *FG* mit *EC* und folglich die Ebene *GFB* fiel vielleicht nicht in die Ebene des Papiers, in welcher sich die erste gegebene Linie *DB* befindet. Da es aber nur auf die Lage der beiden gegebenen Linien gegen einander ankommt, nicht auf die Lage des Papiers gegen sie, so stelle man sich vor, die Ebene des Papiers nehme jetzt die Lage der Ebene *GFB* an, während *DB* darin bleibt, welches in der Lage der beiden gegebenen Linien gegen einander offenbar nichts ändert. Alsdann ist auch die Ebene *EHI* mit dem Papier parallel, weil sie mit *GFB* parallel war. Das Perpendikel *PQ* an dem Orte *P*, wo die beiden Linien über einander liegen, ist alsdann auf beiden Ebenen und folglich vermöge (§. 417. III.) auf den beiden Linien selbst senkrecht. Mithin giebt es eine solche senkrechte Linie allemal; welches das Zweite war.

Nun kann kein Punct einer Ebene von irgend einem Puncte einer andern parallelen Ebene um weniger entfernt seyn, als um die Länge des Perpendikels auf die letztere, welches, weil die Ebenen parallel sind, zugleich auf beiden senkrecht steht. Denn die geringste Entfernung eines beliebigen Punctes von einer Ebene ist der Länge des Perpendikels aus dem Puncte auf die Ebene gleich (§. 422.). Deshalb kann auch kein Punct der einen gegebenen Linie irgend einem Punct der andern Linie näher seyn, als um die Länge jenes gemeinschaftlichen Perpendikels; denn die beiden Linien befinden sich ganz in den parallelen Ebenen. Die Perpendikel sind aber alle gleich lang (§. 433.); also ist das Perpendikel *PQ*, welches auf beiden gegebenen Linien senkrecht steht, zugleich die geringste Entfernung der gegebenen Linien, von einander; welches das Dritte war.

439.

Lehrsatz. *Die Stücke, welche mehrere parallele Ebenen von beliebigen geraden Linien im Raume, denen sie begegnen, abschneiden, sind zwischen je zwei Ebenen Gleichvielfache.*

Wenn z. B. die beiden geraden Linien im Raume *ABC* und *DEF* (Fig. 238.) von den drei parallelen Ebenen *AD* und *BGE* und *CF* geschnitten werden, so ist $\frac{AB}{BC} = \frac{DE}{EF}$.

Beweis. Es sey *AGF* eine gerade Linie durch *A* und *F*. Man stelle sich durch *ABCFG* und *ADEFG* Ebenen vor. Diese Ebenen werden von den parallelen Ebenen *AD*, *BE* und *CF*, die erste in *BG* und *CF*, die andere in *AD* und *GE* geschnitten werden. Die Durchschnitte sind vermöge (§. 430.) parallel, nemlich *BG* mit *CF* und *AD* mit *GE*. Also sind die Dreiecke *ABG* und *ACF*, *FGE* und *FAD* ähnlich, folglich ist $\frac{AB}{BC} = \frac{AG}{GF}$ und $\frac{AG}{GF} = \frac{DE}{EF}$, folglich auch $\frac{AB}{BC} = \frac{DE}{EF}$.

440.

Erklärung I. *Die zum Theil unbegrenzte Figur, welche zwei Ebenen, die sich schneiden, vom ganzen Raume, zwischen sich absondern, soll Raumecke heiſsen. Die gerade Linie, in welcher sich die Ebenen schneiden, soll Schnittlinie oder auch Kante, und die sich begegnenden Ebenen sollen Schenkel-Ebenen heiſsen. Raumecken, welche auf einer und derselben Seite einer Ebene neben einander liegen, und also den ganzen Raum auf einer Seite der Ebene füllen, sollen Neben-Raumecken und Raumecken, die nicht neben einander, sondern vielmehr am Scheitel, einander gegenüber liegen, Scheitel-Raumecken heiſsen. Sind zwei Neben-Raumecken gleich groſs, so daſs die begrenzenden Ebenen beide in einander fallen, wenn man bloſs die eine in die andere legt, so sollen sie rechte Raumecken und zwei Ebenen, welche rechte Raumecken einschlieſsen, auf einander senkrecht heiſsen. Raumecken, welche kleiner sind als rechte, oder ganz in rechten enthalten seyn können, sollen spitz, sind sie gröſser, so daſs umgekehrt rechte ganz in ihnen liegen können, stumpf heiſsen.*

II. *Die Winkel, welche gerade Linien in den Schenkel-Ebenen einer Raumecke, auf der Schnittlinie oder Kante, durch einen und denselben Punct senkrecht stehend, mit einander einschlieſsen, sollen Winkel der Raumecke oder Raumecken-Winkel heiſsen.*

III. *Der Raum selbst zwischen den Schenkel-Ebenen einer Raumecke, soll Gröſse oder Inhalt der Raumecke heiſsen.*

441.

Lehrsatz. *Die Ebene worin sich der Winkel* (§. 440. II.) *einer Raumecke befindet, steht auf der Scheitellinie oder Kante der Raumecke* (§. 440. I.) *senkrecht.*

Z. B. Wenn *DCE* (Fig. 239.) der Winkel der Raumecke *EABD* ist, so ist die Ebene *DCE* auf *AB* senkrecht.

Beweis. Die Schenkel *DC* und *EC* des Raumecken-Winkels stehen auf der Scheitellinie *AB* senkrecht (§. 440.). Also stehet umgekehrt *AB* auf *DC* und *EC*, und folglich, vermöge (§. 417.), auf der Ebene *DCE* mithin auch die Ebene *DCE* auf *AB* senkrecht.

442

Lehrsatz. *Alle Winkel einer und derselben Raum-Ecke sind gleich groſs.*

Z. B. in (Fig. 239.) sind die Raumecken-Winkel *GFH* und *DCE* gleich groſs.

Beweis. Die Schenkel *DC*, *GF* liegen in einer und derselben Ebene *BK*, und sind, weil sie beide auf *AB* senkrecht stehen, parallel. Eben so liegen die Schenkel *EC* und *HF* in einer und derselben Ebene *BM*, und sind parallel, weil sie beide auf *AB* senkrecht stehen. Also sind die Schenkel der Winkel *DCE* und *GFH* parallel und folglich sind die Winkel gleich (§. 434.).

443

Lehrsatz. I. *Gleiche Raumecken haben gleiche Winkel.* Z. B. wenn die Raumecken *DABE* und $\delta\alpha\beta\varepsilon$ (Fig. 240.) gleich, und *DCE*, $\delta\gamma\varepsilon$ ihre Winkel sind, so ist $DCE = \delta\gamma\varepsilon$.

Beweis. Man lege $\alpha\beta$ in *AB*, und zwar so, daſs γ in *C* fällt, desgleichen die Ebene $\beta\varkappa$ in die Ebene *BK*; so fällt die Ebene $\beta\lambda$ in die Ebene *BL*, weil die Raumecken *DABE* und $\delta\alpha\beta\varepsilon$ nach der Voraussetzung gleich sind. Da aber $\varepsilon\gamma$ und $\delta\gamma$ auf $\alpha\beta$ senkrecht stehen, eben wie *EC* und *DC* auf *AB* und γ in *C* gelegt wurde, so fällt auch $\varepsilon\gamma$ in EC und $\delta\gamma$ in *DC*. Also ist $DCE = \delta\gamma\varepsilon$.

II. *Wenn Raumecken gleiche Winkel haben, so sind siegleich.*

Z. B. wenn die Winkel *DCE* und $\delta\gamma\varepsilon$ (Fig. 240.) der Raumecken *DABE* und $\delta\alpha\beta\varepsilon$ gleich sind, so sind die Raumecken gleich.

Beweis. Man lege $\alpha\beta$ in AB, und zwar so, daſs γ in C fällt, so fallen die Ebenen, in welchen sich die Raumecken-Winkel $\delta\gamma\varepsilon$ und DCE befinden, in einander, denn diese Ebenen sind auf $\alpha\beta$ und AB senkrecht (§. 441.), und durch einen und denselben Punct C einer geraden Linie AB ist nur eine senkrechte Ebene möglich (§. 418. III.). Nun lege man die in der Ebene $\delta\gamma\varepsilon$ befindliche gerade Linie $\varepsilon\gamma$ in die in der Ebene DCE befindliche gerade Linie EC, so fallen auch die in der nemlichen Ebene befindlichen geraden Linien $\delta\gamma$ und DC in einander, weil nach der Voraussetzung die Winkel $\delta\gamma\varepsilon$ und DCE gleich groſs sind. Dann aber fällt auch die Ebene $\beta\varkappa$ in die Ebene BK und die Ebene $\beta\lambda$ in die Ebene BL, weil durch zwei gerade Linien, wie $\alpha\beta$, $\gamma\varepsilon$ und $\alpha\beta$, $\gamma\delta$, die mit AB, CE und AB, CD zusammen fallen, jedesmal nur eine Ebene möglich ist (§. 410.). Also fallen beide Schenkel Ebenen der Raumecken $DABE$ und $\delta\alpha\beta\varepsilon$ in einander, und folglich sind die Raumecken gleich.

444.

Lehrsatz. Beliebige Raumecken und ihre Winkel sind Gleichvielfache.

Beweis. Wenn mehrere gleich groſse Raumecken $DABE$, $EABF$, $FABG$ etc. (Fig. 241.) aneinander liegen, so daſs je eine Schenkel-Ebene der einen in eine Schenkel-Ebene der folgenden fällt, und also auch alle eine und dieselbe Scheitellinie AB haben, so können auch die Scheitel ihrer Winkel DCE, ECF, FCG etc. in einem und demselben Puncte der Scheitellinie C liegen, wie in der Figur, weil die Winkel einer Raumecke in jedem Punct der Scheitellinie gleich groſs sind (§. 442.). Alsdann aber liegen die Winkel alle in einer und derselben Ebene DCG. Denn die Ebenen DCE, ECF etc., worin sich die Winkel der verschiedenen Raumecken befinden, stehen alsdann alle auf einer und derselben Scheitellinie AB, in einem und demselben Puncte C, senkrecht (§. 441.), und durch einen Punct ist auf einer geraden Linie nur eine senkrechte Ebene möglich (§. 418. III.). Nun sind auch die Winkel der gleichen Raumecken gleich groſs (§. 443. I.), und sie liegen an einander: also ist der Winkel der Summe mehrerer gleicher Raumecken, z. B. DCG, wenn z. B. n gleiche Raumecken vorhanden sind, $n$mal so groſs als der Winkel der einzelnen Raumecken. Eben so, wenn

m gleiche Raumecken vorhanden sind, ist der Winkel ihrer Summe $m$mal so grofs, als der Winkel der einzelnen Raumecken. Während also die eine Summe von Raumecken $\frac{m}{n}$ von der Summe der andern ist, ist auch ihr Winkel $\frac{m}{n}$ von dem Winkel der andern: wo m und n beliebige ganze Zahlen seyn können. Raumecken und ihre Winkel sind also, in sofern sie eine gemeinschaftliche Einheit haben, oder commensurabel sind, Gleichvielfache.

Nun sind aber Raumecken und ihre Winkel *zusammengehörige* und zwar *gleichförmig zusammengehörige* Gröfsen, weil sie immerfort zugleich wachsen, oder zugleich abnehmen, nie die eine wächst, wenn die andere abnimmt und umgekehrt (§. 158.). Also sind sie, weil wie vorhin bewiesen commensurable Raumecken und ihre Winkel Gleichvielfache sind, vermöge (§. 159.), auch dann noch Gleichvielfache, wenn sie keine gemeinschaftliche Einheit haben, oder wenn sie incommensurabel sind.

Also sind sie in allen Fällen Gleichvielfache.

445.

Zusätze. I. *Da Raumecken und ihre Winkel Gleichvielfache sind* (§. 444.), *so kann Eines zum Maafs des andern dienen, das heifst, die Gröfse oder der Inhalt einer Raumecke* (§. 440. III.), *kann durch ihren Winkel gemessen, und mit der Gröfse einer andern Raumecke vermittelst der Zahl verglichen werden.*

II. *Da Neben-Raumecken diejenigen sind, welche, neben einander liegend, den ganzen Raum auf einer Seite einer Ebene füllen, gleiche Neben-Raumecken aber rechte Raumecken genannt werden* (§. 440. I.), *und die Schenkel Ebenen von Neben-Raumecken in einer und derselben Ebene liegen, also die Schenkel der Winkel von Neben-Raumecken zwei rechte Winkel einschliefsen, so ist das Maafs von rechten Raumecken der rechte Winkel, und wenn der Winkel einer Raumecke ein rechter ist, so ist die Raumecke eine rechte. Deshalb sagt man mit Recht, dafs eine Ebene die mit einer andern rechte Neben-Raumwinkel einschliefst, auf derselben senkrecht stehe* (§. 440. II.).

Das Maafs einer spitzen Raumecke ist ein spitzer, das Maafs einer stumpfen Raumecke (§. 440. I.) *ein stumpfer Winkel.*

446.

Lehrsatz. I. *Wenn zwei Ebenen auf einander senkrecht stehen und ein Perpendikel auf ihren Durchschnitt liegt in einer der beiden Ebenen, so ist es auch auf der andern Ebene senkrecht.*

Z. B. wenn die Ebenen *aB* und *KL* (Fig. 242.) auf einander senkrecht stehen, und *cC* ist auf ihren Durchschnitt *AB* senkrecht, und liegt in der Ebene *aB*, so ist *cC* ein Perpendikel auf die andere Ebene *KL*.

Beweis. Es sey *DE* in der Ebene *KL* auf *AB* senkrecht, so ist *DCc* der Winkel der Raumecke *DABc* und da die Ebene *aB* auf *KL* senkrecht seyn soll, und also die Raumecke *DABc* eine rechte ist, so ist *DCc* ein rechter Winkel. Also ist die gerade Linie *Cc*, aufser dafs sie nach der Voraussetzung auf *AB* senkrecht steht, auch auf *DCE* senkrecht; und deshalb steht *cC* auf der Ebene *KL* selbst senkrecht (§. 417. I.).

II. *Wenn zwei Ebenen auf einander senkrecht stehen, und ein Perpendikel auf eine der beiden Ebenen geht durch ihren Durchschnitt, so befindet es sich nothwendig in der andern Ebene.*

Z. B. wenn die Ebene *aB* nebst der geraden Linie *cC*, die durch den Durchschnitt *AB* der Ebenen *aB* und *KL* geht, beide auf der Ebene *KL* senkrecht sind, so liegt *cC* nothwendig in der Ebene *aB*.

Beweis. Da die gerade Linie *cC* auf der Ebene *KL* senkrecht seyn soll, so ist sie auch auf jeder geraden Linie in dieser Ebene, folglich auch auf den Durchschnitt *AB* der Ebenen *aB* und *KL* senkrecht (§. 417. III.). Nun ist aber eine auf den Durchschnitt *AB* zweier Ebenen senkrechte gerade Linie, die in einer der beiden Ebenen liegt, auf der andern Ebene senkrecht (I.). Das Perpendikel *cC* auf die Ebene *KL* kann also in der Ebene *aB* liegen. Es giebt aber kein zweites Perpendikel auf die Ebene *KL* durch den nemlichen Punct *C* (§. 418. II.). Also liegt es nothwendig in der Ebene *aB*.

447.

Lehrsatz. I. *Wenn eine gerade Linie auf einer Ebene senkrecht steht, so stehen alle Ebenen, in welchen die Linie liegt, auf der nemlichen Ebene senkrecht.*

Z. B. wenn die gerade Linie *cC* (Fig. 242.), auf der Ebene *KL* senkrecht steht, so ist jede Ebene durch *cC*, wie z. B. *aB*, auf der Ebene *KL* senkrecht.

Beweis. Auf dem Durchschnitt *AB* der Ebenen *aB* und *KL* sey *DE* in der Ebene *KL* senkrecht, so ist nothwendig *cC* auf den beiden geraden Linien *AB* und *DE* senkrecht; denn da das Perpendikel *cC* auf der Ebene *KL* senkrecht steht, so ist es auch auf allen geraden Linien in ihr senkrecht. Der rechte Winkel *DCc* ist aber der Winkel der Raumecke *DABc*. Also steht die Ebene *aB* auf der Ebene *KL* senkrecht (§. 445. II.). Eben so wird bewiesen, dafs jede andere Ebene *fgFG*, die durch *cC* geht, auf *KL* senkrecht ist. Also steht jede Ebene durch *cC* auf *KL* senkrecht.

II. *Wenn zwei Ebenen auf einer dritten senkrecht stehen, so ist auch die gerade Linie, in welcher sie sich schneiden, auf der dritten Ebene senkrecht:*

Z. B. wenn die Ebenen *aB* und *fG* beide auf der Ebene *KL* senkrecht stehen, so ist auch ihr Durchschnitt *cC* auf *KL* senkrecht.

Beweis. Auf dem Durchschnitt *AB* der beiden Ebenen *aB* und *KL* sey in der Ebene *KL* die gerade Linie *DE* senkrecht, so ist jede beliebige gerade Linie in der Ebene *aB*, wenn sie durch *C* geht, auf *DCE* senkrecht (§. 417.). Auf dem Durchschnitt *FG* der beiden Ebenen *fG* und *KL* sey in der Ebene *KL* die gerade Linie *HI* senkrecht, so ist jede beliebige gerade Linie in der Ebene *fG*, wenn sie durch *C* geht, auf *HCI* senkrecht (§. 417.).

Diejenige gerade Linie also, welche sich etwa in den beiden Ebenen *aB* und *fG* zugleich befindet, ist auf den beiden in der Ebene *KL* liegenden geraden Linien *DE* und *HI*, folglich zu Folge (§. 415. I.), auf der Ebene *KL* selbst senkrecht. Eine solche gerade Linie ist der Durchschnitt *cC* der beiden Edenen *aB* und *fG*, und zwar giebt es nur eine solche Linie, weil sich zwei Ebenen nur in einer geraden Linie schneiden (§. 412.). Also steht der Durchschnitt *cC* der beiden Ebenen *aB* und *fG*, und zwar unter allen durch *C* gehenden geraden Linien, die in den Ebenen *AB* und *FG* liegen, er allein, auf der dritten Ebene *KL* senkrecht.

448.

Zusätze. I. *Wenn Drei Ebenen auf einander senkrecht sind, so sind auch ihre Durchschnitte auf einan-*

der senkrecht. Denn wenn z. B. die beiden Ebenen *aB* und *dE* (Fig. 242.), auf der Ebene *KL* senkrecht sind, so ist auch nach (§. 447. II.) ihr Durchschnitt *cC* auf der Ebene *KL*, und folglich auf den Durchschnitten *AB* und *DE* der Ebenen *aB* und *dE* mit der Ebene *KL* senkrecht. Ist zugleich die Ebene *dE* auf der Ebene *aB* senkrecht, so daſs also umgekehrt die beiden Ebenen *dE* und *KL* auf der Ebene *aB* senkrecht sind, so ist ebenfalls nach (§. 447. II.) ihr Durchschnitt *DE* auf der Ebene *aB* und folglich auf den Durchschnitten *cC* und *AB* der Ebenen *dE* und *KL* mit der Ebene *aB* senkrecht. Also ist nunmehr *cC* auf *AB* und *DE*, und *DE* auf *cC* und *AB* senkrecht, und folglich sind die Durchschnitte *cC*, *AB* und *DE* der drei Ebenen *aB*, *dE* und *KL* auf einander senkrecht.

II. *Wenn drei gerade Linien im Raume auf einander senkrecht stehen, so stehen auch die drei Ebenen, die durch je zwei von ihnen gehen, aufeinander senkrecht.* Denn wenn z. B. die drei geraden Linien *cC*, *AB* und *DE* (Fig. 242.) aufeinander senkrecht sind, so ist erstlich *cC*, weil es auf *AB* und *DE* senkrecht stehen soll, auf der Ebene *ACD* senkrecht (§. 417. I.). Dann ist aber jede Ebene, die durch *cC* geht, auf der *ACD* senkrecht (§. 447. I.). Mithin sind auch die beiden Ebenen *aB* und *dE* auf der Ebene *ACD* oder *KL* senkrecht. Ferner ist *DC*, weil es auf *AC* und *cC* senkrecht stehen soll, auf der Ebene *ACc* senkrecht. Mithin ist nach (§. 417. I.) jede Ebene, die durch *DC* geht, auf der Ebene *ACc* senkrecht. Folglich sind auch die beiden Ebenen *ACD* und *DCc* oder *KL* und *dE* auf der Ebene *ACc* oder *aB* senkrecht. Also sind alle drei Ebenen *KL*, *aB* und *dE* auf einander senkrecht.

449.

Lehrsatz. Wenn von drei Ebenen je zwei die dritte schneiden und zwei von den drei Durchschnitten sind parallel, so sind alle drei Durchschnitte parallel.

Z. B. wenn die drei Ebenen *AF*, *BF* und *AE* (Fig. 243.) einander in *AD*, *BE* und *FC* schneiden und z. B. *AD* und *BE* sind parallel, so sind *AD*, *BE* und *CF* parallel.

Beweis. In der Ebene *AF* sey *CA* und in der Ebene *AE*, *BA* auf *AD* senkrecht, so ist die Ebene *CAB* auf *AD* senkrecht (§. 417. I.). Zugleich ist sie auf der Parallele *BE* senkreckt (§. 426. I.), und eben so ist umgekehrt *CB* und *AB* auf *BE* senkrecht (§. 417. III.). Also sind *CAB* und *CBA* die Winkel, welche die Ebenen *AF* und *BF* mit der Ebene *AB* machen (§. 430. II.).

Eben so sind, wenn *FD* in der Ebene *AF*, und *ED* in der Ebene *AB* auf *AD* senkrecht stehen, *FDE* und *FED* die Winkel, welche die Ebenen *AF* und *BF* mit der Ebene *AE* machen.

Nun sind die Winkel einer Raumecke an jeder Stelle der Kante gleich grofs (§. 442.). Also ist *CAB* = *FDE* und *CBA* = *FED*. Ferner ist *DE* = *AB*, weil in den rechtwinkligen Dreiecken *ADE* und *EBA*, nächst *AE* = *AE*, wegen der Parallelen *AD* und *EB*, *DEA* = *BAE* ist. Es ist also in dem Dreiecke *CAB* die Seite *AB*, nebst den beiden anliegenden Winkeln *CAB* und *CBA*, so grofs als in dem Dreiecke *FDE* die Seite *DE* mit den beiden anliegenden Winkeln *FDE* und *FED*. Folglich sind die Dreiecke gleich, und folglich ist *DF* = *AC* und *EF* = *BC*. Nun machen z. B. *DF* und *AC* mit *AD* rechte, also gleiche Winkel; folglich ist *DF* mit *AC* parallel. Also ist in den Dreiecken *FDA* und *ACF*, nächst *AF* = *AF*, *DFA* = *CAF* und *DF* = *AC*. Also sind die Dreiecke gleich, und folglich ist *FAD* = *AFC*. Folglich ist *FC* mit *AD* parallel. Eben so wird bewiesen, dafs *FC* mit *BE* parallel ist, welches auch, nachdem gezeigt worden, dafs *FC* mit *AD* parallel ist, aus (§. 427.) folgt.

450.

Lehrsatz. *Scheitel-Raumecken (§. 440.) sind gleich*, z. B. in (Fig. 244.) ist *CABH* = *DABK* und *EABH* = *DABE*.

Beweis. Durch einen beliebigen Punct *A* des Durchschnitts der beiden Ebenen *FI* und *GE* sey in ihnen *CA*, *DA*, *EA* und *FA* auf dem Durchschnitt *AB* senkrecht, so liegen diese vier Perpendikel in einer Ebene, die auf *AB* senkrecht steht (§. 417. I.), und folglich sind *DAF* und *CAE* gerade Linien, *CAF*, *CAD*, *DAE* und *EAF* sind die Winkel der Raumecken um *AB* (§. 440. II.). Nun sind in der Ebene *CDEF* die Scheitelwinkel *CAF* und *DAE*, *CAD* und *FAE* gleich. Also sind auch die Raumecken *CABF* und *DABE*, *CABD* und *FABF* gleich (§. 443. II.).

451.

Erklärung. *Wenn zwei Ebenen eine dritte in Parallelen shneiden, wie (Fig. 243.) die Ebenen* AF *und* BF *die Ebene* AE *in den Parallelen* AD *und* BE, *so soll die dritte Ebene Grund-Ebene, die beiden, welche sie schneiden, sollen Schenkel-Ebenen heiſsen.*

Die Raumecken an gleichen Seiten der Grund-Ebene und an gleichen Seiten der Schenkel-Ebenen, wie a *und* α, b *und* β, c *und* γ, d *und* δ, *sollen Neigungs-Raumecken; die Raum-Ecken an gleichen Seiten der Schenkel-Ebenen und an verschiedenen Seiten der Grund-Ebene, wie* a *und* γ, b *und* δ, c *und* α *und* d *und* β, *sollen Seiten-Raumeken; die Raumecken an gleichen Seiten der Grund-Ebene und an verschiedenen, entweder einander zugekehrten oder von einander abgekehrten Seiten der Schenkel-Ebenen, also wie* b *und* α, d *und* γ *oder* a *und* β *und* c *und* δ, *sollen Gegen-Raumecken, und zwar erstere innere, letztere äuſsere; endlich die Raumecken an verschiedenen Seiten der Schenkel, Wechsel-Raumecken, und zwar, wenn sie einander zugekehrt sind, wie* b *und* γ, d *und* α, *innere, und wenn sie von einander abgekehrt sind, wie* a *und* δ, c *und* β, *äuſsere Wechsel-Raumecken heiſsen.*

452.

Lehrsatz. *Wenn zwei Ebenen eine dritte in Parallelen schneiden, wie (Fig. 243.) die Ebenen* AF *und* BF *die Ebene* AE *in den Parallelen* AD *und* BE, *so giebt es durch beliebige Puncte der Durchschnitte Ebenen, wie z. B.* CAB, *auf welchen die Durchschnitte der drei Ebenen senkrecht stehen.*

Die Winkel, welche die Durchschnitte der drei Ebenen mit einer solchen vierten Ebene einschlieſsen, sind die Winkel der verschiedenen Raumecken zwischen den drei Ebenen; folglich gilt von den Raumecken Alles, was von diesen Winkeln gilt (§. 443.); mithin folgendes:

Erstlich. Wenn die beiden Schenkel-Ebenen parallel sind, so ist

I. *die Summe der Seiten-Raumecken und der innern und äuſsern Gegen-Raumecken gleich zwei rechten Raumecken und die innern und äuſsern Wechsel-Raumecken sind gleich* (§. 21. I.).

II. *Zwei Ebenen, die mit einer dritten parallel sind, sind mit einander parallel* (§. 21. II.).

Zwei-

Zweitens. I. *Ebenen, die mit einer dritten, welche sie in Parallelen schneiden, an einerlei Seite gleiche Raumecken einschliefsen, sind parallel und begegnen sich nirgends* (§. 21. I.).

II. *Parallele Ebenen schliefsen mit einer dritten, die sie, und zwar nach* (§. 430.), *nothwendig in Parallelen schneiden, gleiche Raumecken ein.*

Drittens. I. *Wenn zwei Schenkel-Ebenen mit der Grund-Ebene, die sie in Parallelen schneiden, an einerlei Seite ungleiche Raum-Ecken einschliefsen, so begegnen sie sich nothwendig irgend wo, und zwar an derjenigen Seite der Grundebene, an welcher die inneren Gegen-Raumecken kleiner als zwei rechte sind; desgleichen, zu Folge* (§. 449.) *nothwendig in einer geraden Linie, die mit den parallelen Durchschnitten in der Grundebene parallel ist* (§. 22. I.).

II. *Wenn zwei Ebenen, die sich schneiden, einer dritten in Parallelen begegnen, und also ihr eigner Durchschnitt, zu Folge* (§. 449.), *mit diesen Parallelen ebenfalls parallel ist, so schliefsen sie mit der Grundebene, an derselben Seite nothwendig ungleiche Raumecken ein, und die inneren Gegen-Raumecken sind kleiner als zwei rechte* (§. 22. II.).

Beweis. Es sei *CA* und *BA* auf dem Durchschnitte *AD* der einen Schenkelebene *AF* mit der Grundebene *AE*, senkrecht, so ist die Ebene *CAB* nach (§. 426. I.), auch auf dem Durchschnitt *BE* der andern Schenkelebene *BF* mit der Grundebene *AE*, senkrecht, weil *BE* mit *AD* nach der Voraussetzung parallel ist, desgleichen auf dem Durchschnitt *CF* der Schenkelebenen selbst, wenn sie sich begegnen, weil dieser Durchschnitt zu Folge (§. 449.) ebenfalls mit *AD* und *BE* parallel ist. Die Ebene *CAB* ist also auf allen drei Durchschnitten der drei Ebenen senkrecht, und folglich sind es auch ihre Durchschnitte *CA*, *CB* und *AB* mit den drei gegebenen Ebenen. Diese Durchschnitte schliefsen also die Winkel der verschiedenen Raumecken ein, welche zwischen den gegebenen Ebenen liegen. Und da nun die Winkel der Raumecken ihr Maafs sind (§. 445. I.), und folglich, was von den Winkeln bewiesen wird, auch von den Raumecken gilt, so finden, wie leicht zu sehen, die obigen Sätze statt.

453.

Lehrsatz. I. *Durch den Durchschnitt einer geraden Linie im Raume mit einer Ebene, sind in dieser Ebene nur zwei gerade Linien möglich, welche mit der gegebenen Linie im Raume* gleiche *Winkel von bestimmter Gröſse machen. Es wird vorausgesetzt, daſs die Linie im Raume auf der Ebene nicht senkrecht steht, weil sonst alle gerade Linien in der Ebene durch den Fuſs des Perpendikels, mit ihm gleiche, nemlich* rechte *Winkel machen* (§. 417. III.).

II. *Die Winkel, welche jene beiden Linien mit denjenigen einschlieſsen, in welchen eine durch die Linie im Raume gehende Ebene, die gegebene Ebene senkrecht schneidet, sind gleich.*

III. *Die Winkel in der Ebene, welche beliebige gerade Linien, die durch den Durchschnitt der Linie im Raume und der Ebene gehen, mit der Linie im Raume machen, sind um so gröſser, je gröſser die Winkel sind, welche sie mit dem Durchschnitt der senkrechten und der gegebenen Ebene einschlieſsen, und umgekehrt.*

IV. *Diejenigen von diesen Winkeln, welche in der durch die Linie im Raume auf der gegebenen Ebene senkrecht stehenden Ebene, zu beiden Seiten der Linie im Raume selbst liegen, sind von allen die* kleinsten *und die* gröſsten, *und diejenigen, welche ein Perpendikel in der gegebenen Ebene auf ihren Durchschnitt mit der senkrechten Ebene, mit der Linie im Raume macht, sind* rechte.

Wenn z. B. AP (Fig. 245.) eine gerade Linie im Raume ist, die die Ebene des Papiers BCP_1K in A schneidet (P_1 liegt im Papier senkrecht unter P), so sind

Erstlich nur zwei Winkel von bestimmter Gröſse, wie $BAP = CAP$, $HAP = IAP$ etc. möglich.

Zweitens ist alsdann $BAP_1 = CAP_1$, $HAP_1 = IAP_1$ etc.

Drittens ist, z. B. wenn $FAP_1 > CAP_1$, $IAP_1 > FAP_1$ ist, $FAP > CAP$ und $IAP > FAP$ etc. und umgekehrt, und

Viertens ist LAP gröſser, und PAP_1 kleiner als alle übrige Winkel, wie CAP, und wenn $MAP_1 = NAP_1 = \varrho$, so ist auch $MAP = NAP = \varrho$.

Beweis von I. Es sey DLF eine Kreislinie in der Ebene des Papiers um den Mittelpunct A mit einem beliebigen Halbmesser AP_1 beschrieben, so ist $AP_1 = AB = AD = AL$ etc. Die Dreiecke BAP, DAP, HAP, LAP, IAP etc., von deren Schenkeln einer jedesmal einer der genannten Halbmesser ist, haben also sämmtlich gleiche Schenkel, denn der zweite Schenkel AP ist allen gemein. Nun können unter diesen Dreiecken nur diejenigen einander gleich seyn, und folglich bei A gleiche Winkel haben, deren dritte Seiten PB, PD, PH, PL, PI etc. etwa ebenfalls gleich sind. Diese dritten Seiten sind aber schräge Linien aus P nach der Ebene des Papiers. Von solchen schrägen Linien sind nur diejenigen gleich, welche sich gleich weit vom Fuſse P_1 des Perpendikels P_1P entfernen (§. 420. 421.), also nur diejenigen, deren Durchschnitte mit der Ebene in irgend einem Kreise, wie BTC, HSI etc. liegen, dessen Mittelpunct P_1 ist. Es können also unter allen den Dreiecken BAP, DAP, HAP etc. nur diejenigen bei A gleiche Winkel haben, deren Seiten AB und AC, AH und AI durch die Durchschnitte der beiden Kreise BP_1C, BTC oder HSI, HP_1I gehen. Zwei Kreise schneiden sich aber nur in zwei Puncten (§. 271.). Also giebt es in der Ebene des Papiers nur zwei gerade Linien, wie AB und AC, AH und AI etc., welche mit AP gleiche Winkel $BAP = CAP$, $HAP = IAP$ etc. von gegebener Gröſse machen; welches das Erste war.

Von II. Ferner sind wegen $BP = CP$, $HP = IP$ und $P_1P = P_1P$, die bei P_1 rechtwinkligen Dreiecke BP_1P und CP_1P, HP_1P und IP_1P gleich. Also ist $BP_1 = CP_1$, $HP_1 = IP_1$, und da $AB = AP_1 = AC = AH = AI$ ist, so ist $BAP_1 = CAP_1$, $HAP_1 = IAP_1$; welches das Zweite war.

Von III. Wenn z. B $FAP_1 > CAP_1$, so ist in den Dreiecken FAP_1 und CAP_1, weil gleiche Seiten einen gröſseren Winkel einschlieſsen $FP_1 > CP_1$ (§. 51. I.). In den bei P_1 rechtwinkligen Dreiecken FP_1P und CP_1P ist aber $FP^2 = FP_1^2 + P_1P^2$ und $CP^2 = CP_1^2 + P_1P^2$, also ist auch $FP > CP$; daher ist in den Dreiecken FAP und CAP, weil ihre übrigen Seiten gleich sind, $FAP > CAP$ (§. 51. II.). Eben so $IAP > FAP$ u. s. w. Wenn umgekehrt z. B. $FAP > CAP$, so ist, wegen $PA = PA$, $CA = FA$, in den Dreiecken FAP und CAP, $FP > CP$

(§. 61. I.); ferner wegen $FP^2 = FP_1^2 + PP_1^2$ und $CP^2 = CP_1^2 + PP_1^2$, auch $FP_1 > CP_1$; folglich in den Dreiecken FAP_1 und CAP_1, $FAP_1 > CAP_1$; eben so $IAP_1 > FAP_1$ etc., welches das **Dritte** war.

Von IV. Da $LAP_1 = 2\varrho$, also größer als alle übrige Winkel CAP_1, FAP_1 etc. ist, so ist, vermöge (III.), LAP größer als alle andere Winkel CAP, FAP etc., und da $PAP_1 = 0$, also kleiner als alle übrige Winkel CAP_1, FAP_1 etc. ist, so ist, ebenfalls vermöge (III.), PAP_1 kleiner als alle übrige Winkel CAP, FAP etc. Ferner ist nach der Voraussetzung NAM auf AP senkrecht, also ist auch die auf der Ebene des Papiers senkrechte Ebene PAP^1 auf MAN senkrecht, folglich ist $MAP = NAP = \varrho$ (§. 417. III.); welches das **Vierte** war.

II. Von den Figuren im Raume, die zum Theil von Ebenen begrenzt sind.

454.

Lehrsatz. *Wenn die Durchschnitte dreier Ebenen, die je zwei die dritte schneiden, nicht parallel sind, so gehen alle drei Durchschnitte, und folglich alle drei Ebenen nothwendig durch einen und denselben Punct.*

Wenn z. B. die Durchschnitte AC, BC und DC der drei Ebenen ACB, BCD und DCA (Fig. 246.) nicht parallel sind, so gehen sie nothwendig durch einen und denselben Punct C.

Beweis. Da z. B. die Durchschnitte AC und DC der beiden Ebenen ACB und DCB mit der Ebene DCA nach der Voraussetzung nicht parallel seyn sollen, so schneiden sie sich nothwendig, und zwar **in der Ebene** DCA, weil sie beide in dieser Ebene liegen. Nun liegen **alle** Puncte des Durchschnitts AC in den beiden Ebenen ACB und DCA, und **alle** Puncte des Durchschnitts DC in den beiden Ebenen BCD und DCA zugleich. Der Punct C also, welcher in AC und DC zugleich sich befindet, liegt in allen drei Ebenen ACB, BCD und DCA zugleich. Er ist also nothwendig einer von denen, die in den beiden Ebenen ACB und BCD

zugleich liegen, folglich nothwendig ein Punct des geradlinigen Durchschnitts *BC* der Ebenen *ACB* und *BCD*. Folglich gehet der Durchschnitt *BC* der Ebenen *ACB* und *BCD* mit den Durchschnitten *AC* und *DC* der Ebenen *ACB* und *BCD* mit der Ebene *ACD* nothwendig durch einen und denselben Punct C. Mithin gehen auch alle drei Ebenen durch einen und denselben Punct.

455.

Anmerkung. Die Durchschnitte von mehr als drei Ebenen, deren je zwei eine dritte schneiden, auch wenn sie nicht parallel sind, gehen nicht alle nothwendig durch einen und denselben Punct. Denn die nicht parallelen Durchschnitte von drei Ebenen gehen zwar alle drei nothwendig durch einen und denselben Punct (§. 454.). Aber auch durch jeden andern Punct der drei Durchschnitte, als den gemeinschaftlichen, können unzählige Ebenen liegen, die mit keiner der übrigen Ebenen parallel sind. Also gehen mehr als drei Ebenen nicht nothwendig durch einen und denselben Punct.

456.

Erklärung. I. *Die zum Theil unbegrenzte Figur, welche drei nicht parallele Ebenen, die nach* (§. 454.) *nothwendig durch einen und denselben Punct gehen, vom ganzen Raum absondern, soll Raum-Dreieck heifsen.* Z. B. *ABDC* (Fig. 246.) ist ein Raum-Dreieck.

II. *Schneiden sich vier, fünf und mehrere, nicht parallele Ebenen in einem und demselben Punct, so dafs also auch ihre Durchschnitts-Linien durch einen und denselben Punct gehen; so soll der zum Theil unbegrenzte Raum, welchen sie vom ganzen Raum absondern, Raum-Viereck, Raum-Fünfeck etc., überhaupt Raum-Vieleck heifsen.* Z. B. *ABDEFGHC* (Fig. 247.) ist ein Raum-Siebeneck.

III. *Die Ebenen, welche ein Raum-Vieleck einschliefsen, wie z. B.* ACB, BCD *etc.* (Fig. 247.) *sollen Seiten-Ebenen des Raum-Vielecks; die Durchschnitte* AC, BC, DC *etc. der Seiten-Ebenen, Kanten oder Scheitel-Linien des Raum-Vielecks; die Winkel* ACB, BCD *etc. in den Seiten Ebenen, zwischen den Kanten, Seiten-Winkel, oder auch kürzer blofs Seiten des Raum-Vielecks; die Winkel der Raum-Ecken* ABCD, BDCE *etc.* (§. 440 II.)

zwischen den Seiten-Ebenen, Raum-Winkel, oder auch kürzer bloſs Winkel des Raum-Vielecks, und der gemeinschaftliche Durchschnitt C der Seiten-Ebenen und Kanten, Scheitel des Raum-Vielecks heiſsen.

IV. *Der Raum selbst, welchen die Seiten-Ebenen eines Raum-Vielecks von dem ganzen Raum absondern, soll Inhalt oder Gröſse des Raum-Vielecks heiſsen.*

A. Von den Raum-Dreiecken.

Von der Gleichheit der Raum-Dreiecke und dem, was sich darauf zunächst bezieht.

457.

Erläuterung. Da durch jede drei Puncte im Raume eine Ebene möglich ist (§. 410.), so kann auch durch drei beliebige Puncte in den drei Kanten eines Raum-Dreiecks eine Ebene liegen, folglich auch durch drei Puncte der Kanten, die beliebig, aber gleich weit, zum Beispiel, alle drei um die Einheit des Maaſses, oder um Eins von dem Scheitel des Dreiecks entfernt sind. Eine solche Ebene, so weit sie von den geraden Linien umschlossen ist, in welchen die Seiten Ebenen des Dreiecks sie schneiden, soll Grund-Ebene des Raum-Dreiecks heiſsen. Wenn also z. B. in (Fig. 248.) $PA = PB = PC = 1$ ist, so ist ABC die Grund-Ebene des Raum-Dreiecks $ABCP$.

458.

Erläuterung. I. *Der Raum, welchen der Inhalt eines Raum-Dreiecks vom ganzen Raum übrig läſst, also der Raum an den entgegengesetzten Seiten-Ebenen eines Raum-Dreiecks, kann ebenfalls als ein Raum-Dreieck betrachtet werden, welches die nemlichen Seiten, Winkel und Kanten, also auch die nemliche Grund-Ebene hat, wie das Haupt-Dreieck. Dieses zweite Dreieck soll, im Gegensatz zum Haupt-Dreiecke,* Supplement *desselben heiſsen. Das Haupt-Dreieck ist also dasjenige, von dessen Inhalt, der zunächst am Scheitel befindliche Theil zwischen den Seiten-Ebenen und der Grund-Ebene (§. 457) liegt. Der Inhalt des Supplements grenzt an die Grund-Ebene nicht.*

II. *Jedes Raum-Dreieck, von dessen Inhalt der zunächst am Scheitel liegende Theil zwischen den Seiten-Ebenen und der Grund-Ebene liegt, soll convex hei-*

ſsen. *Jedes* ***Haupt-Dreieck*** *(I.) ist also convex.* Da das Supplement eines Raum-Dreiecks die nemlichen Seiten, Winkel und Kanten hat, wie das Haupt-Dreieck, so darf man nur convexe Raum-Dreiecke untersuchen.

459.

Lehrsatz. *Die Seiten und Winkel eines Raum-Dreiecks können so klein seyn als man will; aber keine Seite und kein Winkel eines convexen Raum-Dreiecks kann gröſser seyn als zwei rechte.*

Beweis. Eine Seite eines Raum-Dreiecks ist um so kleiner, je kleiner der Winkel ist, den zwei Kanten in einer der Seiten-Ebenen mit einander machen, und diese Winkel können so klein seyn, als man will. Ein Winkel eines Raum-Dreiecks ist um so kleiner, je kleiner die Raumecke ist, welche zwei Seiten-Ebenen des Dreiecks einschlieſsen, und eine solche Raumecke kann so klein seyn als man will. Also können Seiten und Winkel eines Raum-Dreiecks so klein seyn als man will; welches das Erste war.

So lange eine beliebige Seite, z. B. *BPC* (Fig. 249.) eines Raum-Dreiecks, von Null an, nicht gröſser ist als zwei rechte, fällt der Durchschnitt *BC* der Grund-Ebene *ABC* mit der Seite *BPC* immer auf die nemliche Seite der Ebenen *APC* und *BPA*. Also so lange drei Seiten *BPC*, *CPA* und *APB*, von Null an, kleiner sind als zwei rechte, fällt die Grund-Ebene auf die nemliche Seite der Seiten-Ebenen. Ist dagegen eine Seite, z. B. *βPC* gröſser als zwei rechte, so fällt der Durchschnitt *βC*, und folglich die Grund-Ebene auf die andere Seite der Seiten-Ebenen, und das Dreieck ist nicht mehr convex. Eben so wenn die Winkel, welche zwei Seiten-Ebenen mit einer dritten machen, z. B. *APB* und *APC*, von Null an, nicht gröſser sind als zwei rechte, fallen sie auf dieselbe Seite von *BPC*, und folglich die Grund-Ebene ebenfalls immer auf einerlei Seite vom Scheitel. Ist aber einer jener Winkel gröſser als zwei rechte, so fällt die Ebene, zu welcher er gehört, und folglich die Grund-Ebene, auf die entgegengesetzte Seite von *BPC*, und das Dreieck ist nicht mehr convex. Also kann keine Seite und kein Winkel eines convexen Raum-Dreiecks gröſser seyn als zwei rechte Winkel; welches das Zweite war.

460.

Lehrsatz. I. *Das Perpendikel aus dem Scheitel eines Raum-Dreiecks auf die gegenüberliegende Grund-Ebene gehet durch den Eck-Mittelpunct derselben.*

Z. B. wenn PP_1 (Fig. 248.) aus P auf der Grund-Ebene ABC senkrecht steht, so ist $AP_1 = BP_1 = CP_1$.

Beweis. Die drei Dreiecke APP_1, BPP_1 und CPP_1 sind bei P_1 rechtwinklig, weil PP_1 auf der Ebene ABC senkrecht seyn soll (§. 417. III.). Ferner ist nach der Voraussetzung $AP = BP = CP$ (§. 457.). Desgleichen ist PP_1 allen drei Dreiecken gemein; folglich sind, aufser dem rechten Winkel, zwei Seiten in dem einen Dreieck so grofs als in dem andern. Mithin sind die Dreiecke einander gleich, und folglich ist $AP_1 = BP_1 = CP_1$.

II. *Das Perpendikel auf die Grund-Ebene eines Raum-Dreiecks durch den Eck-Mittelpunct desselben geht nothwendig durch den Scheitel des Raum-Dreiecks.*

Z. B. wenn ABC (Fig. 248.) die Grund-Ebene des Raum-Dreiecks $ABCP$ und P_1 ihr Eck-Mittelpunct ist, so liegt der Scheitel P des Raum-Dreiecks nothwendig in dem Perpendikel PP_1 auf ABC durch P_1.

Beweis. Gesetzt der Scheitel des Raum-Dreiecks läge aufserhalb des Perpendikels PP_1, etwa in Q, so träfe ein Perpendikel QQ_1 aus Q auf ABC die Ebene ABC nicht in P_1, sondern aufserhalb P_1, etwa in Q_1, weil sonst auf die Ebene ABC, durch den Punct P_1, zwei Perpendikel PP_1 und PQ_1 möglich wären, was nicht der Fall ist (§. 418. II.). Nun ist der Punct Q_1, in welchem ein Perpendikel aus dem Scheitel eines Raum-Dreiecks der Grund-Ebene begegnet, der Eck-Mittelpunct dieser Ebene (I.). Läge also der Scheitel des Raum-Dreiecks nicht in dem Perpendikel, der die Grund-Ebene in ihrem Eck-Mittelpunct P_1 trifft, so müfste die Grund-Ebene nothwendig noch einen zweiten Eck-Mittelpunct Q_1 haben. Da dieses nicht der Fall ist (§. 66.), so kann auch der

Scheitel nicht aufserhalb des Perpendikels PP_1 liegen, sondern mufs sich in demselben befinden.

461.

Lehrsatz. *Drei Ebenen, die auf den drei Kanten eines Raum-Dreiecks senkrecht stehen, können weder in einander fallen noch parallel seyn. Sie schneiden sich vielmehr nothwendig, in drei auf den Seiten-Ebenen des gegebenen Raum-Dreiecks senkrechten geraden Linien und in einem und demselben Puncte, und schliefsen folglich ein Raum-Dreieck ein.*

Beweis. Es sey auf der in der Seiten-Ebene *APC* liegenden Kante *AP* des Raum-Dreiecks *ABCP* (Fig. 250.) die Ebene *DAF* durch einen beliebigen Punct *A* senkrecht, so steht jede gerade Linie in dieser Ebene durch *A*, auf *AP* senkrecht (§. 417. III.), folglich auch der Durchschnitt *AF* der beiden Ebenen *APC* und *DAF*. Es sey ferner auf der andern, in der Seiten-Ebene *APC* liegenden Kante *CP* des Raum-Dreiecks, die Ebene *ECF* senkrecht, so steht, auf dieselbe Weise, ihr Durchschnitt *CF* mit der Ebene *APC* auf *PC* senkrecht. Diese beiden Durchschnitte *AF* und *CF* können aber weder parallel seyn noch zusammenfallen. Denn wären sie parallel wie z. B. *CK* und *AF*, so wäre *CK* auf *AP* und auf *CP* zugleich senkrecht, welches nicht möglich ist. Fielen sie zusammen, so wäre der Winkel *AFC* gleich zwei rechten, welches ebenfalls nicht möglich ist, weil die Winkel bei *A* und *C* rechte sind und also in dem Viereck *APCF* der Winkel *APC* Null seyn müfste. Die durch *AF* und *CF* gehenden, auf den beiden Kanten *AP* und *CP* senkrechten Ebenen *DAF* und *ECF* können also ebenfalls weder parallel seyn, noch zusammenfallen, sondern sie schneiden sich nothwendig, und zwar in einer auf der Ebene *APC* senkrechten geraden Linie *FX*, weil sie beide auf der Ebene *APC* senkrecht stehen (§. 447. II.).

Eben so verhält es sich mit den auf zwei andern Kanten des Raum-Dreiecks senkrechten Ebenen.

Die drei auf den Kanten des gegebenen Raum-Dreiecks senkrechten Ebenen können also weder in einander fallen noch parallel seyn. Sie schneiden sich vielmehr in geraden Linien, die auf den Seiten-Ebenen des Dreiecks, also auf Ebenen, welche einander begegnen, senkrecht stehen, mithin ebenfalls nicht parallel sind (§. 426. II.). Daher schneiden sich die drei Ebenen, so wie ihre Durchschnitte, zu Folge (454.) in einem und demselben Puncte *X*, und schliefsen folglich ein Raum-Dreieck *DEFX* ein.

462.

Erklärung. Das Raum-Dreieck, welches beliebige, auf den drei Kanten eines gegebenen Raum-Dreiecks senkrechte Ebenen, nach (§. 461.), *einschliefsen, soll Polar-Dreieck des gegebenen heifsen.* Z. B. wenn in (Fig. 250.) die Ebenen *DAFX*, *EBDX* und *FCEX* durch *A*, *B* und *C* auf den Kanten *AP*, *BP* und *CP* des Raum-Dreiecks *ABCP* senkrecht sind, so soll das Raum-Dreieck *DFEX*, welches sie einschliefsen, Polar-Dreieck des gegebenen heifsen.

463.

Lehrsatz. I. *Die Seiten des Polar-Dreiecks eines gegebenen Raum-Dreiecks sind die Supplemente der Winkel des gegebenen Raum-Dreiecks.*

II. *Die Winkel des Polar-Dreiecks sind die Supplemente der Seiten des gegebenen Raum-Dreiecks.*

III. *Das gegebene Dreieck ist umgekehrt das Polar-Dreieck seines Polar-Dreiecks.*

Beweis von I. Es sey *DEFX* (Fig. 250.) ein Polar-Dreieck des gegebenen Raum-Dreiecks *PABC*, so sind seine Seiten-Ebenen *XDAF*, *XDBE* und *XECF* auf den Kanten *AP*, *BP* und *CP* des gegebenen Dreiecks senkrecht (§. 462.). Also sind auch *DA* und *FA* auf *AP*; *DB* und *EB* auf *BP* und *EC* und *FC* auf *CP* senkrecht. Folglich sind *DAF*, *EBD* und *FCE*, zu Folge (§. 440. II.), die Winkel der Raum-Ecken, folglich die Winkel des gegebenen Raum-Dreiecks selbst (§. 456. III.); hingegen *DXF*, *EXD* und *FXE* sind die Winkel zwischen den Kanten des Polar-Dreiecks in seinen Seiten-Ebenen, folglich die Seiten des Polar-Dreiecks (§. 456. III.). Nun sind z. B. in dem Viereck *ADXF* die beiden Winkel bei *D* und *F* rechte; denn die Durchschnitte *FX* und *DX* der auf *APC* und *APB* senkrechten Ebenen *ADXF*, *CEXF* und *ADXF*, *BDXE* sind auf den Ebenen *APC* und *APB*, folglich auch auf *AF* und *AD* senkrecht. Die beiden übrigen Winkel des Vierecks *ADXF* sind also zusammen ebenfalls zwei rechten gleich, und folglich ist je einer dieser beiden Winkel das Supplement des andern. Eben so verhält es sich in den Vierecken *XDBE* und *XECF*. Die Winkel *DAF*, *EBD* und *FCE* sind aber, wie vorhin gezeigt, die Winkel des gegebenen Raum-Dreiecks, und *DXF*, *EXD* und *FXE* sind die Seiten des Polar-Dreiecks. Also sind die Seiten des Polar-Dreiecks die Supplemente der Winkel des gegebenen Raum-Dreiecks; welches das Erste war.

Von II. Da die Kanten *FX*, *DX* und *EX* des Polar-Dreiecks, wie vorhin bemerkt, auf den Seiten-Ebenen *APC*, *BPA* und *CPB* des gegebenen Raum-Dreiecks senkrecht stehen, so sind auch umgekehrt *AF* und *CF* auf *FX*; *AD* und *BD* auf *DX*, und *BE* und *CE* auf *EX* senkrecht; folglich sind die in den Ebenen *APC*, *BPA* und *CPB* liegenden Winkel *AFC*, *BDA* und *CEB* die Winkel des Polar-Dreiecks; die in den nemlichen Ebenen liegenden Winkel *APC*, *BPA* und *CPB* hingegen sind die Seiten des gegebenen Raum-Dreiecks. Nun sind z. B. in dem Viereck *APCF* die beiden Winkel bei *A* und *C* rechte; also beträgt die Summe der beiden übrigen Winkel bei *P* und *F* ebenfalls zwei rechte, und folglich ist je einer dieser Winkel das Supplement des andern. Eben so verhält es sich in den Vierecken *BPAD* und *CPBE*. Die Winkel *AFC*, *BDA* und *CEB* sind aber, wie vorhin gezeigt, die Winkel des Polar-Dreiecks, und die Winkel *APC*, *BPA* und *CPB* sind die Seiten des gegebenen Raum-Dreiecks. Also sind die Winkel des Polar-Dreiecks die Supplemente der Seiten des gegebenen; welches das Zweite war.

Von III. Die Kanten *XD*, *XE* und *XF* des Polar-Dreiecks, stehen, wie vorhin bewiesen, auf den Seiten-Ebenen *APB*, *BPC* und *CPA* des gegebenen Dreiecks senkrecht, also auch umgekehrt diese Ebenen auf jenen Kanten. Folglich ist das gegebene Dreieck umgekehrt das Polar-Dreieck seines eigenen Polar-Dreiecks.

464.

Zusätze. I. *Da die Seiten-Ebenen der Polar-Dreiecke eines gegebenen Raum-Dreiecks durch beliebige Puncte ihrer Kanten gehen können, so giebt es unzählige Polar-Dreiecke eines und desselben gegebenen Raum-Dreiecks, welche aber alle, in der nemlichen Aufeinanderfolge, einerlei Seiten und Winkel, haben, weil ihre Seiten immer die Supplemente der Winkel, und die Winkel die Supplemente der Seiten des gegebenen Raum-Dreiecks sind.*

II. *Da die Seiten-Ebenen der verschiedenen Polar-Dreiecke* parallel *sind, indem sie alle auf denselben geraden Linien, nemlich auf den Kanten des gegebenen Raum-Dreiecks senkrecht stehen, so folgt, daſs ein Raum-Dreieck, welches von beliebigen, mit den Seiten-Ebenen eines gegebenen Raum-Dreiecks* parallelen *Ebenen eingeschlossen ist, immer die nemlichen Seiten und Winkel hat.*

III. *Wenn zwei Raum-Dreiecke, in der nemlichen Aufeinanderfolge, die nemlichen Seiten und Winkel haben, so haben auch alle ihre* Polar-Dreiecke *unter einander die nemlichen Seiten und Winkel, und umgekehrt;* denn die Seiten aller Polar-Dreiecke sind die Supplemente der Winkel, und die Winkel der Polar-Dreiecke die Supplemente der Seiten der gegebenen Dreiecke, und umgekehrt.

465.

Erklärung. Dasjenige Polar-Dreieck eines gegebenen Raum-Dreiecks, dessen Seiten-Ebenen die Kanten des gegebenen Dreiecks in gleichen *Entfernungen von seinem Scheitel durchschneiden, also durch die Ecken der* Grund-Ebene *des gegebenen Raum-Dreiecks gehen, soll* Haupt-Polar-Dreieck *heiſsen*, z. B. wenn in (Fig. 250.) $AP = BP = CP$ ist, so soll das Polar-Dreieck $XDEF$ Haupt-Polar-Dreieck des Raum-Dreiecks $ABCP$ heiſsen.

466.

Lehrsatz. Die gerade Linie, welche die Scheitel eines beliebigen Raum-Dreiecks und seines Haupt-Polar-Dreiecks *(§. 465.) verbindet, geht durch den* Eck-Mittelpunct *der* Grund-Ebene *des* gegebenen *Raum-Dreiecks und steht auf dieser Ebene senkrecht.*

Beweis. Es sey in (Fig. 250.) $XDEF$ das Haupt-Polar-Dreieck des Raum-Dreiecks $ABCP$, so daſs $AP = BP = CP$. Nun sind z. B. wegen $AP = CP$, und weil PF sich selbst gleich ist, die rechtwinkligen Dreiecke APF und CPF einander gleich. Also ist $AF = CF$. Auf dieselbe Weise ist, wie leicht zu sehen, $AD = DB$ und $BE = CE$. Also ist z. B. in den rechtwinkligen Dreiecken AFX und CFX, $AF = CF$ und $FX = FX$. Also ist $AX = CX$. Auf dieselbe Weise ist $CX = BX$. Also ist $AX = BX = CX$. Daher ist der Scheitel X des Haupt-Polar-Dreiecks von den Ecken A, B und C der Grund-Ebene

ABC des gegebenen Raum-Dreiecks gleich weit entfernt, eben wie der Scheitel *P* des gegebenen Raum-Dreiecks. Ein Perpendikel aus *X* auf die Grund-Ebene begegnet derselben also in einem Puncte der gleich weit von ihren Ecken entfernt und folglich der Eck-Mittelpunct der Grund-Ebene ist (§. 420. I.). Eben so verhält es sich mit dem Perpendikel aus dem Scheitel *P* des gegebenen Raum-Dreiecks auf die Grund-Ebene (§. 460.). Also fallen die Perpendikel aus dem Scheitel des gegebenen Raum-Dreiecks und aus dem Scheitel seines Haupt-Polar-Dreiecks auf die Grund-Ebene, in eine und dieselbe grade Linie, welche durch den Eck-Mittelpunot der Grund-Ebene geht.

467.

Lehrsatz. *Raum-Dreiecke, von gleichen Seiten und gleichen Winkeln begrenzt, können zweierlei Gestalt haben.*

Beweis. Wenn die Seiten-Ebenen der beiden Raum-Dreiecke *ABCP* und $\alpha\beta\gamma P$ (Fig. 251.) zwischen einerlei Ebenen, und folglich ihre Kanten in geraden Linien liegen, nemlich

APC und $\alpha P\gamma$ in einer und derselben Ebene,
BPA und $\beta P\alpha$ in einer und derselben Ebene,
CPB und $\gamma P\beta$ in einer und derselben Ebene, und folglich
AP und αP in gerader Linie,
BP und βP in gerader Linie,
CP und γP in gerader Linie,

so haben die beiden Raum-Dreiecke *ABCP* und $\alpha\beta\gamma P$ offenbar beide die nemlichen Seiten und Winkel; denn ihre Seiten sind gleiche Scheitelwinkel, und ihre Winkel die Winkel von einerlei Raum-Ecken. Dennoch können die beiden Raum-Dreiecke verschiedene Gestalt haben, so dafs ihre Grenzen nicht in einander fallen. Man lege z. B. die Seite $\alpha P\gamma$ des Raum-Dreiecks $\alpha\beta\gamma P$ in die gleiche Seite *APC* des Raum-Dreiecks *ABCP*, so müfsten, wenn die Raum-Dreiecke nothwendig gleiche Gestalt hätten, die übrigen Seiten auch nothwendig in einander treffen. Die Ebene $\alpha P\gamma$ kann aber auf zweierlei Art in die Ebene *APC* gelegt werden, nemlich entweder der Schenkel αP in den Schenkel *AP* und der Schenkel γP in den Schenkel *CP*, oder der Schenkel αP in den Schenkel *CP* und der Schenkel γP in den Schenkel *AP*. In beiden Fällen treffen die beiden Schenkel in einander, weil die Winkel $\gamma P\alpha$ und CPA, als Scheitelwinkel, gleich sind. Im ersten Fall aber fällt β, weil es unter der Ebene $\alpha\gamma P$ liegt, auch offenbar unter die Ebene ACP, während B über der Ebene ACP liegt. Also fallen alsdann die andern beiden Seiten-Ebenen des Raum-Dreiecks $\alpha\beta\gamma P$ nicht in diejenigen des Dreiecks $ABCP$, und folglich die Raum-Dreiecke nicht in einander. Im zweiten Falle fällt zwar β über die Ebene ACP, wo auch B liegt; aber da α in C gelegt wird, so fällt die Seiten-Ebene $\alpha\beta P$ rechterhand der Ebene APC, während ABP links liegt, und die Seiten-Ebene $\beta\gamma P$ links, während BCP rechts liegt. Sind also die beiden Seiten-Ebenen $\alpha\beta P$ und $\beta\gamma P$, so wie ABP und BCP, nicht etwa einander gleich, so fällt offenbar die Kante βP nicht nothwendig in die Kante BP, und folglich können die beiden Raum-Dreiecke wiederum verschiedene Gestalt haben. Zwei Raum-Dreiecke können also verschiedene Gestalt haben, obgleich ihre Seiten und Winkel gleich sind.

468.

Erklärung. Zwei Raum-Dreiecke welche gleiche Seiten und Winkel, aber verschiedene Gestalt haben, sollen symmetrisch *heißen.*

469.

Zusatz I. *Die Verschiedenheit der Gestalt symmetrischer Raum-Dreiecke besteht darin, daß die Aufeinanderfolge der Seiten und der Winkel in dem einen, der in dem andern entgegengesetzt ist.* Z. B. in dem Raum-Dreieck $ABCP$ (Fig. 251.) folgt, wenn man, von der Ebene CPA ab, die Richtung von der Linken zur Rechten nimmt, auf die Ebene CPA zuerst die Ebene APB, und auf diese die Ebene BPC: in dem mit $ABCP$ symmetrischen Raum-Dreieck $\alpha\beta\gamma P$ hingegen folgt auf die Ebene $\gamma P\alpha$ in der Richtung von der Rechten zur Linken zuerst die Ebene $\alpha P\beta$ und dann die Ebene $\beta P\gamma$; also ist die Aufeinanderfolge der gleichen Ebenen in dem einen Dreieck der in dem andern entgegengesetzt.

II. *Da die Seiten und Winkel von Polar-Dreiecken immer die Supplemente der Winkel und Seiten der zugehörigen Raum-Dreiecke sind* (§. 463.) *so sind die Polar-Dreiecke symmetrischer Raum-Dreiecke ebenfalls symmetrisch.*

470.

Lehrsatz. I. *Wenn zwei Seiten eines Raum-Dreiecks gleich sind, so sind es auch die gegenüber liegenden Winkel.*

Z. B. Wenn in (Fig. 252. I., II. und III.) *APC* = *BPC*, so sind auch die Winkel des Raum-Dreiecks *ABCP*, den Seiten *APC* und *BPC* gegenüber, also an den Kanten *BP* und *AP*, einander gleich.

In (Fig. 252. I.) haben die gleichen Seiten spitze Winkel und auch die dritte Seite ist spitz.

In (Fig. 252. II.) haben die gleichen Seiten stumpfe Winkel und die dritte Seite ist spitz, und in (Fig. 252. III.) haben die gleichen Seiten stumpfe Winkel und auch die dritte Seite ist stumpf; welches die möglichen Fälle sind.

Beweis. Es sey durch einen beliebigen Punct *C* der zwischen den gleichen Seiten des Raum-Dreiecks liegenden Kante *CP* eine gerade Linie CC_1 auf der dritten Seiten-Ebene des Raum-Dreiecks, *APB*, senkrecht, auch *AP* = *BP* = *CP*. Durch den Fuſs C_1 des Perpendikels CC_1 lege man in der Ebene *APB* die geraden Linien C_1D und C_1E auf *AP* und *BP* senkrecht, so sind auch die geraden Linien *CD* und *CE* in den Ebenen *APC* und *BPC* durch den Punct *C* des Perpendikels CC_1 und durch die nemlichen Puncte *D* und *E* von *AP* und *BP* auf *AP* und *BP* senkrecht (§. 423.). Also sind CDC_1 und CEC_1 in (Fig. 252. I.) die Winkel des Raum-Dreiecks an den Kanten *AP* und *BP*, und in (Fig. 252. II. und III.) die Supplemente derselben (§. 440. II.). Es ist aber in den rechtwinkligen Dreiecken *PDC* und *PEC*, weil *PC* = *PC* und nach der Voraussetzung $DPC_1 = EPC_1$ ist, *DC* = *EC*. Auſserdem ist $CC_1 = CC_1$. Also sind die rechtwinkligen Dreiecke CC_1D und CC_1E und folglich die Winkel CDC_1 und CEC_1, mithin die Winkel der Raum-Dreiecke an den Kanten *AP* und *BP*, den gleichen Seiten gegenüber, gleich.

II. *Wenn zwei Winkel eines Raum-Dreiecks gleich sind, so sind es auch die gegenüber liegenden Seiten.*

Z. B. Wenn in (Fig. 252. I., II., III.) die Winkel des Raum-Dreiecks *ABCP*, an den Kanten *AP* und *BP*, gleich sind, so sind es auch die gegenüber liegenden Seiten *BPC* und *APC*.

In (Fig. 252. I.) sind die gleichen Winkel des Raum-Dreiecks spitz, und die dazwischen liegende Seite ist es auch. In (Fig. 252. II.) sind die gleichen Winkel des Raum-Dreiecks stumpf und die dazwischen liegende Seite ist spitz. In (Fig. 252. III.) sind die gleichen Winkel des Raum-Dreiecks stumpf und die dazwischen liegende Seite ist es auch; welches die möglichen Fälle sind.

Beweis. Es sey, wie in (I.), C_1C auf der Ebene *APB* und C_1D auf *AP*, C_1E auf *BP* senkrecht, so daſs, wie in (I.), auch *CD* auf *AP* und *CE* auf *BP* senkrecht ist und C_1DC und C_1EC die Winkel des Raum-Dreiecks an den Kanten *AP* und *BP*, oder ihre Supplemente sind, so ist in den rechtwinkligen Dreiecken C_1CD und C_1CE, weil die Winkel C_1DC und C_1EC gleich groſs vorausgesetzt werden, $C_1DC = C_1EC$, nächst $C_1C = C_1C$. Also sind die Dreiecke gleich, und folglich ist $CD = CE$. Mithin ist in den rechtwinkligen Dreiecken *CDP* und *CEP*, $CD = CE$ nächst $CP = CP$. Also sind auch diese Dreiecke und folglich die Winkel *CPD* und *CPE*, das heiſst die Seiten des Raum-Dreiecks, den gleichen Winkeln gegenüber, gleich.

471.

Zusatz. *Aus (§. 470.) folgt, daſs wenn die drei Seiten eines Raum-Dreiecks einander gleich sind, daſs auch die Winkel gleich sind, und daſs, wenn die Winkel gleich sind, auch die Seiten es sind; oder daſs gleichseitige Raum-Dreiecke auch gleichwinklig, und gleichwinklige Raum-Dreiecke auch gleichseitig sind.*

472.

Lehrsatz. *Zwei Seiten jedes Raum-Dreiecks sind zusammengenommen gröſser als die dritte.*

Z. B. In (Fig. 253.) ist $APC + BPC > APB$.

Beweis. Wenn die dritte Seite nicht die gröſste von allen dreien ist, so ist schon eine der andern beiden

den Seiten allein gröſser als sie. Also sind die anderen beiden zusammen um so mehr gröſser als die dritte.

Wenn die dritte Seite APB die gröſste von allen dreien ist, so sey in der Ebene APB, z. B. $APD = APC$, ADB eine willkürliche gerade Linie, welche AP und BP, und folglich die dazwischen liegende DP schneidet, und $CP = DP$. Alsdann ist in den Dreiecken APD und APC, $APD = APC$, $CP = DP$ und $AP = AP$. Folglich sind die Dreiecke gleich, und es ist $AD = AC$. Nun ist in dem Dreieck ACB, $AC + CB > AB$ (§. 49.), oder $AC + CB > AD + DB$, folglich, weil, wie vorhin bewiesen, $AD = AC$ ist, $CB > DB$. Also ist in den beiden Dreiecken CPB und DPB, $CP = DP$, $BP = BP$ und $CB > DB$. Also ist $CPB > DPB$ (§. 51. II.), folglich, weil $APC = APD$ war, $APC + BPC > APD + DPB$, oder $APC + BPC > APB$; was zu beweisen war.

Der Beweis bleibt offenbar der nemliche, wenn auch die Seiten und Winkel des Dreiecks stumpf sind.

473.

Lehrsatz. Zwei Winkel jedes Raum-Dreiecks sind zusammen kleiner, als die Summe von zwei rechten und dem dritten.

Beweis. Man bezeichne die Winkel eines Raum-Dreiecks durch α, β und γ, so sind die Seiten seiner Polar-Dreiecke, zu Folge (§. 463. I.) $2\varrho - \alpha$, $2\varrho - \beta$ und $2\varrho - \gamma$. Nun ist, zu Folge (§. 472.), in jedem Raum-Dreiecke, also auch in dem Polar-Dreiecke, die Summe zweier Seiten gröſser als die dritte. Also ist z. B. $2\varrho - \alpha + 2\varrho - \beta > 2\varrho - \gamma$ woraus, $\alpha + \beta < \gamma + 2\varrho$ folgt, das heiſst, die Summe zweier Winkel des gegebenen Dreiecks ist kleiner als die dritte, mit zwei rechten zusammen; wie behauptet wird.

474.

Lehrsatz. Wenn in einem Raum-Dreieck eine Seite so groſs ist als in einem anderen, und auch einer der anliegenden Winkel ist in beiden der nemliche, der andere aber ist im zweiten gröſser als im ersten, oder auch beide anliegende Winkel sind im zweiten gröſser als im ersten, so ist in beiden Fällen die Summe der beiden andern Seiten im zweiten Dreieck gröſser als im ersten. Z. B. In den beiden Raum-Dreiecken $ABCP$ und $ABDP$, (Fig. 254.) ist $APD + BPD > APC + BPC$, und in den beiden

Raum-Dreiecken $ABCP$ und $ABEP$ (Fig. 255.) ist $APE + BPE > APC + BPC$.

Beweis. Zufolge (§. 470.) ist in dem Raum-Dreiecke $CBDP$, (Fig. 254. und 255.) $CPD + BPD > BPC$, also wenn man APC beiderseits hinzuthut, $APC + CPD + BPD > APC + BPC$, oder weil $APC + CPD = APD$ ist, $APD + BPD > APC + BPC$; welches das Erste war.

Auf dieselbe Weise ist (Fig. 255.) $APE + BPE > APD + BPD$, also da $APD + BPD > APC + BPC$ war, um so mehr $APE + BPE > APC + BPC$; welches das Zweite war.

475.

Lehrsatz. Wenn in einem Raum-Dreiecke ein Winkel so groſs ist als in einem andern und auch eine der anliegenden Seiten ist in beiden die nemliche, die andere anliegende Seite aber ist im zweiten kleiner als im ersten, oder auch beide anliegende Seiten sind im zweiten kleiner als im ersten, so ist in beiden Fällen die Summe der beiden andern Winkel im zweiten Dreieck kleiner als im ersten.

Beweis. Man bezeichne
die Winkel eines Raum-Dreiecks durch α_1, β_1 γ_1,
die gegenüber liegenden Seiten durch a_1, b_1, c_1,
die Winkel eines andern Raum-Dreiecks durch α_2, β_2, γ_2,
seine Seiten durch a_2, b_2, c_2,
die Seiten der zugehörigen Polar-Dreiecke durch A_1, B_1, C_1, A_2, B_2, C_2,
die Winkel derselben durch $\mathfrak{A}_1$, $\mathfrak{B}_1$ $\mathfrak{C}_1$; $\mathfrak{A}_2$, $\mathfrak{B}_2$, $\mathfrak{C}_2$:
so ist, zufolge (§. 463. I. II.),

$$A_1 = 2\varrho - \alpha_1, \quad A_2 = 2\varrho - \alpha_2,$$
$$B_1 = 2\varrho - \beta_1, \quad B_2 = 2\varrho - \beta_2,$$
$$C_1 = 2\varrho - \gamma_1, \quad C_2 = 2\varrho - \gamma_2,$$
$$\mathfrak{A}_1 = 2\varrho - a_1, \quad \mathfrak{A}_2 = 2\varrho - a_2,$$
$$\mathfrak{B}_1 = 2\varrho - b_1, \quad \mathfrak{B}_2 = 2\varrho - b_2,$$
$$\mathfrak{C}_1 = 2\varrho - c_1, \quad \mathfrak{C}_2 = 2\varrho - c_2,$$

Nun ist in jedem Raum-Dreieck, also auch in den Polar-Dreiecken, zu Folge (§. 474.), wenn z. B. die Seiten $A_2 = A_1$ und zugleich die Winkel $\mathfrak{B}_2 = \mathfrak{B}_1$, oder $\mathfrak{B}_2 > \mathfrak{B}_1$, nebst $\mathfrak{C}_2 > \mathfrak{C}_1$ sind, $B_2 + C_2 > B_1 + C_1$. Setzt man in diese Bedingungen die obigen Ausdrücke von A_1, A_2, $\mathfrak{B}_1$, $\mathfrak{B}_2$, $\mathfrak{C}_1$, $\mathfrak{C}_2$, so findet man, daſs, wenn $2\varrho - \alpha_2 = 2\varrho - \alpha_1$, und zugleich
$2\varrho - b_2 = 2\varrho - b_1$, oder

$$2\varrho-b_2>2\varrho-b_1, \text{ nebst}$$
$$2\varrho-c_2>2\varrho-c_1 \text{ ist, dafs alsdann}$$
$$2\varrho-\beta_2+2\varrho-\gamma_2>2\varrho-\beta_1+2\varrho-\gamma_1,$$

das heifst, dafs wenn $\alpha_2=\alpha_1$ und zugleich $b_2=b_1$ oder $b_2<b_1$, nebst $c_2<c_1$ ist, dafs alsdann $\beta_2+\gamma_2<\beta_1+\gamma_1$ ist; welches den Satz ausdrückt.

476.

Lehrsatz. I. *In jedem Raum-Dreieck liegt dem gröfseren Winkel die gröfsere Seite gegenüber.*

Z. B. wenn in dem Raum-Dreieck *ABCP* (Fig. 254.) der Winkel an der Kante *AP* gröfser ist als der Winkel an der Kante *BP*, so ist $BPC>APC$.

Beweis. Man lege die Ebene *GPA* durch *AP* so, dafs sie mit der Ebene *APB* den nemlichen Winkel macht, wie die Ebene *CPB*, und folglich zwischen die Ebenen *CPA* und *BPA* fällt. Sie schneidet alsdann die Ebene *CPB* nothwendig, und schliefst mit ihr und der Ebene *APB* ein Raum-Dreieck ein, dessen Winkel an der Grund-Ebene *APB* einander gleich sind. Die Seiten dieses Raum-Dreiecks, den gleichen Winkeln gegenüber, sind, zu Folge (§. 470. II.), ebenfalls gleich. Also ist $GPA=GPB$. Die Ebene *GPA* schliefst aber mit den Ebenen *GPC* und *CPA* noch ein zweites Raum-Dreieck *ACGP* ein. In demselben ist, zu Folge (§. 472.) $GPA+GPC>APC$. Also ist auch, weil $GPA=GPB$ war, $GPB+GPC>APC$, oder $BPC>APC$; was zu beweisen war.

II. *In jedem Raum-Dreieck liegt der gröfseren Seite der gröfsere Winkel gegenüber.*

Z. B. Wenn in dem Raum-Dreiecke *ABCP* (Fig. 254.) $BPC>APC$ ist, so ist der Winkel an der Kante *AP*, der Seite *BPC* gegenüber, gröfser als der Winkel an der Kante *BP*, der Seite *APC* gegenüber.

Beweis. Wäre der Winkel an der Kante *AP* nicht gröfser als der Winkel an der Kante *BP*, so wäre er ihm gleich oder kleiner. Im ersten Fall aber wären, zu Folge (§. 470. II.), auch die gegenüber liegenden Seiten einander gleich, im andern Fall wäre, zufolge (I.), $BPC<APC$. Beides ist der Voraussetzung entgegen. Also kann der Winkel an der Kante *AP*, der gröfseren Seite gegenüber, nur gröfser seyn als der Winkel an der Kante *BP*, der kleineren Seite gegenüber.

Die Beweise bleiben offenbar wieder die nemlichen, wenn auch die Seiten und Winkel der Dreiecke stumpf sind.

477.

Lehrsatz. I. *Wenn in einem Raum-Dreieck zwei Seiten so grofs sind als in einem anderen, der Winkel aber, welchen sie einschliefsen, ist in dem zweiten gröfser als in dem ersten, so ist die dritte Seite in dem zweiten ebenfalls gröfser als in dem ersten.*

Z. B. Wenn in den beiden Raum-Dreiecken *ABCP* und *ABDP* (Fig. 256. I. II. III.), nächst der Seite *APB* = *APB*, die Seiten *BPC* und *BPD* gleich grofs sind, der Winkel an der Kante *BP* aber ist in dem zweiten gröfser als in dem ersten, so ist in allen Fällen *APD* > *APC*.

Beweis. Die dritte Seite *APD* des zweiten Dreiecks kann nur entweder, wie in Fig. I., aufserhalb der Seiten *APC* und *APB* des ersten Dreiecks, oder, wie in Fig. II., mit der Seite *APC* in eine Ebene, oder, wie in Fig. III., zwischen die Seiten *APC* und *APB* fallen.

Im ersten Falle ist, zu Folge (§. 474.), *APD* + *BPD* > *APC* + *BPC*, also, weil nach der Voraussetzung *BPC* = *BPD* seyn soll, *APD* > *APC*.

Im zweiten Falle ist *APD* = *APC* + *CPD*, also ebenfalls *APD* > *APC*.

Im dritten Falle ist, zu Folge (§. 474.), *APE* + *EPC* > *APC*, und *EPB* + *EPD* > *BPD*, folglich auch, wenn man beides zusammennimmt, *APE* + *EPC* + *EPB* + *EPD* > *APC* + *BPD*. Aber *APE* + *EPD* = *APD*, und *EPC* + *EPB* = *BPC*, also *APD* + *BPC* > *APC* + *BPD*. Nun ist nach der Voraussetzung *BPC* = *BPD*. Also ist wiederum *APD* > *APC*.

Folglich ist in allen Fällen *APD* > *APC*.

II. *Wenn in einem Raum-Dreiecke zwei Seiten so grofs sind als in einem anderen, die dritte Seite aber ist in dem zweiten gröfser als in dem ersten, so ist der Winkel, welchen die gleichen Seiten einschliefsen, im zweiten Dreieck ebenfalls gröfser als im ersten.*

Z. B. wenn in (Fig. 256. I. II. III.) nächst *APB* = *APB*, *BPC* = *BPD*, sodann aber *APD* > *APC* ist, so ist der Winkel *DBPA* > *CBPA*.

Beweis. Wäre *DBPA* < *CBPA*, so wäre, zu Folge (I.), nicht *APD* > *APC*, sondern *APD* < *APC*. Wäre

$DBPA = CBPA$, so fielen die Dreiecke ganz in einander, und es wäre wiederum nicht $APD > APC$, sondern $APD = APC$. Es kann also weder $DBPA < CBPA$, noch $DBPA = CBPA$ seyn; folglich ist nothwendig $DBPA > CBPA$.

478.

Lehrsatz. I. *Wenn in einem Raum-Dreieck zwei Winkel so grofs sind als in einem andern, die Seite aber, welche sie einschliefsen, ist in dem zweiten kleiner als in dem ersten, so ist der dritte Winkel in dem zweiten ebenfalls kleiner als in dem ersten.*

Beweis. Man bezeichne die Seiten und Winkel der beiden Dreiecke und ihrer Polar-Dreiecke, wie in dem Beweise von (§. 475.), so ist, zu Folge (§. 477. I.), wenn z. B. in den Polar-Dreiecken der gegebenen Dreiecke $A_2 = A_1$, $B_2 = B_1$ und $\mathfrak{C}_2 > \mathfrak{C}_1$ ist, $C_2 > C_1$. Setzt man hierin die Ausdrücke von A_2, A_1, B_2, B_1, $\mathfrak{C}_2$, $\mathfrak{C}_1$, C_2, C_1, aus dem Beweise von (§. 475.) so findet man, dafs wenn $2\varrho - \alpha_2 = 2\varrho - \alpha_1$, $2\varrho - \beta_2 = 2\varrho - \beta_1$, und $2\varrho - c_2 > 2\varrho - c_1$ ist, dafs dann $2\varrho - \gamma_2 > 2\varrho - \gamma_1$, oder dafs wenn $\alpha_2 = \alpha_1$, $\beta_2 = \beta_1$ und $c_2 < c_1$ ist, dafs dann $\gamma_2 < \gamma_1$ ist; welches den Satz ausdrückt.

II. *Wenn in einem Raum-Dreiecke zwei Winkel so grofs sind als in einem anderen, der dritte Winkel aber ist in dem zweiten kleiner als in dem ersten, so ist die Seite, welche die gleichen Winkel einschliefsen, im zweiten Dreieck ebenfalls kleiner als im ersten.*

Beweis. Man bezeichne die Seiten und Winkel der beiden Dreiecke und ihrer Polar-Dreiecke wie vorhin, so ist, zu Folge (§. 477. II.), wenn z. B. in den Polar-Dreiecken $A_2 = A_1$, $B_2 = B_1$ und $C_2 > C_1$ ist, $\mathfrak{C}_2 > \mathfrak{C}_1$. Setzt man hierin die Ausdrücke von A_2, A_1, B_2, B_1, C_2, C_1, $\mathfrak{C}_2$, $\mathfrak{C}_1$ aus dem Beweise von (§. 475.) so findet man, dafs wenn $2\varrho - \alpha_2 = 2\varrho - \alpha_1$, $2\varrho - \beta_2 = 2\varrho - \beta_1$ und $2\varrho - \gamma_2 > 2\varrho - \gamma_1$ ist, dafs dann $2\varrho - c_2 > 2\varrho - c_1$, oder dafs wenn $\alpha_2 = \alpha_1$, $\beta_2 = \beta_1$ und $\gamma_2 < \gamma_1$ ist, dafs dann $c_2 < c_1$ ist; welches den Satz ausdrückt.

479.

Anmerkung. Die sechs Stücke eines Raum-Dreiecks, nemlich die drei Seiten und die drei Winkel, sind nicht alle zugleich willkürlich, sondern je drei hängen, theils unbedingt, theils bedingt, von den übrigen ab. Drei Stücke eines Raum-Dreiecks sind also bestimmende Stücke, und es sind folgende sechs Fälle möglich.

Die bestimmenden Stücke können seyn:

1. *Drei Seiten.*
2. *Zwei Seiten und der eingeschlossene Winkel.*
3. *Zwei Seiten und ein anliegender Winkel.*
4. *Eine Seite und die beiden anliegenden Winkel.*
5. *Eine Seite, ein anliegender und ein abliegender Winkel.*
6. *Drei Winkel.*

Sind dergleichen bestimmende Stücke in einem Raum-Dreiecke so groſs als in dem anderen, und zwar in gleicher Aufeinanderfolge, so sind die übrigen Stücke, theils unbedingt theils bedingt, ebenfalls, und folglich die Dreiecke selbst gleich; welches folgende Lehrsätze giebt.

480.

Lehrsatz. I. *Wenn die drei Seiten eines Raum-Dreiecks, und zwar in gleicher Aufeinanderfolge, so groſs sind, als die drei Seiten eines anderen, so sind auch die Winkel des ersten Dreiecks den Winkeln des andern, in gleicher Aufeinanderfolge gleich, und die beiden Raum-Dreiecke selbst sind gleich.*

Z. B. wenn in (Fig. 257.) $APB = DQE$, $BPC = EQF$ und $CPA = FQD$ ist, so sind die Raum-Dreiecke $ABCP$ und $DEFQ$, und folglich ihre Winkel gleich.

Erster Beweis. Es sey $AP = BP = CP = DQ = EQ = FQ$, so daſs ABC und DEF die Grund-Ebenen der beiden Raum-Dreiecke sind (§. 457.), so ist $\triangle APB = \triangle DQE$, $\triangle BPC = \triangle EQF$ und $\triangle CPA = \triangle FQD$, weil in je zwei von diesen Dreiecken zwei Seiten und die eingeschlossenen Winkel gleich sind. Also ist $AB = DE$, $BC = EF$ und $CA = FD$. Folglich ist, wegen der drei gleichen Seiten, $\triangle ABC = \triangle DEF$. Man kann also das Dreieck DEF in das Dreieck ABC legen. Nun sey PP_1 aus dem Scheitel P des Raum-Dreiecks $ABCP$ auf seine Grund-Ebene ABC senkrecht, so ist P_1 der Eck-Mittelpunct des Dreiecks ABC (§. 460. I.). Es sey ferner Q_1 der Eck-Mittelpunct der Grund-Ebene DEF des Raum-Dreiecks $DEFQ$, so fällt nothwendig, wenn man das Dreieck DEF in das Dreieck ABC legt, Q_1 in P_1, und es ist $AP_1 = DQ_1 = BP_1 = EQ_1 = CP_1 = FQ_1$, weil jedes Dreieck nur einen Eck-Mittelpunct hat (§. 66.). Der Scheitel jedes Raum-Dreiecks liegt aber in dem Perpendikel auf seine Grund-Ebene durch ihren Eck-Mittelpunct (§. 460. II.); also liegt der

Scheitel *Q* des Raum-Dreiecks *DEFQ* in dem Perpendikel QQ_1 auf *DEF*. Nun fällt Q_1 in P_1, und folglich auch das Perpendikel QQ_1 in das Perpendikel PP_1 weil durch einen und denselben Punct auf eine und dieselbe Ebene nur ein Perpendikel möglich ist (§. 418. II.). Also fällt der Scheitel *Q* nothwendig in das Perpendikel PP_1. Nun ist z. B. in den rechtwinkligen Dreiecken CP_1P und FQ_1Q, $CP_1 = FQ_1$ und nach der Voraussetzung $CP = FQ$. Also ist auch $PP_1 = QQ_1$, und folglich fällt der Scheitel *Q* in den Scheitel *P*. Aufserdem fiel *D* in *A*, *E* in *B* und *F* in *C*, und durch je drei Puncte ist nur eine Ebene möglich. Also fällt die Ebene *DEQ* in die Ebene *ABP*, die Ebene *EFQ* in die Ebene *BCP*, und die Ebene *FDQ* in die Ebene *CAP*. Mithin fallen alle Grenzen der beiden Raum-Dreiecke in einander, und die Dreiecke und ihre Winkel sind gleich.

Zweiter Beweis. Es sey in (Fig. 258.) $APB = DQE$, $BPC = EQF$ und $CPA = FQD$. Man nehme willkürlich $QF = PC$ und lege die Ebenen CAC_1 und CBC_1 auf die Ebene *APB* und die Ebenen F_1DF und F_1EF auf die Ebene *DQE* senkrecht; so sind auch C_1A und *CA* auf *AP*, C_1B und *CB* auf *BP*, F_1D und *FD*, auf *DQ*, und F_1E und *FE* auf *EQ* senkrecht. Die rechtwinkligen Dreiecke *CAP*, *FDQ* und *CPB*, *FEQ* sind gleich, weil aufser den rechten Winkeln, nach der Voraussetzung auch $CPA = FQD$, $BPC = EQF$, $PC = QF$ ist. Also ist $AP = DQ$ und $BP = EQ$; desgleichen $AC = DF$ und $BC = EF$. Da nun nach der Voraussetzung $APB = DQE$, so ist $\triangle APB = \triangle DQE$, und folglich $AB = DE$, desgleichen $PAB = QDE$ und $PBA = QED$, folglich auch, weil die Winkel bei *A*, *B*, *D* und *E* rechte sind, $BAC_1 = EDF_1$ und $ABC_1 = DEF_1$. Also ist, weil $AB = DE$ war, $\triangle ABC_1 = \triangle DEF_1$, mithin $AC_1 = DF_1$ und $BC_1 = EF_1$. Vorhin war $AC = DF$ und $BC = EF$, und die Dreiecke ACC_1, BCC_1, DFF_1 und EFF_1 sind in C_1 und F_1 rechtwinklig. Es sind in denselben zwei Seiten gleich. Folglich sind die Dreiecke gleich, und mithin ist $CC_1 = FF_1$. Legt man nun Q in P, und die Linie DQ in die Linie AP, so fällt, wegen $APB = DQE$, EQ in BP, und wegen $AP = DQ$ und $BP = EQ$, D in A, und E in B; ferner wegen $AC_1 = DF_1$ und $BC_1 = FF_1$, F_1 in C_1, sodann das Perpendikel FF_1 in das Perpendikel CC_1; und wegen $CC_1 = FF_1$, F in C, folglich FQ in CP, und da durch zwei gerade Linien nur, eine Ebene möglich ist, die Ebene FQE in die Ebene CPB, und die Ebene FQD in die Ebene CPA. Die Ebene DQE war in die Ebene APB gelegt: also fallen alle Grenzen der beiden Raum-Dreiecke $ABCP$ und $DEFQ$ in einander, und die Raum-Dreiecke und ihre Winkel sind gleich.

Dritter Beweis. Wären Raum-Dreiecke mit gleichen Seiten, in gleicher Aufeinanderfolge, nicht gleich, so wäre irgend ein Winkel in dem einen gröſser oder kleiner als in dem andern. Gleiche Seiten schlössen also in dem einen Dreieck einen gröſseren oder kleineren Winkel ein, als in dem anderen. In solchem Fall aber wäre, nach (§. 476. I.), die dritte Seite nicht in beiden Dreiecken gleich, sondern ebenfalls gröſser oder kleiner; gegen die Voraussetzung. Also kann kein Winkel in dem einen Dreieck gröſser oder kleiner seyn als in dem andern, zwischen gleichen Seiten; mithin schlieſsen die nemlichen Seiten überall gleiche Winkel ein, folglich sind die Winkel, in gleicher Aufeinanderfolge, in dem einen Dreieck so groſs als in dem anderen, und folglich sind die Dreiecke selbst gleich.

Der zweite Beweis ist nur dann erst ganz vollständig, wenn man die Fälle durchgeht, in welchen die Winkel und Seiten der Raumdreiecke stumpf sind, weil dann die Hülfs-Linien anders liegen. Bei dem ersten Beweise ist dergleichen nicht nöthig. Der Beweis bleibt für alle Fälle, ohne besondere Erläuterung, der nemliche. Es giebt auch noch andere Beweise: sie haben aber gröſstentheils noch mehr Unbequemlichkeiten als der zweite.

II. *Wenn zwei Seiten eines Raum-Dreiecks und der eingeschlossene Winkel so groſs sind, als zwei Seiten und der eingeschlossene Winkel eines andern Dreiecks, in der nemlichen Lage gegen die dritte Seite; so sind auch die übrigen Stücke der beiden Raum-Dreiecke, und die Dreiecke selbst gleich.*

Wenn z. B. in (Fig. 258.) die Seiten-Winkel $APB = DQE$, $APC = DQF$, und die Winkel der Raum-Ecken, welche die Ebenen APB, APC und DQE, DQF einschliefsen, gleich sind; so sind auch die übrigen Stücke der Raum-Dreiecke $ABCP$ und $DEFQ$, und die Dreiecke selbst gleich.

Beweis. Man lege die Linie DQ in AP und Q in P, so fällt, wegen der Gleichheit der Winkel APB und DQE, EQ in BP, desgleichen fällt, weil die Ebenen DQE, DQF und APB, APC, der Voraussetzung nach, gleiche Raum-Ecken einschliefsen, die Ebene DQF in die Ebene APC, und weil die Winkel DQF und APC, der Voraussetzung nach, gleich sind, CP in FQ. Es fällt also EQ in BP und FQ in CP. Es ist aber durch zwei gerade Linien, die sich schneiden, wie FQ, EQ und CP, BP nur eine Ebene möglich; also fällt auch die Ebene FQE in die Ebene CPB. Folglich fallen alle Grenzen des Raum-Dreiecks $DEFQ$ in diejenigen des Dreiecks $ABCP$. Also sind die Dreiecke, und folglich aufser den einander gleich vorausgesetzten Stücken auch die übrigen Stücke, nemlich die Winkel an den Kanten BP, EQ und CP, FQ, nebst den Seiten EQF, BPC gleich.

III. *Wenn in einem Raum-Dreiecke* (Fig. 259.), *dessen Seiten durch* α_1, β_1, γ_1, *und die gegenüberliegenden Winkel durch* a_1, b_1, c_1 *bezeichnet werden mögen, zwei Seiten* γ_1 *und* α_1 *und ein anliegender Winkel* a_1, *der also einer von den beiden Seiten gegenüber liegt, in der nemlichen Aufeinanderfolge, so grofs sind als zwei Seiten* γ_2 *und* α_2, *und ein anliegender Winkel* a_2 *in einem anderen Raum-Dreiecke* (Fig. 259.), *dessen Seiten* α_2, β_2, γ_2 *und dessen Winkel* a_2, b_2, c_2 *seyn mögen, so dafs also* $\gamma_1 = \gamma_2$, $\alpha_1 = \alpha_2$ und $a_1 = a_2$ *ist, so finden folgende Sätze Statt:*

Erstlich

A. Die Dreiecke sind in folgenden Fällen gleich.

α. Sie sind, im Fall die gleichen Winkel spitz, also $a_1 = a_2 < \varrho$, *und zugleich*

a. die daran liegenden Seiten spitz sind, also $\gamma_1 = \gamma_2 < \varrho$ *ist, einander gleich,*

wenn die dem gleichen Winkel gegenüber liegende Seite die gröfsere von beiden, also $\alpha_1 = \alpha_2 > \gamma_1 = \gamma_2$ *ist.*

b. *desgleichen, wenn die an dem gleichen Winkel liegende Seite* stumpf, *also* $\gamma_1 = \gamma_2 > \varrho$ *ist, und*
die ihm gegenüber liegende Seite grösser *ist als das* Supplement *jener, also wenn* $\alpha_1 = \alpha_2 > 2\varrho - \gamma_1 = 2\varrho - \gamma_2$.

β. Sie sind, im Fall der gleiche Winkel stumpf, *also* $a_1 = a_2 > \varrho$ *und*

a. *die daran liegende Seite* spitz, *also* $\gamma_1 = \gamma_2 < \varrho$ *ist, einander gleich,*
wenn die dem gleichen Winkel gegenüber liegende Seite kleiner *als das Supplement jener, also* $\alpha_1 = \alpha_2 < 2\varrho - \gamma_1 = 2\varrho - \gamma_2$ *ist,*

b. *desgleichen, wenn die an dem gleichen Winkel liegende Seite* stumpf, *also* $\gamma_1 = \gamma_2 > \varrho$, *und*
die dem gleichen Winkel gegenüber liegende Seite die kleinere *von beiden gleichen Seiten, also* $\alpha_1 = \alpha_2 < \gamma_1 = \gamma_2$ *ist.*

B. *Zwei Dreiecke, und* nur zwei, *finden mit den nemlichen Stücken in gleicher Aufeinanderfolge statt:*
in den verschiedenen vorigen Fällen, wenn jedesmal statt der zuletzt genannten die entgegengesetzte Bedingung Statt hat.

Zweitens.

Ferner sind die Dreiecke unter allen Umständen *gleich.*

A. *Wenn die beiden gleichen Seiten auch* einander *gleich sind, also wenn* $\gamma_1 = \alpha_1 = \gamma_2 = \alpha_2$ *ist, und*

B. *Wenn der gleiche Winkel ein* rechter, *also* $\gamma_1 = \gamma_2$, $\alpha_1 = \alpha_2$ *und* $a_1 = a_2 = \varrho$ *ist.*

Drittens.

Wenn die gleichen Seiten und die gleichen Winkel rechte *sind, also* $\gamma_1 = \gamma_2 = \varrho$, $\alpha_1 = \alpha_2 = \varrho$ *und* $a_1 = a_2 = \varrho$ *ist, so sind mit den nemlichen Stücken* unzählige verschiedene *Dreiecke möglich.*

Beweis.

Erstlich A *und* B, *α, a.* Es sey (Fig. 260. I.) $\underset{1}{MX}$, in der Ebene des Papiers, auf der geraden Linie *ACB* senkrecht, *MCA* sey eine schiefe Ebene, die die Ebene des Papiers in *CA* schneidet, und mit ihr irgend einen spitzen Winkel $MX\underset{1}{M}$ macht. Der Winkel *MCA* in der schiefen Ebene sey spitz und der Winkel *MCD* oder *MC(D)*, welcher spitz oder stumpf seyn kann, sey grösser als MCA, welches für das Raum-Dreieck $CAMD$ oder $CAM(D)$ die Bedingungen (α. a.) sind; so ist mit den beiden Seiten MCA, MCD oder $MC(D)$ und dem, der letzten gegenüber liegenden Winkel $\underset{1}{M}XM$ nur ein Raum-Dreieck $CAMD$ oder $CAM(D)$ möglich. Denn nach (§. 453. I.) ist nur noch eine zweite gerade Linie $C\delta$ oder $C(\delta)$ durch C möglich, welche mit CM denselben Winkel einschliesst, wie CD oder $C(D)$, und folglich nur noch ein zweites Raum-Dreieck $CAM\delta$ oder $CAM(\delta)$, welches die nemlichen zwei Seiten MCA $= MCA$ und $MCD = MC\delta$ oder $MC(D) = MC(\delta)$ hat, wie $CAMD$ oder $CAM(D)$; der Winkel $\underset{1}{M}C\delta$ oder $\underset{1}{M}C(\delta)$ aber, welchen die Linie $C\delta$ oder $C(\delta)$ in der Ebene des Papiers mit CM macht, ist gleich MCD oder $MC(D)$ (§. 453. II.) Nun ist wegen MCD oder $MC(D) > MCA$, auch $\underset{1}{M}CD$ oder $\underset{1}{M}C(D) > \underset{1}{M}CA$ (§. 453. III.); also ist auch $\underset{1}{M}C\delta$ oder $\underset{1}{M}C(\delta) > \underset{1}{M}CA$; folglich fallen $C\delta$ und CD, oder $C(\delta)$ und $C(D)$ auf entgegengesetzte Seiten von CA, und folglich hat das zweite Raum-Dreieck $CAM\delta$ oder $CAM(\delta)$ nicht mehr $\underset{1}{M}XM$ zum Winkel, sondern sein Supplement. Es ist also dem Raum-Dreieck $CAMD$ oder $CAM(D)$ nicht gleich. Und da nur noch jenes eine zweite Raum-Dreieck möglich ist, so ist mit den nemlichen zwei Seiten MCA, MCD oder $MC(D)$, von welchen MCA spitz und MCD oder $MC(D)$ $> MCA$ vorausgesetzt wird, und dem nemlichen spitzen Winkel $\underset{1}{M}XM$, nur ein Raum-Dreieck möglich, und mithin sind Raum-Dreiecke mit dergleichen Stücken gleich; wie in (Erstlich A. α. a.) behauptet wird.

Ist dagegen z. B. $MCE < MCA$, so fällt eine zweite gerade Linie $C\varepsilon$, welche mit CM denselben Winkel einschliesst wie CE, zwischen CA und $\underset{1}{C}M$. Denn es ist $MC\varepsilon = MCE$ (§. 453. II.), und wegen $\underset{1}{M}CE < MCA$, auch $\underset{1}{M}C\varepsilon < \underset{1}{M}CA$ (§. 453. III.). Es ist also alsdann ein zweites Raum-Dreieck $CAM\varepsilon$, aber auch nur noch ein zweites möglich, welches die nemlichen zwei Seiten $MCA = MCA$, $MC\varepsilon = MCE$ und den nemlichen Winkel $\underset{1}{M}XM = \underset{1}{M}XM$ hat, wie das Raum-Dreieck $CAME$; der Behauptung in (Erstlich B.) gemäss.

a. b. Es sey (Fig. 260. II.) N_1Y, in der Ebene des Papiers, auf der geraden Linie *ACB* senkrecht; *NCA* sey eine schiefe Ebene, die die Ebene des Papiers in *CA* schneidet, und mit ihr irgend einen spitzen Winkel NYN_1 macht. Der Winkel *NCA* in der schiefen Ebene sey stumpf, und der Winkel *NCF* grösser als das Supplement *NCB* des Winkel *NCA*; welches für das Raum-Dreieck *CANF* die Bedingungen (*a. b.*) sind; so ist mit den beiden Seiten *NCA* und *NCF* und dem, der letzten gegenüber liegenden Winkel NYN_1 nur ein Raumdreieck *CANF* möglich. Denn nach (§. 453. I.) ist nur noch eine zweite gerade Linie $C\varphi$ durch *C* möglich, welche mit *CN* denselben Winkel macht wie *CF*, und folglich nur noch ein zweites Raum-Dreieck $CAN\varphi$, welches die nemlichen zwei Seiten $NCA = NCA$, $NC\varphi = NCF$ hat wie *CANF*. Der Winkel $N_1C\varphi$ aber, welchen die Linie $C\varphi$ in der Ebene des Papiers mit *CN* macht, ist gleich N_1CF (§. 453. II.). Nun ist, wegen $NCF > NCB$, auch $N_1CF > N_1CB$ (§. 453. III.), also ist auch $N_1C\varphi > N_1CB$; folglich fallen $C\varphi$ und *CF* auf entgegengesetzte Seiten von *CB*, und folglich hat das zweite Raum-Dreieck $CAN\varphi$ nicht mehr NYN_1 zum Winkel, sondern sein Supplement. Es ist also dem Raum-Dreieck *CANF* nicht gleich, und da nur noch jenes eine zweite Raum-Dreieck möglich ist, so ist mit den nemlichen zwei Seiten *NCA*, *NCF*, von welchen *NCA* stumpf und $NCF > NCB > 2\varrho - NCA$ vorausgesetzt wird, und dem nemlichen spitzen Winkel NYN_1, nur ein Raum-Dreieck möglich, und mithin sind Raum-Dreiecke mit dergleichen Stücken gleich; wie in (Erstlich *a. b.*) behauptet wird.

Ist dagegen z. B. $NCG < NCB < 2\varrho - NCA$, so fällt eine zweite gerade Linie $C\chi$, welche mit *CN* denselben Winkel einschliefst wie *CG*, zwischen *CB* und *CN*. Denn es ist $NC\chi = NCG$ (§. 453. II.), und, wegen $NCG < NCB$, $N_1C\chi < N_1CB$ (§. 453. III.). Es ist also alsdann ein zweites Raum-Dreieck $CAN\chi$, aber auch nur noch ein zweites möglich, welches die nemlichen zwei Seiten $NCA = NCA$, $NC\chi = NCG$, und den nemlichen Winkel NYN_1 hat, wie das

Raum-Dreieck *CANG*; der Behauptung von (Erstlich B.) gemäſs.

β. a. Es sey (Fig. 260. III.) $\underset{1}{M}XZ$, in der Ebene des Papiers, auf der geraden *ACB* senkrecht *MCA* sey eine schiefe Ebene, die die Ebene des Papiers in *CA* schneidet, und mit ihr irgend einen stumpfen Winkel *MXZ* macht. Der Winkel *MCA* in der schiefen Ebene sey spitz, und der Winkel *MCD* oder *MC(D)*, welcher spitz oder stumpf seyn kann, kleiner als das Supplement *MCB* des Winkels *MCA*; welches für das Raum-Dreieck *CAMD* oder *CAM(D)* die Bedingungen (*β. a.*) sind; so ist mit den beiden Seiten *MCA* und *MCD* oder *MC(D)* und dem, der letzten gegenüber liegenden Winkel *MXZ* nur ein Raum-Dreieck *CAMD* oder *CAM(D)* möglich. Denn nach (§. 453. I.) ist nur noch eine zweite gerade Linie *Cδ* oder *C(δ)* durch *C* möglich, welche mit *CM* denselben Winkel einschlieſst, wie *CD* oder *C(D)*, und folglich nur noch ein zweites Raum-Dreieck *CAMδ* oder *CAM(δ)*, welches die nemlichen zwei Seiten *MCA* = *MCA* und *MCD* = *MCδ* oder *MC(D)* = *MC(δ)* hat, wie *CAMD* oder *CAM(D)*. Die Winkel $\underset{1}{M}C\delta$ oder $\underset{1}{M}C(\delta)$ aber, welche die Linien *Cδ* oder *C(δ)* in der Ebene des Papiers mit $C\underset{1}{M}$ machen, sind gleich $\underset{1}{M}CD$ oder $\underset{1}{M}C(D)$ (§. 453. II.). Nun ist, wegen *MCD* < *MCB* oder *MC(D)* < *MCB*, auch $\underset{1}{M}CD$ < $\underset{1}{M}CB$, oder $\underset{1}{M}C(D)$ < $\underset{1}{M}CB$ (§. 453. III.), also ist auch $\underset{1}{M}C\delta$ oder $\underset{1}{M}C(\delta)$ < $\underset{1}{M}CB$, folglich fallen *Cδ* oder *C(δ)* und *CD* oder *C(D)* auf entgegengesetzte Seiten von *CB*; mithin hat das zweite Raum-Dreieck *CAMδ* oder *CAM(δ)* nicht mehr *MXZ* zum Winkel, sondern sein Supplement $MX\underset{1}{M}$. Es ist also dem Raum-Dreieck *CAMD* oder *CAM(D)* nicht gleich; und da nur noch jenes eine zweite Raum-Dreieck möglich ist, so ist auch mit den nemlichen zwei Seiten *MCA* und *MCD* oder *MC(D)*, von welchen *MCA* spitz und *MCD* oder *MC(D)* < *MCB* < 2ϱ — *MCA* vorausgesetzt wird, und dem nemlichen stumpfen Winkel *MXZ* nur ein Raum-Dreieck möglich, und mithin sind Raum-Dreiecke mit dergleichen Stücken gleich; wie (Erstlich *A. β. a.* behauptet wird.

Ist dagegen z. B. $MCE > MCB > 2\varrho - MCA$, so fällt eine zweite gerade Linie $C\varepsilon$, welche mit CM denselben Winkel einschliefst wie CE, zwischen CB und Cm, (die Verlängerung von $\underset{I}{CM}$), denn es ist $MC\varepsilon = MCE$ (.§ 453. II.), und, wegen $MC\varepsilon > MCB$, auch $\underset{I}{MC\varepsilon} > \underset{I}{MCB}$ (§. 453. III.). Es ist also alsdann ein zweites Raum-Dreieck $CAM\varepsilon$, aber auch nur noch ein zweites möglich, welches die nemlichen zwei Seiten $MCA = MCA$, $MC\varepsilon = MCE$ und den nemlichen Winkel $MXZ = MXZ$ hat, wie das Raum-Dreieck $CAME$; der Behauptung von (Erstlich B) gemäfs.

β. b. Es sey (Fig. 260. IV.) $\underset{I}{NYZ}$, in der Ebene des Papiers, auf der geraden Linie ACB senkrecht. NCA sey eine schiefe Ebene, die die Ebene des Papiers in CA schneidet und mit ihr irgend einen stumpfen Winkel NYZ macht. Der Winkel NCA in der schiefen Ebene sey stumpf, und der Winkel $NCF < NCA$; welches für das Raum-Dreieck $CANF$ die Bedingungen (*β. b.*) sind; so ist mit den beiden Seiten NCA und NCF und dem, der letzten gegenüber liegenden Winkel NYZ nur ein Raum-Dreieck $CANF$ möglich. Denn nach (§. 453. I.) ist nur noch eine zweite gerade Linie $C\varphi$ durch C möglich, welche mit CN denselben Winkel einschliefst, wie CF, und folglich nur noch ein zweites Raum-Dreieck $CAN\varphi$, welches die nemlichen zwei Seiten $NCA = NCA$, $NC\varphi = NCF$ hat, wie $CANF$. Der Winkel $\underset{I}{NC\varphi}$ aber, welchen die Linie $C\varphi$, in der Ebene des Papiers, mit $\underset{I}{CN}$ macht, ist gleich $\underset{I}{NCF}$ (§. 453. II.). Nun ist, wegen $NCF < NCA$, auch $\underset{I}{NCF} < \underset{I}{NCA}$ (§. 453. III.); also ist auch $\underset{I}{NC\varphi} < \underset{I}{NCA}$, folglich fallen $C\varphi$ und CF auf entgegengesetzte Seiten von CA, und folglich hat das zweite Raum-Dreieck $CAN\varphi$ nicht mehr NYZ zum Winkel, sondern sein Supplement $\underset{I}{NYN}$. Es ist also dem Raum-Dreieck $CANF$ nicht gleich; und da nur noch jenes eine zweite Raum-Dreieck möglich ist, so ist mit den nemlichen zwei Seiten NCA, NCF, von welchen NCA stumpf, und $NCF < NCA$ vorausgesetzt wird, und dem nemlichen stumpfen Winkel NYZ nur ein Raum-Dreieck möglich, und mithin sind Raum-Dreiecke mit dergleichen Stücken gleich; wie in (Erstlich β. b.) behauptet wird.

Ist dagegen z. B. $NCG > NCA$, so fällt eine zweite gerade Linie $C\gamma$, welche mit CB denselben Winkel einschliefst wie CG, zwischen CA und Cn (die Verlängerung von CN), denn es ist $NC\chi = NCG$ (§. 452. II.), und wegen $\underset{1}{N}CG > \underset{1}{N}CA$, $\underset{1}{N}C\chi > \underset{1}{N}CA$ (§. 452. III.). Es ist also alsdann ein zweites Raum-Dreieck $CAN\chi$ aber auch nur noch ein zweites möglich, welches die nemlichen zwei Seiten $NCA = NCA$, $NC\gamma = NCG$ und den nemlichen Winkel $NYZ = NYZ$ hat wie das Raum-Dreieck $CANG$, der Behauptung von (Erstlich B) gemäfs.

Zweitens A.

A. Mit zwei einander gleichen Seiten z. B. $MCA = MCD$ (Fig. 260. I.) oder $NCA = NCF$ (Fig. 260. IV.) und einem gegebenen anliegenden Winkel $MX\underset{1}{M}$ in (Fig. I.) und $\underset{1}{N}YZ$ in (Fig. IV.) ist nur ein Dreieck möglich, weil es nur zwei gerade Linien CA und CD (Fig. I.) oder CA und CF (Fig. IV.) in der dritten Seite giebt, die mit dem Schnitt CM (Fig. I.) oder CN (Fig. IV.), zwischen den gegebenen gleichen Seiten, gleiche Winkel machen (§. 453. I.). Daher sind zwei Raum-Dreiecke, welche die nemlichen zwei gleichen Seiten und den nemlichen Winkel an der einen haben, unter allen Umständen gleich.

B. Wenn die gleichen Winkel zweier Raum-Dreiecke rechte sind, so fällt, in dem einen und dem anderen, die senkrechte Ebene durch den Schnitt $MC\underset{1}{M}$ (Fig. 260. I. und III.) und $NC\underset{1}{N}$ (Fig. 260 II. und IV.), in die eine Seiten-Ebene MCA oder NCA. Die Durchschnitte DC und δC oder (DC) und $(\delta)C$, EC und εC, FC und φC, GC und χC (Fig. I. bis IV.) zweier beliebigen anderen gleichen Seiten-Ebenen $MCD = MC\delta$, $MCE = MC\varepsilon$, $NCF = NC\varphi$, $NCG = NC\chi$ mit der Ebene des Papiers, fallen also in derselben nothwendig immer auf entgegengesetzte Seiten von CA. Also sind zwar mit den nemlichen zwei Seiten und einem rechten Winkel an der einen, immer zwei verschiedene Raum-Dreiecke möglich, allein sie haben die nemlichen Stücke nicht in derselben Aufeinanderfolge, und sind folglich nicht gleich sondern nur symmetrisch. In derselben Aufeinanderfolge können zwei verschiedene Raum-Dreiecke nicht die nemlichen zwei Seiten und einen rechten Winkel an der einen Seite haben. Daher sind zwei Raum-Dreiecke mit den nemlichen zwei Seiten und einem rechten Winkel an der einen, wenn diese drei Stücke in beiden auf gleiche Weise auf einander folgen, in allen Fällen gleich.

Drittens.

Ist ein Winkel eines Raum-Dreiecks z. B. MXM_1 (Fig. 260. I.) ein rechter, und eine daran liegende Seite *MCA* ebenfalls rechtwinklig, so steht die Seiten-Ebene *MCA* auf der Ebene des Papiers, die Kante *MC* aber in ihr, auf *CA*, also auch auf der Ebene des Papiers senkrecht (§. 446. I.), dann aber sind die Winkel, welche beliebige gerade Linien in der Ebene des Papiers, durch *C*, z. B. *EC*, *PC*, *DC*, mit dem Perpendikel durch *C* machen, ebenfalls rechte (§. 417. III.).

Also haben, wenn man sich unter (*C*) einen Punct senkrecht über *C* vorstellt, alle die Raum-Dreiecke (*C*)*AEC*, (*C*)*APC*, (*C*)*ADC* etc. zwei rechtwinkliche Seiten *AC*(*C*) und *EC*(*C*), *AC*(*C*) und *PC*(*C*), *AC*(*C*) und *DC*(*C*) und einen rechten Winkel MXM_1 an der einen Seite. Also sind mit zwei gleichen rechtwinkligen Seiten und einem gleichen rechten Winkel an der einen Seite, in der nemlichen Aufeinanderfolge, unzählige Raum-Dreiecke möglich.

IV. *Wenn eine Seite und die beiden anliegenden Winkel eines Raum-Dreiecks so groſs sind als eine Seite und die beiden anliegenden Winkel eines anderen, in der nemlichen Aufeinanderfolge, so sind die beiden Raum-Dreiecke, und folglich ihre übrigen Stücke gleich.*

Z. B. Wenn in (Fig. 258.) die Seiten *APB* und *DQE* und die Winkel der Raum-Ecken, welche die Ebenen *APC*, *APB* und *DQF*, *DQE*, desgleichen *BPC*, *BPA* in *EQF*, *EQD* einschlieſsen, gleich sind, so sind die Raum-Dreiecke *ABCP* und *DEFQ*, und folglich ihre übrigen Stücke gleich.

Er-

Erster Beweis. Man lege *DQ* in *AP* und *Q* in *P*, so fällt, wegen der Gleichheit der Winkel *DQE* und *APB*, *EQ* in *BP*; desgleichen fällt, wegen Gleichheit der Raum-Ecken *FQED* und *CPBA*, an den Kanten *DQ* und *AP*, die Ebene *FQD* in die Ebene *CPA*, und eben so, wegen der Gleichheit der Winkel der Raum-Ecken *FQED* und *CPBA*, an den Kanten *EQ* und *BP*, die Ebene *FQE* in die Ebene *CPB*. Nun können sich zwei Ebenen nur in einer geraden Linie schneiden. Also fällt auch die Kante *FQ* in die Kante *CP*, und folglich fallen alle Grenzen der Raum-Dreiecke *ABCP* und *DEFQ* in einander; mithin sind die beiden Raum-Dreiecke, und folglich ihre übrigen Stücke gleich.

Zweiter Beweis. Die Polar-Dreiecke zweier Raum-Dreiecke, in welchen zwei Winkel und die dazwischen liegende Seite die nemlichen sind, haben die nemlichen zwei *Seiten* und den nemlichen dazwischen liegenden *Winkel*, denn die Seiten der Polar-Dreiecke gegebener Dreiecke sind die Supplemente der Winkel, und die Winkel der Polar-Dreiecke die Supplemente der Seiten der gegebenen (§. 463. I. II.). Nun sind zwar unzählige Polar-Dreiecke eines und desselben gegebenen Raum-Dreiecks möglich, aber sie haben alle die nemlichen Seiten und Winkel (§. 464. I.). Die Polar-Dreiecke zweier Raum-Dreiecke mit den nemlichen zwei Winkeln und der nemlichen dazwischen liegenden Seite sind also zwei Raum-Dreiecke mit den nemlichen zwei Seiten und dem nemlichen, dazwischen liegenden Winkel, alles in der nemlichen Aufeinanderfolge. Dergleichen Raum-Dreiecke sind aber einander gleich (II.): also haben die Polar-Dreiecke der beiden gegebenen Dreiecke die nemlichen zwei Winkel und die nemliche dazwischen liegende Seite, und folglich die gegebenen Dreiecke, welche, umgekehrt, die Polar-Dreiecke ihrer eigenen Polar-Dreiecke sind (§. 463. III.), die nemlichen zwei Seiten und die nemlichen dazwischen liegenden Winkel, und dieserhalb sind die gegebenen Dreiecke gleich (II.); folglich sind alle ihre Stücke die nemlichen.

V. *Wenn in einem Raum-Dreiecke* (Fig. 261.), *dessen Seiten durch* $\varkappa_1$, μ_1, ν_1, *und die gegenüber liegenden Winkel durch* k_1, m_1, n_1, *bezeichnet werden mögen, zwei Winkel* n_1 *und* k_1 *und eine anliegende Seite* $\varkappa_1$, *die also einem von den beiden Winkeln gegenüber liegt, in der nem-*

lichen Aufeinanderfolge, so grofs sind als zwei Winkel n_2 *und* k_2 *und eine anliegende Seite* $\varkappa_2$ *in einem andern* (Fig. 261.), *dessen Seiten* $\varkappa_2$, μ_2, ν_2 *und dessen Winkel* k_2, m_2, n_2 *seyn mögen, so finden folgende Sätze Statt:*

Erstlich.

A. Die Dreiecke sind in folgenden Fällen gleich:

α. Sie sind, im Fall die gleiche Seite *stumpfwinklig*, also $\varkappa_1 = \varkappa_2 > \varrho$, und zugleich

a. der daran liegende Winkel *stumpf*, also $n_1 = n_2 > \varrho$ ist, einander gleich, *wenn der, der gleichen Seite gegenüberliegende Winkel der kleinere von beiden gleichen Winkeln, also* $k_1 = k_2 < n_1 = n_2$ *ist.*

b. desgleichen, wenn der an der gleichen Seite liegende Winkel *spitz*, also $n_1 = n_2 < \varrho$ *und der, der gleichen Seite gegenüber liegende Winkel kleiner ist als das Supplement des andern gleichen Winkels, also wenn* $k_1 = k_2 < 2\varrho - n_1 = 2\varrho - n_2$ *ist.*

β. Sie sind, im Fall die gleiche Seite *spitzwinklig*, also $\varkappa_1 = \varkappa_2 < \varrho$, und

a. der daran liegende Winkel *stumpf*, also $n_1 = n_2 > \varrho$ ist, einander gleich, *wenn der, der gleichen Seite gegenüber liegende Winkel grösser ist als das Supplement des andern gleichen Winkels, also wenn* $k_1 = k_2 > 2\varrho - n_1 = 2\varrho - n_2$ *ist.*

b. desgleichen, wenn der an der gleichen Seite liegende Winkel spitz, also $n_1 = n_2 < \varrho$ *und der, der gleichen Seite gegenüber liegende Winkel der grössere von beiden gleichen Winkeln, also wenn* $k_1 = k_2 > n_1 = n_2$ *ist.*

B. Zwei Dreiecke, und nur *zwei*, finden mit den nemlichen Stücken in gleicher Aufeinanderfolge Statt: *in den verschiedenen vorigen Fällen, wenn jedesmal, statt der zuletzt genannten, die entgegengesetzte Bedingung Statt hat.*

Zweitens sind die Dreiecke unter allen Umständen gleich.

A. Wenn die beiden gleichen Winkel auch *einander* gleich sind, also wenn $n_1 = n_2 = k_1 = k_2$ und $\varkappa_1 = \varkappa_2$ ist, und

B. Wenn die gleiche Seite *rechtwinklig*, also wenn $n_1 = n_2$, $k_1 = k_2$ und $\varkappa_1 = \varkappa_2 = \varrho$ ist.

Drittens. Wenn die gleichen Winkel und die gleiche Seite *rechte* Winkel sind, also $n_1 = n_2 = \varrho$, $k_1 = k_2 = \varrho$

und $\varkappa_1 = \varkappa_2 = \varrho$ ist, so sind mit den nemlichen Stücken unzählige Dreiecke möglich.

Beweis. Man bezeichne die den Winkeln k_1, m_1, n_1 und k_2, m_2, n_2 der gegebenen Raum-Dreiecke correspondirenden Seiten ihrer Polar-Dreiecke durch α_1, β_1, γ_1, und α_2 β_2 und γ_2, und die den Seiten $\varkappa_1$, μ_1, ν_1 und $\varkappa_2$, μ_2, ν_2 der gegebenen Raum-Dreiecke correspondirenden Winkel der Polar-Dreiecke durch a_1, b_1, c_1 und a_2, b_2, c_2, so ist, vermöge (§. 463. I. und II.)

$$\alpha_1 = 2\varrho - k_1, \quad \alpha_2 = 2\varrho - k_2;$$
$$\beta_1 = 2\varrho - m_1, \quad \beta_2 = 2\varrho - m_2;$$
$$\gamma_1 = 2\varrho - n_1, \quad \gamma_2 = 2\varrho - n_2;$$

desgleichen

$$a_1 = 2\varrho - \varkappa_1, \quad a_2 = 2\varrho - \varkappa_2;$$
$$b_1 = 2\varrho - \mu_1, \quad b_2 = 2\varrho - \mu_2;$$
$$c_1 = 2\varrho - \nu_1, \quad c_2 = 2\varrho - \nu_2.$$

Die Polar-Dreiecke sind also nunmehr zwei Raum-Dreiecke, deren Seiten α_1, β_1, γ_1 und α_2, β_2, γ_2, und deren Winkel a_1, b_1, c_1 und a_2, b_2, c_2 gegen die gegebenen Dreiecke die obigen Werthe haben.

Nun sind

Erstlich. A (zufolge III. Erstlich. A.) zwei Raum-Dreiecke, deren Seiten und Winkel, wie die der obigen Polar-Dreiecke, α_1, β_1, γ_1 und α_2, β_2, γ_2; a_1, b_1, c_1 und a_2, b_2, c_2 sind, in folgenden Fällen einander gleich:

I. 1. Wenn $a_1 = a_2 < \varrho$, $\gamma_1 = \gamma_2 < \varrho$
und $\alpha^1 = \alpha_2 > \gamma_1 = \gamma_2$
(III. Erstlich A. α. a.),

2. wenn $a_1 = a_2 < \varrho$, $\gamma_1 = \gamma_2 > \varrho$
und $\alpha_1 = \alpha_2 > 2\varrho - \gamma_1 = 2\varrho - \gamma_2$
(III. Erstlich A. α. b.),

3. wenn $a_1 = a_2 > \varrho$, $\gamma_1 = \gamma_2 < \varrho$
und $\alpha_1 = \alpha_2 < 2\varrho - \gamma_1 = 2\varrho - \gamma_2$
(III. Erstlich A. β. a.),

4. wenn $a_1 = a_2 > \varrho$, $\gamma_1 = \gamma_2 > \varrho$
und $\alpha_1 = \alpha_2 < \gamma_1 = \gamma_2$
(III. Erstlich A. β. b.).

Setzt man hierin die obigen Ausdrücke von α_1, β_1, γ_1, α_2, β_2, γ_2; a_1, b_1, c_1, a_2, b_2, c_2, durch die Seiten und Winkel der gegebenen Raum-Dreiecke k_1, m_1, n_1; k_2, m_2, n_2; $\varkappa_1$, μ_1, ν_1; $\varkappa_2$, μ_2, ν_2, so folgt, dafs hier in (V.) die Polar-Dreiecke gleich sind:

II. 1. Wenn $2\varrho - \varkappa_1 = 2\varrho - \varkappa_2 < \varrho$, $2\varrho - n_1 = 2\varrho - n_2 < \varrho$
und $2\varrho - k_1 = 2\varrho - k_2 > 2\varrho - n_1 = 2\varrho - n_2$,
das heifst, wenn
$\varkappa_1 = \varkappa_2 > \varrho$, $n_1 = n_2 > \varrho$ und $k_1 = k_2 < n_1 = n_2$;

2. wenn $2\varrho - \varkappa_1 = 2\varrho - \varkappa_2 < \varrho$, $2\varrho - n_1 = 2\varrho - n_2 > \varrho$
und $2\varrho - k_1 = 2\varrho - k_2 > n_1 = n_2$,
das heifst, wenn
$\varkappa_1 = \varkappa_2 > \varrho, n_1 - n_2 < \varrho$ und $k_1 = k_2 < 2\varrho - n_1 = 2\varrho - n_2$;

3. wenn $2\varrho - \varkappa_1 = 2\varrho - \varkappa_2 > \varrho$, $2\varrho - n_1 = 2\varrho - n_2 < \varrho$
und $2\varrho - k_1 = 2\varrho - k_2 < n_1 = n_2$,
das heifst, wenn
$\varkappa_1 = \varkappa_2 < \varrho, n_1 = n_2 > \varrho$ und $k_1 = k_2 > 2\varrho - n_1 = 2\varrho - n_2$,

4. wenn $2\varrho - \varkappa_1 = 2\varrho - \varkappa_2 > \varrho$, $2\varrho - n_1 = 2\varrho - n_2 > \varrho$
und $2\varrho - k_1 = 2\varrho - k_2 < 2\varrho - n_1 = 2\varrho - n_2$,
das heifst, wenn
$\varkappa_1 = \varkappa_2 < \varrho$, $n_1 = n_2 < \varrho$ und $k_1 = k_2 > n_1 = n_2$.

Wenn aber die Polar-Dreiecke oder alle ihre Seiten und Winkel gleich sind, so sind auch alle Seiten und Winkel der gegebenen Dreiecke, zu welchen sie gehören, gleich, weil umgekehrt die Seiten und Winkel der gegebenen Dreiecke die Supplemente der Winkel und Seiten ihrer Polar-Dreiecke sind (§. 463. III.). Also sind hier die gegebenen Dreiecke, nemlich alle ihre Seiten und Winkel, gleich.

III. 1. Wenn $\varkappa_1 = \varkappa_2 > \varrho$, $n_1 = n_2 > \varrho$ und $k_1 = k_2 < n_1 = n_2$,
wie hier in (V. Erstlich A. α. a.) behauptet wird;

2. wenn $\varkappa_1 = \varkappa_2 > \varrho$, $n_1 = n_2 < \varrho$
und $k_1 = k_2 < 2\varrho - n_1 = 2\varrho - n_2$,
wie hier in (V. Erstlich A. α. b.) behauptet wird;

3. wenn $\varkappa_1 = \varkappa_2 < \varrho$, $n_1 = n_2 > \varrho$
und $k_1 = k_2 > 2\varrho - n_1 = 2\varrho - n_2$,
wie hier in (V. Erstlich A. β. a.) behauptet wird;

4. wenn $\varkappa_1 = \varkappa_2 < \varrho$, $n_1 = n_2 < \varrho$
und $k_1 = k_2 > n_1 = n_2$,
wie hier in (V. Erstlich A. β. b.) behauptet wird.

B. Wenn von den obigen Bedingungen für die Polar-Dreiecke (I. 1. bis 4.), in den vier verschiedenen Fällen, statt der jedesmal zuletzt genannten die entgegengesetzten Statt finden, so giebt es mit den nemlichen Stücken (in der nemlichen Aufeinanderfolge), gemäfs (III. Erstlich B.), zwei verschiedene Polar-Dreiecke, und nur zwei, also auch zwei verschieden gegebene Raum-Dreiecke und nur zwei. Da nun die Bedingungen (III. 1 bis 4.) die nemlichen sind wie (I. 1. bis 4.), blofs dafs sie durch die

Seiten und Winkel der gegebenen Raum-Dreiecke ausgedrückt werden, so folgt, daſs, im Fall von den obigen Bedingungen (III. 1. bis 4.), in den vier verschienen Fällen, statt der jedesmal zuletzt genannten, die entgegengesetzten Statt finden, mit den nemlichen Stükken, in der nemlichen Aufeinanderfolge, zwei, und nur zwei gegebene Raum-Dreiecke möglich sind; wie hier oben in (V. Erstlich B.) behauptet wird.

Zweitens A. Wenn die beiden gleichen Winkel der gegebenen Dreiecke einander gleich sind, so sind auch die ihnen correspondirenden beiden gleichen Seiten der Polar-Dreiecke einander gleich; also sind alsdann in den Polar-Dreiecken zwei einander gleiche Seiten und der eine anliegende Winkel in dem einen so groſs als in dem andern. Dann aber sind, vermöge (III. Zweitens. A.), die Polar-Dreiecke und ihre übrigen Stücke unter allen Umständen gleich. Also sind auch in den gegebenen Dreiekken, sobald die beiden Winkel, die, nächst der einen anliegenden Seite, in dem einen so groſs sind als in dem andern, einander gleich sind, alle übrigen Stücke, und folglich die gegebenen Dreiecke selbst einander gleich; wie hier oben (V. Zweitens) behauptet wird.

B. Wenn die gleichen Seiten in den gegebenen Raum-Dreiecken rechtwinklig sind, so sind auch die correspondirenden Winkel in den Polar-Dreiecken rechte. Also sind alsdann in den Polar-Dreiecken zwei Seiten in dem einen so groſs als in dem andern, und ein anliegender Winkel ist in beiden ein rechter. Dergleichen Raum-Dreiecke sind aber, zufolge (III. Drittens B.), einander gleich. Also sind auch in den gegebenen Dreiecken, sobald auſser den zwei Winkeln, die in dem einen so groſs sind als in dem andern, einer der anliegenden Winkel in beiden ein rechter ist, alle übrigen Stücke, und folglich die gegebenen Dreiecke selbst einander gleich; wie hier oben in (V. Zweitens B.) behauptet wird.

Drittens. Wenn die gleichen Winkel und die anliegenden gleichen Seiten in den beiden gegebenen Raum-Dreiecken rechte sind, so sind zwei Seiten und ein anliegender Winkel in den Polar-Dreiecken ebenfalls rechte. Dergleichen Raum-Dreiecke aber sind, zufolge (III. Drittens), mit den nemlichen Stücken, in der nemlichen Aufeinanderfolge, unzählige möglich. Also sind auch der gegebenen Dreiecke, sobald die bei den Winkel und die anliegende Seite, die in dem einen so grofs vorausgesetzt wird als in dem andern, rechte sind, mit den nemlichen Stücken, in der nemlichen Aufeinanderfolge, unzählige möglich; wie hier oben in (V. Drittens) behauptet wird.

VI. *Wenn in einem Raum-Dreieck alle drei Winkel so grofs sind als in einem andern, in gleicher Aufeinanderfolge, so sind auch die drei Seiten, ebenfalls in gleicher Aufeinanderfolge, in dem einen so grofs als in dem andern, und die Dreiecke selbst sind einander gleich.*

Erster Beweis. Die Seiten der Polar-Dreiecke der gegebenen sind die Supplemente der Winkel der gegebenen Dreiecke (§. 463. I.). Also sind die Seiten aller Polar-Dreiecke des einen gegebenen Raum-Dreiecks den Seiten aller Polar-Dreiecke des andern, in gleicher Aufeinanderfolge, gleich. Deshalb aber sind auch, vermöge (I.), die Winkel der Polar-Dreiecke des einen gegebenen Dreiecks den Winkeln der Polar-Dreiecke des andern, in gleicher Aufeinanderfolge, gleich; und da umgekehrt die Seiten der gegebenen Dreiecke die Supplemente der Winkel ihrer Polar-Dreiecke sind (§. 463. II.), so sind auch die Seiten des einen gegebenen Dreiecks den Seiten des andern, in gleicher Aufeinanderfolge, gleich, und deshalb sind, vermöge (I.), die gegebenen Dreiecke selbst gleich.

Zweiter Beweis. α. Das gegebene Raum-Dreieck DD_1EF (Fig. 262.) habe die nemlichen Winkel wie das Raum-Dreieck PP_1BC. Beide stelle man sich so vor, dafs ihre Seiten-Ebenen DD_1E und DD_1F, PP_1B und PP_1C, und folglich die Kanten DD_1 und PP_1 senkrecht auf der Ebene des Papiers stehen. Die dritten Seiten-Ebenen DEF und PBC stehen dann gegen die Ebene des Papiers schräg. $KLOQ$ sey die verlängerte Ebene, in welcher die dritte Seiten-Ebene PBC des Raum-Dreiecks PP_1BC liegt.

β. Nun verlängere man die Seiten-Ebenen PP_1B und PP_1C des Raum-Dreiecks PP_1BC nach G und H, mache die Winkel $PP_1G = DD_1E$ und $PP_1H = DD_1F$, und lege durch PHG eine dritte Ebene, welche, verlängert, $LMQR$ seyn mag, so dafs LPQ die grade Linie ist, in welcher sich die beiden Ebenen *PBC* und *PHG*, verlängert, schneiden.

Die drei Ebenen PP_1G, PP_1H und *PHG* schliefsen ein Raum-Dreieck PP_1HG ein, welches dem Raum-Dreiecke DD_1FE gleich ist; denn die Seiten PP_1G und DD_1E, PP_1H und DD_1F, in gleicher Aufeinanderfolge, sind gleich gemacht, und die Winkel HPP_1G und EDD_1F, welche sie einschliefsen, sind deshalb gleich, weil die Scheitel-Winkel HPP_1G und CPP_1B gleich sind, und nach der Voraussetzung die Dreiecke DD_1EF und PP_1BC gleiche Winkel haben sollen, also die Winkel CPP_1B und FDD_1E gleich sind. Die übrigen Stücke der beiden Raum-Dreiecke PP_1HG und DD_1FE sind also ebenfalls gleich; folglich auch die Winkel an den Kanten *PH*, *DF* und *PG*, *DE*. Die Winkel an den Kanten *DF* und *DE* werden denen des Raum-Dreiecks PP_1BC an den Kanten *PC* und *PB* gleich vorausgesetzt, weil die Raum-Dreiecke DD_1EF und PP_1BC gleiche Winkel haben sollen. Also sind auch die Winkel an den Kanten *PC* und *PB* im Raum-Dreieck PP_1BC denen an den Kanten *PH* und *PG* im Raum-Dreiecke PP_1GH gleich, das heifst, die Winkel, welche die Ebene *PBC* mit den Ebenen BPP_1 und CPP_1 einschliefst, sind den Winkeln zwischen der Ebene *PGH* und den Ebenen GPP_1 und HPP_1 gleich.

γ. Nun stelle man sich zwei Raum-Dreiecke *PCHL* und *PCHQ* vor, welche, das erste, von den drei Ebenen *PCL*, *PHL* und *PCH*, das andere von den drei Ebenen *PCQ*, *PHQ* und *PCH* eingeschlossen werden. Diese beiden Dreiecke haben die Seite *PCH* gemein, und der Winkel *QPHC*, an der Kante *PH*, im Dreieck *PCHQ*, ist dem Winkel *LPCH*, an der Kante *PC* im Dreieck *PCHL*; der Winkel *QPCH*, an der Kante *PC*, im Dreieck *PCHQ* hingegen dem Winkel *LPHC*, an der Kante *PH*, im Dreieck *PCHL* gleich: denn *QPHC* und $GPHP_1$, *LPCH* und $BPCP_1$ sind ein und dieselben Winkel, weil *QPH* und *GPH*, *LPC* und *BPC* in einerlei Ebenen liegen, die Winkel $GPHP_1$, $BPCP_1$ aber gleich waren; hingegen *LPHC* ist das Supplement des nemlichen Winkels $GPHP_1$, und *QPCH* das Supplement des nemlichen Winkels $BPCP_1$. Also haben die Raum-Dreiecke *PCHL* und *PCHQ* eine gleiche Seite *PCH* zwischen zwei gleichen Winkeln $LPCH = QPHC$ und $LPHC = QPCH$ und sind folglich, vermöge (IV.), gleich. Also sind auch ihre Seiten gleich, und es ist folglich $HPQ = CPL$.

δ. Man stelle sich ferner zwei Raum-Dreiecke *PBGL* und *PBGQ* vor, welche, das erste, von den drei Ebenen *PGL*, *PBL* und *PBG*, das andere von den drei Ebenen *PBQ*, *PGQ* und *PBG* eingeschlossen werden; so haben dieselben die Seite *PBG* gemein, und es ist, wieder aus gleichem Grunde wie vorhin, der Winkel an der Kante *PG* im Raum-Dreieck *PBGL* dem Winkel an der Kante *PB* im Dreieck *PBGQ* gleich: denn diese Winkel, welche die nemlichen sind wie in den Raum-Dreiecken PP_1BC und PP_1HG, waren in diesen letzten Dreiecken gleich; auch sind ihre Supplemente, nemlich der Winkel an der Kante *PG* im Raum-Dreiecke *PBGQ* dem Winkel an der Kante *PB* im Raum-Dreieck *PBGL* gleich. Also haben die Raum-Dreiecke *PBGL* und *PBGQ* wiederum eine gleiche Seite zwischen zwei gleichen Winkeln, und sind folglich, vermöge (IV.), gleich. Also sind auch ihre Seiten gleich, und folglich ist $GPQ = BPL$.

Oben war $HPQ = CPL$ (γ.) also ist auch $HPQ - GPQ = CPL - BPL$. Aber $HPQ - GPQ = GPH$ und $CPL - BPL = CPB$. Also ist $GPH = CPB$.

ε. Nun waren in den Raum-Dreiecken PP_1BC und PP_1HG die Winkel an den Kanten *PH* und *PC*, *PG* und *PB* gleich, nemlich $GPHP_1 = BPCP_1$ und $HPGP_1 = CPBP_1$. Also sind in diesen beiden Raum-Dreiecken zwei Winkel und die dazwischen liegende Seite $GPH = CPB$ in dem einen so grofs als in dem andern, also sind sie, vermöge (IV.), gleich. Das Dreieck PP_1HG ist aber dem Dreieck DD_1EF gleich (β); also sind auch die

Dreiecke PP_1BC und DD_1EF, von welchen blofs vorausgesetzt wurde, dafs die drei Winkel in dem einen so grofs sind als in dem andern (α.), einander gleich, und folglich sind auch ihre übrigen Stücke gleich; was zu beweisen war.

ζ. Die Seiten und Winkel in den beiden Dreiecken DD_1EF und PP_1GH sind zwar in der Zeichnung spitz, allein der Beweis bleibt der nemliche, wenn sie auch stumpf sind. Es können zwar alsdann die Kanten *PB, PC, PG, PH, DF, DE* die Ebene des Papiers nicht erreichen, allein dieses wird auch bei dem Beweise nicht vorausgesetzt. Es kommt nur darauf an, dafs die eine Kante DD_1, PP_1 auf der Ebene des Papiers senkrecht steht, welches immer möglich ist, und sodann auf die Winkel, welche die andern Kanten mit ihr einschliefsen, gleichviel, ob sie die Ebene des Papiers erreichen oder nicht.

481.

Lehrsatz. *Wenn die nemlichen Seiten und Winkel zweier Raum-Dreiecke, von deren Gleichheit, wenn sie in beiden Dreiecken in gleicher Reihe auf einander folgten, nach (§. 480.), in den verschiedenen dort aufgezählten Fällen und unter den dort angegebenen Bedingungen, die Gleichheit der Dreiecke, und folglich die der übrigen Stücke abhängen würde, in entgegengesetzter Reihe auf einander folgen, aber übrigens gleich sind, so sind die Dreiecke, welchen sie gehören, symmetrisch (§. 468. 469.), und ihre übrigen Stücke sind in dem einen so grofs als in dem andern.*

Beweis. Man setze: diejenigen Seiten und Winkel des Raum-Dreiecks *ABCP* (Fig. 251.), von welchen, wenn sie in einem andern Dreiecke eben so grofs wären, und in demselben in gleicher Reihe aufeinander folgten, nach (§. 480.), unter den verschiedenen dort angegebenen Bedingungen, die Gleichheit der beiden Dreiecke abhängen würde, wären, unter den nemlichen Bedingungen, in dem Raum-Dreiecke *DEFQ* eben so grofs, folgten aber in diesem letzten nicht in gleicher, sondern in entgegengesetzter Reihe auf einander. Man verlängere die Seiten-Ebenen des Dreiecks *ABCP* jenseits des Scheitels, damit sie ein zweites Raum-Dreieck $\alpha\beta\gamma P$ einschliefsen. In diesem neuen Raum-Dreieck $\alpha\beta\gamma P$ sind alle Seiten und Winkel eben so grofs als in dem Dreieck *ABCP* (§. 467.), folglich auch diejenigen, welche in den beiden Raum-Dreiecken *ABCP* und *DEFQ* gleich vorausgesetzt werden. Die Seiten und Winkel des Dreiecks $\alpha\beta\gamma P$ folgen aber nicht in derselben Reihe aufeinander, wie die Seiten und Winkel des Dreiecks *ABCP*, sondern in entgegengesetzter Reihe (§. 467.), also in *derselben* Reihe wie die Seiten und Winkel des Dreiecks *DEFQ*. Die Dreiecke $\alpha\beta\gamma P$ und *ABCP* sind symmetrisch (§. 468.). Da nun diejenigen Stücke, von welchen die Gleichheit zweier Dreiecke abhängt, in den beiden Dreiecken *ABCP* und *DEFQ*, folglich auch in den beiden Dreiecken $\alpha\beta\gamma P$ und *DEFQ* nach der Voraussetzung die nemlichen sind, so sind diese beiden letzten Dreiecke gleich, und folglich auch ihre übrigen Stücke. In den beiden Dreiecken $\alpha\beta\gamma P$ und *ABCP* sind aber alle Seiten und Winkel gleich grofs: also sind auch in den beiden symmetrischen Dreiecken *ABCP* und *DEFQ*, wenn diejenigen Seiten und Winkel, von welchen die Gleichheit zweier Dreiecke nach (§. 480.) abhängt, in beiden die nemlichen sind, die übrigen Seiten und Winkel ebenfalls gleich grofs; was zu beweisen war.

482.

Erklärung. *Wenn drei Ebenen* APC, DPC, BPC (Fig. 263.) *einander in einer und derselben geraden Linie* PC, *und eine vierte Ebene* APB *schneiden, und die beiden äufsern der drei Ebenen* APC *und* BPC *stehen auf der vierten* APB *nicht senkrecht, und machen mit einander einen Winkel, der kleiner ist als zwei rechte, so soll die vierte Ebene* APB *Grund-Ebene, die beiden äufsern Ebenen* APC *und* BPC *sollen schräge Ebenen und die mittle* DPC *soll Mittel-Ebene heifsen.*

483.

Lehrsatz. *Es können schräge Ebenen* (§. 482.)

1. *gleichwinklig seyn;*
2. *mit der Mittel-Ebene gleiche Winkel machen;*
3. *gleichweit von der Mittel-Ebene in der Grund-Ebene sich entfernen.*
4. *die Mittel-Ebene kann auf der Grund-Ebene senkrecht stehen.*
5. *die schrägen Ebenen können mit der Grund-Ebene gleiche Winkel machen.*

Wenn Zwei von diesen Bedingungen Statt finden, mit Ausnahme der Verbindung der ersten und fünften, so finden auch die übrigen Statt, welches Neun Sätze giebt, nemlich:

I. *Wenn zwei schräge Ebenen gleichwinklig sind und mit der Mittel-Ebene gleiche Winkel machen, so entfernen sie sich in der Grund-Ebene von der Mittel-Ebene gleich weit, und machen mit der Grund-Ebene gleiche Winkel, auch steht die Mittel-Ebene auf der Grund-Ebene senkrecht.*

Z. B. wenn (Fig. 263.) $APC = BPC$ und $APCD = BPCD$, so ist $APD = BPD$, $CAPD = CBPD$ und $APDC = BPDC = \varrho$.

II. *Wenn zwei schräge Ebenen gleichwinklig sind, und sich in der Grund-Ebene von der Mittel-Ebene gleich weit entfernen, so machen sie mit der Mittel-Ebene, so wie mit der Grund-Ebene gleiche Winkel, und die Mittel-Ebene steht auf der Grund-Ebene senkrecht.*

Z. B. wenn $APC = BPC$ und $APD = BPD$, so ist $APCD = BPCD$, $CAPD = CBPD$ und $APDC = BPDC = \varrho$.

III. *Wenn zwei schräge Ebenen gleichwinklig sind, und die Mittel-Ebene steht auf der Grund-Ebene senkrecht, so machen die schrägen Ebenen mit der Mittel-Ebene gleiche Winkel, entfernen sich von ihr in der Grund-Ebene gleich weit, und machen mit der Grund-Ebene gleiche Winkel.*

Z. B. wenn $APC = BBC$ und $APDC = BPDC = \varrho$; so ist $APCD = BPCD$, $APD = BPD$ und $CAPD = CBPD$.

IV. *Wenn zwei schräge Ebenen mit der Mittel-Ebene gleiche Winkel machen und sich von ihr in der Grund-Ebene gleich weit entfernen, so sind sie gleichwinklig, die Mittel-Ebene stehet auf der Grund-Ebene senkrecht, und die schrägen Ebenen machen mit der Grund-Ebene gleiche Winkel.*

Z. B. wenn $APCD = BPCD$ und $APD = BPD$, so ist $APC = BPC$, $APDC = BPDC = \varrho$ und $CAPD = CBPD$.

V. *Wenn zwei schräge Ebenen mit der Mittel-Ebene gleiche Winkel machen, und die Mittel-Ebene steht auf der Grund-Ebene senkrecht, so sind die schrägen Ebenen gleichwinklig, entfernen sich in der Grund-Ebene von der Mittel-Ebene gleich weit und machen mit der Grund-Ebene gleiche Winkel.*

Z. B. wenn $APCD = BPCD$ und $APDC = BPDC = \varrho$, so ist $APC = BPC$, $APD = BPD$ und $CAPD = CBPD$.

VI. *Wenn zwei schräge Ebenen mit der Mittel-Ebene, so wie mit der Grund-Ebene gleiche Winkel machen; so sind sie gleichwinklig, entfernen sich in der Grund-Ebene von der Mittel-Ebene gleich weit und die Mittel-Ebene stehet auf der Grund-Ebene senkrecht.*

Z. B. wenn $APCD = BPCD$ und $CAPD = CBPD$, so ist $APC = BPC$, $APD = BPD$ und $APDC = BPDC = \varrho$.

VII. *Wenn sich zwei schräge Ebenen in der Grund-Ebene gleich weit von der Mittel-Ebene entfernen, und die Mittel-Ebene steht auf der Grund-Ebene senkrecht; so sind die schrägen Ebenen gleichwinklich und machen mit der Mittel-Ebene, so wie mit der Grund-Ebene gleiche Winkel.*

Z. B. wenn $APD = BPD$ und $APDC = BPDC = \varrho$ ist; so ist $APC = BPC$, $APCD = BPCD$ und $CAPD = CBPD$.

VIII. *Wenn sich zwei schräge Ebenen in der Grund-Ebene gleich weit von der Mittel-Ebene entfernen, und mit der Grund-Ebene gleiche Winkel machen; so sind sie gleichwinklig, machen mit der Mittel-Ebene gleiche Winkel und die Mittel-Ebene stehet auf der Grund-Ebene senkrecht.*

Z. B. wenn $APD = BPD$ und $CAPD = CBPD$; so ist $APC = BPC$, $APCD = BPCD$ und $APDC = BPDC = \varrho$.

IX. *Wenn zwei schräge Ebenen mit der Grund-Ebene gleiche Winkel machen, und die Mittel-Ebene steht auf der Grund-Ebene senkrecht; so sind die schrägen Ebenen gleichwinklig, machen mit der Mittel-Ebene gleiche Winkel und entfernen sich in der Grund-Ebene von ihr gleich weit.*

Z. B. wenn $CAPD = CBPD$ und $APDC = BPDC = \varrho$; so ist $APC = BPC$, $APCD = BPCD$ und $APD = BPD$.

Beweis von I. In der Voraussetzung (I.) sind in den Raum-Dreiecken *PADC* und *BPDC* zwei Seiten und der eingeschlossene Winkel in dem einen so grofs als in dem andern, nemlich $APC = BPC$, $DPC = DPC$ und $APCD = BPCD$. Also sind die Dreiecke zufolge (§. 480. II.) und (§. 481.) symmetrisch, folglich ist auch $APD = BPD$, $CAPD = CBPD$ und $APDC = BPDC = \varrho$.

Von II. In der Voraussetzung (II.) sind in dem Raum-Dreieck *PADC* und *PBDC* alle drei Seiten in dem einen so grofs als in dem andern, nemlich $APC = BPC$, $APD = BPD$ und $DPC = DPC$. Also sind die Dreiecke, zufolge (§. 480. I.) und (§. 481.) symmetrisch, und folglich ist auch $APCD = BPCD$, $CAPD = CBPD$ und $APDC = BPDC = \varrho$.

Von III. In der Voraussetzung (III.) sind in den Raum-Dreiecken *PADC* und *PBDC* zwei Seiten und ein anliegender Winkel, der aber ein rechter ist, in dem einen so grofs als in dem andern: nemlich $APC = BPC$, $DPC = DPC$ und $APDC = BPDC = \varrho$. Also sind die Dreiecke, zufolge (§. 480. III. Drittens) und (§. 481.) symmetrisch, und folglich ist auch $APCD = BPCD$, $APD = BPD$ und $CAPD = CBPD$.

Von IV. Die Ebene *DPC* sey bis nach *E* verlängert und $DPE = DPC$; so sind die Raum-Dreiecke *PADC* und *PBDE* gleich; denn nach der Voraussetzung (IV.) ist $APD = BPD$, ferner ist *DPE* gleich *DPC* gemacht, und die Scheitel-Winkel bei *D* sind gleich, so dafs also zwei Seiten und der eingeschlossene Winkel, und zwar in gleicher Aufeinanderfolge, in einem Dreieck so grofs sind als in dem andern. Es sind also die Winkel an den Kanten *PE* und *PC* gleich, nemlich $BPED = APCD$. Nun wird $APCD = BPCD$ vorausgesetzt. Also ist auch $BPED = BPCD$. Mithin sind in dem Raum-Dreieck *BCEP* die Winkel an der Grund-Ebene *PCE* gleich: folglich sind nach (§. 470. II.) die gegenüber liegenden Seiten gleich, nemlich $BPE = BPC$. Vorhin ist bewiesen, dafs die Raum-Dreiecke *PADC* und *PBDE* gleich sind, also ist $BPE = APC$, folglich ist auch, weil so eben $BPE = BPC$ war, $BPC = APC$. Es ist also nunmehr, nach der Voraussetzung (IV.), $APCD = BPCD$, und, wie jetzt bewiesen, $APC = BPC$. Also ist, vermöge (I.), auch noch $APDC = BPDC = \varrho$ und $CAPD = CBPD$.

Von V. In der Voraussetzung (V.) sind in den Raum-Dreiecken *PADC* und *PBDC* eine Seite und die beiden anliegenden Winkel gleich, nemlich $DPC = DPC$, $APCD = BPCD$ und $APDC = BPDC = \varrho$. Also sind die Dreiecke, zufolge (§. 480. IV.) und (§. 481.), symmetrisch, und folglich ist auch $APC = BPC$, $APD = BPD$ und $CAPD = CBPD$.

Von VI. In der Voraussetzung $CAPD = CBPD$ sind in dem Raum-Dreieck *PACB* die Winkel an der Grund-Ebene *APB* gleich. Also sind auch, zufolge (§. 470. II.), die gegenüber liegenden Seiten gleich, nemlich $APC = BPC$. Nun wird auch in (VI.) $APCD = BPCD$ vorausgesetzt, also ist vermöge (I.) auch $APD = BPD$ und $APDC = BPDC = \varrho$.

Von VII. In der Voraussetzung (VII.) sind in den Raum-Dreiecken *PADC* und *PBDC* zwei Seiten und der eingeschlossene Winkel in dem einen so grofs als in dem andern, nemlich $APD = BPD$, $DPC = DPC$ und $APDC = BPDC = \varrho$. Also sind die Dreiecke, zufolge (§. 480. II.) und (§. 481.), symmetrisch, und folglich ist auch $APC = BPC$, $APCD = BPCD$ und $CAPD = CBPD$.

Von VIII. Da in (VIII.), wie in (VI.), $CAPD = CBPD$ vorausgesetzt wird; so ist auch, wie dort, $APC = BPC$. Da nun aufserdem $APD = BPD$ seyn soll, so ist, vermöge (I.), auch $APCD = BPCD$ und $APDC = BPDC = \varrho$.

Von IX. Da in (IX.) $CAPD = CBPD$ vorausgesetzt wird, so ist, wie dort, $APC = BPC$. Da nun aufserdem $APDC = BPDC = \varrho$ seyn soll, so ist vermöge (III.) auch $APCD = BPCD$ und $APD = BPD$.

Anmerkung. Dafs die Verbindung der ersten und fünften Bedingung im Lehrsatz nicht Statt findet, nemlich, dafs von $APC = BPC$ und $CAPD = CBPD$ die Gleichheit der übrigen Stücke nicht abhängt, folgt daraus, dafs die Bedingungen $APC = BPC$ und $CAPD = CBPD$ nicht zwei, sondern nur eine und dieselbe sind, indem im Raum-Dreieck $PACB$, wenn $APC = BPC$ vorausgesetzt wird, nothwendig auch $CAPD = CBPD$ ist; und umgekehrt (480. I. II.)

484.

Lehrsatz. Es können

1. *die Winkel in schrägen Ebenen;*
2. *die Winkel, welche sie mit der Mittel-Ebene machen;*
3. *ihre Entfernungen von der Mittel-Ebene, in der Grund-Ebene;*
4. *die Winkel, welche sie mit der Grund-Ebene machen,*

ungleich seyn.

Ist in diesen Fällen die Mittel-Ebene auf der Grund-Ebene senkrecht, so hängen von jeder einzelnen Ungleichheit die drei übrigen auf folgende Weise ab:

I. *Wenn eine schräge Ebene gröfser ist als eine zweite, so macht sie mit einer senkrechten, spitzwinkligen Mittel-Ebene einen gröfsern, mit einer senkrechten, stumpfwinkligen Mittel-Ebene einen kleineren Winkel, entfernt sich von der erstern in der Grund-Ebene mehr, in der andern weniger, und macht mit der Grund-Ebene, wenn die senkrechte Mittel-Ebene spitzwinklig ist, einen kleinern, wenn die Mittel-Ebne stumpfwinklig ist, einen gröfseren Winkel als die zweite, kleinere schräge Ebene.*

Z. B. Wenn in (Fig. 264.) die Ebene des Papiers die Grund-Ebene, P_1CP eine spitzwinklige, P_1CL eine stumpfwinklige, darauf senkrechte Mittel-Ebene, und die schräge Ebene PCF gröfser als die schräge Ebene PCB ist, so ist

für den ersten Fall $P_1CPF > P_1CPB$, $P_1CF > P_1CB$ *und* $P_1CFP < P_1CBP$;

für den zweiten Fall $L_1CPF < L_1CPB$, $L_1CF < L_1CB$ *und* $L_1CFP > L_1CBP$.

II. *Wenn eine schräge Ebene mit einer, auf der Grund-Ebene senkrechten Mittel-Ebene einen gröfseren Winkel macht als eine andere, so ist sie, im Fall die Mittel-Ebene spitzwinklig ist, gröfser, im Fall die Mittel-Ebene stumpfwinklig ist, kleiner, entfernt sich von einer spitzwinkligen Mittel-Ebene in der Grund-Ebene mehr, von einer stumpfwinkligen weniger, und macht mit der Grund-Ebene, wenn die Mittel-Ebene spitzwinklig ist, einen kleinern Winkel, wenn die Mittel-Ebene stumpfwinklig ist, einen gröſsern Winkel, als die zweite schräge Ebene.*

Z. B. Wenn in (Fig. 264.) unter der in (I.) beschriebenen Bedeutung der Figur, $P_1CPF > P_1CPB$ oder $L_1CPB > L_1CPF$, so ist

für den ersten Fall $P_1CF > P_1CB$, $PCF > PCB$ und $P_1CFP < P_1CBP$;

für den zweiten Fall $P_1CB < P_1CF$, $LCF < LCB$ und $L_1CFP > L_1CBP$.

III. *Wenn sich eine schräge Ebene von einer, auf der Grund-Ebene senkrechten Mittel-Ebene weiter entfernt als eine andere, so ist sie, im Fall die Mittel-Ebene spitzwinklig ist, gröſser, im Fall die Mittel-Ebene stumpfwinklig ist, kleiner, macht mit einer spitzwinkligen Mittel-Ebene einen gröſseren, mit einer stumpfwinkligen Mittel-Ebene einen kleineren Winkel, und mit der Grund-Ebene, im Fall die Mittel-Ebene spitzwinklig ist, einen kleineren, im Fall die Mittel-Ebene stumpfwinklig ist einen gröſsern Winkel, als die zweite schräge Ebene.*

Z. B. Wenn in (Fig. 264.) in der obigen Bedeutung der Figur $P_1CF > P_1CB$ oder $L_1CB > L_1CF$, so ist

im ersten Fall $PCF > PCB$, $P_1CPF > P_1CPB$ und $P_1CFP < P_1CBP$;

im zweiten Fall $PCB < PCF$, $L_1CPB > L_1CPF$ und $L_1CFP > L_1CBP$.

IV. *Wenn eine schräge Ebene, neben einer auf der Grund-Ebene senkrechten Mittel-Ebene, mit der Grund-Ebene einen kleineren Winkel macht als eine andere, so ist sie, im Fall die Mittel-Ebene spitzwinklig ist, gröſser, im Fall die Mittel-Ebene stumpfwinklig ist, kleiner, macht mit einer spitzwinkligen Mittel-Ebene eine gröſsere, mit einer stumpfwinkligen Mittel-Ebene einen kleinern Winkel, und entfernt sich von einer spitzwinkligen Mittel-Ebene in der Grund-Ebene mehr, von einer stumpfwinkligen weniger, als die zweite schräge Ebene.*

Z. B. Wenn in (Fig. 264.), mit ihrer obigen Bedeutung, $P_1CFP < P_1CBP$, oder $L_1CFP > L_1CBP$, so ist

für den ersten Fall $PCF > PCB$, $P_1CPF > P_1CPB$ und $P_1CF > P_1CB$;

für den zweiten Fall $PCB < PCF$, $L_1CPB < L_1CPF$ und $L_1CB < L_1CF$.

Beweis von I.

α. Wenn $PCF > PCB$, so ist, zufolge (§. 453. III.), $P_1CF > P_1CB$, jedoch kann PCF nicht gröſser seyn als PCK, wenn BCK eine gerade Linie ist, oder P_1CF nicht gröſser als P_1CK, weil sonst die schrägen Ebenen mit einander einen Winkel einschlieſsen würden, der gröſser wäre als zwei rechte.

β. Nun sey $P_1CH = P_1CB$, P_1D auf CB, P_1H auf CH, P_1E auf CF, P_1G auf CI etc. senkrecht, so ist für jede schräge Ebene, wie PCF, PCI etc., die gröſser ist als PCB, $P_1E > P_1H > P_1D$, $P_1G > P_1H > P_1D$ etc. denn z. B. in dem rechtwinkligen Dreieck P_1HM ist schon $P_1M > P_1H$, also um so mehr $P_1E > P_1H$, und folglich, da $P_1H = P_1D$, $P_1E > P_1D$. Die Dreiecke PP_1E und PP_1D haben aber bei P_1 rechte Winkel, und PE ist gröſser als PD. Sie haben also die Gestalt von (Fig. 264. a.), und folglich ist der Winkel PEP_1 kleiner als der Winkel PDP_1. Der Winkel PEP_1 ist aber der Winkel P_1CFP, zwischen der schrägen Ebene PCF und der Grund-Ebene, und PDP_1 ist der Winkel P_1CBP, zwischen der schrägen Ebene PCB und der Grund-Ebene. Also ist $P_1CFP < P_1CBP$.

γ. Ferner sey durch P, PZ in der Ebene PCP_1, PX in der Ebene PCB, PY in der Ebene PCF, und PV in der Ebene PCH auf PC senkrecht, so daſs PZ, PX, PY und PV in einer und derselben, auf PC senkrechten Ebene liegen, so sind XPZ, ZPV und ZPY die Winkel, welche die Ebenen PCB, PCH und PCF mit der Mittel-Ebene PCP machen. Der Winkel ZPV ist aber nothwendig kleiner als der Winkel ZPY, weil PV in der Ebene PCH, und die Ebene PCH zwischen den Ebenen PCP_1 und PCF liegt. Nun ist, wegen $P_1CH = P_1CB$, und wegen des rechten Winkels zwischen der Mittel-Ebene und der Grund-Ebene, zufolge (§. 483. VII.), $ZPV = ZPX$; also ist auch $ZPX < ZPY$ oder $ZPY > ZPX$. Es ist aber ZPY der Winkel P_1CPF, zwischen der schrägen Ebene PCF und der Mittel-Ebene, und ZPX der Winkel P_1CPB zwischen der schrägen Ebene PCB und der Mittel-Ebene. Also ist $P_1CPF > P_1CPB$.

δ. Zusammen genommen ist also für die beiden schrägen Ebenen PCF und PCB, in Beziehung auf die spitzwinklige, senkrechte Mittel-Ebene PCP_1, nach (*γ*, *α* und *β*), wenn $PCF > PCB$ vorausgesetzt wird, $P_1CPF > P_1CPB$, $P_1CF > P_1CB$ und $P_1CFP < P_1CBP$; wie im Lehrsatz (I.) behauptet wird.

ε. Nun sind ferner die Winkel, welche die Ebenen PCF und PCB mit der stumpfwinkligen, senkrechten Mittel-Ebene PCL_1 machen, ihre Entfernungen L_1CF und L_1CB von der Mittel-Ebene und der Grund-Ebene, und die Winkel, welche sie, nach CL_1 zu, mit der Grund-Ebene machen, sämmtlich die Supplemente der ähnlichen Winkel, in Beziehung auf die spitzwinklige Mittel-Ebene P_1CP. Also verhält es sich mit diesen Winkeln, in Beziehung auf die stumpfwinklige Mittel-Ebene PCL_1, gerade umgekehrt, wie in Beziehung auf die spitzwinklige PCP_1. Also ist, wenn $PCF > PCB$ vorausgesetzt wird, in Beziehung auf die stumpfwinklige Mittel-Ebene PCL_1, $L_1CPF < L_1CPB$, $L_1CF < L_1CB$ und $L_1CFP > L_1CBP$; wie in (I.) behauptet wird.

Von II. Wenn $P_1CPF > P_1CPB$ oder $ZPY > ZPX$ ist, so sey

$ZPV = ZPX$. Daraus folgt, daſs PV, zwischen PZ und PY, also die Ebene PCH in welcher $\underset{1}{P}CPH = \underset{1}{P}CPB$ ist, zwischen den Ebenen PCF und PCB liegt, und daſs also $\underset{1}{P}CF > \underset{1}{P}CH > \underset{1}{P}CB$ ist. Deshalb aber ist, vermöge (§. 453. III.), $PCF > PCB$. Dadurch geht die Voraussetzung (II.) in die Voraussetzung (I.) über; also folgt alles Uebrige, wie dort.

Von III. Wenn $\underset{1}{P}CF > \underset{1}{P}CB$ ist, so ist, vermöge (§. 453. III.), $PCF > PCB$. Dadurch geht die Voraussetzung (III,) in die Voraussetzung (I.) über, und also folgt alles Uebrige, wie dort.

Von IV. Wenn $\underset{1}{P}CFP < \underset{1}{P}CBP$, so ist $PE\underset{1}{P} < PD\underset{1}{P}$, also vermöge (Fig. 264. a.). $\underset{1}{P}E > \underset{1}{P}D$, folglich, weil $CE^2 = C\underset{1}{P}^2 - \underset{1}{P}E^2$ und $CD^2 = C\underset{1}{P}^2 - \underset{1}{P}D^2$, $CE < CD$. Es sey $CU = CE$ und $CUW = CE\underset{1}{P} = \varrho$, so ist $UT < \underset{1}{P}D$. Also kann UT nicht gleich $\underset{1}{P}E$ seyn, weil $\underset{1}{P}E > \underset{1}{P}D$ seyn soll, folglich $\underset{1}{P}CE$ nicht gleich $\underset{1}{P}CD$, noch weniger $\underset{1}{P}CE < \underset{1}{P}CD$, etwa gleich SCD, weil UW noch kleiner ist als UT. Also muſs nothwendig $\underset{1}{P}CE > \underset{1}{P}CD$ oder $\underset{1}{P}CF > \underset{1}{P}CB$ seyn. Deshalb aber ist, vermöge (§. 453. III.), $PCF > PCB$; wodurch die Voraussetzung (IV.) in diejenige (I.) übergeht, und dann alles Uebrige, wie dort folgt.

485.

Erklärung. *Ein Raum-Dreieck, welches eine Seite und einen Winkel mit einem anderen gemein hat, soll Neben-Raum-Dreieck von jenem, jenes Haupt-Raum-Dreieck heiſsen.*

Z. B. Das von den drei Ebenen *CAM*, *DAM*, *CAD* eingeschlossene Raum-Dreieck *ACDM* (Fig. 265.) ist ein Neben-Raum-Dreieck des Haupt-Dreiecks *ACDB*; denn es hat die Seite *CAD* und den Winkel an der Kante *BAM* mit ihm gemein.

486.

Anmerkung. Jedes Raum-Dreieck hat drei Neben-Raum-Dreiecke, in welchen, eine Seite und der gegenüberliegende Winkel so groſs sind als im Haupt-Dreieck, die andern beiden Seiten und Winkel aber die Supplemente der andern beiden Seiten und Winkel des Haupt-Dreiecks sind.

Z. B. In dem Neben-Dreieck *ACDM* des Haupt-Dreiecks *ACDB* (Fig. 265.) ist die Seite *CAD* so groſs als die nemliche Seite im Haupt-Dreieck, denn sie ist beiden gemein, desgleichen der Winkel an der Kante *AM*; die andern beiden Seiten *CAM* und *DAM* im Neben-Dreieck aber sind die Supplemente der andern bei-

beiden Seiten *CAB* und *DAB* im Haupt-Dreieck, denn sie liegen in einerlei Ebenen mit ihnen, und füllen den ganzen Ebenen-Raum auf einer Seite der geraden Linie *MAB*. Eben so sind die Winkel an den Kanten *AC* und *AD* im Neben-Dreieck die Supplemente der Winkel an den nemlichen Kanten im Haupt-Dreieck, denn sie liegen an einerlei Ebenen, und füllen den ganzen Raum auf einer Seite derselben. Solcher Neben-Dreiecke giebt es drei, denn jede der drei Seiten-Ebenen des Haupt-Dreiecks kann einem Neben-Dreiecke gemein seyn.

487.

Lehrsatz. I. *Die Summe der drei Seiten jedes Raum-Dreiecks ist kleiner als vier rechte Winkel und gröfser als Null.*

II. *Die Summe der drei Winkel jedes Raum-Dreiecks ist kleiner als Sechs rechte und gröfser als Zwei rechte Winkel.*

Erster Beweis von I. In (Fig. 265.) ist in dem Neben-Dreieck *ACDM* eines beliebigen Raum-Dreiecks *ACDB*, $CAB + CAM = 2\varrho$ und $DAB + DAM = 2\varrho$, also $CAB + DAB + CAM + DAM = 4\varrho$. Nun ist in dem Raum-Dreieck *ACDM*, $CAD < CAM + DAM$ (§. 472.); also ist $CAB + DAB + CAD < 4\varrho$; das heifst: die Summe der drei Seiten eines beliebigen Raum-Dreiecks *ABCD* ist kleiner als Vier rechte Winkel.

Dafs die Summe der drei Seiten gröfser ist, als Null, ist an sich selbst klar.

Zweiter Beweis von I. Das Raum-Dreieck *ACBD* (Fig. 265.) sey mit einer beliebigen Ebene *BCD* geschlossen, so sind auch *BCDA*, *CBDA* und *DACB* Raum-Dreiecke. In denselben ist:

$$\left.\begin{array}{l} ABC + ABD > CBD, \\ ADC + ADB > CDB, \\ ACB + ACD > BCD, \end{array}\right\} \text{(§. 472.)}$$

also zusammengenommen:

$$ABC + ABD + ADC + ADB + ACB + ACD > CBD + CDB + BCD.$$

Die Winkel rechterhand sind die drei Winkel des Dreiecks *CDB*, und also zusammen gleich zwei rechten. Folglich ist, wenn man zugleich linkerhand diejenigen zusammen nimmt, welche in einerlei Seiten-Ebene liegen,

$$\left.\begin{array}{l} + ABC + ACB \\ + ACD + ADC \\ + ABD + ADB \end{array}\right\} > 2\varrho.$$

Man rechne beiderseits noch die drei Winkel am Scheitel A des Raum-Dreiecks hinzu, so bekommt man linkerhand die 9 Winkel der drei Seiten-Ebenen BAC, CAD und DAB, und rechterhand $2\varrho + BAC + CAD + DAB$. Jene 9 Winkel aber sind zusammen gleich 6ϱ, denn je drei machen zusammen 2ϱ aus; also ist

$$6\varrho > 2\varrho + BAC + CAD + DAB, \quad \text{oder}$$
$$BAC + CAD + DAB < 4\varrho,$$

dafs heifst, die Summe der drei Seiten des Raum-Dreiecks $ABCD$ ist kleiner als vier rechte.

Beweis von II. Man bezeichne die Winkel eines beliebigen Raum-Dreiecks durch α, β, γ; die gegenüber liegenden Seiten der Polar-Dreiecke des gegebenen Dreiecks durch A, B, C; so ist vermöge (§. 463. I. u. II.)

$$A = 2\varrho - \alpha,$$
$$B = 2\varrho - \beta,$$
$$C = 2\varrho - \gamma,$$

Nun ist in jedem Raum-Dreieck, wie in (I.) bewiesen, also auch in den Polar-Dreiecken, die Summe der Seiten kleiner als vier rechte Winkel; desgleichen ist sie gröfser als Null. Also ist $A + B + C < 4\varrho$ und $A + B + C > 0$. Setzt man hierin die obigen Ausdrücke von A, B, C; so findet man

$$2\varrho - \alpha + 2\varrho - \beta + 2\varrho - \gamma < 4\varrho \quad \text{und}$$
$$2\varrho - \alpha + 2\varrho - \beta + 2\varrho - \gamma > 0, \quad \text{oder}$$
$$2\varrho < \alpha + \beta + \gamma \quad \text{und}$$
$$6\varrho > \alpha + \beta + \gamma;$$

das heifst: die Summe der Winkel eines beliebigen Raum-Dreiecks ist kleiner als Sechs rechte und gröfser als zwei rechte Winkel; wie behauptet wird.

Dafs die Summe der Winkel eines Raum-Dreiecks nothwendig kleiner als sechs rechte ist, folgt auch daraus unmittelbar, dafs kein Winkel eines convexen Raum-Dreiecks gröfser seyn kann als zwei rechte (§. 459.), so dafs also alle drei zusammen nicht gröfser seyn können als sechs rechte.

Von der Centricität der Raum-Dreiecke.

488.

Lehrsatz. I. A. *In jedem Raum-Dreieck giebt es unzählige Puncte, die jeder gleich weit von den drei Kanten des Dreiecks entfernt sind.*

B. *Alle diese Puncte liegen in der geraden Linie, welche den Scheitel des gegebenen Raum-Dreiecks mit dem Scheitel seines Haupt-Polar-Dreiecks verbindet.*

C. *Die Ebenen, in welchen je drei Puncte der Kanten des gegebenen Dreiecks liegen, die von einem und demselben Puncte der Scheitel-Linie gleich weit entfernt sind, stehen sämmtlich auf der Scheitel-Linie senkrecht.*

II. A. *In jedem Raum-Dreiecke giebt es unzählige Puncte, die jeder gleich weit von den drei Seiten-Ebenen des Dreiecks entfernt sind.*

B. *Alle diese Puncte liegen in der geraden Linie, welche den Scheitel des gegebenen Dreiecks mit dem Scheitel desjenigen Polar-Dreiecks verbindet, dessen Haupt-Polar-Dreieck das gegebene ist.*

C. *Die Ebenen, in welchen je drei Puncte der Seiten-Ebenen des gegebenen Dreiecks liegen, die von einem und demselben Puncte der Scheitellinie gleich weit entfernt sind, stehen sämmtlich auf der Scheitel-Linie senkrecht.*

Beweis von I. A. Wenn in (Fig. 250.) $AP = BP = CP$, also ABC die Grund-Ebene und $FDEX$ das Haupt-Polar-Dreieck des Raum-Dreiecks $ABCP$ ist, so steht, zufolge (§. 466.), die gerade Linie PX, welche die Scheitel des gegebenen Raum-Dreiecks und seines Haupt-Polar-Dreiecks verbindet, auf der Grund-Ebene ABC senkrecht, und geht durch ihren Eck-Mittelpunct Q, so dafs $AQ = BQ = CQ$ ist. Also ist in den drei Dreiecken APQ, BPQ, CPQ, $AQ = BQ = CQ$, $PQ = PQ = PQ$, und $AP = BP = CP$, folglich sind die Dreiecke und folglich die Winkel APQ, BPQ, CPQ, welche die Scheitel-Linie PX mit den Kanten AP, BP, CP des gegebenen Dreiecks einschliefst, einander gleich. Stellt man sich also aus einem beliebigen Puncte R der Scheitel-Linie Perpendikel RL, RM, RN auf die drei Kanten des gegebenen Dreiecks vor, deren Länge den Entfernungen des Puncts R der Scheitellinie von den Kanten gleich ist, so sind die drei rechtwinkligen Dreiecke RLP, RMP, RNP, welche diese Perpendikel mit den Kanten und den Scheitellinien einschliefsen, einander gleich, denn sie haben die Scheitel-Linie RP zur gemeinschaftlichen Hypothenuse, und die Winkel RPL, SPM, RPN, zwischen der Scheitel-Linie und den Kanten, sind, wie vorhin bewiesen, gleich grofs. Also sind die Perpendikel gleich lang; das heifst: die Entfernungen jedes beliebigen Puncts der Scheitel-Linie von den drei Kanten des gegebenen Dreiecks sind gleich. Da nun in der Scheitel-Linie beliebige Puncte angenommen werden können, so giebt es in jedem Dreieck unzählige Puncte, die jeder gleichweit von den drei Kanten entfernt sind.

B. Gesetzt, es gäbe einen Punct T aufserhalb der Scheitel-Linie PX, der gleich weit von den drei Kanten AP, BP, CP des gegebenen Raum-Dreiecks entfernt wäre; so wären die drei Perpendikel TU, TV, TW aus diesem Puncte auf die Kanten gleich lang. Also wäre, wenn TP eine gerade Linie durch T und den Scheitel P des gegebenen Raum-Dreiecks ist, in den drei rechtwinkligen Dreiecken TPU, TPV und TPW, $TU = TV = TW$ und $TP = TP = TP$. Also wären diese Dreiecke, und folglich die Winkel TPU, TPV und TPW gleich. Nun sey S der Punct, in welchem die gerade Linie TP die Grund-Ebene ABC schneidet, so wären in den Dreiecken SAP, SBP und SCP die Winkel SPA, SPB und SPC gleich grofs. Aufserdem aber ist $AP = BP = CP$ und $SP = SP = SP$. Also wären die drei Dreiecke SPA, SPB und SPC gleich, und folglich wäre $SA = SB = SC$. Es gäbe also in der Grund-Ebene ABC, aufser dem Puncte Q, in welchem sie von der Scheitel-Linie PX geschnitten wird, und welcher gleich weit von den Ecken A, B und C

entfernt ist, noch einen zweiten Punct *S*, der ebenfalls diese Eigenschaft hätte. Dieses ist aber nicht der Fall, weil ein ebenes Dreieck, wie *ABC*, nur einen Eck-Mittelpunct hat (§. 66.). Also giebt es auch keinen Punct *T* aufserhalb der Scheitel-Linie *PX*, der von den Kanten *PA*, *PB*, *PC* des gegebenen Raum-Dreiecks gleich weit abstände. Mithin liegen alle von den Kanten eines gegebenen Raum-Dreiecks gleich weit entfernte Puncte in der geraden Linie, welche den Scheitel des gegebenen Raum-Dreiecks mit dem Scheitel seines Haupt-Polar-Dreiecks verbindet.

C. Wenn *R* ein beliebiger Punct in der Scheitel-Linie *PX* ist, und *RL*, *RM*, *RN* sind auf den Kanten *AP*, *BP*, *CP* senkrecht, so sind, wie in (I. A.) bewiesen, die Perpendikel *RL*, *RN*, *RN* gleich lang, und die rechtwinkligen Dreiecke *RPL*, *RPM*, *RPN* sind einander gleich. Folglich ist $LP = MP = NP$. Dieserhalb aber ist eine durch *L*, *M* und *N* gehende Ebene eine Grund-Ebene des gegebenen Dreiecks (§. 456.), und eine solche steht auf der Scheitellinie senkrecht (§. 465.). Also stehen alle Ebenen, in welchen je drei Puncte der Kanten des gegebenen Dreiecks liegen, die von einem und demselben Puncte der Scheitel-Linie gleich weit entfernt sind, auf der Scheitel-Linie senkrecht.

Von II. A. Es sey in (Fig. 250.), wie vorhin, $AP = BP = CP$ und *FDEX* das Haupt-Polar-Dreieck des Raum-Dreiecks *ABCP*. Man betrachte einen Augenblick *FDEX* als das gegebene Dreieck, so ist *ABCP* dasjenige seiner Polar-Dreiecke, dessen Haupt-Polar-Dreieck das gegebene *FDEX* ist. Nun sind *AP*, *BP*, *CP* auf den Ebenen *XDAF*, *XDBE*, *XECF* senkrecht. Es sind also auch auf diese Ebenen alle Ebenen senkrecht, die durch *AP*, *BP* und *CT* gehen (§. 446. I.), folglich auch die Ebenen *APX*, *BPX*, *CPX*, die durch *AP*, *BP*, *CP* und durch die Scheitel-Linie *XP* gehen. Alle Perpendikel aus beliebigen Puncten der Scheitel-Linie, z. B. die Perpendikel $R\lambda$, $R\mu$, $R\nu$ aus dem Puncte *R* auf die Seiten-Ebenen *XDAF*, *XDBE* und *XECF* des Raum-Dreiecks *XDEF* liegen also in den Ebenen *APX*, *BPX* und *CPX*, und treffen die Seiten-Ebenen in den geraden Linien *AX*, *BX*, *CX*. Die rechtwinkligen Dreiecke $RX\lambda$, $RX\mu$, $RX\nu$, welche sie mit der Scheitel-Linie und mit den Linien *AX*, *BX*, *CX* einschliefsen, sind also den rechtwinkligen Dreiecken *APX*, *BPX* und *CPX*, mit welchen sie in einerlei Ebenen liegen, ähnlich. Und da $AP = BP = CP$, so ist auch $R\lambda = R\mu = R\nu$, das heifst: der Punct *R* ist von den drei Seiten-Ebenen des Raum-Dreiecks *XDEF* gleich weit entfernt. Und da das Nemliche von jedem anderen Puncte, wie *R*, in der Scheitel-Linie gilt, so giebt es unzählige Puncte, die jeder gleichweit von den drei Seiten-Ebenen eines Raum-Dreiecks entfernt sind.

B. Gesetzt, es gäbe in gleichen Entfernungen von den Seiten-Ebenen eines gegebenen Raum-Dreiecks *XDEF* einen Punct *T*, aufserhalb der geraden Linie *PX*, welche den Scheitel *X* des gegebenen Dreiecks und den Scheitel *P* desjenigen seiner Polar-Dreiecke *ABCP* verbindet, dessen Haupt-Polar-Dreieck das gegebene Raum-Dreieck ist, und es wären To, $T\varphi$ und $T\chi$ auf den Seiten-Ebenen *XDAF*, *XDBE* und *XECF* des gegebenen Dreiecks senkrecht, so müfste $To = T\varphi = T\chi$ seyn. Wenn nun $TU = TV = TW$ auf den Kanten *AP*, *BP*, *CP* des Raum-Dreiecks *ABCP* senkrecht sind, so lägen To und *UA*, $T\varphi$ und *WC*, $T\chi$ und *VB* in einerlei Ebenen, weil diese Linien auf einerlei Ebenen, nemlich auf den Seiten-Ebenen des Raum-Dreiecks *XDEF* senkrecht waren (§. 447. III.). Also wären

$TUAo$, $TVB\chi$ und $TWC\varphi$ Parallelogramme, und es wäre $To = UA$, $T\chi = VB$, $T\varphi = WC$. Nun ist aber in den rechtwinkligen Dreiecken TUP, TVP und TWP nach dem pythagorischen Lehrsatze: $PT^2 = PU^2 + TU^2 = (PA - UA)^2 + TU^2$,

$$PT^2 = PV^2 + TV^2 = (PB - VB)^2 + TV^2,$$
$$PT^2 = PW^2 + TW^2 = (PC - WC)^2 + TW^2.$$

Also wäre $(PA - To)^2 + TU^2 = (PB - T\chi)^2 + TV^2 = (PC - T\varphi)^2 + TW^2$.
Nach der Voraussetzung ist $PA = PB = PC$,
also kann nur $To = T\chi = T\varphi$
seyn, wenn $TU = TV = TW$
ist. Dieses Letztere aber ist, wie in (I. B.) bewiesen, für keinen Punct wie T, aufserhalb der Scheitel-Linie PX möglich. Also giebt es auch keinen solchen Punct, welcher gleich weit von den drei Seiten-Ebenen des Raum-Dreiecks $XDEF$ entfernt wäre. Mithin liegen alle von den drei Seiten-Ebenen eines Raum-Dreiecks gleich weit entfernten Puncte in der geraden Linie, welche der Scheitel des gegebenen Dreiecks mit dem Scheitel desjenigen Polar-Dreiecks verbindet, dessen Haupt-Polar-Dreieck das gegebene ist.

C. Es sey R irgend ein Punct der geraden Linie XP, welche den Scheitel X des Raum-Dreiecks $XDEF$ und den Scheitel P desjenigen seiner Polar-Dreiecke $ABCP$ verbindet, dessen Haupt-Polar-Dreieck das Dreieck $XDEF$ ist, so sind die Perpendikel $R\lambda$, $R\mu$, $R\nu$ aus R auf die Seiten-Ebenen des Raum-Dreiecks $XDEF$, wie in A. bewiesen, gleich lang. Also sind die rechtwinkligen Dreiecke $R\lambda X$, $R\mu X$ und $R\nu X$, weil sie aufserdem eine und dieselbe Linie RX zur Hypothenuse haben, und folglich auch die Winkel $RX\lambda$, $RX\mu$, $RX\nu$ und die Seiten $X\lambda$, $X\mu$ und $X\nu$ einander gleich. Nun stelle man sich aus λ, μ, ν Perpendikel auf die Scheitellinie, $\lambda\varkappa$, $\mu\varkappa$, $\nu\varkappa$ vor, so sind auch die rechtwinkligen Dreiecke $X\lambda\varkappa$, $X\mu\varkappa$, $X\nu\varkappa$, weil sie gleiche Hypothenusen $X\lambda = X\mu = X\nu$ und gleiche Winkel $RX\lambda = RX\mu = RX\nu$ haben, einander gleich. Folglich treffen diese Perpendikel $\lambda\varkappa$, $\mu\varkappa$, $\nu\varkappa$ die Scheitel-Linie in einem und demselben Punct $\varkappa$. Zugleich stehen sie auf ihr senkrecht. Also liegen sie in einer und derselben Ebene, die auf PX senkrecht steht (§. 417. II.). In dieser Ebene liegen aber auch λ, μ und ν. Also steht jede Ebene, in welcher drei Puncte der Seiten-Ebenen eines Raum-Dreiecks liegen, die von einem und demselben Puncte der Scheitel-Linie gleich weit entfernt sind, auf der Scheitel-Linie senkrecht.

489.

Erklärung. I. A. *Die gerade Linie, in welcher sich nach* (§. 488. I. B.) *alle die Puncte befinden, die jeder gleich weit von den Kanten eines Raum-Dreiecks entfernt sind, soll Mittel-Linie der Kanten des Raum-Dreiecks, oder auch Kanten-Mittel-Linie heifsen.*

B. *Jede Ebene, in welcher drei von irgend einem Puncte der Kanten-Mittel-Linie gleich weit entfernte Puncte der Kanten eines Raum-Dreiecks liegen, soll Ebene gleicher Kanten-Abstände, und jeder von ihr gleich weit entfernte Punct der Kanten-Mittel-Linie Pol dieser Ebene heifsen.*

II. A. *Die gerade Linie, in welcher sich nach* (§. 488. II. B.) *alle die Puncte befinden, deren jeder gleich weit von den Seiten-Ebenen eines Raum-Dreiecks entfernt ist, soll Mittel-Linie der Seiten-Ebenen des Raum-Dreiecks, oder auch Seiten-Mittel-Linie heifsen.*

B. *Jede Ebene, in welcher drei, von irgend einem Puncte der Seiten-Mittel-Linie gleich weit entfernte Puncte der Seiten-Ebenen eines Raum-Dreiecks liegen, soll Ebene gleicher Seiten-Abstände, und jeder von ihr gleich weit entfernte Punct der Seiten-Mittel-Linie, Pol dieser Ebene heifsen.*

490.

Anmerkung. Mit den Benennungen (§. 489.) lassen sich die Sätze (§. 488.), wie folgt, ausdrücken.

I. A. *Jedes Raum-Dreieck hat eine Kanten-Mittel-Linie, aber nur eine* (§. 488. I. A. B.).

B. *Jedes Raum-Dreieck hat eine Seiten-Mittel-Linie, aber nur eine* (§. 488. I. A. B.).

II. A. *Die Kanten-Mittel-Linie eines Raum-Dreiecks ist zugleich die Seiten-Mittel-Linie seines Haupt-Polar-Dreiecks* (§. 488. I. B. und II. B.).

B. *Die Seiten-Mittel-Linie eines Raum-Dreiecks ist zugleich die Kanten-Mittel-Linie desjenigen von seinen Polar-Dreiecken, dessen Haupt-Polar-Dreieck das gegebene ist* (§. 488. II. B.).

III. A. *Die Ebenen gleicher Kanten-Abstände eines Raum-Dreiecks stehen alle auf seiner Kanten-Mittel-Linie senkrecht* (§. 488. I. C.).

B. *Die Ebenen gleicher Seiten-Abstände eines Raum-Dreiecks stehen alle auf seiner Seiten-Mittel-Linie senkrecht* (§. 488. II. C.)

Ferner sind, wie leicht zu sehen,

IV. *Die Scheitel eines Raum-Dreiecks und seines Haupt-Polar-Dreiecks Pole der Grund-Ebenen des gegebenen Dreiecks zugleich.*

Von der Gröfse der Raum-Dreiecke.

491.

Erläuterung. So wie die Gröfse oder der Inhalt einer Raum-Ecke derjenige Theil des ganzen Raumes ist, welchen die beiden Schenkel-Ebenen davon absondern, so ist die Gröfse oder der Inhalt eines Raum-Dreiecks derjenige Theil des ganzen Raumes, welcher zwischen den Seiten-Ebenen des Dreiecks liegt.

492.

Lehrsatz. Die Gröfse eines Raum-Dreiecks ist der Gröfse einer Raum-Ecke gleich, deren Winkel halb so grofs ist, als der Ueberschufs der Summe der Winkel des Raum-Dreiecks über zwei Rechte.

Z. B. Wenn die Winkel des Raum-Dreiecks *ABCP* (Fig. 266.) durch α, β und γ, und der Inhalt einer Raum-Ecke, die so grofs ist als der Inhalt des Dreiecks, durch $\triangle$ bezeichnet werden, so ist $\triangle = \frac{\alpha+\beta+\gamma-2\varrho}{2}$.

Beweis. Die Raum-Ecken
an AP, zwischen den Ebenen BPA und CPA,
an CP, zwischen den Ebenen BPC und APC,
an BP, zwischen den Ebenen CPB und APB,
zusammengenommen mit den gleich grofsen Scheitel-Raum-Ecken
an αP, zwischen den Ebenen $\beta P\alpha$ und $\gamma P\alpha$,
an γP, zwischen den Ebenen $\beta P\gamma$ und $\alpha P\gamma$, und
an βP, zwischen den Ebenen $\gamma P\beta$ und $\alpha P\beta$,
füllen, wie leicht zu sehen, den ganzen Raum, und noch zweimal den Raum des Dreiecks $ABPC$, so wie des gleich grofsen Dreiecks $\alpha\beta\gamma P$.

Nun sind die Winkel α, β, γ, die Maafse dieser Raum-Ecken (§. 445.), und 4ϱ ist das Maafs des ganzen Raumes. Also ist $2\alpha + 2\beta + 2\gamma = 4\varrho + 4\triangle$. Daraus folgt $\triangle = \frac{\alpha+\beta+\gamma-2\varrho}{2}$, d. h., der Inhalt des Raum-Dreiecks $ABCP$ ist so grofs, als der Inhalt einer Raum-Ecke, deren Winkel gleich $\frac{\alpha+\beta+\gamma-2\varrho}{2}$ ist.

493.

Zusätze. I. *Wenn die drei Winkel eines Raum-Dreiecks jeder zwei Rechte sind, so ist der Inhalt des Dreiecks nach* (§. 492.) $\triangle = \frac{2\varrho+2\varrho+2\varrho-2\varrho}{2} = \frac{4\varrho}{2} = 2\varrho$, *d. h. dem Inhalt einer Raum-Ecke gleich, deren Winkel zwei rechte ist, oder gleich der Hälfte des ganzen Raumes.* In der That nimmt das Raum-Dreieck alsdann die Hälfte des ganzen Raumes ein, weil seine Seiten-Ebenen in einer und derselben Ebene liegen.

II. *Wenn die drei Winkel eines Raum-Dreiecks jeder ein Rechter sind, so ist der Inhalt des Dreiecks nach* (§. 492.) $\triangle = \frac{\varrho+\varrho+\varrho-2\varrho}{2} = \frac{1}{2}\varrho$, *d. h. gleich der Hälfte des Inhalts einer Raum-Ecke, deren Winkel ein rechter ist, oder gleich dem achten Theile des ganzen Raumes.* In der That füllen acht rechtwinklige Raum-Dreiecke den ganzen Raum, vier auf jeder Seite einer der Seiten-Ebenen. Z. B. in (Fig. 267.) sind die acht dreirechtwinkligen Raum-Dreiecke $APQB$, $BPQC$, $CPQD$, $DPQA$ und $APRB$, $BPRC$, $CPRD$, $DPRA$ einander gleich, und füllen zusammengenommen den ganzen Raum.

III. *Symmetrische Raum-Dreiecke sind gleich grofs, weil sie gleiche Winkel haben.*

494.

Anmerkungen. I. *Wenn man den Inhalt eines drei-rechtwinkligen Raum-Dreiecks, also den achten Theil des ganzen Raumes* (§. 493. II.) *zur Einheit annimmt, und etwa durch* R *bezeichnet, so ist der Inhalt des ganzen Raumes oder der Inhalt einer Raum-Ecke, deren Winkel* 4ϱ *ist, gleich* 8R, *der Inhalt einer rechtwinkligen Raum-Ecken gleich* 2R *und der Inhalt beliebiger Raum-Ecke, deren Winkel, in Graden, Minuten, u. s. w. ausgedrückt,* α, β, γ *sind, gleich* $\frac{\alpha}{\varrho}.2R$, $\frac{\beta}{\varrho}.2R$, $\frac{\gamma}{\varrho}.2R$, *also ist in* (§. 492.) *für das Raum-Dreieck ABCP* (Fig. 266.) $2\frac{\alpha}{\varrho}.2R + 2\frac{\beta}{\varrho}.2R + \frac{2\gamma}{\varrho}2R = 8R + 4\triangle$, *woraus* $\triangle = \frac{\alpha+\beta+\gamma-2\varrho}{\varrho}.R$ *folgt, wo nun* $\triangle$ *eine Zahl oder ein Bruch ist, der den Inhalt* R *eines drei-rechtwinkligen Dreiecks zur Einheit hat.* α, β, γ *werden in Graden und Bruchtheilen des Grades ausgedrückt, und* ϱ *ist gleich der Zahl der Grade im Viertheil-Kreise.*

Für ein Raum-Dreieck, dessen Winkel jeder zwei Rechte sind, ist $\alpha = \beta = \gamma = 2\varrho$, **also** $\triangle = (6\varrho - 2\varrho)\frac{R}{\varrho} = 4R$.. **Für ein Raum-Dreieck, dessen Winkel jeder ein rechter sind, ist** $\alpha = \beta = \gamma = \varrho$, **also** $\triangle = (3\varrho - 2\varrho)\frac{R}{\varrho} = R$, **wie gehörig.**

II. *Aus* (§. 492. und §. 494.) *ist auch zu sehen, dafs, wie in* (§. 487. II.) *bewiesen, die Summe der Winkel jedes Raum-Dreiecks gröfser als zwei Rechte und kleiner als sechs Rechte ist, denn wenn* $\alpha+\beta+\gamma$ *kleiner als zwei Rechte wäre, so wäre der Inhalt des Dreiecks, dem Ausdrucke* $\triangle = \frac{\alpha+\beta+\gamma-2\varrho}{2}$ *zufolge, kleiner als Null, und wenn* $\alpha+\beta+\gamma$ *gröfser als sechs Rechte wäre, so wäre* $\triangle$ *gröfser als* $\frac{4\varrho}{2}$, *oder gröfser als zwei Rechte, folglich gröfser als der Raum auf einer Seite einer Ebene, mithin im letzten Fall das Dreieck concav, statt, wie vorausgesetzt wird, convex.*

495.

Lehrsatz. Ein Raum-Dreieck mit zwei gegebenen Seiten, die zusammen kleiner sind, als zwei rechte Winkel, ist dann am gröfsten, wenn der von den gegebenen Seiten eingeschlossene Winkel so grofs ist, als die beiden anderen Winkel des Dreiecks zusammengenommen. Sind die beiden gegebenen Seiten zusammen gleich zwei rechten Winkeln oder gröfser, so giebt es kein gröfstes Dreieck.

Z. B. Wenn in dem Raum-Dreieck *ABCP* (Fig. 268.) der Winkel an der Kante *CP* so grofs ist als die beiden anderen Winkel an den Kanten *AP* und *BP* zusammengenommen, so ist das Raum-Dreieck, in sofern $APC+BPC<2\varrho$ ist, gröfser als jedes andere *XBCP* oder *YBCP*, mit den nemlichen zwei Seiten $BPC=BPC=BPC$ und $XPC=YPC=APC$.

Beweis. α. Um die Zeichnung nicht durch viele Linien undeutlich zu machen, sind die Hülfs-Ebenen und Linien nur in den verticalen Projectionen der Figuren (I. und II.), nicht in der horizontalen (III.) vorgestellt. Man mufs sich also unter den Hülfs-Puncten in den verticalen Projectionen (I. und II.) gerade Linien, und unter den geraden Linien in der Projection, Ebenen vorstellen, die sämmtlich durch den Scheitel *P* (Fig. III.) des Raum-Dreiecks *ABCP* gehen. Unter den in die Winkel eingeschriebenen Buchstaben α, β, γ, δ etc. mufs man sich die Winkel vorstellen, welche die Ebenen, zwischen denen die Buchstaben stehen, mit einander machen.

β. Es sey *DPA* (Fig. I. und III.) eine gerade Linie, so liegen *CPA* und *CPD* in einer und derselben Ebene, und schneiden die Ebene des Papiers *BDPA* unter einem und demselben Winkel. Also ist

$$1.\quad \delta=\alpha,$$

$$2.\quad \varepsilon+\gamma=2\varrho,$$

und *BCDP* ist ein Neben-Raum-Dreieck zu dem Raum-Dreieck *ABCP*.

Nun liegen auch die Winkel λ und β an einer und derselben Ebene, nemlich an der Ebene des Papiers; also ist

$$3.\quad \beta+\lambda=2\varrho.$$

Vermöge (2. und 3.) ist $\beta+\lambda=\varepsilon+\gamma$. Thut man $\alpha=\delta$ (1.) hinzu, so ist $\alpha+\beta+\lambda=\gamma+\delta+\varepsilon$. Es wird aber vorausgesetzt, dafs im Dreieck *ABCP*

$$4.\quad \alpha+\beta=\gamma$$

sey. Also ist, vermöge $\alpha+\beta+\lambda=\gamma+\delta+\varepsilon$,

$$5.\quad \lambda=\delta+\varepsilon,$$

d. h., auch in dem Neben-Raum-Dreieck *BCDP* ist der Winkel an der einen Kante *BP* so grofs als die Winkel an den anderen beiden Kanten *CP* und *DP* zusammengenommen; eben wie in dem gegebenen Dreieck *ABCP*.

γ. Man lege eine Ebene *BPI* (Fig. I. u. II.) durch *BP*, und zwar so, dafs

$$6.\quad \varkappa=\varepsilon,$$

so ist vermöge $\lambda-\varepsilon=\delta$ (5.), $\lambda-\varkappa=\delta$, das heifst:

$$7.\quad IBPD=IDPB.$$

Wegen $\varkappa=\varepsilon$, ist in dem Raum-Dreieck *IBCP*, $IPB=IPC$, und wegen $IBPD=IDPB$ in dem Raum-Dreieck *IBDP*, $IPD=IPB$ das heifst: die Raum-Dreiecke *BICP* und *IBDP* sind gleichschenklig, ersteres über *BC*, letzteres über *BD*. Es ist also

$$8.\quad IPB=IPC=IPD,$$

und folglich halbirt die Ebene *IPB* die Ebene *DPC* und ist ihrer Hälfte gleich.

δ. Auf dieselbe Weise würde also, wenn man in dem Raum-Dreieck *ABCP* durch *CP* eine Ebene *MPC* legte, welche *BPA* halbirte, ihr Winkel *MPC* der Hälfte $BPM=APM$ des Winkels *APB* gleich seyn.

ε. Nun sey CPX (Fig. I. III.) $= CPA$, aber der Winkel $BCPX$ grösser als γ. Desgleichen sey XPU eine gerade Linie, so ist, wegen $CPA + CPD = 2\varrho$ und $CPX + CPU = 2\varrho$,

$$9.\quad CPU = CPD.$$

In dem Raum-Dreieck $UICP$ (Fig. I.) ist aber $UPI + IPC > CPU$ oder weil $CPU = CPD$ (9.) und $CPD = DPI + IPC$, $UPI + IPC > CPD > DPI + IPC$, also

$$10.\quad UPI > DPI.$$

ζ. Man lege durch IP (Fig. I.) eine Ebene IPE oder FPE, welche den Winkel $CIPB$ halbirt, so steht diese Ebene auf der Ebene BPC senkrecht, und halbirt sie. Desgleichen ist für jede beliebige Linie HP durch P, in der Ebene IPE,

$$11.\quad HPC < IPC;$$

denn es ist $HPB = HPC$, desgleichen ist, wenn QP in der Ebene IPC liegt, $QPI + IPB > QPB$; also, wenn man auf beiden Seiten QPC addirt, $QPI + QPC + IPB > QPB + QPC$, oder weil $QPI + QPC = IPC$, $2IPC > QPB + QPC$. Eben so ist $QPH + QPC > HPC$, und wenn man auf beiden Seiten HPB addirt, $QPH + HPB + QPC > HPC + HPB$, oder weil $QPH + HPB = QPB$ und $HPC = HPB$, $QPB + QPC = 2.HPC$. Vorhin war $2.IPC > QPB + QPC$, also ist um so mehr $2.IPC > 2HPC$, oder $IPC > HPC$, oder $HPC < IPC$, wie (11.).

η. Nun ist in dem Raum-Dreieck $UHCP$, $UPH + HPC > CPU$, also $UPH > CPU - HPC$, oder weil $CPU = CPD$ (9.), $UPH > CPD - HPC$, oder weil $HPC < IPC$ (11.), um so mehr $UPH > CPD - IPC$, und weil $CPD - IPC = IPD$ (Fig. I.), $UPH > IPD$, oder weil $IPD = IPB$ (8.) $UPH > IPB$, oder weil $IPB = IPC$ und $HPB = HPC$, IPC aber $> HPC$ (11.), also $IPB > HPB$, um so mehr UPH, oder

$$12.\quad HPU > HPB.$$

Dieses gilt für jede Linie HP in der Ebene IPE die zwischen IP und EP liegt. Also giebt es keine solche Linie HP zwischen IP und EP, für welche HPU gleich HPB wäre. Folglich kann eine solche Linie in der Ebene IPE nur in ihrer Verlängerung aufserhalb IPE, etwa in GP, liegen. Das heifst: es kann nur für eine Linie GP aufserhalb des Dreiecks $BICP$,

$$13.\quad GPU = GPB = GPC \text{ seyn.}$$

ϑ. Wenn aber nun $GPU = GPB = GPC$ ist, so sind die Raum-Dreiecke $GBCP$, $GBUP$ und $GCUP$ gleichschenklig, das erste über BPC, das zweite über BPU, das dritte über UPC, folglich ist alsdann

$$14.\quad \mu = \nu \text{ und } \tau = \zeta \text{ und } \varphi = \psi.$$

Nun sind die Winkel $CBPU + CBPX = 2\varrho$, und $UCPB + BCPX = 2\varrho$, weil erstere Nebenwinkel an der Ebene $UBPX$, letztere Nebenwinkel an der Ebene $UCPX$ (Fig. I.) sind. Also ist, weil $CBPU = \tau + \nu$ und $UCPB = GCPB - GCPU = \mu - \psi$,

$$15.\quad \begin{cases} \tau + \nu + CBPX = 2\varrho \text{ und} \\ \mu - \psi + BCPX = 2\varrho. \end{cases}$$

ι. Addirt man die beiden Gleichungen (15.), so findet man

$$16.\quad \tau - \psi + \mu + \nu + CBPX + BCPX = 4\varrho,$$

oder weil $\mu = \nu$ (14.) und $\tau - \psi = \zeta - \varphi$ (14.) $= CUPB = CXPB$ (Fig. I.), $CXPB + 2\mu + CBPX + BCPX = 4\varrho$ oder

$$17.\quad CXPB + CBPX + BCPX - 2\varrho = 2(\varrho - \mu).$$

κ. Nun ist der doppelte Inhalt des Dreiecks $XBCP$ gleich $CXPB + CBPX + BCPX - 2\varrho$ (§. 493.). Also ist, vermöge (17.),

$$18.\quad \triangle XBCP = \varrho - \mu.$$

Da dieser Ausdruck für einen beliebigen Punct G gilt, so findet man auch auf dieselbe Weise, wenn G in I fällt, also das Dreieck $XBCP$ in das Dreieck $ABCP$, und folglich der Winkel μ in den Winkel ε übergeht,

$$19. \quad \triangle ABCP = \varrho - \varepsilon.$$

λ. Die Linie GP liegt aber, zufolge (η.), nothwendig aufserhalb des Dreiecks $BICP$, also ist $\mu > \varepsilon$, folglich ist, vermöge (18. 19.)

$$20. \quad \triangle XBCP < \triangle ABCP.$$

μ. Auf dieselbe Weise wird in (Fig. II.) bewiesen, dafs $\triangle YBCP < \triangle ABCP$. Also ist das Dreieck $APCP$, wenn $\alpha + \beta = \gamma$, das gröfste unter allen, welche die nemlichen zwei Seiten APC und BPC haben.

ν. Wenn in dem Raum-Dreieck $ABCP$ (Fig. III.), wie es seyn mufs, wenn das Dreieck zwischen zwei gegebenen Seiten APC und BPC, das gröfste seyn soll, $\gamma = \alpha + \beta$ ist, und PM mitten zwischen PA und PB liegt, so ist, zufolge (δ. und ε),

$$21. \quad APM = BPM = CPM = \tfrac{1}{2} APB.$$

Da nun $AP = BP$ und $PM = PM$, so ist wegen $APM = BPM$, $\triangle APM = \triangle BPM$, und folglich

$$22. \quad AMP = BMP = \varrho.$$

Aber wegen $CPM = APM = BPM$, und $CP = AP = BP$ und $PM = PM$, ist auch $\triangle CPM = \triangle APM = \triangle BPM$, folglich auch

$$23. \quad CMP = \varrho \text{ und } CM = AM = BM.$$

Die geraden Linien CM und AB stehen also auf PM senkrecht. Folglich sind die schrägen Linien CP, BP und AP länger als die senkrechten CM, BM, AM. Und folglich sind in den Dreiecken APC und BPC die Winkel bei P kleiner als in den Dreiecken AMC und BMC die Winkel bei M. Folglich ist auch $APC + BPC < AMC + BMC$. Aber $AMC + BMC$ ist gleich zwei Rechten. Also ist

$$24. \quad APC + BPC < 2\varrho,$$

das heifst: wenn ein gröfstes Dreieck zwischen gegebenen Seiten APC und BPC Statt finden soll, so müssen die gegebenen Seiten zusammen kleiner als zwei rechte Winkel seyn, wie in dem Lehrsatz behauptet wird.

496.

Zusätze. Wenn in einem Raum-Dreieck mit zwei gegebenen Seiten, die zusammen kleiner sind als zwei Rechte, der Winkel γ, zwischen den gegebenen Seiten, so grofs ist, dafs das Raum-Dreieck das gröfste ist mit den gegebenen Seiten, so ist

I. sein Inhalt gleich $2R.\dfrac{\gamma-\varrho}{\varrho}$;

der Inhalt des Neben-Dreiecks, welches mit dem gröfsten den Winkel α gemein hat, ist $2R.\dfrac{\varrho-\beta}{\varrho}$;

der Inhalt desjenigen, welches den Winkel β mit dem gröfsten gemein hat, ist $2R.\dfrac{\varrho-\alpha}{\varrho}$;

der Inhalt des Neben-Dreiecks aber, welches mit dem gröfsten den Winkel γ zwischen den gegebenen Seiten gemein hat, ist immer gleich 2R oder gleich dem vierten Theil des ganzen Raumes, welche auch die Winkel α, β, γ seyn mögen.

Denn der Inhalt eines beliebigen Raum-Dreiecks ist $R.\dfrac{\alpha+\beta+\gamma-2\varrho}{\varrho}$

(§. 494.). In dem gröfsten Dreieck zwischen gegebenen Seiten mufs $\alpha+\beta=\gamma$ seyn (§. 495.); also ist der Inhalt des gröfsten Dreiecks gleich $R.\frac{\gamma+\gamma-2\varrho}{\varrho}=2R.\frac{\gamma-\varrho}{\varrho}$. Ferner sind die Winkel des Neben-Dreiecks *BCDP* (Fig. 268. I.), welches mit dem gröfsten Dreieck den Winkel $A=\alpha$ gemein hat, an der Kante *DP* gleich α, an der Kante *CP* gleich $2\varrho-\gamma$, und an der Kante *BP* gleich $2\varrho-\beta$. Also ist sein Inhalt, nach (§. 494.), $R.\frac{\alpha+2\varrho-\gamma+2\varrho-\beta-2\varrho}{\varrho}$ oder $R.\frac{2\varrho+\alpha-\beta-\gamma}{\varrho}$, oder weil im gröfsten Dreieck *ABCP* $\gamma=\alpha+\beta$ seyn mufs, $R.\frac{2\varrho+\alpha-\beta-\alpha-\beta}{\varrho}=2R\frac{\varrho-\beta}{\varrho}$. Auf dieselbe Weise ist der Inhalt des Neben-Dreiecks, welches mit *ABCP* den Winkel $B=\beta$ gemein hat, $2R.\frac{\varrho-\alpha}{\varrho}$. Endlich sind die Winkel des Neben-Dreiecks, welches mit *ABCP* den Winkel γ gemein hat, γ, $2\varrho-\alpha$ und $2\varrho-\beta$. Also ist sein Inhalt nach (§. 494.) $R.\frac{\gamma+2\varrho-\alpha+2\varrho-\beta-2\varrho}{\varrho}=R\frac{2\varrho+\gamma-\alpha-\beta}{\varrho}$, und weil im gröfsten Dreieck $\gamma=\alpha+\beta$ seyn mufs, gleich $2R$.

II. *Der Winkel γ, zwischen den gegebenen Seiten, ist immer gröfser als ein rechter, oder stumpf.* Denn da der Inhalt des gröfsten Raum-Dreiecks $2R.\frac{\gamma-\varrho}{\varrho}$ ist (I.), so wäre derselbe kleiner als Null, wenn $\gamma<\varrho$ wäre, was nicht möglich ist.

III. *Die Summe der drei Winkel des gröfsten Dreiecks ist gleich dem doppelten Winkel γ zwischen den gegebenen Seiten,* weil $\alpha+\beta=\gamma$ seyn mufs. *Die Summe der Winkel des Neben-Dreiecks zwischen den Ebenen der gegebenen Seiten aber ist immer gleich vier Rechten,* denn sie ist gleich $\gamma+2\varrho-\alpha+2\varrho-\beta=4\varrho-\alpha-\beta+\gamma$, folglich weil $\gamma=\alpha+\beta$ seyn mufs, gleich 4ϱ.

IV. *Die Grund-Ebene des gröfsten Dreiecks, zwischen zwei gegebenen Seiten, steht auf der an den beiden gegebenen Seiten liegenden dritten Seite senkrecht, und ist zwischen den gegebenen Seiten rechtwinklig. Das gröfste Raum-Dreieck, zwischen zwei gegebenen Seiten, ist also in seiner Grund-Ebene, zwischen den gleichen Seiten, rechtwinklig. Seine Kanten-Mittel-Linie* (§. 489. A.) *liegt in der dritten Ebene und halbirt sie.*

Denn da im gröfsten Dreieck *APM*=*BPM*=*CPM* seyn mufs, *AP*=*BP*=*CP* vorausgesetzt wird, und *PM* sich selbst gleich ist, so sind die Dreiecke *APM*, *BPM* und *CPM* einander gleich, und folglich ist *CMP* bei *M* rechtwinklig, wie *AMP* und *BMP*. Also stehen die geraden Linien *CM* und *AB* beide auf *PM* senkrecht, folglich steht auch die Ebene *ABC* auf *PM*, und folglich auf der Ebene *APB* senkrecht. Diese Ebene *ABC* aber ist die Grund-Ebene des Raum-Dreiecks, weil *AP*=*BP*=*CP*.

Ferner ist, wegen der Gleichheit der Dreiecke *APM*, *BPM* und *CPM*, auch *AM*=*BM*=*CM*, folglich ist *MCA*=*MAC* und *MCB*=*MBC*, also *MCA*+*MCB*=*MAC*+*MBC*, folglich, weil *MCA*+*MCB*=*ACB*, *ACB*=*BAC*+*ABC*; mithin $ACB=\varrho$.

Endlich ist *PM* die Kanten-Mittel-Linie des Raum-Dreiecks

ABCP, weil in der Grund-Ebene *ABC*, $AM = BM = CM$ ist. Also liegt die Kanten-Mittel-Linie in der Seiten-Ebene *APB*, und halbirt sie.

V. *Der Scheitel des* Polar-Dreiecks *zu dem* gröſsten *Raum-Dreieck, zwischen zwei gegebenen Seiten, liegt in dessen dritten Seite, und zwar in ihrer Mittel-Linie. Das Polar-Dreieck wird also von der dritten Seite des* gröſsten *Raum-Dreiecks in seinem Scheitel geschnitten. In dem abgeschnittenen Raum-Viereck sind die beiden, an der dritten Seite des gröſsten Dreiecks liegenden Seiten zusammen so groſs, als die vierte Seite, und die beiden an der dritten Seite liegenden Winkel sind rechte.*

Denn die Kanten-Mittel-Linie eines Raum-Dreiecks geht durch den Scheitel seines Polar-Dreiecks. Also liegt der Scheitel *Q* des zu dem gröſsten Raum-Dreieck *ABCP* (Fig. 268. III.) gehörigen Polar-Dreiecks in der Kanten-Mittel-Linie *PMQ* des letzteren, und folglich, mit dieser Mittel-Linie zugleich, in der Ebene *APB*. Wenn also in der Ebene *APC*, *SA* auf *AP*, *SC* auf *CP*, und in der Ebene *BPC*, *RB* auf *BP*, *RC* auf *CP* senkrecht sind, so daſs *RCSQ*, *RBQ* und *SAQ* die Seiten des Polar-Dreiecks sind, so schneidet die Seite *RCSQ* die Seite *APB* des gegebenen Raum-Dreiecks *ABCP* nothwendig in der Kanten-Mittel-Linie *PMQ*, und die anderen beiden Seiten des Polar-Dreiecks werden von der Seite *APB* des gegebenen Dreiecks in *QA* und *QB* geschnitten. Die Seiten des Polar-Dreiecks sind die Supplemente der Winkel, und die Winkel des Polar-Dreiecks die Supplemente der Seiten des gegebenen Dreiecks *ABCP*. Also ist $RQS = 2\varrho - \gamma$. Die anderen beiden Seiten des Polar-Dreiecks aber sind $2\varrho - \alpha$ und $2\varrho - \beta$, und folglich ist, wenn man davon die von der Ebene *APB* abgeschnittenen zwei rechten Winkel abziehet, $SQA = \varrho - \alpha$ und $RQB = \varrho - \beta$, folglich ist $SQA + RQB = 2\varrho - \alpha - \beta$, und weil im gröſsten Dreieck zwischen gegebenen Seiten $\alpha + \beta = \gamma$ seyn muſs, $SQA + RQB = 2\varrho - \gamma$, mithin ist $SQA + RQB = RQS$. Desgleichen sind die beiden, an den Kanten *QA* und *QB* liegenden Winkel des durch die Ebene *APB* von dem Polar-Dreieck abgeschnittenen Raum-Vierecks rechte, weil die Ebenen *SAQ* und *RBQ* auf der Ebene *APB* senkrecht stehen.

497.

Anmerkungen. I. *Daraus, daſs der Inhalt desjenigen Neben-Dreiecks des gröſsten Raum-Dreiecks* ABCP (Fig. 268.) *zwischen gegebenen Seiten* APC *und* BPC, *welches den Winkel* γ *an der Kante* PC, *zwischen den gegebenen Seiten, mit ihm gemein hat, immer gleich* 2R *seyn muſs* (§. 496. I.), *folgt ebenfalls, daſs ein gröſstes Raum-Dreieck nur dann existirt, wenn die gegebenen beiden Seiten zusammen kleiner als zwei rechte Winkel sind, wie am Ende des Lehrsatzes* (§. 495.) *behauptet wird.* Denn gesetzt, die gegebenen Seiten wären zusammen auch nur gleich zwei Rechten, so wäre das Neben-Dreieck ihm offenbar nur gleich, und sein Inhalt könnte also nur dann erst gleich 2 *R* seyn, wenn $\gamma = 2\varrho$ wäre. Ist $\gamma < 2\varrho$, so ist der Inhalt des Neben-Dreiecks kleiner als 2 *R*. Wären die gegebenen Seiten *APC* und *BPC* gar gröſser als 2ϱ, so wäre das Neben-Dreieck kleiner als das gegebene, und sein Inhalt könnte folglich nicht gleich 2 *R* seyn. Folglich müssen die gegebenen Seiten *APC* und *BPC* zusammen kleiner als 2ϱ seyn.

II. *Das Nemliche folgt auch aus* (§. 496. V.). Die Winkel des, von dem Polar-Dreieck abgeschnittenen Raum-Vierecks $QBRCAS$, an den Kanten RQ und QS, sind nemlich gleich $2\varrho - BPC$ und $2\varrho - APC$; die anderen beiden Winkel des Vierecks, an den Kanten QA und QB sind rechte. Also sind die vier Winkel des Raum-Vierecks zusammen gleich $2\varrho - BPC + 2\varrho - APC + \varrho + \varrho = 6\varrho - (APC + BPC)$. Wären nun die beiden gegebenen Seiten APC und BPC des Raum-Dreiecks $ABCP$ zusammen gröfser als 2ϱ, so wäre die Summe der vier Winkel des Raum-Vierecks $QBRCAS$ kleiner als vier Rechte. Dieses ist, wie weiter unten gezeigt werden wird, nicht möglich, also müssen die beiden gegebenen Seiten APC und BPC, wenn ein gröfstes Raum-Dreieck zwischen ihm existiren soll, kleiner seyn, als zwei Rechte.

III. Wenn man sich vorstellt, in dem Raum-Dreieck $ABCP$ (Fig. 268.), mit zwei gegebenen Seiten APC und BPC, sey der Winkel γ an der Kante PC erst Null, so ist offenbar auch der Inhalt des Dreiecks Null. Er wächst, wie γ wächst. Er ist, wie bewiesen, am gröfsten, wenn die Summe der Winkel an den andern beiden Kanten AP und BP, nemlich $\alpha + \beta$, gleich γ ist. Das Neben-Dreieck ist alsdann am kleinsten, und zwar gleich $2R$ (§. 496. I.). Er nimmt wieder ab, wenn γ über $\alpha + \beta$ hinaus wächst, und ist wieder Null, wenn $\gamma = 2\varrho$, und zwar unter der Bedingung, dafs $APC + BPC < 2\varrho$, denn in diesem Falle fällt alsdann die dritte Seite APB auf die anderen beiden Seiten APC und BPC in eine und dieselbe Ebene mit ihnen. Auch wenn $APC + BPC > 2\varrho$, wächst von Anfang, nemlich von $\gamma = 0$ ab, der Inhalt des Raum-Dreiecks $ABCP$ mit γ zugleich. Er nimmt für keinen Werth von γ wieder ab, sondern, wenn zuletzt $\gamma = 2\varrho$, so füllen die drei Ebenen APC, BPC und APB den ganzen Ebenen-Raum um den Punct P, oder vier rechte Winkel, und der Inhalt des Raum-Dreiecks ist nicht Null, sondern gleich $4R$. Ist $APC + BPC = 2\varrho$, so ist zuletzt, für $\gamma = 2\varrho$, der Inhalt des Raum-Dreiecks gleich $2R$. *Daraus folgt ebenfalls, dafs ein gröfstes Raum-Dreieck zwischen zwei gegebenen Seiten* APC *und* BPC *nur dann existirt, wenn die beiden gegebenen Seiten zusammen kleiner sind, als zwei rechte Winkel.*

498.

Lehrsatz. *Unter allen Raum-Dreiecken, über einer und derselben Seite und von gleichem Umfange oder gleicher Summe der Seiten ist das gröfste gleichschenklig über der einen bestimmten Seite.*

Z. B. Wenn in dem Raum-Dreieck $ABCP$ (Fig. 269.) $APC = BPC$, so ist dieses Raum-Dreieck gröfser als jedes andere $ABDP$, über derselben Seite APB, wenn $APD + BPD = APC + BPC$.

Beweis. α. Wenn $APD + BPD = APC + BPC$ ist, so kann DP nicht innerhalb des Dreiecks $ABCP$ liegen, auch nicht in einer seiner Seiten, denn sonst wäre $APD + BPD$ nicht gleich, sondern kleiner als $APC + BPC$. Aus gleichen Gründen kann umgekehrt, CP nicht innerhalb des Raum-Dreiecks $ABDP$ liegen. Die Kante DP des Raum-Dreiecks $ABDP$ kann daher nur aufserhalb des Dreiecks $ABCP$, und die Kante CP des Raum-Dreiecks $ABCP$ nur aufserhalb des Dreiecks $ABDP$ liegen, wie in der Figur.

β. Nun sind in dem gleichschenkligen Raum-Dreiecke $ABCP$ die, den gleichen Seiten gegenüber liegenden Winkel an den Kanten AP und BP gleich grofs. Wenn daher einer der Winkel $DAPB$ des ungleichschenkligen Raum-Dreiecks, wie in der Figur, kleiner ist als einer der gleichen Winkel $CAPB$ des gleichschenkligen, so ist in dem Raum-Dreieck $GAPB$ der Winkel an der Kante AP kleiner als der Winkel an der Kante BP. Folglich ist auch die dem ersten gegenüber liegende Seite GPB kleiner als die dem andern gegenüber liegende Seite GPA.

γ. Macht man daher $GPF = GPB$, so fällt PF nothwendig zwischen AP und GP. Man mache ferner $GPE = DPG$, so sind die Raum-Dreiecke $GBDP$ und $GEFP$ symmetrisch, weil sie zwischen gleichen Seiten am Scheitel GP gleiche Winkel haben. Also sind sie gleich grofs. Es kommt also darauf an, wohin in der verlängerten Ebene GPB, wenn man $GPE = DPG$ macht, die Kante EP fällt, ob zwischen CP, und GP, oder in CP, oder aufserhalb CPG, wie in der Figur. Fiele EP zwischen CP und GP, oder in CP, so wäre offenbar das Dreieck $EGFP$ kleiner als das Dreieck $CGAP$, und folglich, weil $EGFP = DGBP$ ist, wenn man beiderseits das Raum-Dreieck $GABP$, hinzunimmt, das Dreieck $DABP$ kleiner als das Dreieck $CABP$. Fiele hingegen, wie in der Figur EP, aufserhalb CPB, so wäre das Dreieck $DABP$ gröfser, als das Dreieck $CABP$.

δ. In der Figur ist $CPE + EPH > CPH$ und $HPF + FPA > HPA$, also zusammengenommen, $CPE + EPH + HPF + FPA > CPH + HPA$, oder, weil $EPH + HPF = EPF$ und $CPH + HPA = CPA$,

$$1.\quad CPE + EPF + FPA > CPA.$$

Nun ist $CPE = GPE - CPG = DPG - CPG$, $EPF = DPB$ und $FPA = GPA - GPF = GPA - GPB$, letzteres beides, weil die Dreiecke $GBDP$ und $GEFP$ symmetrisch sind. Setzt man dieses in (1.), so findet man

$$2.\quad DPG - CPG + DPB + GPA - GPB > CPA.$$

Es ist aber in der Figur $DPG + GPA = DPA$ und $CPG + GPB = CPB$, also in (2.), $DPA + DPB - CPB > CPA$, oder

$$3.\quad DPA + DPB > CPA + CPB,$$

das heifst, wenn EP aufserhalb CPB fiele, so müfste die Summe der Seiten DPA und DPB des Raum-Dreiecks $ABDP$ gröfser seyn, als die Summe der Seiten CPA und CPB des Raum-Dreiecks $ABCP$. Dieses ist der Voraussetzung entgegen. Also kann EP nicht aufserhalb CGP, folglich nur in CP oder zwischen CP und GP fallen. In beiden Fällen aber ist das Raum-Dreieck $ABDP$ kleiner als das Raum-Dreieck $ABCP$. Also ist jedes ungleichschenklige Raum-Dreieck $ABDP$ kleiner als das gleichschenklige $ABCP$; von demselben Umfange über derselben Seite APB.

499.

Zusatz. Unter allen Raum-Dreiecken von gleichem Umfange oder gleicher Summe der Seiten ist das gleichseitige das gröfste.

Denn das gröfste Raum-Dreieck, unter denen von gleichem Umfange, kann nicht zwei ungleiche Schenkel haben, weil ein gleichschenkliges von gleichem Umfange, über der nemlichen dritten Seite, gröfser seyn würde (§. 498.). Also müssen alle drei Seiten des gröfsten Dreiecks einander gleich seyn.

B. Von den Raum-Vielecken.

Von der Gleichheit der Raum-Vielecke und dem, was sich darauf bezieht.

500.

Erläuterung. *Raum-Vielecke sind im Allgemeinen theils unbedingt, theils bedingt, gleich, wenn ihre Seiten und Winkel, bis auf drei, in dem einen so grofs sind, als in dem anderen; nemlich alsdann sind auch die drei fehlenden Stücke gleich, und die Vielecke decken sich.* Um dieses zu beweisen, müfste man die verschiedenen möglichen Fälle fehlender Seiten und Winkel durchgehen, und die Gleichheit für jeden einzelnen Fall zeigen, auf ähnliche Art, wie bei den Vielecken in der Ebene (§. 76. und 95.). Die Sätze und Beweise sind aber von jenen verschieden, und es giebt ihrer mehrere, weil bei Raum-Vielecken die Summe der Winkel, für eine gleiche Zahl von Seiten, nicht mehr immer die nemliche ist, wie bei Vielecken in der Ebene. Schon zwei Raum-Dreiecke sind z. B. gleich, wenn blos die drei Winkel in einem Dreieck so grofs sind als in dem anderen, was bei Dreiecken in der Ebene, wegen der Unveränderlichkeit der Summe der Winkel, nicht der Fall ist.

Man fängt auch hier am besten erst mit den Vierecken an. Die verschiedenen Fälle sind folgende:

I. *Raum-Vierecke sind theils unbedingt, theils unter diesen oder jenen Bedingungen einander gleich, wenn alle Seiten und alle Winkel in dem einen so grofs sind als in dem anderen, bis auf*

A. *drei Winkel,*

1. *die nur zusammenliegen können;*

B. *zwei Winkel und eine Seite,*

2. *die Winkel an einander, die Seite dazwischen,*
3. *die Winkel an einander, die Seite an einem Winkel,*
4. *die Winkel an einander, die Seite getrennt,*
5. *die Winkel getrennt, die Seite an einem Winkel;*

C. *Einen Winkel und zwei Seiten,*

6. *die Seiten an einander, der Winkel dazwischen,*
7. *die Seiten an einander, der Winkel an einer Seite,*
8. *die Seiten an einander, der Winkel getrennt,*
9. *die Seiten getrennt, der Winkel an einer Seite;*

D. *drei Seiten*

10. *die nur zusammenliegen können.*

Mehr Fälle sind nicht möglich.

Die

Die Sätze modificiren sich, wenn einzelne Winkel oder Seiten einander gleich oder rechte sind, und dergleichen.

II. *Raum-Vielecke mit einer beliebigen Zahl von Seiten sind theils unbedingt, theils unter diesen oder jenen Bedingungen einander gleich, wenn alle Seiten und alle Winkel in dem einen so groſs sind, als in dem anderen, bis auf*

A. *drei Winkel;*

1. *alle drei aneinander,*
2. *zwei an einander, einer getrennt,*
3. *alle drei getrennt;*

B. ***Zwei Winkel und Eine Seite;***

4. *die Winkel aneinander, die Seite dazwischen,*
5. *die Winkel aneinander, die Seite an einem Winkel,*
6. *die Winkel aneinander, die Seite getrennt,*
7. *die Winkel getrennt, die Seite an einem Winkel,*
8. *die Winkel getrennt, die Seite getrennt;*

C. ***Ein Winkel und Zwei Seiten;***

9. *die Seiten aneinander, der Winkel dazwischen,*
10. *die Seiten aneinander, der Winkel an der einen Seite,*
11. *die Seiten aneinander, der Winkel getrennt,*
12. *die Seiten getrennt, der Winkel an einer Seite,*
13. *die Seiten getrennt, der Winkel getrennt;*

D. *Drei Seiten;*

14. *alle drei an einander,*
15. *zwei an einander, eine getrennt,*
16. *alle drei getrennt.*

Mehr Fälle sind nicht möglich.

Die Sätze modificiren sich, wenn einzelne Winkel oder Seiten einander gleich oder rechte sind, und dergleichen.

Sind alle Seiten und Winkel eines Raum-Vielecks einander gleich, so kann man das Vieleck, wie in der Ebene, regelmäſsig nennen. Es darf übrigens überall nur von convexen, d. h. von solchen Raum-Vielecken die Rede seyn, deren Winkel sämmtlich kleiner sind als zwei rechte, oder die keine einspringende Winkel haben.

Die hierher gehörigen Sätze durchzugehen, reicht aber bei weitem der hier abgemessene Raum nicht zu; denn schon bei Dreiecken sind, wie man oben sahe, die Sätze verwickelter und schwieriger als die ähnlichen Sätze bei Figuren in der Ebene: um so mehr sind sie es bei Vielecken. Dieser Gegenstand muſs also einer anderen, schicklicheren Gelegenheit, wo der Raum weniger beschränkt ist, vorbehalten bleiben.

501.

Lehrsatz. Es giebt zu jedem Raum-Vieleck ein zweites, aber nur eins, mit den nemlichen Seiten und Winkeln, die in umgekehrter Ordnung auf einander folgen. Diese beiden Raum-Vielecke sind symmetrisch, aber nicht nothwendig gleich.

Beweis. Wenn man sich die Seiten-Ebenen eines gegebenen Raum-Vielecks, und in ihnen die Kanten desselben über den Scheitel hinaus verlängert vorstellt, so entsteht, wie leicht zu sehen, ein zweites Raum-Vieleck, welches die nemlichen Seiten und Winkel hat, wie das gegebene. Die nemlichen Seiten hat es, weil die Kanten am gemeinschaftlichen Scheitel der beiden Vielecke gleiche Scheitel-Winkel einschliefsen, die nemlichen Winkel, weil die Winkel der beiden Vielecke alle zwischen den nemlichen, über den Scheitel hinaus verlängerten Ebenen liegen. Die Vielecke sind aber nicht nothwendig gleich, weil die Winkel und Seiten des einen gegen die des anderen, wie leicht zu sehen, in entgegengesetzter Ordnung auf einander folgen. Uebrigens läfst sich auf diese Weise nur ein zweites Vieleck mit den nemlichen Seiten und Winkeln hervorbringen.

502.

Erklärungen. I. *Jedes Raum Vieleck, dessen Seiten auf den Kanten eines anderen Raum-Vielecks senkrecht stehen, soll des letzteren Polar-Vieleck heifsen.*

II. *α. Schneiden die Seiten eines Polar-Vielecks die Kanten des gegebenen in gleichen Entfernungen vom Scheitel des letzteren, so soll das Polar-Vieleck Haupt-Kanten-Polar-Vieleck des gegebenen heifsen.*

β. Schneiden die Seiten des gegebenen Vielecks die Kanten eines seiner Polar-Vielecke in gleichen Entfernungen vom Scheitel des letzteren, so soll das Polar-Vieleck Haupt-Seiten-Polar-Vieleck des gegebenen heifsen.

III. *Liegen beliebige, aber gleich weit vom Scheitel entfernte Puncte der Kanten eines Raum-Vielecks in einer und derselben Ebene, so soll eine solche Ebene Grund-Ebene des Vielecks heifsen.*

IV. *Die gerade Linie, welche den Scheitel eines Raum-Vielecks und den Scheitel eines seiner Polar-Vielecke verbindet, soll Scheitel-Linie heifsen.*

503.

Lehrsatz. *Jedes Raum-Vieleck hat unzählige Polar-Vielecke, deren Seiten und Kanten in einem mit den Seiten und Kanten im anderen parallel sind.*

Beweis. Durch eine beliebige gerade Linie im Raume ist allemal eine Ebene möglich, die zugleich durch einen beliebigen Punct im Raume geht (§. 410.). Also ist durch eine Kante eines gegebenen Raum-Vielecks allemal eine Ebene möglich, die zugleich durch einen beliebigen Punct im Raume geht. In einer solchen Ebene ist aus dem, in ihr liegenden beliebigen Punct auf die, in ihr liegende Kante des gegebenen Raum-Vielecks allemal ein Perpendikel möglich. Durch dieses Perpendikel sind wieder beliebige andere Ebenen möglich; also ist auch eine Ebene möglich, die durch den Punct im Raume geht und auf der Vielecks-Kante senkrecht steht. Folglich können durch einen und denselben beliebigen Punct im Raume allemal Ebenen gelegt werden, die auf den Kanten eines gegebenen Raum-Vielecks senkrecht stehen.

Diese Ebenen schneiden sich zu zweien in geraden Linien, welche alle durch den beliebigen Punct, als Scheitel, gehen, weil sie auf nicht parallelen geraden Linien senkrecht stehen, und folglich selbst nicht parallel sind. Sie schliefsen folglich ein Polar-Vieleck ein (§. 500.). Durch jeden anderen Punct im Raume werden aber andere Ebenen gehen, die, weil sie auf einen und denselben geraden Linien, nemlich den Kanten des gegebenen Vielecks, senkrecht stehen, mit einander parallel sind. Also hat jedes beliebige Raum-Vieleck unzählige Polar-Vielecke, deren Seiten und Kanten des einen mit den Seiten und Kanten des anderen parallel sind.

504.

Lehrsatz. *Die Seiten jedes Polar-Vielecks sind die Supplemente der Winkel, und die Winkel jedes Polar-Vielecks die Supplemente der Seiten des gegebenen Vielecks.*

Beweis. Es mögen *CPA*, *APB* und *BPD* (Fig. 270.) drei auf einander folgende Seiten eines gegebenen Raum-Vielecks vorstellen, also *AP*, *BP* zwei auf einander folgende Kanten desselben. Die durch einen beliebigen Punct *M* im Raume gehende Ebene *EMF* sey auf der Kante *AP*, und die durch den nemlichen Punct *M* gehende Ebene *GMF* auf der Kante *BP* senkrecht, so sind *EMF* und *GMF* zwei auf einander folgende Seiten eines der Polar-Vielecke des gegebenen, und die Raum-Ecke *EFMG* ist einer seiner Winkel (§. 502.). Da nun die Ebene *EMF* auf dem Durchschnitt *AP* der Ebenen *CPA* und *BPA* senkrecht stehen soll, so steht sie auch auf den Ebenen *CPA* und *BPA* selbst senkrecht, und ihre Durchschnitte *AF* und *AE* mit ihnen stehen wiederum auf *AP* senkrecht (§. 447. I.). Eben so steht die Ebene *FMG* auf den Ebenen *APB* und *DPB*, und ihre Durchschnitte *BF* und *BG* mit ihnen, stehen auf *BP* senkrecht. Dieserhalb sind *EAF* und *GBF*, in den Ebenen *EMF* und *GMF*, die Winkel des gegebenen Vielecks an den Kanten *AP* und *BP*. Hingegen *AFB*, in der Ebene *APB*, ist der Winkel des Polar-Vielecks an der Kanten-Ebene *MF*.

Nun aber sind in den Vierecken *EAFM* und *GBFM* die Winkel bei *E*, *F* und *G* rechte, also sind *EMF* und *GMF* die Supplemente von *EAF* und *GBF*. Folglich sind die Seiten des Polar-Vielecks die Supplemente der Winkel des gegebenen. Ferner sind in dem Viereck *APBF* die Winkel bei *A* und *B* rechte, also ist die Seite des gegebenen Vielecks, *APB*, das Supplement von *AFB*. Folglich sind die Winkel des Polar-Vielecks die Supplemente der Seiten des gegebenen.

505.

Zusatz. *Von jedem Polar-Vieleck eines gegebenen Raum-Vielecks ist das gegebene umgekehrt ein Polar-Vieleck.*

Denn die Seiten-Ebenen des gegebenen Raum-Vielecks stehen auf den Kanten seiner Polar-Vielecke eben sowohl senkrecht, wie die Seiten-Ebenen dieser auf den Kanten des gegebenen. Z. B. die Seiten-Ebene *APB* (Fig. 270.) des gegebenen Vielecks steht auf der Kante *MF* des Polar-Vielecks senkrecht, und so die übrigen. Desgleichen sind die Winkel des gegebenen Vielecks die Supplemente der Seiten, und die Seiten des gegebenen die Supplemente der Winkel des Polar-Vielecks (§. 504.). Also ist das gegebene Vieleck das Polar-Vieleck seiner eigenen Polar-Vielecke.

506.

Lehrsatz. *Wenn in einem convexen Raum-Vielecke alle Seiten, bis auf eine, in der nemlichen Aufeinanderfolge, so grofs sind, als in einem anderen; die nicht an der unbestimmten Seite liegenden* **W i n k e l** *aber sind, einer, oder etliche, oder alle, in dem ersten Raum-Vieleck entweder* **g r ö ſ s e r** *oder* **k l e i n e r** *als die ähnlich liegenden in dem zweiten, so ist auch die* **u n b e s t i m m t e** *Seite in dem ersten Vieleck im ersten Falle* **g r ö ſ s e r**, *im zweiten Falle* **k l e i n e r**, *als im andern Vieleck.*

Z. B. Wenn in (Fig. 271., welche die verticale Projection zweier convexen Raum-Vielecke vorstellt), $MA = \mu\alpha$, $AB = \alpha\beta$. $BC = \beta\gamma$, $CD = \gamma\delta$, $DE = \delta\varepsilon$, $EF = \varepsilon\varphi$, $FN = \varphi\nu$ ist, und von den Winkeln A, B, C, D, E, F sind einer, oder etliche, oder alle gröſser oder kleiner als die ähnlich liegenden Winkel α, β, γ, δ, ε, φ, so ist auch im ersten Falle $MN > \mu\nu$, im anderen $MN < \mu\nu$.

Beweis Es sey zuerst $A = \alpha$, $B = \beta$, $D = \delta$, $E = \varepsilon$, $F = \varphi$, aber $C > \gamma$, so sind die Raum-Vielecke $MABC$ und $\mu\alpha\beta\gamma$, $CDEFN$ und $\gamma\delta\varepsilon\varphi\nu$ einander gleich, weil alle Seiten und alle Winkel, bis auf zwei Winkel und eine dazwischen liegende Seite CM, $\gamma\mu$ und CN, $\gamma\nu$ in dem einen so groſs sind als im anderen (vermöge des Satzes §. 500. II. B. 4.). Also sind auch die Seiten $MC = \mu\gamma$, $NC = \nu\gamma$, und die Winkel $MCB = \mu\gamma\beta$, $NCD = \nu\gamma\delta$. Mithin sind in den Raum-Dreiecken MCN und $\mu\gamma\nu$ zwei Seiten in dem einen so groſs als in dem anderen, der eingeschlossene Winkel MCN aber ist im ersten gröſser, als der eingeschlossene Winkel $\mu\gamma\nu$ im anderen; denn es ist $MCN = C - MCB - NCD$, und $\mu\gamma\nu = \gamma - \mu\gamma\beta - \nu\gamma\delta$, und C ist nach der Voraussetzung **g r ö ſ s e r** als γ, hingegen MCB und NCD sind, wie bewiesen, **g l e i c h** $\mu\gamma\beta$ und $\nu\gamma\delta$. Daher ist in dem Raum-Dreieck MCN die dritte Seite MN gröſser als die dritte Seite $\mu\nu$ in dem Raum-Dreieck $\mu\gamma\nu$ (§. 477. I.).

Ist nun ferner, auſser $C > \gamma$, noch ein zweiter Winkel z. B. E in dem ersten Raum-Vieleck gröſser als der ähnlich liegende Winkel ε im anderen, so nehme man erst ein Raum-Vieleck $mabcdef$ an, in welchem alle Seiten, bis auf eine, so groſs sind, als die ähnlich liegenden Seiten in dem gegebenen Vieleck, desgleichen die Winkel $a = A$, $b = B$, $d = D$ und $f = F$, von den beiden Winkeln C und E aber **n u r d e r e i n e** C **g r ö ſ s e r** ist als der ähnlich liegende Winkel c, der andere E hingegen dem Winkel e **g l e i c h**, so ist, wie vorhin bewiesen, $MN > \mu\nu$. Wenn nun hierauf im dritten Vieleck $\mu\alpha\beta\gamma\delta\varepsilon\varphi\nu$ alle Seiten, bis auf $\mu\nu$, so groſs sind, als die ähnlich liegenden Seiten im Vieleck $mabcdefn$, und von den bestimmten Winkeln **nur allein** der Winkel e gröfser ist als ε, also auch $c=\gamma$, so ist wiederum, wie bewiesen, $mn>\mu\nu$. Es war aber $C>c$ und $c=\gamma$, desgleichen $E=e$ und $e>\varepsilon$, so dafs $C>\gamma$ und $E>\varepsilon$, und wie bewiesen ist, $MN>mn$ und $mn>\mu\nu$, also ist um so mehr $MN>\mu\nu$. Wenn daher in den Vielecken ABC... und $\alpha\beta\gamma$..., wie vorausgesetzt wird, alle Seiten des ersteren, bis auf MN, den ähnlich liegenden Seiten des anderen, desgleichen alle nicht an MN liegenden Winkel, bis auf C und E im ersten, den ähnlich liegenden Winkeln im anderen gleich sind, hingegen $C>\gamma$ und $E>\varepsilon$ ist, so ist $MN>\mu\nu$.

Eben so wird bewiesen, dafs, wenn drei und mehrere, nicht an MN liegende Winkel des Vielecks ABC... gröfser sind, als die ähnlich liegenden Winkel des Vielecks abc..., dafs $MN>\mu\nu$ ist. Wenn die Winkel **kleiner** sind, so ist $MN<\mu\nu$, welches unmittelbar aus der Umkehrung des Satzes folgt.

507.

Lehrsatz. *Wenn in einem convexen Raum-Vielecke alle Seiten so grofs sind als in einem anderen, in der nemlichen Aufeinanderfolge, die Winkel des einen aber sind den Winkeln des anderen nicht alle gleich, sondern theils gröfser, theils kleiner, so können nicht alle gröfseren Winkel, vielleicht untermischt mit gleich bleibenden Winkeln, beisammen liegen, oder alle kleinere, sondern gröfsere und kleinere Winkel, vielleicht untermischt mit gleich bleibenden, also ohne Rücksicht auf diese, müssen wenigstens viermal wechseln.*

Z. B. Wenn in den Raum-Vielecken $ABC....I$ und $abc...i$ (Fig. 272. I. u. II.) die Seiten $AB=ab$, $BC=bc$, $CD=cd$, etc., sind, und man bezeichnet diejenigen Winkel des Vielecks $ABC...I$, welche **gröfser** sind, als die ähnlich liegenden Winkel des Vielecks $abc....i$, durch $+$, diejenigen, welche kleiner sind, durch $-$, und diejenigen, welche in beiden Vielecken **gleich grofs** sind, durch kein Zeichen, so müssen die Zeichen $+$ und $-$ wenigstens viermal wechseln.

Beweis. α. Unter den Winkeln des Vielecks I., gegen die des anderen, von den nemlichen Seiten eingeschlossenen Vielecks II. gehalten, kann es nicht gröfsere oder kleinere allein geben, sondern es müssen nothwendig einer oder einige Winkel gröfser wie andere, und andere kleiner **zugleich** seyn. Denn gesetzt, es wäre $A > a$, $B > b$, $G > g$, und keiner der übrigen Winkel im Vieleck (I.) wäre kleiner als in (II.), so wäre, vermöge (§. 506.), nothwendig irgend eine Seite CD, DE oder EF in (I.) gröfser als die ähnlich liegende Seite cd, de oder ef in (II.), welches der Voraussetzung entgegen ist. Also müssen unter den übrigen Winkeln in (I.) gegen (II.) zugleich kleinere seyn. Aus demselben Grunde können in (I.) gegen (II.) nicht kleinere Winkel allein seyn, sondern es mufs darin auch gröfsere geben. Es müssen also, wenn die Winkel im Vieleck (I.) nicht alle eben so grofs sind, wie im Vieleck (II.), unter denselben gröfsere und kleinere zugleich sich befinden.

β. Ferner kann nicht ein einzelner Winkel allein in (I.) kleiner oder gröfser seyn als der ähnlich liegende in (II.), während unter den übrigen im ersten Falle blos gröfsere, im anderen blos kleinere sind. Denn gesetzt, es wäre blos $E < \varepsilon$, während die übrigen Winkel in (I.), zum Theil oder alle, nur gröfser sind als die ähnlich liegenden in (II.), so wäre in den Raum-Dreiecken DEF und def, vermöge (§. 477. I.), $DF < df$; hingegen in den Raum-Vielecken $DCBAIHGF$ und $dcbaihgf$ wäre, vermöge (§. 506.), $DF > df$. Da Eines dem Anderen widerspricht, so kann nicht E allein kleiner als e seyn. Eben so wenig kann ein einzelner Winkel allein in dem einen Vieleck gröfser seyn, als in dem anderen, wenn es aufserdem nur kleinere giebt.

γ. Es müssen also in zwei, von den nemlichen Seiten umschlossenen Vielecken mehrere Winkel zugleich, und mindestens zwei, in dem einen gröfser, und eben sowohl mehrere zugleich, und mindestens zwei, in dem nemlichen Vieleck kleiner seyn, als die ähnlich liegenden Winkel in dem anderen.

Diese gröfseren und kleineren Winkel können aber nie alle beisammen liegen oder blos mit gleich bleibenden untermischt seyn. Denn gesetzt, sie lägen beisammen, so theile man die Vielecke vermittelst Ebenen, XY und xy, die durch die Scheitel der Vielecke gehen, und zwei Seiten der Vielecke in gleichen Entfernungen von den Ecken, $CX = cx$, $IY = iy$, also $DX = dx$, $HY = hy$, schneiden, so in zwei Theile, dafs in dem einen $XCBAIY$ die Winkel alle oder zum Theil nur gröfser sind, als in $xcbaiy$, in dem anderen $XDEFGHY$ hingegen alle oder zum Theil nur kleiner als in $xdefghy$, so wäre, vermöge (§. 506.), in dem ersten Theile der Vielecke, $XY > xy$, in dem anderen hingegen $XY < xy$. Da Eines dem Anderen widerspricht, so findet die Voraussetzung nicht Statt, und es können folglich die gröſseren und die kleineren Winkel nicht beisammen liegen, sondern es müssen sich zwischen den gröſseren kleinere, wenigstens einer, oder zwischen den kleineren gröſsere, wenigstens einer, befinden; das heiſst: auf gröſsere Winkel, vielleicht mit gleichen untermischt, müssen kleinere, ebenfalls vielleicht mit gleichen untermischt, oder wenigstens ein kleinerer, hierauf wiederum auf dieselbe Weise gröſsere, oder wenigstens einer, und dann wiederum kleinere, oder wenigstens einer, folgen, so daſs die Zeichen wenigstens viermal abwechseln.

δ. Verhält es sich so, so können allerdings die Winkel zweier, von den nemlichen Seiten umschlossener Raum-Vielecke in dem einen nicht so groſs seyn, als in dem anderen. Denn man theile die Vielecke willkürlich vermittelst Ebenen XY und xy, die durch die Scheitel gehen, und zwei Seiten der Vielecke in gleichen Entfernungen von den Ecken $CX = cx$, $IY = iy$, also $DX = dx$, $HY = hy$ schneiden, in zwei Theilen, so kann allerdings, wenn auf beiden Seiten der Ebenen XY und xy, oder auch nur auf einer (wie in der Figur), gröſsere und kleinere Winkel zugleich sich befinden, sowohl in den Vielecken $XCBAIY$ und $xcbaiy$, als in den Vielecken $XDEFGHY$ und $xdefghy$, zugleich XY gröſser oder kleiner als xy seyn.

508.

Lehrsatz. I. *Die Summe der Seiten jedes convexen Raum-Vielecks ist kleiner als vier rechte Winkel und gröſser als Null.*

II. *Die Summe der Winkel jedes convexen Raum-Vielecks ist, wenn die Zahl der Seiten des Vielecks durch* n *bezeichnet wird, gröſser als* 2(n—2) *rechte Winkel und kleiner als* 2n *rechte Winkel.*

Erster Beweis von I. Man stelle sich eine beliebige Ebene vor, welche die Kanten eines gegebenen Raum-Vielecks schneidet. Sie sey in (Fig. 273.) die Ebene des Papiers, so daſs also die Seiten des Raum-Vielecks die Ebene des Papiers in dem ebenen Vielecke $ABCD\ldots$ schneiden. Innerhalb des ebenen Vielecks $ABCD\ldots$ nehme man einen beliebigen Punct an, z. B.

den Punct P_1, der senkrecht unter dem Scheitel P des Vielecks liegt, und ziehe aus demselben nach den Ecken gerade Linien AP_1, BP_1, CP_1 etc. Nun bezeichne man die Summe der Seiten des Raum-Vielecks, nemlich $APB + BPC + CPD \ldots$ durch s, und die Summe der übrigen Winkel in den Seiten-Ebenen des Raum-Vielecks, nemlich $ABP + BAP + BCP + CBP + CDP + DCP \ldots$ durch S: so ist offenbar $s + S$ die Summe aller Winkel der Dreiecke ABP, BCP, CDP etc., in den Seiten des Raum-Vielecks, und folglich ist, wenn das Vieleck n Seiten hat, weil die Summe der Winkel jedes Dreiecks 2ϱ beträgt,

$$1. \quad s + S = 2n\varrho.$$

Man bezeichne ferner die Summe aller Winkel in den Ebenen um den Punct P_1, nemlich $AP_1B + BP_1C + CP_1D \ldots$, durch σ, und die Summe der übrigen Winkel der Dreiecke AP_1B, BP_1C etc.; nemlich

$ABP_1 + BAP_1 + BCP_1 + CBP_1 + CDP_1 + DCP_1 \ldots$ durch Σ: so ist offenbar $\sigma + \Sigma$ die Summe aller Winkel der Dreiecke ABP_1, BCP_1, CDP_1 etc. in der Ebene $ABCD \ldots$, also ist, weil n solcher Dreiecke vorhanden sind,

$$2. \quad \sigma + \Sigma = 2n\varrho.$$

Mithin ist vermöge (1. und 2.)

$$3. \quad s + S = \sigma + \Sigma,$$

und weil σ, als die Summe der Winkel in der Ebene um den Punct P_1, gleich 4ϱ ist,

$$4. \quad s + S = 4\varrho + \Sigma.$$

Nun schliefsen die Ebenen ABP, BCP und $ABCP_1$,
BCP, CDP und $BCDP_1$,
CDP, DEP und $CDEP_1$

etc. Raum-Dreiecke ein, deren Scheitel B, C, D etc. sind.

In jedem Raum-Dreieck ist aber die Summe zweier Seiten gröfser als die dritte (§. 472.). Also ist

$$ABP + CBP > ABC,$$
$$BCP + DCP > BCD,$$
$$CDP + EDP > CDE$$

etc. Die Winkel linkerhand in diesen Ausdrücken sind zusammengenommen offenbar gleich S, und die Winkel rechter Hand gleich Σ, also folgt, wenn man die Summe nimmt,

$$5.\quad S > \Sigma,$$

mithin ist, vermöge (4.), umgekehrt

$$6.\quad s < 4\varrho,$$

das heifst: die Summe s der Seiten APB, BPC, CPD etc. eines beliebigen Raum-Vielecks ist allemal kleiner als vier rechte Winkel. Jedoch mufs das Vieleck convex seyn, weil sonst die Raum-Dreiecke, deren Scheitel A, B, C etc. sind, nicht Statt finden würden.

Dafs die Summe der Seiten des Raum-Vielecks gröfser ist als Null, ist an sich selbst klar.

Zweiter Beweis von I. Man stelle sich zwei Seiten-Ebenen des gegebenen Raum-Vielecks, welche eine dritte Seiten-Ebene zwischen sich haben, z. B. ABP und CDP (Fig. 273.) verlängert vor, bis sie sich in RP schneiden, so entsteht ein Raum-Dreieck $BRPC$, dessen Scheitel P ist, und welches von den drei Ebenen BRP, CRP und BPC eingeschlossen wird. In jedem Raum-Dreieck ist nun die Summe zweier Seiten gröfser als die dritte (§. 472.), also ist $BPR + CPR > BPC$, und folglich ist die Summe der Seiten des neuen Raum-Vielecks $ARDEF\ldots P$, welches eine Seite weniger hat, als das gegebene $ABCDE\ldots P$ gröfser, als die Summe der Seiten des gegebenen Vielecks. Vermindert man abermals durch Verlängerung zweier Seiten des neuen Vielecks, welche eine dritte Seite zwischen sich haben, die Zahl der Seiten des Vielecks um Eins, so bekommt man ein neues Vieleck, mit zwei Seiten weniger, als das gegebene, dessen Seiten zusammen genommen wiederum gröfser sind, als die des vorhergehenden. Fährt man so fort, bis die Zahl der Seiten des Vielecks bis auf drei vermindert ist, so folgt, dafs die Summe der Seiten dieses zuletzt entstehenden Raum-Dreiecks gröfser ist als die Summe der Seiten aller vorhergehenden Vielecke, folglich auch gröfser als die Summe der Seiten des gegebenen Raum-Vielecks. Die Summe der Seiten eines Raum-Dreiecks ist aber immer kleiner als vier Rechte (§. 487. I.), also ist um so mehr die kleinere Summe der Seiten des gegebenen Raum-Vielecks kleiner, als vier rechte Winkel. Dafs sie gröfser ist als Null, ist wie oben, an sich selbst klar.

Beweis von II. Man bezeichne die Winkel des gegebenen Raum-Vielecks durch $\alpha, \beta, \gamma \ldots \nu$, und stelle sich irgend ein Polar-Vieleck vor (§. 503.), welches eben so viele Seiten hat, als das gegebene Raum-Vieleck, so sind die Seiten desselben $2\varrho-\alpha$, $2\varrho-\beta$, $2\varrho-\gamma \ldots 2\varrho-\nu$ (§. 504.). Die Summe der Seiten des Polar-Vielecks also ist, wenn das gegebene Vieleck n Seiten oder Winkel hat, gleich $2n\varrho-(\alpha+\beta+\gamma+\ldots+\nu)$. Die Summe der Seiten jedes Raum-Vielecks ist aber, wie in (I.) bewiesen, $< 4\varrho$ und > 0. Also ist auch im Polar-Vieleck

$$2n\varrho-(\alpha+\beta+\gamma+\ldots\ldots+\nu) < 4\varrho \text{ und}$$
$$2n\varrho-(\alpha+\beta+\gamma+\ldots\ldots+\nu) > 0.$$

Daraus folgt:

$$\alpha+\beta+\gamma+\ldots\ldots+\nu > 2(n-2)\varrho \text{ und}$$
$$\alpha+\beta+\gamma\ldots\ldots+\nu < 2n\varrho,$$

das heifst: die Summe der Winkel des gegebenen Raum-Vielecks ist gröfser als $2(n-2)\varrho$, und kleiner als $2n\varrho$.

Von der Centricität der Raum-Vielecke.

509.

Erklärung. I. *Wenn es in einem Raum-Vielecke eine gerade Linie durch den Scheitel giebt, von der Art, dafs Perpendikel aus jedem beliebigen Puncte derselben auf die Kanten des Raum-Vielecks gleich lang sind, so sollen die Raum-Vielecke centrisch nach den Kanten, die gerade Linie durch den Scheitel soll Kanten-Mittel-Linie heifsen.*

II. *Wenn es in einem Raum-Vielecke eine gerade Linie durch den Scheitel giebt, von der Art, dafs Perpendikel aus jedem beliebigen Puncte derselben auf die Seiten-Ebenen des Vielecks gleich lang sind, so soll das Vieleck centrisch nach den Seiten, die gerade Linie durch den Scheitel soll Seiten-Mittel-Linie heifsen.*

510.

Lehrsatz. I. *Ein Raum-Vieleck ist centrisch nach den Kanten, und hat zugleich ein nach den Seiten centrisches Haupt-Kanten-Polar-Vieleck* (§. 502. II. *α.*), *wenn es eine Grund-Ebene hat* (§. 502. III.).

II. *Ein Raum-Vieleck ist centrisch nach den Kanten, und hat zugleich eine Grund-Ebene, wenn es ein Haupt-Kanten-Polar-Vieleck hat, welches alsdann auch zugleich centrisch nach den Seiten ist.*

III. *Ein Raum-Vieleck hat ein nach den Seiten centrisches Haupt-Kanten-Polar-Vieleck und eine*

Grund-Ebene, wenn es centrisch nach den Kanten ist.

In allen diesen Fällen ist die Grund-Ebene centrisch nach den Ecken. Die Kanten-Mittel-Linie des Raum-Vielecks steht auf der Grund-Ebene senkrecht. Sie geht durch ihren Eck-Mittelpunct und durch den Scheitel des Haupt-Kanten-Polar-Vielecks, und ist zugleich die Seiten-Mittel-Linie des Haupt-Kanten-Polar-Vielecks.

Beweis von I. α. Wenn das gegebene Raum-Vieleck eine Grund-Ebene hat, so sind seine Kanten gleich lange, schräge Linien aus dem Scheitel nach der Grund-Ebene. Dergleichen gleich lange, schräge Linien entfernen sich von dem Perpendikel zwischen ihnen, in der Grund-Ebene gleich weit, und machen mit demselben gleiche Winkel (§. 420. I.). Also giebt es einen Punct in der Grund-Ebene, welcher von den Ecken der Grund-Ebene gleich weit entfernt ist, nemlich den Punct, in welchem das Perpendikel aus dem Scheitel die Grund-Ebene trifft, und folglich ist die Grund-Ebene centrisch nach den Ecken.

β. Da ferner das Perpendikel aus dem Scheitel des Vielecks auf die Grund-Ebene mit den Kanten des Vielecks gleiche Winkel einschliefst (*α.*), so sind die rechtwinkligen Dreiecke, welche entstehen, wenn man sich aus einem beliebigen Puncte des Perpendikels Senkrechte auf die Kanten vorstellt, einander gleich, denn es sind in denselben, aufser dem rechten, der spitze Winkel am Scheitel, nebst der Hypothenuse, die im Perpendikel liegt, im einen so grofs als im anderen. Also sind auch die Senkrechten aus einem beliebigen Puncte des Perpendikels auf die Kanten gleich lang, und folglich ist das Perpendikel aus dem Scheitel des Raum-Vielecks auf die Grund-Ebene die Kanten-Mittel-Linie des Vielecks. Das Vieleck ist folglich centrisch nach den Kanten (§. 509. I.) und die Kanten-Mittel-Linie steht auf der Grund-Ebene senkrecht und geht durch ihren Eck-Mittel-Punct.

γ. Da endlich die rechtwinkligen Dreiecke, zwischen den Senkrechten aus einem beliebigen Puncte der Kanten-Mittel-Linie, den Kanten und der Kanten-Mittel-Linie, selbst, nach (*β.*), einander gleich sind, so schneiden die Senkrechten die Kanten in gleichen Entfernungen vom Scheitel des Vielecks, und umgekehrt: wenn man auf die Kanten, in gleichen Entfernungen vom Scheitel des gegebenen Vielecks, Perpendikel oder auch senkrechte Ebenen setzt, so schneiden sich diese Perpendikel oder diese Ebenen nothwendig in einem und demselben Puncte, der in der Kanten-Mittel-Linie liegt. Dergleichen Ebenen schliefsen aber ein Polar-Vieleck ein, und zwar hier ein Haupt-Polar-Vieleck, weil sie die Kanten in gleichen Entfernungen vom Scheitel treffen. Also giebt es, wenn eine Grund-Ebene existirt, ein Haupt-Kanten-Polar-Vieleck, dessen Scheitel in der Kanten-Mittel-Linie des gegebenen Vielecks liegt.

Perpendikel aus einem beliebigen Puncte der Kanten-Mittel-Linie des gegebenen Vielecks auf die Seiten-Ebenen des Haupt-Kanten-Polar-Vielecks sind mit den Kanten des gegebenen Vielecks parallel, denn auch diese Kanten sind auf den Seiten-Ebenen des Haupt-Polar-Vielecks senkrecht. Desgleichen liegen die Perpendikel mit den Kanten und der Kanten-Mittel-Linie in einerlei, auf den Seiten-Ebenen des Polar-Vielecks senkrechten Ebenen. Also sind die rechtwinkligen Dreiecke, welche die benannten Perpendikel zu Catheten und die Kanten-Mittel-Linie zur Hypothenuse haben, den Dreiecken, deren Catheten die Kanten des gegebenen Vielecks sind, und deren Hypothenuse ebenfalls in der Kanten-Mittel-Linie liegt, ähnlich. Folglich sind die benannten Perpendikel, eben wie die Kanten, gleich lang, und folglich ist das Haupt-Kanten-Polar-Vieleck centrisch nach den Seiten, und die Kanten-Mittel-Linie des gegebenen Vielecks ist zugleich die Seiten-Mittel-Linie des Haupt-Kanten-Polar-Vielecks.

Von II. Wenn ein Raum-Vieleck ein Haupt-Kanten-Polar-Vieleck hat, so treffen die auf den Kanten des gegebenen Vielecks senkrechten Seiten-Ebenen des Polar-Vielecks, also auch Perpendikel aus dem Scheitel des Polar-Vielecks auf die Kanten des gegebenen Vielecks, diese Kanten in gleichen Entfernungen vom Scheitel (§. 502. II.). Also sind die rechtwinkligen Dreiecke, welche von den benannten Perpendikeln, von den Kanten des gegebenen Vielecks und von der allen gemeinschaftlichen geraden Linie eingeschlossen werden, welche den Scheitel des Haupt-Kanten-Polar-Vielecks und des gegebenen Raum-Vielecks verbindet, einander gleich; denn es ist in diesen Dreiecken, aufser dem rechten Winkel und der allen gemeinschaftlichen Hypothenuse die eine, in der Kante des gegebenen Winkels liegende Cathete, nach der Voraussetzung, in den einen so grofs als in den anderen. Mithin sind auch die Winkel zwischen den Kanten des gegebenen Vielecks und der geraden Linie, welche die Scheitel des gegebenen Vielecks und des vorausgesetzten Haupt-Polar-Vielecks verbindet, einander gleich. Stellt man sich nun in den beschriebenen, und, wie bewiesen, gleichen Dreiecken Perpendikel aus denjenigen Puncten der Kanten des gegebenen Raum-Vielecks, in welchen dieselben von den Seiten-Ebenen des Haupt-Polar-Vielecks getroffen werden, auf die allen gemeinschaftliche gerade Linie vor, welche den Scheitel des gegebenen Vielecks und des vorausgesetzten Haupt-Polar-Vielecks verbindet, so schliefsen diese Perpendikel mit den Kanten des gegebenen Vielecks und der Scheitel-Linie wiederum g l e i c h e rechtwinklige Dreiecke ein, denn aufser dem rechten Winkel sind in diesen Dreiecken die in den Kanten liegenden gleich langen Hypothenusen, und, wie vorhin bewiesen, die spitzen Winkel zwischen den Kanten und der Hypothenuse gleich. Also sind die Perpendikel gleich lang, und treffen, weil auch die anderen in der Scheitel-Linie liegenden Hypothenusen gleich lang sind, d i e S c h e i t e l - L i n i e i n e i n e m u n d d e m s e l b e n P u n c t e. Sie liegen also alle in einer und derselben Ebene, welche die Kanten des gegebenen Vielecks in gleichen Entfernungen vom Scheitel schneidet, und folglich eine G r u n d - E b e n e desselben ist. Es folgt also, dafs das gegebene Raum-Vieleck, wenn ein Haupt-Kanten-Polar-Vieleck Statt findet, eine Grund-Ebene hat, und hieraus folgt nach (I.) das Uebrige.

Von III. Wenn ein Raum-Vieleck centrisch nach den Kanten ist, so giebt es eine gerade Linie durch seinen Scheitel, von der Art, dafs die Perpendikel aus einem beliebigen Puncte der Linie auf die Kanten des gegebenen Vielecks gleich lang sind (§. 510. I.). Legt man man also durch dergleichen Perpendikel Ebenen senkrecht auf die Kanten des gegebenen Vielecks, so schliefsen dieselben ein Haupt-Polar-Vieleck ein (§. 502. II.). Es folgt also, dafs das gegebene Vieleck, wenn es centrisch nach den Kanten ist, ein Haupt-Polar-Vieleck hat, und daraus folgt nach (II.) das Uebrige.

511.

Lehrsatz. I. *Ein Raum-Vieleck ist centrisch nach den Seiten, und hat ein nach den Kanten centrisches Haupt-Seiten-Polar-Vieleck* (§. 502. II. β.), *wenn es ein Polar-Vieleck mit Grund-Ebene hat.*

II. *Ein Raum-Vieleck ist centrisch nach den Seiten, und hat ein Polar-Vieleck mit Grund-Ebene, wenn dazu ein Haupt-Seiten-Polar-Vieleck existirt, welches dann zugleich centrisch nach den Kanten ist.*

III. *Ein Raum-Vieleck hat ein nach den Kanten centrisches Haupt-Seiten-Polar-Vieleck mit Grund-Ebene, wenn es centrisch nach den Seiten ist.*

Beweis. Derselbe liegt in demjenigen von (§. 510.), wenn man daselbst das Polar-Vieleck als das gegebene, und das gegebene als das Polar-Vieleck betrachtet.

512.

Lehrsatz. *Raum-Vielecke mit unter einander gleichen Seiten und unter einander gleichen Winkeln, die man regelmäſsig nennen könnte, sind centrisch nach den Kanten und centrisch nach den Seiten zugleich, haben Grund-Ebenen, auf welchen die Scheitel-Linien senkrecht stehen, und Haupt-Polar-Vielecke, welche ebenfalls centrisch nach den Kanten und den Seiten zugleich sind.*

Der *Beweis* ist dem des Satzes (§. 108.) ähnlich. Er hat keine Schwierigkeit, und mag, um den Raum zu sparen, übergangen werden.

Von der Gröſse der Raum-Vielecke.

513.

Lehrsatz. *Wenn man den Inhalt der Raum-Ekken, denen die* n *Winkel eines Raum-Vielecks von* n *Seiten zugehören, durch* α, β, γ, $\delta \ldots \nu$, *und den Inhalt einer rechtwinkligen Raum-Ecke durch* ϱ *bezeichnet, so ist der Inhalt des Raum Vielecks gleich*

$$V = \frac{\alpha + \beta + \gamma \ldots + \nu - 2(n-2)\varrho}{2}.$$

Versteht man aber unter α, β, γ, $\ldots \nu$ *die Zahl der Grade, Minuten etc. in den Winkeln des gegebnen Vielecks, unter* ϱ *die Zahl der Grade im Viertel Kreise, und unter* R *den Inhalt eines drei rechtwinkligen Raum-Dreiecks* (§. 494. I.), *so ist der Inhalt des Raum Vielecks*

$$V = \frac{\alpha + \beta + \gamma + \ldots + \nu - 2(n-2)\varrho}{\varrho} . R.$$

Beweis. Es sey $ABC \ldots G$ (Fig. 274.) ein Raum-Vieleck von n Seiten, oder vielmehr der Durchschnitt der Seiten desselben mit der Ebene des Papiers: den Scheitel des Vielecks mufs man sich über oder unter dem Papier vorstellen. Man theile das Vieleck vermittelst Ebenen AC, AD, AE etc., die alle durch eine der Kanten, z. B. A, und durch den Scheitel gehen, in Raum-Dreiecke. Die Zahl dieser Raum-Dreiecke ist $n-2$. Der Inhalt der $n-2$ Dreiecke ist der Inhalt des Raum-Vielecks, denn die Summe aller Winkel der Dreiecke ist, wie leicht zu sehen, der Summe der Winkel des Vielecks gleich. Der Inhalt jedes Dreiecks ist aber gleich der Summe der Raum-Ecken, welche seinen Winkeln zukommen, weniger zwei rechtwinkligen Raum-Ecken, dividirt durch 2 (§. 492.), oder gleich der Summe seiner Winkel, in Graden, weniger 2ϱ, dividirt durch ϱ, und multiplicirt mit dem Inhalt R einer drei rechtwinkligen Raum-Ecke (§. 494. I.). Der Inhalt aller Dreiecke, welcher den Inhalt des Raum-Vielecks ausmacht, ist also gleich der Summe aller Raum-Ecken, welche den Dreiecks-Winkeln zukommen, und welche zugleich den Raum-Ecken an den Kanten des Raum-Vielecks gleich sind, weniger $n-2$ mal zwei rechtwinkligen Raum-Ecken, dividirt durch 2, also gleich $\frac{\alpha+\beta+\gamma \ldots + \nu - 2(n-2)\varrho}{2}$, oder gleich der Summe aller Dreiecks-Winkel in Graden, die zusammen den Polygonwinkeln gleich sind, weniger $n-2$ mal 2ϱ, dividirt durch ϱ, und multiplicirt mit R, also gleich $\frac{\alpha+\beta+\gamma \ldots + \nu - 2(n-2)\varrho}{\varrho} R$, wie behauptet wurde.

514.

Anmerkung. Aus (§. 513.) folgt ebenfalls, dafs, wie in (§. 508. II.) behauptet, die Summe der Winkel $\alpha+\beta+\gamma \ldots + \nu$ eines convexen Raum-nEcks allemal gröfser als $2(n-2)\varrho$ und kleiner als $2n\varrho$ ist. Denn wäre $\alpha+\beta+\gamma \ldots + \nu$ kleiner als $2(n-2)\varrho$, so wäre der Inhalt des Raum-Vielecks, vermöge (§. 513.), kleiner als Null, und wäre $\alpha+\beta+\gamma \ldots - \nu$ gröfser als $2n\varrho$: so wäre der Inhalt gröfser als $\frac{4\varrho}{\varrho} = 2\varrho$ oder $4R$, also gröfser als der ganze Raum auf einer Seite einer Ebene, welches Beides nicht Statt finden soll.

515.

Lehrsatz. Unter allen Raum-Vielecken von gleicher Summe der Seiten, oder von gleichem Umfange, kann das gröſste nur gleiche Seiten haben.

Beweis. Gesetzt, das Raum-Vieleck *ABCDEF* (Fig. 275.), welches man sich auf die Weise, wie (Fig. 274. §. 513.) vorstellen muſs, habe nicht gleiche Seiten: es sey z. B. nicht $AB = BC$, so ist, wenn auch die übrige Figur *ACDEF* bleibt, schon mit der Summe der Seiten *AB* und *BC* ein über *AC* gleichschenkliges Dreieck *AKC*, von gleichem Umfange möglich, welches gröſser ist als *ABC* (§. 498.). Eben so verhält es sich mit allen anderen zusammenstoſsenden Seiten. Also kann eine ungleichseitige Figur nie die grösste unter allen von gleichem Umfange sein. Die gröſste kann also nur gleiche Seiten haben.

516.

Lehrsatz. Wenn alle Seiten eines Raum-Vielecks, bis auf eine, gegeben sind, so kann das gröſste Vieleck, welches sich damit einschlieſsen läſst, nur centrisch nach den Kanten seyn, und den Mittelpunct seiner Grundebene in der Mitte der willkürlichen Seite haben.

Beweis. Die Seiten *APB*, *BPC*, *CPD* etc. des Raum-Vielecks *ABCDEFGP* (Fig. 276.) sollen die gegebenen, die Seite *APG* soll die willkürliche sein. Es sei $AP = GP$, und die Ebene *ABCDEFG* stehe auf der willkürlichen Seiten-Ebene *APG* senkrecht. Schlieſsen nun in der Ebene *ABC....G* beliebige zwei Diagonalen aus *A* und *G* nach einer der anderen Ecken, z. B. die Diagonalen *AD* und *DG*, nicht einen rechten Winkel ein, so ist das Raum-Dreieck *ADGP* nicht das gröſste, welches mit den Seiten *APD* und *DPG* möglich ist, denn von dem gröſsten Raum-Dreiecke unter zwei gegebenen Seiten *APD* und *DPG* steht die Grundebene auf der dritten Seite *APG* senkrecht, und ist zwischen den beiden gegebenen Seiten rechtwinklig (§. 496. IV.). Also läſst sich in solchem Falle mit den beiden Seiten *APD* und *DPG*, wenn man die beiden Raum-Vielecke *ABCDP* und *DEFGP* unverändert beibehält, also mit den gegebenen Seiten *APB*, *BPC....FPG* ein gröſseres Raum-Vieleck *ABC....GP* einschlieſsen. So verhält es sich mit den Diagonalen nach jeder anderen Ecke, und das gröſste Raum-Vieleck, welches sich mit den gegebenen Seiten *APB*, *BPC* .... *FPG* einschlieſsen läſst, kann also nur unter denjenigen seyn, in welchen, wenn man durch *AG* eine Ebene auf die willkürliche Seite *APG* senkrecht setzt, alle die Winkel *ABG*, *ACG*, *ADG* etc. rechte sind. Ist aber dieses der Fall, so ist die durch *AG* auf *APG* senkrechte Ebene *ABC* .... *G* nothwendig centrisch nach den Ecken, und hat ihren Mittelpunct in der Mitte *M* von *AG*. Die Puncte *A*, *B*, *C*, *D*, *E*, *F*, *G*, in welchen die Kanten des Raum-Vielecks die durch *AG* auf *APG* senkrechte Ebene treffen, sind aber alsdann alle von *M* gleich weit entfernt, nemlich um $AM = BM = CM$ etc. Also sind alsdann auch die Kanten *AP*, *BP*, *CP* etc. gleich lang, denn sie sind schräge Linien aus *P* nach der Ebene *ABC....G*, die sich in derselben gleich weit von dem Mittelpunct

M entfernen. Also ist die Ebene $ABC....G$ in dem gröfsten Raum-Vieleck eine Grund-Ebene desselben, und weil das Raum-Vieleck eine Grundebene hat, so ist es centrisch nach den Kanten (§. 510. I.), wie behauptet wird.

517.

Lehrsatz. Das gröfste unter allen Raum-Vielecken mit den nemlichen Seiten, also von gleichem Umfange, ist centrisch nach den Kanten.

Beweis. Es sei $ABCDEFP$ (Fig. 277.) ein nach den Kanten centrisches Vieleck, welches also eine Grund-Ebene hat, die $ABCDEF$ seyn mag. PP_1 sey die Kanten-Mittellinie des Vielecks, so dafs P_1 auch der Mittelpunct der Ecken der Grund-Ebene ist; $APZP_1$ sey eine Ebene, die durch die eine Kante AP und durch die Kanten-Mittellinie PP_1 geht, auch sey $P_1PZ = P_1PA$. $DZEP$ sey ein zusätzliches Raum-Dreieck.

Ferner sei $A\beta\gamma\delta\varepsilon\varphi P$ ein anderes Raum-Vieleck, welches die nemlichen Seiten hat wie das vorige, nemlich $APB = AP\beta$, $BPC = \beta P\gamma$, $CPD = \gamma P\delta$ etc.; auch sei wiederum $\delta\zeta\varepsilon P$ ein zusätzliches Raum-Dreieck, welches ebenfalls die nemlichen Seiten $\delta P\zeta = DPZ$ und $\zeta P\varepsilon = ZPE$ hat, wie das zusätzliche Dreieck $DZEP$, so dafs also auch das ganze Vieleck $A\beta\gamma\delta\zeta\varepsilon\varphi P$ die nemlichen Seiten hat, wie das ganze Vieleck $ABCDZEFP$.

Nun ist, wie in (§. 516.) bewiesen, das nach den Kanten centrische Raum-Vieleck $ABCDZP$ gröfser als jedes andere Vieleck, welches, bis auf die eine Seite APZ, die nemlichen Seiten hat, wie jenes, also auch gröfser als das Raum-Vieleck $A\beta\gamma\delta\zeta P$. Eben so ist das centrische Raum-Vieleck $ZEFAP$ gröfser als das Raum-Vieleck $\zeta\varepsilon\varphi AP$ mit gleich grofsen Seiten. Also ist zusammengenommen das centrische Vieleck $ABCDZEFP$ gröfser als jedes andere Vieleck $A\beta\gamma\delta\zeta\varepsilon\varphi P$ mit den nemlichen Seiten. Zieht man daher von dem einen und dem anderen die gleich grofsen Raum-Dreiecke $DZEP$ und $\delta\zeta\varepsilon P$ ab, so folgt, dafs das nach den Kanten centrische Raum-Vieleck $ABCDEFP$ gröfser ist als jedes andere Raum-Vieleck $A\beta\gamma\delta\varepsilon\varphi P$ mit gleich grofsen Seiten.

518.

Lehrsatz. Das gröfste Raum-Vieleck unter allen, von gleichem Umfange, ist dasjenige, dessen Seiten einander gleich sind, und welches centrisch nach den Kanten ist, oder das regelmäfsige.

Beweis. Nach (§. 515.) ist unter allen Raum-Vielecken von gleichem Umfange das gleichseitige, und nach (§. 517.), das nach den Kanten centrische das gröfste. Also ist unter allen Vielecken von gleichem Umfange und gleich vielen Seiten, das gleichseitige, welches zugleich centrisch nach den Kanten ist, das gröfste. Ein solches Vieleck aber ist regelmäfsig. Denn da es centrisch nach den Kanten ist, so hat es eine nach den Ecken centrische Grund-Ebene (§. 510. III.), und da seine Seiten gleich sind, so sind auch die Seiten der Grund-Ebene gleich. Da nun zugleich die

Grundebene centrisch nach den Ecken ist, so ist sie auch gleichwinklig, und da die Grund-Ebene gleichwinklig ist, so ist auch, wie leicht zu sehen, das Raum-Vieleck, welchem sie angehört, gleichwinklig. Also ist das gröſste Raum-Vieleck unter allen von gleichem Umfange, das regelmäſsige.

519.

Anmerkung. Raum-Dreiecke und Raum-Vielecke können einander nur gleich, nicht ähnlich seyn. Denn ihre Maaſse sind bloſs Winkel, nirgend Linien, auf deren Verhältniſs gegen einander, nächst der Gleichheit von Winkeln, die Aehnlichkeit beruhet.

Zweites Buch.

Von den Körpern, die von Ebenen umschlossen sind.

520.

Erläuterung. Es kann jede beliebige Menge von Ebenen einen Körper umschliefsen, wenn ihrer nur mehr sind als viere. Vier Ebenen sind mindestens nothwendig, einen Körper zu begrenzen; denn drei Ebenen mindestens schliefsen erst eine Raumecke ein, und wenigstens eine vierte Ebene ist nöthig, die offene Seite der Raumecke zu begrenzen. Dafs eine beliebige Zahl von Ebenen einen Körper begrenzen kann, ist leicht zu sehen. Wenn z. B. n Ebenen vorhanden sind, so lasse man $n-1$ Ebenen eine Raumecke einschliefsen, und die offene Seite derselben von der $n$ten Ebene begrenzen, so entsteht ein ganz umschlossener, von lauter Ebenen, und zwar von $n-1$ Dreiecken und einem n-Eck begrenzter Körper. Da aber, in sofern $n-1>3$, auch weniger als $n-1$ Ebenen die erste Raumecke einschliefsen können, und die offene Seite derselben von den übrigen Ebenen auf mannigfaltige Weise begrenzt werden kann, so kann ein Körper von Dreiecken, Vierecken, Fünfecken, u. s. w., zugleich begrenzt werden. Allgemein kann man einen Körper benennen, wenn man sagt, er sey von m_1, n_1 Ecken, m_2, n_2 Ecken, m_3, n_3 Ecken u. s. w. umschlossen, oder er sey ein $m_1, n_1; m_2, n_2; m_3, n_3$ etc. Eck. Einen von vier Dreiecken umschlossenen Körper, kann man z. B. ein Vier-Dreieck, einen Körper zwischen sechs Vierecken ein Sechs-Viereck, u. s. w. nennen. Nach einzelnen Eigenschaften bekommen die Körper auch besondere Namen; wovon weiter *unten. Ein von Ebenen umschlossener Körper überhaupt heifst* **Polyëder**.

521.

Erklärung. *α) Die, ein Polyëder begrenzenden, ebenen Figuren sollen* **Seiten-Ebenen**, *oder auch blofs* **Seiten** *des Polyëders heifsen.*

β) Die geraden Linien, in welchen sich die Seiten Ebenen eines Polyëders schneiden, und welche also die ebenen Figuren begrenzen, von welchen das Polyëder eingeschlossen ist, sollen des Polyëders **Kanten** *heifsen.*

γ) Die Winkel, welche die Kanten in einer und derselben Ebene mit einander machen, also die Winkel der, das Polyëder umschliefsenden, ebenen Figuren sollen **Seiten-Winkel** *heifsen.*

δ) Die Winkel, welche je zwei in einer Kante zusammenstofsenden Seiten-Ebenen mit einander machen, sollen **Kanten-Winkel** *heifsen.*

ε) Die Scheitel der Raumecken, in welchen die, ein Polyëder umgebenden Ebenen zusammenstofsen, sollen **Polyëder-Ecken**, *oder auch blofs* **Ecken** *heifsen.*

ζ) Die Winkel, welche die Kanten eines Polyëders mit den anstofsenden Seiten-Ebenen in Ebenen machen, welche durch die Kanten auf die anstofsenden Seiten senkrecht liegen, sollen **Seiten-Kanten-Winkel** *heifsen.*

η) Die geraden Linien, welche Ecken verbinden, die in einer und derselben Seiten Ebene liegen, sollen **Seiten-Diagonalen** *heifsen; diejenigen hingegen, welche Ecken verbinden, die nicht in einer und derselben Seite liegen,* **Ecken-Diagonalen**.

Erster Abschnitt.

Von der Gleichheit der Polyëder und dem, was sich darauf bezieht.

Von den Pyramiden.

522.

Erläuterung. *Das einfachste Polyëder ist ein von* **vier** *Ebenen umschlossener Körper; denn weniger Ebenen* *begrenzen keinen Körper (§. 520.). Die Seiten eines solchen Körpers sind nothwendig Dreiecke; denn wenn die drei Ebenen, welche mindestens nöthig sind, eine Raum-Ecke zu begrenzen, von einer vierten Ebene geschnitten werden, so werden sie von derselben, jede in einer geraden Linie getroffen. Die dadurch abgeschnittenen drei Seiten-Ebenen der Raum-Ecke sind also Dreiecke, und aus der vierten Ebene wird von den drei Seiten-Ebenen der Raum-Ecke ebenfalls ein Dreieck abgeschnitten. Also ist der Körper von vier Dreiecken begrenzt, oder ein Vier-Dreieck. Man nennt denselben auch dreiseitige Pyramide.*

Der Körper, welcher entstehet, wenn eine von vier, fünf und mehreren Ebenen begrenzte Raum-Ecke von einer Ebene geschnitten wird, und welcher also von vier, fünf etc. Dreiecken und einem Vieleck umgeben ist, das so viel Seiten hat, als die Raum-Ecke, welche es verschliefst, heifst vier-, fünf- etc. seitige Pyramide. Allgemein heifst Pyramide ein Körper, der entstehet, wenn eine von drei und mehreren Ebenen umgebene Raum-Ecke von einer Ebene verschlossen wird. Die verschliefsende Ebene heifst Grund-Ebene.

523.

Anmerkung. Die dreiseitige Pyramide, als das einfachste aller Polyëder, ist die Grundlage aller übrigen, weil sie alle aus dreiseitigen Pyramiden zusammengesetzt werden können. Sie ist unter den Polyëdern, was das Dreieck unter den Figuren in der Ebene ist.

524.

Anmerkung. Die dreiseitige Pyramide hat, wie leicht zu sehen, 4 Seiten, 4 Ecken und 6 Kanten; also auch der Kanten-Winkel, so wie der Seiten-Kanten-Winkel sind 6. Die Seiten, als ebene Figuren, werden durch die Kanten und die Seiten-Winkel, unabhängig von den Kanten und Seiten-Kanten-Winkeln des Körpers bestimmt, und können also für sich als Bestimmungsstücke der Pyramide betrachtet werden. Nimmt man aufserdem auf die Kanten-Winkel, als Bestimmungsstücke Rücksicht, so giebt es 10 Bestimmungsstücke, nemlich 4 Seiten (-Ebenen) und 6 Kanten-Winkel. Diese 10 Stücke sind aber bei weitem nicht alle zur Bestimmung einer dreiseitigen Pyramide nöthig, oder nicht alle von einander unabhängig, sondern im Allgemeinen nur drei, insofern sich darunter zwei Seiten-Ebenen befinden, und vier, wenn nur eine Seite darunter ist. Zwei dreiseitige Pyramiden sind, theils bedingt, theils unbedingt, einander gleich, wenn im ersten Falle drei, im anderen vier Bestimmungsstücke in der einen so groſs sind als in der anderen. Die Stücke können folgende seyn:

1. Drei Seiten, die immer zusammenstoſsen.
2. Zwei Seiten, die ebenfalls immer zusammenstoſsen, und der eingeschlossene Kanten-Winkel.
3. Zwei Seiten und der an der einen liegende Kanten-Winkel.
4. Zwei Seiten und der ihnen gegenüber liegende Kanten-Winkel.
5. Eine Seite und drei anliegende Kanten-Winkel.
6. Eine Seite, ein anliegender und die beiden abliegenden Winkel, welche an der, den anliegenden Winkel begrenzenden Seite liegen.
7. Eine Seite, ein anliegender und zwei abliegende Winkel, worunter der dem anliegenden Winkel gegenüber.
8. Eine Seite und die drei abliegenden Winkel.

Dieses giebt von der Gleichheit dreiseitiger Pyramiden folgende Lehrsätze.

525.

Lehrsatz. I. *Zwei dreiseitige Pyramiden sind einander gleich, wenn beliebige drei Seiten der einen, die immer zusammenstoſsen, dreien Seiten der anderen, in gleicher Aufeinanderfolge, gleich sind.*

Z. B. Wenn in den beiden Pyramiden $ABCD$ und $\alpha\beta\gamma\delta$ (Fig. 278.) $\triangle ADB = \triangle \alpha\delta\beta$, $\triangle ADC = \triangle \alpha\delta\gamma$ und $\triangle BDC = \triangle \beta\delta\gamma$, so sind die Pyramiden einander gleich.

Beweis. Denn alsdann sind die Winkel um den Scheitel D, den Winkeln um den Scheitel δ gleich, nemlich $ADB = \alpha\delta\beta$, $ADC = \alpha\delta\gamma$ und $BDC = \beta\delta\gamma$; also sind die drei Seiten des Raum-Dreiecks $ABCD$, dessen Scheitel in D liegt, in gleicher Aufeinanderfolge so groſs, als die drei Seiten des Raum-Dreiecks $\alpha\beta\gamma\delta$, dessen Scheitel in δ liegt; folglich sind die Raum-Dreiecke gleich (§. 480. I.). Legt man daher z. B. die Ebene $\beta\delta\gamma$ in die gleiche Ebene BDC, so fallen die Ebenen $\alpha\delta\gamma$ und $\alpha\delta\beta$ in die gleichen Ebenen ADC und ADB; mithin fallen alle Grenzen der beiden Pyramiden in einander, und die beiden Körper sind einander gleich.

II. *Zwei dreiseitige Pyramiden sind einander gleich, wenn beliebige zwei Seiten der einen, die immer zusammenstofsen, nebst dem eingeschlossenen Kanten-Winkel, zweien Seiten der anderen und dem davon eingeschlossenen Kanten-Winkel, in gleicher Aufeinanderfolge gleich sind.*

Z. B. Wenn in den beiden Pyramiden $ABCD$ und $\alpha\beta\gamma\delta$ (Fig. 278.) $\triangle BDA = \triangle\beta\delta\alpha$, $\triangle BDC = \triangle\beta\delta\gamma$ und der Winkel $ABDC$ dem Winkel $\alpha\beta\delta\gamma$ gleich ist, so sind die Pyramiden einander gleich.

Beweis. Denn alsdann sind die Winkel ADB und CDB den Winkeln $\alpha\delta\beta$ und $\gamma\delta\beta$ gleich, desgleichen ist der Winkel zwischen den Ebenen BDA und BDC den Winkeln zwischen den Ebenen $\beta\,\delta\,\alpha$ und $\beta\,\delta\,\gamma$ gleich, folglich sind in dem Raum-Dreieck $ABCD$, dessen Scheitel in D liegt, zwei Seiten und der eingeschlossene Winkel so grofs, als in dem Raum-Dreieck $\alpha\beta\gamma\delta$, dessen Scheitel δ ist. Also sind die Raum-Dreiecke gleich (§. 480. II.), und folglich, eben wie in (I.), die Pyramiden.

III. *Zwei dreiseitige Pyramiden sind einander bedingungsweise gleich, wenn beliebige zwei Seiten der einen, die immer zusammenstofsen, nebst einem an der einen Seite liegenden Kanten-Winkel so grofs sind, als zwei Seiten der anderen, in gleicher Aufeinanderfolge, nebst dem ähnlich liegenden Kanten-Winkel.*

Z. B. Wenn in den beiden Pyramiden $ABCD$ und $\alpha\beta\gamma\delta$ (Fig. 278.) $\triangle BDA = \triangle\beta\delta\alpha$ und $\triangle BDC = \triangle\beta\delta\gamma$, und der Winkel $BDAC$ dem Winkel $\beta\delta\alpha\gamma$ gleich ist: so sind die Pyramiden Bedingungsweise gleich.

Beweis. Denn alsdann sind die Winkel ADB und CDB den Winkeln $\alpha\delta\beta$ und $\gamma\delta\beta$ gleich; desgleichen ist der Winkel zwischen den Ebenen BDA und ADC an der Kante AD dem Winkel zwischen den Ebenen $\beta\delta\alpha$ und $\alpha\delta\gamma$ an der Kante $\alpha\delta$ gleich; folglich sind in dem Raum-Dreieck $ABCD$, dessen Scheitel in D liegt, zwei Seiten und der an der einen liegende Winkel so grofs, als die ähnlich liegenden Seiten in dem Raum-Dreieck $\alpha\beta\gamma\delta$, dessen Scheitel δ ist. Also sind die Raum-Dreiecke, zufolge (§. 480. III.), unter den dort angegebenen Begingungen gleich, und folglich, unter den danach weiter sich richtenden Bedingungen, die Pyramiden.

IV. *Zwei dreiseitige Pyramiden sind einander bedingungsweise gleich, wenn beliebige zwei Seiten der einen, die immer zusammenstofsen; nebst dem ihnen beiden gegenüber liegendem Winkel, so grofs sind, als zwei Seiten der ande-*

ren und der gegenüber liegende Winkel, in gleicher Aufeinanderfolge.

Z. B. Wenn in den beiden Pyramiden *ABCD* und $\alpha\beta\gamma\delta$ (Fig. 278.) $\triangle BCA = \triangle \beta\gamma\alpha$ und $\triangle DCA = \triangle \delta\gamma\alpha$, und der Winkel *CDBA* ist dem Winkel $\gamma\delta\beta\alpha$ gleich, so sind die Pyramiden bedingungsweise gleich.

Erster Beweis. Gesetzt, es sey nicht $BD = \beta\delta$, sondern *BD* von $\beta\delta$ verschieden, und zwar um so wenig, als man will, so kann in den Dreiecken *ADB* und $\alpha\delta\beta$, in welchen, nach der Voraussetzung, $AD = \alpha\delta$ und $AB = \alpha\beta$ ist, nicht der Winkel *BAD* dem Winkel $\beta\alpha\delta$ gleich sein. Folglich können die Raum-Dreiecke *BCDA* und $\beta\gamma\delta\alpha$, deren Scheitel in *A* und α liegen, und deren beide übrigen Seiten in dem einen so grofs sind, als in dem anderen, nemlich $DAC = \delta\alpha\gamma$ und $BAC = \beta\alpha\gamma$, nicht einander gleich seyn, folglich auch die Pyramiden nicht, und folglich nicht die Winkel an den Kanten *BD*, $\beta\delta$; wie es seyn soll. Es können also *BD* von $\beta\delta$ nicht um so wenig als man will, sondern nur vielleicht, nach den Umständen, um eine bestimmte Länge verschieden sey, welches dann bestimmte einzelne Fälle und Bedingungen dafür giebt. Für zusammengehörige Fälle mufs $BD = \beta\delta$ seyn. Alsdann aber ist $\triangle ABD = \triangle \alpha\beta\delta$, und folglich sind in dem Raum-Dreiecke *BCDA* alle drei Seiten in gleicher Aufeinanderfolge so grofs, als die Seiten des Raum-Dreiecks $\beta\gamma\delta\alpha$, um die Ecken *A* und α, und mithin sind bedingungsweise die Pyramiden, nach (I.), gleich.

Zweiter Beweis. Man setze die Seiten-Winkel

$$ABD = \alpha, \quad CBD = \beta,$$

den gegebenen Kanten-Winkel

$$CDBA = \varphi,$$

die Kanten

$$AD = a, \quad Bc = b, \quad DC = c, \quad DB = d, \quad AC = e, \quad AB = f,$$

auch sey *AM* und *CN* auf *BD* senkrecht: so ist, wie leicht zu sehen,

$$1. \quad e^2 = (NC - MA_1)^2 + (BM - BN)^2 + AA_1^2.$$

Es ist aber

$$2. \quad \begin{cases} NC = b \sin\beta, \quad MA_1 = MA \cos\varphi = f \sin\alpha \cos\varphi, \\ BM = f \cos\alpha, \quad BN = b \cos\beta, \\ AA_1 = MA \sin\varphi = f \sin\alpha \sin\varphi. \end{cases}$$

Also ist in (1.)

$$3.\quad e^2 = (b \sin\beta - f \sin\alpha \cos\varphi)^2 + (f \cos\alpha - b \cos\beta)^2 + f^2 \sin\alpha^2 \sin\varphi^2,$$

oder

$$e^2 = b^2 \sin\beta^2 - 2bf \sin\alpha \sin\beta \cos\varphi + f^2 \sin\alpha^2 \cos\varphi^2 + b^2 \cos\beta^2 - 2bf \cos\alpha \cos\beta + f^2 \cos\alpha^2 + f^2 \sin\alpha^2 \sin\varphi^2,$$

oder

$$4.\quad e^2 = b^2 + f^2 - 2bf(\cos\alpha \cos\beta + \sin\alpha \sin\beta \cos\varphi).$$

Nun ist in den Dreiecken ABD und DBC

$$5.\quad \begin{cases} \cos\alpha = \dfrac{d^2+f^2-a^2}{2df}, \text{ also } \sin\alpha = \sqrt{\left(1-\left(\dfrac{d^2+f^2-a^2}{2df}\right)^2\right)} \\ \cos\beta = \dfrac{d^2+b^2-c^2}{2db}, \text{ also } \sin\beta = \sqrt{\left(1-\left(\dfrac{d^2+b^2-c^2}{2db}\right)^2\right)}, \end{cases}$$

also in 4.

$$e^2 = b^2 + f^2 - 2bf\left[\frac{d^2+f^2-a^2}{2df} \cdot \frac{d^2+b^2-c^2}{2db} + \cos\varphi \sqrt{\left(1-\left(\frac{d^2+f^2-a^2}{2df}\right)^2\right)} \sqrt{\left(1-\left(\frac{d^2+b^2-c^2}{2db}\right)^2\right)}\right], \text{ oder}$$

$$6.\quad 2d^2(e^2-b^2-f^2) + (d^2+f^2-a^2)(d^2+b^2-c^2) = \cos\varphi \sqrt{[(4d^2f^2-(d^2+f^2-a^2)^2)(4d^2b^2-(d^2+b^2-c^2)^2)]}.$$

Da nun vermittelst der Seiten BCA und DCA die fünf Kanten b, f, e, c und a, desgleichen der Winkel φ an der Kante BD gegeben sind, so ist in dieser Gleichung Alles bis auf d gegeben. Folglich kann d daraus gefunden werden. Wenn aber die sechste Kante d gefunden ist, so ist auch das Dreieck BAD bestimmt, und folglich, zufolge (I.), die ganze Pyramide. Mithin bestimmen die beiden Seiten BCA und DCA mit dem ihnen beiden gegenüberliegenden Winkel an der Kante BD, die Pyramide bedingungsweise, und zwei Pyramiden mit den nemlichen benannten Stücken sind folglich bedingungsweise einander gleich.

V. *Zwei dreiseitige Pyramiden sind einander gleich, wenn eine beliebige Seite und die drei daran liegenden Kanten-Winkel in der einen so grofs sind als, in gleicher Aufeinanderfolge, eine Seite und die drei daran liegenden Kanten-Winkel in der anderen.*

Z. B. Wenn in den beiden Pyramiden $ABCD$ und $\alpha\beta\gamma\delta$ (Fig. 278.) $\triangle BCD = \triangle\beta\gamma\delta$ ist, und die Kanten-Winkel an BC, CD und DB sind den Kanten-Winkeln an $\beta\gamma$, $\gamma\delta$ und $\delta\beta$, in gleicher Aufeinanderfolge, gleich, so sind die Pyramiden gleich.

Beweis. Denn alsdann sind z. B. in den beiden Raum-Dreiecken, deren Scheitel in B und D liegen, eine Seite und die beiden anliegenden Winkel, in gleicher Aufeinenderfolge, so grofs als in den Raum-Dreiecken, deren Scheitel β und δ sind, nemlich $BDC = \beta\delta\gamma$, $ADBC = \alpha\delta\beta\gamma$, $ADCB = \alpha\delta\gamma\beta$ und $DBC = \delta\beta\gamma$, $ABDC = \alpha\beta\delta\gamma$ und $ABCD = \alpha\beta\gamma\delta$. Also sind die Raum-Dreiecke, zufolge (480. IV.), einander gleich. Mithin sind die Winkel ADB und $\alpha\delta\beta$, ABD und $\alpha\beta\delta$ und ADC und $\alpha\delta\gamma$ gleich. Folglich ist $\triangle BDA = \triangle\beta\delta\alpha$ und $\triangle ADC = \triangle\alpha\delta\gamma$. Mithin sind die drei Pyramiden-Seiten um die Ecke D den drei Pyramiden-Seiten um die Ecke δ gleich, und folglich sind, zufolge (I.), die beiden Pyramiden $ABCD$ und $\alpha\beta\gamma\delta$ selbst gleich.

VI. *Zwei dreiseitige Pyramiden sind bedingungsweise einander gleich, wenn eine beliebige Seite und die drei Kanten-Winkel an einer anstofsenden Seite in der einen so grofs sind als die ähnlich liegenden Stüke der anderen, in der nemlichen Aufeinanderfolge.*

Z. B. Wenn in den beiden Pyramiden $ABCD$ und $\alpha\beta\gamma\delta$ (Fig. 278.) $\triangle BCD = \triangle\beta\gamma\delta$ ist, und die Kanten-Winkel an AD, DC und CA sind den Kanten-Winkeln an $\alpha\delta$, $\delta\gamma$ und $\gamma\alpha$, in der nemlichen Aufeinanderfolge gleich, so sind die Pyramiden bedingungsweise gleich.

Beweis. Denn alsdann sind z. B. in dem Raum-Dreiecke, dessen Scheitel D ist, zwei Winkel an den Kanten AD und CD, nebst einer anliegenden Seite BDC so grofs, als die ähnlich liegenden Stücke des Raum-Dreiecks, dessen Scheitel δ ist, in der anderen Pyramide. Also sind die Raum-Dreiecke D und δ, vermöge (§. 480. V.), unter den dort angegebenen Bedingungen gleich. Aus ähnlichen Gründen sind auf dieselbe Weise die Raum-Dreieke, deren Scheitel C und γ sind, gleich. Also sind nunmehr in der Pyramide $ABCD$ die Seite BCD, nebst den drei daran liegenden Kanten-Winkeln, so grofs, als in der Pyramide $\alpha\beta\gamma\delta$ die Seite $\beta\gamma\delta$, nebst den drei Kanten-Winkeln an derselben. Folglich sind die Pyramiden, vermöge (V.), bedingungsweise einander gleich.

VII. *Zwei dreiseitige Pyramiden sind bedingungsweise einander gleich, wenn eine beliebige Seite, ein anliegender und zwei abliegende Kanten-Winkel, worunter der, dem anliegenden Winkel gegenüber, in der einen so grofs sind als, in der nemlichen Aufeinanderfolge, die ähnlich liegenden Stücke in der anderen.*

Z. B. Wenn in den beiden Pyramiden $ABCD$ und $\alpha\beta\gamma\delta$ (Fig. 278.) $\triangle BCD = \triangle\beta\gamma\delta$ ist, und die Kanten-Winkel an DC, AD und AB sind den Kanten-Winkeln an $\delta\gamma$, $\alpha\delta$ und $\alpha\beta$ in der nemlichen Aufeinanderfolge gleich, so sind die Pyramiden bedingungsweise gleich.

Beweis. Wie in (VI.) sind die Raum-Dreiecke D und δ bedingungsweise gleich. Also sind in dem Raum-Dreieck, dessen Scheitel B ist, eine Seite DBC, nebst den beiden Winkeln an den Kanten BD und BA so groſs, als in dem Raum-Dreieck, dessen Scheitel β ist, die ähnlich liegenden Stücke, in der nemlichen Aufeinanderfolge. Also sind, vermöge (§. 480. V.), auch die Raum-Dreiecke B und β bedingungsweise gleich. Folglich sind nunmehr in der Pyramide $ABCD$ die Seite BCD, nebst den drei daran liegenden Kanten-Winkeln so groſs, als in der Pyramide $\alpha\beta\gamma\delta$ die Seite $\beta\gamma\delta$ nebst den drei Kanten-Winkeln an derselben. Folglich sind die Pyramiden, vermöge (V.), einander gleich.

VIII. *Zwei dreiseitige Pyramiden sind bedingungsweise einander gleich, wenn eine beliebige Seite und die drei davon abliegenden Kanten-Winkel in der einen so groſs sind als die nemlichen Stücke, in der nemlichen Aufeinanderfolge, in der anderen.*

Z. B. Wenn in den beiden Pyramiden $ABCD$ und $\alpha\beta\gamma\delta$ (Fig. 278.) $\triangle BCD = \triangle\beta\gamma\delta$ ist, und die Kanten-Winkel an AB, AC und AD sind den Kanten-Winkeln an $\alpha\beta$, $\alpha\gamma$ und $\alpha\delta$ gleich, so sind die Pyramiden bedingungsweise gleich.

Beweis. Da die drei Winkel des Raum-Dreiecks A nach der Voraussetzung den drei Winkeln des Raum-Dreiecks α, in der nemlichen Aufeinanderfolge gleich sind, so sind, vermöge (§. 480. VI.), auch die drei Seiten des ersteren den drei Seiten des anderen, in der nemlichen Folge gleich; nemlich $BAC = \beta\alpha\gamma$, $CAD = \gamma\alpha\delta$ und $DAB = \delta\alpha\beta$.

Nun ist

$$BC^2 = AB^2 + AC^2 - 2AB.AC\cos BAC,$$
$$CD^2 = AC^2 + AD^2 - 2AC.AD\cos CAD,$$
$$DB^2 = AD^2 + AB^2 - 2AD.AB\cos DAB,$$

und

$$\beta\gamma^2 = \alpha\beta^2 + \alpha\gamma^2 - 2\,\alpha\beta.\alpha\gamma\cos\beta\alpha\gamma,$$
$$\gamma\delta^2 = \alpha\gamma^2 + \alpha\delta^2 - 2\,\alpha\gamma.\alpha\delta\cos\gamma\alpha\delta,$$
$$\delta\beta^2 = \alpha\delta^2 + \alpha\beta^2 - 2\,\alpha\delta.\alpha\beta\cos\delta\alpha\beta.$$

Es ist aber auch, weil nach der Voraussetzung $\triangle BCD = \beta\gamma\delta$, $BC = \beta\gamma$, $CD = \gamma\delta$ und $DB = \delta\beta$. Also kann bedingungsweise nur $AB = \alpha\beta$, $AC = \alpha\gamma$ und

$AD = \alpha\delta$ sein. Also ist $\triangle ABC = \triangle \alpha\beta\gamma$, $\triangle ACD = \triangle \alpha\gamma\delta$ und $\triangle ADB = \triangle \alpha\delta\beta$, und folglich sind, vermöge (I.), die beiden Pyramiden gleich.

526.

Anmerkung. Die Kanten und die Seiten-Winkel bestimmen die Seiten-Ebenen einer Pyramide. Man kann also auch, nächst den Kanten-Winkeln, statt der Seiten die Kanten und die Seiten-Winkel zu Bestimmungsstücken einer Pyramide nehmen, woraus wieder bestimmte Fälle der unbedingten oder bedingten Gleichheit dreiseitiger Pyramiden entstehen. Die Fälle aufzuzählen und nebst Beweisen durchzugehn, gestattet der Raum nicht. Wenn die Kanten und Seiten-Winkel so genommen werden, daſs sie die Stelle der Bestimmungsstücke (§. 524.) vertreten, so wird man finden, daſs die Gleichheit zweier dreiseitigen Pyramiden in der Regel von der Gleichheit von 6 Bestimmungsstücken, die aus Kanten, Seiten-Winkeln und Kanten-Winkeln genommen sind, entweder unbedingt oder bedingterweise abhängt.

Nur des einen Falles von 6 Kanten ist besonders zu erwähnen.

Es sind nemlich zwei dreiseitige Pyramiden einander gleich, wenn die 6 Kanten der einen den 6 Kanten der anderen, in der nemlichen Aufeinanderfolge gleich sind.

Denn die 6 Kanten besimmen drei an einander stoſsende Seiten, und wenn diese gleich sind, so sind die Pyramiden gleich (§. 525. I.).

527.

Erläuterung. *Das Perpendikel aus einer beliebigen Ecke einer dreiseitigen Pyramide auf die gegenüberliegende Seite, heiſst* **Höhe** *der Pyramide über dieser Seite, und die gegenüberliegende Seite alsdann* **Grund-Ebene.** *Hat die Pyramide eine* **vielseitige** *Grundebene, so heiſst ausschlieſslich das Perpendikel auf* **diese** *Grund-Ebene, aus der gegenüberliegenden Spitze,* **Höhe** *der Pyramide.*

Z. B. das Perpendikel AA_1 aus einer beliebigen Ecke A der Pyramide $ABCD$ (Fig. 278.) auf die gegenüberliegende Seite BCD, heiſst **Höhe** der dreiseitigen Pyramide über der **Grundebene** BCD; hingegen in der vielseitigen Pyramide *ABCD....S* (Fig. 280.) heifst das Perpendikel $SS_{\prime}$ auf die Grundebene *ABCD....* aus der gegenüberliegenden Spitze *S*, Höhe der Pyramide.

528.

Lehrsatz. *Wenn man die drei Kanten einer dreiseitigen Pyramide, die in einem Puncte zusammenstofsen, durch* a, c *und* d, *die Winkel zwischen* c *und* d, a *und* c *und* d *und* a, *durch* β, ε, φ, *und die drei übrigen Kanten, den Winkeln* β, ε *und* φ *gegenüber, durch* b, e *und* f *bezeichnet, wie in* (Fig. 279.) *in der Pyramide* ABCD, *so ist die Höhe der Pyramide, z. B. über der Grund Ebene* BCD,

$$\text{I.}\quad z=\sqrt{\left[\frac{\begin{array}{l}a^2b^2(d^2+c^2+e^2+f^2)+d^2e^2(a^2+b^2+c^2+f^2)\\+f^2c^2(a^2+b^2+e^2+f^2)-a^2b^2(a^2+b^2)-d^2e^2(d^2+e^2)\\-f^2c^2(f^2+c^2)-(d^2b^2c^2+b^2e^2f^2+d^2a^2f^2+a^2e^2c^2)\end{array}}{(b+c+d)(b+c-d)(b-c+d)(c+d-b)}\right]},$$

oder

$$\text{II.}\quad z=4acd\sqrt{\left[\frac{\sin\tfrac{1}{2}(\beta+\varepsilon+\varphi)\sin\tfrac{1}{2}(\beta+\varepsilon-\varphi)\sin\tfrac{1}{2}(\beta-\varepsilon+\varphi)\sin\tfrac{1}{2}(\varepsilon+\varphi-\beta)}{(b+c+d)(b+c-d)(b-c+d)(c+d-b)}\right]},$$

oder, wenn man den Inhalt der Grundebene *BCD* durch $\triangle a$ bezeichnet,

$$\text{III.}\quad z=\frac{acd}{\triangle a}\sqrt{[\sin\tfrac{1}{2}(\beta+\varepsilon+\varphi)\sin\tfrac{1}{2}(\beta+\varepsilon-\varphi)\sin\tfrac{1}{2}(\beta-\varepsilon+\varphi)}$$
$$\times\sin\tfrac{1}{2}(\varepsilon+\varphi-\beta)].$$

Beweis. I. Es sey $AA_{\prime}$ auf *BCD*, $A_{\prime}M$ und *CN* auf *BD* senkrecht; desgleichen sey

$$DM=x,\ MA_{\prime}=y,\ A_{\prime}A=z,\ DN=p,\ NC=q,$$

so ist, wie leicht zu sehen,

$$1.\quad x^2+y^2+z^2=a^2,$$
$$2.\quad (d-x)^2+y^2+z^2=f^2,$$
$$3.\quad (x-p)^2+(q-y)^2+z^2=e^2.$$

II. Zieht man (2.) und (1.) von (3.) ab, so findet man

$$4.\quad p^2-2px+q^2-2qy=e^2-a^2 \text{ und}$$
$$5.\quad d^2-2dx=f^2-a^2,$$

oder, weil $p^2+q^2=c^2$,

$$6.\quad c^2-e^2+a^2-2qy=2px \text{ und}$$
$$7.\quad d^2-f^2+a^2=2dx.$$

Aus (7.) folgt

$$8.\quad x=\frac{d^2-f^2+a^2}{2d},$$

und wenn man dieses in (6.) setzt,

$$c^2 - e^2 + a^2 - 2qy = \frac{p}{d}(d^2 - f^2 + a^2) \text{ und}$$

$$d(c^2 - e^2 + a^2) - 2qdy = p(d^2 - f^2 + a^2), \text{ also}$$

$$9.\quad y = \frac{d(c^2 - e^2 + a^2) - p(d^2 - f^2 + a^2)}{2qd}.$$

Nun ist aus (1.)

$$10.\quad z^2 = a^2 - x^2 - y^2.$$

Also ist aus (8. und 9.)

$$z^2 = a^2 - \left(\frac{d^2 - f^2 + a^2}{2d}\right)^2 - \left(\frac{d(c^2 - e^2 + a^2) - p(d^2 - f^2 + a^2)}{2qd}\right)^2,$$

oder

$$4q^2d^2z^2 = 4q^2d^2a^2 - q^2(d^2 - f^2 + a^2)^2 - d^2(c^2 - e^2 + a^2)^2$$
$$+ 2dp(c^2 - e^2 + a^2)(d^2 - f^2 + a^2) - p^2(d^2 - f^2 + a^2)^2,$$

oder, weil $p^2 + q^2 = c^2$,

$$11.\quad 4q^2d^2z^2 = 4q^2d^2a^2 - c^2(d^2 - f^2 + a^2)^2$$
$$- d^2(c^2 - e^2 + a^2)^2 + 2dp(c^2 - e^2 + a^2)(d^2 - f^2 + a^2).$$

Es ist aber in dem Dreiecke BCD,

$$12.\quad d^2 + c^2 - 2dp = b^2.$$

Daraus folgt

$$13.\quad p = \frac{d^2 + c^2 - b^2}{2d},$$

und weil $q^2 = c^2 - p^2$,

$$14.\quad q^2 = c^2 - \frac{(d^2 + c^2 - b^2)^2}{4d^2}.$$

Dieses giebt, in (11.) gesetzt,

$$15.\quad 4q^2d^2z^2 = 4a^2c^2d^2 - a^2(d^2 + c^2 - b^2)^2$$
$$- c^2(d^2 - f^2 + a^2)^2 - d^2(c^2 - e^2 + a^2)^2$$
$$+ (d^2 + c^2 - b^2)(c^2 - e^2 + a^2)(d^2 - f^2 + a^2),$$

und, weil der Inhalt der Grund-Ebene $BCD = \frac{1}{2}qd$ ist, welches auch durch

$$16.\quad \tfrac{1}{2}qd = \tfrac{1}{4}\sqrt{[(b+c+d)(b+c-d)(b-c+d)(c+d-b)]}$$

ausgedrückt werden kann (§. 174.),

$$17.\quad z^2 = \frac{\begin{matrix}4a^2c^2d^2 - a^2(d^2 + c^2 - b^2)^2 - c^2(d^2 + f^2 - a^2)^2 \\ -d^2(c^2 - e^2 + {}^2a)^2 + (d^2 + c^2 - b^2)(c^2 - e^2 + a^2)(d^2 - f^2 + a^2)\end{matrix}}{(b + c + d)(b + c - d)(b - c + d)(c + d - b)}.$$

Dieses giebt, wenn man im Zähler des Bruches die Facten in einander multiplicirt, und wegläſst, was sich aufhebt, den ersten Ausdruck des Lehrsatzes.

III. Ferner ist $p = c\cos\beta$, also vermöge (13.),

$$d^2 + c^2 - b^2 = 2pd = 2cd\cos\beta \text{ und}$$

$$18.\quad \frac{d^2 + c^2 - b^2}{2cd} = \cos\beta.$$

Auf dieselbe Weise ist in den Dreiecken *ADC* und *ADB*,

$$19. \quad \frac{a^2+c^2-e^2}{2ac} = \cos \varepsilon \text{ und}$$

$$20. \quad \frac{a^2+d^2-f^2}{2ad} = \cos \varphi.$$

Nun ist zufolge (15.)

$$21. \quad 4q^2d^2z^2 = 4a^2c^2d^2\left[1-\left(\frac{d^2+c^2-b^2}{2cd}\right)^2 - \left(\frac{a^2+c^2-e^2}{2ac}\right)^2 - \left(\frac{a^2+d^2-f^2}{2ad}\right)^2 + 2.\frac{d^2+c^2-b^2}{2cd}.\frac{a^2+c^2-e^2}{2ac}.\frac{a^2+d^2-f^2}{2ad}\right].$$

Also ist aus (18. 19. 20.)

$$22. \quad 4q^2d^2z^2 = 4a^2c^2d^2[1-\cos\beta^2-\cos\varepsilon^2-\cos\varphi^2 + 2\cos\beta\cos\varepsilon\cos\varphi].$$

Aber vermöge (§. 345. Ausdruck 131.) ist

$$1-\cos\beta^2-\cos\varepsilon^2-\cos\varphi^2+2\cos\beta\cos\varepsilon\cos\varphi$$
$$=4\sin\tfrac{1}{2}(\beta+\varepsilon+\varphi)\sin\tfrac{1}{2}(\beta+\varepsilon-\varphi)\sin\tfrac{1}{2}(\beta-\varepsilon+\varphi)\sin\tfrac{1}{2}(\varepsilon+\varphi-\beta),$$

also ist

$$23. \quad z^2 = \frac{16a^2c^2d^2}{4q^2d^2}\sin\tfrac{1}{2}(\beta+\varepsilon+\varphi)\sin\tfrac{1}{2}(\beta+\varepsilon-\varphi)\sin\tfrac{1}{2}(\beta-\varepsilon+\varphi) \times \sin\tfrac{1}{2}(\varepsilon+\varphi-\beta).$$

Setzt man hierin den Ausdruck von $4q^2d^2$ aus (16.), so findet man den zweiten Ausdruck des Lehrsatzes. Und schreibt man, weil $\frac{1}{2}qd = \triangle a$, $16\triangle a^2$ statt $4q^2d^2$, so findet man den dritten Ausdruck des Lehrsatzes.

529.

Lehrsatz. I. Jede dreiseitige Pyramide ist centrisch nach den Ecken, d. h. es giebt in jeder einen Punct, und nur einen, der von allen vier Ecken der Pyramide gleich weit entfernt ist.

II. Bezeichnet man die gleichen Entfernungen des Puncts von den Ecken, oder den Halbmesser der Ecken der Pyramide durch R, *ihre 6 Kanten, wie in (§. 528.), durch* a, b, c, d, e, f, *und die Höhe der Pyramide, z. B. über der von den Kanten* b, c, d *eingeschlossenen Seiten-Ebene, wie dort, durch* z, *so ist*

$$R = \frac{1}{2z}\sqrt{\left[\frac{(ab+de+cf)(ab+de-cf)(ab-de+cf)(de+cf-ab)}{(b+c+d)(b+c-d)(b-c+d)(c+d-b)}\right]}.$$

Beweis von I. Die Puncte *G*, *H* und *K* (Fig. 279.) sollen in der Mitte der Pyramiden-Kanten *DC*, *DA* und *DB* liegen. Man lege durch diese Mittelpuncte die Ebenen $FGRR_1$, *FHER* und $EKRR_1$ auf

auf die Kanten der Pyramide DC, DA, DB senkrecht. Dieselben stehen alsdann auch auf den Seiten-Ebenen der Pyramide, welche in den benannten Kanten zusammenstofsen, und ihre Durchschnitte mit den Seiten-Ebenen ebenfalls auf den Kanten senkrecht, nemlich FG und R_1G auf DC, FH und EH auf AD und EK und R_1K auf DB. Also sind die Puncte F, R_1 und E, in welchen die durch die Mitte der Kanten gehenden Durchschnitte der senkrechten Ebenen mit den Seiten-Ebenen der Pyramide einander treffen, die Eck-Mittelpuncte der Seiten-Ebenen ADC, BDC und ABD, das heifst F, und nur F allein, ist gleich weit von A, D und C; R_1, und nur R_1 allein, ist gleich weit von B, D und C, und E, und nur E allein, ist gleich weit von A, B und D entfernt. Durch die Puncte F, R_1 und E gehen aber auch die Durchschnitte FR, R_1R und ER der senkrechten Ebenen unter einander, und stehen zugleich auf den Seiten-Ebenen der Pyramide senkrecht. Also liegen auch alle Puncte des Durchschnitts FR, und nur sie allein, von A, D und C, alle Puncte des Durchschnitts R_1R, und nur sie, von B, D und C, und alle Puncte des Durchschnitts ER_1, und nur sie, von A, B und D gleich weit entfernt. Da sich nun die drei senkrechten Ebenen, wie jede drei, nicht parallelen Ebenen, nothwendig in einem und demselben Puncte treffen, also auch ihre Durchschnitte, so ist der Punct R, in welchem die drei Durchschnitte FR, R_1R und ER der senkrechten Ebenen unter einander, zusammenlaufen, derjenige Punct, welcher, und zwar er allein, von A, B, C und D zugleich, gleich weit entfernt ist. Mithin hat eine beliebige Pyramide nothwendig einen Eck-Mittelpunct, und nur einen. Die drei Ebenen, die man auf die drei übrigen Kanten der Pyramide durch ihre Mitte senkrecht legt, müssen nothwendig in dem nemlichen Eck-Mittelpunct R zusammentreffen.

Von II. Es sey, wie in (§. 528.),

$$DM = x,\quad MA = y,\quad AA_1 = z,\quad DN = p,\quad NC = q;$$

desgleichen sey, wenn R der Eck-Mittelpunct der Pyramide ist,

$$DK = k,\quad KR_1 = m,\quad RR_1 = n,$$

so ist, wie leicht zu sehen,

$$1.\quad k^2 + m^2 + n^2 = R^2$$
$$2.\quad (d-k)^2 + m^2 + n^2 = R^2$$
$$3.\quad (p-k)^2 + (q-m)^2 + n^2 = R^2$$
$$4.\quad (x-k)^2 + (y-m)^2 + (z-n)^2 = R^2.$$

Man ziehe (1.) von (2. 3. und 4.) ab, so findet man

$$5.\quad d^2 - 2kd = 0$$
$$6.\quad p^2 - 2pk + q^2 - 2qm = 0$$
$$7.\quad x^2 - 2kx + y^2 - 2ym + z^2 - 2zn = 0,$$

oder, weil $p^2 + q^2 = c^2$ und $x^2 + y^2 + z^2 = a^2$,

$$8.\quad d - 2k = 0$$
$$9.\quad c^2 - 2pk - 2qm = 0$$
$$10.\quad a^2 - 2xk - 2ym - 2zn = 0.$$

Aus (8.) folgt $2k = d$, oder

$$11.\quad k = \tfrac{1}{2}d,$$

also giebt (9. und 10.)

$$12.\quad c^2 - dp - 2qm = 0 \text{ und}$$
$$13.\quad a^2 - dx - 2ym - 2zn = 0.$$

Aus (12.) folgt

$$14.\quad m = \frac{c^2 - dp}{2q}.$$

Also giebt (13.) $a^2 - dx - \frac{y(c^2 - dp)}{q} - 2zn = 0$, oder $(a^2 - dx)q - y(c^2 - dp) - 2nqz = 0$, und daraus folgt

$$15.\quad n = \frac{(a^2 - xd)q - y(c^2 - dp)}{2zq}.$$

Setzt man die Ausdrücke von k, m und n aus (11. 14. und 15.) in (1.): so findet man

$$R^2 = \frac{d^2}{4} + \frac{(c^2 - dp)^2}{4q^2} + \frac{((a^2 - xd)q - y(c^2 - dp))^2}{4z^2q^2} \text{ oder}$$

$$16.\quad 4q^2z^2R^2 = d^2z^2q^2 + (c^2 - dp)^2z^2 + ((a^2 - xd)q - y(c^2 - dp))^2$$

oder

$$4q^2z^2R^2 = d^2z^2q^2 + (c^2 - dp)^2(z^2 + y^2) + (a^2 - xd)^2q^2$$
$$- 2qy(a^2 - xd)(c^2 - pd).$$

Weil $z^2 + y^2 = a^2 - x^2$, also $z^2 = a^2 - x^2 - y^2$, so sind die beiden ersten Glieder rechts, gleich

$$d^2q^2(a^2 - x^2 - y^2) + (c^4 - 2c^2dp + d^2p^2)(a^2 - x^2)$$
$$= (c^4 - 2c^2dp + d^2(p^2 + q^2))(a^2 - x^2) - d^2q^2y^2,$$

oder, weil $p^2 + q^2 = c^2$,

$$= c^2(c^2 - 2dp + d^2)(a^2 - x^2) - d^2q^2y^2,$$

oder, weil $2dp = d^2 + c^2 - b^2$ (§. 528. 13.),

$$= b^2c^2(a^2 - x^2) - d^2q^2y^2.$$

Also ist

$$R^2 = \frac{b^2c^2(a^2 - x^2) - d^2q^2y^2 + (a^2 - xd)^2q^2 - 2qy(a^2 - xd)(c^2 - dp)}{4q^2z^2}.$$

Setzt man hierin die Werthe von p, q, x und y aus (528.), so findet man den Ausdruck von R im Lehrsatze *).

530.

Lehrsatz. I. *Jede dreiseitige Pyramide ist centrisch nach den Seiten, das heifst, es giebt in jeder einen Punct, und nur einen, welcher von allen vier Seiten der Pyramide gleich weit entfernt ist.*

II. (*Der Ausdruck dieser Entfernung oder des Halbmessers der Seiten der Pyramide kommt weiter unten bei dem körperlichen Inhalt vor, mit dessen Hülfe er leichter gefunden wird.*)

Beweis von I. Man stelle sich vor, die drei Ebenen *RBD*, *RBC*, *RCD* (Fig. 279.), welche durch die Kanten *BD*, *CB* und *DC* der Pyramide *ABCD* gehen, lägen so, dafs sie die Winkel an den Kanten, durch welche sie gehen, halbiren. Da die Ebenen auf diese Weise nicht parallel sind, so schneiden sie sich nothwendig in drei geraden Linien *RB*, *RC* und *RD*, und alle drei in einem und demselben Punct *R*. Nun ist jeder beliebige Punct in den drei Ebenen von den beiden Seiten der Pyramide, zwischen welchen jedesmal die Ebene liegt, gleich

*) Eine andere Berechnung des Halbmessers der Ecken einer dreiseitigen Pyramide findet man in des Verfassers Sammlung von mathematischen Aufsätzen, Berlin bei Maurer, 1821. 1. Band. S. 109.

weit entfernt; denn man nehme z. B. in der Ebene *BRD* den Punct *Q* an, und lege durch denselben eine Ebene SQQ_1K, auf die Kante *BD* senkrecht, wo *S* in der Ebene *ABD* liegt, so sind in dieser senkrechten Ebene die Perpendikel QQ_1 und *QS* auf *KS* und *KQ*, auf den Seiten-Ebenen *BCD* und *BAD* senkrecht. Sie sind also die Entfernungen des Puncts *Q* von den Seiten-Ebenen; desgleichen sind *QKS* und QKQ_1 die Winkel, welche die Ebene *RBD* mit den Seiten-Ebenen der Pyramide macht, zwischen welchen sie liegt, und es ist, weil diese Winkel gleich seyn sollen, $QKS = QKQ_1$. In den rechtwinkligen Dreiecken *QSK* und QQ_1K ist aber die Hypothenuse *QK* beiden gemein, und aufser dem rechten Winkel ist, wie gesagt, der Winkel *QKS* dem Winkel QKQ_1 gleich. Also sind die Dreiecke gleich, und folglich auch die Perpendikel QQ_1 und *QS*. Daher ist der Punct *Q* gleich weit von den beiden Pyramiden-Seiten *ABD* und *CBD* entfernt. So verhält es sich mit jedem anderen Puncte der halbirenden Ebene. Jeder Punct der Ebene *RBD*, und nur ein solcher Punct, ist also gleich weit von den beiden Pyramiden-Seiten *ABD* und *CBD* entfernt, jeder Punct der Ebene *RBC*, und nur ein solcher, gleich weit von den Seiten *ABC* und *DBC*, und jeder Punct der Ebene *RCD*, und nur ein solcher, gleich weit von den Seiten *ACD* und *BCD*. Jeder in dem Durchschnitt *RD* der Ebenen *RDB* und *RDC* liegende Punct ist also, weil er beiden Ebenen gemeinschaftlich zugehört, gleich weit von den drei in *D* zusammenstofsenden Seiten der Pyramide entfernt, jeder Punct im Durchschnitt *RB* gleich weit von den drei Seiten, die in *B* zusammenstofsen, und jeder Punct des Durchschnitts *RC* gleich weit von den drei Ebenen, die in *C* zusammenstofsen; aber auch nur die in diesen Durchschnitten liegenden Puncte haben diese Eigenschaft. Also ist endlich der den drei Durchschnitten gemeinsame Punct *R*, und zwar nur er allein, gleich weit von allen vier Seiten der Pyramide entfernt. Folglich giebt es in jeder dreiseitigen Pyramide einen Punct, und nur einen, der gleich weit von ihren vier Seiten-Ebenen entfernt ist, das heifst: jede dreiseitige Pyramide ist centrisch nach den Seiten.

531.

Lehrsatz. I. *Eine dreiseitige Pyramide ist dann centrisch nach den Kanten, das heifst, es giebt einen Punct, der von allen sechs Kanten gleich weit abstehet, wenn die drei Paare gegenüberstehender Kanten der Pyramide, jedes Paar in sich zusammengenommen, gleich lang sind, z. B., wenn in* (Fig. 279.)

$$a + b = d + e = c + f$$

ist.

II. *Der Ausdruck des Halbmessers* r *der Kanten ist alsdann*

$$r = \frac{(a+d-f)(b+d-c)(c+e-d)(e+f-b)}{2z\sqrt{[(b+c+d)(b+c-d)(b-c+d)(c+d-b)]}},$$

wenn man die Kanten, wie in (Fig. 279.), *durch* a, b, c, d, e, f, *und die Höhe der Pyramide über der von den Kanten* b, c, d *eingeschlossenen Seite, wie in* (§. 528.), *durch* z *bezeichnet.*

Beweis. Von I. Erste Art. Man nehme einen Punct R (Fig. 279.) an und suche diejenige Pyramide $ABCD$, deren Kanten die Eigenschaft haben, dafs sie gleich weit von dem Puncte R entfernt sind. Unter dieser Voraussetzung müssen also die Perpendikel aus dem Puncte R auf die Kanten gleich lang seyn, das heifst, es mufs, wenn RG, RH, RK, RU, RV und RL die Perpendikel vorstellen,

$$RG = RH = RK = RU = RV = RL$$

seyn. Daraus folgt, dafs die rechtwinkligen Dreiecke, welche die Perpendikel mit den geraden Linien RA, RB, RC und RD aus dem Puncte R nach den Ecken der Pyramide, und den Kanten selbst einschliefsen, jedesmal zu dreien, die um eine und dieselbe Ecke liegen, gleich seyn müssen; z. B, es mufs um die Ecke D, $\triangle RDG = \triangle RDH = \triangle RDK$ seyn, denn es sind in diesen Dreiecken, aufser dem rechten Winkel, die Hypothenuse und eine Cathete, in dem einen so grofs als in dem anderen. Eben so an den anderen Ecken. Es müssen also auch die Entfernungen von den Ecken, in welchen die Perpendikel die Kanten treffen, gleich seyn, das heifst, es mufs

$$\begin{aligned} AH &= AV = AU, \\ a - AH &= DK = DG, \\ BL &= d - DK = f - AU, \\ b - BL &= e - AV = c - DG \end{aligned}$$

seyn. Rechnet man diese Gleichungen zusammen, so findet man

$$a + b = d + e = c + f,$$

welches, wie im Lehrsatz, die Bedingung ist, unter welcher die Perpendikel aus dem angenommenen Punct R auf die 6 Kanten gleich lang sind, und unter welcher also die Pyramide centrisch nach den Kanten ist.

Zweite Art. Wenn der Punct R von den drei Kanten b, c, d gleich weit entfernt seyn soll, so mufs er nothwendig in einem Perpendikel RR_1 auf die Ebene DBC liegen, welches durch den Seiten-Mittelpunct R_1 des Dreiecks DBC gehet. Nur Puncte, welche in einem solchen Perpendikel liegen, sind von b, d und c gleich weit entfernt. Wenn nun R_1K, R_1L und R_1G Perpendikel aus dem Seiten-Mittelpunct R_1 des Dreiecks BCD auf seine Seiten sind, so mufs, weil in den rechtwinkligen Dreiecken R_1DK und R_1DG, R_1BK und R_1BL, R_1CL und R_1CG, $R_1K = R_1L = R_1G$ seyn soll, und R_1D, R_1B, R_1C sich selbst gleich sind, $DK = DG$, $BK = BL$, $CL = CG$ seyn, das heifst, es mufs $CL = c - DG = c - DK$ und $BL = d - DK$, also $CL + BL$ oder $b = c - DK + d - DK$, folglich

$$DK = \tfrac{1}{2}(c + d - b)$$

seyn.

Wenn nun der Punct R zu gleicher Zeit gleich weit von den drei Kanten a, d und f entfernt seyn soll, so mufs er auch in einem Perpendikel auf die Ebene ABD durch den Seiten-Mittelpunct derselben liegen, welcher E seyn mag, und zwar ist die Entfernung R_1K des Puncts R von der Kante d für die Ebene ADB die nemliche, wie vorhin für die Ebene DBC. Das Perpendikel EK aus dem Seiten-Mittelpunct E der Ebene ABD trifft die Kante d in dem nemlichen Punct K wie das Perpendikel RK_1 aus dem Seiten-Mittelpunct R_1 der Ebene BCD. Es mufs also auf dieselbe Weise, wie vorhin, jetzt auch noch

$$DK = \tfrac{1}{2}(a + d - f)$$

seyn. Eben so mufs für die Ebene ADC, wenn R auch von ihren drei Seiten gleich weit entfernt seyn soll,

$$DG = DH = DK = \tfrac{1}{2}(a + c - e)$$

seyn. Endlich mufs für die Ebene ABC, wenn auch die Seiten dieser Ebene von R gleich weit entfernt seyn sollen,

$$BL = BK = d - DK = \tfrac{1}{2}(b + f - e) \text{ oder}$$
$$DK = d - \tfrac{1}{2}(b + f - e)$$

seyn.

Setzt man diese Ausdrücke von DK einander gleich, so findet man

$$a + d - b = a + d - f$$
$$a + d - f = a + c - e \text{ und}$$
$$a + c - e = 2d - b - f + e,$$

und daraus folgt,

$$a + b = e + f$$
$$c + f = d + e \text{ und}$$
$$a + b + c + f = 2d + 2e,$$

von welchen Ausdrücken der dritte schon in den beiden ersten enthalten ist. Die Bedingungen, unter welchen der Punct R von allen 6 Kanten der Pyramide gleich weit entfernt seyn mufs, ist also:

$$a + b = d + e = c + f;$$

wie im Lehrsatz behauptet wird.

Von II. Es sey R der vorausgesetzte Kanten-Mittelpunct der Pyramide, der Halbmesser der Kanten gleich r, und RR_1 auf BDC, R_1K auf DB, desgleichen aus der Spitze A der Pyramide AA_1 auf BCD, A_1M auf BD senkrecht. Ferner sey

$$DK = k,\ KR_1 = m \text{ und } RR_1 = n,$$

und, wie in (§. 528.) und (§. 529.),

$$DM = x,\ MA_1 = y \text{ und } AA_1 = z$$
$$DN = p,\ NC = q,$$

so ist, wie leicht zu sehen,

$$1.\quad r^2 = m^2 + n^2 \text{ und}$$
$$2.\quad r^2 = RH^2 = (k - DZ)^2 + (m - ZH)^2 + (n - HH_1)^2.$$

Es ist aber, zufolge des zweiten Beweises von (I.), $DH = DK = k$, also, in den ähnlichen Dreiecken DAA_1 und DHH_1,

$$\frac{k}{a} = \frac{HH_1}{z} \text{ nud folglich } HH_1 = \frac{k}{a}z.$$

Eben so ist in den ähnlichen Dreiecken DA_1M und DH_1Z, $\frac{DH_1}{DA_1} = \frac{ZH_1}{y}$, oder, weil $\frac{DH_1}{DA_1} = \frac{DH}{DA} = \frac{k}{a}$, $\frac{k}{a} = \frac{ZH_1}{y}$, also $ZH_1 = \frac{k}{a}y$;

desgleichen in den ähnlichen Dreiecken DA_1M und DH_1Z, $\frac{DH_1}{DA_1}=\frac{DZ}{x}$, oder $\frac{DH}{DA}=\frac{DZ}{x}$, oder $\frac{k}{a}=\frac{DZ}{x}$, also $DZ=\frac{k}{a}.x$. Folglich ist in (2.)

$$3.\quad r^2=\left(k-\frac{k}{a}x\right)^2+\left(m-\frac{k}{a}y\right)^2+\left(n-\frac{k}{a}z\right)^2.$$

Zieht man (1. von 3.) ab, so findet man

$$0=k^2\left(1-\frac{x}{a}\right)^2-\frac{2mky}{a}+\frac{k^2}{a^2}y^2-\frac{2nkz}{a}+\frac{k^2}{a^2}z^2, \text{ oder}$$

$$0=a^2-2ax+x^2-\frac{2may}{k}-\frac{2naz}{k}+y^2+z^2,$$

oder, weil $x^2+y^2+z^2=a^2$,

$$0=2a^2-2ax-\frac{2a}{k}(my+nz), \text{ oder}$$

$$0=ak-xk-my-nz, \text{ also}$$

$$4.\quad n=\frac{(a-x)k-my}{z}.$$

Dieses giebt, vermöge (1.) m^2+n^2, oder

$$r^2=\frac{z^2m^2+(a-x)^2k^2-2kmy(a-x)+m^2y^2}{z^2},$$

oder weil $y^2+z^2=a^2-x^2$,

$$r^2=\frac{(a^2-x^2)m^2+(a-x)^2k^2-2kmy(a-x)}{z^2}, \text{ oder}$$

$$5.\quad r^2=(a-x).\frac{(a+x)m^2+(a-x)k^2-2kmy}{z^2}.$$

Nun ist, zufolge des zweiten Beweises von (I.),

$$6.\quad DK=k=\tfrac{1}{2}(c+d-b).$$

Ferner ist $KR_1=m$ der Seiten-Halbmesser des Dreiecks BCD; also

$$(d+b+c)m=2\triangle BCD=dq, \text{ und}$$

$$7.\quad m=\frac{dq}{d+b+c},$$

oder, weil $4d^2q^2=4d^2c^2-(d^2+c^2-b^2)^2$ (§. 528. 14.)

$$=(2dc-d^2-c^2+b^2)(2dc+d^2+c^2-b^2)$$
$$=(b-d+c)(b+d-c)(c+d-b)(b+c+d),$$

$$8.\quad m^2=\frac{(b-d+c)(b+d-c)(c+d-b)}{4(d+b+c)}.$$

Dieses giebt $my=\frac{ydq}{a+b+c}$, welches, zufolge (§. 528. 9.), gleich $\frac{\frac{1}{2}d(c^2-e^2+a^2)-\frac{1}{2}p(d^2-f^2+a^2)}{d+b+c}$ ist. Es ist aber, zufolge (§. 528. 13.), $p=\frac{d^2+c^2-b^2}{2d}$, also

$$my=\frac{\frac{1}{2}d(c^2-e^2+a^2)}{d+b+c}-\frac{(d^2-f^2+a^2)(d^2+c^2-b^2)}{4d(d+b+c)}, \text{ oder}$$

$$9.\quad my=\frac{2d^2(c^2-e^2+a^2)-(d^2-f^2+a^2)(d^2+c^2-b^2)}{4d(d+b+c)}.$$

Endlich ist zufolge (§. 528. 8.), $x = \frac{d^2 - f^2 + a^2}{2d}$, also $a - x$

$= \frac{2ad - a^2 - d^2 + f^2}{2d} = \frac{f^2 - (a-d)^2}{2d}$, oder

$$10. \quad a - x = \frac{(f - a + d)(f + a - d)}{2d},$$

und ebenso

$$11. \quad a + x = \frac{(a + d - f)(a + d + f)}{2d}.$$

Setzt man diese Ausdrücke von $a - x$, $a + x$, m^2, k^2 und my (10. 11. 8. 6. und 9.) in (5.), so findet man den in dem Lehrsatze enthaltenen Ausdruck von r *).

532.

Erläuterung. Die Fälle, in welchen **mehrseitige Pyramiden** congruiren, sind, wie leicht zu erachten, noch viel zahlreicher, als bei den dreiseitigen, zumal, wenn man nicht blos die Seiten und Kanten-Winkel des Körpers, sondern auch die Kanten, die Seiten und Diagonal-Winkel in der Grundfläche, zu Bestimmungsstücken nimmt. Von den vielen Fällen mag nur folgender eine angeführt werden.

533.

Lehrsatz. Zwei mehrseitige Pyramiden, das heifst, zwei Körper, die entstehen, wenn zwei Raum-Vielecke von einer beliebigen Zahl von Seiten, jede von einer Ebene verschlossen werden, sind gleich, wenn die in der Spitze zusammenstofsenden Seiten der einen den in der Spitze zusammenstofsenden Seiten der anderen, oder, was dasselbe ist, wenn alle Kanten der einen Pyramide den Kanten der anderen, in der nemlichen Aufeinanderfolge, gleich sind.

Z. B. Die beiden Pyramiden $ABCDEFS$ und $\alpha\beta\gamma\delta\varepsilon\varphi\sigma$ (Fig 280.) sind gleich, wenn $\triangle ABS = \triangle \alpha\beta\sigma$, $\triangle BCS = \triangle \beta\gamma\sigma$, $\triangle CDS = \triangle \gamma\delta\sigma$, $\triangle DES = \triangle \delta\varepsilon\sigma$, $\triangle EFS = \triangle \varepsilon\varphi\sigma$ und $\triangle FAS = \triangle \varphi\alpha\sigma$, oder was das Nemliche ist, wenn $AS = \alpha\sigma$, $BS = \beta\sigma$, $CS = \gamma\sigma$, $DS = \delta\sigma$, $ES = \varepsilon\sigma$, $FS = \varphi\sigma$ und $AB = \alpha\beta$, $BC = \beta\gamma$, $CD = \gamma\delta$, $DE = \delta\varepsilon$, $EF = \varepsilon\varphi$ und $FA = \varphi\alpha$ ist.

Beweis. Es sei SS auf die Grundfläche $ABC\ldots$ senkrecht, so ist

---

*) Eine andere Berechnung des Kanten-Halbmessers einer dreiseitigen Pyramide, wenn ein solcher Statt findet, steht in des Verfassers Sammlung mathematischer Aufsätze, Berlin bei Maurer 1821. 1ster Band S. 118.

$$AS_1^2 + SS_1^2 = AS^2$$
$$BS_1^2 + SS_1^2 = BS^2$$
. . . .

Dergleichen Gleichungen giebt es, wenn die Pyramide *m* seitig ist, *m*, und sie enthalten $m + 1$ unbekannte Gröſsen, nemlich die *m* Linien AS_1, BS_1 .... FS_1 und das unbekannte Perpendikel SS_1. Es findet aber zwischen den *m* Linien AS_1, BS_1 .... FS_1 noch eine Gleichung Statt. Denn da nach der Voraussetzung auch *AB*, *BC* .... *FA* gegeben sind, so wird die ganze Figur in der Grundfläche schon von den Seiten *AB*, *BC* .... *FA* und den Linien AS_1, BS_1 ...., mit Ausnahme von einer unter ihnen, bestimmt. Denn z. B. die Dreiecke FS_1E, ES_1D, DS_1C, CS_1B werden schon durch Linien *FE*, *ED*, *DC*, *CB* und FS_1, ES_1, DS_1, CS_1 und BS_1 bestimmt, also auch die Diagonal *BF*, und folglich auch das Dreieck *BFA* von den beiden letzten Seiten *AB* und *AF* allein. Mithin hängt eine der Linien aus den Ecken nach S_1, z. B. AS_1 von den übrigen ab, und daher giebt es nothwendig eine Gleichung zwischen den Linien AS_1, BS_1, CS_1 .... FS_1. Also giebt es überhaupt $m + 1$ Gleichungen zwischen den $m + 1$ unbekannten Linien. Sie können also alle aus den gegebenen gefunden werden, und wenn es geschehen, so sind alle Kanten der dreiseitigen Pyramiden $ABSS_1$, $BCSS_1$ etc. bekannt, folglich ist die ganze Pyramide bestimmt. Folglich sind zwei Pyramiden mit den nemlichen Bestimmungsstücken dieser Art einander gleich.

534.

Lehrsatz. *Wenn eine Pyramide von einer mit der Grundebene parallelen Ebene geschnitten wird, so daſs der abgeschnittene Körper ebenfalls eine Pyramide ist, mit eben so vielen Seiten, als die gegebene hat, so sind alle Kanten der gegebenen Pyramide, desgleichen ihre Höhe Gleich-Vielfache von den ähnlich liegenden Kanten und der Höhe der abgeschnittenen Pyramide, und alle Seiten-*

und Kanten-Winkel und Ecken beider Pyramiden sind gleich.

Beweis. α) Es sey in (Fig. 280.) die Ebene *abcde*... mit der Ebene *ABCDE*.... parallel, so ist die gerade Linie *ab*, in welcher sie z. B. die Ebene *ASB* schneidet, mit *AB* parallel (§. 430.). Eben so sind *bc*, *cd*, *de* etc. mit *BC*, *CD*, *DE* etc. parallel. Also sind in den Dreiecken *ABS* und *abS*, *BCS* und *bcS* etc., alle drei Winkel gleich. Mithin sind ihre Seiten von einander Gleichvielfache (§. 169. I.). Also sind alle Kanten der gegebenen Pyramide *ABC*.... *S* Gleichvielfache von den ähnlich liegenden Kanten der abgeschnittenen Pyramide *abc*....*S*. Eben so die Perpendikel Ss und SS_1, oder die Höhen der beiden Pyramiden, denn da die Ebenen *ABCD*.... und *abcd*.... nach der Voraussetzung parallel sind, und die Perpendikel Ss und SS_1 auf dieselben, durch einen und den nemlichen Punct *S* gehen, so liegen sie in einer und derselben geraden Linie SsS_1. Folglich kann durch SS_1 und z. B.: durch die Kante *AS* eine Ebene ASS_1 gelegt werden, in welcher zugleich *s* liegt. Diese Ebene wird von den parallelen Ebenen *ABCD*... und *abcd*.... in Parallen AS_1 und *as* geschnitten; folglich sind z. B. die Dreiecke *Sas* und SAS_1 ähnlich, und folglich ist $\frac{Ss}{SS_1} = \frac{Sa}{SA} = \frac{Sb}{SB} = \frac{Sc}{SC} \ldots$

β) Auf dieselbe Weise sind, wenn man durch die Spitze *S* Diagonal-Ebenen, z. B. wie *SBF* legt, alle Diagonalen der Grundebene der gegebenen Pyramide dieselben Vielfachen von den ähnlich liegenden Diagonalen der Grund-Ebene der abgeschnittenen Pyramide, z. B. *BF* von *bf*, wie die Kanten, denn z. B. *BF* und *bf* sind parallel, und die Dreiecke *BFS* und *bfS* sind gleichwinklig. Also sind die Seiten beliebiger ähnlich liegender Dreiecke in den Grund-Ebenen, wie *ABF* und *abf* von einander Gleichvielfache, und folglich sind diese Dreiecke gleichwinklig (§. 169. IV.). Mithin sind die ähnlich liegenden Winkel der Grundebenen der beiden Pyramiden, wie *FAB* und *fab*, *CBA* und *cba*, u. s. w., gleich grofs. Dafs die Winkel in den dreieckigen Seitenebenen der beiden Pyramiden gleich sind, enthält schon (α.). Also sind **alle** ähnlich liegenden Seiten-Winkel der beiden Pyramiden einander gleich.

γ) Da ferner, z. B. in den Raum-Dreiecken *FASB* und *faSb*, die Seiten-Winkel *SAB* und *Sab*, *SAF* und *Saf* gleich sind, und der eingeschlossene Winkel an der Kante *SA* **beiden gemein** ist, so sind die Raum-Dreiecke einander gleich (§. 480. II.), und folglich sind auch die Winkel an den Kanten *AB*, *AF* den Winkeln an den Kanten *ab* und *af* gleich. Eben so verhält es sich mit den Winkeln an den übrigen Kanten der Grund-Ebenen der beiden Pyramiden. Die Winkel an den in der Spitze *S* zusammenstofsenden Kanten aber sind beiden Pyramiden gemein. Also sind **alle** Kanten Winkel, und folglich auch alle Ecken der gegebenen Pyramide den ähnlich liegenden Kanten, Winkeln und Ecken der abgeschnittenen Pyramide gleich.

Von den Prismen.

535.

Erklärung. *Ein Polyëder von einer beliebigen Zahl von Ebenen, z. B. von* n *Ebenen umschlossen, die sich in* **Parallelen** *schneiden, desgleichen noch von zwei Ebenen, von welchen jene* n *Ebenen beliebige convexe ebene Figuren abschneiden, heifst* **Prisma.** *Die* n *umschliefsenden Ebenen heifsen* **Seiten-Ebenen**, *die beiden verschliefsenden Ebenen,* **Grund-Ebenen** *des Prisma. Das Prisma heifst* n *seitig, wenn es* n *Seiten-Ebenen hat, also wenn auch die Grund-Ebenen* n *Seiten haben. Es heifst* **schief**, *wenn die Seiten-Ebenen oder ihre Durchschnitte auf keiner der beiden Grund-Ebenen senkrecht stehen,* **gerade** *oder* **senkrecht**, *wenn die Seiten-Ebenen auf einer der Grund-Ebenen senkrecht stehen. Es heifst* **schräg abgeschnitten**, *wenn die beiden Grund-Ebenen nicht mit einander parallel sind,* **gerade abgeschnitten**, *wenn sie parallel sind. Auch nennt man blofs das senkrechte und gerade abgeschnittene Prisma ausschliefslich* **Prisma**, *das gerade abgeschnittene schiefe Prisma blofs* **schiefes Prisma**, *und bezeichnet die Art des Abschnittes nur dann, wenn die Grund-Ebenen* **nicht** *parallel sind. In einem gerade abgeschnittenen Prisma heifsen die Perpendikel auf eine Grund-Ebene, bis zur anderen genommen, die zwischen den parallelen Grund-Ebenen alle gleich lang sind,* **Höhe des Prisma.**

Z. B. Wenn die Kanten Aa, Bb, Cc etc. der in (Fig. 281. I. II. III. IV.) vorgestellten Polyëder mit einander parallel sind, und in (Fig. I. und III.) auf den Ebenen $ABC \ldots G$ senkrecht stehen, in (Fig. I. und II.) aber die Ebenen $abc \ldots g$ mit den Ebenen $ABC \ldots G$ parallel sind, so ist Fig. I. ein siebenseitiges senkrechtes und gerade abgeschnittenes Prisma, oder bloſs ein siebenseitiges Prisma. Fig. II. ist ein siebenseitiges, gerade abgeschnittenes, schiefes Prisma oder bloſs ein siebenseitiges, schiefes Prisma; Fig. III. ist ein siebenseitiges, senkrechtes und schräg abgeschnittenes Prisma und Fig. IV. ein siebenseitiges, schiefes und schräg abgeschnittenes Prisma. Die umschlieſsenden Ebenen wie $ABab$, $BCbc$ etc. heiſsen in allen vier Figuren des Prisma Seiten-Ebenen, die verschlieſsenden Ebenen $ABC \ldots G$ und $abc \ldots g$ Grund-Ebenen. In Fig. I. und II. heiſst ein beliebiges Perpendikel $P\underset{1}{P}$ auf eine der Grund-Ebenen, bis zur anderen genommen, des Prisma Höhe.

536.

Lehrsatz. In jedem gerade abgeschnittenen, senkrechten oder schiefen Prisma sind die Kanten, in welchen die Seiten-Ebenen zusammentreffen, gleich lang, die Seiten-Ebenen sind also Parallelogramme, und die Kanten in einerlei Seiten-Ebene und in den beiden Grund-Ebenen, und die Grund-Ebenen selbst sind einander gleich.

Z. B. In (Fig. 281. I. II.) sind $ABab$, $BCbc$ etc. Parallelogramme, und das Vieleck $ABC \ldots G$ ist dem Vieleck $abc \ldots g$ gleich.

Beweis. Da die Grund-Ebenen, so wie die Kanten zwischen den Seiten-Ebenen nach der Voraussetzung parallel sind, so schneiden die Grund-Ebenen von den Kanten gleich lange Stücke ab (§. 432.), und daher sind die Kanten gleich lang, nemlich $Aa = Bb = Cc$ etc.; welches das Erste war.

Ferner sind eben deshalb die Seiten-Ebenen Parallelogramme, denn z. B. in der Figur $ABab$ sind Aa und Bb parallel, und Aa ist gleich Bb; welches das Zweite war.

Dieserhalb sind ferner die Kanten in einerlei Seiten-Ebene und in den beiden Grund-Ebenen einander gleich; z. B. es ist $AB = ab$, $BC = bc$ etc.; welches das Dritte war

Endlich können, weil **alle** Kanten mit einander parallel seyn sollen, auch durch nicht auf einander folgende Kanten, Ebenen gelegt werden, z. B. die **Diagonal-Ebenen** *ACac*, *ADad* etc. Diese Ebenen sind aus demselben Grunde, wie bei den Seiten-Ebenen, **Parallelogramme**, und folglich sind auch die gleichliegenden Diagonalen in den beiden Grund-Ebenen einander gleich, z. B. $AC = ac$, $AD = ad$ etc. Also sind alle Seiten und alle Diagonalen in der einen Grund-Ebene so groſs als in der anderen; folglich sind die Grund-Ebenen einander gleich; welches das **Vierte** war.

537.

Erläuterung. Man kann die Seiten- und Grund-Ebenen, nebst den Winkeln, die sie mit einander machen, auch selbst die Kanten und Diagonalen in den Seiten eines Prisma zu **Bestimmungsstücken** annehmen. Die Gleichheit zweier Prismen hängt dann wieder auf mannigfaltige Weise von der Gleichheit dieser oder jener solcher Bestimmungsstücke ab. Von den vielen Fällen kommt am häufigsten folgender vor:

538.

Lehrsatz. Prismen von beliebiger Form sind gleich, wenn eine Grund-Ebene und zwei beliebige an einander stoſsende Seiten-Ebenen in dem einen, den ähnlich liegenden Stücken in dem anderen gleich sind.

Z. B. Die Prismen *A....Ca....c* und *U....Wu....w* (Fig. 282. I. II.) sind einander gleich, wenn die Ebenen $ABCDE = abcde$, und z. B. $EAea = YUyu$ und $ABab = UVuv$ sind.

Beweis. Wenn die benannten Ebenen gleich sind, so sind in denselben folgende Winkel gleich, nemlich: $EAB = YUV$, $EAa = YUu$, $aAB = uUV$. Dieserhalb sind die drei Seiten des Raum-Dreiecks, dessen Scheitel *A* ist, so groſs, als in gleicher Aufeinanderfolge, die drei Seiten des Raum-Dreiecks, dessen Scheitel *U* ist. Folglich sind diese Raum-Dreiecke gleich (§. 480. I.). Legt man daher die Grund-Ebene *UVWXY* in die Grund-Ebene *ABCDE*, so fällt die Seiten-Ebene *UVuv* in die Seiten-Ebene *ABab*, und die Seiten-Ebene *YUyu* in die Seiten-Ebene *EAea*, folglich fällt auch *uv* in *ab* und *yu* in *ea*; desgleichen fallen alle übrigen Kanten zwischen den Seiten-Ebenen des einen Prisma in die gleichliegenden des anderen, nemlich Ww in Cc und Xx in Dd, weil sie mit einander parallel sind und jetzt durch einerlei Puncte der Grund-Ebenen gehen. Es ist aber durch zwei zusammenstofsende gerade Linien nur eine Ebene möglich (§. 410.). Also fällt auch die durch yu und uv gehende Grund-Ebene in die Grund-Ebene $abcde$, weil yu in ea und uv in ab fiel. Und da die Kanten Xx und Ww in die Kanten Dd und Cc fielen, so schneiden sie die andere Grund-Ebene in den nemlichen Puncten, und es fällt also auch x in d und w in c. Mithin ist auch $uvwxy$ gleich $abcde$, desgleichen sind die übrigen Seitenflächen des einen Prisma den ähnlich liegenden Seitenflächen des anderen gleich, und fallen in dieselben. Also fallen alle Grenzen des einen Prisma in die des anderen, und folglich sind die Prismen einander gleich.

539.

Zusätze. I. *Gerade abgeschnittene Prismen sind also gleich, wenn eine Grund-Ebene, eine Seiten-Kante, und die beiden Winkel, welche die Kante mit den anstofsenden Kanten der Grund-Ebene macht, in der einen so grofs sind, als in der anderen.*

Denn die Kante mit den beiden anliegenden Winkeln bestimmt in diesem Falle schon zwei aneinander liegende Seiten-Ebenen, weil die Seiten-Ebenen hier Parallelogramme sind (§. 536.).

II. *Gerade abgeschnittene senkrechte Prismen sind gleich, wenn eine Grund-Ebene und eine Seiten-Kante in dem einen so grofs sind, als in dem anderen.*

Denn die Winkel, welche die Seiten-Kante mit den anstofsenden Kanten der Grund-Ebene macht, sind in diesem Falle rechte, also gegeben.

540.

Lehrsatz. Wenn man eine beliebige Seiten-Kante eines gerade abgeschnittenen Prisma, z. B. die Kante Aa (Fig. 281. II.) *durch* a, *die Winkel* aAB *und* aAG, *welche sie mit den beiden anstofsenden Kanten der Grund-Ebene einschliefst, durch* φ *und* ε, *und den Winkel* BAG, *welchen die beiden Kanten der Grund-Ebene mit einander machen, durch* β *bezeichnet, so ist die Höhe des Prisma*

$$z = \frac{2a}{\sin\beta}\sqrt{[\sin\tfrac{1}{2}(\beta+\varepsilon+\varphi)\sin\tfrac{1}{2}(\beta+\varepsilon-\varphi)\sin\tfrac{1}{2}(\beta-\varepsilon+\varphi)\sin\tfrac{1}{2}(\varepsilon+\varphi-\beta)}.$$

Beweis. Man nehme in der Richtung der anstofsenden Kanten der Grund-Ebene, $AX = AY = Aa = a$, so ist $AXYa$ eine dreiseitige Pyramide, deren Seiten *Aa*, *AX*, *AY* einander gleich und gleich *a* sind, und die gegebenen Winkel β, ε und φ einschliefsen. Die Höhe dieser dreiseitigen Pyramide über der Grund-Ebene *AXY* findet man aus (§. 528), wenn man daselbst $c = d = a$ setzt. Sie ist

$$z = \frac{a^3}{\triangle_a} \sqrt{[\sin \tfrac{1}{2}(\beta+\varepsilon+\varphi) \sin \tfrac{1}{2}(\beta+\varepsilon-\varphi) \sin \tfrac{1}{2}(\beta-\varepsilon+\varphi) \sin \tfrac{1}{2}(\varepsilon+\varphi-\beta)]}.$$

Dieses giebt, weil der Inhalt $\triangle_a$ des Dreiecks *AXY* gleich $\frac{1}{2}a^2 \sin\beta$ ist, den Ausdruck des Lehrsatzes.

541.

Erklärung. Gerade abgeschnittene Prismen, deren Grund-Ebenen Parallelogramme sind, wie ABCDEFGH *(*Fig. 283.*) heifsen Parallelepipeden. Dergleichen Körper sind also ganz von Parallelogrammen umschlossen; denn die Seiten-Ebenen sind in jedem Prisma Parallelogramme (*§. 536.*), und die Grund-Ebenen sind es hier nach der Voraussetzung, und nach (*§. 536.*) einander gleich. Sind die sechs Parallelogrammen, welche ein Parallelepipedum einschliefsen, Rechtecke, so heifst das Parallelepipedum rechteckig, und sind sie Quadrate, so heifst es Cubus oder Würfel.*

Ein Parallelepipedum hat sechs Seiten-Ebenen, acht Ecken und zwölf Kanten. Ferner zwölf Seiten- und vier Ecken-Diagonalen *AH*, *BG*, *CF* und *DE*.

542.

Lehrsatz. In jedem Parallelepipedo sind:

I. *Alle einander gegenüberliegenden Kanten einander gleich und mit einander parallel.*

II. *Die Seiten-Diagonalen, welche einerlei Kanten verbinden, liegen in ebenen Parallelogrammen, und sind gleich.*

III. *Alle gegenüberstehenden Seiten-Ebenen sind parallel und einander gleich, weshalb man auch zwei beliebige gegenüberstehende Seiten-Ebenen zu Grund-Ebenen nehmen kann.*

IV. *Die gegenüberliegenden Ecken sind symmetrisch.*

V. *Die vier Ecken-Diagonalen schneiden sich in einem und demselben Puncte und halbiren sich.*

VI. *Die Summe der Quadrate der vier Ecken-Diagonalen ist gleich der Summe der Quadrate der zwölf Kanten.*

Beweis von I. Wenn man *ABCD* und *EFGH* (Fig. 283.) zu Grund-Ebenen des Parallelepipedi

ABCDEFGH nimmt, so sind die vier Kanten *AE*, *BF*, *CG* und *DH* nach der Voraussetzung gleich und parallel. Ferner sind die nach der Voraussetzung parallelen Grund-Ebenen, wie in jedem Prisma, einander gleich (§. 536.). Also sind *EF* und *AB*, *GH* und *CD*, *EG* und *AC*, *FH* und *BD* gleich und parallel. Nun sind die Grund-Ebenen nach der Voraussetzung Parallelogramme; also ist *EF* = *GH* und *EG* = *FH*. Folglich sind *AC*, *BD*, *EG*, *FH* und *AB*, *CD*, *EF*, *GH* gleich und parallel, das heifst: alle gegenüberliegenden Kanten sind gleich und parallel.

Von II. Da z. B. die Kanten *EA* und *HD* gleich und parallel sind, so ist *EHAD* ein Parallelogramm, und folglich sind die Seiten-Diagonalen *EH* und *AD* gleich und parallel. Eben so alle übrigen Seiten Diagonalen, welche einerlei Kanten verbinden.

Von III. Die Grund-Ebenen *ABCD* und *EFGH* sind nach der Voraussetzung parallel, und nach (§. 536.) gleich. Die gegenüberliegenden Seiten-Ebenen *AEBF*, *CDGH* und *ACEG*, *BDFH* sind also gleich und parallel, weil sie von gleichen und parallelen Seiten eingeschlossen werden.

Von IV. Da die gegenüberliegenden Ebenen des Parallelepipedi gleich sind, so sind z. B. die Winkel *EFH* und $ACD = \beta$, *EFB* und $GCD = \varepsilon$ und *BFH* und $ACG = \varphi$ einander gleich. Also werden die Raum-Dreiecke *C* und *F* von den nemlichen Seiten umschlossen. Die Seiten folgen aber in entgegengesetzter Ordnung auf einander. Denn in der Ecke *C* folgen von der Linken zur Rechten φ auf β und ε auf φ, in der Ecke *F* hingegen, folgt von der Linken zur Rechten auf β und φ auf ε. Also sind die gegenüberliegenden Ecken *C* und *F* symmetrisch. Eben so die andern gegenüberliegenden Ecken *A* und *H*, *D* und *E*, *B* und *G*.

Von V. Die Eck-Diagonalen sind die Diagonalen der Diagonal-Flächen, welche durch gegenüberstehende Kanten gehen, und welche, zufolge (II.), Ebenen sind. Z. B. die Eck-Diagonalen *AH* und *FC* sind die beiden Diagonalen der Diagonal-Ebene *ACFH*. Zunächst also folgt, dafs je zwei Eck-Diagonalen, welche durch einerlei Kanten gehen, wie *AH* und *FC*, sich schneiden. Jede Eck-Diagonal ist aber eine Diagonal von zwei Diagonal-Ebenen zugleich, z. B. die Eck-Diagonal *AH* ist eine Diagonal der beiden Diagonal-Ebenen

ACHF und *ADHE* zugleich. Also wird sie von den beiden Diagonalen *FC* und *ED* zugleich geschnitten. Nun sind die Diagonal-Ebenen Parallelogramme (II.). Also halbiren sich jedesmal die beiden Eck-Diagonalen, welche in einer und derselben Diagonal-Ebene liegen (§. 82. III.). Die Diagonal *AH* wird also von der Diagonal *FC* halbirt: aber auch von der Diagonal *ED*, mit welcher sie ebenfalls in einer und derselben Diagonal-Ebene liegt. Also wird sie von den beiden Diagonalen *FC* und *ED* in einem und demselben Punct *M* getroffen. Folglich halbiren sich die drei Eck-Diagonalen *AH*, *FC* und *ED*, und schneiden sich in einem und demselben Puncte. Eben so die drei Eck-Diagonalen *AH*, *ED* und *GB*, weil *ED* und *GB* in einer und derselben Diagonal-Ebene *BDGE* liegen. Folglich schneiden sich alle vier Eck-Diagonalen in einem und demselben Puncte *M*, und halbiren sich.

Von VI. Die Summe der Quadrate der beiden Diagonalen eines Parallelogramms ist gleich der Summe der Quadrate seiner Seiten (§. 129.). Also ist, weil die Diagonal-Ebenen des Parallelepipedi Parallelogramme sind, in der Diagonal-Ebene *ACHF*, $AH^2 + CF^2 = AF^2 + CH^2 + AC^2 + FH^2$, und in der Diagonal-Ebene *BDGE*, $ED^2 + GB^2 = EB^2 + GD^2 + EG^2 + BD^2$.

Beides zusammen giebt:

1. $AH^2 + CF^2 + ED^2 + GB^2$
$= AF^2 + EB^2 + CH^2 + GD^2 + AC^2 + EG^2 + FH^2 + BD^2$.

Nach demselben Satze ist aber in dem Parallelogramm *AEFB*, $AF^2 + EB^2 = EF^2 + AB^2 + AE^2 + FB^2$ und in dem Parallelogramm *CDHG*, $CH^2 + GD^2 = CD^2 + GH^2 + DH^2 + CG^2$; also ist, vermöge (1.),

2. $AH^2 + CF^2 + ED^2 + GB^2 = EF^2 + AB^2 + CD^2 + GH^2 + AE^2 + FB^2 + DH^2 + CG^2 + AC^2 + EG^2 + FH^2 + BD^2$,

das heifst: die Summe der Quadrate der vier Eck-Diagonalen ist gleich der Summe der Quadrate der zwölf Kanten.

543.

Lehrsatz. *Wenn man beliebige drei, in einer Ecke zusammenstofsende Kanten eines Parallelepipedi durch* a, c, d, *und die Winkel, welche sie einschliefsen, durch* ε, β, φ *bezeichnet, wie in* (Fig. 283.): *so sind die vier Eck-Diagonalen des Parallelepipedi*

$$CF = \sqrt{(a^2 + c^2 + d^2 + 2ac\cos\varepsilon + 2ad\cos\varphi + 2cd\cos\beta)},$$
$$DE = \sqrt{(a^2 + c^2 + d^2 - 2ac\cos\varepsilon + 2ad\cos\varphi - 2cd\cos\beta)},$$
$$AH = \sqrt{(a^2 + c^2 + d^2 + 2ac\cos\varepsilon - 2ad\cos\varphi - 2cd\cos\beta)},$$
$$BG = \sqrt{(a^2 + c^2 + d^2 - 2ac\cos\varepsilon - 2ad\cos\varphi + 2cd\cos\beta)},$$

woraus auch

$$CF^2 + DE^2 + AH^2 + BG^2 = 4(a^2 + c^2 + d^2),$$

das heifst, der Satz (§. 542. VI.) *folgt, dafs die Summe der Quadrate der Eck-Diagonalen der Summe der Quadrate der Kanten des Parallelepipedi gleich ist.*

Beweis. Man bezeichne z. B. die Eck-Diagonal *CF* durch x, und die Winkel *GCF* und *HFC*, welche sie mit den Seiten $GC = a$, $FH = d$ einschliefst, durch (xa) und (xd). Nun lege man durch *G* und *H* Ebenen *GR* und *QHS*, auf *CF* senkrecht, so sind auch in diesen Ebenen *GR* und *HQ* auf *CF* senkrecht. Also ist

1. $CR = a\cos(xa)$ und $FQ = d\cos(xd)$.

Man lege ferner durch *R* eine gerade Linie *RS* mit *GH* parallel, so ist *GHRS* ein ebenes Parallelogramm, weil die Ebenen durch *GR* und *HS*, nach der Voraussetzung, parallel sind. Also ist $RS = GH$, und da $GH = CD = c$ ist, so ist auch $RS = c$. Also ist, weil der Winkel *SRQ* gleich (xc),

2. $RQ = c\cos(xc)$.

Es ist aber $CR + FQ + RQ = x$; also ist, vermöge (1. und 2.),

3. $x = a\cos(xa) + d\cos(xd) + c\cos(xc)$.

So wie nun von den vier zusammenstofsenden Linien *CG*, *GH*, *HF* und *CF* die Linie *CF* durch die drei übrigen ausgedrückt wird, so kann auch offenbar jede andere von ihnen durch die drei übrigen ausgedrückt werden. Man findet also auf ganz ähnliche Weise:

4. $a = d\cos(ad) + c\cos(ac) + x\cos(ax)$,
5. $d = c\cos(cd) + x\cos(dx) + a\cos(da)$,
6. $c = x\cos(cx) + a\cos(ca) + d\cos(cd)$.

Man multiplicire (3.) mit x, (4.) mit a, (5.) mit d, und (6.) mit c, so findet man

7. $x^2 = xa\cos(xa) + xd\cos(xd) + xc\cos(xc)$,
8. $a^2 = ad\cos(ad) + ac\cos(ac) + xa\cos(xa)$,
9. $d^2 = cd\cos(cd) + xd\cos(xd) + ad\cos(ad)$,
10. $c^2 = xc\cos(xc) + ac\cos(ac) + cd\cos(cd)$.

Man ziehe (8. 9. 10.) von (7.) ab, so findet man

$$x^2 - a^2 - d^2 - c^2$$
$$= -2ad\cos(ad) - 2ac\cos(ac) - 2cd\cos(cd),$$ oder

11. $x = \sqrt{(a^2 + c^2 + d^2 - 2ac\cos(ac) - 2ad\cos(ad) - 2cd\cos(cd))}$.

Nun sind die Winkel (ac), (ad) und (cd) diejenigen, welche die Linien *CG* und *GH*, *CG* und *FH* oder *EG*, und *GH* und *HF*, oder *CD* und *DB* einschlieſsen. Es ist also $(ac) = 2\varrho - \varepsilon$, $(ad) = 2\varrho - \varphi$ und $(cd) = 2\varrho - \beta$. Also ist x oder

12. $CF = \sqrt{(a^2 + c^2 + d^2 + 2ac\cos\delta + 2ad\cos\varphi + 2cd\cos\beta)}$.

Es sind ferner die Kanten *CD*, *BD* und *HD*, welche um die Ecken-Diagonal *ED* liegen, ebenfalls c, d und a; die Winkel, welche sie einschlieſsen, sind $2\varrho - \beta$, φ und $2\varrho - \varepsilon$; also ist aus (12.)

13. $DE = \sqrt{(a^2 + c^2 + d^2 - 2ac\cos\varepsilon + 2ad\cos\varphi - 2cd\cos\beta)}$.

Die Kanten *AB*, *AC*, *AE*, welche um die Ecken-Diagonal *AH* liegen, sind b, d und a; die Winkel, welche sie einschlieſsen, sind ε, $2\varrho - \beta$ und $2\varrho - \varphi$, also ist aus (12.)

14. $AH = \sqrt{(a^2 + c^2 + d^2 + 2ac\cos\varepsilon - 2ad\cos\varphi - 2cd\cos\beta)}$.

Die Kanten *BA*, *BD*, *BF* endlich, welche um die Ecken-Diagonal *BG* liegen, sind c, d und a; die Winkel, welche sie einschlieſsen, sind $2\varrho - \varepsilon$, $2\varrho - \varphi$ und β. Also ist aus (12.)

15. $BG = \sqrt{(a^2 + c^2 + d^2 - 2ac\cos\varepsilon - 2ad\cos\varphi + 2cd\cos\beta)}$.

Die Ausdrücke (12. 13. 14. 15.) sind diejenigen des Lehrsatzes.

Von beliebigen Polyëdern.

544.

Lehrsatz. Wenn man

die Zahl der Seiten eines Polyëders durch **s**,

die Zahl seiner Ecken durch **e**,

und

die Zahl seiner Kanten durch **k**

bezeichnet, so ist in jedem beliebigen Polyëder

$$e + s = k + 2,$$

das heiſst: Ecken und Seiten zusammengezählt, hat jedes beliebige Polyëder Zwei mehr als Kanten.

Erster Beweis. Man stelle sich beliebig einen Punct *P* im Innern des Polyëders, und aus demselben nach allen Ecken gerade Linien vor, die also mit den Kanten des Polyëders lauter Dreiecke einschlieſsen, weil, nach der Voraussetzung, von den beiden Endpuncten jeder Kante nach dem Puncte *P* gerade Linien gehen. Die Ebenen dieser Dreiecke durch die Kanten und durch den Punct *P* umschlieſsen zusammengenommen, mit den

Seiten-Ebenen des Polyëders, Pyramiden, die alle ihre Spitze in P haben, und deren vielseitige Grundflächen die Seiten-Ebenen des Polyëders sind. Es entstehen also um den Punct P so viele Raum-Vielecke, als das Polyëder Seiten hat, und die Vielecke haben jedesmal so viele Seiten, als der Kanten sind, welche die correspondirenden Seiten-Ebenen des Polyëders umgeben.

Bezeichnet man nun durch σ_1, σ_2, σ_3 .... die Summen der Winkel dieser Raum-Vielecke, und durch ν_1, ν_2, ν_3 .... die Zahl ihrer Seiten, so ist ihr Inhalt, zufolge (§. 513.), der Reihe nach,

$$1.\quad \begin{cases} \frac{1}{2}\sigma_1 - \nu_1\varrho + 2\varrho, \\ \frac{1}{2}\sigma_2 - \nu_2\varrho + 2\varrho, \\ \frac{1}{2}\sigma_3 - \nu_3\varrho + 2\varrho, \\ \ldots\ldots\ldots\ldots, \end{cases}$$

und es sind ihrer so viele, als das Polyëder Seiten-Ebenen hat, folglich s. Mithin ist die Summe des Inhalts aller Raum-Vielecke um den Punct P gleich:

$$2.\quad \tfrac{1}{2}(\sigma_1+\sigma_2+\sigma_3\ldots\ldots)-(\nu_1+\nu_2+\nu_3\ldots\ldots)+2s\varrho.$$

Die Raum-Vielecke füllen aber alle zusammen den ganzen Raum um den Punct P, oder 4ϱ. Also ist

$$3.\quad \tfrac{1}{2}(\sigma_1+\sigma_2+\sigma_3\ldots\ldots)-(\nu_1+\nu_2+\nu_3\ldots\ldots)\varrho+2s\varrho=4\varrho.$$

Nun liegen die Winkel der Raum-Vielecke um den Punct P zugleich rund um die geraden Linien, aus dem Punct P nach den Ecken des Polyëders, und füllen also immer den ganzen Raum um diese geraden Linien, oder 4ϱ, also so viel mal 4ϱ, als gerade Linien aus P gezogen sind, folglich so viel mal 4ϱ, als das Polyëder Ecken hat, mithin $e$mal 4ϱ. Folglich ist

$$4.\quad \sigma_1+\sigma_2+\sigma_3\ldots\ldots = 4e\varrho.$$

Ferner haben die Raum-Vielecke um den Punct P offenbar zusammen zweimal so viel Seiten, als das Polyëder Kanten hat; denn durch jede Kante und durch den Punct P geht eine Seite eines Raum-Vielecks, und da in jeder solchen Seitenfläche jedesmal zwei Raum-Vielecke aneinander stofsen, so kommen auf jede Polyëder-Kante zwei Vielecks-Seiten. Es ist also

$$5.\quad \nu_1+\nu_2+\nu_3\ldots\ldots = 2k.$$

Setzt man die Ausdrücke (4. und 5.) in die Gleichung (3), so findet man

$$2e\varrho-2k\varrho+2s\varrho = 4\varrho \text{ oder}$$

$$6.\quad e+s=k+2;$$

welches der Lehrsatz ist.

Zweiter Beweis. Man bezeichne die Zahl der Seiten irgend einer der Seiten-Ebenen des Polyëders, die S_1 genannt werden mag, durch $\varkappa_1$, die Zahl der Winkel oder Ecken dieser nemlichen Seiten-Ebene durch ε_1, so ist, wie bekannt,

$$7.\quad \varepsilon_1 = \varkappa_1.$$

An die Seiten-Ebene S_1 grenze die Seiten-Ebene S_2, und die Zahlen der Seiten und Ecken, welche diese zweite Seiten-Ebene mit der vorigen nicht gemein hat, mögen $\varkappa_2$ und ε_2 seyn. Wieviel Seiten nun auch die beiden Ebenen S_1 und S_2, da, wo sie zusammenstofsen, mit einander gemein haben mögen: immer wird die Zahl der Ecken, welche sie gemein haben, um 1 gröfser seyn, als die Zahl der Seiten; denn die Seiten, welche sie gemein haben, können nur aneinander stofsen, ihre Durchschnitts- und Endpuncte sind also die gemeinschaftlichen Ecken, und die Zahl der Durchschnitts- und Endpuncte beliebiger an einander gesetzter gerader Linien ist offenbar immer um 1 gröfser als die Zahl der Linien selbst. Die Zahl $\varkappa_2$ der Seiten, welche die beiden aneinander stofsenden Seiten-Ebenen S_1 und S_2 nicht gemein haben, wird also umgekehrt um 1 kleiner seyn, als die Zahl ε_2 der Ecken, welche sie nicht gemein haben. Also wird

$$8.\quad \varkappa_2 = \varepsilon_2 + 1$$

seyn.

Eben so verhält es sich nun mit jeder folgenden Seiten-Ebene. Für eine dritte Seiten-Ebene, S_3 z. B., wird, wenn man die Seiten und Ecken, welche sie mit den vorigen beiden nicht gemein hat, durch $\varkappa_3$ und ε_3 bezeichnet, die Ebene mag an die vorigen beiden zugleich, oder nur an eine von ihnen anstofsen,

$$9.\quad \varkappa_3 = \varepsilon_3 + 1$$

seyn. Denn da die Linien, in welchen die Ebenen zusammenstofsen, wiederum nur immer in ununterbrochener Reihe an einander liegen können, so wird immer die Zahl der Ecken, welche die neue Ebene mit denen, an welchen sie liegt, gemein hat, um 1 gröfser seyn, als die Zahl der gemeinschaftlichen Seiten, und folglich wird umgekehrt, weil die Zahl der Seiten jedes Polygons der Zahl seiner Ecken gleich ist, die Zahl der nicht gemeinschaftlichen Seiten um 1 gröfser seyn, als die Zahl der gemeinschaftlichen Ecken.

Bezeichnet man daher überhaupt die Zahl der Ecken und Seiten

einer beliebigen ersten Seiten-Ebene des Polyëders durch ε_1 und $\varkappa_1$,

die Zahl der Ecken und Seiten, welche eine zweite daran grenzende Seite mit jener nicht gemein hat, durch ε_2 und $\varkappa_2$; die Zahl der Ecken und Seiten, welche eine dritte an eine oder an beide vorige grenzende Seite mit ihnen nicht gemein hat, durch ε_3 und $\varkappa_3$, u. s. w., so ist

$$10.\quad \begin{cases} \varkappa_1 = \varepsilon_1 \\ \varkappa_2 = \varepsilon_2 + 1 \\ \varkappa_3 = \varepsilon_3 + 1 \\ \varkappa_4 = \varepsilon_4 + 1 \\ \ldots\ldots \end{cases}$$

Solcher Gleichungen wird es so viele geben, als das Polyëder Seiten hat, weniger 1, folglich $s - 1$, denn die letzte, das Polyëder einschliefsende Seiten-Ebene hat alle Ecken und Seiten mit den vorigen Seiten-Ebenen gemein; sie giebt also nur die Gleichung

$$11.\quad 0 = 0.$$

Nimmt man daher die Summe der Gleichungen (10. und 11.), so findet man

$$12.\quad (\varkappa_1 + \varkappa_2 + \varkappa_3 \ldots) = (\varepsilon_1 + \varepsilon_2 + \varepsilon_3 \ldots) + s - 2.$$

Nun ist aber die Summe der Zahl derjenigen Seiten und Ecken, welche die unmittelbar aneinander grenzenden Seiten-Ebenen des Polyëders nicht mit einander gemein haben, offenbar der Zahl der sämmtlichen Kanten und Ecken des Polyëders gleich. Also ist

$$13.\quad \begin{cases} \varkappa_1 + \varkappa_2 + \varkappa_3 \ldots = k \text{ und} \\ \varepsilon_1 + \varepsilon_2 + \varepsilon_3 \ldots = e, \end{cases}$$

folglich ist, vermöge (12.),

$$14.\quad k = e + s - 2 \text{ oder}$$
$$e + s = k + 2,$$

welches der Lehrsatz ist.

Der Lehrsatz ist von Euler, der erste Beweis ist von Legendre, der zweite von Cauchy. Der Eulersche Beweis ist viel verwickelter.

545.

Zusätze. I. *Der Eulersche Lehrsatz von Polyëdern* (§. 544.) *gilt auch dann noch, wenn die Seiten eines Polyëders nicht eben, sondern aus Ebenen zusammengesetzt, oder sogar krumme Flächen sind, wenn sie nur von gerad-*

linigen Kanten begrenzt werden, denn auch selbst in diesem Falle sind die Beweise des Satzes noch die nemlichen, wie leicht zu sehen, wenn man sie in einer solchen Voraussetzung durchgehet.

II. *Der Eulersche Satz gilt also auch, wenn man z. B. mehrere an einander grenzende Seiten eines Polyëders als eine einzige (nicht ebene) Seiten-Fläche betrachtet, oder wenn man sich vorstellt, über die ebenen Seitenflächen wären neue Polyëder gesetzt, deren Oberflächen nur als einzelne (nicht ebene) Flächen in Betracht gezogen würden.*

Dieses läſst sich, wie folgt, aus dem Satze selbst einsehen. Gesetzt nemlich, man betrachtete zwei an einander grenzende Seiten-Ebenen nur als eine einzige Seite des Polyëders, so wird nun auf die Kante, in welcher sie zusammenstoſsen, nicht weiter Rücksicht genommen. Die Zahl der Kanten k wird also um 1 vermindert, die Zahl der Seiten-Ebenen s ebenfalls um Eins, weil nunmehr zwei Seiten nur als eine betrachtet werden, die Zahl der Ecken e dagegen bleibt unverändert dieselbe, also gilt die Gleichung des Lehrsatzes, $e + s = k + 2$, wenn nunmehr k_1 und s_1 die neue Zahl der Kanten und Seiten bedeutet, nach wie vor. Gesetzt, man betrachtete n Seiten, die in einer Ecke zusammenstoſsen nur als eine einzige, nicht ebene Fläche, so vermindert man die Zahl der Kanten k, um n, die Zahl s der Seitenflächen um $n - 1$, denn statt n Seiten wird jetzt nur Eine angenommen, und die Zahl e der Ecken um 1. Wenn also k_1, s_1 und e_1 die neuen Zahlen der Kanten, Seiten und Ecken sind, so ist $k_1 + n = k$, $s_1 + n - 1 = s$ und $e_1 + 1 = e$. Dieses in die Gleichung $e + s = k + 2$ (§. 544.) gesetzt, giebt $e_1 + 1 + s_1 + n - 1 = k_1 + n + 2$ oder $e_1 + s_1 = k_1 + 2$, folglich gilt die Gleichung des Lehrsatzes für die neue Voraussetzung ebenfalls, wie für das Polyëder selbst. Eben so verhält es sich, wenn man noch mehrere zusammenstoſsende Seiten als einzelne Seitenflächen betrachtet.

546.

Lehrsatz. *Wenn man die Zahl derjenigen Ecken eines Polyëders, in welchen* 3, 4, 5 ..... m *Kanten zusammenstoſsen, der Reihe nach durch* e_3, e_4, e_5 .... e_m, *und die Zahl derjenigen Seiten-Ebenen, welche* 3, 4, 5 .... n *Seiten haben, der Reihe nach, durch* s_3, s_4, s_5 .... s_n *bezeichnet, so ist*

1. $3e_3 + 4e_4 + 5e_5 \ldots + me_m = 2k$,
2. $3s_3 + 4s_4 + 5s_5 \ldots + ns_n = 2k$,
3. $3e_3 + 4e_4 + 5e_5 \ldots + me_m = 3s_3 + 4s_4 + 5s_5 + \ldots + ns_n$,
4. $2e_3 + 2e_4 + 2e_5 \ldots + 2e_m = s_3 + 2s_4 + 3s_5 \ldots + (n-2)s_n + 4$,
5. $2s_3 + 2s_4 + 2s_5 \ldots + 2s_n = e_3 + 2e_4 + 3e_5 \ldots + (m-2)e_m + 4$.

Beweis. α) Wenn man alle Kanten, wie sie in den Ecken des Polyëders zusammenstoſsen, zusammenzählt, so erhält man, wie leicht zu sehen, $3e_3 + 4e_4 + 5e_5 \ldots + me_m$. Die Kanten des Polyëders werden aber auf diese Weise alle zweimal gezählt, denn jede wird an ihren beiden Endpuncten gezählt. Also ist $3e_3 + 4e_4 + 5e_5 \ldots + me_m = 2k$. Dieses ist die erste Gleichung des Lehrsatzes.

β) Ganz eben so verhält es sich, wenn man alle Kanten, wie sie die Seiten-Ebenen des Polyëders begrenzen, zusammenzählt. Die Kanten werden doppelt gezählt, weil jede Kante an zwei Seiten-Ebenen, die in ihr zusammenstoſsen, zugleich liegt. Dieses giebt die zweite Gleichung im Lehrsatz.

γ) Die dritte Gleichung folgt aus den beiden ersten.

δ) Die Zahl der Ecken des Polyëders ist offenbar

6. $e = e_3 + e_4 + e_5 \ldots + e_m$,

die Zahl der Seiten-Ebenen ist

7. $s = s_3 + s_4 + s_5 \ldots + s_n$.

Nun ist nach dem Eulerschen Lehrsatze (§. 544.) $e + s = k + 2$, oder

8. $2e + 2s = 2k + 4$,

also ist, vermöge (6. 7. und 1. 2.):

$$2e_3 + 2e_4 + 2e_5 \ldots + 2e_m + 2s_3 + 2s_4 + 2s_5 \ldots + 2s_n$$
$$= 3e_3 + 4e_4 + 5e_5 \ldots + me_m + 4,$$
$$= 3s_3 + 4s_4 + 5s_5 \ldots + ns_n + 4.$$

Daraus folgt:

9. $2e_3 + 2e_4 + 2e_5 \ldots + 2e_m = s_3 + 2s_4 + 3s_5 \ldots + (n-2)s_n + 4$,
10. $2s_3 + 2s_4 + 2s_5 \ldots + 2s_n = e_3 + 2e_4 + 3e_5 \ldots + (m-2)e_m + 4$,

welches die Gleichungen (4. u. 5.) des Lehrsatzes sind.

Die Gleichung (5.) folgt auch aus (3. und 4.) unmittelbar, wenn man (4.) von (3.) abziehet, und eben so die Gleichung (4.), wenn man (5.) von (3.) abziehet.

547.

Zusätze. I. *Die Gesammtzahl derjenigen, ein Polyëder umschlieſsenden Seiten-Ebenen, welche eine unge-*

rade Zahl von Seiten haben, z. B. der Dreiecke, Fünfecke, Siebenecke etc. kann nur gerade seyn.

Denn aus (§. 546. Gl. 1.) folgt

$$e_3 + \tfrac{1}{2}e_3 + 2e_4 + 2e_5 + \tfrac{1}{2}e_5 + 3e_6 + 3e_7 + \tfrac{1}{2}e_7 \ldots = k, \text{ oder}$$

$$e_3 + 2e_4 + 2e_5 + 3e_6 + 3e_7 \ldots\ldots + \frac{e_3 + e_5 + e_7 \ldots\ldots}{2} = k.$$

Da nun die Zahl k der Kanten des Polyëders nur eine ganze Zahl seyn kann, so kann $e_3 + e_5 + e_7 \ldots$ oder die Gesammtzahl der das Polyëder umschliefsenden Seiten-Ebenen, welche eine ungerade Zahl von Seiten haben, nur gerade seyn.

II. *Die Gesammtzahl derjenigen Ecken eines Polyëders, in welchen eine ungerade Zahl von Kanten, z. B. 3, 5, 7 etc. Kanten zusammenstofsen, kann nur gerade seyn.*

Dieses folgt aus (§. 546. Gl. 2.) auf dieselbe Weise, wie (I.) aus (§. 546. Gl. I.).

548.

Zusätze. Wenn alle Seiten-Ebenen eines Polyëders gleich viele, z. B. jede μ Seiten haben, so ist

1. $\mu e = (\mu - 2)k + 2\mu$ *und*
2. $2e = (\mu - 2)s + 4,$

und die Zahl der Kanten des Polyëders ist allemal durch die Zahl der Seiten jeder Seiten-Ebene theilbar.

Denn wenn jede Seiten-Ebene μ Seiten hat, so ist die Zahl der Kanten des Polyëders $k = \frac{\mu s}{2}$, woraus

$$3.\quad 2k = \mu s$$

folgt.

Nun ist nach dem Eulerschen Lehrsatze (§. 544.) $e + s = k + 2$, oder

$$4.\quad \mu e + \mu s = \mu k + 2\mu \text{ und}$$
$$5.\quad 2e + 2s = 2k + 4.$$

Setzt man hierin die Gleichung 3., so findet man

$$\mu e + 2k = \mu k + 2\mu \text{ und}$$
$$2e + 2s = \mu s + 4,$$

welches die Gleichungen (1. und 2.) giebt.

Ferner giebt die Gleichung (1.), wenn man sie mit μ dividirt,

$$e = k - 2 \cdot \frac{k}{\mu} + 2,$$

und daraus folgt, weil e und k nur ganze Zahlen seyn können, dafs die Zahl k der Kanten des Polyëders allemal durch die Zahl μ der Seiten jeder Seiten-Ebene desselben, theilbar seyn mufs.

549.

Zusätze. I. *Die Zahl der Kanten eines Polyëders kann nicht kleiner seyn, als anderthalbmal die Zahl der Seiten, auch nicht kleiner als anderthalbmal die Zahl der Ecken, und nicht gröſser, als dreimal die Zahl der Seiten, weniger 6, desgleichen nicht gröſser, als dreimal die Zahl der Ecken, weniger 6.*

II. *Die Zahl der Ecken eines Polyëders kann nicht kleiner seyn als die Hälfte der Zahl der Seiten + 2, auch nicht kleiner als ein Drittheil von der Zahl der Kanten + 2, auch nicht gröſser als zweimal die Zahl der Seiten, weniger 4; und nicht gröſser als $\frac{2}{3}$ von der Zahl der Kanten.*

III. *Die Zahl der Seiten eines Polyëders kann nicht gröſser seyn, als zwei Drittheile von der Zahl der Kanten, auch nicht gröſser, als die doppelte Zahl der Ecken, weniger 4, und nicht kleiner, als ein Drittheil von der Zahl der Kanten + 2, auch nicht kleiner als die halbe Zahl der Ecken + 2, oder in Zeichen:*

$$\begin{array}{lllll}
1. & k > \frac{3}{2}s & & > \frac{3}{2}e, \\
2. & k < 3s - 6 & & < 3e - 6, \\
3. & e > \frac{1}{2}s + 2 & & > \frac{1}{3}k + 2, \\
4. & e < 2s - 4 & & < \frac{2}{3}k, \\
5. & s < \frac{2}{3}k & & < 2e - 4, \\
6. & s > \frac{1}{3}k + 2 & & > \frac{1}{2}e + 2,
\end{array}$$

wo die Zeichen $>$ und $<$ auch in das Zeichen $=$ übergehen können.

Das Erste folgt aus (§. 546. Gl. 1. und 2.). Denn diese Gleichungen geben, z. B. die erste,

$$2k = 3(e_3 + e_4 + e_5 \ldots . e_m) + e_4 + 2e_5 \ldots . + (m-3)e_m,$$

oder

$$k = \tfrac{3}{2}e + \tfrac{1}{2}(e_4 + 2e_5 \ldots . + (m-3)e_m.$$

Also ist $k > \frac{3}{2}e$.

Auf dieselbe Weise giebt die zweite Gleichung $k > \frac{3}{2}s$.

Das Zweite folgt aus dem Ersten und aus dem Eulerschen Lehrsatze (§. 544.), denn nach diesem ist $3s - 6 = 3k - 3e$, und da, zufolge (1.), $3e < 2k$, z. B. $3e = 2k + \varphi$, wo φ positiv ist, so ist $3s - 6 = 3k - 2k - \varphi = k - \varphi$, also $k = 3s - 6 + \varphi$, folglich $k < 3s - 6$. Eben so, weil zufolge (1.), $3s < 2k$, z. B. $3s = 2k + \varphi$, wo φ positiv ist, und weil nach dem Eulerschen

Satze $3e-6=3k-3s$ ist, $3e-6=3k-2k-\varphi=k-\varphi$, also $k=3e-6+\varphi$, folglich $k<3e-6$.

Das Dritte folgt aus (§. 546. Gl. 4.), denn nach derselben ist

$$2e=s_3+2s_4+3s_5\ldots+(n-2)s_n+4, \text{ oder}$$
$$2e=s+(s_4+2s_5\ldots+(n-3)s_n)+4, \text{ oder}$$
$$e=\tfrac{1}{2}s+2+\tfrac{1}{2}(s_4+2s_5\ldots+(n-3)s_4),$$

folglich ist $e>\frac{1}{2}s+2$. Desgleichen ist, vermöge (2.) $e>\frac{1}{3}k+2$.

Das Vierte folgt aus (§. 546. Gl. 5.) denn nach derselben ist

$$2s=e_3+2e_4+3e_5\ldots+(m-2)e_m+4, \text{ oder}$$
$$2s=e+e_4+2e_5\ldots+(m-3)e_m+4, \text{ oder}$$
$$e=2s-4-(e_4+2e_5\ldots+(m-3)e_m),$$

also $e<2s-4$. Desgleichen ist, vermöge (1.), $e<\frac{2}{3}k$.

Das Fünfte folgt unmittelbar aus (1. und 3.).

Das Sechste folgt unmittelbar aus (2. und 4.).

550.

Zusatz. *Es giebt kein Polyëder, dessen Seiten-Ebenen alle mehr als fünfseitig wären, und keines, in dessen sämmtlichen Ecken mehr als fünf Kanten zusammenstießen.*

α. Denn es ist

1. $3s_3+4s_4+5s_5+6s_6\ldots+ns_n=2k$ (§. 546. Gl. 2.), und nach dem Eulerschen Lehrsatze (§. 544.) $s=k-e+2$ oder

$$2.\quad s_3+s_4+s_5+s_6\ldots+s_n=k-e+2.$$

Gäbe es nun ein Polyëder, dessen Seiten-Ebenen alle mehr als fünfseitig wären, so wäre für dasselbe $s_3=0$, $s_4=0$ und $s_5=0$. Also wäre

$$3.\quad 6s_6+7s_7+8s_8\ldots+ns_n=2k \text{ und}$$
$$s_6+s_7+s_8\ldots+s_n=k-e+2,$$

oder auch aus der letzten Gleichung

$$4.\quad 6s_6+6s_7+6s_8\ldots+6s_n=6k-6e+12.$$

Es wäre also, wenn man (4.) von (3.) abziehet,

$$s_7+2s_8+3s_9\ldots+(n-6)s_n=-4k+6e-12,$$

also müfste $-4k+6e-12$ positiv, und folglich $4k<6e-12$, oder $k<\frac{3}{2}e-3$ seyn. Es ist aber im Gegentheil $k>\frac{3}{2}e$ (§. 549. I.); also ist das vorausgesetzte Polyëder nicht möglich.

Ganz auf dieselbe Weise findet man aus (§. 546. Gl. 1.), und aus dem Eulerschen Lehrsatze (§. 544.), dafs ein Polyëder, in dessen sämmtlichen Ecken mehr als 6 Kanten zusammenstiefsen, nicht Statt findet. Es bleibt in dem Beweise, wenn man *s* mit *e* verwechselt, Alles das Nemliche.

β. Auch auf folgende Art läfst sich der Zusatz beweisen:

Die Winkel eines Vielecks sind durchschnittlich um so gröfser, je mehr die Figur Seiten hat. Die Winkel eines Dreiecks z. B. betragen durchschnittlich $\frac{2}{3}\varrho$, eines Vierecks ϱ, eines Fünfecks $\frac{6}{5}\varrho$, eines Sechsecks $\frac{4}{3}\varrho$, u. s. w. Gesetzt nun, es stiefsen auch nur lauter Sechsecke in den Ecken des Polyëders zusammen, deren in jeder Ecke wenigstens drei seyn müfsten, weil weniger als drei Ebenen keine Ecke einschliefsen: so betrüge die Summe der Winkel um eine Ecke durchschnittlich 3mal $\frac{4}{3}\varrho$, oder 4ϱ. Wäre auch vielleicht in dieser Ecke die Summe der Winkel kleiner, so wäre sie dagegen in einer anderen noch um so gröfser. Ecken, deren Seiten-Winkel 4ϱ, und darüber, betragen, finden aber nicht Statt (§. 508. I.). Also findet auch ein Polyëder mit lauter sechsseitigen Seiten-Ebenen nicht Statt; um so weniger mit Seiten-Ebenen von noch mehr Seiten.

Eben so, wenn in jeder Ecke des Polyëders sechs und mehrere Kanten zusammenstofsen sollten, müfsten die Seiten-Ebenen so wenig Seiten haben, als möglich, damit ihre Winkel so klein wären, als möglich. Wenigstens aber müfsten die Seiten-Ebenen drei Seiten haben, und die Winkel von Dreiecken betragen schon durchschnittlich $\frac{2}{3}\varrho$, also die Winkel von wenigstens 6 Dreiecken zusammen schon 4ϱ. Daraus folgt, wie vorhin, dafs das vorausgesetzte Polyëder nicht Statt findet.

551.

Zusätze. I. *Wenn in allen Ecken eines Polyëders vier und mehrere Kanten oder Seiten-Ebenen zusammenstofsen sollen, so müssen von den Seiten-Ebenen nothwendig mehr als* Acht *dreiseitig seyn.*

II. *Wenn in allen Ecken eines Polyëders fünf und mehrere Kanten oder Seiten-Ebenen zusammenstofsen sollen, so müssen von den Seiten-Ebenen nothwendig mehr als* zwanzig *dreiseitig seyn.*

Dafs sechs und mehr Kanten in jeder Ecke zusammenstofsen, ist nach (§. 550.) nicht möglich.

Im ersten Falle nemlich mufs wenigstens $2k = 4e$ seyn. Denn dieses ist schon der Fall, wenn auch nur vier Kanten in jeder Ecke zusammenstofsen. Nun ist nach (§. 546. Gl. 2.)

$$2k = 3s_3 + 4s_4 + 5s_5 \ldots + ns_n,$$

und nach (§. 546. Gl. 4.)

$$4e = 2s_3 + 4s_4 + 6s_5 \ldots + 2(n-2)s_n + 8,$$

also mufs wenigstens

$$3s_3 + 4s_4 + 5s_5 \ldots + ns_n = 2s_3 + 4s_4 + 6s_5 \ldots + 2(n-2)s_n + 8,$$

oder

$$s_3 = s_5 + 2s_6 + 3s_7 \ldots + (n-4)s_n + 8$$

seyn. Folglich mufs s_3, oder die Zahl der dreiseitigen Seiten-Ebenen nothwendig gröfser seyn als 8.

Im zweitenFalle mufs wenigstens $2k = 5e$, also

$$3s_3 + 4s_4 + 5s_5 \ldots + ns_n = \tfrac{5}{2}s_3 + 5s_4 + \tfrac{15}{2}s_5 \ldots$$
$$\ldots + \tfrac{5}{2}(n-2)s + 10,$$

und mithin

$$s_3 = 2s_4 + 5s_5 \ldots + (3n-10)s_n + 20,$$

folglich s_3 nothwendig gröfser seyn als 20.

552.

Zusätze. I. *Wenn ein Polyëder von lauter dreiseitigen Ebenen umschlossen ist, und die Ecken sind theils drei-, theils sechskantig, so kann die Zahl der dreikantigen Ecken nur vier seyn. Sind die Ecken theils vier-, theils sechskantig, so kann die Zahl der vierkantigen Ecken nur sechs seyn, und sind die Ecken theils fünf-, theils sechskantig, so kann die Zahl der fünfkantigen Ecken nur zwölf seyn.*

II. *Wenn ein Polyëder von lauter vierseitigen Ebenen umschlossen ist, und die Ecken sind theils drei-, theils vierkantig, so kann die Zahl der dreikantigen Ecken nur acht seyn.*

III. *Wenn ein Polyëder von lauter fünfseitigen Ebenen umschlossen ist, und die Ecken sind alle dreikantig, so kann ihre Zahl nur zwanzig seyn.*

Denn die Gleichungen (4. und 5. §. 546.), nemlich

1. $$2e_3 + 2e_4 + 2e_5 + 2e_6 \ldots + 2e_m = s_3 + 2s_4 + 3s_5 + 4s_6 \ldots + (n-2)s_n + 4$$ und

2. $$e_3 + 2e_4 + 3e_5 + 4e_6 \ldots + (m-2)e_m = 2s_3 + 2s_4 + 2s_5 + 2s_6 \ldots + 2s_n - 4$$

geben, wenn blofs dreiseitige Ebenen das Polyëder umschliefsen, und also $s_4\ s_5 \ldots s_m = 0$ ist,

3. $2e_3 + 2e_4 + 2e_5 + 2e_6 \ldots + 2e_m = s_3 + 4$ und
4. $e_3 + 2e_4 + 3e_5 + 4e_6 \ldots + (m-2)e_m = 2s_3 - 4$.

Dieses giebt, wenn man die erste Gleichung mit 2 multiplicirt, und von dem Product die zweite abzieht,
5. $3e_3 + 2e_4 + e_5 - e_7 - 2e_8 \ldots - (m-6)e_m = 12$.
Wenn nun blofs 3 und 6 kantige Ecken Statt finden, also $e_4, e_5 \ldots e_m = 0$ ist, so folgt aus (5.) $3e_3 = 12$, also $e_3 = 4$. Sind blofs 4 und 6kantige Ecken vorhanden, so folgt $2e_4 = 12$, also $e_4 = 6$, und sind blofs 5kantige Ecken vorhanden, so folgt $e_5 = 12$, wie in (I.) behauptet wird.

Ist das Polyëder blofs von vierseitigen Ebenen umschlossen, so findet blofs s_4 Statt, und die Gleichungen (1. und 2.) geben
6. $2e_3 + 2e_4 + 2e_5 + 2e_6 \ldots + 2e_m = 2s_4 + 4$ und
7. $e_3 + 2e_4 + 3e_5 + 4e_6 \ldots + (m-2)e_m = 2s_4 - 4$.

Dieses giebt, wenn man (7.) von (6.) abziehet,
8. $e_3 - e_5 - 2e_6 - 3e_7 \ldots - (m-4)e_m = 8$,
also, wenn blofs drei und vierkantige Ecken vorhanden sind, $e_3 = 8$, wie in (II.) behauptet wird.

Ist das Polyëder blofs von fünfseitigen Ebenen umschlossen, so findet blofs s_5 Statt, und die Gleichungen (1. und 2.) geben,
9. $2e_3 + 2e_4 + 2e_5 + 2e_6 \ldots + 2e_m = 3s_5 + 4$ und
10. $e_3 + 2e_4 + 3e_5 + 4e_6 \ldots + (m-2)e_m = 2s_5 - 4$.

Dieses giebt, wenn man die erste Gleichung mit 2 und die zweite mit 3 multiplicirt, und die Producte von einander abziehet,
11. $e_3 - 2e_4 - 5e_5 - 8e_6 \ldots - (3m-10)e_m = 20$,
also, wenn blofs dreikantige Ecken vorhanden sind, $e_3 = 20$, wie in (III.) behauptet.

553.

Lehrsatz. Die Summe sämmtlicher Seitenwinkel eines Polyëders ist immer um 8 rechte Winkel kleiner, als so viel mal 4 rechte Winkel, wie das Polyëder Ecken hat. Das heifst: wenn man die Summe aller Seiten Winkel des Polyëders durch w *bezeichnet, so ist*

$$w = 4\varrho(e-2).$$

Beweis. Die Summe der Seiten-Winkel in jeder dreieckigen Seiten-Ebene des Polyëders beträgt 2ϱ, in jeder viereckigen Seiten-Ebene 4ϱ, in jeder fünfeckigen 6ϱ, u. s. w.; überhaupt in jeder $n$eckigen

Seiten-Ebene $2(n-2)\varrho$. Die Summe sämmtlicher Seitenwinkel des Polyëders ist also
$w = 2\varrho . s_3 + 4\varrho . s_4 + 6\varrho . s_5 \ldots . + 2(n-2)\varrho . s_n$, oder
$w = 2\varrho . (s_3 + 2s_4 + 3s_5 \ldots . + (n-2)s_n)$.

Nun ist zufolge (§. 546. Gl. 4)
$s_3 + 2s_4 + 3s_5 \ldots . + (n-2)s_n = 2e_3 + 2e_4 + 2e_5 \ldots . + 2e_m - 4$, oder, weil $2e_3 + 2e_4 + 2e_5 \ldots . + 2e_m = 2e$ ist, gleich $2e - 4$. Also ist $w = 2\varrho(2e-4)$, oder $w = 4\varrho(e-2)$, wie im Lehrsatz.

554.

Anmerkung. Der Eulersche Satz (§. 544.), *wird zwar, wie bewiesen, von jedem Polyëder erfüllt. Es existirt aber nicht nothwendig umgekehrt ein Polyëder, wenn die Zahlen* s, e *und* k *dem Eulerschen Satze genugthun, und aufserdem*
$3e_3 + 4e_4 + 5e_5 \ldots . + m\, e_m = 2k = 3s_3 + 4s_4 + 5s_5 \ldots . + n\, s_n$ *ist,* (nach §. 546.). Dieses ist leicht an einem Beispiele zu sehen. Man nehme z. B. an, es gäbe ein Polyëder, von 8 Dreiecken umschlossen, mit 1 dreikantigen, 4 vierkantigen und 1 fünfkantigen Ecke, also mit 6 Ecken, so hätte dieses Polyëder, sowohl nach den Seiten, als nach den Ecken berechnet, 12 Kanten. Es wäre also $s=8$, $e=6$ und $k=12$, und es würde nicht allein der Eulersche Satz $e+s=k+2$, sondern auch die Gleichung $3e_3 + 4e_4 + 5e_5 = 24 = 3s_3$ erfüllt. Es würde also allen Bedingungen genügt. Gleichwohl ist ein solches Polyëder nicht möglich.

555.

Lehrsatz. Zwei Polyëder sind einander gleich, wenn die Seiten-Ebenen des einen den Seiten-Ebenen des anderen, in gleicher Aufeinanderfolge, gleich sind.

Beweis. I. Wenn mit den nemlichen Seiten Ebenen, in gleicher Aufeinanderfolge, verschiedene Polyëder möglich wären, so müfsten sich die Winkel, welche die verschiedenen, in den Ecken zusammenstofsenden Seiten-Ebenen mit einander machen, verändern können, ohne dafs sich die Gestalt der Seiten-Ebenen oder die Gröfse der Winkel der Seiten-Ebenen an den Ecken veränderte.

II. α. Gesetzt, eine solche Veränderung der Winkel wäre möglich, und alle Winkel veränderten sich, so könnten nicht alle zu, oder nicht alle abnehmen, sondern nur einige könnten gröſser, andere kleiner werden, und die Zahl der Wechsel des Zunehmens und Abnehmens der Winkel um jede Ecke des Polyëders könnte nicht kleiner als vier seyn. Denn die Seiten-Ebenen eines Polyëders bilden um jede Ecke ein Raum-Vieleck, mit unveränderlichen Seiten, und wenn in einem solchen Raum-Vielecke die Winkel sich verändern, so können sie, zufolge (§. 507.), nur theils ab, theils zunehmen, und die Zahl der Wechsel des Zunehmens und Abnehnens kann nicht kleiner seyn als vier. Die Zahl der sämmtlichen Wechsel des Zunehmens und Abnehmens der Winkel des Polyëders kann also, wenn alle Winkel, zwischen den Seiten-Ebenen sich verändern, und wenn die Zahl der Ecken des Polyëders, wie hier oben, durch e bezeichnet wird, nicht kleiner seyn als $4e$. Man kann also, wenn die Zahl der Wechsel gleich m gesetzt wird,

$$1.\quad m = 4e + x$$

setzen, wo x irgend eine ganze Zahl ist, die zwar Null, aber nicht negativ seyn kann.

β. Wenn aber nun, wie vorausgesetzt wird, alle Winkel zwischen den zusammenstoſsenden Seiten-Ebenen sich verändern, so verändern sich die Winkel an allen Kanten des Polyëders. Es gehören aber jedesmal zwei, um eine Ecke herum, aufeinanderfolgende Kanten des Polyëders, zu einer und derselben Seiten-Ebene, und in sofern man auf die Aufeinanderfolge sieht, *nur* zu einer. Wenn also das Zunehmen und Abnehmen aller Winkel, zwischen den zusammenstoſsenden Seiten-Ebenen, rund um eine Ecke wechselt, so wechselt es auch nothwendig rund um jede Seiten-Ebene, und folglich muſs die Zahl der Wechsel des Zu- und Abnehmens der Winkel rund um die Seiten-Ebenen der Zahl der Wechsel des Zu- und Abnehmens, rund um die Ecken, *gleich* seyn.

γ. Nun kann rund um ein Dreieck das Zu- und Abnehmen der Kanten-Winkel an den Seiten desselben, nicht öfter wechseln, als zweimal, denn wenn man das Zunehmen durch +, dat Abnehmen durch — bezeichnet, so können nur nachstehende Folgen Statt finden:

$$+ - -,\quad + - -,\quad + - - \text{ etc.}$$
$$+ + -,\quad + + -,\quad + + - \text{ etc.}$$
$$+ - +,\quad + - +,\quad + - + \text{ etc.}$$
$$- + +,\quad - + +,\quad - + + \text{ etc.}$$
$$- - +,\quad - - +,\quad - - + \text{ etc.}$$
$$- + -,\quad - + -,\quad - + - \text{ etc.},$$

und alle diese Folgen haben bei jedem Umgange nur zwei Wechsel. In einem Viereck können vier Wechsel Statt finden, aber nicht mehr; in jedem Fünfeck dagegen, wie leicht zu sehen, ebenfalls nur 4, in jedem Sechseck 6, u. s. w. Ueberhaupt in jedem 2ν Eck, eben wie in jedem $2\nu+1$ Eck, nicht mehr als 2ν Wechsel.

δ. Bezeichnet man daher, wie oben, die Zahl der dreiseitigen, vierseitigen, fünfseitigen etc. Ebenen, welche das Polyëder umschliefsen, durch s_3, s_4, s_5 etc., so kann die Zahl der Wechsel des Zunehmens und Abnehmens der Winkel an den Kanten, rund um die Seiten-Ebenen genommen, nicht gröfser seyn, als

$$2s_3+4s_4+4s_5+6s_6+6s_7+8s_8+8s_9\ldots+\left\{\begin{matrix}n\\n-1\end{matrix}\right\}s_n.$$

Nennt man also die Zahl dieser Wechsel N: so ist

$$2.\quad N=2s_3+4s_4+4s_5+6s_6+6s_7\ldots+ns_n-\lambda,$$

wo λ irgend eine ganze Zahl ist, die zwar Null, aber nicht negativ seyn kann.

ε. Nun ist die Zahl k der Kanten des Polyëders gleich der Hälfte von $3s_3+4s_4+5s_5\ldots+ns_n$; also

$$3.\quad 2k=3s_3+4s_4+5s_5\ldots+ns_n.$$

Die Zahl s der Seiten-Ebenen ist

$$4.\quad s=s_3+s_4+s_5\ldots+s_n.$$

Ferner ist nach dem Eulerschen Lehrsatze (§. 544.) die Zahl der Ecken des Polyëders $e=k-s+2$, woraus

$$5.\quad 2e=2k-2s+4$$

folgt; also ist, vermöge (3. und 4.):

$$2e=s_3+2s_4+3s_5+4s_6+\ldots+(n-2)s_n+4;$$

welches

$$6.\quad 4e=2s_3+4s_4+6s_5+8s_6\ldots 2(n-2)s_n+8$$

giebt. Zieht man hiervon den Ausdruck von N (2.) ab, so findet man

$$7.\quad 4e-N=2s_5+2s_6+4s_7+4s_8\ldots+\left\{\begin{matrix}n-4\\n-2\end{matrix}\right\}s_n+8+\lambda,$$

oder

$$8.\quad 4e-N-8=2s_5+2s_6+4s_7+4s_8\ldots+\left\{\begin{matrix}n-4\\n-2\end{matrix}\right\}s_n+\lambda,$$

woraus folgt, dafs $4e-N-8$ nicht negativ seyn kann, weil rechterhand n nothwendig gröfser als 4 ist, und

und λ nicht kleiner als Null seyn kann (δ.). Also kann $4e-8$ nicht kleiner seyn, als N, und man kann setzen,

$$8.\quad N = 4e - 8 - \tau,$$

wo τ irgend eine ganze Zahl bedeutet, die zwar Null, aber nicht negativ seyn kann.

ζ. Nun ist aber, wie oben bemerkt, die Zahl N der Wechsel des Zu- oder Abnehmens der Kanten-Winkel des Polyëders, wenn alle Winkel sich verändern, rund um die Seiten-Ebenen genommen, der Zahl M dieser Wechsel, rund um die Ecken genommen, gleich (β.). Also müfste, im Fall es möglich wäre, dafs alle Kanten-Winkel des Polyëders sich verändern könnten, zufolge (1. und 8.).

$$9.\quad 4e + \varkappa = 4e - 8 - \tau$$

seyn. Daraus folgt,

$$10.\quad \varkappa + \tau = -8.$$

Die Zahlen $\varkappa$ und τ können aber höchstens Null, nicht negativ seyn (α. und ε.). Also ist die Gleichung (10.) nicht möglich, folglich ist es auch nicht möglich, dafs alle Kanten-Winkel des Polyëders sich verändern können, wenn die Seiten-Ebenen ihre Gestalt unverändert beibehalten.

III. α. Soll es daher noch möglich seyn, dafs ein Polyëder seine Gestalt verändere, ohne dafs die Seiten eine andere Form bekämen, so müfsten vielleicht nicht alle, sondern blofs einige Kanten-Winkel gröfser oder kleiner werden können.

β. Man betrachte diejenigen Kanten, an welchen sich die Kanten-Winkel nicht verändern, gleichsam als fest, so ist es so viel, als wenn jedesmal die zwei Seiten-Ebenen, welche an einer Kante zusammenstofsen, in einer einzigen, nicht ebenen, festen Seiten-Fläche sich vereinigten, und wenn alle Kanten-Winkel um eine Ecke sich nicht verändern, so ist es so viel, als wenn die Seiten-Ebenen, welche diese Ecke umgeben, zusammen eine einzige, nicht ebene, feste Seiten-Fläche ausmachten. Unterscheidet man daher diejenigen Kanten, an welchen die Winkel sich nicht verändern, von denjenigen, an welchen sie gröfser oder kleiner werden, so ist es so viel, als wenn man das Polyëder als ein solches betrachtet, dessen Seitenflächen zum Theil nicht eben, sondern aus ebenen Flächen zusammen gesetzt sind, dessen Kanten-Winkel sich aber alsdann sämmtlich ohne Ausnahme verändern.

γ. Die obigen Betrachtungen (II.) bleiben aber völlig dieselben, die Seitenflächen des Polyëders mögen ebene Flächen, oder aus ebenen Flächen zusammengesetzt seyn, und auch der Eulersche Satz, auf welchem das Resultat beruhet, gilt, zufolge (§. 545.), auch für den Fall, wenn die Seitenflächen des Polyëders nicht eben sind.

Das Resultat ist also auch bei der neuen Ansicht des Polyëders das nemliche, und es folgt, dafs die Kanten-Winkel des Polyëders, mit diesen oder jenen festen, nicht ebenen Seitenflächen, sich nicht verändern können.

Die Kanten-Winkel eines Polyëders können sich also auch nicht zum Theil verändern, wenn die Seiten-Ebenen dieselbe Form behalten; und folglich sind zwei Polyëder einander gleich, wenn die Seiten-Ebenen des einen, den Seiten-Ebenen des anderen, in gleicher Aufeinanderfolge, gleich sind.

Dieser Beweis des Lehrsatzes ist von Cauchy.

556.

Zusatz. Da sich in den Schlüssen des vorigen und derjenigen Paragraphen, worauf der Lehrsatz (§. 555.) beruhet, nichts ändert, wenn auch die Seitenflächen des Polyëders zwischen den Kanten nicht eben, sondern vielleicht beliebig aus Ebenen zusammengesetzt, oder gar krumm sind, so gilt der Satz (§. 555.) auch von nicht convexen Polyëdern und von Körpern mit krummen Oberflächen, wenn nur die einzelnen Flächen in geraden Linien zusammenstofsen, und die geraden Linien sich begegnen; und *beliebige Körper mit geradlinigen Kanten, die sich begegnen, sind einander gleich, wenn die von den Kanten eingeschlossenen ebenen, oder aus Ebenen zusammengesetzten, oder krummen Flächen des einen, den Flächen des anderen, in gleicher Aufeinanderfolge, gleich sind.*

557.

Zusatz. Ebene Dreiecke werden blofs von ihren Seiten bestimmt. Wenn also ein Polyëder von lauter ebenen Dreiecken eingeschlossen ist, so wird es blofs von seinen Kanten bestimmt, und *zwei Polyëder, deren sämmtliche Seiten-Ebenen Dreiecke sind, sind gleich, wenn die Kanten des einen den Kanten des anderen, in gleicher Aufeinanderfolge, gleich sind.*

Die Zahl der Kanten k eines von lauter Dreiecken eingeschlossenen Polyëders ist gleich $\frac{3s}{2}$, wenn die Zahl seiner Seiten-Ebenen s ist, denn jede Seiten-Ebene hat drei Seiten, und jede dieser drei Seiten gehört zwei Seiten-Ebenen zugleich zu, also ist $s = \frac{2}{3}k$. Nun ist nach dem Eulerschen Satze (§. 544) $e + s = k + 2$, also ist hier $e + \frac{2}{3}k = k + 2$, woraus

$$k = 3e - 6$$

folgt. *Die Zahl der Dreiecks-Seiten also, welche ein von lauter ebenen Dreiecken umschlossenes Polyëder vollständig bestimmen, ist gleich der dreifachen Zahl seiner Ecken weniger* 6.

558.

Zusatz. Ebene Vielecke lassen sich in aneinander liegende Dreiecke theilen, und zwar jedes in so viele, als es Seiten hat, weniger zwei. Wenn daher die sämmtlichen Kanten eines Polyëders, und beliebige, sich nicht kreuzende Diagonalen seiner Seiten-Ebenen, durch welche die Seiten-Ebenen in aneinander liegende Dreiecke getheilt werden, in gleicher Aufeinanderfolge so groſs sind, als in einem anderen Polyëder, so sind die beiden Körper, zufolge (§. 557.), einander gleich. Daraus folgt, *daſs das Aneinanderliegen bestimmter Dreiecke in der Oberfläche eines Polyëders, von selbst bestimmt, welche Dreiecke in den nemlichen Ebenen liegen, ohne daſs noch andere Diagonalen der Seiten-Ebenen, als die bestimmten Dreiecks-Seiten, dazu nöthig wären.*

Wenn die Zahl der drei, vier, fünf .... $n$eckigen Seiten-Ebenen eines Polyëders, wie oben, durch s_3, s_4, $s_5 \ldots s_n$ bezeichnet wird, so ist die Zahl der sämmtlichen Kanten

$$1.\quad k = \tfrac{1}{2}(3s_3 + 4s_4 + 5s_5 \ldots .\, ns_n).$$

Die Zahl nicht sich schneidender Diagonalen hingegen, durch welche die Seiten-Ebenen in aneinanderliegende Dreiecke getheilt werden, und welche x seyn mag, ist

$$2.\quad x = s_4 + 2s_5 + 3s_6 \ldots .\, (n-3)s_n,$$

denn in jedem Viereck giebt es eine solche Diagonal, in jedem Fünfeck zwei, in jedem Sechseck drei, u. s. w.: also ist

$$3.\quad k + x = \tfrac{1}{2}(3s_3 + 6s_4 + 9s_5 \ldots . + (3n-6)s_n).$$

Es ist aber

$$4.\quad s = s_3 + s_4 + s_5 \ldots . + s_n.$$

Also ist, vermöge (1. und 4.):

$$5.\quad k - s = \tfrac{1}{2}(s_3 + 2s_4 + 3s_5 \ldots\ldots + (n-2)s_n),$$

folglich, vermöge (3. und 5.):

$$6.\quad k + \varkappa = 3k - 3s.$$

Aber $k - s$ ist nach dem Eulerschen Lehrsatze (§. 544.) gleich $e - 2$, also ist

$$7.\quad k + \varkappa = 3e - 6,$$

das heifst: *die Zahl der Kanten und nicht sich schneidender Diagonalen, welche ein Polyëder vollständig bestimmen, ohne Rücksicht, ob drei oder mehrere von diesen zusammenstofsenden Linien in einerlei Ebene liegen, oder nicht, ist in jedem Polyëder gleich der dreifachen Zahl* e *der Ecken, weniger* 6.

Dieses Resultat stimmt mit (§. 557) überein; denn die Ecken eines, von beliebigen vielseitigen Ebenen umschlossenen Polyëders, können auch offenbar als die Ecken eines von lauter Dreiecken umschlossenen Körpers betrachtet werden, dessen Kanten die Seiten und nicht sich schneidende Diagonalen der vielseitigen Seiten-Ebenen des gegebenen Polyëders sind, durch welche dieselben in Dreiecke getheilt werden. Es fallen nur, wenn das Polyëder vieleckige Seiten-Ebenen hat, immer mehrere Dreiecke in eine und dieselbe Ebene.

Man kann allgemein ein von vieleckigen Seiten-Ebenen umschlossenes Polyëder, als einen, zwischen lauter ebenen Dreiecken liegenden Körper betrachten, dessen Kanten die Kanten und die nicht sich schneidenden Diagonalen sind, durch welche die vieleckigen Seiten-Ebenen in Dreiecke getheilt werden.

559.

Anmerkung. Man stelle sich drei auf einander senkrechte Ebenen im Raume vor, die sich, wie jede nicht parallele drei Ebenen, in einem und demselben Puncte schneiden, und also eine Raumecke mit rechteckigen Seiten und Winkeln bilden, und den achten Theil des ganzen Raumes begrenzen.

In diese Raumecke sey ein beliebiges Polyëder gelegt, welches von lauter dreieckigen Seiten-Ebenen umgeben ist. Die Zahl seiner Ecken sey e.

Sind nun die Abstände der sämmtlichen Ecken des Polyëders von den drei, auf einander senkrechten Ebenen gegeben, so ist offenbar das Polyëder völlig bestimmt, denn alle seine Ecken sind es, und es ist mit den nemlichen Entfernungen der Ecken von den drei auf einander senkrechten Ebenen kein zweites Polyëder möglich.

Die Zahl der gegebenen Abstände ist $3e$. Man kann aber das Polyëder, weil seine Lage in der rechtwinkligen Raumecke willkürlich ist, mit irgend einer seiner Seiten-Ebenen in die eine der senkrechten Ebenen selbst, und zugleich mit einer der daran liegenden Kanten in den Durchschnitt zweier senkrechten Ebenen, desgleichen mit einem der Endpuncte dieser Kanten in den Durchschnittspunct der drei Ebenen legen. Alsdann sind die Abstände des zuletzt benannten Endpuncts der in den Durchschnitt zweier, auf einander senkrechten Ebenen fallenden Kante des Polyëders von den drei Ebenen Null, die Abstände des anderen Endpuncts der nemlichen Kante von zwei Ebenen, sind ebenfalls Null, und der Abstand der dritten Ecke derjenigen dreieckigen Seiten-Ebene des Polyëders, welche in eine der senkrechten Ebenen gelegt worden ist, von der einen Ebene ist ebenfalls Null. Also sind zusammen 6 Abstände der Ecken des Polyëders von den senkrechten Ebenen Null, und folglich bleiben nur noch

$$3e - 6,$$

nicht weiter willkürliche Abstände der Ecken des Polyëders von den drei, auf einander senkrechten Ebenen übrig, welche das Polyëder vollständig bestimmen.

Nun ist leicht zu sehen, dafs wenn man z. B. die Abstände zweier Ecken des Polyëders, welche durch irgend eine Kante verbunden sind, von den drei, auf einander senkrechten Ebenen, durch a_1, a_2, a_3; b_1, b_2, b_3, und die Länge der nemlichen Kante durch p bezeichnet, zwischen diesen Linien die Gleichung

$$1. \quad p^2 = (a_1 - b_1)^2 + (a_2 - b_2)^2 + (a_3 - b_3)^2$$

Statt findet. Solcher Gleichungen wird es so viele geben, als das Polyëder Kanten hat, folglich $3e - 6$ (§. 557.). Eben so viele Abstände der Ecken von den drei, auf einander senkrechten Ebenen sind aber, wie oben bewiesen, vorhanden. Also werden die Abstände, wenn umgekehrt nicht sie, sondern die Kanten gegeben sind, aus den Kanten sämmtlich gefunden werden können. Und da nun mit den nemlichen Abständen nur ein Polyëder möglich ist, so folgt, dafs die Kanten eines, von lauter Dreiecken umgebenen Polyëders, den Körper ebenfalls völlig bestimmen, und dafs also zwei, von lauter Dreiecken umgebene Polyëder einander gleich sind, wenn es, in gleicher Aufeinanderfolge, die Kanten, oder, was das Nemliche ist, die Seiten-Ebenen sind.

Ist ein Polyëder nicht von Dreiecken, sondern von beliebigen mehreckigen, ebenen Flächen eingeschlossen, so bestimmen dennoch $3e-6$ Abstände von den drei obigen, auf einander senkrechten Ebenen alle e Ecken des Polyëders, und folglich den Körper selbst vollständig. Eben so viele Kanten und nicht sich schneidende Diagonalen in den Seiten-Ebenen, durch welche diese Ebenen in aneinander liegende Dreiecke getheilt werden, hat aber das Polyëder, zufolge (§. 558.). Also wird durch diese Kanten und Diagonalen, zwischen welchen und den Abständen Gleichungen von der obigen Form Statt finden, folglich auch durch die Seiten-Ebenen selbst, auch dieses Polyëder völlig bestimmt. Es scheint zwar, dafs, wenn mehr als drei Ecken eines Polyëders in einerlei Ebene fallen, schon weniger als drei Abstände für jede Ebene die Ecken bestimmen: z. B., wenn 4 Ecken in einer und derselben Ebene liegen, und die Ebene ist schon durch drei Ecken bestimmt, so wird die vierte Ecke in der bestimmten Ebene allerdings schon durch die Abstände von blos zwei senkrechten Ebenen gegeben; allein der dritte Abstand ist eben dazu noch nöthig, um anzuzeigen, dafs die vierte Ecke mit den drei vorigen in einer Ebene liegt. Also sind alle Abstände nöthig. Es scheint auch, dafs, wenn mehr als 3 Polyëder-Ecken in einerlei Ebene liegen, mehr als $3e-6$ Gleichungen, von der Form (1.), zwischen den Abständen und Kanten aufgestellt werden können, weil, wenn die Seiten-Ebenen durch ihre Kanten und eine hinreichende Zahl nicht sich schneidender Diagonalen gegeben sind, die übrigen Diagonalen der Ebenen ebenfalls als bekannt angenommen werden können. Aber eben, weil diese Diagonalen durch die vorigen und die Kanten gegeben sind, müssen die Gleichungen, die von ihnen noch hergenommen werden können, in den von einander unabhängigen $3e-6$ Gleichungen schon mit enthalten seyn. In jedem Falle also giebt es nur $3e-6$ von einander unabhängige Abstände und eben so viele von einander unabhängige Gleichungen zwischen denselben und den Kanten und den, die Ebenen des Polyëders in Dreiecke theilenden und bestimmenden Diagonalen, aus welchen also, wenn dieselben gegeben sind, die Abstände gefunden werden können, so dafs also diese Kanten und Diagonalen, oder, was dasselbe ist, die Seiten-Ebenen selbst, ein Polyëder vollständig bestimmen, folglich allgemein zwei, von beliebigen, bestimmten Seiten-Ebenen umgebene Polyëder einander gleich sind, wenn, in gleicher Aufeinanderfolge, die Seiten-Ebenen congruiren.

Dieses Raisonnement würde den Beweis des Satzes (§. 555.) vertreten können, wenn nicht die Vielheit der Wurzeln der Gleichungen zwischen den Abständen der Ecken und zwischen den Kanten und Diagonalen des Polyëders, von welchen Wurzeln blofs die reellen in Betracht kommen, Schwierigkeiten machte.

560.

Erklärung. Wenn man sich auf irgend eine der Seiten-Ebenen eines Polyëders Perpendikel aus allen Ecken, die nicht in diesen Seiten-Ebenen liegen, vorstellt, so heifst die Seiten-Ebene Grund-Ebene, und die Perpendikel heifsen Höhen des Polyëders.

Wird die Grund-Ebene in eine, von drei beliebigen, auf einander senkrechten Ebenen gelegt, so sind die Höhen nichts Anderes, als die Abstände der aufserhalb der Grund-Ebene liegenden Ecken des Polyëders von dieser Ebene, und die Entfernungen des Fufses der Perpendikel von den beiden anderen, auf einander senkrechten Ebenen, sind die Abstände der Ecken des Polyëders von diesen beiden anderen Ebenen. Alle diese Abstände können, wie aus (§. 559.) zu sehen, blofs aus den Kanten und bestimmenden Seiten-Ebenen-Diagonalen des Polyëders gefunden werden. Also lassen sich die Höhen des Polyëders und ihre Abstände von zwei beliebigen, auf die Grund-Ebene senkrechten Ebenen, blofs aus den Kanten und den bestimmenden Diagonalen finden. Allein die Rechnung ist, wenn das Polyëder mehrere Seiten hat, wegen der Menge der Gleichungen (§. 559.), sehr weitläufig. Die Weitläufigkeit ist schon aus der Berechnung (§. 528) des Perpendikels einer dreiseitigen Pyramide, die das einfachste aller Polyëder ist, zu erachten.

561.

Anmerkung. Ueber die Centricität der Polyëder nach den Ecken, nach den Seiten, und nach den Kanten, giebt es wieder mannigfaltige

Sätze. Wegen Beschränktheit des Raumes aber muſs dieser Gegenstand hier übergangen werden.

Von den symmetrischen Polyëdern.

562.

Erläuterung. Es ist zu jedem Polyëder ein zweites möglich, welches die Eigenschaft hat, daſs seine Ecken mit den Ecken des gegebenen sämmtlich in Parallelen liegen, und daſs jedesmal die zusammengehörigen Ecken der beiden Polyëder, die in einer und derselben Parallele liegen, von einer beliebigen, z. B. auf die Parallelen senkrechten Ebene, auf entgegengesetzten Seiten derselben, gleich weit entfernt sind. Denn man kann offenbar durch die Ecken eines gegebenen Polyëders beliebige Parallelen legen. Man kann etwa neben dem Polyëder irgend eine Ebene annehmen, z. B. auf den Parallelen senkrecht, die alle diese Parallelen schneidet. Sodann kann man die Länge der Parallelen, von den Ecken des Polyëders bis zu der Ebene, von der Ebene an, auf der anderen Seite derselben, auf die Parallelen absetzen, und von den auf diese Weise entstehenden Puncten diejenigen durch gerade Linien verbinden, deren zusammengehörigen Puncte vom Polyëder Kanten oder bestimmende Diagonalen sind; endlich aber kann man durch die, auf diese Weise entstehenden neuen Kanten, zu je dreien, welche Dreiecke einschlieſsen, wie am gegebenen Polyëder selbst, Ebenen legen. Daraus entsteht ein Polyëder, dessen Ecken alle mit den Ecken des gegebenen Polyëders in Parallelen liegen, und von irgend einer darauf senkrechten Ebene, jede eben so weit entfernt sind, als die Ecken des gegebenen Polyëders selbst, auf der entgegengesetzten Seite der Ebene.

Ein solches zweites Polyëder, welches die beschriebenen Eigenschaften hat, und, wie man siehet, immer möglich ist, soll zu dem gegebenen symmetrisch heiſsen. Die Ecken der beiden Körper, welche in einerlei Parallelen liegen, sollen zusammengehörig heiſsen; eben so die Kanten und Diagonalen, welche zusammengehörige Ecken verbinden, die Kanten-Winkel an denselben, und die Seiten-Ebenen zwischen zusammengehörigen Kanten und Diagonalen. Aus der Erklärung symmetrischer Polyëder selbst folgt auch, daſs ein beliebiges Polyëder zu demjenigen Polyëder, welches zu ihm symmetrisch ist, umgekehrt selbst wiederum symmetrisch ist.

563.

Lehrsätze. I. *Die zusammengehörigen Kanten, Kanten-Winkel und Seiten-Ebenen symmetrischer Polyëder sind in dem einen die nemlichen, wie in dem anderen, folgen aber auf einander in umgekehrter Ordnung. Desgleichen sind die Raum-Vielecke in zusammengehörigen Ecken symmetrischer Polyëder symmetrisch.*

Beweis. α) Es sollen $EABCD$ und $eabcd$ (Fig. 284.) zusammengehörige Ecken zweier symmetrischen Polyëder vorstellen. EA, EB, EC, ED und ea, eb, ec, ed sind zusammengehörige Kanten, die in den zusammengehörigen Ecken E und e zusammenstofsen, und AB, BC, CD, DA; ab, bc, cd, da mögen entweder ebenfalls Kanten oder zusammengehörige, bestimmende Diagonalen der in den Ecken E und e zusammenstofsenden zusammengehörigen Seiten-Ebenen der beiden Polyëder seyn, so wird vorausgesetzt, dafs, wenn Aa, Bb, Cc etc. Parallelen durch die Puncte A, B, C etc. sind, und MNP ist eine beliebige Ebene, die auf diesen Parallelen senkrecht stehet, dafs alsdann $A\alpha = a\alpha$, $B\beta = b\beta$, $C\gamma = c\gamma$ etc. ist.

β) Unter diesen Umständen sind z. B. die beiden Trapeze $A\alpha\varepsilon E$ und $a\alpha\varepsilon e$ offenbar einander gleich, denn die Winkel bei α und ε sind in beiden rechte, die Seite $\alpha\varepsilon$ ist beiden gemein, und die Seiten $A\alpha$, $a\alpha$ und $E\varepsilon$, $e\varepsilon$ sind nach der Voraussetzung gleich. Also ist auch $AE = ae$. Eben so sind die Trapeze $B\beta\varepsilon E$ und $b\beta\varepsilon e$ einander gleich, und es ist folglich $BE = be$, u. s. w. Daraus folgt, dafs die zusammengehörigen Kanten und Diagonalen, und überhaupt, beliebige zusammengehörige Linien in symmetrischen Polyëdern einander gleich sind.

γ) Da alle zusammengehörigen Kanten und Diagonalen symmetrischer Polyëder gleich sind, so sind auch die Dreiecke, welche sie einschliefsen, einander gleich, z. B. $\triangle AEB = \triangle aeb$, $\triangle BEC = \triangle bec$, $\triangle AED = \triangle aed$, $\triangle DEC = \triangle dec$, u. s. w. Sind also die Seiten-Ebenen der Polyëder sämmtlich Dreiecke, so folgt unmittelbar, dafs die Seiten-Ebenen des einen Polyëders denen des anderen, symmetrischen, gleich sind. Sind die Seiten-Ebenen vieleckig, so lassen sie sich durch die bestimmenden Diagonalen in Dreiecke theilen, und sind ebenfalls gleich. Es sey z. B. $ECDF$ eine viereckige Seiten-Ebene des gegebenen Polyëders, $ecdf$ die zugehörige Ebene des gegebenen symmetrischen Körpers, so ist, wie bewiesen, $\triangle ECD = \triangle ecd$ und $\triangle FCD = \triangle fcd$;

es kommt also nur noch darauf an, ob, wie die Dreiecke *ECD* und *FCD*, auch die Dreiecke *ecd* und *fcd* in einer und derselben Ebene liegen. Es sind die Winkel *ECD* und *ecd*, *FCD* und *fcd* gleich, und der Winkel *ECF* ist, weil die Dreiecke *ECD* und *FCD*, nach der Voraussetzung, in einer und derselben Ebene liegen, gleich $ECD + FCD$. Nun ist aber auch $EF = ef$ und das Dreieck *ECF* ist gleich dem Dreieck *ecf*, folglich ist der Winkel *ecf* gleich dem Winkel *ECF*, also ist, weil $ECD = ecd$, $FCD = fcd$ und $ECD + FCD = ECF$ war, $ecf = ecd + fcd$. Dieses ist aber nicht anders möglich, als wenn die Dreiecke *ecd* und *fcd*, eben wie *ECD* und *FCD*, in einer und derselben Ebene liegen, denn, wenn es anders wäre, so würden die drei Ebenen *ecd*, *fcd* und *ecf* ein Raum-Dreieck einschliefsen, und in einem solchen wäre nicht $ecf = ecd + fcd$, sondern $ecf < ecd + fcd$ (§. 472.). Also liegen die aus zusammengehörigen Dreiecken zusammengesetzten Seiten-Ebenen des, zu einem gegebenen gehörigen symmetrischen Polyëders, eben so in einerlei Ebenen, wie die Seiten-Ebenen des gegebenen Polyëders selbst, und folglich sind die zusammengehörigen Seiten-Ebenen in symmetrischen Polyëdern einander gleich.

δ) Die Kanten und Seiten-Ebenen symmetrischer Polyëder folgen aber auf einander in umgekehrter Ordnung. Man betrachte z. E. die beiden zugehörigen Polyëder-Ecken, welche (Fig. 284.) vorstellt, von einerlei Seite, z. B. von derjenigen, nach welcher sie convex sind, also in der Zeichnung so, dafs man von oben auf die Ebene des Papiers hinunter sieht, so folgen, z. B. in dem gegebenen Polyëder, die Seiten *EA*, *AB*, *BE* des Dreiecks *EAB* von der Linken zur Rechten auf einander, in dem symmetrischen Polyëder hingegen folgen die Seiten *ea*, *ab* und *be* des zugehörigen Dreiecks *eab* von der Rechten zur Linken. Eben so folgen in den zusammengehörigen Vierecken *ECFD* und *ecfd* die Seiten *EC*, *CF*, *FD*, *DE* von der Linken zur Rechten, und die zugehörigen Seiten *ec*, *cf*, *fd*, *de* von der Rechten zur Linken auf einander. Desgleichen folgen um die Ecke *E* die Seiten-Ebenen *AEB*, *BEC*, *CEDF* und *DEA* von der Linken zur Rechten, und um die Ecke *e* die zugehörigen Seiten-Ebenen *aeb*, *bec*, *cedf* und *dea* von der Rechten zur Linken auf einander. Ganz so verhält es sich an jeder anderen Ecke der beiden Polyëder.

Also folgen alle zusammengehörigen Kanten und Seiten zweier symmetrischen Polyëder, folglich auch die Kanten-Winkel und Ecken in umgekehrter Ordnung auf einander.

ε) Um endlich die Gröfse zusammengehöriger Kanten-Winkel zu vergleichen, darf man nur zusammengehörige dreiseitige Raum-Ecken untersuchen, in welchen sich die Winkel befinden. Die Kanten *EB* und *eb* z. B., liegen in Raum-Dreiecken, welche von den drei Seiten-Ebenen *AEB*, *BEC*, *AEC* und *aeb*, *bec* und *aec* eingeschlossen werden. Diese Seiten-Ebenen sind zufolge (*γ*.) einander gleich, folgen aber in den beiden Polyëdern in umgekehrter Ordnung auf einander. Also sind die Raum-Dreiecke *AEBC* und *aebc* symmetrisch. Die Kanten-Winkel symmetrischer Raum-Dreiecke aber sind einander gleich (§. 481.): also sind die Kanten-Winkel an *EB* und *eb* gleich grofs. Folglich sind die Kanten-Winkel symmetrischer Polyëder an zusammengehörigen Kanten gleich grofs.

ζ) Da endlich die Seiten-Ebenen um zusammengehörige Ecken symmetrischer Polyëder in entgegengesetzter Ordnung auf einander folgen (*δ*.), und die Kanten-Winkel, welche sie einschliefsen, in beiden Polyëdern gleich sind (*ε*.), so sind die Raum-Vielecke um zusammengehörige Ecken symmetrischer Polyëder symmetrisch (§. 501.).

II. *Wenn die Seiten-Ebenen eines Polyëders denen eines anderen gegebenen gleich sind, aber in dem einen Polyëder, um die Ecken, in umgekehrter Ordnung auf einander folgen, gegen die im gegebenen, so sind die Polyëder nothwendig symmetrisch, und ihre zusammengehörigen Kanten-Winkel sind folglich gleich.*

Beweis. Zu dem gegebenen Polyëder, welches durch P_1 bezeichnet werden mag, giebt es immer ein symmetrisches (§. 562.), welches P_2 seyn mag, und die Seiten-Ebenen dieses zu dem gegebenen, symmetrischen Polyëders sind denen des gegebenen gleich, folgen aber um die Ecken in umgekehrter Ordnung aufeinander (I.). Wenn nun das Polyëder, von welchem vorausgesetzt wird, dafs seine Seiten-Ebenen denen des gegebenen Polyëders P_1 in umgekehrter Aufeinanderfolge gleich sind, und welches durch P_3 bezeichnet werden mag, dem zu P_1 symmetrischen Polyëder P_2 nicht gleich wäre, so müfste es mit den nemlichen Seiten-Ebenen, in gleicher Aufeinanderfolge, zwei von einander verschiedene Polyëder geben; denn die Seiten-Ebenen der beiden Polyëder P_2 und P_3 sind denen des Polyëders P_1 gleich, und folgen in beiden in umgekehrter Ordnung auf einander, gegen die des Polyëders P_1, also in gleicher Ordnung in P_2, wie in P_3. Es sind aber mit den nemlichen Seiten-Ebenen, in gleicher Aufeinanderfolge, nicht zwei verschiedene Polyëder möglich, vielmehr sind solche Polyëder einander gleich (§. 555.). Also ist das Polyëder P_3 dem Polyëder P_2 gleich; dafs heifst: wenn die Seiten-Ebenen eines Polyëders denen eines gegebenen in umgekehrter Aufeinanderfolge gleich sind, so sind die Polyëder nothwendig symmetrisch: wie behauptet wird.

564.

Lehrsatz. Alle zu einem und demselben Polyëder symmetrischen Polyëder sind einander gleich. Es giebt also zu jedem Polyëder nur ein, von ihm verschiedenes, symmetrisches Polyëder.

Beweis. Wie auch die Parallelen, in welchen zusammengehörige Puncte symmetrischer Polyëder liegen, und wo auch die darauf senkrechte Ebene, von welcher zusammengehörige Puncte der Polyëder, auf entgegengesetzten Seiten, gleich weit entfernt sind, sich befinden mag: immer bleibt der Satz (§. 563. I.) mit seinem Beweise der nemliche, und es folgt immer, dafs zusammengehörige Linien, desgleichen zusammengehörige Kanten-Winkel und Seiten-Ebenen, in beiden Polyëdern die nemlichen sind, dafs sie aber jedesmal in umgekehrter Ordnung auf einander folgen. Die Seiten-Ebenen in allen, zu einem gegebenen, symmetrischen Polyëdern, sind also die nemlichen, und folgen in allen, in gleicher Ordnung aufeinander, nemlich in allen, in entgegengesetzter Ordnung gegen die des gegebenen Polyëders. Also sind, zufolge (§. 555.), alle zu einem und demselben Polyëder symmetrischen Polyëder einander gleich, und folglich giebt es zu jedem Polyëder nur ein symmetrisches Polyëder. Dasselbe ist ihm im Allgemeinen nicht nothwendig gleich, weil seine Seiten-Ebenen nicht in derselben Ordnung auf einander folgen, wie die des gegebenen Körpers.

565.

Lehrsatz. *Die Höhen symmetrischer Polyëder über einer und derselben Grund-Ebene und unter zusammengehörigen Ecken, sind einander gleich.*

Beweis. Wenn man die Parallelen, in welchen zusammengehörige Ecken zweier symmetrischen Polyëder liegen, senkrecht auf diejenigen Ebenen der Polyëder, welche zu Grund-Ebenen angenommen werden, die Grund-Ebenen aber in einander legt, und zu der, auf den Parallelen senkrechten Ebene annimmt, von welcher, auf entgegengesetzten Seiten, zusmmengehörige Puncte der symmetrischen Polyëder gleich weit entfernt sind, so sind die Parallelen, und zwar in der Ausdehnung, von der Grund-Ebene bis zu den nicht in ihr liegenden Ecken der Polyëder, die Höhen derselben über der Grund-Ebene. Diese Höhen sind also, vermöge der Eigenschaft selbst, durch welche die Polyëder symmetrisch sind, einander gleich.

Von den regelmäſsigen Polyëdern.

566.

Lehrsatz. *Es giebt fünf convexe Polyëder, deren Seiten-Ebenen, Kanten-Winkel und Raum-Vielecke um die Ecken einander gleich sind, und welche regelmäſsig heiſsen.*

I. *Das erste ist von vier regelmäſsigen Dreiecken umschlossen, und heiſst Tetraëder.*

II. *Das zweite ist von acht regelmäſsigen Dreiecken umschlossen, und heiſst Octaëder.*

III. *Das dritte ist von zwanzig regelmäſsigen Dreiecken umschlossen, und heiſst Jcosaëder.*

IV. *Das vierte ist von sechs regelmäſsigen Vierecken umschlossen, und heiſst Hexaëder, oder auch Cubus, oder Würfel.*

V. *Das fünfte ist von zwölf regelmäſsigen Fünfecken umschlossen, und heiſst Dodecaëder.*

Erster Beweis. I. Es sey ABC (Fig. 285.) ein regelmäſsiges oder gleichseitiges Dreieck, und P sey der Eck-Mittelpunct desselben. Der Halbmesser der Ecken $AP = BP = CP$ ist kleiner als eine Seite des Dreiecks, denn wenn z. B. CE auf AB senkrecht ist, so ist $AE = EB$, also liegt der Eck-Mittelpunct P in EC, und folglich ist, weil $PC = PB = PA$ seyn muſs, $PA < AC$. Wenn daher PD durch den Eck-Mittelpunct des Dreiecks ABC auf seiner Ebene senkreht stehet, so wachsen die schrägen Linien, die man aus A, B und C nach einerlei Puncten des Perpendikels PD ziehet, stetig, von $AP = BP = CP < AC$ an, so weit man will. Es muſs also in dem Perpendikel PD, auch irgend einen Punct D geben, aus welchem z. B. die schräge Linie DA gleich AC ist. Da aber in den drei Dreiecken APD, BPD, CPD, $AP = BP = CP$, ferner DP sich selbst gleich ist, und bei P rechte Winkel sind, so sind die Dreiecke einander gleich, und es ist

$$DA = DB = DC = AC = AB = BC.$$

Legt man nun durch DA und DB, DB und DC, DC und DA noch drei Dreiecke, so schlieſsen dieselben mit dem Dreieck ABC einen Körper ein, dessen Kanten alle gleich sind, und der also von vier regelmäſsigen Dreiecken umgeben ist. Da die Winkel des regelmäſsigen Dreiecks unter einander gleich sind, so ist jede Ecke des Körpers von drei gleichen Seiten-Winkeln umgeben. Auch die Kanten-Winkel um eine Ecke sind also einander gleich (§. 471.), und da je zwei Ecken einen Kanten-Winkel gemeinschaftlich haben, so sind alle Kanten-Winkel einander gleich. Eben so die Raum-Dreiecke um die Ecken. Das Tetraëder ist daher möglich.

II. Es sey $ABCD$ (Fig. 286.) ein regelmäſsiges Viereck oder Quadrat, und P sein Eck-Mittelpunct, der im Durchschnitt der Diagonalen des Quadrats liegt. Da bei P rechte Winkel sind, so ist z. B. in dem Dreieck APB der Winkel B kleiner als der Winkel P, und folglich diesen Winkeln gegenüber $AP < AB$. Der Halbmesser der Ecken des Quadrats ist also kleiner als seine Seite. Ist daher EPF durch P auf der Ebene des Quadrats senkrecht, so wachsen die schrägen Linien, die man aus A, B, C, D nach einerlei Punct des Perpendikels EPF ziehet, stetig, von $AP < AB$ an, so weit man will. Es muſs daher in dem Perpendikel EPF noch zwei von P gleich weit entfernte Puncte E und F geben, aus welchen z. B. die schrägen Linien $EA = FA$ gleich AB sind. Da aber in den Dreiecken APE, BPE, CPE, DPE, APF, BPF, CPF und DPF, $AP = BP = CP = DP$ ist, EP und FP selbst einander gleich, und bei P rechte Winkel sind, so sind alle diese Dreiecke einander gleich. Also sind die acht schrägen Linien aus *E* und *F* nach *A*, *B*, *C* und *D* einander gleich. Sie waren aber auch gleich *AB*, und *AB* ist gleich *BC*, *CD* und *AD*. Legt man daher durch die Seiten des Quadrats *ABCD* und durch *E* und *F* dreieckige Ebenen, so entsteht ein von acht Dreiecken *AEB*, *BEC*, *CED*, *DEA*, *AFB*, *BFC*, *CFD*, *DFA* umschlossener Körper, dessen zwölf Kanten alle einander gleich sind; und da je drei Kanten eine Seiten-Ebene umschliefsen, so sind die acht Seiten-Ebenen des Körpers einander gleich, und sämmtlich regelmäfsige Dreiecke.

Nun haben ferner z. B. die drei rechtwinkligen Dreiecke *APB*, *APE* und *APF* die Cathete *AP* gemein, und ihre Hypothenusen *AB*, *AE* und *AF* sind nach der Voraussetzung gleich lang. Also sind es auch die anderen Catheten, und folglich ist $AP = PE = PF$. Da aber auch $AP = BP = CP = DP$ ist, so folgt, dafs die drei Diagonalen *AC*, *BD* und *EF* des von acht regelmäfsigen Dreiecken umschlossenen Körpers gleich lang sind, sich in rechten Winkeln schneiden und halbiren.

Daraus folgt, dafs auch die drei Diagonal-Ebenen *ABCD*, *AECF* und *BEDF* einander gleich, und folglich Quadrate sind.

Und hieraus folgt, dafs die sechs Pyramiden *ABCDE*, *ABCDF*, *AECFB*, *AECFD*, *BEDFA*, *BEDFC* einander gleich sind; denn die Quadrate, welche sie je zwei zu gemeinschaftlichen Grundflächen haben, sind gleich, und ihre Höhen *PE*, *PF*, *PA*, *PC*, *PB*, *PD*, durch gleiche Puncte der Grundflächen sind es auch. Also sind auch sämmtliche Kanten-Winkel des Körpers, desgleichen die Raum-Vierecke um die Ecken gleich. Das Octaëder ist also möglich.

III. α) Es sey *ABCDE* (Fig. 287.) ein regelmäfsiges Fünfeck, und *P* sein Eck-Mittelpunct. Die Dreiecke *APB*, *BPC*, *CPD*, *DPE* und *EPA* sind gleichschenklig über *AB*, *BC*, *CD*, *DE* und *EA* und einander gleich, also ist z. B. der Winkel $APB = \frac{4\varrho}{5}$ und der Winkel $PAB = PBA = \frac{1}{2}\left(2\varrho - \frac{4\varrho}{5}\right) = \varrho - \frac{2\varrho}{5} = \frac{3\varrho}{5}$. Folglich ist der Winkel *ABP* kleiner als der Winkel *APB*, und folglich ist, diesen Winkeln gegenüber, der Ecken-Halbmesser *AP* des regelmäfsigen Fünfecks kleiner als seine Seite *AB*. Wenn daher *PQ* auf der Ebene

ABCDE senkrecht stehet, so wachsen die schrägen Linien aus *A*, *B*, *C*, *D*, *E* nach einerlei Punct des Perpendikels *PQ* stetig von $AP < AB$ an, so weit man will. Es muſs also in dem Perpendikel *PQ* nothwendig einen Punct *Q* geben, aus welchem z. B. die schräge Linie *QA* gleich *AB* ist. Da aber in den Dreiecken *APQ*, *BPQ*, *CPQ*, *DPQ* und *EPQ*, $AP = BP = CP = DP = EP$ ist, bei *P* rechte Winkel sind, und *PQ* sich selbst gleich ist, so sind alle diese Dreiecke gleich. Also sind die fünf schrägen Linien aus *Q* nach *A*, *B*, *C*, *D* und *E* einander gleich. Und da $QA = AB$ war, und die Seiten des Fünfecks *ABCDE* einander gleich sind, so sind alle die zehn Linien *QA*, *QB*, *QC*, *QD*, *QE*, *AB*, *BC*, *CD*, *DE* und *EA* einander gleich, während zugleich *ABCDE* eine Ebene ist. Die Dreiecke *AQB*, *BQC*, *CQD*, *DQE* und *EQA* sind also sämmtlich gleichseitig. Folglich sind die Winkel *ABQ*, *CBQ*, *BCQ* etc. einander und den Winkeln *AQB*, *BQC* etc. gleich. In der Ebene *ABCDE* sind die Winkel *ABC*, *BCD*, *CDE*, *DEA* und *EAB* einander gleich. Also werden die Raum-Dreiecke *ABQC*, *BCQD*, *CDQE*, *DEQA* und *EAQB* von gleichen Winkeln eingeschlossen, und sind folglich einander gleich. Mithin auch ihre Kanten-Winkel. Also sind die Winkel an den Kanten *AQ*, *BQ*, *CQ*, *DQ*, *EQ*, desgleichen die Winkel an den Kanten *AB*, *BC*, *CD*, *DE* und *EA* einander gleich.

β) Unter den nemlichen Winkeln, wie die an den Kanten *AQ*, *BQ*, etc. lege man an die Kanten *AB*, *BC*, *CD*, *DE* und *EA* die gleichseitigen, und folglich den Dreiecken *AQB*, *BQC* etc. gleichen Dreiecke *ABI*, *BCK*, *CDF*, *DEG* und *EAH*, so stoſsen z. E. in der Ecke *A* die vier gleichseitigen Dreiecke *BAQ*, *EAQ*, *HAE* und *IBA* unter den nemlichen Kanten-Winkeln zusammen, wie in der Ecke *Q*, z. B. die vier, jenen gleichen, gleichseitigen Dreiecke *BAQ*, *EAQ*, *BQC* und *EQD*. Die Figur *IBQEHA* ist also der Figur *CBAEDP* gleich. Verbindet man daher *I* und *H* durch eine gerade Linie, und legt durch *H*, *A* und *I* eine Ebene, so kann *IH* nur gleich *CD*, und das Dreieck *HAI* nur dem Dreieck *DPC* gleich seyn. Eben so verhält es sich in den vier anderen Ecken *B*, *C*, *D* und *E*. Legt man daher noch die fünf Dreiecke *HAI*, *IBK*, *KCF*, *FDG* und *GEH*, so entsteht eine Figur *QABCDEFGHIK*, welche von funfzehn gleichen und gleich gleichseitigen Dreiecken begrenzt wird, und die in *Q*, *A*, *B*, *C*, *D*, *E* gleiche Raum-Vielecke hat.

γ) Man stelle sich ferner aus *F*, *G*, *H*, *I* und *K*, desgleichen aus *Q* Perpendikel auf *CD*, *DE*, *EA*, *AB* und *BC* vor, nemlich die Perpendikel *FT*, *GU*, *HV*, *IW*, *KX* und *QT*, *QU*, *QV*, *QW*, *QX*, so halbiren dieselben diese Linien, und schneiden sie folglich in einerlei Puncten *T*, *U*, *V*, *W* und *X*. Die Ebenen *FTQ*, *GUQ*, *HVQ*, *IWQ*, *KXQ* stehen also auf den Kanten *CD*, *DE*, *EA*, *AB* und *BC* senkrecht, und *FTQ*, *GUQ*, *HVQ*, *IWQ* und *KXQ* sind die Kanten-Winkel an den Kanten *CD*, *DE*, *EA*, *AB* und *BC*.

δ) Man lege ferner aus *P* Perpendikel auf *CD*, *DE*, *EA*, *AB* und *BC*, so halbiren dieselben diese Linien ebenfalls, weil die Dreiecke *CPD*, *DPE* etc. über *CD*, *DE* etc. gleichschenklig sind. Sie schneiden also die Linien *CD*, *DE* etc. in den nemlichen Puncten, wie die Perpendikel aus *Q* und aus *F*, *G* etc. Sie fallen daher in einerlei Ebenen mit ihnen, und die Winkel *QTP* und *PTF*, *QUP* und *PUG* etc. machen paarweise zusammen die Winkel an den Kanten *CD*, *DE* etc. aus. Die Winkel *QTP*, *QUP* etc. sind aber die Winkel an den Kanten *CD*, *DE* etc. der Pyramide *QABCDE*, und folglich, wie oben bewiesen, einander gleich. Die Kanten-Winkel *FTQ*, *GUQ* etc. hingegen sind gleich gemacht. Also sind auch die Winkel *PTF*, *PUG*, *PVH* etc. einander gleich. Da nun aufserdem in den Dreiecken *PTF*, *PUG* die einschliefsenden Seiten gleich sind, nemlich *PT*=*PU*=*PV* etc., und *TF*=*UG*=*VH* etc., so sind die Dreiecke selbst gleich, und folglich auch die Seiten *FP*, *GP*, *HP* etc.; desgleichen die Winkel *FPT*, *GPU*, *HPV* etc. Stellt man sich nun aus *F*, *G*, *H*, *I* und *K*, Perpendikel auf die Ebene *ABCDE* vor, die ebenfalls in die Ebenen *FTQ*, *GUQ*, *HVQ* etc. fallen, so sind die rechtwinkligen und auf der Ebene *ABCDE* senkrechten Dreiecke unter den Hypothenusen *FP*, *GP*, *HP* etc. und den Perpendikeln einander gleich; denn die Hypothenusen sind, wie vorhin bewiesen, gleich, nebst den Winkeln *FPT*, *GPU*, *HPV* etc. Also sind auch die Perpendikel aus *F*, *G*, *H*, *I*, *K* auf die Ebene *ABCDE* gleich. Die Puncte *F*, *G*, *H*, *I*, *K* liegen daher von der Ebene *ABCDE* gleich weit entfernt, und folglich in einer und derselben Ebene. Also liegen auch die geraden Linien *FG*, *GH*, *HI*, *IK* und *KF*, welche die Puncte *F*, *G*, *H*, *I*, *K* verbinden, in einer und derselben, mit *ABCDE* parallelen Ebene. Mithin ist *FGHIK* eine Ebene, die, wie *ABCDE*, auf *QPR* senkrecht steht.

ε) In dieser Ebene *FGHIKR* ist, dem Obigen zufolge, *FG* = *GH* = *HI* = *IK* = *KF*, und weil in den rechtwinkligen Dreiecken *FRP*, *GRP* etc., wie oben bewiesen, die Hypothenusen *FP*, *GP* etc., nebst den Winkeln *FPR*, *GPR* etc., letztere als Complemente der gleichen Winkel *FPT*, *GPU* etc. gleich sind, so ist *RF* = *RG* = *RH* = *RI* = *RK*. Also ist *FGHIK* ein der Figur *ABCDE* gleiches, regelmäfsiges Fünfeck.

Auf dieses, dem *ABCDE* gleiche, regelmäfsige Fünfeck kann man daher eine, der Pyramide *ABCDEQ* gleiche Pyramide *FGHIKS* legen. Die Dreiecke *FSG*, *GSH*, *HSI*, *ISK* und *KSF* in der Oberfläche dieser Pyramide werden ebenfalls den Dreiecken in der Oberfläche des Körpers *QABCDEFGHIK* gleich seyn. Also entsteht nunmehr zusammengenommen ein Körper *QABCDEFGHIKS*, welchen zwanzig gleichseitige Dreiecke umgeben.

ζ) Dafs die Winkel an sämmtlichen Kanten des, über der Ebene *FGHIK* liegenden Theils des Körpers, desgleichen die Raum-Vielecke *Q*, *A*, *B*, *C*, *D*, *E* einander gleich sind, ist schon vorhin bewiesen. Dafs das Raum-Vieleck *S* den eben genannten Raum-Vielecken ebenfalls gleich sey, desgleichen, dafs die Winkel an den Kanten *SF*, *SG*, *SH*, *SI*, *SK* den Kanten-Winkeln des Körpers über *FGHIK* gleich sind, folgt jetzt unmittelbar, weil die Pyramide *FGHIKS* der Pyramide *ABCDEQ* gleich gemacht wurde. Es kommt also nur noch auf die Winkel an den Kanten *FG*, *GH*, *HI*, *IK* und *KF* und auf die Raum-Vielecke in den Ecken *F*, *G*, *H*, *I*, *K* an.

η) Die Seiten der Raum-Vielecke, namentlich der Raum-Fünfecke, deren Ecken *F*, *G*, *H*, *I*, *K* sind, sind alle einander gleich, denn es stofsen in den Ecken lauter gleiche Dreiecke zusammen. Desgleichen sind drei Winkel in dem einem so grofs, als in dem anderen: z. B. die Winkel an den Kanten *FC*, *FD*, *FS* sind unter einander und denen an den Kanten *GD*, *GE*, *GS*, ferner denen an den Kanten *HE*, *HA*, *HS* u. s. w. gleich. Daraus folgt, vermöge des Lehrsatzes (§. 507.), dafs die übrigen beiden Kanten-Winkel in dem einen weder beide gröfser oder kleiner, noch einer kleiner, der andere gröfser seyn kann, als im anderen, letztes nicht, weil von gröſseren zu kleineren Winkeln, nur zwei Wechsel Statt finden würden, zufolge (§. 507.) aber der Wechsel wenigstens vier seyn müssen. Also müssen auch die beiden übrigen Kanten-Winkel, und folglich auch die Raum-Fünfecke an den Ecken *F, G, H, I, K* denen an den übrigen Ecken des Körpers gleich seyn, und folglich sind an dem Körper *QABCDEFGHIKS* alle Seiten-Ebenen, alle Kanten-Winkel und alle Raum-Vielecke an den Ecken einander gleich.

Mithin ist das Icosaëder möglich.

IV. Es sey *ABCD* (Fig. 288.) ein Quadrat. Man setze *AE, BF, CG, DH* durch *A, B, C* und *D* auf die Ebene *ABCD* senkrecht, so lassen sich durch diese Perpendikel, weil sie mit einander parallel sind, Ebenen *EABF, FBCG, GCDH* und *HDAE* legen, in welchen auch *AB, BC, CD* und *DA* liegen. Macht man daher $AE = BF = CG = DH$, und vereinigt *E, F, G, H* durch die geraden Linien *EF, FG, GH* und *HE*, so sind letztere Linien mit *AB, BC, CD* und *DA* parallel und ihnen gleich. Also sind *ABEF, BCFG, CDGH* und *DAHE* vier Quadrate, die auf dem Quadrat *ABCD* senkrecht stehen und demselben gleich sind. Da ferner die Puncte *E, F, G, H* gleich weit von der Ebene *ABCD* entfernt sind, so liegen sie in einer und derselben Ebene, und da *EF* und *HE* auf *AE, GF* und *EF* auf *BF* etc. senkrecht stehen, so sind *HEF, EFG* etc. die Winkel, welche die Ebenen *BE* und *DE, AF* und *CF* etc. einschlieſsen. Sie sind folglich den Winkeln *BAD, CBA* etc. gleich, und mithin rechte. Also ist auch *EFGH* ein Quadrat, welches *ABCD* gleich, und mit *ABCD* parallel ist, und auf welchem also die Ebenen *AF, BG, CH* und *DE* senkrecht stehen.

Der Körper *ABCDEFGH* hat also sechs gleiche Quadrate zu Seiten-Ebenen. Seine Kanten-Winkel sind alle einander gleich, und zwar rechte, weil die Seiten-Ebenen alle auf einander senkrecht stehen. Die Raum-Dreiecke in allen Ecken sind gleich, weil jedes von drei Rechten, also von gleichen Winkeln eingeschlossen wird.

Daher ist das Hexaëder möglich.

V. α) Es sey *ABCDE* (Fig. 289.) ein regelmäſsiges Fünfeck. Man stelle sich ein Perpendikel XX_1Y durch den Mittelpunct des Fünfecks auf seine Ebene vor, so sind die schrägen Linien aus einem beliebigen Puncte

X des Perpendikels nach den Ecken des Fünfecks gleich lang, denn die Ecken sind gleich weit vom Mittelpunct X_1 entfernt. Die Winkel, welche die schrägen Linien an der Spitze X mit einander einschliefsen, sind ebenfalls alle gleich, denn die über gleichen Grundlinien gleichschenkligen Dreiecke ABX, BCX etc. sind einander gleich. Diese Winkel an der Spitze X sind aber um so kleiner, je weiter die Spitze X von der Ebene $ABCDE$ entfernt ist, denn um so länger sind die schrägen Linien nach X, an welchen die Winkel liegen, während die Grundlinien der Dreiecke ABX, BCX etc. die nemlichen bleiben. Die Grenzen, zwischen welchen diese Winkel eingeschlossen sind, sind $\frac{4\varrho}{5}$ und Null. Denn, wenn der Punct X in die Ebene $ABCDE$ fällt, so sind die Winkel diejenigen AX_1B, BX_1C etc. selbst, welche dem fünften Theile von vier Rechten gleich sind. Liegt der Punct X hingegen über jede Grenze hinaus von der Ebene $ABCDE$ entfernt, so sind die Winkel Null. Es mufs also auch einen Punct X in dem Perpendikel XX_1 geben, aus welchem die schrägen Linien nach A, B, C, D, E gerade die Hälfte der Winkel $AX_1B = BX_1C = CX_1D$ etc., oder den Winkel $\frac{2\varrho}{5}$ einschliefsen.

β) Man lege durch diesen Punct X und durch die Seiten des Fünfecks, AB, BC, CD etc. Ebenen, und verlängere dieselben über die Seiten des Fünfecks hinaus, so werden sie sich in den geraden Linien XAL, XBM, XCN, XDO und XEP schneiden. Da die Winkel $AXB = BXC$ etc. gleich $\frac{2\varrho}{5}$ sind, so sind die Winkel $XAB = XBA = XBC$ etc. $= \frac{1}{2}\left(2\varrho - \frac{2\varrho}{5}\right) = \varrho - \frac{\varrho}{5} = \frac{4\varrho}{5}$, und folglich die Winkel $BAL = ABM = CBM$ etc., gleich $2\varrho - \frac{4\varrho}{5} = \frac{6\varrho}{5}$.

γ) Eben so grofs sind aber die Winkel $ABC = BCD$ etc. des regelmäfsigen Fünfecks $ABCDE$, am Umfange. Also sind die in den Ecken A, B, C, D, E zu dreien zusammenstofsenden Winkel, z. B. EAL, LAB und EAB einander gleich. Folglich sind die Raum-

Dreiecke in den Ecken *A*, *B*, *C*, *D*, *E* gleichseitig. Mithin sind auch ihre Kanten-Winkel einander gleich (§. 471.), und die Raum-Ecken selbst sind einander gleich.

δ) Macht man nun ferner in den durch *X* und *AB*, *BC*, *CD* etc. gehenden Ebenen die Kanten *AL*, *BM*, *CN* etc., und hernach in den nemlichen Ebenen, *LQ*, *QM*, *MR*, *RN* etc. den Seiten des Fünfecks *ABCDE* gleich; so entstehen, weil auch die Winkel *LAB*, *ABM*, *MBC* etc. den Winkeln des Fünfecks gleich waren, fünf neue regelmäſsige Fünfecke *LABMQ*, *MBCNR* etc., die alle dem Fünfeck *ABCDE* gleich sind, und mit ihm, und mit einander, wie bewiesen, gleiche Kanten-Winkel einschlieſsen. Es entstehet also eine Figur *ABCDELQMRNSOTPU*, welche aus sechs, einander gleichen, regelmäſsigen Fünfecken, unter gleichen Kanten-Winkeln zusammengesetzt ist.

ε) Man betrachte nun die Dreiecke *PTO*, *OSN*, *NRM*, *MQL* und *LUP*, welche in den Ebenen der an *ABCDE* anstoſsenden fünf Fünfecke liegen. Diese Dreiecke sind einander gleich; denn es schlieſsen in denselben gleiche Seiten $PT = OS = NR$ etc. und $TO = SN = RM$ etc. gleiche Winkel $PTO = OSN = NRM$ etc. ein.

Man betrachte ferner die Dreiecke *TOS*, *SNR*, *RMQ*, *QLU* und *UPT*, welche entstehen, wenn man die äuſsersten Ecken *T*, *S*, *R*, *Q*, *U* der an *ABCDE* anstoſsenden fünf Fünfecke durch gerade Linien *TS*, *SR*, *RQ*, *QU* und *UT* verbindet. Sie liegen zwischen diesen Linien und den Fünfecks-Seiten *TO* und *OS*, *SN* und *NR* etc. frei im Raume. Die Seiten *TO* und *OS*, *SN* und *NR* etc. dieser Dreiecke, sind diejenigen der vorhin betrachteten Dreiecke *PTO* *OSN* etc. selbst, folglich einander gleich. Die Winkel *TOS*, *SNR* etc. aber, welche sie einschlieſsen, sind ebenfalls den Winkeln *PTO*, *OSN* etc. der Dreiecke *PTO*, *OSN* etc. gleich. Denn z. B. in dem Raum-Dreieck *SODT* sind die Seiten-Winkel *DOS* und *DOT* den Seiten-Winkeln *ODE* und *ODC* des Raum-Dreiecks *EDOC* gleich, und der Kanten-Winkel an der Kante *OD*, welcher zwischen ihnen liegt, ist beiden Raum-Dreiecken gemein. Also sind die Raum-Dreiecke *SODT* und *EDOC* gleich (§. 480. II.), folglich ist auch der Seiten-Winkel *TOS* dem Seiten-Winkel *EDC*, oder was das Nemliche ist, dem Winkel *PTO* gleich. Desgleichen sind in den Raum-Dreiecken *SODT* und *EDOC*, die Winkel an den Kanten *OT* und *OS* den Winkeln an den Kanten *DC* und *DE* gleich. Eben so verhält es sich bei den anderen Dreiecken *SNR*, *RMQ* etc. Es werden also in den Dreiecken *TOS*, *SNR*, *RMQ*.... von den nemlichen Seiten die nemlichen Winkel eingeschlossen, wie in den Dreiecken *PTO*, *OSN* etc. Folglich sind sie jenen, und folglich sind alle die Dreiecke *PTO*, *OSN* etc., und *TOS*, *SNR* etc. einander gleich; auch schliefsen die Dreiecke *TOS*, *SNR* etc. mit den an *ABCDE* gelegten fünf Fünfecken, wie bewiesen, dieselben Kanten-Winkel ein, wie die sechs Fünfecke mit einander.

ζ) Man kann deshalb an den Umfang der Figur *ABCDELQMRNSOTPU* fünf Dreiecke *TOS*, *SNR*, *RMQ*, *QLU* und *UPT* legen, die einander und den Dreiecken *PTO*, *OSN* etc. gleich sind. Man stelle sich die Ebenen dieser Dreiecke verlängert vor, so werden sie sich, zu zweien, in geraden Linien schneiden, weil sie weder parallel sind, noch in einer und derselben Ebene liegen. Die gerade Linie, in welcher sich die beiden Ebenen *UPT* und *TOS* schneiden, sey *TI*, die gerade Linie, in welcher sich die beiden Ebenen *TOS*, *SNR* schneiden, *SH* etc. In den daraus entstehenden Raum-Dreiecken *ITPO*, *HSON* etc., sind aber die Winkel an den Kanten *TP* und *TO*, *SO* und *SN* etc., nebst den eingeschlossenen Seiten *PTO*, *OSN* etc., den Winkeln an den Kanten *DE* und *DC*, und der eingeschlossenen Seite *EDC* des Raum-Dreiecks *EDOC* gleich. Also sind alle jene Raum-Dreiecke dem Raum-Dreieck *EDOC*, und einander gleich. Folglich sind auch die Winkel an den Kanten *TI*, *SH*, *RG*, *QF*, *UK*, allen übrigen Kanten-Winkeln, zwischen den sechs Fünfecken, und die Seitenwinkel *ITO*, *HSO*, *HSN*, *GRN* etc. den sämmtlichen Fünfecks-Winkeln gleich. Also sind z. B, in der Figur *ITOSH* die Winkel bei *T*, *O* und *S*, alle drei, Winkel eines regelmäfsigen Fünfecks, oder gleich $\frac{6\varrho}{5}$. Daher sind *TI* und *SH* nicht parallel, sondern schneiden sich irgend wo, z. B. in *Y*. Aus gleichen Gründen müssen sich *TI* und *UK*, *UK* und *QF*, *QF* und *GR*, *GR* und *SH* irgend wo schneiden, z. B. in Y_1, Y_2, Y_3, Y_4. Aber in den auf diese Weise entstehenden Vierecken, z. B. in *YTOS* und Y_1TPU sind drei Winkel bei *T*, *O*, *S* und *T*, *P*, *U*, nebst den dazwischen liegenden Seiten, die nemlichen. Also sind die Vierecke gleich (§. 76. VI.), und folglich ist $TY = TY_1$. Folglich schneiden sich die fünf Ebenen *ITOSH*, *HSNRG* etc. alle in einem und demselben Puncte *Y*. Zugleich aber sind die Vierecke *YTOS*, *YSNR* etc. den Vierecken *XPTO*, *XOSN* etc. gleich, weil in den ersteren drei Winkel bei *T*, *O*, *S*, bei *S*, *N*, *R*, etc., nebst den dazwischen liegenden Seiten, den Winkeln bei *P*, *T*, *O*, bei *O*, *S*, *N* etc., nebst den dazwischen liegenden Seiten in den letzteren, gleich sind. Dafs die Winkel an den Kanten *TY*, *SY* etc., welche die Vierecke mit einander machen, einander und den Winkeln an den Kanten *PX*, *OX* etc., gleich sind, ist schon vorhin gezeigt.

Es ist also nunmehr eine Figur *UPTOSNRMQLY* entstanden, welche der Figur *UPTOSNRMQLX* gleich ist, weil sie die nemlichen Seiten, Winkel und Kanten-Winkel hat.

η) Macht man daher noch $TI = SH = RG = QF = UK = AL = BM = CN = DO = EP$, so müssen nothwendig auch die Puncte *F*, *G*, *H*, *I*, *K* in einer und derselben Ebene liegen, eben wie *A*, *B*, *C*, *D*, *E*; desgleichen mufs die Ebene *FGHIK* der Ebene *ABCDE* gleich seyn, und mit den anstofsenden fünf Fünfecken *ITOSH* etc., die nemlichen Kanten-Winkel machen, wie die Ebene *ABCDE* mit den fünf Fünfecken *PEDOT* etc., die an sie anstofsen.

ϑ) Aber auch die Winkel an den Kanten *PT*, *TO*, *OS* etc. sind, wie vorhin gezeigt, den Winkeln an den übrigen Kanten der Figur gleich.

Es ist also zusammengenommen ein Körper *ABCDEFGHIKLMNOPQRSTU* entstanden, welchen zwölf gleiche, regelmäfsige Fünfecke umschliefsen, und mit gleichen Kanten-Winkeln und gleichen Raum-Dreiecken an den Ecken.

Das Dodecaëder ist daher möglich.

Zweiter Beweis. α) Es sey *ABCD*.... (Fig. 290.) irgend eine regelmäfsige Figur in der Ebene, von *n* Seiten. *M* sey ihr Mittelpunct, und *MP* durch *M* auf der Ebene *ABCD*.... senkrecht. Da $MA = MB = MC$ etc. ist, so sind die rechtwinkligen Dreiecke *AMP*, *BMP*, *CMP* etc. einander gleich, und folglich sind die schrägen Linien *PA*, *PB*, *PC* etc. gleich lang. Also sind auch, weil aufserdem $AB = BC = CD$ etc. ist, die Dreiecke *APB*, *BPC*, *CPD* etc. einander gleich. Desgleichen sind die Winkel *ABC*, *BCD*, *CDE* etc. einander gleich. Also sind die Raum-Dreiecke *ABPC*, *BCPD* etc. einander gleich, und folglich auch die Winkel an den Kanten *AP*, *BP*, *CP* etc. Desgleichen die Winkel an den Kanten *AB*, *BC*, *CD* etc.

Nun ziehe man z. B. aus *B* und *G* Perpendikel auf *AP*, so werden dieselben die Linie *AP* in einem und demselben Puncte *I* schneiden. Denn die Winkel *PAB* und *PAG* sind gleich, wie die Seiten *AB* und *AG*, also sind die rechtwinkligen Dreiecke, welche *AB* und *AG* mit *AP* und den Perpendikeln aus *B* und *G* auf *AP* einschliefsen, einander gleich, und folglich begegnen die Perpendikel der Linie *AP* in gleichen Entfernungen von *A*, also in einem und demselben Puncte der Linie *AP*. Es ist also *BIG* der Winkel, den die Ebenen *PAB* und *PAG* an der Kante *AP* einschliefsen.

Es sey *Q* ein anderer Punct des Perpendikels *MP*, welcher näher an der Ebene *ABCD*.... liegt, als *P*, so sind wiederum, wie vorhin, die schrägen Linien *QA*, *QB*, *QC* etc., die Winkel *AQB*, *BQC* etc. und die Winkel an den Kanten *AQ*, *BQ*, *CQ* etc. und *AB*, *BC*, *CD* etc. einander gleich. Desgleichen schneiden Perpendikel, z. B. aus *B* und *G* auf *AQ*, die Kante *AQ* in einem und demselben Punct *K*, und *BKG* ist der Winkel, den die Ebenen *QAB* und *QAG* an der Kante *AQ* einschliefsen.

Aber die Winkel *AQB*, *BQC* etc. sind nothwendig gröfser, als die Winkel *APB*, *BPC* etc., weil die gleichen Schenkel der Dreiecke *AQB*, *BQC* etc. kürzer sind, als die gleichen Schenkel der Dreiecke *APB*, *BPC* etc. über den nemlichen Grundlinien *AB*, *BC* etc. Also sind die gleichen Winkel *QAB*, *QAG* kleiner als die gleichen Winkel *PAB*, *PAG*. Folglich sind in den rechtwinkligen Dreiecken *AKB* und *AKG* die Perpendikel *BK* und *GK* kürzer, als die Perpendikel *BI* und *GI* in den rechtwinkligen Dreiecken *AIB* und *AIG*, mit gleichen Hypothenusen *AB* und *AG*. Also ist in dem Dreieck *BKG* der Winkel *BKG* gröfser, als der Winkel *BIG* in dem Dreieck *BIG* über der gemeinschaftlichen Seite *BG*.

Mithin sind die Kanten - Winkel der Pyramide *ABC*.... *P*, um die Spitze *P*, um so gröfser, je näher die Spitze der Grundfläche liegt, und nehmen stetig zu, wie die Höhe *PM* der Pyramide abnimmt.

Ist die Länge des Perpendikels *MP* Null, so fallen die Seiten - Ebenen der Pyramide in die Grund - Ebene

ABCD.... Die Kanten-Winkel um die Spitze sind also alsdann sämmtlich zwei Rechte. Ist hingegen die Spitze der Pyramide, über jede Grenze hinaus von der Grund-Ebene entfernt, so stehen die Seiten-Ebenen der Pyramide auf der Grund-Ebene senkrecht, und die Kanten-Winkel sind den Polygon-Winkeln *ABC*, *BCD* etc. gleich, also gleich $\frac{2(n-2)}{n}\varrho$.

Die Grenzen der Kanten-Winkel sind also 2ϱ und $2\left(\frac{n-2}{n}\right)\varrho$, und eine Pyramide mit gleichen Kanten-Winkeln über einem regelmäſsigen n Eck ist immer möglich, wenn die Gröſse der Seiten-Winkel zwischen diese Grenzen fällt.

Es sind also dergleichen Pyramiden möglich:

über einem regelmäſsigen Dreieck, mit gleichen Kanten-Winkeln zwischen 2ϱ und $\frac{2}{3}\varrho$,

über einem regelmäſsigen Viereck mit gleichen Kanten-Winkeln zwischen 2ϱ und ϱ,

über einem regelmäſsigen Fünfeck mit gleichen Kanten-Winkeln zwischen 2ϱ und $\frac{6}{5}\varrho$, u. s. w.

Die um die Spitze liegenden Kanten, Kanten-Winkel und Seiten-Ebenen aller dieser Pyramiden sind, nebst den Kanten und Kanten-Winkeln um die Grund-Ebene, einander gleich.

β) Es sind also Pyramiden möglich:

über regelmäſsigen Dreiecken mit Kanten-Winkeln von $\frac{4}{3}\varrho$, ϱ und $\frac{4}{5}\varrho$,

über regelmäſsigen Vierecken mit Kanten-Winkeln von $\frac{4}{3}\varrho$,

über regelmäſsigen Fünfecken mit Kanten-Winkeln von $\frac{4}{3}\varrho$; denn alle diese Maaſse der Kanten-Winkel liegen zwischen den obigen Grenzen.

Nun stelle man sich z. B. eine Pyramide *ABCE* (Fig. 291.) über einem regelmäſsigen Dreiecke *ABC* vor, in welcher die Winkel an den Kanten *EA*, *EB*, *EC* gleich $\frac{4}{3}\varrho$ sind. Auf diese Pyramide lege man eine ihr gleiche Pyramide, deren Seiten-Ebenen also den Seiten-Ebenen der Pyramide *ABCE* gleich sind, und zwar mit einer der Seiten-Ebenen auf die gleiche Seiten-Ebene *AEB*, so daſs die neue Pyramide in die Lage *ABDE* kommt, und ihre Spitze mit der Spitze der Pyramide *ABCE* in *E* zusammenfällt, so werden nunmehr die Kanten-Winkel des Körpers *ABCED* an den Kanten *AE* und *BE*, $\frac{4}{3}\rho$ betragen. Die Ebenen *AED*, *AEC* und *BED*, *BEC* werden also mit einander noch Winkel von $\frac{4}{3}\rho$ machen. Zugleich sind diese Ebenen einander gleich. Also kann man auf *AEC* eine dritte, der Pyramide *ABCE* gleiche Pyramide *ADCE*, mit der Spitze in *E*, legen. Zwei Seiten-Ebenen derselben werden die Ebenen *AEC* und *AED* decken, und die dritte *CED* wird mit der Ebene *CEB* noch einen Winkel von $\frac{4}{3}\rho$ machen. Eben diesen Winkel machten aber auch *EBC* und *EBD*, und aufserdem sind die drei Ebenen *CEB*, *CED* und *BED* einander gleich. Also kann man auf *EBC* eine vierte, der Pyramide *ABCE* gleiche Pyramide *BCED* mit der Spitze in *E* legen, deren Seiten-Ebenen die Ebenen *CEB*, *CED* und *BED* alle drei decken. Es sind also zusammengenommen nunmehr vier einander gleiche Pyramiden zusammengelegt worden, die den ganzen Raum um den Punct *E* bis an ihre Grund-Ebenen füllen. Die Spitzen von allen vieren liegen in dem Puncte *E*, und die Seiten-Ebenen um die Spitze liegen sämmtlich im Innern des entstandenen Körpers und decken sich. Die vier Pyramiden kehren also blofs ihre gleichseitigen dreieckigen Grund-Ebenen nach Aufsen, und es ist folglich ein Körper entstanden, der von vier einander gleichen und gleichseitigen Dreiecken umgeben ist. Die Kanten-Winkel dieses Körpers und die Raum-Polygone an den Ecken sind einander gleich, weil es die Kanten-Winkel und Ecken der zusammengelegten Pyramiden an ihren Grund-Ebenen sind (α.). Also ist der entstandene Körper *ABCD* ein Tetraëder, welches daher möglich ist.

γ) Ganz auf dieselbe Weise läfst sich zeigen, dafs aus acht gleichen Pyramiden, mit gleichseitigen Dreiecken zu Grund-Ebenen, und Kanten-Winkeln um die Spitze, welche rechte sind, ein Octaëder; mit zwanzig gleichen Pyramiden mit gleichseitigen Dreiecken zu Grund-Ebenen, und Kanten-Winkeln um die Spitze von $\frac{4}{5}\rho$, ein Icosaëder, mit sechs gleichen Pyramiden mit regelmäfsigen Vierecken zu Grund-Ebenen, und Kanten-Winkeln um die Spitze von $\frac{4}{3}\rho$, ein Hexaëder, und mit zwölf gleichen Pyramiden mit regelmäfsigen Fünfecken zu Grund-Ebenen, und Kanten-Winkeln um die Spitze von $\frac{4}{3}\rho$, ein Dodecaëder zusammengesetzt werden kann; wodurch also die Möglichkeit dieser Körper ebenfalls bewiesen wird.

567.

Lehrsatz. *Es giebt nicht mehr als fünf regelmäſsige convexe Polyëder* *).

Erster Beweis. Da ein regelmäſsiges convexes Polyëder regelmäſsige ebene Figuren zu Seiten-Ebenen haben soll, so können um die Ecken z. B. nur regelmäſsige Dreiecke, Vierecke und Fünfecke liegen. Weniger als drei Ebenen schlieſsen aber keine Raum-Ecke ein. Also können nur um jede Ecke

Erstlich: drei regelmäſsige Dreiecke liegen,

Zweitens: vier regelmäſsige Dreiecke,

Drittens: fünf regelmäſsige Dreiecke.

Sechs regelmäſsige Dreiecke aber nicht mehr. Denn die Winkel von sechs, um eine Ecke zusammenstoſsenden regelmäſsigen Dreiecken, würden zusammen 6 mal $\frac{2}{3}\varrho$, oder vier rechte Winkel betragen, also keine convexe Raum-Figur mehr einschlieſsen. Noch weniger sieben oder mehr regelmäſsige Dreiecke.

Sodann können um jede Ecke

Viertens: drei regelmäſsige Vierecke liegen, aber nicht mehr; denn die Winkel von vier Vierecken betragen schon wieder vier Rechte, und geben keine convexe Raum-Figur mehr: noch weniger fünf und mehr Vierecke.

Ferner können um jede Ecke

Fünftens: drei regelmäſsige Fünfecke liegen, aber nicht mehr; denn die Winkel von vier regelmäſsigen Fünfecken betragen schon $4.\frac{6}{5}\varrho = (4+\frac{4}{5})\varrho$, also mehr als vier Rechte, und schlieſsen folglich keine convexe Raum-Figur mehr ein.

Regelmäſsige Vielecke von mehr als fünf Seiten, können gar nicht mehr um eine Ecke liegen, denn schon drei regelmäſsige Sechsecke, schlieſsen keine convexe Raum-Figur mehr ein, weil ihre Winkel $3.\frac{8}{6}\varrho = 4\varrho$ aus machen, um so weniger Siebenecke, Achtecke u. s. w.

Also sind überhaupt nur fünf regelmäſsige Polyëder möglich. Dasjenige, um dessen Ecken drei regelmäſsige Dreiecke liegen, ist das Tetraëder; das zweite, mit vier regelmäſsigen Dreiecken um die Ecken, ist das Oc-

---

*) Nicht-convexe Polyëder mit gleichen Seiten-Ebenen und Kanten-Winkeln giebt es noch auſserdem. (Man sehe z. B. die Abhandlung von Poinsot in den Mémoires des savans étrangers, 2. Band. S. 552.)

taëder; das dritte, mit fünf regelmäſsigen Dreiecken um die Ecken ist das Icosaëder; das vierte, mit drei regelmäſsigen Vierecken um die Ecken, ist das Hexaëder; und das fünfte, mit drei regelmäſsigen Fünfecken um die Ecken, ist das Dodecaëder.

Zweiter Beweis. Auch aus der Vorstellung der Zusammensetzung der regelmäſsigen Polyëder aus Pyramiden über regelmäſsigen Grund-Ebenen, worauf der zweite Beweis des Satzes (§. 566.) beruht, folgt, daſs nur fünf regelmäſsige Polyëder möglich sind. Man kann nemlich nur 3, 4 und 5, und nicht mehr Pyramiden, mit dreieckigen Grund-Ebenen um eine Kante zusammenlegen. Denn wollte man z. B. 6 solche Pyramiden zusammenlegen, so dürften ihre Kanten-Winkel nur gleich $\frac{4\varrho}{6}$, oder gleich $\frac{2}{3}\varrho$ seyn, weil sie zusammen den ganzen Raum um die Kanten füllen, also zusammen gleich 4ϱ seyn müssen. Dergleichen Pyramiden existiren aber zufolge (α. in dem erwähnten Beweise), nicht mehr. Eben so kann man nur 3 Pyramiden, mit viereckigen Grund-Ebenen, um eine Kante zusammen legen, denn schon vier Pyramiden dürften nur noch rechte Winkel zu Kanten-Winkeln haben, was nicht seyn kann. Desgleichen kann man nur 3 Pyramiden mit fünfeckigen Grund-Ebenen um eine Kante zusammenlegen, weil 4 Pyramiden nur noch Kanten-Winkel von $\frac{4\varrho}{6}$ haben dürften, was nicht Statt findet. Endlich können auch selbst bloſs drei Pyramiden mit 6eckigen Grundflächen, nicht mehr um eine Kante zusammengelegt werden, weil ihre Kanten-Winkel nur $\frac{4\varrho}{6}$ oder $\frac{2}{3}\varrho$ betragen dürften, was nicht angeht. Um so weniger können Pyramiden mit sieben und mehrseitigen Grundebenen zusammen gelegt werden. Es giebt also in allem nur fünf, aus Pyramiden zusammengelegte regelmäſsige Polyëder.

568.

Lehrsatz. Die regelmäſsigen convexen Polyëder sind alle centrisch nach den Ecken, centrisch nach den Seiten und centrisch nach den Kanten zugleich, und die Mittelpuncte der Ecken, Seiten und Kanten, liegen in einem und demselben Puncte. Das heiſst, es giebt in jedem regelmä ſsigen convexen Polyëder einen Punct, der zu gleicher Zeit, gleich weit von den Ecken, von den Seiten und von den Kanten entfernt ist.

Erster Beweis. Die regelmäſsigen Vielecke, von welchen regelmäſsige Polyëder umschlossen sind, haben sämmtlich Mittelpuncte der Ecken und der Seiten, und zwar liegen diese Mittelpuncte in einem und demselben Puncte.

Man nehme an, M und N (Fig. 292.) wären die Mittelpuncte zweier, in der Kante AB zusammenstoſsenden Seiten-Ebenen irgend eines regelmäſsigen Polyëders. Zieht man aus M und N Perpendikel auf die Kante AB, so halbiren sie dieselbe; denn die Perpendikel aus dem Mittelpuncte jeder regelmäſsigen Figur auf die Seiten, halbiren dieselben. Die beiden Perpendikel treffen also die Kante in einem und demselben Puncte C, der mitten zwischen A und B liegt, und MCN ist nunmehr der Kanten-Winkel des Polyëders.

Eine Ebene, durch M, C und N stehet auf der Kante AB, und zugleich auf den Seiten-Ebenen des Polyëders CL und CK senkrecht. Zieht man in der Ebene MCN, durch M und N, Perpendikel auf CM und CN, so müssen sich dieselben begegnen, etwa in P, weil der Kanten-Winkel MCN in jedem convexen Polyëder kleiner als zwei rechte ist. Die geraden Linien PM und PN stehen aber auf den Seiten-Ebenen des Polyëders CK und CL selbst senkrecht. Es ist ferner $CM=CN$, weil die Seiten-Ebenen des Polyëders einander gleich sind, und folglich die Mittelpuncte derselben gleich weit von der, beiden gemeinschaftlichen Seite AB entfernt sind. Es sind folglich die rechtwinkligen Dreiecke CPM und CPN, weil die Hypothenuse beiden gemein ist, gleich, und folglich ist $PM=PN$, das heiſst, der Punct P ist gleich weit von den beiden Seiten-Ebenen CL und CK des Polyëders entfernt. Was aber von der an CL anstoſsenden Seiten-Ebene CK gilt, gilt gleicher Weise auch von den übrigen Ebenen, die an CL anstoſsen. Also ist der Punct P von allen, an die Ebene CL anstoſsenden Ebenen, und von ihr selbst gleich weit entfernt. Eben das aber gilt auch wieder von den, die anstoſsenden Seiten-Ebenen umgebenden Ebenen. Also ist der Punct P von allen Seiten-Ebenen des Polyëders, ohne Ausnahme, gleich weit entfernt, und folglich hat das Polyëder einen Mittelpunct der Seiten.

Da ferner *MP* und *NP* Perpendikel auf die in *AB* zusammenstofsenden Seiten-Ebenen *CK* und *CL* des Polyëders sind, und durch die Mittelpuncte *M* und *N* derselben gehen, so sind alle schrägen Linien aus *P*, nach den Ecken der beiden Seiten-Ebenen gleich lang; denn diese Ecken liegen von den Mittelpuncten *M* und *N*, gleich weit entfernt. Das Nemliche gilt von den schrägen Linien nach den übrigen Ecken des Körpers, denn sie sind schräge Linien um Perpendikel durch die Mittelpuncte der Seiten-Ebenen, welche Perpendikel, wie vorhin bewiesen, gleich lang sind. Die schrägen Linien aus *P*, nach den Ecken des Körpers, sind aber Halbmesser der Ecken. Also hat das Polyëder einen Mittelpunct der Ecken, der in dem Mittelpunct der Seiten liegt.

Sodann sind die gleichseitigen Dreiecke, wie *APB*, welche die Kanten zu Grundlinien, und die Halbmesser der Ecken zu Seiten haben, einander gleich, weil die Kanten und die Halbmesser gleich sind. Also sind auch die Perpendikel in diesen Dreiecken aus der Spitze auf die Kanten, wie *PC*, für alle Kanten gleich lang. Diese Perpendikel sind die Entfernungen der Kanten, von dem Puncte *P*, oder die Halbmesser der Kanten. Also hat der Körper, da diese Entfernungen gleich sind, auch einen Mittelpunct der Kanten, der ebenfalls mit dem Mittelpunct der Seiten und Ecken zusammenfällt.

Zweiter Beweis. Stellt man sich die regelmäfsigen Polyëder auf die Art, wie im zweiten Beweise von (§. 566.), aus gleichen Pyramiden zusammengesetzt, vòr, so folgt die Behauptung des gegenwärtigen Lehrsatzes unmittelbar. Die Kanten um die Spitzen der gleichen Pyramiden, aus welchen der Körper zusammengesetzt wird, die Perpendikel aus den Spitzen auf die Grund-Ebenen, und diejenigen auf die Kanten an den Grund-Ebenen sind gleich lang. Die Kanten um die Spitzen aber sind die Entfernungen der Ecken des Polyëders von dem Punct, in welchem jedesmal die Spitzen aller Pyramiden zusammenfallen; die Perpendikel aus den Spitzen auf die Grund-Ebenen selbst sind die Entfernungen der Seiten-Ebenen des Polyëders von dem nemlichen Punct, und die Perpendikel aus den Spitzen auf die Kanten an den Grund-Ebenen sind die Entfernungen der Kanten des Körpers, wiederum von dem nemlichen Puncte. Da nun diese verschiedenen Entfernungen von einem und dem nemlichen Puncte gleich lang sind, so folgt, daſs jedes regelmäſsige Polyëder einen Mittelpunct der Ecken, einen Mittelpunct der Seiten und einen Mittelpunct der Kanten hat, die alle drei in einem und demselben Puncte, nemlich in demjenigen liegen, in welchem die Spitzen der Pyramiden, aus denen man sich das Polyëder zusammengelegt vorstellt, zusammenfallen.

569.

Anmerkung. Gleiche und regelmäſsige Seiten-Ebenen allein umschlieſsen nicht nothwendig ein regelmäſsiges Polyëder. Es müssen auch die Kanten-Winkel und Ecken gleich seyn. Wenn man z. B. zwei Tetraëder über einer gleichen Seitenfläche zusammensetzt, so entstehet ein von sechs gleichen und regelmäſsigen Dreiecken umschlossener Körper, der gleichwol kein regelmäſsiges Polyëder ist, weil seine Kanten-Winkel und Ecken nicht alle gleich sind.

570.

Lehrsatz. Die zu regelmäſsigen Polyëdern symmetrischen Körper sind den gegebenen regelmäſsigen Polyëdern gleich.

Beweis. Ein zu einem gegebenen symmetrisches Polyëder ist von demselben in weiter nichts verschieden, als daſs seine Seiten-Ebenen um die Ecken in umgekehrter Ordnung auf einander folgen, gegen die Ebenen um ähnlich liegende Ecken des gegebenen Körpers; denn die Seiten-Ebenen selbst, nebst den Kanten-Winkeln, sind in beiden Körpern gleich (§. 563.). Nun sind die um die Ecken zusammenstoſsenden Seiten-Ebenen regelmäſsiger Polyëder unter einander gleich, weil die Seiten-Ebenen gleiche regelmäſsige Polygone sind. Also bleiben die Ecken dieselben, wenn auch die Ebenen, welche sie einschlieſsen, in umgekehrter Ordnung auf einander folgen. Es sind daher auch die Ecken regelmäſsiger Polyëder den Ecken der Figuren, die zu ihnen symmetrisch sind, gleich. Also sind regelmäſsige Polyëder und die zu ihnen symmetrischen Körper congruent.

Zweiter Abschnitt.

Von der Gröſse der Polyëder und dem, was sich darauf bezieht.

571.

Lehrsatz. Die Inhalte gerade abgeschnittener, senkrechter Prismen über gleichen Grundflächen, und ihre Höhen sind Gleichvielfache.

Z. B. Wenn $ABC\ldots\, abc\ldots$ und $ABC\ldots\alpha\beta\gamma\ldots$ (Fig. 293.) zwei senkrechte, gerade abgeschnittene Prismen über einerlei Grundfläche $ABC\ldots$ sind, so daſs also auch z. B. zwei Kanten Aa und $A\alpha$ für ihre Höhe genommen werden können, und man bezeichnet den Inhalt der beiden Prismen durch V und v, und ihre Höhen Aa und $A\alpha$ durch H und h, und es ist $H=\mu h$, so ist auch $V=\mu v$.

Beweis. α) Man lege in gleichen Entfernungen von einander, Ebenen KL, MN, OP etc. durch die Prismen, mit der Grundfläche parallel, die also alle Kanten und die Seiten-Ebenen des Prisma schneiden: so schlieſsen diese Ebenen mit den Seiten-Ebenen lauter Prismen ein, wie AL, KN, MP etc. (§. 535.), denn die Körper AL, KN etc. liegen jeder zwischen zwei parallelen Grund-Ebenen und zwischen Seiten-Ebenen, deren Durchschnitte ebenfalls parallel sind. Also ist z. B. in dem Prisma AL die Ebene KL der Grund-Ebene $ABC\ldots$ gleich (§. 536.). Eben so ist in dem Prisma KN die Ebene MN der Ebene KL, also ebenfalls der Grund-Ebene $ABC\ldots$ gleich, u. s. w. Folglich haben alle Prismen AL, $KN\ldots MP\ldots$ gleiche Grundflächen. Sie haben aber auch nach der Voraussetzung gleiche Höhen, denn ihre Höhen sind die gleichen Entfernungen, in welchen von einander die Ebenen KL, MN, $OP\ldots$ gelegt wurden. Also sind sie alle congruent (§. 539. II.), und folglich auch gleichen Inhalts.

β) Gesetzt nun, die Höhen $Aa=H$ und $A\alpha=h$ wären erstlich unter einander commensurabel, das heiſst, es gäbe irgend eine Linie p, die gerade m mal genommen, die Höhe h, und n mal genommen, die Höhe H ausmachte, so daſs

$$1.\quad mp=h \text{ und } np=H$$

wäre, wo m und n ganze Zahlen sind, so bestehet das Prisma

Prisma $ABC \ldots abc \ldots$, wenn man die Höhen AK, KM etc., der einzelnen Prismen AL, KN etc., gleich p setzt, aus n Prismen, wie AL, die, wie bewiesen, alle einander gleich und folglich gleich grofs sind, und das Prisma $ABC \ldots \alpha\beta\gamma \ldots$ aus m eben solchen Prismen. Bezeichnet man also den Inhalt eines einzelnen Prisma, wie AL, durch P, so ist

$$2. \quad mP = v \text{ und } nP = V.$$

Aus (1,) folgt: $\frac{H}{h} = \frac{np}{mp} = \frac{n}{m}$, und aus (2.) $\frac{V}{v} = \frac{nP}{mP} = \frac{n}{m}$. Also ist $\frac{V}{v} = \frac{H}{h}$, folglich, wenn $H = \mu h$ oder $\frac{H}{h} = \mu$ ist, auch $\frac{V}{v} = \mu$, oder $V = \mu v$, unter der Bedingung, dafs H und h mit einander commensurabel sind.

γ) Es sind ferner die Inhalte zweier Prismen, über gleichen Grundflächen, und ihre Höhen, *gleichförmig zusammengehörige Gröfsen* (§. 158.); denn sie wachsen immer zugleich: nie nimmt die eine ab, wenn die andere wächst, oder umgekehrt. Also ist auch, zufolge (§. 159.), noch eben sowohl

$$4. \quad V = \mu v, \text{ für } H = \mu h,$$

wenn auch H und h mit einander incommensurabel sind; folglich ist unter allen Umständen $V = \mu v$, wenn $H = \mu h$ ist.

572.

Zusatz. Also auch von senkrechten Parallelepipeden, weil sie nichts Anderes, als gerade abgeschnittene senkrechte Prismen, mit parallelogrammatischen Grundflächen sind (§. 541.), sind, wenn die Parallelepipeden gleiche Grundflächen haben, die Höhen und die Inhalte Gleichvielfache.

573.

Erklärung. Wenn eine Kante von den drei, in einer Ecke zusammenstofsenden, auf einander senkrechten Kanten eines senkrechten und rechteckigen Parallelepipedi zur Höhe des Körpers genommen wird, so nennt man auch, in Beziehung auf den Inhalt des Körpers, die anderen beiden von jenen drei Kanten, Länge und Breite.

574.

Erklärung. So wie man den Inhalt eines Quadrats, dessen Länge und Breite der Längen-Einheit gleich ist, zur Einheit der Flächen nimmt (§. 163.), und alsdann den Inhalt beliebiger Flächen bloſs durch Zahlen ausdrücken kann: so nimmt man den Inhalt eines gleichseitigen und rechteckigen, senkrechten Parallelepipedi oder Hexaëdri, Cubi oder Würfels, dessen Länge, Breite und Höhe der Längen-Einheit gleich ist, zur Einheit des Inhalts der Körper an, und kann alsdann diesen Inhalt ebenfalls bloſs durch Zahlen ausdrücken, deren Einheit, wie gesagt, sich auf den Inhalt des, Eine Längen-Einheit langen, breiten und hohen Würfels bezieht. Man kann also auch unter dem Ausdruck Inhalt eines Körpers, bloſs die Zahl der körperlichen Einheiten, welche der Körper enthalt, verstehen. Um die Gegenstande bestimmt zu unterscheiden und völlig genau zu bezeichnen, soll hinfort, in der That, unter dem Worte Inhalt eines Körpers, immer nur die Zahl der körperlichen Einheiten, welche er enthält, unter dem Worte Volumen hingegen, die Ausdehnung des Körpers selbst, ohne Rücksicht auf eine Vergleichung gegen die körperliche Einheit vermittelst Zahlen, verstanden werden.

575.

Lehrsatz. Die Zahl der körperlichen Einheiten, welche sich in dem Volumen eines rechtwinkligen Parallelepipedi befinden, ist gleich dem Producte der Zahlen der Längen-Einheiten, welche die Länge, Breite und Höhe dieses Körpers enthalten, die Zahlen mögen ganz, oder gebrochen oder irrational seyn. Oder kürzer: der Inhalt eines rechteckigen Parallelepipedi, ist gleich dem Producte seiner Länge, Breite und Höhe.

Z. B. Wenn die Zahl der körperlichen Einheiten, die das rechteckige Parallelepipedum $ABCDabcd$ (Fig. 294.) enthält, v ist, und die Zahlen der Längen-Einheiten in der Länge AB, in der Breite AC und in der Höhe Aa werden durch a, b, c bezeichnet, so ist

$$v = abc.$$

Beweis. α) Es sey $AHEG\alpha\chi\eta\varepsilon$ ein Würfel, dessen Länge, Breite und Höhe der Längen-Einheit gleich ist. Wenn dieser Würfel mit einer seiner Seiten-Ebenen in eine Seiten-Ebene des rechteckigen Parallelepipedi Ad gelegt wird, so fallen auch die beiden anstofsenden Seiten-Ebenen des Würfels in die anstofsenden Seiten-Ebenen des Parallelepipedi, weil die Ecken beider Körper von rechten Winkeln eingeschlossen werden, und folglich die Raum-Dreiecke in denselben gleich sind. Der Würfel kann also so gelegt werden, wie es in der Figur vorgestellt ist. Seine anderen drei Seiten-Ebenen $EG\varepsilon\eta$, $GH\eta\chi$ und $\alpha\chi\eta\varepsilon$ sind alsdann mit den Seiten-Ebenen $CDcd$, $DBdb$ und $abcd$ des Parallelepipedi parallel.

β) Verlängert man also die beiden Seiten-Ebenen $EG\varepsilon\eta$ und $\alpha\chi\eta\varepsilon$ des Würfels, bis sie die Seiten-Ebenen des Parallelepipedi schneiden, so entsteht wieder ein rechteckiges Parallelepipedum $ABEF\alpha\beta\varepsilon\varphi$. Dieses Parallelepipedum hat mit dem Würfel gleiche Grundfläche $AE\alpha\varepsilon$, seine Höhe AB aber ist gleich a, während die Höhe AH des Würfels 1 ist. Seine Höhe ist also das $a$fache der Höhe des Würfels, und die Grundflächen sind gleich: also ist sein Volumen, zufolge (§. 571. und 572.), ebenfalls das $a$fache von dem Volumen des Würfels. Letzteres aber wird durch 1 bezeichnet, folglich kann das Volumen des Parallelepipedi $A\varphi$ durch $a \cdot 1$ oder a bezeichnet werden, d. h. seyn Inhalt ist gleich a.

γ) Verlängert man hierauf die Ebene $\alpha\beta\varepsilon\varphi$, in welcher auch die Ebene des Würfels $\alpha\chi\eta\varepsilon$ liegt, bis sie die Seiten-Ebene $CDcd$ des Parallelepipedi Ad schneidet, so entstehet abermals ein rechteckiges Parallelepipedum $ABCD\alpha\beta\gamma\delta$. Dieses Parallelepipedum hat mit dem Parallelepipedo $A\varphi$ gleiche Grundfläche $AB\alpha\beta$, seine Höhe AC aber ist gleich b, während die Höhe AE des Parallelepipedi $A\varphi$, gleich 1 ist. Seine Höhe ist also das $b$fache der Höhe von $A\varphi$, und die Grundflachen sind gleich; also ist sein Volumen, zufolge (§. 571. und 572.) ebenfalls das $b$fache von dem Volumen des Körpers $A\varphi$, oder sein Inhalt ist gleich $b$mal den Inhalt von $A\varphi$. Der Inhalt von $A\varphi$ war aber gleich a. Also ist der Inhalt des Parallelepipedi $A\delta$ gleich ab.

δ) Endlich hat das gegebene Parallelepipedum AD mit dem Parallelepipedo $A\delta$ gleiche Grundfläche $ABCD$, seine Höhe Aa hingegen ist gleich c, während die Höhe $A\alpha$ des Parallelepipedi $A\delta$ nur gleich 1 ist. Seine Höhe ist also das $c$fache der Höhe von $A\delta$, und die Grundflächen sind gleich; also ist sein Volumen, zufolge (§. 571. und 572.), ebenfalls das $c$fache von dem Volumen des Körpers $A\delta$, oder sein Inhalt gleich $c$mal den Inhalt von *Ad* Der Inhalt von *Ad* war aber gleich *ab*. Also ist der Inhalt des gegebenen Parallelepipedi *AD* gleich *abc*; wie behauptet wird.

576.

Zusatz. *Der Inhalt eines Cubi oder Würfels, dessen Seite gleich* a, *ist gleich* $a . a . a = a^3$.

577.

Zusatz. *Wenn man eine der drei rechteckigen Seiten-Ebenen eines rechteckigen Parallelepipedi, die in irgend einer Ecke zusammenstofsen, zur Grundfläche annimmt, so ist die darauf senkrechte Kante, die Höhe. Der Inhalt jener drei Seiten-Ebenen ist* ab, ac *und* bc. *Die Höhe über der ersten ist* c, *über der zweiten* b, *und über der dritten* a. *Da nun der Inhalt des Parallelepipedi, zufolge* (§. 575.) *gleich* abc *ist, so ist derselbe immer gleich dem Product aus der Grundfläche in die Höhe.*

578.

Lehrsatz. *Der Inhalt eines senkrechten, gerade abgeschnittenen Prisma, dessen Grundfläche ein rechtwinkliges Dreieck ist, ist gleich dem Product aus seiner Grundfläche in die Höhe.*

Beweis. Es sey *ABCabc* (Fig. 295.) ein solches Prisma, und zwar der Winkel bei *C* ein rechter. *ABDabd* sey ein zweites, dem vorigen gleiches Prisma. Man lege diese beiden Prismen mit den Ebenen über den Hypothenusen der Grundflächen an einander, wie in der Figur, so werden die Grund-Ebenen *ABC* und *ABD*, *abc* und *abd*, in einerlei Ebenen fallen, denn die Ebenen über den Hypothenusen stehen auf den Grund-Ebenen senkrecht, und die Kanten-Winkel an *AB* sind folglich rechte. *ADBC* wird also eine und dieselbe Ebene seyn, und *adbc* ebenfalls. Nun ist der Winkel *CAB* das Complement von *ABC*, und *DAB* ist gleich *ABC*, also ist *CAD* ein rechter Winkel. Eben so *DBC*, desgleichen *cad* und *dbc*. Folglich sind *ADBC* und *adbc* Rechtecke. Und da auch *ACac*, *ADad*, *DBdb*, *BCbc* Rechtecke sind, so ist *ADBCadbc* ein rechteckiges Parallelepipedum.

Der Inhalt dieses Parallelepipedi ist, zufolge (§. 577.), gleich dem Producte aus der Grundfläche *ADBC* in die Höhe *Cc*. Der Inhalt des Prisma *ABCabc* aber ist die

Hälfte von dem Inhalt des Parallelepipedi, weil letzteres aus zwei gleichen Prismen bestehet, und die Grundfläche *ABC* des Prisma ist ebenfalls die Hälfte von der Grundfläche *ADBC* des Parallelepipedi. Also ist der Inhalt des Prisma *ABCabc* gleich dem Producte aus seiner Grundfläche in die Höhe.

579.

Lehrsatz. *Der Inhalt eines senkrechten, gerade abgeschnittenen Prisma, dessen Grundfläche ein beliebiges Dreieck ist, ist gleich dem Product aus seiner Grundfläche in die Höhe.*

Beweis. Es sey *ABCabc* (Fig. 296.) ein solches Prisma. Man fälle in der Grund-Ebene, aus der Ecke des gröfsten Winkels derselben, ein Perperpendikel *BD* auf die gegenüberstehende Seite, welches dieselbe immer zwischen den Ecken treffen wird. Durch dieses Perpendikel und die Kante *Bb* lege man eine Ebene *BDbd*, so wird das gegebene Prisma in zwei senkrechte, gerade abgeschnittene Prismen *ADBadb* und *BDCbdc* getheilt, welche rechtwinklige Dreiecke *ADB* und *CDB* zu Grundflächen haben. Die Inhalte dieser Prismen sind, zufolge (§. 578.), gleich dem Producte aus ihren Grundflächen in die gemeinschaftliche Höhe. Der Inhalt des gegebenen Prisma, welcher die Summe jener Inhalte ist, ist also gleich dem Product aus der Summe der Grundflächen *ADB* und *CDB*, in die Höhe *Aa*. Die Summe der Grundflächen *ADB* und *CDB*, ist aber die Grundfläche *ABC* des gegebenen Prisma selbst. Also ist der Inhalt des gegebenen Prisma gleich dem Product aus seiner Grundfläche in die Höhe.

580.

Lehrsatz. *Der Inhalt eines senkrechten Prisma, dessen Grundfläche eine beliebige ebene, von geraden Linien umschlossene Figur ist, ist gleich dem Product aus der Grundfläche in die Höhe.*

Beweis. Es sey *ABC* .... *abc* .... (Fig. 297.), ein solches Prisma. Man theile die Grund-Ebenen durch Diagonalen *AC*, *AD* .... *ac*, *ad* .... in Dreiecke. Die Diaganalen *AC* und *ac*, *AD* und *ad* etc. werden, weil die Kanten parallel sind, mit denselben in einerlei Ebenen *ACac*, *ADad* etc. liegen. Durch diese Ebenen *ACac*, *ADad* etc. wird das gegebene Prisma in lauter senkrechte, gerade abgeschnittene Prismen getheilt, welche Dreiecke, wie *ABC*, *ACD* etc. zu Grund-Ebenen haben. Die Inhalte dieser Prismen sind, zufolge (§. 579.) gleich den Producten aus ihren Grundflächen in die gemeinschaftliche Höhe. Der Inhalt des gegebenen Prisma, welcher die Summe jener Inhalte ist, ist also gleich dem Product aus der Summe der Grundflächen *ABC*, *ACD* etc., in die Höhe *Aa*. Die Summe der Grundflächen *ABC*, *ACD* etc, ist aber die Grundfläche *ABCD*... des gegebenen Prisma selbst. Also ist der Inhalt des gegebenen Prisma gleich dem Producte aus seiner Grundfläche in die Höhe.

581.

Zusatz. *Also auch der Inhalt eines senkrechten Parallelepipedi mit beliebiger, schiefwinkliger parallelogrammatischer Grundfläche, ist gleich dem Product aus der Grundfläche in die Höhe*, denn der Körper ist ein senkrechtes Prisma, dessen Grundflächen vermittelst Diagonalen aus zwei Dreiecken zusammengesetzt werden können.

582.

Lehrsatz. *Beliebige Parallelepipeda, von gleichen Grundflächen und Höhen, sind gleich grofs.*

Beweis. *α*) Wenn *ABCDαβγδ* und *ABCDabcd* (Fig. 298.), zwei Parallelepipeda von gleichen Grundflächen und Höhen sind, so liegen ihre Oberflächen, im Fall man, wie in der Figur, die unteren Grundflächen in einander legt, nothwendig in einer und derselben Ebene *αQd*, denn die Höhen der Parallelepipeden sind Perpendikel zwischen den oberen und unteren parallelen Grund-Ebenen, folglich sind die oberen, mit der Grund-Ebene parallelen Flächen beider Parallelepipeden, gleich weit von ihrer Grund-Ebene entfernt, und folglich fallen sie in eine und dieselbe Ebene.

β) Nun sind die Parallelogramme *αβγδ* und *abcd*, dem Parallelogramm *ABCD* gleich (§. 542. III.). Also sind sie auch einander gleich. Verlängert man daher die parallelen Seiten *αβ*, *γδ*, *ac* und *bd*, so schliefsen die gleich langen Stücke *PQ*, *SR* und *QS*, *RP*, welche sie von einander abschneiden, ebenfalls ein Parallelogramm *PQRS* ein, welches dem Parallelogramm *ABCD* gleich ist, und zwar sind *PR* und *QS*, mit *AC* und *BD*, und

PQ und *RS* mit *AB* und *CD* parallel. Man kann daher auch durch *PQ* und *AB*, durch *QS* und *BD*, durch *RS* und *CD*, und durch *RP* und *CA* Ebenen legen, welche wiederum Parallelogramme sind. Mithin ist auch *ABCDPQRS* ein Parallelepipedum.

γ) Da $\alpha\beta PQ$ und $\gamma\delta RS$ gerade Linien und mit den Parallelen *AB* und *CD*, so wie mit einander parallel sind, so sind αQAB und γSCD parallele Ebenen. Da ferner die Kanten $\alpha\gamma$, *AC*; *BD*, $\beta\delta$; *PR* und *QS* sämmtlich mit einander parallel sind, so sind die Körper $\beta QBDS\delta$ und $\alpha PACR\gamma$ Prismen. Es ist aber, weil $\gamma\delta = RS$ ist, $\gamma R = \delta S$. Desgleichen ist $\gamma C = \delta D$ und $RC = SD$: also sind die Dreiecke γCR und δDS einander gleich. Ferner sind die an das erste Dreieck anstofsenden Ebenen $AC\alpha\gamma$ und *ACPR* denen an das zweite anstofsenden Ebenen $BD\beta\delta$ und *BDQS* gleich. Also sind die Prismen $\beta QBDS\delta$ und $\alpha PACR\gamma$ congruent (§. 538.).

δ) Nun bleibt, wenn man das Prisma $\beta QBDS\delta$ von dem Körper $\alpha QABCD\gamma S$ wegnimmt, das Parallelepipedum $\alpha\beta\gamma\delta ABCD$ übrig. Nimmt man hingegen von dem nemlichen Körper das congruente, also auch gleich grofse Prisma $\alpha PACR\gamma$ weg, so bleibt das Parallelepipedum *PQRSABCD* übrig. Daher sind die beiden Parallelepipeda $\alpha\beta\gamma\delta ABCD$ und *PQRSABCD* gleich grofs.

ϵ) Die unteren Grundflächen dieser beiden Parallelepipeden fallen in einander. Die oberen Grundflächen $\alpha\beta\gamma\delta$ und *PQRS*, liegen in einer und derselben Ebene, und zwischen einen und denselben Parallelen αQ und γS. Ganz eben so verhält es sich mit den beiden Parallelepipeden *abcdABCD* und *PQRSABCD*. Auch von diesen fallen die unteren Grundflächen in einander, und die oberen *abcd* und *PQRS* liegen in einer und derselben Ebene, und zwischen einen und denselben Parallelen *cP* und *dQ*. Also sind auch die Parallelepipeda *abcdABCD* und *PQRSABCD* gleich grofs.

ζ) Folglich sind die beiden Parallelepipeda $ABCD\alpha\beta\gamma\delta$ und *ABCDabcd*, von gleicher Grundfläche und Höhe, an Gröfse einem und demselben Parallelepipedo *ABCDPQRS* gleich, und folglich sind sie selbst gleich grofs.

583.

Lehrsatz. *Der Inhalt jedes Parallelepipedi ist gleich dem Product aus der Grundfläche in die Höhe.*

Beweis. Es sey $ABCD\alpha\beta\gamma\delta$ (Fig. 298.) ein beliebiges schiefwinkliges, nicht senkrechtes Parallelepipedum, *ABCDKLMN* hingegen ein senkrechtes Parallelepipedum, von gleicher Höhe, über der nemlichen Grundfläche. Da diese beiden Parallelepipeda gleiche Grundflächen und Höhen haben, so sind sie gleich grofs (§. 582.). Der Inhalt des senkrechten Parallelepipedi aber ist gleich dem Producte aus seiner Grundfläche in die Höhe (§. 581.). Also ist auch der Inhalt des gleich grofsen schiefwinkligen Parallelepipedi $ABCD\alpha\beta\gamma\delta$ gleich diesem Producte. Da aber Grundfläche und Höhe des senkrechten Parallelepipedi zugleich die des schiefwinkligen sind, so ist der Inhalt des schiefwinkligen Parallelepipedi gleich dem Producte aus seiner Grundfläche in seine Höhe.

584.

Lehrsatz. Der Inhalt eines beliebigen, auch nicht senkrechten Prisma, mit dreieckiger Grundfläche, ist gleich dem Product aus seiner Grundfläche in die Höhe.

Beweis. α) Es sey *ABCabc* (Fig. 299.) ein nicht senkrechtes Prisma mit dreieckiger Grundfläche. Die Kanten *Aa*, *Bb*, *Cc* und die beiden Grund-Ebenen *abc* und *ABC*, nebst ihren Kanten, sind also parallel, und die Seiten-Ebenen *ABab*, *BCbc* und *CAca* sind Parallelogramme.

Man verlängere die Grund-Ebenen *ABC* und *abc* nach *D* und *d* hin, und mache in der Ebene *ABCD*, $AD = BC$ und $CD = AB$, so dafs *ABCD* ein ebenes Parallelogramm ist. Ferner ziehe man *Dd* durch *D* mit *Aa*, *Bb* und *Cc* parallel, und von *d*, wo *Dd* die Ebene *abcd* schneidet, die geraden Linien *da* und *dc* nach *a* und *c*. Da *Dd*, *Aa* und *Cc* parallel sind, so sind *ADad* und *DCdc* Ebenen. Dieselben schneiden die parallelen Ebenen *ABCD* und *abcd* in Parallelen (§. 432.). Also sind *da* und *dc* mit *DA* und *DC* parallel, und *ADad* und *CDcd* sind Parallelogramme. Der Körper *ABCDabcd* ist also von sechs ebenen Parallelogrammen umschlossen, und folglich ein Parallelepipedum. Desgleichen hat der Körper *ACDacd* parallele Kanten *Aa*, *Cc*, *Dd* und parallele Grund-Ebenen *ADC* und *adc*, die einander gleich sind, weil $ac = AC$, $ad = AD$ und $dc = DC$. Also ist der Körper *ACDacd* ein Prisma, eben wie der gegebene Körper *ABCabc*.

β) Alle Seiten-Ebenen des Prisma *ACDacd* sind den Seiten-Ebenen des gegebenen Prisma *ABCabc* gleich, nemlich die Dreiecke *ABC*, *ADC*, *abc*, *adc* sind gleich, weil sie von gleichen Seiten eingeschlossen werden; die Seiten-Ebene *ACac* haben beide Prismen gemein, und die Parallelogramme *ABab* und *BCbc*, sind den Parallelogrammen *DCdc* und *ADad* gleich. Die Seiten-Ebenen des Körpers *ACDacd* folgen aber in umgekehrter Ordnung aufeinander, gegen die gleichen Seiten-Ebenen des Körpers *ABCabc*. Nemlich die Ebenen *DCdc*, *CAca*, *ADad* folgen von der Linken zur Rechten, hingegen die gleichen Seiten-Ebenen *ABab*, *CAca* und *CBcb*, von der Rechten zur Linken. Eben so verhält es sich mit allen übrigen Seiten.

Daraus folgt, dafs die beiden Prismen *ABCabc* und *ADCadc*, welche zusammen das Parallelepipedum *ABCDabcd* ausmachen, symmetrisch sind.

γ) Nun lege man zwei Ebenen *CFEG* und *cfeg* durch *C* und *c* auf die Kante *Cc* senkrecht, so stehen dieselben, weil die Kanten *Aa*, *Bb*, *Cc*, *Dd* parallel sind, auch auf den drei anderen Kanten *Aa*, *Bb* und *Dd* senkrecht. Da nun die Ebenen *CFEG* und *cfeg* mit einander parallel sind, so schneiden sie von den parallelen Kanten gleich lange Stücke $Gg = Ee = Ff = Cc$ ab. Zugleich stehen auch ihre Durchschnitte mit den Ebenen durch die Kanten, nemlich *cg*, *ge*, *ef* und *cf*, *CG*, *GE*, *EF* und *CF* auf den Kanten senkrecht, und folglich sind *CcGg*, *GgEe*, *EeFf* und *FfCc* Rechtecke, hingegen *cgef* und *CGEF* sind Parallelogramme, weil *cg* und *ef*, *ge* und *cf*, *CG* und *EF*, *GE* und *CF*, als Perpendikel zwischen Parallelen, gleich sind. Also wird der Körper *CGEFcgef* von vier rechteckigen Seiten-Ebenen umschlossen, die auf parallelogrammatischen Grund-Ebenen senkrecht stehen. Er ist also ein senkrechtes Parallelepipedum, dessen Grund-Ebenen *CGEF* und *cgef* sind, und dessen Höhe *Cc* ist. Die Körper *ECFecf* und *EGCegc* hingegen sind senkrechte dreiseitige Prismen von gleichen Grundflächen $ECF = ECG$ und gleicher Höhe *Cc*, die folglich gleich, und mithin auch gleich grofs sind.

δ) Es ist ferner $Cc = Dd = Aa = Bb = Gg = Ee = Ff$. Also ist $Gd + GD = Gd + gd$, folglich $GD = gd$. Eben so ist $AE = ae$ und $BF = bf$. Daraus folgt, dafs der Körper *ABCEF* dem Körper *abcef*, und der Körper *ACDGE* dem Körper *acdge* gleich ist. Denn legt man z. B. die Ebene *ABC* in die gleiche Ebene *abc*, so fällt *AE* in *ae* und *BF* in *bf*, also weil *AE*=*ae* und *BF* = *bf* ist, auch *E* in *e* und *F* in *f*, folglich fallen auch die Ebenen *EAC*, *ABEF*, *BCF*, und zuletzt *ECF* in die Ebenen *eac*, *abef*, *bcf* und *ecf*. Mithin fallen alle Grenzen des Körpers *ABCEF* in die Grenzen des Körpers *abcef*, und folglich sind die beiden Körper gleich. Eben so verhält es sich mit den beiden Körpern *ACDGE* und *acdge*.

ε) Nun erhält man das senkrechte Prisma *ECFecf*, wenn man von dem gegebenen schiefen Prisma *ABCabc* den Körper *ABCEF* wegnimmt, und dagegen den, wie bewiesen, gleichen und folglich gleich grofsen Körper *abcef* hinzuthut. Daraus folgt, dafs das senkrechte Prisma *ECFecf* eben so grofs ist, als das gegebene schiefe Prisma *ABCabc*. Aus gleichem Grunde ist das senkrechte Prisma *EGCegc* eben so grofs, als das schiefe Prisma *ACDacd*. Die beiden senkrechten Prismen sind aber einander gleich und gleich grofs (γ.). Also sind auch die beiden schiefen, wie in (β.). bewiesen, symmetrischen Prismen *ABCabc* und *ADCadc* gleich grofs.

ζ) Das gegebene, schiefe Prisma *ABCabc*, dessen Grundfläche *ABC* die Hälfte der Grundfläche *ABCD* des Parallelepipedi *ABCDabcd* ausmacht, ist also halb so grofs, als dieses Parallelepipedum. Nun ist der Inhalt des Parallelepipedi *ABCDabcd*, gleich dem Product aus seiner Grundfläche in seine Höhe (§. 583.), die es mit dem Prisma *ABCabc* gemein hat. Also ist auch der Inhalt des gegebenen, schiefen Prisma *ABCabc* mit dreieckiger Grundfläche gleich dem Product seiner Grundfläche in seine Höhe; wie behauptet wird.

585.

Zusatz. *Aus dem Beweise von (§. 584.) folgt zugleich, dafs jede Diagonal-Ebene, wie* ACac *eines beliebigen Parallelpipedi* ABCDabcd (Fig. 299.), *das Parallelepipedum in zwei symmetrische und gleich grofse Prismen* ABCabc *und* ADCadc *theilt.*

586.

Lehrsatz. *Der Inhalt jedes, also auch eines schiefen Prima, mit beliebiger, von geraden Linien umschlos-*

sener Grundfläche, ist gleich dem Producte aus seiner Grundfläche in die Höhe.

Beweis. Man kann immer die Grundflächen des gegebenen Prisma, wie diejenigen des senkrechten Prisma (Fig. 297.), durch Diagonalen in Dreiecke theilen, und durch diese Diagonalen und durch die Kanten, welche sie verbinden, weil alle Kanten des gegebenen Prisma parallel sind, Ebenen legen. Dadurch wird das gegebene Prisma in lauter Prismen mit dreieckigen Grundflächen getheilt, die alle gleiche Höhe haben. Der Inhalt eines dreieckigen Prisma ist aber gleich dem Product aus seiner Grundfläche in seine Höhe (§. 584.). Also ist der Inhalt des gegebenen Prisma, gleich der Summe jener Producte, oder weil die Höhen der einzelnen Prismen gleich sind, gleich dem Product der Summe der Grundflächen der einzelnen Prismen in die gemeinschaftliche Höhe. Die Summe der Grundflächen ist aber der Grundfläche des gegebenen Prisma gleich. Also ist der Inhalt des gegebenen Prisma gleich dem Product aus seiner Grundfläche in seine Höhe.

587.

Lehrsatz. Pyramiden von gleich grofsen Grundflächen und gleichen Höhen sind gleich grofs.

Z. B. Wenn die Grundfläche *ABCDEFGH* und die Höhe MM_1 der Pyramide *AMF* (Fig. 300.), so grofs sind, als die Grundfläche *UVWXY* und die Höhe ZZ_1 der Pyramide *VZY*: so sind die beiden Pyramiden gleich grofs.

Beweis. *a*) Man theile die gleichen Höhen der Pyramiden in eine beliebige Zahl gleicher Theile, und lege durch die Theilungspuncte Ebenen *ab*, *cd* etc. $\alpha\beta$, $\gamma\delta$ etc., mit den Grundflächen parallel. Diese Ebenen schneiden die in den Spitzen *M* und *Z* zusammenstofsenden Seiten-Ebenen der Pyramiden in geraden Linien, welche den Grundflächen ähnliche Figuren $^1A^1B^1C$...., $^2A^2B^2C$.... etc. und $^1U^1V^1W$...., $^2U^2V^2W$.... etc. einschliefsen. Denn zufolge (§. 534.) sind z. B. die Schnittlinien $^1A^1B$, $^1B^1C$ etc. Gleichvielfache von den ähnlich liegenden Kanten *AB*, *BC* etc., und die Winkel $^1A^1B^1C$, $^1B^1C^1D$ etc., welche die Schnittlinien einschlieſsen, sind den Winkeln *ABC*, *BCD* etc., zwischen den ähnlich liegenden Kanten, gleich. Gleichvielfache wie die Kanten, sind auch, zufolge (§. 534.), die Höhen der Pyramiden, und da nun die Höhen der abgeschnittenen Pyramiden in beiden Pyramiden *AMF* und *VZY* gleich sind, so sind die Figuren $^1A^1B^1C^1D$.... etc. $^1U^1V^1W$.... etc. Gleichvielfache von den Grundflächen der Pyramiden, und folglich sind, weil die Grundflächen gleich groſs sind, diejenigen von diesen Figuren, welche in gleichen Höhen über den Grundflächen liegen, gleich groſs.

β) Nun lege man, sowohl durch sämmtliche Kanten an den Grundflächen *AB*, *BC*... etc. *UV*, *VW*... etc., als auch durch sämmtliche Schnitt-Linien $^1A^1B$, $^1B^1C$.... $^2A^2B$.... $^1U^1V$, $^1V^1W$.... $^2W^2V$.... Ebenen, die auf den, mit den Grundflächen parallel gezogenen horizontalen Ebenen senkrecht stehen, und verlängere sie so weit, bis sie jedesmal die nächste horizontale Ebene über, und die nächste horizontale Ebene unter den Schnittlinien erreichen, so schlieſsen diese senkrechten Ebenen mit den horizontalen Ebenen lauter senkrechte Prismen *Ab*, *ld*, *nf* etc. *im*, *ro*, *tq* etc. *Vβ*, *λδ*, *νζ* etc., *ομ*, *ϱξ*, *τχ* etc. ein; denn die horizontalen Grundflächen und die senkrechten Kanten dieser Körper sind parallel.

γ) Die Prismen *Ab*, *ld*, *nf*.... und *Vβ*, *λδ*, *νζ*.... zusammengenommen, umschlieſsen ganz die beiden Pyramiden *AMF* und *VZY*, so daſs sie zusammen gröſser sind, als die Pyramiden: die Prismen *im*, *ro*, *tq*.... *ομ*, *ϱξ*, *τχ* etc. hingegen liegen ganz in den Pyramiden, so daſs sie zusammen kleiner sind, als dieselben.

δ) Die Prismen *im*, *ro*, *tq*....*ομ*, *ϱζ*, *τχ*.... haben aber die nemlichen Grundflächen und Höhen, wie die darüber liegenden Prismen *ld*, *nf*, *ph*....*λδ*, *νζ*, *πτ*.... Also sind sie ihnen gleich. Folglich sind die sämmtlichen *inneren* Prismen den um eine Stufe höher liegenden *äuſseren* gleich, und folglich ist die Summe der sämmtlichen inneren Prismen der Summe der sämmtlichen äuſseren, wenn man von diesen letzteren die unteren *Ab* und *Vβ* wegläſst, gleich. Die Pyramiden *AMF* und *VZY*, sind also kleiner, als sämmtliche äuſseren Prismen, ohne Ausnahme, und gröſser als diese nemlichen Prismen, mit Ausnahme der unteren *Ab* und *Vβ*.

ε) Da aber die Grundflächen sämmtlicher, in gleichen Höhen liegender Prismen, zufolge (*α*.), in beiden Pyramiden gleich grofs sind, und ihre Höhen ebenfalls, so sind die Prismen gleich grofs, und folglich ist die Summe der Prismen, z. B. der äufseren, in der einen Pyramide eben so grofs, als in der anderen; desgleichen sind die unteren Prismen *Ab* und *Vβ*, weil sie gleiche Grundfläche und Höhe haben, gleich grofs.

ζ) Mithin liegen die Volumina der beiden Pyramiden *AMF* und *VZY* zwischen gleich grofsen Grenzen. Der Unterschied dieser Grenzen ist das Volumen der unteren, gleich grofsen Prismen $Ab = V\beta$. Also können die Volumina der beiden Pyramiden *AMF* und *VZY* um nicht mehr von einander verschieden seyn, als das Volumen der unteren gleich grofsen Prismen *Ab*, *Vβ* beträgt.

η) Das Volumen der unteren gleichen Prismen *Ab* und *Vβ* hängt aber von ihrer Höhe ab, und diese ist willkürlich, weil die Zahl der Theile, in welche man die Höhe der Pyramiden theilen will, willkürlich ist. Also können die Prismen *Ab* und *Vβ* kleiner gemacht werden, als jede angebbare Gröfse. Und folglich können die Volumina der beiden Pyramiden *AMF* und *VZY*, um nicht so viel, als die kleinste angebbare Gröfse verschieden seyn. Mithin sind sie gleich; und folglich sind Pyramiden von gleich grofsen Grundflächen und gleichen Höhen gleich grofs.

588.

Lehrsatz. Der Inhalt einer Pyramide mit dreieckiger Grundfläche ist gleich dem dritten Theile des Products aus der Grundfläche in die Höhe.

Erster Beweis. *α*) Es sey *ABCD* (Fig. 301.) eine Pyramide, die von dreieckigen Seiten-Ebenen *ACB*, *ACD*, *BCD* und *ABD* umschlossen wird.

β) Man lege durch *D*, mit *ABC* parallel, eine Ebene *DEF*, und durch die Puncte *B* und *C* die geraden Linien *BE* und *CF* mit *AD* parallel, so lassen sich durch die Parallelen *AD*, *BE*, *CF* die Ebenen *ADBE*, *BECF* und *CFAD* legen, welche die mit *ABC* parallele Ebene *DEF* in geraden Linien *DE*, *EF* und *FD* schneiden, welche, zufolge (§. 432.), mit *AB*, *BC* und *CA* parallel sind. Der von den fünf Ebenen *ABC*, *DEF*, *ABDE*,

BCEF und *CAFD* eingeschlossene Körper, ist also ein gerade abgeschnittenes Prisma.

γ) Nun hat die gegebene Pyramide *ABCD* die Seiten-Ebene *ABC* mit dem Prisma *ABCDEF* gemein; die beiden Seiten-Ebenen *ABD* und *ACD* fallen in die Seiten-Ebenen *ABED* und *ACFD* des Prisma; und die vierte Seiten-Ebene *BCD* der Pyramide liegt ganz im Innern des Prisma. Also liegt die Pyramide ganz in dem Prisma, und macht also einen Theil davon aus.

δ) Man lege durch *C*, *D* und *E* eine Ebene *CDE*, so schliefst dieselbe mit den Ebenen *CDF*, *CFE*, *DFE* eine Pyramide *DEFC* ein, die ebenfalls ganz in dem Prisma *ABCDEF*, aber ganz aufserhalb der gegebenen Pyramide *ABCD* liegt, an welche sie blofs mit der Kante *CD* grenzt.

Diese Pyramide *DEFC* ist eben so grofs als die gegebene *ABCD*, denn wenn man das Dreieck *ABC* zur Grund-Ebene der gegebenen Pyramide nimmt, so ist ihre Höhe ein Perpendikel aus *D* auf die Ebene *ABC*, also ein Perpendikel zwischen den beiden parallelen Ebenen *ABC* und *DEF*. Hingegen, wenn man *DEF* zur Grund-Ebene der Pyramide *DEFC* nimmt, so ist ihre Höhe ein Perpendikel aus *C* auf die Ebene *DEF*, also ebenfalls ein Perpendikel zwischen den beiden parallelen Ebenen *ABC* und *DEF*; die Ebenen *ABC* und *DEF* im Prisma *ABCDEF* sind aber einander gleich (§. 535.) und die Perpendikel zwischen parallelen Ebenen sind ebenfalls einander gleich (§. 432.). Also haben die beiden Pyramiden *ABCD* und *DEFC* gleiche Grundflächen und gleiche Höhen. Folglich sind sie, vermöge (§. 587.), gleich grofs.

ε) Nun stelle man sich vor, es würde die Pyramide *DEFC* von dem Prisma *ABCDEF* weggenommen, so bleibt eine Pyramide *ABEDC* übrig, deren Höhe, wenn man das Parallelogramm *ABED* zur Grundfläche nimmt, CC_1 ist. In dieser Pyramide mit vierseitiger Grundfläche liegt die gegebene Pyramide *ABCD* ganz, und die Seiten-Ebene *BCD* derselben theilt die Grundfläche *ABDE*, vermittelst der Diagonal *BD*, in welcher sie dieselbe schneidet, in zwei gleich grofse Dreiecke *ABD* und *BED*, folglich die Pyramide *ABEDC* selbst in zwei Pyramiden *ABDC* und *EBDC* mit gleich grofsen Grundflächen und gemeinschaftlicher

Höhe CC_1. Also sind auch diese beide Pyramiden, vermöge (§. 587.), gleich grofs.

ζ) Es waren aber, zufolge (δ.), die beiden Pyramiden *ABDC* und *DEFC* gleich grofs. Also sind alle drei Pyramiden *ABDC*, *EBDC* und *DEFC* gleich grofs. Diese drei Pyramiden machen aber zusammen das Prisma *ABCDEF* aus: also ist der Inhalt der gegebenen Pyramide *ABCD* der dritte Theil des Inhalts des Prisma *ABCDEF*.

η) Nun kann sowohl zur Grundfläche der gegebenen Pyramide *ABCD*, als zur Grundfläche des Prisma *ABCDEF* die Seiten-Ebene *ABC* genommen werden. Beide Körper haben alsdann ein Perpendikel aus *D* auf die Grund-Ebene *ABC* zur gemeinschaftlichen Höhe und *ABC* zur gemeinschaftlichen Grundfläche. Der Inhalt des Prisma *ABCDEF* aber ist, zufolge (§. 584.), gleich dem Product aus der Grundfläche in die Höhe. Also ist der Inhalt der gegebenen Pyramide gleich dem dritten Theile dieses Products; wie behauptet wird.

Zweiter Beweis. α) Es sey *ABCD* (Fig. 302.) eine Pyramide, von den dreieckigen Seiten-Ebenen *ABC*, *ACD*, *BCD* und *ABD* umschlossen.

β) Man halbire eine der Kanten der Pyramide, z. B. die Kante *DC* in *G*, und lege durch *G*, parallel mit den Seiten-Ebenen *ABC* und *ABD*, die Ebenen *GFE* und *GKI*, so schneiden dieselben von der gegebenen Pyramide zwei Pyramiden *DEFG* und *GKIC* ab, welche einander gleich sind. Denn zufolge (§. 534.) sind alle Kanten der Pyramiden *DEFG* und *GKIC*, welche die mit *ABC* und *ABD* parallelen Ebenen *GFE* und *GKI* von den gegebenen Pyramiden abschneiden, Gleichvielfache von den ähnlich liegenden Kanten der gegebenen Pyramide. Also sind alle Kanten der Pyramiden *DEFG* und *GKIC* halb so lang, als die ähnlich liegenden Kanten der gegebenen Pyramide *ABCD*, folglich ist nächst $GD = GC = \frac{1}{2} DC$, $DE = GK = \frac{1}{2} AD$, $DF = GI = \frac{1}{2} DB$, $EF = KI = \frac{1}{2} AB$, $FG = CI = \frac{1}{2} CB$, $GE = KC = \frac{1}{2} AC$. Also werden die Seiten-Ebenen der Pyramide *DEFG* von den nemlichen Seiten umschlossen, wie die ähnlich liegenden Seiten-Ebenen der Pyramide *GKIC*. Mithin haben die beiden Pyramiden die nemlichen Seiten-Ebenen, und folglich sind sie einander gleich (§. 525. I.).

γ) Da $AH = \frac{1}{2}AB$ ist, so ist *HK* mit *BC* parallel. Aber auch *GF* ist mit *BC* parallel. Also ist *HK* mit *GF* parallel. Also kann man durch *HK* und *GF* eine Ebene legen. In dieser Ebene ist *HKGF* ein Parallelogramm, weil $HK = \frac{1}{2}BC = GF$ und $HF = \frac{1}{2}AD = KG$ ist. Aus ähnlichem Grunde sind in den Ebenen *ABD* und *ACB*, *AHFE* und *AEGK* Parallelogramme. Der von den zwei parallelen, dreieckigen Ebenen *EFG* und *AHK*, und von den drei parallelogrammatischen Ebenen *AHFE*, *AEGK* und *HKFG* umschlossene Körper *AHKEFG*, ist also ein gerade abgeschnittenes Prisma, mit den parallelen Grundflächen *AHK* und *EFG*.

δ) Stellt man sich die beiden gleichen Pyramiden *DEFG* und *GKIC* nebst dem Prisma *AHKEFG* von der gegebenen Pyramide *ABCD* weggenommen vor, so bleibt noch der von den Ebenen *HKFG*, *HKBI*, *BIFG*, *HFB* und *KGI* umschlossene Körper *HFBKGI* übrig. Dieser Körper ist ebenfalls ein gerade abgeschnittenes Prisma, denn die Dreiecke *HFB* und *KGI* sind parallel und einander gleich, und *HKFG*, *HKBI* und *BIFG* sind Parallelogramme.

ε) Man lege nun durch *FG* die Ebene *FLGM* mit *ABC*, und *BL* und *IM* mit *HF* und *KG*, also mit einander parallel, so ist *HKBIFGLM* ein Parallelepipedum. Die Ebene *FGBI* aber ist eine Diagonal-Ebene dieses Parallelepipedi. Also ist das Prisma *HFBKGI* halb so groſs, als das Parallelepipedum *HKBIFGLM* (§. 585.). Ferner ist die Grund-Ebene *AHK* des anderen Prisma *AHKEFG*, halb so groſs, als die Grund-Ebene *HKIB* des nemlichen Parallelepipedi *HKBIFGLM*: hingegen die Höhe des Prisma ist der Höhe des Parallelepipedi gleich, weil die Grundflächen beider Körper, nemlich *AHK*, *HKBI* und *EFG* und *FGLM* in einerlei Ebenen *ABIK* und *ELMG* liegen. Also ist auch das andere Prisma *AHKEFG* halb so groſs, als das Parallelepipedum *HKBIFGLM*. Folglich sind die Prismen *AHKEFG* und *HFBKGI*, beide halb so groſs, als ein und dasselbe Parallelepipedum *HKBI FGLM*. Also ist ihr Inhalt gleich.

ζ) Die beiden Pyramiden *DEFG* und *GKIC*, welche, zufolge (β.), einander gleich sind, und die beiden Prismen *AHKEFG* und *HFBKGI*, welche, zufolge (ε.), gleich groſs sind, machen aber zusammen die gegebene Pyramide *ABCD* aus. Also ist die gegebene Pyramide

ramide aus zwei gleichen Pyramiden und aus zwei gleich grofsen, gerade abgeschnittenen Prismen zusammengesetzt.

η) Der Inhalt des Prisma *AHKEFG* ist gleich dem Product seiner Grundfläche *AHK* in seine Höhe $d\delta$. Die Grundfläche *AHK* ist der vierte Theil der Grundfläche *ABC*, und die Höhe $d\delta$, ist die Hälfte der Höhe $D\delta$ der gegebenen Pyramide, weil *AH*, *AE*, *AK* die Hälften von *AB*, *AD* und *AC* sind. Also ist der Inhalt des Prisma *AHKEFG* gleich $\frac{1}{4}ABC \times \frac{1}{2}D\delta = \frac{1}{8}ABC.D\delta$. Das Prisma *HFBKGI* ist, wie in (ε.) bewiesen, eben so grofs. Also ist der Inhalt der beiden Prismen *AHKEFG* und *HFBKGI* zusammengenommen gleich $\frac{1}{4}ABC.D\delta$. Der Inhalt der gegebenen Pyramide *ABC*, welcher durch *P* bezeichnet werden mag, ist aber gröfser als der Inhalt der beiden Prismen, weil die Pyramide aufser den beiden Prismen, noch die beiden gleichen Pyramiden *DEFG* und *GKIC* enthält. Also ist

$$P > \tfrac{1}{4}ABC.D\delta.$$

ϑ) Man lege durch *E*, *K* und *H* eine Ebene, so schliefst dieselbe mit den Ebenen *AHK*, *AHE* und *AKE* eine den Pyramiden *DEFG* und *GKIC* gleiche Pyramide *EAHK* ein; denn die ähnlich liegenden umschliefsenden Ebenen sind in den drei Pyramiden einander gleich. Die Pyramide *EAHK* ist aber offenbar kleiner als das Prisma *AHKEFG*, weil sie ganz in demselben enthalten ist: also auch kleiner als das gleich grofse Prisma *HFBKGI*. Mithin sind zwei, den Pyramiden *EFGH* und *GKIC* gleiche Pyramiden, wie *EAHK*, kleiner als die beiden Prismen *AHKEFG* und *HFBKGI* zusammengenommen. Folglich sind umgekehrt, vier Prismen von der Gröfse, wie das Prisma *AHKEFG* gröfser, als die beiden gleichen Prismen *AHKEFG*, *HFBKGI*, mit den beiden Pyramiden zusammengenommen, d. h. gröfser als die gegebene Pyramide *ABCD*. Der Inhalt des Prisma *AHKEFG* aber war $\frac{1}{8}ABC.D\delta$. Also ist 4 mal $\frac{1}{8}ABC.D\delta$, oder $\frac{1}{2}ABC.D\delta$ gröfser als *P*, oder

$$P < \tfrac{1}{2}ABC.D\delta.$$

ι) Der Inhalt der Pyramide *ABCD* ist mithin, zufolge (η. und ϑ.), gröfser als Ein-Viertheil des Products aus der Grundfläche in die Höhe, und kleiner als die Hälfte dieses nemlichen Products.

Es wird nun behauptet, der Inhalt der Pyramide *ABCD* sey gleich Einem Drittheil des Products der

Grundfläche in die Höhe, oder $P = \frac{1}{3} ABC . D\delta$. Gesetzt, es sey nicht so, so müfste entweder

$$P = (\tfrac{1}{3} ABC + X) . D\delta, \text{ oder}$$
$$P = (\tfrac{1}{3} ABC - Y) . D\delta$$

seyn, wo X und Y Flächen bezeichnen würden, die man einem Drittheil der Grundfläche ABC noch zusetzen, oder davon wegnehmen müfste, damit das Product der Summe, oder des Restes, mit der Höhe der Pyramide, wirklich den Inhalt derselben gäbe.

$\varkappa$) Man nehme den ersten Fall an, nemlich dafs

$$P = (\tfrac{1}{3} ABC + X) . D\delta$$

sey. Der Inhalt der beiden Prismen $AHKEFG$ und $HFBKGI$ war $\frac{1}{4} ABC . D\delta$ (η.). Ziehet man denselben von dem Inhalte P der gegebenen Pyramide $ABCD$ ab, so bleibt der Inhalt der beiden gleichen Pyramiden $DEFG$ und $GKIC$ übrig. Der Inhalt dieser beiden Pyramiden ist also $P - \frac{1}{4} ABC . D\delta$, oder $(\frac{1}{3} ABC + X) D\delta - \frac{1}{4} ABC . D\delta$, oder $(\frac{1}{12} ABC + X) D\delta$, folglich ist der Inhalt einer derselben, z. B. der Pyramide $DEFG$, der durch P_1 bezeichnet werden mag, $P_1 = \frac{1}{2} D\delta . (\frac{1}{12} ABC + X)$.

Die Grundfläche EFG dieser Pyramide $DEFG = P_1$ ist ein Viertheil von ABC, so dafs $\frac{1}{12} ABC = \frac{1}{3} EFG$ ist, und die Höhe Dd der Pyramide ist $\frac{1}{2} D\delta$. Also ist auch

$$P_1 = Dd (\tfrac{1}{3} EFG + X).$$

Dieser Ausdruck zeigt, dafs man, wenn nicht $P = \frac{1}{3} ABC . D\delta$ wäre, sondern zu $\frac{1}{3} ABC$ noch eine Fläche X zugelegt werden müfste, damit das Product aus der Summe der beiden Flächen in die Höhe $D\delta$ den Inhalt der Pyramide $ABCD$ gäbe: dafs dann noch, obgleich die Grundfläche EFG nur ein Viertheil der Grundfläche ABC ist, auch die nemliche Fläche X, zu einem Drittheil der Grundfläche EFG der Pyramide $DEFG$, die nur die halbe Höhe hat, wie $ABCD$, zugelegt werden müfste, um mit ihrer Höhe $D\delta$ multiplicirt, den Inhalt zu geben.

Hieraus folgt ferner, dafs, wenn man die Höhe Dd der Pyramide $DEFG$ abermals in d_1 halbirte, und durch d_1 eine mit EFG und ABC parallele Ebene efg legte, die eine Pyramide $Defg$ abschnitte, deren Kanten alle die Hälfte von den Kanten der Pyramide $DEFG$ wären, und deren Grundfläche efg also wiederum nur ein Viertheil der Gröfse der Ebene EFG hätte, dafs auch zu dieser, abermals kleineren Grundfläche efg wiederum die nemliche Fläche X zugelegt werden müfste, um mit der Höhe Dd_1 multiplicirt, den Inhalt der Pyramide $Defg$ zu geben. Eben so würde es sich immerfort verhalten, wenn man die Halbirung der Höhe der Pyramide fortsetzte.

Da aber nun bei der Halbirung der Höhen, die Grundflächen der abgeschnittenen Pyramiden immer kleiner werden, und zwar jedesmal mit 4 dividirt, so wird man zuletzt nothwendig, wie klein auch X seyn mag, auf eine Grundfläche $e_n f_n g_n$ kommen müssen, von welcher Ein Drittheil kleiner ist als $2X$, also auf eine Pyramide, in welcher $\frac{1}{3}e_n f_n g_n + X$ gröfser ist als $\frac{1}{3}e_n f_n g_n + \frac{1}{6}e_n f_n g_n$, oder gröfser als $\frac{1}{2}e_n f_n g_n$. Der Inhalt dieser Pyramide, welche, wie es aus der Voraussetzung folgt, gleich dem Product aus $\frac{1}{3}e_n f_n g_n + X$ in ihre Höhe wäre, würde also gröfser seyn, als das Product aus $\frac{1}{2}e_n f_n g_n$, oder aus der halben Grundfläche, in die Höhe. Dieses ist aber, zufolge (ϑ.), nicht möglich. Mithin ist auch die Voraussetzung

$$P = (\tfrac{1}{3}ABC + X)D\delta$$

nicht möglich, d. h. der Inhalt der Pyramide $ABCD$ kann nicht gröfser seyn, als $\frac{1}{3}ABC.D\delta$, oder nicht gröfser, als Ein Drittheil des Products aus der Grundfläche in die Höhe.

λ) Man nehme den zweiten Fall von (ι) an, also

$$P = (\tfrac{1}{3}ABC - Y)D\delta.$$

Der Inhalt der beiden gleichen Pyramiden $DEFG$ und $GKIC$ ist wieder, wie in ($\varkappa$.), $P - \frac{1}{4}ABC.D\delta$, und wäre also nach der jetzigen Voraussetzung: $(\frac{1}{3}ABC - Y)D\delta - \frac{1}{4}ABC.D\delta$, oder $(\frac{1}{12}ABC - Y)D\delta$, folglich wäre der Inhalt einer derselben, z. B. der Pyramide $DEFG$, der durch P_1 bezeichnet werden mag, $P_1 = \frac{1}{2}D\delta(\frac{1}{2}ABC - Y)$. Die Grundfläche EFG ist gleich $\frac{1}{4}ABC$, so dafs $\frac{1}{12}ABC = \frac{1}{3}EFG$ ist, und die Höhe Dd ist gleich $\frac{1}{2}D\delta$. Also ist auch

$$P_1 = Dd.(\tfrac{1}{3}EFG - Y).$$

Dieser Ausdruck zeigt, dafs man, wenn nicht $P = \frac{1}{3}ABC.D\delta$ wäre, sondern von $\frac{1}{3}ABC$ noch eine Fläche Y weggenommen werden müfste, damit das Product aus dem Reste in die Höhe $D\delta$, den Inhalt der Pyramide $ABCD$ gäbe, dafs dann, obgleich die Grundfläche EFG nur ein Viertheil der Grundfläche ABC beträgt, dennoch die nemliche Fläche Y auch von einem Drittheil der Grundfläche EFG der Pyramide $DEFG$, die nur die halbe Höhe hat, wie $ABCD$, weggenommen werden müſste, um mit ihrer Höhe *Dd* multiplicirt, den Inhalt zu geben.

Hieraus folgt, daſs wenn man die Höhe *Dd* der Pyramide *DEFG* abermals, in *d*ı halbirte, und wie in (*x*.), eine Pyramide *Defg* mit der halben Höhe *Dd* abschnitte, dennoch immer wieder auch von dieser, abermals kleineren Grundfläche die nemliche Fläche *Y* weggenommen werden müſste, um mit der Höhe *Dd* multiplicirt, den Inhalt der Pyramide *Defg* zu geben. Und eben so würde es sich immerfort verhalten, wenn man die Halbirung der Höhe der Pyramide fortsetzte.

Da nun, wie oben, bei der Halbirung der Höhe, die Grundflächen der abgeschnittenen Pyramide immer kleiner werden, und zwar jedesmal mit 4 dividirt, so wird man, wie klein auch *Y* seyn mag, zuletzt auf eine Grundfläche $e_m f_m g_m$ kommen müssen, von welcher Ein Drittheil kleiner ist, als 4 *Y*, also auf eine Pyramide, in welcher $\frac{1}{3} e_m f_m g_m - Y$ kleiner ist als $\frac{1}{3} e_m f_m g_m - \frac{1}{12} e_m f_m g_m$, oder kleiner als $\frac{1}{4} e_m f_m g_m$. Der Inhalt dieser Pyramide, welche, wie aus der Voraussetzung folgt, gleich dem Product aus $\frac{1}{3} e_m f_m g_m - Y$ in ihre Höhe wäre, würde also kleiner seyn, als das Product aus $\frac{1}{4} e_m f_m g_m$, oder aus Einem Viertheil der Grunfläche in ihre Höhe. Dieses ist aber wieder, zufolge (η.), nicht möglich. Mithin ist auch wieder die Voraussetzung $P = (\frac{1}{3} ABC - Y) D\delta$ nicht möglich, d. h. der Inhalt der Pyramide *ABCD* kann nicht kleiner seyn, als $\frac{1}{3} ABC.D\delta$, oder nicht kleiner als Ein Drittheil des Products aus der Grundfläche in die Höhe.

μ) Vermöge ($\varkappa$.) kann der Inhalt einer Pyramide nicht gröſser seyn, als Ein Drittheil des Products aus der Grundfläche in die Höhe, und vermöge (λ.) nicht kleiner. Also ist der Inhalt der Pyramide nothwendig gleich Einem Drittheil des Products aus der Grundfläche in die Höhe; wie behauptet wird.

589.

Anmerkung. Der erste Beweis des Satzes (§. 588.), daſs der Inhalt einer Pyramide gleich ist Einem Drittheil des Products aus der Grundfläche in die Höhe, bedarf des Satzes (§. 587.), daſs Pyramiden von gleich groſsen Grundflächen und gleichen Höhen gleich groſs sind. (Man sehe in diesem Beweise die Abtheilungen δ. und ε.). Der zweite Beweis (er ist von *Legendre*) ist von dem Satze (§. 587.) unabhängig, und es folgt vielmehr dieser Satz umgekehrt aus (§. 588.), zunächst für dreiseitige Pyramiden. Denn nachdem bewiesen worden, dafs der Inhalt einer Pyramide gleich ist Einem Drittheil des Products aus der Grundfläche in die Höhe, folgt von selbst, dafs Pyramiden, deren Grundflächen und Höhen gleich grofs sind, gleiche Inhalte haben. Der erste Beweis scheint indessen natürlicher und dem synthetischen Vortrage angemessener zu seyn. Auch ist, wenn man sich desselben bedient, der Gang der nemliche, wie bei den Parallelepipeden, wo auch zuerst bewiesen wird, dafs Parallelepipeda, von gleicher Grundfläche und Höhe, gleich grofs sind (Man sehe §. 582. und 583.).

Man kann den zweiten Beweis auch noch etwas abkürzen, wenn man in demselben statt der in (η. und ϑ.) bewiesenen Sätze, dafs der Inhalt der Pyramide nothwendig kleiner ist, als die Hälfte, und gröfser als Ein Viertheil des Products aus Grundfläche in Höhe, vielmehr blofs bemerkt, dafs der Inhalt kleiner ist als das ganze Product aus der Grundfläche in die Höhe, und gröfser als Null, welches von selbst folgt, weil die Pyramide offenbar kleiner ist als ein Prisma von gleicher Grundfläche und Höhe, indem dasselbe sie ganz umgiebt, und gröfser als Null. Man kann daraus eben sowohl alle übrigen Schlüsse ziehen, denn bei der Halbirung der Höhen, kommt man nothwendig auch auf Grundflächen $e_n f_n g_n$ oder $e_m f_m g_m$, von welchen Ein Drittheil kleiner ist als $\frac{1}{2}X$, und gröfser als Y, so dafs im ersteren Falle $\frac{1}{3}e_n f_n g_n + X$ gröfser ist als $e_n f_n g_n$ selbst, und im zweiten $\frac{1}{3}e_m f_m g_m - Y$ kleiner als Null, woraus das Uebrige folgt.

590.

Lehrsatz. Der Inhalt einer Pyramide mit beliebiger, vielseitiger Grundfläche ist gleich Einem Drittheil des Products aus ihrer Grundfläche in die Höhe.

Beweis. Man kann immer die Grundfläche der gegebenen Pyramide, wie diejenige des senkrechten Prisma (Fig. 297.), durch Diagonalen in Dreiecke theilen, und durch diese Diagonalen und durch die Spitze der Pyramide dreieckige Ebenen legen. Auf diese Weise wird die gegebene Pyramide in lauter Pyramiden mit dreieckigen Grundflächen getheilt, welche alle gleiche Höhe haben. Der Inhalt einer jeden dreieckigen Pyramide ist aber gleich Einem Drittheil des Products aus ihrer Grundfläche in die Höhe (§. 588.). Also ist der Inhalt der gegebenen Pyramide gleich dem Product Eines Drittheils der Summe der Grundflächen der einzelnen Pyramiden in die gemeinschaftliche Höhe. Nun ist die Summe der Grundflächen der einzelnen Pyramiden gleich der Grundfläche der gegebenen. Also ist der Inhalt der gegebenen Pyramide gleich Einem Drittheil des Products ihrer Grundfläche in die Höhe.

591.

Anmerkung. Aus den verschiedenen Stücken (Seiten und Winkeln), durch welche ein Körper bestimmt wird, so dafs mit den gegebenen Stücken in gleicher Aufeinanderfolge, alle Körper, denen diese Stücke angehören, einander gleich sind, mufs auch um so mehr der Inhalt des Körpers gefunden werden können. Es ist zwar umgekehrt möglich, dafs durch die Stücke, aus welchen der Inhalt eines Körpers gefunden werden kann, die Form des Körpers nicht bestimmt wird, wie z. B. durch Grundfläche und Höhe, weil viele Körper den nemlichen Inhalt haben können, ohne gleich zu seyn. Sind aber Körper gleich, so müssen sie nothwendig den nemlichen Inhalt haben. Also kann zum Beispiel der Inhalt einer dreiseitigen Pyramide aus allen den verschiedenen Stücken gefunden werden, von deren Gleichheit, nach (§. 524. 525.), die Gleichheit zweier dreiseitigen Pyramiden abhängt. Es mögen von den verschiedenen Fällen hier nur folgende zwei folgen.

592.

Lehrsatz. Wenn man die sechs Kanten einer dreiseitigen Pyramide durch a, b, c, d, e, f, *und die Seiten-Winkel zwischen drei zusammenstofsenden Kanten* a *und* c, c *und* d, d *und* a, *durch* ε, β, φ, *desgleichen den Inhalt der Pyramide durch* P *bezeichnet, so ist*

$$\text{I. } P = \tfrac{1}{12}\sqrt{\begin{bmatrix} a^2b^2(d^2+c^2+e^2+f^2) + d^2e^2(a^2+b^2+e^2+f^2) \\ + f^2c^2(a^2+b^2+e^2+f^2) \\ -a^2b^2(a^2+b^2) - d^2e^2(d^2+e^2) - f^2c^2(f^2+c^2) \\ -(d^2b^2c^2 + b^2e^2f^2 + d^2a^2f^2 + a^2c^2e^2) \end{bmatrix}},$$

$$\text{II. } P = \tfrac{1}{3}acd\sqrt{[\sin\tfrac{1}{2}(\beta+\varepsilon+\varphi)\sin\tfrac{1}{2}(\beta+\varepsilon-\varphi)\sin\tfrac{1}{2}(\beta-\varepsilon+\varphi) \times \sin\tfrac{1}{2}(\varepsilon+\varphi-\beta)]}.$$

Beweis. Die Pyramide *ABCD* (Fig. 279.) hat die angenommene Bezeichnung. Es werde ferner die Grund-

Ebene *BCD*, wie in (§. 528.), durch $\triangle a$ und die Höhe AA_1 über dieser Grund-Ebene durch z bezeichnet, so ist der Inhalt der Pyramide, zufolge (§. 588.),

$$1.\quad P = \tfrac{1}{3}\triangle a \,.\, z,$$

nemlich gleich Einem Drittheil des Products aus der Grundfläche in die Höhe.

Nun ist der Inhalt des Dreiecks *BCD*

$$2.\quad \triangle a = \tfrac{1}{4}\sqrt{((b+c+d)(b+c-d)(b-c+d)(c+d-b))}.$$

Setzt man den Ausdruck (2.), desgleichen denjenigen von z (§. 528.), in (1.): so findet man den Ausdruck im gegenwärtigen Lehrsatze.

593.

Lehrsatz. *Wenn man die Kanten einer dreiseitigen Pyramide, wie in* (§. 529. 530. 531. und 592.), *durch* a, b, c, d, e, f, *die Inhalte der vier dreieckigen Seiten-Ebenen der Pyramide durch* △a, △b, △c, △d, *den Inhalt der Pyramide durch* P, *und die Halbmesser der Ecken, Seiten und Kanten, von welchen die beiden ersten, zufolge* (§. 529. 530.), *in jeder Pyramide, der letzte aber, zufolge* (§. 531.), *dann Statt findet, wenn die drei Paare gegenüberstehender Kanten* a *und* b, d *und* e, c *und* f *der Pyramide, jedes in sich zusammengenommen, gleich lang sind, oder wenn* a + b = d + e = c + f *ist, durch* R, ϱ, r *bezeichnet, wie in* (§. 529. und 531.), *so ist*

$$\text{I.}\quad R = \frac{\sqrt{[(ab+de+cf)(ab+de-cf)(ab-de+cf)(de+cf-ab)]}}{24P},$$

$$\text{II.}\quad \varrho = \frac{3P}{\triangle a+\triangle b+\triangle c+\triangle d},$$

$$\text{III.}\quad r = \frac{(a+d-f)(b+d-c)(c+e-d)(e+f-b)}{24P}.$$

Beweis von I. Es ist, wie in dem Beweise von (§. 592.) zu sehen,

$$1.\quad P = \tfrac{1}{3}\triangle a \,.\, z, \text{ oder}$$

$$2.\quad P = \tfrac{1}{12}z\sqrt{((b+c+d)(b+c-d)(b-c+d)(c+d-b))}, \text{ also}$$

$$3.\quad 2z\sqrt{((b+c+d)(b+c-d)(b-c+d)(c+d-b))} = 24P.$$

Setzt man dieses in den Ausdruck von R (§. 529.), so findet man den gegenwärtigen Ausdruck (I.).

Von II. Man stelle sich durch den Mittelpunct der Seiten einer dreiseitigen Pyramide und durch die sechs Kanten, Ebenen gelegt vor, so wird durch dieselben die Pyramide in vier andere Pyramiden getheilt, welche die Seiten-Ebenen der gegebenen Pyramide, $\triangle a$, $\triangle b$, $\triangle c$ und $\triangle d$ zu Grundflächen, und sämmtlich den

Halbmesser der Seiten ϱ zur Höhe haben. Ihr Inhalt also ist, zufolge (§. 588.), zusammengenommen, $\frac{1}{3}\varrho(\triangle a + \triangle b + \triangle c + \triangle d)$. Es ist daher $\frac{1}{3}\varrho(\triangle a + \triangle b + \triangle c + \triangle d) = P$, woraus der Ausdruck (II.) des gegenwärtigen Lehrsatzes folgt.

Von III. Den dritten Ausdruck dieses Lehrsatzes findet man, wenn man die obige Gleichung (3.) in den Ausdruck des Halbmessers der Kanten r (§. 531. II.) setzt.

594.

Zusatz. In der regelmäfsigen Pyramide oder dem Tetraëder sind alle Kanten gleich, und alle Seiten-Winkel, welche die Kanten einschliefsen, sind $\frac{2}{3}\varrho$. Das heifst, es ist im Tetraëder $a = b = c = d = e = f$ und $\beta = \varepsilon = \varphi = \frac{2}{3}\varrho$, desgleichen ist der Inhalt der Seiten-Ebenen gleich, und zwar, zufolge (2. §. 592.), $\triangle a = \triangle b = \triangle c = \triangle d = \frac{1}{4}\sqrt{(3a \cdot a \cdot a \cdot a)} = \frac{a^2\sqrt{3}}{4}$. Also ist, zufolge (§. 592. II.), der Inhalt des Tetraëders $P = \frac{1}{3}a^3\sqrt{(\sin\varrho \cdot \sin\frac{1}{3}\varrho \cdot \sin\frac{1}{3}\varrho \cdot \sin\frac{1}{3}\varrho)}$, oder

$$P = \frac{1}{3}a^3\sqrt{(1 \cdot \tfrac{1}{2} \cdot \tfrac{1}{2} \cdot \tfrac{1}{2})} = \frac{1}{3}a^3\frac{1}{\sqrt{8}}, \text{ oder}$$

$$1. \quad P = \frac{a^3}{6\sqrt{2}}.$$

Ferner ist der Halbmesser der Ecken, zufolge (§. 593. I.),

$$R = \frac{\sqrt{(3a^2 \cdot a^2 \cdot a^2 \cdot a^2)}}{24P} = \frac{a^4\sqrt{3}\sqrt{2}}{4a^3}, \text{ oder}$$

$$2. \quad R = \frac{a\sqrt{6}}{4}.$$

Der Halbmesser der Seiten ist, zufolge (§. 593. II.),

$$\varrho = \frac{a^3}{2\sqrt{2} \cdot a^2\sqrt{3}}, \text{ oder}$$

$$3. \quad \varrho = \frac{a\sqrt{6}}{12}.$$

Der Halbmesser der Kanten, welcher Statt findet, weil die Bedingung $a + b = d + e = c + f$ erfüllt wird, ist, zufolge (§. 593. III.), $r = \frac{a \cdot a \cdot a \cdot a\sqrt{2}}{4a^3}$, oder

$$4. \quad r = \frac{a\sqrt{2}}{4}.$$

Es ist, zufolge (2. und 3.), $R\varrho = \frac{a^2.6}{48} = \frac{a^2}{8}$, und, zufolge (4.), $r^2 = \frac{a^2.2}{16} = \frac{a^2}{8}$. Also ist

$$5. \quad R\varrho = r^2,$$

das heifst: im Tetraëder ist das Product der Halbmesser der Ecken und Seiten gleich dem Quadrat des Halbmessers der Kanten. Auch folgt aus (2. und 3.), dafs der Halbmesser der Ecken dreimal so lang ist als der Halbmesser der Seiten. Desgleichen folgt aus (2. 3. 4.) $R\varrho r = \frac{a^3.6.\sqrt{2}}{4.12.4} = \frac{a^3\sqrt{2}}{32} = \frac{a^3.2}{32.\sqrt{2}} = \frac{a^3}{16\sqrt{2}}$. Also ist $16R\varrho r = 6P$ oder

$$6. \quad P = \tfrac{8}{3}R\varrho r,$$

das heifst: der Inhalt des Tetraëders ist gleich $\frac{8}{3}$mal dem Producte der Halbmesser der Ecken, Seiten und Kanten.

595.

Lehrsatz. *Der Inhalt eines schräg abgeschnittenen Prisma mit dreiseitiger Grundfläche ist gleich dem Product der unteren Grundfläche in Ein Drittheil der Summe der drei Höhen der Ecken der obern Grundfläche.*

Z. B. Wenn *ABCDEF* (Fig. 303.) ein schräg abgeschnittenes, dreiseitiges Prisma ist, und *ABC* zur unteren, *DEF* zur oberen Grundfläche genommen werden, also die Kanten *AD*, *BE*, *CF* parallel sind, so ist, wenn man den Inhalt des Prisma durch *P*, die untere Grundfläche *ABC* durch △, und die Perpendikel aus den Ecken *D*, *E* und *F* auf die Ebene *ABC*, welche die drei Höhen des Prisma sind, durch *d*, *e*, *f* bezeichnet,

$$P = \tfrac{1}{3}(d+e+f).\triangle.$$

Beweis. α) Die Perpendikel *d*, *e*, *f* aus *D*, *E* und *F* auf die Ebene *ABC* schliefsen mit den Kanten *AD*, *BE*, *CF* und den Entfernungen der Puncte, in welchen sie die Ebene *ABC* schneiden, von den Puncten *A*, *B*, *C*, ähnliche, rechtwinklige Dreiecke ein; denn die Perpendikel sind parallel, und die Kanten *AD*, *BE*, *CF* ebenfalls, also schliefsen sie mit einander gleiche Winkel ein, und die benannten, rechtwinkligen Dreiecke sind gleichwinklig, und folglich ähnlich. Also ist

$$1. \quad \frac{AD}{d} = \frac{BE}{e} = \frac{CF}{f}.$$

β) Nun kann das Prisma aus folgenden drei Pyramiden zusammengesetzt werden:

Erstlich, aus der Pyramide $ABDC$, deren Grundfläche ABD, und deren Spitze C ist, oder auch, deren Grundfläche ABC, und deren Höhe d ist. Ihr Inhalt sey P_1.

Zweitens, aus der Pyramide $BDEC$, deren Grundfläche BDE, und deren Spitze C ist. Ihr Inhalt sey P_2.

Drittens, aus der Pyramide $CDEF$, deren Grundfläche CFE, und deren Spitze D ist. Ihr Inhalt sey P_3.

γ) Der Inhalt der beiden ersten Pyramiden ist zufolge (§. 588.)

$$2. \quad P_1 = \tfrac{1}{3}(\triangle ABD).CC_1 = \tfrac{1}{3}d.\triangle,$$

$$3. \quad P_2 = \tfrac{1}{3}(\triangle BDE).CC_1.$$

δ) Die Dreiecke ABD und BDE haben zwischen den Parallelen AD und BE gleiche Höhe. Ihre Inhalte also verhalten sich wie die Grundlinien AD und BE, also ist $\frac{\triangle ABD}{\triangle BDE} = \frac{AD}{BE}$, und weil, vermöge (1.), $\frac{AD}{BE} = \frac{d}{e}$

$$4. \quad \frac{\triangle ABD}{\triangle BDE} = \frac{d}{e}.$$

Da nun, zufolge (2. und 3.), $\frac{P_1}{P_2} = \frac{\triangle ABD}{\triangle BDE}$, so ist $\frac{P_1}{P_2} = \frac{d}{e}$, folglich $P_2 = P_1 . \frac{e}{d}$, und da, vermöge (2.), $P_1 = \tfrac{1}{3}d.\triangle$,

$$5. \quad P_2 = \tfrac{1}{3}e.\triangle.$$

ε) Man lege durch D, F und B eine Ebene DFB, so schliefst dieselbe mit den Ebenen BDE, BFE und DFE eine Pyramide $BDFE$ ein, welche mit der dritten Pyramide $CDFE = P_3$, die nemliche Grundfläche DFE hat, deren Höhe aber, gegen die der Pyramide $CDFE$, wie das Perpendikel aus B auf die Ebene DFE zu dem Perpendikel aus C auf die nemliche Ebene sich verhält. Diese Perpendikel aber verhalten sich zu einander, wie die Kanten BE und CF, auf dieselbe Weise, wie sich die Perpendikel aus D, E und F auf die Ebene ABC, wie die Kanten AD, BE und CF verhalten. Also ist

$$\frac{\text{Pyramide } BDFE}{\text{Pyramide } CDFE} = \frac{\tfrac{1}{3}(\triangle DFE).BE}{\tfrac{1}{3}(\triangle DFE).CF} = \frac{BF}{CF},$$

und weil, vermöge (I.), $\frac{BE}{CF} = \frac{e}{f}$ ist,

$$6. \quad \frac{\text{Pyramide } BDFE}{\text{Pyramide } CDFE} = \frac{e}{f}.$$

Die Pyramide *BDEF* ist aber eben so grofs als die zweite Pyramide $BDEC = P_2$, weil sie mit ihr einerlei Grundfläche *BDE* und gleiche Höhe $FF_1 = CC_1$ hat. Also ist

7. Pyramide $BDFE = P_2$.

Desgleichen ist

8. Pyramide $CDFE = P_3$.

Also ist, vermöge (6.), $\frac{P_2}{P_3} = \frac{e}{f}$, folglich $P_3 = P_2 . \frac{f}{e}$, und, vermöge (5.),

9. $P_3 = \frac{1}{3} f . \triangle$.

ζ) Die Ausdrücke (2. 5. und 9.) zusammengenommen geben

$$P_1 + P_2 + P_3 = \tfrac{1}{3} d . \triangle + \tfrac{1}{3} e . \triangle + \tfrac{1}{3} f . \triangle = \tfrac{1}{3}(d + e + f) \triangle.$$

Also ist, weil $P_1 + P_2 + P_3$ gleich dem Inhalt *P* des Prisma *ABCDEF* ist,

$$P = \tfrac{1}{3}(d + e + f) . \triangle;$$

wie behauptet wird.

596.

Zusatz. *Der Inhalt eines senkrechten, schräg abgeschnittenen Prisma ist also gleich dem Product aus der unteren Grundfläche in ein Drittheil der Summe der drei, auf der Grundfläche senkrechten Kanten.* Denn diese Kanten sind alsdann die Höhen der Ecken der obern Grundfläche über der unteren.

597.

Zusatz. *Wenn man die untere, beliebig vielseitige Grundfläche einer gerade abgeschnittenen Pyramide durch* a^2, *ihre obere Grundfläche durch* b^2, *und die Höhe durch* h *bezeichnet, so ist der Inhalt*

$$P = \tfrac{1}{3}(a^2 + ab + b^2)h.$$

Beweis. Es sey *ABC....abc....* (Fig. 280.) die gegebene, gerade abgeschnittene Pyramide, in welcher also die untere Grundfläche *ABC....* gleich a^2, die obere *abc....* gleich b^2, und die Höhe Ss_1 gleich *h* gesetzt wird.

S sey der Scheitel der ganzen Pyramide, von welcher die gegebene abgeschnitten ist, so verhalten sich, zufolge (§. 534.), die Höhen *Ss* und SS_1, wie ähnlich liegende Kanten der oberen und unteren Grundfläche. Da aber die obere und die untere Grundfläche ähnliche Figuren sind, indem ihre ähnlich liegenden Seiten Gleichvielfache, und ihre ähnlich liegenden Winkel gleich sind (§. 534.), so sind ihre Inhalte und die Quadrate ähnlich liegender Kanten Gleichvielfache. Also sind auch die Flächen b^2 und a^2, und die Quadrate der Höhen Ss und SS_1 Gleichvielfache. Folglich ist

$$1.\quad \frac{a^2}{b^2} = \frac{SS_1^2}{Ss^2}.$$

Es sey $Ss = x$, so ist $SS_1 = h + x$, also, vermöge (I.),

$$2.\quad \frac{a^2}{b^2} = \frac{(h+x)^2}{x^2}.$$

Daraus folgt $ax = b(h+x)$, also $(a-b)x = bh$, und

$$3.\quad x = h.\frac{b}{a-b},$$

desgleichen

$$h + x = h.\frac{a}{a-b}.$$

Nun ist der Inhalt der ganzen Pyramide, zufolge (§. 588.), gleich $\frac{1}{3}a^2(h+x)$, und der Inhalt des oben abgeschnittenen Theils $\frac{1}{3}b^2x$. Also ist der Inhalt der unten gerade abgeschnittenen Pyramide

$$4.\quad P = \tfrac{1}{3}a^2(h+x) - \tfrac{1}{3}b^2x.$$

Setzt man hierin die obigen Ausdrücke von $h+x$ und x, so findet man

$$P = \tfrac{1}{3}a^2.h\frac{a}{a-b} - \tfrac{1}{3}b^2h.\frac{b}{a-b}, \text{ oder}$$

$$P = \tfrac{1}{3}h.\frac{a^3-b^3}{a-b}, \text{ oder}$$

$$5.\quad P = \tfrac{1}{3}(a^2+ab+b^2)h;$$

wie behauptet wird.

Man kann auch erst eine gerade abgeschnittene Pyramide mit blofs dreieckiger Grundfläche ganz auf ähnliche Art, wie in (Fig. 301. und 303.) ein Prisma in drei Pyramiden zerlegen, und nachweisen, dafs der Inhalt der gerade abgeschnittenen Pyramide, wenn ihre obere und untere Flächen a^2 und b^2 sind, und die Höhe h ist, durch $\frac{1}{3}(a^2+ab+b^2)h$ ausgedrückt wird. Aus diesem Satze kann man weiter den Satz vom Inhalt einer gerade abgeschnittenen Pyramide mit beliebiger, mehrseitiger Grundfläche herleiten, indem man die Pyramide mit mehrseitiger Grundfläche als aus mehreren Pyramiden mit dreiseitiger Grundfläche zusammengesetzt ansiehet. Allein dieses Verfahren ist offenbar weitläufiger, als das obige.

598.

Anmerkung. Daſs der Inhalt einer schräg abgeschnittenen Pyramide mit dreiseitiger Grundfläche durch die Kanten auszudrücken sey, folgt aus Nachstehendem.

Man bezeichne die 9 Kanten, wie in (Fig. 304.), durch a, b, c, d, e, f, g, h, i, und die noch übrigen drei Kanten der oben abgeschnittenen Pyramide durch x, y, z, desgleichen die Winkel, welche x und y, y und z, z und x einschlieſsen, durch φ, ψ, χ, so ist, wie leicht zu sehen,

$$\cos\varphi = \frac{x^2+y^2-f^2}{2xy} = \frac{(g+x)^2+(i+y)^2-c^2}{2(g+x)(i+y)},$$

$$\cos\psi = \frac{y^2+z^2-e^2}{2yz} = \frac{(i+y)^2+(h+z)^2-b^2}{2(i+y)(h+z)},$$

$$\cos\chi = \frac{z^2+x^2-d^2}{2zx} = \frac{(h+z)^2+(g+x)^2-a^2}{2(h+z)(g+x)}, \text{ also}$$

$$(x^2+y^2-f^2)(g+x)(i+y) = ((g+x)^2+(i+y)^2-c^2)xy,$$
$$(y^2+z^2-e^2)(i+y)(h+z) = ((i+y)^2+(h+z)^2-b^2)yz,$$
$$(z^2+x^2-d^2)(h+z)(g+z) = ((h+z)^2+(g+x)^2-a^2)zx.$$

Nachdem aus diesen 3 Gleichungen die drei Kanten x, y, z gefunden worden, kennt man die Kanten der beiden Pyramiden $ABCS$ und $DEFS$. Man kann also ihre Inhalte nach (§. 592.) durch die Kanten ausdrücken, und bekommt, wenn man Eines vom Anderen abziehet, den Inhalt der schräg abgeschnittenen Pyramide $ABCDEF$.

599.

Lehrsatz. Man kann den Inhalt jedes Polyëders aus dem Abstande seiner Ecken von drei beliebigen, auf einander senkrechten Ebenen finden.

Beweis. Man stelle sich aus den Ecken des Polyëders auf eine der drei, auf einander senkrechten Ebenen Perpendikel vor, und verbinde von den Puncten, in welchen diese Perpendikel die Ebene treffen, diejenigen, über welchen die Ecken des Polyëders durch Kanten und bestimmende Seiten-Diagonalen verbunden sind, durch gerade Linien, so wird auf der Ebene ein Netz von Dreiecken entstehen, welches die **Projection** der Kanten und bestimmenden Seiten-Diagonalen des Polyëders ist.

Die Abstände der Ecken und Durchschnittspuncte der geraden Linien in der Projection von den beiden anderen, auf einander senkrechten Ebenen, sind den Abständen der Ecken des Polyëders von den nemlichen Ebenen, die als bekannt vorausgesetzt werden, gleich, weil die Perpendikel auf die erste Ebene mit den anderen beiden Ebenen parallel sind. Also sind die Abstände der Ecken und Durchschnittspuncte der Projectionen von den Durchschnitten der drei Ebenen, oder die Coordinaten der Ecken und Durchschnittspuncte in der ersten Ebene bekannt. Der Flächen-Inhalt der Projection und aller Dreiecke, aus welchen sie zusammengesetzt ist, kann also nach (§. 189.) gefunden werden.

Unter jedem Dreieck in der Oberfläche des Polyëders, zwischen den Kanten desselben, oder zwischen Kanten und bestimmenden Seiten-Diagonalen, liegt ein Dreieck in der Projection, dessen Inhalt, wie gesagt, gefunden werden kann. Die Dreiecke mit den Ebenen durch die Perpendikel, welche sie verbinden, schliefsen aber schräg abgeschnittene Prismen mit dreieckigen Grundflächen ein, die bekannt sind. Aber auch die Perpendikel von den Ecken der Dreiecke in der Oberfläche des Polyëders bis auf ihre Projectionen sind bekannt, denn sie sind die Abstände der Ecken des Polyëders von der Ebene, auf welcher sich die Projectionen befinden. Also sind die Kanten der senkrechten Prismen, oder ihre Höhen bekannt, und folglich kann ihr Inhalt nach (§. 596.) gefunden werden. Es kann also der Inhalt aller der senkrechten Prismen gefunden werden, welche zwischen der Oberfläche des Polyëders und seiner Projection auf eine der drei auf einander senkrechten Ebenen liegen.

Nun wird sich die Oberfläche des Polyëders in zwei Theile theilen, in einen oberen und in einen unteren. Der untere Theil ist derjenige, welcher ganz zwischen dem oberen und der Projection liegt. Man wird also den Inhalt des Polyëders finden, wenn man alle Prismen, die zu dem unteren Theil gehören, von denen, die zu dem oberen gehören, abziehet.

Das Verfahren ist dem bei der Berechnung des Inhalts von Figuren in der Ebene (§. 189.), wie leicht zu sehen, ähnlich.

600.

Anmerkung. Wie man verfahren müfste, um den Inhalt eines Polyëders aus seinen Kanten und bestimmenden Seiten-Diagonalen zu finden, folgt aus (§. 599.). Man müfste auf die Weise, wie (§. 558.), aus den Kanten und bestimmenden Seiten-Diagonalen, die Abstände der Ecken des Polyëders von drei, auf einander senkrechten Ebenen suchen. Aus diesen fände man dann nach (§. 599.) den Inhalt. Aber die Rechnung wäre, wenn das Polyëder viele Seiten-Ebenen hat, ungemein weitläufig und schwierig.

601.

Lehrsatz. *Symmetrische Polyëder sind gleich grofs.*

Beweis. Die zusammengehörigen Ecken symmetrischer Polyëder liegen in Parallelen, die auf irgend einer Ebene senkrecht stehen, und sind von dieser Ebene gleich weit entfernt (§. 562.). Projicirt man also die beiden Polyëder, nach (§. 599.), auf eine und dieselbe Ebene, so sind offenbar die Projectionen beider Polyëder die nemlichen. Aber auch die Abstände der Ecken von der Projection sind die nemlichen. Also haben alle die schräg abgeschnittenen senkrechten Prismen mit dreieckiger Grundfläche, die sich zwischen der Oberfläche des Polyëders und ihrer Projection befinden, gleiche Grundflächen und gleiche Höhen, folglich sind sie, vermöge (§. 596.), gleich grofs, und folglich sind auch die Polyëder selbst gleich grofs.

Dritter Abschnitt.

Von der Aehnlichkeit der Polyëder und dem, was sich darauf bezieht.

602.

Lehrsatz. *Es ist zu jedem Polyëder ein anderes möglich, dessen Kanten und Diagonalen sämmtlich beliebige Gleichvielfache von den ähnlich liegenden Kanten und Diagonalen des gegebenen Polyëders, und dessen Winkel zwischen den Kanten, Diagonalen und Seiten- und Diagonal-Ebenen eben so grofs sind, als die ähnlich liegenden Winkel im gegebenen Polyëder.*

Beweis. α) Es sey E (Fig. 305.) irgend eine Ecke eines Polyëders, zwischen den Ebenen AEB, BEC, $CEDF$ und DEA. AE, BE, CE, DE sind also Kanten des Polyëders, AB, BC, CF, DF, AD hingegen können Kanten oder auch bestimmende Diagonalen in den Seiten-Ebenen seyn, wie z. B. DC, je nachdem die Ebenen, welche in AB, BC etc. an AEB, BEC etc. anstofsen, andere Seiten-Ebenen des Polyëders sind, oder mit AEB, BEC etc., in einerlei Ebenen liegen.

β) Nun nehme man willkürlich im Raume einen Punct P an, und lege durch denselben und durch die

Puncte A, B, C, D, E, F gerade Linien PA, PB, PC, PD, PE, PF, welches offenbar immer möglich ist. Ferner mache man z. B. Pa, einem gegebenen Vielfachen von PA, dessen Zahl ganz, oder gebrochen, oder irrational seyn kann, und Pb, Pc, Pd, Pe, Pf dem *nemlichen* Vielfachen von PB, PC, PD, PE, PF gleich, welches wiederum immer angehet. Endlich lege man jedesmal durch diejenigen drei von den entstehenden Puncten, a, b, c, d, e, f, deren correspondirende in der gegebenen Figur, Ecken ebener Dreiecke sind, Ebenen, also z. B. Ebenen durch a, e und b, durch b, e und c, durch c, e und d, durch d, e und a etc., welches ebenfalls angehet, da durch jede beliebige drei Puncte eine Ebene gehen kann (§. 410.); so entstehet eine Körper-Ecke $abcdef$, deren Kanten und Diagonalen, wie sich zeigen läſst, sämmtlich Gleichvielfache, von den ähnlich liegenden Kanten und Diagonalen der gegebenen Polyeder-Ecke $ABCDEF$, und deren Winkel zwischen den Kanten und Diagonalen und Seiten- und Diagonal-Ebenen eben so groſs sind, als die ähnlich liegenden Winkel in $ABCDEF$.

γ) Da nemlich z. B. $Pa = n.PA$, $Pb = n.PB$, $Pe = n.PE$ gemacht wurde, und die eingeschlossenen Winkel APB und aPb, BPE und bPe, EPA und ePa die nemlichen sind, so sind die Dreiecke APB und aPb, BPE und bPe, EPA und ePa *ähnlich* (§. 194. 2.). Es ist also auch $ab = n.AB$, $be = n.BE$, $ea = n.EA$. Eben so ist in den anstoſsenden Dreiecken BEC und bec, weil $Pb = n.PB$ war, $bc = n.BC$, $ec = n.EC$. Auf gleiche Weise verhält es sich in allen übrigen Dreiecken, und es folgt also zuerst, daſs alle gerade Linien der Figur $abcdef$, das heiſst alle Kanten und Seiten-Diagonalen derselben, Gleichvielfache von den ähnlich liegenden Kanten und Diagonalen der Figur $ABCDEF$ sind. Es ist leicht zu sehen, daſs das Nemliche auch von Diagonalen der Figur, die nicht in den Seiten-Ebenen liegen, wie z. B. AC und ac, gilt, weil man *beliebige* ähnlich liegende drei Puncte der Figuren $ABCDEF$ und $abcdef$ zu Ecken von Dreiecken nehmen kann.

δ) Ferner sind z. B. die Dreiecke ABC und abc ähnlich, weil alle ihre Seiten, wie vorhin bewiesen, Gleichvielfache sind (§. 194. 4.). Also sind die *Winkel* des einen den *Winkeln* des anderen gleich. Eben so sind die Winkel der Dreiecke ABP und AEP, den Winkeln der ähnlichen Dreiecke abP und aeP gleich.

Also

Also sind z. B. die drei Seiten-Winkel *BAE*, *BAP* und *EAP* des Raum-Dreiecks *EAPB* den drei Seiten-Winkeln *bae*, *baP* und *eaP* des Raum-Dreiecks *eaPb*, in der nemlichen Aufeinanderfolge, gleich. Folglich sind diese Raum-Dreiecke *EAPB* und *eaPb* einander gleich (§. 480. I.), und folglich ist der Winkel an der Kante *AE*, den die Ebenen *AEP* und *AEB* einschliefsen, dem Winkel an der Kante *ae*, zwischen den Ebenen *aeP* und *aeb* gleich. Auf dieselbe Art wird bewiesen, dafs die Raum-Dreiecke *EAPD* und *eaPd* gleich sind, und dafs folglich der Winkel an der Kante *AE*, welchen die Ebenen *AEP* und *AED* einschliefsen, dem Winkel an der Kante *ae*, zwischen den Ebenen *aeP* und *aed* gleich ist. Die Winkel zwischen den Ebenen *AEP*, *AEB* und *AEP*, *AED* machen aber zusammen den von den Ebenen *AEB* und *AED* eingeschlossenen Winkel der Körper-Ecke *ABCDEF* an der Kante *AE* aus, und eben so machen die Winkel zwischen den Ebenen *aeP*, *aeb* und *aeP*, *aed* zusammen den von den Ebenen *aeb* und *aed* eingeschlossenen Winkel der Körper-Ecke *abcdef*, an der Kante *ae* aus. Also sind die correspondirenden Kanten-Winkel der Körper-Ecken *ABCDEF* und *abcdef* an den Kanten *AE* und *ae* gleich.

Auf gleiche Weise verhält es sich mit den anderen correspondirenden Winkeln an den Kanten der beiden Figuren, und es ist leicht zu sehen, dafs das Nemliche auch von den ähnlich liegenden Winkeln gilt, welche innere Diagonal-Ebenen der Figur mit den Seiten-Ebenen oder mit einander einschliefsen.

Es folgt also zweitens, dafs alle ähnlich liegenden Winkel der Raum-Ecke *ABCDEF* und *abcdef* gleich sind.

Es sind daher zusammengenommen alle Kanten und Diagonalen der Körper-Ecke *abcdef* Gleichvielfache von den ähnlich liegenden Kanten und Diagonalen der Körper-Ecke *ABCDEF*, und alle ähnlich liegende Winkel beider Figuren sind gleich; wie am Schlusse von (β.) behauptet wurde.

ε) Gesetzt, es sey nun irgend ein Polyëder gegeben, so nehme man willkürlich im Raume irgend einen Punct *P* an, und lege durch denselben und durch alle Ecken des Polyëders, wie oben bei der einzelnen Körper-Ecke, gerade Linien, nehme auf diesen Linien, von *P* aus, Gleichvielfache der Entfernungen der Polyëder-Ecke von *P*, und lege je durch diejenigen drei von den entstehenden Puncten, durch deren correspondirende im Polyëder, Ebenen liegen, ebenfalls Ebenen, welches Alles offenbar möglich ist, so entstehet ein Polyëder, von dessen sämmtlichen Ecken dasjenige gilt, was oben von den einzelnen Körper-Ecken *ABCDEF* und *abcdef* bewiesen wurde, nemlich, dafs alle ähnlich liegenden Kanten und Diagonalen Gleichvielfache, und alle ähnlich liegenden Winkel gleich sind. Auch ist leicht zu sehen, dafs wenn man mehrere Ecken zusammennimmt, das Nemliche auch von den inneren Diagonalen und den Winkeln zwischen denselben und zwischen den Diagonal-Ebenen und den Seiten, oder anderen Diagonal-Ebenen, gilt.

Es folgt also, dafs in dem entstandenen Polyëder, alle ähnlich liegenden geraden Linien, ohne Ausnahme, Gleichvielfache, und alle ähnlich liegende Winkel gleich sind, also dafs zu jedem Polyëder ein anderes, welches diese Eigenschaften hat, und zwar von einem beliebigen Verhältnisse der ähnlich liegenden geraden Linien gegeneinander, möglich ist.

603.

Erklärung. Wenn sämmtliche Kanten und Diagonalen eines Polyëders Gleichvielfache sind von den ähnlich liegenden Kanten und Diagonalen eines anderen, sämmtliche Winkel des ersten aber, zwischen den Kanten und den Diagonalen, und zwischen den Seiten und den Diagonal-Ebenen, den ähnlich liegenden Winkeln im anderen gleich sind, welches, zufolge (§. 602.), immer möglich ist, so sollen die Polyëder gleichgestaltet oder ähnlich heifsen.

604.

Lehrsatz. Polyëder sind ähnlich, wenn von den geraden Linien und Winkeln, von deren Gleichheit die Gleichheit der Polyëder abhängen würde, die Linien des einen Gleichvielfache von den ähnlich liegenden Linien des anderen, und die Winkel des ersten den ähnlich liegenden Winkeln des anderen gleich sind.

Beweis. Wenn z. B. P_1 und P_2 zwei Polyëder bezeichnen, von welchen vorausgesetzt wird, dafs von denjenigen geraden Linien und Winkeln, von deren Gleichheit in beiden Polyëdern die Gleichheit dieser Körper abhängen würde, erstere, die Linien, in dem einen Polyëder, Gleichvielfache von den ähnlich liegenden Linien im anderen, und letztere, die Winkel, den ähnlich liegenden Winkeln im anderen Polyëder gleich sind, so soll bewiesen werden, dafs alsdann nicht blofs jene bestimmenden Linien des einen Polyëders, Gleichvielfache von den ähnlich liegenden Linien im anderen, und nicht blofs die bestimmenden Winkel des ersten Polyëders, den ähnlich liegenden Winkeln des anderen gleich sind, sondern dafs auch die übrigen, und folglich alle Linien im ersten Polyëder, ohne Ausnahme, von den ähnlich liegenden Linien im anderen Gleichvielfache, und auch die übrigen, und also alle Winkel des ersten Polyëders, ohne Ausnahme, den ähnlich liegenden Winkeln im anderen gleich sind.

Man nehme ein drittes Polyëder P_3 an, von der Art, dafs alle Linien desselben Gleichvielfache von den ähnlich liegenden Linien des ersten Polyëders P_1, und zwar die nemlichen Vielfachen sind, wie die bestimmenden Linien des Polyëders P_2 von P_1, desgleichen alle Winkel den ähnlich liegenden Winkeln von P_1 gleich, welches, zufolge (§. 602.), immer angehet, so sind die Polyëder P_3 und P_1, nach (§. 603.), ähnlich.

Nun sind aber die bestimmenden Linien und Winkel, oder diejenigen, von deren Gleichheit die Gleichheit zweier Polyëder abhängt, in dem Polyëder P_2, den ähnlich liegenden Linien und Winkeln in dem Polyëder P_3 gleich, weil die Linien, von den ähnlich liegenden Linien des Polyëders P_1, in P_2 die nemlichen Vielfachen seyn sollten, wie in P_3, und die ähnlich liegenden Winkel in allen drei Polyëdern gleich vorausgesetzt wurden. Also sind die Polyëder P_2 und P_3 gleich.

Es waren aber P_1 und P_3 ähnlich, also sind auch P_1 und P_2 ähnlich; wie behauptet wurde.

605.

Zusatz. Polyëder sind also auch dann ähnlich, wenn von den sie umschliefsenden ebenen Figuren und den Kanten-Winkeln, von deren Gleichheit die Gleichheit der Polyëder abhängen würde, die Seiten-Ebenen des einen, den Seiten-Ebenen des anderen ähnlich, und die Kanten-Winkel des einen, den Kanten-Winkeln des anderen gleich sind. Denn alsdann sind die bestimmenden Linien des einen Polyëders Gleichvielfache von den bestimmenden Linien des anderen, und die bestimmenden Winkel des ersten, sind den bestimmenden Winkeln des anderen gleich.

606.

Zusatz. *Es sind also z. B. folgende Polyëder ähnlich.*

I. *Pyramiden, von vier Dreiecken umschlossen:*

1) *Wenn drei Seiten-Ebenen der einen, den drei Seiten-Ebenen der anderen, in gleicher Aufeinanderfolge, ähnlich sind* (§. 525. I.).

2) *Wenn zwei Seiten-Ebenen der einen, zweien Seiten-Ebenen der anderen, in gleicher Aufeinanderfolge, ähnlich, und die eingeschlossenen Kanten-Winkel gleich sind* (§. 525. II.).

3) *Wenn zwei Seiten-Ebenen der einen, zweien Seiten-Ebenen der anderen, in gleicher Aufeinanderfolge, ähnlich sind, und ein anliegender Kanten-Winkel der einen, dem ähnlich liegenden Kanten-Winkel der anderen gleich ist, und zwar bedingungsweise* (§. 525. III.).

4) *Wenn zwei Seiten-Ebenen der einen, zweien Seiten-Ebenen der anderen, in gleicher Aufeinanderfolge, ähnlich sind, und der gegenüberliegende Kanten-Winkel der einen, dem ähnlich liegenden Kanten-Winkel der anderen gleich ist, bedingungsweise* (§. 525. IV.).

5) *Wenn eine Seiten-Ebene der einen, einer Seiten-Ebene der anderen ähnlich ist, und die drei an der Seiten-Ebene liegenden Kanten-Winkel der ersten sind den ähnlich liegendenden Kanten-Winkeln der anderen gleich* (§. 52. V.).

6) *Wenn eine Seiten-Ebene der einen, einer Seiten-Ebene der anderen ähnlich ist, und die drei Kanten-Winkel an einer anstoſsenden Seite der ersten sind den drei ähnlich liegenden Kanten-Winkeln der anderen, in gleicher Aufeinanderfolge, gleich; bedingungsweise* (§. 525. VI.).

7) *Wenn eine Seiten-Ebene der einen einer Seiten-Ebene der anderen ähnlich ist, und ein an der ähnlichen Seite liegender Kanten-Winkel nebst zwei abliegenden Kanten-Winkeln, worunter der dem anliegenden Winkel gegenüber, sind den ähnlich liegenden Winkeln in der anderen, in gleicher Aufeinanderfolge, gleich; bedingungsweise* (§. 525, VII.).

8) *Wenn eine Seiten-Ebene der einen einer Seiten-Ebene der anderen ähnlich ist, und die drei abliegenden Kanten-Winkel der ersten sind den drei abliegenden Kanten-Winkeln der anderen in gleicher Aufeinanderfolge gleich* (§. 525. VIII.).

II. *Pyramiden, von* n *Dreiecken und einer* n *eckigen Grund-Ebene umschlossen:*

Wenn die n *dreieckigen Seiten-Ebenen der einen den* n *dreieckigen Seiten-Ebenen der anderen in gleicher Aufeinanderfolge ähnlich sind* (§. 533.).

III. *Prismen, von n Vierecken und zwei neckigen Grund-Ebenen umschlossen:*

1) *Im Fall die Prismen schief, und schräg abgeschnitten sind.*

Wenn eine Grund-Ebene, nebst zwei aneinanderstofsenden Seiten-Ebenen der einen den ähnlich liegenden Seiten-Ebenen der anderen, in gleicher Aufeinanderfolge, ähnlich sind (§. 538.).

2) *Im Fall die Prismen schief, aber gerade abgeschnitten sind.*

Wenn eine Grund-Ebene des einen der Grund-Ebene des anderen ähnlich ist, und eine daran stofsende Seiten-Kante des einen ist das nemliche Vielfache von der ähnlich liegenden Kante des anderen, wie die Kanten der ähnlichen Grund-Ebenen von einander; desgleichen, wenn die beiden Winkel, welche die Seiten-Kante mit den daranstofsenden Kanten der Grund-Ebene macht, in beiden Prismen gleich sind (§. 539. I.).

3) *Im Fall das Prisma senkrecht, und gerade abgeschnitten ist.*

Wenn eine Grund-Ebene des einen der Grund-Ebene des anderen ähnlich ist, und eine daran stofsende Seiten-Kante des einen ist das nemliche Vielfache von der ähnlich liegenden Kante des anderen, wie die Kanten der ähnlichen Grund-Ebenen von einander (§. 539. II.).

IV. *Beliebige Polyëder.*

1) *Von drei und mehrseitigen Seiten-Ebenen umschlossen:*

Wenn die Seiten-Ebenen des einen den Seiten-Ebenen des anderen in gleicher Aufeinanderfolge ähnlich sind (§. 555.).

2) *Von lauter Dreiecken umschlossen.*

Wenn alle Kanten des einen, Gleichvielfache von den ähnlich liegenden Kanten des anderen sind (§. 557.).

V. *Regelmäfsige Polyëder, von einer und derselben Gattung, unbedingt, weil alle ihre Seiten-Ebenen unter einander gleich, und folglich alle Seiten-Ebenen eines Polyëders denen eines anderen derselben Gattung, ohne weitere Bedingung, ähnlich sind.*

607.

Lehrsatz. *Die Inhalte ähnlicher Pyramiden und der Würfel über ähnlich liegenden geraden Linien in denselben sind Gleichvielfache.*

Beweis. Die Grundflächen ähnlicher Pyramiden sind ähnliche ebene Figuren, denn sie haben gleichvielfache Seiten und gleiche Winkel, desgleichen ist die Höhe der einen Pyramide das nemliche Vielfache von der Höhe der anderen, welches ähnlich liegende Kanten sind; denn die Höhen oder die Perpendikel aus den Spitzen auf die gegenüber liegenden Grundflächen sind ähnlich liegende Linien.

Bezeichnet man nun irgend eine Kante oder irgend eine andere gerade Linie in dem einen Polyëder durch a, die ähnlich liegende Linie im anderen Polyëder durch A, die Grundfläche des ersten Polyëders durch b, die des anderen durch B, die Höhe des ersten durch h, die des anderen durch H, so ist

$$1. \quad \frac{B}{b} = \frac{A^2}{a^2}, \text{ und } \frac{H}{h} = \frac{A}{a},$$

denn auch die Seiten der Grundfläche des einen Polyëders sind die nemlichen Vielfachen von den ähnlich liegenden Seiten der Grundfläche des anderen, wie A von a, und folglich sind die Inhalte der Grundflächen und die Quadrate von A und a, zufolge (§. 205.), Gleichvielfache.

Bezeichnet man ferner den Inhalt der ersten Pyramide durch p, den Inhalt der anderen durch P, so ist

$$2. \quad p = \tfrac{1}{3} b h \text{ und } P = \tfrac{1}{3} BH,$$

denn die Inhalte sind, zufolge (§. 690.), gleich einem Drittheil der Producte aus den Grundflächen in die Höhen.

Aus (2.) folgt $\frac{P}{p} = \frac{BH}{bh}$, also ist, vermöge (1.),

$$3. \quad \frac{P}{p} = \frac{A^3}{a^3},$$

das heifst: die Inhalte ähnlicher Pyramiden und die Würfel über ähnlich liegenden geraden Linien in denselben sind Gleichvielfache.

608.

Lehrsatz. *Die Inhalte ähnlicher Polyëder und der Würfel über ähnlich liegenden geraden Linien in denselben, sind Gleichvielfache.*

Beweis. Man nehme in dem Innern des einen Polyëders einen beliebigen Punct M an, und lege durch denselben und durch die Kanten, welche irgend eine Seiten-Ebene des Polyëders umgeben, Ebenen, die sich in geraden Linien aus M nach den Ecken der Seiten-Ebene schneiden werden, so umschliefsen diese Ebenen, zusammen mit der Seiten-Ebene des Polyëders, eine Pyramide, welche die Seiten-Ebene zur Grundfläche hat, und in deren Spitze *M*, so viele dreieckige Seiten-Ebenen zusammenlaufen, als die Grundfläche Seiten hat.

Ueber der ähnlich liegenden Seiten-Ebene des anderen Polyëders errichte man eine ähnliche Pyramide. Der Punct, in welchem ihre Spitze liegt, werde durch *N* bezeichnet.

Da *M* und *N* bestimmte und ähnlich liegende Puncte in den beiden Polyëdern sind, so werden die Entfernungen des Puncts *M* von den Ecken des ersten Polyëders Gleichvielfache der Entfernungen des Puncts *N* von den Ecken des zweiten, und die Winkel, welche diese Entfernungen in den beiden Polyëdern einschliefsen, werden, in gleicher Aufeinanderfolge, die nemlichen seyn.

Stellt man sich also durch *M* und *N*, wie vorhin durch die Kanten, welche eine Seiten-Ebene der Polyëder umgeben, jetzt durch alle Kanten, Ebenen gelegt vor, so werden die Pyramiden, in welche dadurch die Polyëder getheilt werden, und deren so viele seyn werden, als die Polyëder Seiten-Ebenen haben, zufolge (§. 606. II.), von einem zum anderen Polyëder ähnlich seyn.

Die Inhalte jeder einzelnen Pyramide in dem einen Polyëder und der ähnlich liegenden im anderen, und die Inhalte der Würfel ähnlich liegender Linien in denselben, sind aber, zufolge (§. 607.), Gleichvielfache. Ferner sind alle ähnlich liegenden Linien in den verschiedenen Polyëdern Gleichvielfache. Also sind auch die Summen der Inhalte der verschiedenen Pyramiden im ersten Polyëder, und die Inhalte der verschiedenen Pyramiden im anderen, die nemlichen Vielfachen, wie die Inhalte der Würfel ähnlich liegender gerader Linien in den beiden Polyëdern. Jene Summen sind aber den Inhalten der beiden Polyëder selbst gleich, weil die Pyramiden die ganzen Polyëder füllen; also sind die Inhalte ähnlicher Polyëder, und der Würfel über ähnlich liegenden geraden Linien in denselben, Gleichvielfache.

609.

Lehrsatz. Die Oberflächen ähnlicher Polyëder, das heifst, die Summen der Flächen-Inhalte aller ihrer Seiten-Ebenen, und die Flächen-Inhalte der Quadrate über ähnlich liegenden Linien in den Polyëdern, sind Gleichvielfache.

Beweis. Alle ähnlich liegenden Seiten-Ebenen der Polyëder sind ähnliche ebene Figuren. Also sind, zufolge (§. 205.), ihre Inhalte, und folglich auch die Summen derselben, und die Inhalte der Quadrate über ähnlich liegenden geraden Linien in den Polyëdern, Geichvielfache.

Von den Gleichungen der Ebenen und geraden Linien im Raume, so wie ihrer Durchschnitte.

Von den Puncten im Raume.

610.

Erläuterung. Die Lage eines Puncts im Raume läfst sich auf mannigfaltige Weise ausdrücken. Man kann zwei sich schneidende feste Linien annehmen, und die Entfernung des Puncts von ihrem Durchschnitte, nebst den Winkeln, welche eine gerade Linie durch den Punct und den Durchschnitt der festen Linien mit letzteren macht, angeben. Oder man kann zwei sich schneidende feste Ebenen und einen festen Punct annehmen, und die Entfernung des zu bestimmenden Puncts von dem festen Puncte, nebst den Winkeln, welche eine gerade Linie durch den zu bestimmenden und durch den festen Punct, in Ebenen, welche, durch jene Linie gehend, auf den festen Ebenen senkrecht stehen, mit letzteren macht, ausdrücken. Oder man kann drei feste Puncte annehmen, und die Entfernungen des zu bestimmenden Puncts von den festen Puncten, oder diese oder jene Winkel ausdrücken, welche die Pyramide bestimmen, deren Spitze der zu bestimmende Punct im Raume ist. Oder man kann drei, unter bestimmten Winkeln sich schneidende Ebenen annehmen, und die Abstände des Puncts im Raume von den drei Ebenen, etwa in geraden Linien, die mit den Durchschnitten der Ebenen parallel sind, angeben, u. s. w.

Von allen diesen verschiedenen Arten, die Lage eines Puncts auszudrücken, soll nur von der letzteren, und zwar mit Ebenen, *die auf einander senkrecht stehen*, die Rede seyn, also nur von dem Ausdruck der Lage eines Puncts *durch senkrechte Abstände von drei auf einander senkrechten Ebenen.*

Dafs die Lage eines beliebigen Puncts im Raume durch seine senkrechten Abstände von drei auf einander senkrechten Ebenen vollständig gegeben wird, ist leicht zu sehen. Denn man stelle sich, mit den drei festen Ebenen parallel, drei Ebenen vor, die so weit davon abstehen, als der zu bestimmende Punct, so liegt der Punct nothwendig in diesen drei parallelen Ebenen zugleich, folglich in ihrem Durchschnitte; und da nun nicht mehr als drei parallele Ebenen in den bestimmten Abständen möglich sind, und sich die Ebenen nothwendig in einem, aber *nur* in einem Puncte schneiden, so wird der gegebene Punct im Raume durch die senkrechten Abstände von den drei auf einander senkrechten Ebenen vollständig bestimmt.

611.

Erklärung. *Die senkrechten Abstände eines Puncts im Raume von drei festen, auf einander senkrechten Ebenen, sollen* senkrechte Coordinaten *des Puncts heißen, eben wie die senkrechten Abstände eines Puncts in einer Ebene von zwei auf einander senkrechten geraden Linien in der Ebene, senkrechte Coordinaten des Puncts genannt wurden (§. 64.). Z. B. wenn* M (Fig. 306.) *ein beliebiger Punct im Raume ist, und* ADB, ADC, BDC *sind drei auf einander senkrechte Ebenen, und* MM_1, MP_1, $MQ_1 = DP$, *die senkrechten Abstände des Puncts* M *von diesen Ebenen, so sollen* DP, P_1M *und* MM_1 *rechtwinklige Coordinaten des Puncts* M *heißen. Ferner sollen die drei, auf einander senkrechten Ebenen,* Coordinaten-Ebenen *heißen, und zwar soll, wenn z. B.* DP *durch* x, P_1M *durch* y, *und* MM_1 *durch* z *bezeichnet wird, die Ebene* ADB *Ebene der* x, y, *die Ebene* ADC, *Ebene der* x, z, *und die Ebene* BDC *Ebene der* y, z *heißen. Die geraden Linien, in welchen sich die Coordinaten-Ebenen schneiden, sollen, je nachdem sie mit den* x, *den* y, *oder den* z *parallel laufen,* Axen der x, y und z *heißen, also* DA *Axe der* x, DB *Axe der* y, DC *Axe der* z. *Der gemeinschaftliche Durchschnittspunct der drei Ebenen* D, *soll* Anfangspunct der Coordinaten *heißen, weil von demselben die Coordinaten angerechnet werden.*

In welcher Richtung man die Coordinaten positiv *nehmen will, ist willkürlich. Ist aber diese Richtung bestimmt, so sind diejenigen Coordinaten, welche in* entgegengesetzter *Richtung liegen,* negativ. *Nimmt man z. B. die Coordinaten* x, y, z *eines Punctes* M, *welcher in dem Raum-Dreieck* ADCB *liegt, positiv an, so sind für einen Punct, wie* N, *in dem Raum-Dreiecke* BDCF, y *und* z *positiv und* x *ist negativ. Für Puncte im Raum-Dreiecke* ADCE *sind* x *und* z *positiv,* y *ist negativ. Für Puncte im Raum-Dreiecke* EDCF *sind* x *und* y *negativ,* z *ist positiv. Für Puncte im Raum-Dreiecke* ADGB *sind* x *und* y *positiv,* z *ist negativ. Für Puncte im Raum-Dreiecke* BDGF *sind* x *und* z *negativ,* y *ist positiv. Für Puncte im Raum-Dreieck* ADGE *sind* y *und* z *negativ,* x *ist positiv, und endlich, für Puncte im Raum-Dreiecke* EDGF *sind* x, y *und* z *negativ.*

612.

Lehrsatz. *Wenn die Coordinaten zweier Puncte im Raume* x_1, y_1, z_1 *und* x_2, y_2, z_2 *sind, so ist* die Entfernung der Puncte von einander *gleich*

$$\sqrt{[(x_2 - x_1)^2 + (y_2 - y_1)^2 + (z_2 - z_1)^2]}.$$

Beweis. Wenn z. B. von dem Puncte *M* (Fig. 306.) die Coordinaten $DP = x_1$, $PM_1 = y_1$, $M_1M = z_1$, und von dem Puncte *m* die Coordinaten $Dp = x_2$, $pm_1 = y_2$ und $m_1m = z_2$ sind, so sind in dem rechtwinkligen Dreieck $M_1\mu m_1$ die Catheten $M_1\mu = x_2 - x_1$ und $\mu m_1 = y_2 - y_1$, folglich ist die Hypothenuse $M_1m_1 = \sqrt{((x_2 - x_1)^2 + (y_2 - y_1)^2)}$. Nun sind, wenn $M\nu$ mit M_1m_1 parallel ist, in dem rechtwinkligen Dreiecke Mvm, die Catheten $Mv = M_1 m_1 = \sqrt{((x_2-x_1)^2 + (y_2-y_1)^2)}$ und $vm = z_2 - z_1$, also ist die Hypothenuse Mm gleich

$$\sqrt{(Mv^2 + vm^2)} = \sqrt{[(x_2-x_1)^2 + (y_2-y_1)^2 + (z_2-z_1)^2]},$$

und Mm ist die Entfernung zwischen den Puncten M und m.

Der Kürze wegen soll ein Punct im Raume durch seine senkrechten Coordinaten benannt werden, z. B. durch *Punct* x, y, z, und dergleichen.

Von den Ebenen im Raume.

613.

Erklärung. I. *Wenn alle Puncte einer Fläche, also auch einer Ebene, oder alle Puncte einer beliebigen Linie, also auch einer geraden Linie im Raume gegeben sind, so ist offenbar die Fläche, oder die Ebene, oder die Linie selbst gegeben. Vermöge der bestimmten Gestalt der Fläche oder Linie stehen aber die Abstände ihrer Puncte von drei, auf einander senkrechten Ebenen, oder die Coordinaten der Puncte nothwendig in bestimmten Verhältnissen zu einander, welche sich durch Gleichungen ausdrücken lassen müssen. Eine Fläche oder Linie im Raume kann also durch Gleichungen zwischen den rechtwinkligen Coordinaten ihrer Puncte ausgedrückt werden. Diese Gleichungen, welche für jeden beliebigen Punct der Fläche oder Linie gleichmäſsig gelten, sollen* Gleichungen der Fläche, Ebene oder Linie *heiſsen, und die Flächen, Ebenen oder Linien sollen durch ihre Gleichungen benannt werden. Hier soll nur von Ebenen und geraden Linien im Raume die Rede seyn.*

II. *Die Lage einer Ebene oder geraden Linie im Raume kann durch die Coordinaten-Ebenen und Axen bestimmt werden, und zwar die Lage einer Ebene entweder durch die Entfernungen vom Anfangspunct der Coordinaten, in welchen die Ebene die Axen schneidet, oder durch die Winkel, welche die Durchschnitte der Ebene und der Coordinaten-Ebenen mit den Axen machen; die Lage einer geraden Linie im Raume entweder durch die Abstände von dem Anfangspunct der Coordinaten, in welchen diese oder jene Ebenen, als deren Durchschnitt man die Linie im Raume betrachtet, die Axen schneiden, oder durch die Winkel, welche die Durchschnitte dieser Ebenen und der Coordina-Ebenen mit den Axen einschlieſsen.*

614.

Lehrsatz. Wenn eine Ebene, wie ABC (Fig. 306.), *drei auf einander senkrechte Coordinaten-Ebenen* ADB, ADC *und* BDC *in* AB, AC *und* BC, *und die Axen in den Puncten* A, B *und* C, *welche von dem Anfangspuncte der Coordinaten,* D, *um*

1. $DA = a, \; DB = b, \; DC = c$

abstehen, schneidet, und man setzt die Coordinaten eines beliebigen Puncts M *der Ebene, nemlich*

2. $DP = x, \; PM_1 = y$ *und* $M_1 M = z$,

so ist die Gleichung der Ebene ABC

$$3.\quad \frac{x}{a}+\frac{y}{b}+\frac{z}{c}=1, \text{ oder}$$

$$4.\quad bcx+acy+abz=abc.$$

Setzt man die Tangenten der Winkel, welche die Durchschnitte der schiefen Ebene und der Ebenen der x, y, der y, z und der z, x mit den Axen der x, der y und der z machen, nemlich

$$5.\quad \begin{cases}\tang BAD=\tang\varkappa=k,\\ \tang CBD=\tang\mu=m,\\ \tang ACD=\tang\nu=n,\end{cases}$$

so daſs

$$6.\quad \tang\varkappa=\frac{b}{a},\ \tang\mu=m=\frac{c}{b},\ \tang\nu=n=\frac{a}{c},$$

so ist die Gleichung der Ebene

$$7.\quad x+\frac{y}{k}+nz=a, \text{ oder } x+y\cot\varkappa+z\tang\nu=a,$$

$$8.\quad xk+y+\frac{z}{m}=b, \text{ oder } x\tang\varkappa+y+z\cot\mu=b,$$

$$9.\quad \frac{x}{n}+my+z=c, \text{ oder } x\cot\nu+y\tang\mu+z=c,$$

und es ist

$$10.\quad kmn=1, \text{ oder } \tang\varkappa\tang\mu\tang\nu=1.$$

Erster Beweis. Man stelle sich durch den Punct M, in der Ebene ABC, dessen Coordinaten x, y und z sind, eine Ebene, wie KPH vor, die z. B. auf der Ebene ADB der x, y senkrecht stehet, und mit der Ebene BDC der x, z parallel läuft, so wird diese Ebene KPH die gegebene Ebene ABC in einer geraden Linie KH schneiden, in welcher Linie dann auch der Punct M liegt. Die Gleichung dieser geraden Linie KH ist, vermöge (§. 236.),

$$11.\quad \frac{y}{PK}+\frac{z}{PH}=1,$$

denn y und z sind in der Ebene KPH die rechtwinkligen Coordinaten des Puncts M vom Anfangspunct P an, und PK und PH sind die Entfernungen von diesem Anfangspuncte, in welchen die Linie KH die Coordinaten Axen PK und PH schneidet. Nun schneidet aber auch die gegebene Ebene ABC ihre Coordinaten-Ebenen ADB, ADC und BDC in geraden Linien AB, AC, BC, und der Punct K liegt in der Linie AB, der Punct H in der Linie AC. Also sind APK, ADB und APH, ADC ähnliche rechtwinklige Dreiecke, und folglich ist $\frac{AP}{PK}=\frac{AD}{DB}$ und $\frac{AP}{PH}=\frac{AD}{DC}$, oder $\frac{a-x}{PK}=\frac{a}{b}$ und $\frac{a-x}{PH}=\frac{a}{c}$. Daraus folgt

$$12.\quad \frac{y}{PK}=\frac{ay}{b(a-x)} \text{ und } \frac{z}{PH}=\frac{az}{c(a-x)}.$$

Setzt man diese Ausdrücke in (11.), so findet man $\frac{ay}{b(a-x)}+\frac{az}{c(a-x)}=1$, oder $\frac{y}{b}+\frac{z}{c}=\frac{a-x}{a}=1-\frac{x}{a}$, oder $\frac{x}{a}+\frac{y}{b}+\frac{z}{c}=1$, oder auch $bcx+acy+abz=abc$; wie im Lehrsatz (3. und 4.).

Da nun die Gleichung (3. oder 4.), für jeden beliebigen Punct in der geraden Linie KH und ihrer Verlängerung, und für jede, die gegebene Ebene ABC schneidende, mit BDC parallele Ebene gilt, so gilt sie für jeden beliebigen Punct der Ebene ABC überhaupt, und ihrer Verlängerung über die Coordinaten-Ebenen hinaus, und ist folglich die Gleichung der gegebenen Ebene ABC.

Die Gleichungen (7. 8. 9.) der Ebene folgen aus (3. und 4.), wenn man darin die Ausdrücke (6.) setzt, und die Gleichung (10.) folgt aus (6.), wenn man die Ausdrücke von k, m und n, mit einander multiplicirt.

Zweiter Beweis. Man stelle sich durch einen beliebigen Punct M, in der gegebenen Ebene ABC, dessen Coordinaten x, y, z sind, und durch die Coordinaten-Axen, Ebenen MDA, MDB und MDC vor, so begrenzen diese Ebenen, zusammen mit den Coordinaten-Ebenen, drei Pyramiden $MADB$, $MBDC$ und $MADC$. Nimmt man $ADB = \frac{1}{2}ab$, $BDC = \frac{1}{2}bc$ und $ADC = \frac{1}{2}ca$ zu Grundflächen dieser Pyramiden, so sind $MM_1 = z$, $M_1Q = DP = x$ und $M_1P = y$, ihre Höhen. Also sind ihre Inhalte gleich $\frac{1}{6}abz$, $\frac{1}{6}bcx$ und $\frac{1}{6}acy$. Die drei Pyramiden füllen aber den ganzen Raum der Pyramide $ADBC$, deren Inhalt $\frac{1}{6}abc$ ist; und zwar auch dann, wenn der Punct M in der Verlängerung der Ebene ABC, über die Coordinaten-Ebenen hinaus, liegt. Alsdann sind blofs diese oder jene von den ersten drei Pyramiden negativ, je nachdem es ihre Höhen sind. Es ist also $\frac{1}{6}abz + \frac{1}{6}bcx + \frac{1}{6}acy = \frac{1}{6}abc$, oder $bcx + cay + abz = abc$, oder auch $\frac{x}{a} + \frac{y}{b} + \frac{z}{c} = 1$; wie im Lehrsatz. Das Uebrige folgt, wie im ersten Beweise.

615.

Zusätze. I. Wenn einer der Durchschnitte der gegebenen Ebene und der Coordinaten-Ebenen, mit einer der Axen parallel ist, z. B. der Durchschnitt AB mit der Axe der y, DB, so ist der Punct B von D unendlich weit entfernt, und folglich $b = \infty$. Also ist in diesem Falle die Gleichung der gegebenen Ebene (§. 614. 3.), $\frac{x}{a} + \frac{z}{c} = 1$, oder $cx + az = ac$. Die Gleichung der Ebene ist also alsdann die nemliche, wie die der geraden Linie AC, in welcher die Ebene diejenige der x, z schneidet. In der That ist alsdann der Durchschnitt PK der gegebenen Ebene und jeder mit BDC parallelen Ebene KPH, mit der Ebene der x, y parallel, und alle Puncte eines solchen Durchschnitts haben gleiche x und gleiche z. Auch ist alsdann der Durchschnitt BC der gegebenen Ebene, und der Ebene der y, z mit der Axe der y parallel. Also sind zwei Durchschnitte der gegebenen Ebene und der Coordinaten-Ebenen, mit einer und derselben Axe zugleich parallel.

Ueberhaupt ist die Gleichung der Ebene, wenn zwei ihrer Durchschnitte mit den Coordinaten-Ebenen,

1. *mit der Axe der* x *parallel sind*, $\frac{y}{b}+\frac{z}{c}=1$, *oder*

$$cy+bz=bc,$$

2. *wenn sie mit der Axe der* y *parallel sind*, $\frac{x}{a}+\frac{z}{c}=1$, *oder*

$$cx+az=ac,$$

3. *wenn sie mit der Axe der* z *parallel sind*, $\frac{x}{a}+\frac{y}{b}=1$, *oder*

$$bx+ay=ab.$$

II. Wenn die gegebene Ebene, z. B. mit der Ebene der x, y, parallel ist, so sind a und b unendlich. Also ist in diesem Falle die Gleichung der Ebene (§. 614. 3.), blofs $\frac{z}{c}=1$, oder $z=c$. In der That gehören alsdann zu allen x und y gleiche z, und zwar ist $z=c$. *Ueberhaupt ist die Gleichung einer Ebene,*

4. *welche mit der Ebene der* x, y *parallel ist*, $z=c$,
5. *wenn sie mit der Ebene der* x, z *parallel ist*, $y=b$,
6. *wenn sie mit der Ebene der* y, z *parallel ist*, $x=a$.

III. *Wenn die gegebene Ebene durch den Anfangspunct der Coordinaten gehet, so ist* $a=0$, $b=0$, $c=0$. *Also ist alsdann ihre Gleichung, zufolge* (§. 614. 7. 8. 9.),

7. $x+y\cot\varkappa+z\tang\nu=0$, *oder*
8. $x\tang\varkappa+y+z\cot\mu=0$, *oder*
9. $x\cot\nu+y\tang\mu+z=0$.

616.

Lehrsatz. *Wenn man die Winkel, welche eine schiefe Ebene* $\frac{x}{a}+\frac{y}{b}+\frac{z}{c}=1$ *mit den Coordinaten-Ebenen der* x, y, *der* y, z, *und der* z, x *macht, durch* K, M, N *bezeichnet, so ist*

1. $\tang K=\frac{c\sqrt{(a^2+b^2)}}{ab}$, $\tang M=\frac{a\sqrt{(b^2+c^2)}}{bc}$, $\tang N=\frac{b\sqrt{(c^2+a^2)}}{ca}$,

2. $\cos K=\frac{ab}{\sqrt{(a^2b^2+b^2c^2+c^2a^2)}}$, $\cos M=\frac{bc}{\sqrt{(a^2b^2+b^2c^2+c^2a^2)}}$,

$$\cos N=\frac{ca}{\sqrt{(a^2b^2+b^2c^2+c^2a^2)}},$$

3. $\sin K=c\sqrt{\left(\frac{b^2+a^2}{a^2b^2+b^2c^2+c^2a^2}\right)}$, $\sin M=a\sqrt{\left(\frac{c^2+b^2}{a^2b^2+b^2c^2+c^2a^2}\right)}$,

$$\sin N=b\sqrt{\left(\frac{a^2+c^2}{a^2b^2+b^2c^2+c^2a^2}\right)},$$

4. $\cos K^2+\cos M^2+\cos N^2=1$,
5. $\sin K^2+\sin M^2+\sin N^2=2$,
6. $\cos 2K+\cos 2M+\cos 2N=-1$.

Beweis. I. Es sey in (Fig. 306.) DR auf AB senkrecht, so ist der Inhalt des rechtwinkligen Dreiecks $ADB=\frac{1}{2}AB.DR$, oder, weil $AB=\sqrt{(a^2+b^2)}$, gleich $\frac{1}{2}DR.\sqrt{(a^2+b^2)}$. Derselbe Inhalt ist aber auch gleich $\frac{1}{2}ab$. Also ist $\frac{1}{2}DR.\sqrt{(a^2+b^2)}=\frac{1}{2}ab$, und folglich

$$7.\quad DR=\frac{ab}{\sqrt{(a^2+b^2)}}.$$

Stellt man sich nun durch DR und DC eine Ebene vor, so stehet dieselbe auf der Ebene ADB senkrecht, weil DC auf ADB senkrecht ist. Zugleich steht sie, nach der Voraussetzung, auf dem Durchschnitt AB der Ebenen ABD und ABC senkrecht; also steht auch die gerade Linie CR, in welcher sie die schiefe Ebene ABC schneidet, auf AB senkrecht, und folglich schliefsen DR und CR den Winkel K ein, welchen die schiefe Ebene ABC mit der Ebene ABD macht. Mithin ist $DR \cdot \tang K = DC = c$, und folglich $\tang K = \frac{c}{DR}$, und, vermöge (7.),

$$8. \quad \tang K = \frac{c\sqrt{(a^2+b^2)}}{ab};$$

wie im Lehrsatze (1.). Die Ausdrücke von $\tang M$ und $\tang N$ findet man durch blofses Weiterrücken der Buchstaben, welches gestattet ist, weil zusammengehörige Linien in gleicher Ordnung wie die Buchstaben auf einander folgen.

II. Ferner ist z. B. $\cos K^2 = \frac{1}{\sec K^2} = \frac{1}{1+\tang K^2}$. Also ist, vermöge (8.),

$$\cos K^2 = \frac{1}{1+\frac{c^2(a^2+b^2)}{a^2b^2}} = \frac{a^2b^2}{a^2b^2+b^2c^2+c^2a^2}, \text{ oder}$$

$$9. \quad \cos K = \frac{ab}{\sqrt{(a^2b^2+b^2c^2+c^2a^2)}};$$

wie im Lehrsatze (2.). Die Ausdrücke von $\cos M$ und $\cos N$ findet man wieder durch Weiterrücken der Buchstaben.

III. Es ist z. B. $\sin K = \tang K \cos K$, also, vermöge (8. und 9.),

$$10. \quad \sin K = c\sqrt{\left(\frac{b^2+a^2}{a^2b^2+b^2c^2+c^2a^2}\right)},$$

wie im Lehrsatze (3.). Die Ausdrücke von $\sin M$ und $\sin N$, findet man durch Weiterrücken der Buchstaben.

IV. Dafs $\cos K^2 + \cos M^2 + \cos N^2 = 1$ (4.), ist unmittelbar aus (2.) zu sehen, wenn man die Quadrate der Cosinus nimmt.

V. Setzt man in (4.) $1-\sin K^2$, $1-\sin M^2$, $1-\sin N^2$, statt $\cos K^2$, $\cos M^2$, $\cos N^2$, so findet man $1-\sin K^2+1-\sin M^2+1-\sin N^2=1$, also $\sin K^2+\sin M^2+\sin N^2=2$; wie im Lehrsatze (5.).

Wenn man (5.) von (4.) abziehet, so findet man $\cos K^2-\sin K^2+\cos M^2-\sin M^2+\cos N^2-\sin N^2=-1$, oder $\cos 2K+\cos 2M+\cos 2N=-1$; wie im Lehrsatze (6.).

617.

Lehrsatz. *Wenn man die Winkel zwischen den Durchschnitten einer schiefen Ebene,* $\frac{x}{a}+\frac{y}{b}+\frac{z}{c}=1$, *mit den Ebenen der* x, y, *der* y, z *und der* z, x, *also die Winkel* A, B, C, *im Dreiecke* ABC (Fig. 306.) *durch* A, B, C *bezeichnet, so ist*

$$1. \quad \tang A = \frac{\sqrt{(a^2b^2+b^2c^2+c^2a^2)}}{a^2}, \quad \tang B = \frac{\sqrt{(a^2b^2+b^2c^2+c^2a^2)}}{b^2},$$

$$\tang C = \frac{\sqrt{(a^2b^2+b^2c^2+c^2a^2)}}{c^2},$$

2. $\cos A = \frac{a^2}{\sqrt{(a^2+b^2)}\sqrt{(c^2+a^2)}}$, $\cos B = \frac{b^2}{\sqrt{(b^2+c^2)}\sqrt{(a^2+b^2)}}$,

$$\cos C = \frac{c^2}{\sqrt{(c^2+a^2)}\sqrt{(b^2+c^2)}},$$

3. $\sin A = \sqrt{\left(\frac{a^2b^2+b^2c^2+c^2a^2}{(a^2+b^2)(c^2+a^2)}\right)}$, $\sin B = \sqrt{\left(\frac{a^2b^2+b^2c^2+c^2a^2}{(b^2+c^2)(a^2+b^2)}\right)}$,

$$\sin C = \sqrt{\left(\frac{a^2b^2+b^2c^2+c^2a^2}{(c^2+a^2)(b^2+c^2)}\right)},$$

4. $8\cos A\cos B\cos C = \sin 2\varkappa \sin 2\mu \sin 2\nu$.

Beweis. I. Die Seiten des Dreiecks ABC sind

5. $AB = \sqrt{(a^2+b^2)}$, $AC = \sqrt{(a^2+c^2)}$, $BC = \sqrt{(b^2+c^2)}$.

Nun ist $\cos A = \frac{AB^2+AC^2-BC^2}{2AB\cdot AC}$. Also ist, vermöge (5.),

$\cos A = \frac{a^2+b^2+a^2+c^2-b^2-c^2}{2\sqrt{(a^2+b^2)}\sqrt{(a^2+c^2)}} = \frac{a^2}{\sqrt{(a^2+b^2)}\sqrt{(c^2+a^2)}}$, wie im Lehrsatz (2.).

Die Ausdrücke von $\cos B$ und $\cos C$, findet man durch Weiterrücken der Buchstaben.

II. Es ist ferner z. B. $\sin A^2 = 1 - \cos A^2$, also, vermöge (2.)

$\sin A^2 = 1 - \frac{a^4}{(a^2+b^2)(c^2+a^2)} = \frac{a^2c^2+a^4+b^2c^2+b^2a^2-a^4}{(a^2+b^2)(c^2+a^2)}$, und

6. $\sin A = \sqrt{\left(\frac{a^2b^2+b^2c^2+c^2a^2}{(a^2+b^2)(c^2+a^2)}\right)}$; wie im Lehrsatze (3.).

Die Ausdrücke von $\sin B$ und $\sin C$, findet man durch Weiterrücken der Buchstaben.

III. Die Ausdrücke von $\tang A$, $\tang B$, $\tang C$ (1.) findet man, wie leicht zu sehen, wenn man $\sin A$, $\sin B$, $\sin C$ mit $\cos A$, $\cos B$, $\cos C$ dividirt.

IV. Aus (2.) folgt z. B. $\cos A = \frac{1}{\sqrt{\left(1+\frac{b^2}{a^2}\right)}\sqrt{\left(1+\frac{c^2}{a^2}\right)}}$, also, weil $\frac{b}{a} = \tang \varkappa$, $\frac{c}{a} = \cot \nu$ (§. 614. 6.),

$$\cos A = \frac{1}{\sec\varkappa \operatorname{cosec}\nu} = \cos\varkappa \sin\nu. \text{ Eben so ist}$$

$$\cos B = \cos\mu \sin\varkappa, \quad \cos C = \cos\nu \sin\mu, \text{ also}$$

$\cos A\cos B\cos C = \sin\varkappa\cos\varkappa\sin\mu\cos\mu\sin\nu\cos\nu = \frac{1}{2}\sin 2\varkappa.\frac{1}{2}\sin 2\mu.\frac{1}{2}\sin 2\nu$, folglich $8\cos A\cos B\cos C = \sin 2\varkappa \sin 2\mu \sin 2\nu$; wie im Lehrsatze (4.).

618.

Zusätze. Die Ausdrücke (§. 616. 617.) geben folgende Gleichungen, zwischen den Winkeln K, M, N der schiefen Ebene mit den Coordinaten-Ebenen und den Winkeln A, B, C, zwischen ihren Durchschnitten mit diesen Ebenen. Aus (§. 616. 1.) nemlich folgt

$$\tang K \tang M \tang N = \frac{\sqrt{(a^2+b^2)}\sqrt{(b^2+c^2)}\sqrt{(c^2+a^2)}}{a},$$

und aus (§. 617. 2.)

$$\cos A \cos B \cos C = \frac{a^2b^2c^2}{(a^2+b^2)(b^2+c^2)(c^2+a^2)}. \quad \textit{Also ist}$$

1. $\tang K^2 \tang M^2 \tang N^2 = \sec A \sec B \sec C.$

Ferner folgt aus (§. 616, 2.)

$$\cos K \cos M \cos N = \frac{a^2b^2c^2}{(a^2b^2+b^2c^2+c^2a^2)^{\frac{3}{2}}},$$ und aus (§. 617. 1.)

$$\tang A \tang B \tang C = \frac{(a^2b^2+b^2c^2+c^2a^2)^{\frac{3}{2}}}{a^2b^2c^2}. \quad \textit{Also ist}$$

2. $\cos K \cos M \cos N = \cot A \cot B \cot C.$

Aus (1. u. 2.) folgt $\tang K^2 \tang M^2 \tang N^2 . \cos K^2 \cos M^2 \cos N^2$
$= \sec A \sec B \sec C . \cot A^2 \cot B^2 \cot C^2$, *oder*

3. $\sin K^2 \sin M^2 \sin N^2 = \cot A \cot B \cot C \,\mathrm{cosec}\, A \,\mathrm{cosec}\, B \,\mathrm{cosec}\, C.$

Desgleichen folgt aus (1. u. 2.)

$$\tang K^2 \tang M^2 \tang N^2 \cos K \cos M \cos N$$
$$= \sec A \sec B \sec C \cot A \cot B \cot C, \quad \textit{oder}$$

4. $\tang K \tang M \tang N \sin K \sin M \sin N = \mathrm{cosec}\, A \,\mathrm{cosec}\, B \,\mathrm{cosec}\, C.$

619.

Lehrsatz. Wenn eine Ebene, welche die Axen der Coordinaten x, y, z *in den Entfernungen* a, b, c *von ihrem Anfangspunct schneidet, durch einen gegebenen Punct* p, q, r *gehet, so ist ihre Gleichung*

1. $\frac{x}{p}\left(1-\frac{q}{b}-\frac{r}{c}\right)+\frac{y}{b}+\frac{z}{c}=1$, *oder*

$\frac{x}{p}(c-q\tang\mu-r)+y\tang\mu+z=c$, *oder*

2. $\frac{x}{a}+\frac{y}{q}\left(1-\frac{r}{c}+\frac{p}{a}\right)+\frac{z}{c}=1$, *oder*

$x+\frac{y}{q}(1-r\tang\nu-p)+z\tang\nu=a$, *oder*

3. $\frac{x}{a}+\frac{y}{b}+\frac{z}{r}\left(1-\frac{p}{a}-\frac{q}{b}\right)=1$, *oder*

$x\tang\varkappa+y+\frac{z}{r}(1-p\tang\varkappa-q)=b.$

Beweis. Da die Gleichung der Ebene, $\frac{x}{a}+\frac{y}{b}+\frac{z}{c}=1$ für jeden Punct gilt, der sich in ihr befindet, und der Punct p, q, r, nach der Voraussetzung, in der Ebene liegen soll, so gilt die Gleichung der Ebene auch, wenn $x=p$, $y=q$, $z=r$ ist. Es ist also auch $\frac{p}{a}+\frac{q}{b}+\frac{r}{c}=1$. Multiplicirt man nun die Gleichung der Ebene, $\frac{x}{a}+\frac{y}{b}+\frac{z}{c}=1$, z. B. mit p, und die Gleichung $\frac{p}{a}+\frac{q}{b}+\frac{r}{c}=1$, mit x, und zieht die Producte von einander ab, so findet man

$$\frac{yp}{b}+\frac{zp}{c}-\frac{xq}{b}-\frac{xr}{c}=p-x, \text{ oder}$$
$$x\left(1-\frac{q}{b}-\frac{r}{c}\right)+\frac{yp}{b}+\frac{zp}{c}=p,$$

wel-

welches, wenn man mit p dividirt, die erste Gleichung im Lehrsatze giebt. Durch Weiterrücken der Buchstaben findet man die anderen beiden, und wenn man die Ausdrücke von $\frac{b}{a}$, $\frac{c}{b}$ und $\frac{a}{c}$ aus (§. 614. 5. und 6.) substituirt, die übrigen.

620.

Lehrsatz. Wenn eine Ebene, welche die Axen der Coordinaten x, y, z *in den Entfernungen* a, b, c *vom Anfangspunct der Coordinaten schneidet, durch* zwei *gegebene Puncte* p_1, q_1, r_1 *und* p_2, q_2, r_2 *gehet, so ist ihre Gleichung*

$$1.\quad x\left(c\frac{q_1-q_2}{p_2q_1-p_1q_2}-\frac{r_1}{p_1}+\frac{q_1}{p_1}\cdot\frac{p_2r_1-p_1r_2}{p_2q_1-p_1q_2}\right)+y\left(\frac{p_1r_2-p_2r_1+c(p_2-p_1)}{p_2q_1-p_1q_2}\right)+z=c,\ \text{oder}$$

$$2.\quad x+y\left(a\frac{r_1-r_2}{q_2r_1-q_1r_2}-\frac{p_1}{q_1}+\frac{r_1}{q_1}\cdot\frac{q_2p_1-q_1p_2}{q_2r_1-q_1r_2}\right)+z\left(\frac{q_1p_2-q_2p_1+a(q_2-q_1)}{(q_2r_1-q_1r_2)}\right)=a,\ \text{oder}$$

$$3.\quad x\left(\frac{r_1q_2-r_2q_1+b(p_2-p_1)}{r_2p_1-r_1p_2}\right)+y+z\left(b\frac{p_1-p_2}{r_2p_1-r_1p_2}-\frac{q_1}{r_1}+\frac{p_1}{r_1}\cdot\frac{r_2q_1-r_1q_2}{r_2p_1-r_1p_2}\right)=b.$$

Beweis. Auf die Weise, wie in (§. 619.), finden in diesem Falle aufser der Gleichung $\frac{x}{a}+\frac{y}{b}+\frac{z}{c}=1$, auch die Gleichungen $\frac{p_1}{a}+\frac{q_1}{b}+\frac{r_1}{c}=1$ und $\frac{p_2}{a}+\frac{q_2}{b}+\frac{r_2}{c}=1$ Statt.

Multiplicirt man nun die Gleichung $\frac{x}{a}+\frac{y}{b}+\frac{z}{c}=1$, mit p_1, und z. B. die Gleichung $\frac{p_1}{a}+\frac{q_1}{b}+\frac{r_1}{c}=1$ mit x, und zieht die Producte von einander ab, so findet man

$$\frac{yp_1}{b}+\frac{zp_1}{c}-\frac{xq_1}{b}-\frac{xr_1}{c}=p_1-x,\ \text{oder}$$

$$4.\quad \frac{yp_1-xq_1}{b}+\frac{zp_1-xr_1}{c}=p_1-x.$$

Multiplicirt man die Gleichung $\frac{p_1}{a}+\frac{q_1}{b}+\frac{r_1}{c}=1$ mit p_2, und die Gleichung $\frac{p_2}{a}+\frac{q_2}{b}+\frac{r_2}{c}=1$ mit p_1, und zieht die Producte von einander ab, so findet man

$$\frac{p_2q_1}{b}+\frac{p_2r_1}{c}-\frac{p_1q_2}{b}-\frac{p_1r_2}{c}=p_2-p_1,\ \text{oder}$$

$$5.\quad \frac{p_2q_1-p_1q_2}{b}+\frac{p_2r_1-p_1r_2}{c}=p_2-p_1.$$

Multiplicirt man die Gleichung (4.) mit $p_2 q_1 - p_1 q_2$, und die Gleichung (5.) mit $y p_1 - x q_1$, und zieht die Producte von einander ab, so findet man

$$\frac{(z p_1 - x r_1)(p_2 q_1 - p_1 q_2)}{c} - \frac{(p_2 r_1 - p_1 r_2)(y p_1 - x q_1)}{c}$$
$$= (p_1 - x)(p_2 q_1 - p_1 q_2) - (p_2 - p_1)(y p_1 - x q_1), \text{ oder}$$
$$x((p_2 q_1 - p_1 q_2 - p_2 q_1 + p_1 q_1) c - r_1 (p_2 q_1 - p_1 q_2) + q_1 (p_2 r_1 - p_1 r_2))$$
$$+ y(p_1 (p_1 r_2 - p_2 r_1) + p_1 c (p_2 - p_1))$$
$$+ z p_1 (p_2 q_1 - p_1 q_2)$$
$$= c p_1 (p_2 q_1 - p_1 q_2),$$

welches die erste Gleichung im Lehrsatze giebt. Die anderen beiden findet man durch Weiterrücken der Buchstaben.

621.

Lehrsatz. *Wenn eine Ebene, welche die Axen der Coordinaten* x, y, z, *in den Entfernungen* a, b, c, *vom Anfangspunct der Coordinaten schneidet, durch drei gegebene Puncte* p_1, q_1, r_1; p_2, q_2, r_2 *und* p_3, q_3, r_3 *geht, durch welche also ihre Lage und die Entfernungen* a, b, c *völlig bestimmt werden, so ist ihre Gleichung*

$$1.\quad x[q_1(r_3 - r_2) + q_2(r_1 - r_3) + q_3(r_2 - r_1)]$$
$$+ y[r_1(p_3 - p_2) + r_2(p_1 - p_3) + r_3(p_2 - p_1)]$$
$$+ z[p_1(q_3 - q_2) + p_2(q_1 - q_3) + p_3(q_2 - q_1)]$$
$$= p_1(r_2 q_3 - r_3 q_2) + p_2(r_3 q_1 - r_1 q_3) + p_3(r_1 q_2 - r_2 q_1).$$

Beweis. Man bezeichne $\frac{1}{a}$ durch α, $\frac{1}{b}$ durch β und $\frac{1}{c}$ durch γ, so ist die Gleichung der Ebene

$$2.\quad \alpha x + \beta y + \gamma z = 1,$$

und für die drei Puncte p_1, q_1, r_1; p_2, q_2, r_2 und p_3, q_3, r_3 ist

$$3.\quad \alpha p_1 + \beta q_1 + \gamma r_1 = 1,$$
$$4.\quad \alpha p_2 + \beta q_2 + \gamma r_2 = 1,$$
$$5.\quad \alpha p_3 + \beta q_3 + \gamma r_3 = 1.$$

Man multiplicire (3.) mit p_2, und (4.) mit p_1, und ziehe die Producte von einander ab, so findet man

$$6.\quad \beta(q_1 p_2 - q_2 p_1) + \gamma(r_1 p_2 - r_2 p_1) = p_2 - p_1.$$

Man multiplicire (3.) mit p_3, und (5.) mit p_1, und ziehe die Producte von einander ab, so findet man

$$7.\quad \beta(q_1 p_3 - q_3 p_1) + \gamma(r_1 p_3 - r_3 p_1) = p_3 - p_1.$$

Man multiplicire (6.) mit $q_1 p_3 - q_3 p_1$, und (7.) mit $q_1 p_2 - q_2 p_1$, und ziehe die Producte von einander ab, so findet man

$$\gamma[(r_1 p_2 - r_2 p_1)(q_1 p_3 - q_3 p_1) - (r_1 p_3 - r_3 p_1)(q_1 p_2 - q_2 p_1)]$$
$$= (p_2 - p_1)(q_1 p_3 - q_3 p_1) - (p_3 - p_1)(q_1 p_2 - q_2 p_1) \text{ oder,}$$
$$\gamma[p_2 p_3 q_1 r_1 - p_1 p_2 q_3 r_1 - p_1 p_3 q_1 r_2 + p_1 p_1 q_3 r_2$$
$$- p_2 p_3 q_1 r_1 + p_1 p_3 q_2 r_1 + p_1 p_2 q_1 r_3 - p_1 p_1 q_2 r_3]$$
$$= p_2 p_3 q_1 - p_1 p_2 q_3 - p_1 p_3 q_1 + p_1 p_1 q_3$$
$$- p_2 p_3 q_1 + p_1 p_3 q_2 + p_1 p_2 q_1 - p_1 p_1 q_2,$$

oder, wenn man wegläfst, was sich aufhebt, und mit p_1 dividirt,

$$\gamma[p_1(r_2 q_3 - r_3 q_2) + p_2(r_3 q_1 - r_1 q_3) + p_3(r_1 q_2 - r_2 q_1)]$$
$$= p_1(q_3 - q_2) + p_2(q_1 - q_3) + p_3(q_2 - q_1).$$

Dieses giebt

8. $$\gamma = \frac{p_1(q_3-q_2)+p_2(q_1-q_3)+p_3(q_2-q_1)}{p_1(r_2q_3-r_3q_2)+p_2(r_3q_1-r_1q_3)+p_3(r_1q_2-r_2q_1)} = \frac{1}{c}.$$

Durch Weiterrücken der Buchstaben findet man $\beta = \frac{1}{b}$ und $\alpha = \frac{1}{a}$. Der Nenner bleibt unverändert derselbe. Und wenn man nun diese Ausdrücke von $\frac{1}{a}$, $\frac{1}{b}$ und $\frac{1}{c}$ in die Gleichung der Ebene $\frac{x}{a}+\frac{y}{b}+\frac{z}{c}=1$ setzt, so findet man die Gleichung (1.) im Lehrsatz.

622.

Zusätze. I. *Gehet eine Ebene durch den Anfangspunct der Coordinaten und einen zweiten bestimmten Punct* p, q, r, *so ist in* (§. 619.) $a=0$, $b=0$ und $c=0$. *Also ist alsdann die Gleichung der Ebene,*

$$\frac{x}{p}(-q\tang\mu - r) + y\tang\mu + z = 0, \text{ das heißt:}$$

1. $x(q\tang\mu + r) = yp\tang\mu + zp$, *oder*
2. $y(r\tang\nu + p) = zq\tang\nu + xq$, *oder*
3. $z(p\tang\varkappa + q) = xr\tang\varkappa + yr$.

II. *Gehet die Ebene durch den Anfangspunct der Coordinaten und durch zwei bestimmte Puncte* p_1, q_1, r_1 *und* p_2, q_2, r_2: *so ist in* (§. 620.) $a=0$, $b=0$, $c=0$, *oder in* (§. 621.) $p_3=0$, $q_3=0$, $r_3=0$. *Beides giebt für die Gleichung der Ebene in diesem Falle*

4. $x(q_2r_1 - q_1r_2) + y(r_2p_1 - r_1p_2) + z(p_2q_1 - p_1q_2) = 0.$

623.

Lehrsatz. Wenn eine Ebene, welche die Axen der Coordinaten x, y, z *in den Entfernungen* a, b, c *vom Anfangspunct der Coordinaten schneidet, mit einer anderen Ebene, welche die Axen der* x, y, z *in den Entfernungen* α, β, γ *vom Anfangspuncte begegnet, oder deren Durchschnitte mit den Coordinaten-Ebenen der* x, y, *der* y, z, *und der* z, x *gegen die Axen der* x, *der* y *und der* z, *die Winkel* $\varkappa_0$, μ_0, ν_0 *macht, parallel ist, so ist ihre Gleichung*

1. $$\frac{x}{\alpha}+\frac{y}{\beta}+\frac{z}{\gamma}=\frac{a}{\alpha}=\frac{b}{\beta}=\frac{c}{\gamma}, \text{ oder}$$

2. $$\begin{cases} x + y\cot\varkappa_0 + z\tang\nu_0 = a, \text{ oder} \\ x\tang\varkappa_0 + y + z\cot\mu_0 = b, \text{ oder} \\ x\cot\nu_0 + y\tang\mu_0 + z = c. \end{cases}$$

Beweis. Parallele Ebenen schneiden die Coordinaten-Ebenen nothwendig in **Parallelen**. Also ist ist $\frac{a}{\alpha}=\frac{b}{\beta}=\frac{c}{\gamma}$, woraus z. B. $b=\frac{a\beta}{\alpha}$, $c=\frac{a\gamma}{\alpha}$ folgt. Die Gleichung $\frac{x}{a}+\frac{y}{b}+\frac{z}{c}=1$ der, mit der gegebenen Ebene $\frac{x}{\alpha}+\frac{y}{\beta}+\frac{z}{\gamma}=1$ parallelen Ebene ist also $\frac{x}{a}+\frac{y\alpha}{a\beta}+\frac{z\alpha}{a\gamma}=1$, oder

$$\frac{x}{\alpha}+\frac{y}{\beta}+\frac{z}{\gamma}=\frac{a}{\alpha}=\frac{b}{\beta}=\frac{c}{\gamma};$$

wie im Lehrsatze (1.).

Die anderen Gleichungen (2.) findet man, wenn man der Reihe nach mit α, β, γ multiplicirt, und nach (§. 614. 5, 6.)

$$\frac{\beta}{\alpha}=\tang \varkappa_0,\ \frac{\gamma}{\beta}=\tang \mu_0,\ \frac{\alpha}{\gamma}=\tang \nu_0 \text{ setzt.}$$

624.

Lehrsatz. *Wenn eine Ebene, welche die Axen der Coordinaten* x, y, z *in den Entfernungen* a, b, c, *vom Anfangspunct der Coordinaten schneidet, mit einer anderen Ebene, welche die Axen in den Entfernungen* α, β, γ *vom Anfangspunct trifft, parallel ist, und zugleich durch einen bestimmten Punct* p, q, r *geht, so ist ihre Gleichung*

$$1.\quad \frac{x-p}{\alpha}+\frac{y-q}{\beta}+\frac{z-r}{\gamma}=0.$$

Beweis. Die Gleichung einer Ebene, die mit der Ebene $\frac{x}{\alpha}+\frac{y}{\beta}+\frac{z}{\gamma}=1$ parallel ist, ist, zufolge (§. 623.),

$$2.\quad \frac{x}{\alpha}+\frac{y}{\beta}+\frac{z}{\gamma}=\frac{a}{\alpha}.$$

Gehet nun diese Ebene durch den Punct p, q, r, so ist zugleich für diesen Punct

$$3.\quad \frac{p}{\alpha}+\frac{q}{\beta}+\frac{r}{\gamma}=\frac{a}{\alpha}.$$

Zieht man (3.) von (2.) ab, so findet man die Gleichung (1.) des Lehrsatzes.

625.

Zusätze. I. *Wenn eine Ebene durch den Aufangspunct der Coordinaten geht, und mit einer anderen Ebene parallel ist, die die Axe der* x, y, z, *in den Entfernungen* α, β, γ *vom Anfangspunct der Coordinaten schneidet, so ist ihre Gleichung*

$$1.\quad \frac{x}{\alpha}+\frac{y}{\beta}+\frac{z}{\gamma}=0.$$

Denn in diesem Falle ist in (§. 623.) $a=0$, $b=0$, $c=0$, oder in (§. 624.) $p=0$, $q=0$, $r=0$, welches beides die Gleichung (1.) giebt.

II. *Wenn eine Ebene die Axen der* x, y, z *in den Entfernungen* a, b, c *vom Anfangspuncte der Coordinaten schneidet, und mit einer anderen Ebene durch den Anfangspunct der Coordinaten parallel ist, deren Durchschnitte mit den Ebenen der* x, y, *der* y, z *und* z, x *gegen die Axen der* x, *der* y *und der* z *die Winkel* $\varkappa_0$, μ_0, ν_0 *machen, so ist ihre Gleichung, zufolge* (§. 623.),

$$x+y\cot\varkappa_0+z\tang\nu_0=a,\ \text{oder}$$
$$x\tang\varkappa_0+y+z\cot\mu_0=b,\ \text{oder}$$
$$x\cot\nu_0+y\tang\mu_0+z=c.$$

626.

Lehrsatz. Der Flächen-Inhalt der senkrechten Projection einer beliebigen Figur in einer Ebene, hier einer geradlinigen Figur, auf eine andere Ebene, ist gleich dem Inhalt der gegebenen Figur, multiplicirt mit dem Cosinus des Winkels, den die beiden Ebenen einschliefsen.

Beweis. Es sey $EFGHI$ (Fig. 308.) eine beliebige geradlinige Figur in der schiefen Ebene ABC, und $E_1F_1G_1H_1I_1$ die senkrechte Projection der Figur auf die Ebene ADB, das heifst, diejenige Figur, welche Ebenen durch EF, FG, GH etc., auf die Ebene ADB senkrecht gelegt, auf derselben abschneiden.

Man lege nun durch EE_1, FF_1, GG_1 etc. Ebenen auf den Durchschnitt AB der schiefen Ebene und der Ebene ADB senkrecht, so dafs sowohl Ee, Ff, Gg etc., als E_1e, F_1f, G_1g etc. auf AB senkrecht sind, und Ee, E_1e; Ff, F_1f; Gg, G_1g etc. den Winkel einschliefsen, welchen die schiefe Ebene ABC mit der Ebene ADB macht, so ist, wenn man diesen Winkel durch K bezeichnet,

$$E_1e = Ee\cos K,\quad F_1f = Ff\cos K,\quad G_1g = Gg\cos K \text{ etc.}$$

Der Inhalt z. B. der Trapeze $EeFf$ und E_1eF_1f ist aber $\frac{1}{2}(Ee+Ff)fe$ und $\frac{1}{2}(E_1e+F_1f)fe$. Also ist der Inhalt des Trapezes E_1eF_1f, wenn derjenige von $EeFf$ durch t bezeichnet wird, gleich $t\cos K$. Eben so verhält es sich mit den Trapezen $FfGg$, F_1fG_1g; $GgHh$, G_1gH_1h etc. Die algebraische Summe aller der Trapeze $EeFf$, $FfGg$ etc. ist aber der Inhalt der Figur $FFGH\ldots.$ in der schiefen Ebene selbst (§. 189.), und die algebraische Summe der Trapeze E_1eF_1f, F_1fG_1g ist der Inhalt ihrer Projection $E_1F_1G_1H_1\ldots.$ in der Ebene ADB. Also ist, wenn man den Inhalt der Figur $EeFf$ in der schiefen Ebene durch F bezeichnet, der Inhalt ihrer Projection in der Ebene der x, y, gleich $F\cos K$.

627.

Anmerkung. Die Dreiecke ADB, BDC und CDA (Fig. 308,), welche eine schiefe Ebene ABC von drei beliebigen rechtwinkligen Coordinaten-Ebenen abschneidet, sind die Projectionen der schiefen Ebene selbst, so weit sie zwischen den Coordinaten-Ebenen liegt, auf die Coordinaten-Ebenen. Bezeichnet man also, wie in (§. 616.), die Winkel, welche die schiefe Ebene mit den Ebenen der x, y, der y, z nnd der z, x einschliefst, durch K, M, N und den Inhalt der schiefen Ebene durch H, so ist, vermöge (§. 626.),

1. $\triangle ADB = H\cos K$, $\triangle BDC = H\cos M$ und $\triangle CDA = H\cos N$.

Stellt man sich umgekehrt die senkrechten Projectionen der Dreiecke ADB, BDC und CDA auf die schiefe Ebene ABC vor, so ist leicht zu sehen, dafs die Summe derselben dem Inhalte der schiefen Ebene gleich ist. Es ist also auch

2. $\triangle ADB\cos K + \triangle BDC\cos M + \triangle CDA\cos N = H.$

Setzt man in (2.) die Ausdrücke (1.): so findet man:

$$H\cos K^2 + H\cos M^2 + H\cos N^2 = H, \text{ oder}$$

$$\cos K^2 + \cos M^2 + \cos N^2 = 1,$$

welches mit (§. 616. 4.) übereinstimmt.

628.

Lehrsatz. Das Quadrat des Inhalts einer beliebigen Figur in einer Ebene, hier einer geradlinigen Figur, ist gleich der Summe der Quadrate der Inhalte der senkrechten Projectionen der Figur auf drei beliebige rechtwinklige Coordinaten-Ebenen.

Beweis. Es sey $EFGHI$ (Fig. 308.) eine geradlinige Figur in der schiefen Ebene ABC. Ihr Inhalt sey F. Die Winkel, welche die schiefe Ebene mit drei auf einander senkrechten Coordinaten-Ebenen, und zwar der x, y, der y, z und der z, x macht, sollen, wie in (§. 616.), durch K, M, N bezeichnet werden, so sind, zufolge (§. 626.), die Inhalte der Projectionen der Figur F auf die Ebenen der x, y, der y, z und der z, x gleich $F\cos K$, $F\cos M$, $F\cos N$. Die Summe der Quadrate der Inhalte der drei Projectionen ist also $F^2(\cos K^2 + \cos M^2 + \cos N^2)$. Es ist aber zufolge (§. 616. 4. und §. 627.) $\cos K^2 + \cos M^2 + \cos N^2 = 1$. Also ist die Summe der Quadrate der Inhalte der drei Projectionen der Figur in der schiefen Ebene gleich dem Inhalt F der Figur selbst.

629.

Zusatz. Die Dreiecke ADB, BDC, CDA (Fig. 308.), welche die schiefe Ebene ABC von den Coordinaten-Ebenen abschneidet, sind, wie in (§. 627.) bemerkt, die Projectionen der schiefen Ebene auf die Coordinaten-Ebenen. Ihre Inhalte sind $\frac{1}{2}ab$, $\frac{1}{2}bc$ und $\frac{1}{2}ca$. Der Inhalt der schiefen Ebene ABC wurde in (§. 627.) durch H bezeichnet. *Also ist, zufolge* (§. 628.),

$$H^2 = \tfrac{1}{4}(a^2b^2 + b^2c^2 + c^2a^2).$$

Dieser Satz wird De Gua zugeschrieben.

630.

Lehrsätze. Die Länge S *eines Perpendikels durch einen gegebenen Punct im Raume* p, q, r *auf eine Ebene, welche die Coordinaten-Axen der* x, y, z *in den Entfernungen* a, b, c *vom Anfangspunct der Coordinaten schneidet, ist*

$$1.\quad S = \frac{abc - abr - bcp - caq}{\sqrt{(a^2b^2 + b^2c^2 + c^2a^2)}}.$$

II. *Die Winkel, welche das Perpendikel mit den Axen der* x, y, z *macht, sind den Winkeln zwischen der schiefen Ebene und den Coordinaten-Ebenen der* y, z, *der* z, x *und der* x, y *gleich, so dass, wenn man jene Winkel durch* P, Q, R *bezeichnet,*

$$2.\quad P = M,\ Q = N,\ R = K,$$

und wie in (§. 616.)

$$3.\quad \cos P^2 + \cos Q^2 + \cos R^2 = 1,$$

$$4.\quad \sin P^2 + \sin Q^2 + \sin R^2 = 2, \text{ und}$$

$$5.\quad \cos 2P + \cos 2Q + \cos 2R = -1$$

ist.

III. *Geht das Perpendikel durch den Anfangspunct der Coordinaten, so ist seine Länge*

$$6.\quad S_1 = \frac{abc}{\sqrt{(a^2b^2 + b^2c^2 + c^2a^2)}} = \frac{1}{\sqrt{\left(\frac{1}{a^2} + \frac{1}{b^2} + \frac{1}{c^2}\right)}}.$$

Beweis. I. Es sey M (Fig. 307.) ein beliebiger Punct im Raume, dessen Coordinaten DL, LM_1 und M_1M, also p, q, r sind, und MN sey auf der schiefen Ebene ABC senkrecht. Man lege durch M und durch die Coordinaten-Axen, die Ebenen MDA, MDB, MDC, desgleichen durch M und durch die geraden Linien, in welchen die schiefe Ebene die Coordinaten-Ebenen schneidet, die Ebenen MAB, MBC und MCA, so schliefsen diese sechs Ebenen mit den Coordinaten-Ebenen und der schiefen Ebene vier Pyramiden $MABD$, $MBCD$, $MCAD$ und $MABC$ ein, die zusammengenommen den Raum der Pyramide $ABCD$ füllen.

Die Grundfläche der Pyramide $MABD$ ist $\frac{1}{2}ab$, ihre Höhe r, also ihr Inhalt $\frac{1}{6}abr$,
die Grundfläche der Pyramide $MBCD$ ist $\frac{1}{2}bc$, ihre Höhe p, also ihr Inhalt $\frac{1}{6}bcp$,
die Grundfläche der Pyramide $MCAD$ ist $\frac{1}{2}ca$, ihre Höhe q, also ihr Inhalt $\frac{1}{6}caq$,
die Grundfläche der Pyramide $MABC$ ist H (§. 625.), ihre Höhe S, also ihr Inhalt $\frac{1}{3}HS$,
die Grundfläche der Pyramide ABC ist z. B. $\frac{1}{2}ab$, ihre Höhe c, also ihr Inhalt $\frac{1}{6}abc$.

Folglich ist

$$\tfrac{1}{6}abr + \tfrac{1}{6}bcp + \tfrac{1}{6}caq + \tfrac{1}{3}HS = \tfrac{1}{6}abc;\ \text{woraus}$$

$$S = \frac{abc - abr - bcp - caq}{2H}$$

folgt. Setzt man hierin den Ausdruck von H aus (§. 627.), so findet man die Länge P des Perpendikels, wie (1.) im Lehrsatz.

II. Die Winkel P, Q, R, welche das Perpendikel MN auf die schiefe Ebene durch den Punct M mit den Axen der x, y, z macht, sind denjenigen zwischen dem Perpendikel DP durch den Anfangspunct der Coordinaten auf die schiefe Ebene, und den Axen gleich, weil beide Perpendikel parallel sind. Also ist

$$PDA = P,\quad PDB = Q,\quad PDC = R.$$

Legt man nun durch PD eine Ebene DPQ, z. B. auf die Ebene DBA der x, y senkrecht, so ist PQD der Winkel K (§. 616.), welchen die schiefe Ebene mit der Ebene der x, y einschliefst. Die rechtwinkligen Dreiecke DPC und QDC sind aber ähnlich, weil sie den Winkel DCQ gemein haben. Also ist $PDC = PQD$, folglich $R = K$. Eben so ist $P = M$, $Q = N$; wie im Lehrsatz (2.).

Die Gleichungen (3. 4. 5.), findet man wie in (§. 616.).

III. Den Ausdruck 6. findet man, wenn man in (1.) p, q, r $= 0$ setzt.

631.

Lehrsatz. Wenn man die Länge des Perpendikels auf eine schiefe Ebene aus dem Anfangspunct rechtwinkliger Coordinaten durch S_1, *die Coordinaten des Puncts, in welchem das Perpen-*

dikel die Ebene schneidet, durch p_1, q_1, r_1, *die Winkel, welche das Perpendikel mit den Axen der* x, y, z *macht, wie in* (§. 630.), *durch* P, Q, R, *die Winkel, welche die schiefe Ebene mit den Coordinaten-Ebenen der* x, y, *der* y, z *und der* z, x *macht, wie in* (§. 616.), *durch* K, M, N, *und die Coordinaten eines beliebigen Puncts der Ebene durch* x, y, z *bezeichnet, so ist*

$$1.\quad p_1 x + q_1 y + r_1 z = S_1^2,$$
$$2.\quad x\cos P + y\cos Q + z\cos R = S_1,$$
$$3.\quad x\cos M + y\cos N + z\cos K = S_1,$$

welches also Gleichungen der schiefen Ebene sind, die dieselbe, statt durch die Entfernungen a, b, c *vom Anfangspunct der Coordinaten, in welchen die Ebene die Axen schneidet, vielmehr durch die Coordinaten des Puncts, in welchem das Perpendikel aus dem Anfangspunct der Coordinaten auf die schiefe Ebene, dieselbe trifft, oder durch die Winkel, welche das Perpendikel mit den Axen macht, oder durch diejenigen, welche die schiefe Ebene mit den Coordinaten-Ebenen macht, und durch die Länge des Perpendikels ausdrücken.*

Beweis. Es sey DP (Fig. 307.) auf der schiefen Ebene ABC, und PT auf der Axe DA senkrecht, also $DP = S_1$, $DT = p_1$, $PDT = P$, so sind die rechtwinkligen Dreiecke DTP und APD ähnlich, weil sie den Winkel PDA gemein haben. Also ist $\frac{DT}{DP} = \frac{DP}{DA}$, das heifst $\frac{p_1}{S_1} = \frac{S_1}{a}$. Daraus folgt $\frac{1}{a} = \frac{p_1}{S_1^2}$. Eben so ist $\frac{1}{b} = \frac{q_1}{S_1^2}$, $\frac{1}{c} = \frac{r_1}{S_1^2}$. Nun ist die Gleichung der schiefen Ebene $\frac{x}{a} + \frac{y}{b} + \frac{z}{c} = 1$. Setzt man darin die eben erhaltenen Ausdrücke von $\frac{1}{a}$, $\frac{1}{b}$, $\frac{1}{c}$, so findet man $\frac{p_1 x}{S_1^2} + \frac{q_1 y}{S_1^2} + \frac{r_1 z}{S_1^2} = 1$, woraus die Gleichung (1.) des Lehrsatzes folgt.

Aus der Gleichung (1.) folgt, $\frac{p_1}{S_1}x + \frac{q_1}{S_1}y + \frac{r_1}{S_1}z = S_1$. Es ist aber $\frac{p_1}{S_1} = \frac{DT}{DP} = \cos PDT = \cos P$, und eben so ist $\frac{q_1}{S_1} = \cos Q$, $\frac{r_1}{S_1} = \cos R$. Also ist

$$x\cos P + y\cos Q + z\cos R = S_1,$$

welches die Gleichung (2.) im Lehrsatz ist. Und, vermöge $P = M$, $Q = N$, $R = K$ (§. 630. II.), folgt aus (2.) die Gleichung (3.).

632.

Lehrsatz. Wenn man aus einem gegebenen Puncte im Raume, aufserhalb einer gegebenen Ebene, nach der Ebene, in beliebiger Richtung, aber auf einander senkrecht, drei gerade Linien ziehet, die man sich also auch als die Axen senkrechter Coordinaten-Ebenen durch den gegebenen Punct vorstellen kann, und ihre Länge durch a, b *und* c *bezeichnet, so hat die Summe*

$$\frac{1}{a^2} + \frac{1}{b^2} + \frac{1}{c^2},$$

immer die nemliche Gröfse, wie auch die auf einander senkrechten Linien aus dem gegebenen Punct gegen die gegebene Ebene liegen mögen, und zwar ist sie gleich 1, dividirt durch das Quadrat der senkrechten Entfernung des gegebenen Puncts von der gegebenen Ebene.

Beweis. Die senkrechte Entfernung des gegebenen Puncts von der gegebenen Ebene ist die Länge des Perpendikels auf die gegebene Ebene, aus dem gegebenen Puncte, der als Anfangspunct rechtwinkliger Coordinaten betrachtet werden kann. Diese ist, zufolge (§. 630. 6.),

$$\frac{1}{\sqrt{\left(\frac{1}{a^2} + \frac{1}{b^2} + \frac{1}{c^2}\right)}}.$$

Das Perpendikel bleibt aber immer das nemliche, wie auch die Coordinaten-Ebenen liegen mögen, denn es hängt nur von dem gegebenen Puncte und der gegebenen Ebene ab. Also ist

$$\frac{1}{\sqrt{\left(\frac{1}{a^2} + \frac{1}{b^2} + \frac{1}{c^2}\right)}},$$

oder die Summe $\frac{1}{a^2} + \frac{1}{b^2} + \frac{1}{c^2}$ von der Lage der Coordinaten-Ebenen unabhängig, uud zwar gleich $\frac{1}{S_1^2}$, das heifst: gleich 1, dividirt durch die Entfernung des gegebenen Punctes von der gegebenen Ebene.

633.

Lehrsatz. Wenn sich in einer Ebene eine beliebige, hier eine geradlinige Figur, befindet, und man legt gegen die Ebene, beliebige auf einander senkrechte Coordinaten-Ebenen, so ist die Pyramide, welche die Figur in der gegebenen Ebene zur Grundfläche und den Anfangspunct der Coordinaten zur Spitze hat, so grofs als die drei Pyramiden zusammengenommen, welche die senkrechten Projectionen der gegebenen Figur in der schiefen Ebene auf die drei Coordinaten-Ebenen zu Grundflächen und einen beliebigen, aber einen und denselben Punct in der schiefen Ebene zur gemeinschaftlichen Spitze haben.

Beweis. Der Flächen-Inhalt der gegebenen Figur in der schiefen Ebene sey F, die Winkel, welche die schiefe Ebene mit den Coordinaten-Ebenen der x, y, der y, z und der z, x macht, mögen, wie in (§. 616.), K, M, N seyn, so ist der Flächen-Inhalt der Projectionen der Figur in der schiefen Ebene auf die Coordinaten-Ebenen, zufolge (§. 626.), gleich

1. $F \cos K$, $F \cos M$ und $F \cos N$.

Stellt man sich nun über diesen Projectionen Pyramiden vor, welche die Projectionen zu Grundflächen und einen beliebigen Punct in der schiefen Ebene, dessen Coordinaten, x, y, z seyn mögen, zur gemeinschaftlichen Spitze haben, so sind die Inhalte dieser Pyramiden

2. $\frac{1}{3} z F \cos K$, $\frac{1}{3} x F \cos M$ und $\frac{1}{3} y F \cos N$.

Der Inhalt einer Pyramide hingegen, welche die Figur in der schiefen Ebene selbst zur Grundfläche und den Anfangspunct der Coordinaten zur Spitze, also das Perpendikel aus dem Anfangspunct der Coordinaten auf die schiefe Ebene, welches, wie in (§. 630. 631.), durch S_1 bezeichnet werden mag, zur Höhe hat, ist

$$3.\quad \tfrac{1}{3} S_1 F.$$

Nun ist aber, zufolge (§. 631. 3.),

$$4.\quad x \cos M + y \cos N + z \cos K = S_1,$$

also ist auch, wenn man mit $\frac{1}{3} F$ multiplicirt,

$$5.\quad \tfrac{1}{3} z F \cos K + \tfrac{1}{3} x F \cos M + \tfrac{1}{3} y F \cos N = \tfrac{1}{3} S_1 F,$$

das heifst, vermöge (2. und 3.): die Pyramiden, welche die Projectionen der Figur in der schiefen Ebene auf die Coordinaten-Ebenen zu Grundflächen und einen beliebigen Punct x, y, z in der schiefen Ebene zur gemeinschaftlichen Spitze haben, sind zusammen so grofs, als die Pyramide, welche die Figur in der schiefen Ebene selbst zur Grundfläche und den Anfangspunct der Coordinaten zur Spitze hat.

Von den geraden Linien im Raume.

634.

Erläuterung. Der Durchschnitt zweier Ebenen ist eine gerade Linie. Eine gerade Linie im Raume wird also bestimmt, wenn zwei Ebenen, welche sich in ihr schneiden, gegeben werden. Daher enthalten die Gleichungen zweier sich schneidender Ebenen zugleich, die Gleichungen der geraden Linie im Raume, in welcher sie sich schneiden. Da sich nun in einer und derselben geraden Linie unzählige Ebenen schneiden können, so kann man die Gleichungen einer geraden Linie im Raume aus den Gleichungen unzähliger Ebenen nehmen, wenn die Ebenen nur durch die gerade Linie gehen, also z. B. sowohl aus Ebenen, die, durch die gegebene Linie gehend, auf den Coordinaten-Ebenen senkrecht stehen, als aus beliebig liegenden Ebenen durch die gegebene gerade Linie.

635.

Lehrsatz. Wenn man durch eine gegebene gerade Linie im Raume auf beliebige, auf einander perpendiculaire Coordinaten-Ebenen drei Ebenen, von welchen also jede von den beiden übrigen abhängt, indem schon durch zwei die Linie bestimmt wird, senkrecht legt, so dafs die Durchschnitte dieser Ebenen mit den Coordinaten-Ebenen die senkrechten Projectionen der gegebenen geraden Linie im Raume auf die Coordinaten-Ebenen sind, und die Entfernungen vom Anfangspunct der Coordinaten, in welchen die drei senkrechten Ebenen die Axen der x, y, *der* y, z *und der* z, x *schneiden, durch* a_1 *und* b_1, b_2 *und* c_2, c_3 *und* a_3 *bezeichnet, so sind die Gleichungen der gegebenen geraden Linie im Raume*

$$1.\ \frac{x}{a_1} + \frac{y}{b_1} = 1, \quad 2.\ \frac{y}{b_2} + \frac{z}{c_2} = 1 \quad \text{und} \quad 3.\ \frac{z}{c_3} + \frac{x}{a_3} = 1.$$

Je zwei Gleichungen enthalten schon die dritte, und zwischen den sechs Abständen a_1, b_1, b_2, c_2, c_3, a_3 *finden die Bedingungs-Gleichungen*

$$4. \begin{cases} c_1 b_1 + c_3 b_2 - c_2 b_2 = o, \\ a_3 c_2 + a_1 c_3 - a_3 c_3 = o \text{ und} \\ b_1 a_3 + b_2 a_1 - b_1 a_1 = o, \text{ oder} \end{cases}$$

$$5. \quad a_1 b_2 c_3 = - b_1 c_2 a_3 = \pm (a_1 - a_3)(b_2 - b_1)(c_3 - c_2)$$

Statt.

Bezeichnet man ferner die Winkel, welche die senkrechten Projectionen der gegebenen Linien auf die Ebenen der x, y, *der* y, z *und der* z, x *mit den Axen der* x, *der* y *und der* z *machen, durch* φ, ψ, χ, *so daſs*

$$6. \quad \frac{b_1}{a_1} = \operatorname{tang}\varphi, \quad \frac{c_2}{b_2} = \operatorname{tang}\psi, \quad \frac{a_3}{c_3} = \operatorname{tang}\chi:$$

so sind die Gleichungen der gegebenen geraden Linie im Raume

$$7. \quad x \operatorname{tang}\varphi + y = b_1, \quad y \operatorname{tang}\psi + z = c_2, \quad z \operatorname{tang}\chi + x = a_3, \text{ oder}$$

$$8. \quad x + y \cot\varphi = a_1, \quad y + z \cot\psi = b_2, \quad z + x \cot\chi = c_3.$$

Je zwei von diesen Gleichungen enthalten wiederum die dritte einschlieſslich, und zwischen den Winkeln φ, ψ *und* χ *findet die Bedingungs-Gleichung*

$$9. \quad \operatorname{tang}\varphi \operatorname{tang}\psi \operatorname{tang}\chi = -1$$

Statt.

Beweis. I. Die Gleichung der auf der Ebene der x, y senkrechten, also mit der Axe der z parallelen Ebene, welche nach der Voraussetzung die Axen der x und der y in den Entfernungen a_1, b_1 vom Anfangspunct der Coordinaten schneidet, ist, zufolge (§. 615. I. 3.), $\frac{x}{a_1} + \frac{y}{b_1} = 1$. Die Gleichung der auf der Ebene der y, z senkrechten, also mit der Axe der x parallelen Ebene, welche nach der Voraussetzung die Axen der y und der z in den Entfernungen b_2 und c_2 vom Anfangspunct der Coordinaten schneidet, ist, zufolge (§. 615. I. 1.), $\frac{y}{b_2} + \frac{z}{c_2} = 1$. Diese Gleichungen gelten für jeden beliebigen Punct der Ebenen, welche sie ausdrücken: beide zusammen also für jeden Punct, welcher in beiden Ebenen zugleich liegt, also für jeden Punct ihres Durchschnitts. Der Durchschnitt ist aber die gegebene gerade Linie im Raume. Also sind die beiden Gleichungen $\frac{x}{a_1} + \frac{y}{b_1} = 1$ und $\frac{y}{b_2} + \frac{z}{c_2} = 1$, zusammengenommen, die Gleichungen der gegebenen geraden Linie im Raume. Schafft man zwischen denselben y weg, welches sie beide enthalten, so findet man $\frac{x b_1}{a_1} - \frac{z b_2}{c_2} = b_1 - b_2$, oder $\frac{z}{c_2\left(1 - \frac{b_1}{b_2}\right)} + \frac{x}{a_1\left(1 - \frac{b_2}{b_1}\right)} = 1$.

Dieses ist eine dritte Gleichung der gegebenen Linie, die aber in den beiden ersten schon mit enthalten ist.

II. Da nun, wenn man sich durch die gegebene gerade Linie im Raume, auſser den beiden, auf den Coordinaten-Ebenen der x, y und der y, z senkrechten Ebenen, deren Gleichungen $\frac{x}{a_1} + \frac{y}{b_1} = 1$ und $\frac{y}{b_2} + \frac{z}{c_2} = 1$ waren, eine dritte, auf der Coordinaten-Ebene der z, x senkrechte, also mit der Axe der y parallele Ebene vorstellt, die Gleichung derselben, wegen der Voraussetzung, daſs sie die Axen der z und x in den Entfernungen c_3, a_3 vom Anfangspunct der

Coordinaten schneidet, vermöge (§. 615. I. 2.), $\frac{z}{c_2}+\frac{x}{a_3}=1$ ist, und anderntheils, vermöge (I.), die Gleichung dieser dritten Ebene, wie sie aus denen der beiden ersten gefunden wird, auch

$$\frac{z}{c_2\left(1-\frac{b_1}{b_2}\right)}+\frac{x}{a_1\left(1-\frac{b_2}{b_1}\right)}=1$$

ist, so folgt, dafs

$$10.\quad \frac{z}{c_3}+\frac{x}{a_3}=\frac{z}{c_2\left(1-\frac{b_1}{b_2}\right)}+\frac{x}{a_1\left(1-\frac{b_2}{b_1}\right)}$$

ist. Da aber die Gleichungen immer für jeden beliebigen Werth von x, y, z gelten, so gilt auch die Gleichung (10.) für $z=0$ und für $x=0$. Im ersten Falle giebt sie $\frac{x}{a_3}=\frac{x}{a_1\left(1-\frac{b_2}{b_1}\right)}$, oder $a_3=a_1\left(1-\frac{b_2}{b_1}\right)$, oder $a_3 b_1=a_1 b_1-a_1 b_2$, oder

$$11.\quad b_1 a_3+b_2 a_1-b_1 a_1=0,$$

im anderen Falle $\frac{z}{c_3}=\frac{z}{c_2\left(1-\frac{b_1}{b_2}\right)}$, oder $c_3=c_2\left(1-\frac{b_1}{b_2}\right)$, oder $c_3 b_2=c_2 b_2-c_2 b_1$, oder

$$12.\quad c_2 b_1+c_3 b_2-c_2 b_2=0.$$

Die Gleichungen (11. 12.) sind die erste und dritte Gleichung (4.). Die zweite Gleichung findet man auf ähnliche Weise aus den Gleichungen (2. und 3.), oder auch durch Weiterrücken der Buchstaben aus (11. 12.).

III. Die Gleichungen (4.) geben

$$13.\quad \begin{cases} c_3 b_2=c_2(b_2-b_1) \text{ und } -c_2 b_1=b_2(c_3-c_2), \\ a_1 c_3=a_3(c_3-c_2) \text{ und } -a_3 c_2=c_3(a_1-a_3), \\ b_2 a_1=b_1(a_1-a_3) \text{ und } -b_1 a_3=a_1(b_2-b_1). \end{cases}$$

Multiplicirt man je drei unter einander stehende von diesen Gleichungen mit einander, so erhält man

$$a_1^2 b_2^2 c_3^2=b_1 c_2 a_3(a_1-a_3)(b_2-b_1)(c_3-c_2),$$
$$-b_1^2 c_2^2 a_3^2=a_1 b_2 c_3(a_1-a_3)(b_2-b_1)(c_3-c_2), \text{ also}$$
$$\frac{a_1^2 b_2^2 c_3^2}{b_1^2 c_2^2 a_3^2}=-\frac{b_1 c_2 a_3}{a_1 b_2 c_3} \text{ und } a_1 b_2 c_3=-b_1 c_2 a_3,$$

welches die erste Gleichung (5.) ist.

Multiplicirt man alle 6 Gleichungen (13.) in einander, so findet man
$-a_1^2 b_1^2 b_2^2 c_2^2 c_3^2 a_3^2=a_1 b_1 b_2 c_2 c_3 a_3(a_1-a_3)^2(b_2-b_1)^2(c_3-c_2)^2$, oder $-a_1 b_1 b_2 c_2 c_3 a_3=(a_1-a_3)^2(b_2-b_1)^2(c_3-c_2)^2$, und folglich, weil $b_1 c_2 a_3=-a_1 b_2 c_3$ ist (5.),

$$a_1^2 b_2^2 c_3^2=(a_1-a_3)^2(b_2-b_1)^2(c_3-c_2)^2,$$

woraus die zweite Gleichung (5.) folgt.

Ferner folgt aus (1. 2. 3.)

14. $x\frac{b_1}{a_1}+y=b_1,\ y\frac{c_2}{b_2}+z=c_2,\ z\frac{a_3}{c_3}+x=a_3,$ und

15. $x+y\frac{a_1}{b_1}=a_1,\ y+z\frac{b_2}{c_2}=b_2,\ z+x\frac{c_3}{a_3}=c_3.$

Dieses giebt, wenn man darin die Ausdrücke (6.) setzt, die Gleichungen (7. und 8.). Endlich ist, wenn man die drei Gleichungen (6.) mit einander multiplicirt,

16. $$\frac{b_1c_2a_3}{a_1b_2c_3}=tang\,\varphi\,tang\,\psi\,tang\,\chi.$$

Es ist aber $a_1b_2c_3=-b_1c_2a_3$ (5.). Also ist $tang\,\varphi\,tang\,\psi\,tang\,\chi=-1$, welches die Gleichung (9.) ist.

636.

Lehrsatz. Wenn man durch eine gegebene gerade Linie im Raume, in beliebigen Richtungen, zwei Ebenen legt, und die Entfernungen vom Anfangspunct der Coordinaten, in welchen dieselben die Axen der x, y, z, *beliebiger, auf einander senkrechter Coordinaten-Ebenen schneiden, durch* a_1, b_1, c_1 *und* a_2, b_2, c_2, *desgleichen die Winkel, welche die Durchschnitte der Ebenen mit den Ebenen der* x, y, *der* y, z *und der* z, x, *gegen die Axen der* x, *der* y *und der* z *machen, durch* $\varkappa_1, \mu_1, \nu_1$ *und* $\varkappa_2, \mu_2, \nu_2$ *bezeichnet, so sind die Gleichungen der geraden Linie im Raume:*

1. $$x\left(\frac{c_1}{a_1}-\frac{c_2}{a_2}\right)+y\left(\frac{c_1}{b_1}-\frac{c_2}{b_2}\right)=c_1-c_2,$$

2. $$y\left(\frac{a_1}{b_1}-\frac{a_2}{b_2}\right)+z\left(\frac{a_1}{c_1}-\frac{a_2}{c_2}\right)=a_1-a_2,$$

3. $$z\left(\frac{b_1}{c_1}-\frac{b_2}{c_2}\right)+x\left(\frac{b_1}{a_1}-\frac{b_2}{a_2}\right)=b_1-b_2,$$

oder

4. $x(\cot\nu_1-\cot\nu_2)+y(\tang\mu_1-\tang\mu_2)=c_1-c_2,$
5. $y(\cot\varkappa_1-\cot\varkappa_2)+z(\tang\nu_1-\tang\nu_2)=a_1-a_2,$
6. $z(\cot\mu_1-\cot\mu_2)+x(\tang\varkappa_1-\tang\varkappa_2)=b_1-b_2,$

und je zwei von diesen Gleichungen enthalten die dritte einschliefslich.

Beweis. I. Die Gleichungen der beiden, durch die gegebene Linie gehenden Ebenen sind, nach (§. 614. 2.),

7. $b_1c_1x+c_1a_1y+a_1b_1z=a_1b_1c_1$ und
8. $b_2c_2x+c_2a_2y+a_2b_2z=a_2b_2c_2.$

Schafft man zwischen denselben z. B. z weg, so findet man

$$(a_2b_2b_1c_1-a_1b_1b_2c_2)x+(a_2b_2c_1a_1-a_1b_1c_2a_2)y$$
$$=a_1b_1c_1a_2b_2-a_2b_2c_2a_1b_1, \text{ oder}$$

$$xb_1b_2(c_1a_2-c_2a_1)+ya_1a_2(c_1b_2-c_2b_1)=(c_1-c_2)a_1a_2b_1b_2,$$

welches die Gleichung (1.) im Lehrsatz giebt. Die Gleichungen (2. und 3.) findet man, wenn man zwischen (7. und 8.) x und y wegschafft, oder auch aus (1.), durch Weiterrücken der Buchstaben.

II. Dafs je zwei von den Gleichungen (1. 2. 3.), die dritte enthalten müssen, folgt schon daraus, dafs sie alle drei aus den nemlichen zwei Gleichungen hergenommen sind. Allein man kann sich davon auch unmittelbar überzeugen. Schafft man nemlich z. B. zwischen (2. und 3.) z weg, so findet man

$$y a_1 a_2 c_1 c_2 (a_1 b_2 - a_2 b_1)(b_1 c_2 - b_2 c_1)$$
$$- x b_1 b_2 c_1 c_2 (b_1 a_2 - b_2 a_1)(a_1 c_2 - a_2 c_1)$$
$$= (a_1 - a_2) a_1 a_2 b_1 b_2 c_1 c_2 (b_1 c_2 - b_2 c_1)$$
$$- (b_1 - b_2) a_1 a_2 b_1 b_2 c_1 c_2 (a_1 c_2 - a_2 c_1), \text{ oder}$$

9, $$y = x . \frac{b_1 b_2}{a_1 a_2} . \frac{c_1 a_2 - c_2 a_1}{c_2 b_1 - c_1 b_2} + b_1 b_2 \left(\frac{a_1 - a_2}{a_1 b_2 - a_2 b_1} + \frac{(b_1 - b_2)(a_2 c_1 - a_1 c_2)}{(a_1 b_2 - a_2 b_1)(b_1 c_2 - b_2 c_1)}\right).$$

Die Gleichung (1.) hingegen giebt:

10. $$y = x . \frac{b_1 b_2}{a_1 a_2} . \frac{c_1 a_2 - c_2 a_1}{c_2 b_1 - c_1 b_2} + b_1 b_2 . \frac{c_1 - c_2}{c_1 b_2 - c_2 b_1}.$$

Die Coefficienten von x sind in den beiden Gleichungen (9. und 10.) die nemlichen. Die Gleichungen werden also Eines und Dasselbe seyn, wenn auch in ihren letzten Theilen

11. $$\frac{a_1 - a_2}{a_1 b_2 - a_2 b_1} + \frac{(b_1 - b_2)(a_2 c_1 - a_1 c_2)}{(a_1 b_2 - a_2 b_1)(b_1 c_2 - b_2 c_1)} = \frac{c_2 - c_1}{b_1 c_2 - b_2 c_1}$$

ist. Man multiplicire in (11.) auf beiden Seiten mit $(a_1 b_2 - a_2 b_1)(b_1 c_2 - b_2 c_1)$: so findet man

$$(a_1 - a_2)(b_1 c_2 - b_2 c_1) + (b_1 - b_2)(a_2 c_1 - a_1 c_2)$$
$$+ (c_1 - c_2)(a_1 b_2 - a_2 b_1) = 0,$$

und wenn man die Multiplication ausführt, linkerhand,

$$a_1 b_1 c_2 - a_1 b_2 c_1 - a_2 b_1 c_2 + a_2 b_2 c_1$$
$$+ a_2 b_1 c_1 - a_1 b_1 c_2 - a_2 b_2 c_1 + a_1 b_2 c_2$$
$$+ a_1 b_2 c_1 - a_2 b_1 c_1 - a_1 b_2 c_2 + a_2 b_1 c_2,$$

welches wirklich, für beliebige Werthe von a_1, b_1, c_1, a_2, b_2, c_2, Null ist. Also sind die Gleichungen (9. und 10.) Eines und Dasselbe, und folglich enthalten die Gleichungen (2. und 3.) die Gleichung (1.) einschliefslich; eben so die beiden anderen Paare je die dritte Gleichung.

637.

Anmerkungen. I. Die Gleichungen einer geraden Linie im Raume (§. 636.) gehen, wie gehörig, in diejenigen (§. 635.) über, wenn man die willkürliche Richtung der beiden Ebenen, deren Durchschnitt die gegebene Linie ist, so nimmt, dafs die Ebenen senkrecht auf den Coordinaten-Ebenen stehen. Man setze z. B., die beiden Ebenen ständen auf den Ebenen der x, y und y, z senkrecht, so ist c_1 und a_2 unendlich. Man dividire die Gleichung (§. 636. 1.) mit $c_1 a_2$, so findet man

$$x b_1 b_2 \left(1 - \frac{c_2 a_1}{c_1 a_2}\right) + y a_1 \left(b_2 - \frac{c_2 b_1}{c_1}\right) = \left(1 - \frac{c_2}{c_1}\right) a_1 b_1 b_2 .$$

Da nun $c_1 = \infty$ und $a_2 = \infty$ seyn sollen, so reducirt sich diese Gleichung auf

$$x b_1 b_2 + y a_1 b_2 = a_1 b_1 b_2, \text{ oder auf}$$

$$\frac{x}{a_1} + \frac{y}{b_1} = 1,$$

welches mit (§. 635. 1.) übereinstimmt. Eben so findet man die übrigen Gleichungen (§. 635.) aus denen (§. 636.).

II. Die Gleichungen einer geraden Linie im Raume (§. 636.) sind von denen (§. 635.) darin wesentlich verschieden, dafs die ersteren sechs, die anderen nur vier von einander-unabhängige Bestimmungsstücke enthalten. Dieser Unterschied kommt daher, dafs in (§. 636.) die Lage der Ebenen, welche die Linie im Raume bestimmen, willkürlich angenommen wird, in (§. 635.) nicht. Nimmt man statt willkürlich liegender Ebenen solche an, die auf den Coordinaten-Ebenen senkrecht stehen, so gehen, zufolge (I.), die Gleichungen (§. 636.) in diejenigen (§. 635.) über.

638.

Zusätze. I. *Die Coordinaten der Puncte, in welchen eine gerade Linie im Raume die Ebenen der* x, y, *der* y, z *und der* z, x *schneidet, findet man aus den Gleichungen* (§. 635. 1. 2. 3.), *wenn man darin der Reihe nach* $z=0$, $x=0$ *und* $y=0$ *setzt, nemlich*

$$1.\quad \begin{cases} x_1 = a_3, & y_1 = b_2, \\ y_2 = b_1, & z_2 = c_3, \\ z_3 = c_2, & x_3 = a_1, \end{cases}$$

wo a_1, b_1; b_2, c_2; c_3, a_3 *die Entfernungen von dem Anfangspunct der Coordinaten sind, in welchen Ebenen, die, durch die gegebene Linie im Raume gehend, auf den Coordinaten-Ebenen senkrecht stehen, die Axen der* x *und der* y, *der* y *und der* z, *und der* z *und der* x *schneiden.*

II. *Desgleichen findet man diese Coordinaten aus den Gleichungen* (§. 636. 1. 2. 3.), *wenn man darin, ebenfalls der Reihe nach,* $z=0$, $x=0$, $y=0$ *setzt, nemlich*

$$2.\quad \begin{cases} x_1 = \dfrac{a_1 a_2 (b_1 - b_2)}{b_1 a_2 - b_2 a_1}, & y_1 = \dfrac{b_1 b_2 (a_2 - a_1)}{b_1 a_2 - b_2 a_1}, \\[2ex] y_2 = \dfrac{b_1 b_2 (c_1 - c_2)}{c_1 b_2 - c_2 b_1}, & z_2 = \dfrac{c_1 c_2 (b_2 - b_1)}{c_1 b_2 - c_2 b_1}, \\[2ex] z_3 = \dfrac{c_1 c_2 (a_1 - a_2)}{a_1 c_2 - a_2 c_1}, & x_3 = \dfrac{a_1 a_2 (c_2 - c_1)}{a_1 c_2 - a_2 c_1}. \end{cases}$$

III. *Aus* (2) *folgt unmittelbar, und aus* (1.), *vermöge der Gleichung* (§. 635. 5.), *dafs*

$$3.\quad x_1 y_2 z_3 = - y_1 z_2 x_3 \quad \textit{ist.}$$

639.

Zusätze. I. Für eine gerade Linie im Raume, welche durch den Anfangspunct der Coordinaten gehet, sind in (§. 635.) a_1, b_1, b_2, c_2, c_3, a_3 gleich Null, denn auch die drei, durch die gegebene Linie gehenden, auf den Coordinaten-Ebenen senkrechten Ebenen gehen alsdann durch den Anfangspunct der Coordinaten. *Also sind die Gleichungen einer durch den Anfangspunct der Coordinaten gehenden geraden Linie aus* (§. 635.),

$$1.\quad x \tang\varphi + y = 0,\quad y \tang\psi + z = 0,\quad z \tang\chi + x = 0.$$

Die Winkel φ, ψ, χ sind in (§. 635.) bezeichnet.

Ferner sind in (§. 636.) a_1, a_2, b_1, b_2, c_1, c_2 gleich Null; denn auch die beiden Ebenen, deren Durchschnitt die Linie seyn soll, gehen jetzt durch den Punct Null. *Also sind die Gleichungen einer geraden Linie durch den Anfangspunct der Coordinaten aus* (§. 636. 4. 5. 6.) *auch*

$$2.\quad x(\cot\nu_1 - \cot\nu_2) + x(\tang\mu_1 - \tang\mu_2) = o,$$
$$3.\quad y(\cot\varkappa_1 - \cot\varkappa_2) + y(\tang\nu_1 - \tang\nu_2) = o,$$
$$4.\quad z(\cot\mu_1 - \cot\mu_2) + z(\tang\varkappa_1 - \tang\varkappa_2) = o.$$

Die Winkel $\varkappa_1$, μ_1, ν_1; $\varkappa_2$, μ_2, ν_2, sind in (§. 636.) beschrieben.

II. Wenn eine gerade Linie im Raume mit einer der Coordinaten-Ebenen, z. B. mit der Ebene der x, y parallel ist, also in einer Ebene leegt, die mit der Ebene der x, y parallel läuft, so ist in (§. 635.) $b_2 = \infty$, $a_3 = \infty$ und $c_2 = c_3$. *Also sind die Gleichungen einer Linie, die mit der Ebene der* x, y *parallel ist,*

$$5.\quad \frac{x}{a_1} + \frac{y}{b_1} = 1 \text{ und } z = c_2.$$

Eben so sind die Gleichungen gerader Linien, die mit den Ebenen der y, z *und der* z, x *parallel sind,*

$$6.\quad \frac{y}{b_2} + \frac{z}{c_2} = 1 \text{ und } x = a_3,$$

$$7.\quad \frac{z}{c_3} + \frac{x}{a_3} = 1 \text{ und } y = b_1.$$

III. Wenn eine gerade Linie im Raume mit der Axe der x, mit der Axe der y, oder mit der Axe der z parallel ist, so ist in (II. 5. 6. 7.) noch $a_1 = \infty$, $b_2 = \infty$, $c_3 = \infty$. *Also sind die Gleichungen dieser Linie:*

$$8.\quad y = b_1 \text{ und } z = c_2,$$
$$9.\quad z = c_2 \text{ und } x = a_3,$$
$$10.\quad x = a_3 \text{ und } y = b_1.$$

a_1, b_1, b_2, c_2, c_3 und a_3 haben in (II. und III.) die nemliche Bedeutung wie in (§. 635.).

640.

Lehrsatz. Wenn eine gerade Linie im Raume durch einen bestimmten Punct p, q, r *gehet, so sind ihre Gleichungen*

$$1.\quad py - qx = (p - x)b_1 = (y - q)a_1,$$
$$2.\quad qz - ry = (q - y)c_2 = (z - r)b_2,$$
$$3.\quad rx - pz = (r - z)a_3 = (x - p)c_3,$$

oder auch

$$4.\quad x\tang\varphi + y = p\tang\varphi + q,$$
$$5.\quad y\tang\psi + z = q\tang\psi + r,$$
$$6.\quad z\tang\chi + x = r\tang\chi + p.$$

a_1, b_1, b_2 c_2, c_3, a_3 *und* φ, ψ, χ *haben die nemliche Bedeutung wie in* (§. 635.).

Beweis. Die Gleichungen einer geraden Linie im Raume

$$\frac{x}{a_1} + \frac{y}{b_1} = 1,\quad \frac{y}{b_2} + \frac{z}{c_2} = 1,\quad \frac{z}{c_3} + \frac{x}{a_3} = 1 \text{ (§. 635. 1. 2. 3.)},$$

deren je zwei die dritte enthalten, gelten, wenn die Linie durch den Punct p, q, r geht, auch für $x = p$, $y = q$, $z = r$. Also ist auch

$$7.\quad \frac{p}{a_1} + \frac{q}{b_1} = 1,\quad \frac{q}{b_2} + \frac{r}{c_2} = 1,\quad \frac{r}{c_3} + \frac{p}{a_3} = 1,$$

Schafft

Schafft man zwischen diesen Gleichungen a_1, b_2; c_3, oder b_1, c_2, a_3 weg, so findet man

8. $\frac{py}{b_1} - \frac{qx}{b} = p - x$, $\frac{qz}{c_2} - \frac{ry}{c_2} = q - y$, $\frac{rx}{a_3} - \frac{pz}{a_3} = r - z$ und

9. $\frac{qx}{a_1} - \frac{py}{a_1} = q - y$, $\frac{ry}{b_2} - \frac{qz}{b_2} = r - z$, $\frac{pz}{c_3} - \frac{rx}{c_3} = p - x$,

welches die Gleichungen (1. 2. 3.) des Lehrsatzes giebt.

Eben so findet man aus den Gleichungen der Linie

10. $x \tang \varphi + y = b_1$, $y \tang \psi + z = c_2$, $z \tang \chi + x = a_3$

(§. 635. 7.), wenn man darin $x = p$, $y = q$, $z = r$ setzt, die Gleichungen

11. $p \tang \varphi + q = b_1$, $q \tang \psi + r = c_2$, $z \tang \chi + p = a_3$.

Dieses giebt, wenn man (10. und 11.) verbindet, die Gleichungen (4. 5. 6.) des Lehrsatzes.

641.

Lehrsatz. *Wenn eine gerade Linie im Raume durch zwei bestimmte Puncte,* p_1, q_1, r_1 *und* p_2, q_2, r_2 *gehet, so sind ihre Gleichungen*

1. $(p_1 - p_2) y + (q_2 - q_1) x = p_1 q_2 - p_2 q_1$,
2. $(q_1 - q_2) z + (r_2 - r_1) y = q_1 r_2 - q_2 r_1$,
3. $(r_1 - r_2) x + (p_2 - p_1) z = r_1 p_2 - r_2 p_1$.

Je zwei enthalten die dritte einschliefslich.

Beweis. Die Gleichungen einer geraden Linie im Raume, die durch einen bestimmten Punct p_1, q_1, r_1 gehet (§. 640.), gelten, wenn noch ein zweiter bestimmter Punct p_2, q_2, r_2 in der Linie liegt, auch für $x = p_2$, $y = q_2$, $z = r_2$. Es ist also zu gleicher Zeit

4. $p_1 y - q_1 x = (p_1 - x) b_1 = (y - q_1) a_1$,
5. $q_1 z - r_1 y = (q_1 - y) c_2 = (z - r_1) b_2$,
6. $r_1 x - p_1 z = (r_1 - z) a_3 = (x - p_1) c_3$,

und

7. $p_1 q_2 - q_1 p_2 = (p_1 - p_2) b_1 = (q_2 - q_1) a_1$,
8. $q_1 r_2 - r_1 q_2 = (q_1 - q_2) c_2 = (r_2 - r_1) b_2$,
9. $r_1 p_2 - p_1 r_2 = (r_1 - r_2) a_3 = (p_2 - p_1) c_3$.

Dividirt man z. B. (4.) durch (7.), so findet man

$$\frac{p_1 y - q_1 x}{p_1 q_2 - q_1 p_2} = \frac{p_1 - x}{p_1 - p_2} = \frac{y - q_1}{q_2 - q_1}.$$

Dieses giebt

$$p_1^2 y - p_1 q_1 x - p_1 p_2 y + p_2 q_1 x = p_1^2 q_2 - p_1 p_2 q_1 - p_1 q_2 x + p_2 q_1 x$$

und

$$p_1 q_2 y - q_1 q_2 x - p_1 q_1 y + q_1^2 x = p_1 q_2 y - p_2 q_1 y - p_1 q_1 q_2 + q_1^2 p_2;$$

oder

$$p_1 y - q_1 x - p_2 y = p_1 q_2 - p_2 q_1 - q_2 x \text{ und}$$
$$- q_2 x - p_1 y + q_1 x = - p_2 y - p_1 q_2 + q_1 p_2, \text{ oder}$$
$$(p_1 - p_2) y + (q_2 - q_1) x = p_1 q_2 - p_2 q_1,$$
$$(p_2 - p_1) y + (q_1 - q_2) x = p_2 q_1 - p_1 q_2;$$

welches die erste Gleichung des Lehrsatzes ist. Die anderen beiden findet man durch Weiterrücken der Buchstaben.

642.

Zusatz. Wenn eine gerade Linie im Raume durch einen bestimmten Punct p, q, r, und durch den Anfangspunct der Coordinaten geht, so sind ihre Gleichungen:

$$py = qx, \quad qz = ry, \quad rx = pz;$$

denn alsdann ist in (§. 641.), wenn man z. B. $p_1 = p$, $q_1 = q$ *und* $r_1 = r$ *setzt*, $p_2 = 0$, $q_2 = 0$, $r_2 = 0$.

643.

Lehrsatz. Wenn mit einer geraden Linie im Raume, deren Gleichungen nach (§. 635.)

$$1. \quad \frac{x}{a_1} + \frac{y}{b_1} = 1, \quad \frac{y}{b_2} + \frac{z}{c_2} = 1, \quad \frac{z}{c_3} + \frac{x}{a_3} = 1, \text{ oder}$$

$$2. \quad x \tang\varphi + y = b_1, \quad y \tang\psi + z = c_2, \quad z \tang\chi + x = a_3$$

sind, und in welchen $a_1, b_1, b_2, c_2, c_3, a_3, \varphi, \psi, \chi$ *die (§. 635.) beschriebenen Linien und Winkel bedeuten, eine andere gerade Linie im Raume parallel ist, für welche* $\alpha_1, \beta_1, \beta_2, \gamma_2, \gamma_3$ *und* α_3; φ_1, ψ_1 *und* χ_1 *ähnlich liegende Bestimmungsstücke sind, so sind die Gleichungen der letzten Linie*

$$3. \quad \frac{x}{a_1} + \frac{y}{b_1} = \frac{\alpha_1}{a_1} = \frac{\beta_1}{b_1}, \quad \frac{y}{b_2} + \frac{z}{c_2} = \frac{\beta_2}{b_2} = \frac{\gamma_2}{c_2} \text{ und } \frac{z}{c_3} + \frac{x}{a_3} = \frac{\gamma_3}{c_3} = \frac{\alpha_3}{a_3},$$

$$4. \quad x \tang\varphi + y = \beta_1, \quad y \tang\psi + z = \gamma_2, \quad z \tang\chi + x = \alpha_3.$$

Je zwei Gleichungen enthalten die dritte einschliefslich.

Beweis. Wenn zwei Linien im Raume parallel sind, so sind auch nothwendig die Ebenen parallel, welche, durch sie gehend, auf den Coordinaten-Ebenen senkrecht stehen, folglich auch die Durchschnitte dieser Ebenen mit den Coordinaten-Ebenen. Mithin ist

$$5. \quad \frac{a_1}{b_1} = \frac{\alpha_1}{\beta_1}, \quad \frac{b_2}{c_2} = \frac{\beta_2}{\gamma_2}, \quad \frac{c_3}{a_3} = \frac{\gamma_3}{\alpha_3}, \text{ und}$$

$$6. \quad \varphi_1 = \varphi, \quad \psi_1 = \psi, \quad \chi_1 = \chi.$$

Nun sind die Gleichungen der mit der Linie (1.) parallelen geraden Linie, aus (§. 635. 1. 2. 3.),

$$\frac{x}{\alpha_1} + \frac{y}{\beta_1} = 1, \quad \frac{y}{\beta_2} + \frac{z}{\gamma_2} = 1, \quad \frac{z}{\gamma_3} + \frac{x}{\alpha_3} = 1, \text{ oder}$$

$$7. \quad x + y.\frac{\alpha_1}{\beta_1} = \alpha_1, \quad y + z.\frac{\beta_2}{\gamma_2} = \beta_2, \quad z + x.\frac{\gamma_3}{\alpha_3} = \gamma_3.$$

Setzt man darin die Gleichungen (3.), so findet man

$$x + y.\frac{a_1}{b_1} = \alpha_1, \quad y + z.\frac{b_2}{c_2} = \beta_2, \quad z + x.\frac{c_3}{a_3} = \gamma_3, \text{ oder}$$

$$8. \quad \frac{x}{a_1} + \frac{y}{b_1} = \frac{\alpha_1}{a_1}, \quad \frac{y}{b_2} + \frac{z}{c_2} = \frac{\beta_2}{b_2}, \quad \frac{z}{c_3} + \frac{x}{a_3} = \frac{\gamma_3}{c_3},$$

welches, weil noch, vermöge (5.),

$$\frac{\alpha_1}{a_1} = \frac{\beta_1}{b_1}, \quad \frac{\beta_2}{b_2} = \frac{\gamma_2}{c_2} \text{ und } \frac{\gamma_3}{c_3} = \frac{\alpha_3}{a_3}$$

ist, die Gleichungen (3.) giebt.

Desgleichen sind die Gleichungen der mit der Linie (1.) parallelen geraden Linie aus (§. 635. 7.)

$$9. \quad x \tang\varphi_1 + y = \beta_1, \quad y \tang\psi_1 + z = \gamma_2, \quad z \tang\chi_1 + x = \alpha_3,$$

welches, vermöge (6.), die Gleichungen (4.) giebt.

644.

Lehrsatz. *Wenn mit einer geraden Linie im Raume, deren Gleichungen nach* (§. 635.),

1. $x \tang\varphi + y = b_1$, $y \tang\psi + z = c_2$ *und* $z \tang\chi + x = a_3$

sind, eine andere gerade Linie im Raume parallel ist, und zugleich durch den bestimmten Punct p, q, r *gehet, so sind ihre Gleichungen:*

$$2.\quad x \tang\varphi + y = p \tang\varphi + q,$$
$$3.\quad y \tang\psi' + z = q \tang\psi + r,$$
$$4.\quad z \tang\chi + x = r \tang\chi + p.$$

Beweis. Nach (§. 643.) sind die Gleichungen einer beliebigen, mit der gegebenen, parallelen geraden Linie:

$$x \tang\varphi + y = \beta_1,\ y \tang\psi + z = \gamma_2 \text{ und } z \tang\chi + x = \alpha_3$$

und, zufolge (§. 640.), sind die Gleichungen dieser letzten Linie, wenn sie noch durch den Punct p, q, r gehen soll, diejenigen im Lehrsatz.

645.

Zusatz. *Wenn mit einer geraden Linie im Raume, deren Gleichungen nach* (§. 635.)

$$x \tang\varphi + y = b_1,\ y \tang\psi + z = c_2 \text{ und } z \tang\chi + x = a_3$$

sind, eine gerade Linie durch den Anfangspunct der Coordinaten parallel läuft, so sind ihre Gleichungen

$$x \tang\varphi + y = 0,\ y \tang\psi + z = 0,\ z \tang\chi + x = 0;$$

denn alsdann sind in (§. 644.) p, q, r = o.

646.

Lehrsatz. *Wenn man die Winkel, welche eine gerade Linie im Raume oder eine Parallele mit ihr, die durch den Anfangspunct der Coordinaten geht, mit den Axen der* x, y, z *macht, wie in* (§. 630.), *wo das dortige Perpendikel ebenfalls nichts Anderes ist, als eine gerade Linie, die durch den Anfangspunct der Coordinaten gehet, durch*

$$P,\ Q,\ R;$$

desgleichen die Winkel, welche die senkrechten Projectionen der gegebenen geraden Linie auf die Coordinaten-Ebenen der x, y, *der* y, z *und der* z, x *mit den Axen der* x, *der* y *und der* z *einschliefsen, wie hier oben, durch*

$$\varphi,\ \psi,\ \chi$$

bezeichnet: so ist

$$1.\quad \tang P^2 = \tang\varphi^2 + \cot\chi^2,$$
$$2.\quad \tang Q^2 = \tang\psi^2 + \cot\varphi^2,$$
$$3.\quad \tang R^2 = \tang\chi^2 + \cot\psi^2,$$
$$4.\quad \cos P^2 + \cos Q^2 + \cos R^2 = 1,$$
$$5.\quad \sin P^2 + \sin Q^2 + \sin R^2 = 2,$$
$$6.\quad \cos 2P + \cos 2Q + \cos 2R = -1.$$

Beweis. Für die gegebene gerade Linie und eine Parallele mit ihr, durch den Anfangspunct der Coordinaten, haben sowohl P, Q, R, als φ, ψ, χ, die nemliche Gröfse. Also gelten dieselben Verhältnisse, welche zwischen den sechs Winkeln für die Parallele Statt finden, auch für die gegebene Linie selbst.

Nun stelle man sich in der geraden Linie, die durch den Anfangspunct der Coordinaten gehet, irgend einen bestimmten Punct vor, dessen Coordinaten x_1, y_1, z_1 sind. Für diese Linie und diesen Punct ist, vermöge (§. 639. I. 1.),

$$y_1 = -x_1 \, tang\, \varphi \text{ und } z_1 = -x_1 \cot \chi.$$

Es ist aber auch, wie leicht zu sehen,

$$x_1 \, tang\, P = \sqrt{(y_1^2 + z_1^2)}.$$

Also ist $x_1 \, tang\, P = \sqrt{(x_1^2 \, tang\, \varphi^2 + x_1^2 \cot \chi^2)}$, woraus der Ausdruck (1.) des Lehrsatzes folgt. Die Ausdrücke (2. und 3.) findet man durch Weiterrücken der Buchstaben.

Ferner ist, wie ebenfalls leicht zu sehen,

$$\cos P \sqrt{(x_1^2 + y_1^2 + z_1^2)} = x_1,$$
$$\cos Q \sqrt{(x_1^2 + y_1^2 + z_1^2)} = y_1,$$
$$\cos R \sqrt{(x_1^2 + y_1^2 + z_1^2)} = z_1.$$

Addirt man die Quadrate dieser Gleichungen, so findet man den Ausdruck (4.) im Lehrsatz. Derselbe stimmt mit dem Ausdruck (3.) in (§. 630. II.), wie gehörig, überein. Die Ausdrücke (5. und 6.) folgen also weiter, wie dort.

647.

Lehrsatz. *Wenn sich zwei gerade Linien im Raume, deren Gleichungen, nach* (§. 635.),

1. $x \, tang\, \varphi_1 + y = b_1$, $y \, tang\, \psi_1 + z = c_2$, $z \, tang\, \chi_1 + x = a_3$, *und*
2. $x \, tang\, \varphi_2 + y = \beta_1$, $y \, tang\, \psi_2 + z = \gamma_2$, $z \, tang\, \chi_2 + x = \alpha_3$

sind, schneiden sollen, so müssen zwischen den Bestimmungsstücken der beiden Linien folgende Bedingungsgleichungen Statt finden:

3. $\dfrac{tang\,\varphi_1 - tang\,\varphi_2}{\cot\chi_1 - \cot\chi_2} = \dfrac{b_1 - \beta_1}{c_3 - \gamma_3}$, oder $\dfrac{a_3 \alpha_3}{a_1 \alpha_1} \cdot \dfrac{\alpha_1 b_1 - a_1 \beta_1}{\alpha_3 c_3 - a_3 \gamma_3} = \dfrac{b_1 - \beta_1}{c_3 - \gamma_3}$,

4. $\dfrac{tang\,\psi_1 - tang\,\psi_2}{\cot\varphi_1 - \cot\varphi_2} = \dfrac{c_2 - \gamma_2}{a_1 - \alpha_1}$, oder $\dfrac{b_1 \beta_1}{b_2 \beta_2} \cdot \dfrac{\beta_2 c_2 - b_2 \gamma_2}{\beta_1 a_1 - b_1 \alpha_1} = \dfrac{c_2 - \gamma_2}{a_1 - \alpha_1}$,

5. $\dfrac{tang\,\chi_1 - tang\,\chi_2}{\cot\psi_1 - \cot\psi_2} = \dfrac{a_3 - \alpha_3}{b_2 - \beta_2}$, oder $\dfrac{c_2 \gamma_2}{c_3 \gamma_3} \cdot \dfrac{\gamma_3 a_3 - c_3 \alpha_3}{\gamma_2 b_2 - c_2 \beta_2} = \dfrac{a_3 - \alpha_3}{b_2 - \beta_2}$.

Beweis. Man setze, die beiden Linien schnitten sich wirklich, z. B. im Puncte p, q, r, so gelten die Gleichungen beider für diesen Punct. Also ist gleichzeitig

6. $p \, tang\, \varphi_1 + q = b_1$, $q \, tang\, \psi_1 + r = c_2$, $r \, tang\, \chi_1 + p = a_3$, und
7. $p \, tang\, \varphi_2 + q = \beta_1$, $q \, tang\, \psi_2 + r = \gamma_2$, $r \, tang\, \chi_2 + p = \alpha_3$.

Daraus folgt z. B,

8. $p(tang\,\varphi_1 - tang\,\varphi_2) = b_1 - \beta_1$, und
9. $p(tang\,\chi_2 - tang\,\chi_1) = a_3 \, tang\,\chi_2 - \alpha_3 \, tang\,\chi_1$.

Die Gleichung (9.) giebt, wenn man sie mit $tang\,\chi_1 \, tang\,\chi_2$ dividirt,

10. $p(\cot\chi_1 - \cot\chi_2) = a_3 \cot\chi_1 - \alpha_3 \cot\chi_2$,

und, weil $\cot\chi_1 = \dfrac{c_3}{a_3}$, $\cot\chi_2 = \dfrac{\gamma_3}{\alpha_3}$,

11. $p(\cot\chi_1 - \cot\chi_2) = c_3 - \gamma_3$.

Dividirt man also (8. durch 11.), so findet man

$$12.\quad \frac{tang\,\varphi_1 - tang\,\varphi_2}{cot\,\chi_1 - cot\,\chi_2} = \frac{b_1 - \beta_1}{c_3 - \gamma_3},$$

welches die erste Gleichung (3.) des Lehrsatzes ist. Die ersten Gleichungen (4. und 5.) findet man durch Weiterrücken der Buchstaben. Die anderen Gleichungen (3. 4. 5.) findet man, wenn man in die ersten die Werthe von $tang\,\varphi_1$ etc., aus (§. 635.), nemlich $tang\,\varphi_1 = \frac{b_1}{a_1}$, $tang\,\psi_1 = \frac{c_2}{b_2}$, $tang\,\chi_1 = \frac{a_3}{c_3}$, $tang\,\varphi_2 = \frac{\beta_1}{\alpha_1}$, $tang\,\psi_2 = \frac{\gamma_2}{\beta_2}$, $tang\,\chi_2 = \frac{\alpha_3}{\gamma_3}$ substituirt.

648.

Lehrsatz. Wenn man den Winkel, welchen zwei sich schneidende gerade Linien im Raume einschliefsen, durch v *bezeichnet, ferner die Winkel, welche die senkrechten Projectionen der Linien auf die Ebenen der* x, y, *der* y, z *und der* z, x *mit den Axen der* x, y *und* z *machen, durch* $\varphi_1, \psi_1, \chi_1; \varphi_2, \psi_2, \chi_2$, *die Entfernungen vom Anfangspunct der Coordinaten, in welchen die senkrechten Projectionen der Linien auf die Coordinaten-Ebenen der* x, y, *der* y, z *und der* z, x *die Axen der* x, *der* y *und der* z *schneiden, durch* $a_1, b_1; b_2\,c_2; c_3\,a_3$ *und* $\alpha_1, \beta_1; \beta_2, \gamma_2; \gamma_3, \alpha_3$, *und die Winkel, welche die Linien selbst, oder Parallelen mit denselben, die durch den Anfangspunct der Coordinaten gehen, mit den Axen der* y *und der* z *machen, durch* $P_1, Q_1, R_1; P_2, Q_2, R_2$, *so ist:*

$$1.\quad \cos v = \frac{1 + tang\,\varphi_1\,tang\,\varphi_2 + cot\,\chi_1\,cot\,\chi_2}{\sqrt{(1 + tang\,\varphi_1^2 + cot\,\chi_1^2)}\sqrt{(1 + tang\,\varphi_2^2 + cot\,\chi_2^2)}}, \text{ oder}$$

$$2.\quad \cos v = \frac{1 + tang\,\psi_1\,tang\,\psi_2 + cot\,\varphi_1\,cot\,\varphi_2}{\sqrt{(1 + tang\,\psi_1^2 + cot\,\varphi_1^2)}\sqrt{(1 + tang\,\psi_2^2 + cot\,\varphi_2^2)}}, \text{ oder}$$

$$3.\quad \cos v = \frac{1 + tang\,\chi_1\,\chi_2 + cot\,\psi_1\,cot\,\psi_2}{\sqrt{(1 + tang\,\chi_1^2 + cot\,\psi_1^2)}\sqrt{(1 + tang\,\chi_2^2 + cot\,\psi_2^2)}};$$

$$4.\quad \cos v = \frac{a_1\alpha_1\,a_3\alpha_3 + b_1\beta_1\,a_3\alpha_3 + a_1\alpha_1\,c_3\gamma_3}{\sqrt{(a_1^2 a_3^2 + b_1^2 a_3^2 + a_1^2 c_3^2)}\sqrt{(\alpha_1^2\alpha_3^2 + \beta_1^2\alpha_3^2 + \alpha_1^2\gamma_3^2)}}, \text{ oder}$$

$$5.\quad \cos v = \frac{b_2\beta_2\,b_1\beta_1 + c_2\gamma_2\,b_1\beta_1 + b_2\beta_2\,a_1\alpha_1}{\sqrt{(b_2^2 b_1^2 + c_2^2 b_1^2 + b_2^2 a_1^2)}\sqrt{(\beta_2^2\beta_1^2 + \gamma_2^2\beta_1^2 + \beta_2^2\alpha_2^2)}}, \text{ oder}$$

$$6.\quad \cos v = \frac{c_3\gamma_3\,c_2\gamma_2 + a_3\alpha_3\,c_2\gamma_2 + c_3\gamma_3\,b_2\beta_2}{\sqrt{(c_3^2 c_2^2 + a_3^2 c_2^2 + c_3^2 b_2^2)}\sqrt{(\gamma_3^2\gamma_2^2 + \alpha_3^2\gamma_2^2 + \gamma_3^2\beta_2^2)}};$$

$$7.\quad \cos v = \cos P_1 \cos P_2 + \cos Q_1 \cos Q_2 + \cos R_1 \cos R_2.$$

Beweis. Man stelle sich durch den Anfangspunct der Coordinaten, Parallelen zu den gegebenen Linien vor. Dieselben schliefsen offenbar mit einander einen eben so grofsen Winkel ein, wie die gegebenen Linien selbst. Desgleichen machen sie, und ihre Projectionen auf die Coordinaten-Ebenen, mit den Axen eben solche Winkel wie die gegebenen Linien. Es kommt also nur darauf an, den Winkel zwischen geraden Linien im Raume, die durch den Anfangspunct der Coordinaten gehen, durch die Winkel, welche sie oder ihre Projectionen auf die Coordinaten-Ebenen mit den Axen der Coordinaten machen, auszudrücken. Der Ausdruck wird auch derjenige des Winkels zwischen zwei beliebigen, sich schneidenden geraden Linien im Raume seyn, die mit den Axen die nemlichen Winkel machen.

Man nehme zwei beliebige Puncte in den beiden geraden Linien durch den Anfangspunct der Coordinaten an, und bezeichne die Coordinaten derselben durch $x_1, y_1, z_1; x_2, y_2, z_2$, so sind ihre Entfernungen vom Anfangspunct der Coordinaten, welche durch D und E bezeichnet werden mögen:

$$8.\quad D = \sqrt{(x_1^2 + y_1^2 + z_1^2)} \text{ und } E = \sqrt{(x_2^2 + y_2^2 + z_2^2)}.$$

Die Entfernung der beiden Puncte von einander, welche H seyn mag, ist, zufolge (§. 612.),

$$9.\quad H = \sqrt{[(x_2 - x_1)^2 + (y_2 - y_1)^2 + (z_2 - z_1)^2]}.$$

Stellt man sich nun die beiden Puncte x_1, y_1, z_1 und x_2, y_2, z_2 durch die gerade Linie H verbunden vor, so entstehet ein ebenes Dreieck, dessen drei Seiten D, E und H sind, und in welchem der, zwischen den Seiten D und E liegende Winkel der Winkel v ist, welchen man sucht. In diesem Dreieck ist also

$$10.\quad \cos v = \frac{D^2 + E^2 - H^2}{2DE}.$$

Also ist, wenn man die Ausdrucke von D, E und H (8. 9.) substituirt:

$$\cos v = \frac{x_1^2 + y_1^2 + z_1^2 + x_2^2 + y_2^2 + z_2^2 - (x_2 - x_1)^2 - (y_2 - y_1)^2 - (z_2 - z_1)^2}{2\sqrt{(x_1^2 + y_1^2 + z_1^2)}\sqrt{(x_2^2 + y_2^2 + z_2^2)}},$$

oder

$$11.\quad \cos v = \frac{x_1 x_2 + y_1 y_2 + z_1 z_2}{\sqrt{(x_1^2 + y_1^2 + z_1^2)}\sqrt{(x_2^2 + y_2^2 + z_2^2)}}.$$

Nun ist, vermöge (§ 639. I. 1.):

$$12.\quad \begin{cases} y_1 = -x_1 \operatorname{tang}\varphi_1, & z_1 = -x_1 \cot\chi_1 \text{ und} \\ y_2 = -x_2 \operatorname{tang}\varphi_2, & z_2 = -x_2 \cot\chi_2. \end{cases}$$

Setzt man dieses in (11.), so erhält man

$$\cos v = \frac{x_1 x_2 + x_1 x_2 \operatorname{tang}\varphi_1 \operatorname{tang}\varphi_2 + x_1 x_2 \cot\chi_1 \cot\chi_2}{\sqrt{(x_1^2 + x_1^2 \operatorname{tang}\varphi_1^2 + x_1^2 \cot\chi_1^2)}\sqrt{(x_2^2 + x_2^2 \operatorname{tang}\varphi_2^2 + x_2^2 \cot\chi_2^2)}},$$

oder

$$13.\quad \cos v = \frac{1 + \operatorname{tang}\varphi_1 \operatorname{tang}\varphi_2 + \cot\chi_1 \cot\chi_2}{\sqrt{(1 + \operatorname{tang}\varphi_1^2 + \cot\chi_1^2)}\sqrt{(1 + \operatorname{tang}\varphi_2^2 + \cot\chi_2^2)}}.$$

Dieses ist zugleich der Ausdruck des Winkels, welchen die gegebenen geraden Linien im Raume mit einander machen, also der Ausdruck (1.) im Lehrsatz. Die Ausdrücke (2. und 3.) findet man durch Weiterrücken der Buchstaben.

II. Setzt man z. B. in den Ausdruck (1.) die Werthe von $\operatorname{tang}\varphi_1$, $\operatorname{tang}\psi_1$ etc., aus (§. 635. 6.), nemlich

$$14.\quad \begin{cases} \operatorname{tang}\varphi_1 = \dfrac{b_1}{a_1}, & \operatorname{tang}\psi_1 = \dfrac{c_2}{b_2}, & \operatorname{tang}\chi_1 = \dfrac{a_3}{c_3}, \\[2ex] \operatorname{tang}\varphi_2 = \dfrac{\beta_1}{\alpha_1}, & \operatorname{tang}\psi_2 = \dfrac{\gamma_2}{\beta_2}, & \operatorname{tang}\chi_2 = \dfrac{\alpha_3}{\gamma_3}, \end{cases}$$

so findet man

$$15.\quad \cos v = \frac{1 + \dfrac{b_1}{a_1}\cdot\dfrac{\beta_1}{\alpha_1} + \dfrac{c_3}{a_3}\cdot\dfrac{\gamma_3}{\alpha_3}}{\sqrt{\left(1 + \dfrac{b_1^2}{a_1^2} + \dfrac{c_3^2}{a_3^2}\right)}\sqrt{\left(1 + \dfrac{\beta_1^2}{\alpha_1^2} + \dfrac{\gamma_3^2}{\alpha_3^2}\right)}},$$

welches, wenn man oben und unten mit $a_1 \alpha_1 a_3 \alpha_3$ multiplicirt, den Ausdruck (4.) des Lehrsatzes giebt. Die Ausdrücke (5. und 6.) findet man durch Weiterrücken der Buchstaben.

III. Die durch den Anfangspunct der Coordinaten gehenden, mit den gegebenen, parallelen geraden Linien machen, nach der Voraussetzung, mit den Axen die Winkel P_1, Q_1, R_1; P_2, Q_2, R_2. Es ist also für die Entfernungen D und E vom Anfangspunct der Coordinaten:

$$16. \quad \begin{cases} D\cos P_1 = x_1, & D\cos Q_1 = y_1, & D\cos R_1 = z_1; \\ E\cos P_2 = x_2, & E\cos Q_2 = y_2, & E\cos R_2 = z_2. \end{cases}$$

Nun ist, vermöge (11.) und (8.),

$$17. \quad \cos v = \frac{x_1 x_2 + y_1 y_2 + z_1 z_2}{DE},$$

also findet man, wenn man in (17.) die Ausdrücke von x_1, x_2, y_1 etc. (16.) setzt:

$$\cos v = \frac{DE\cos P_1 \cos P_2 + DE\cos Q_1 \cos Q_2 + DE\cos R_1 \cos R_2}{DE},$$

welches den Ausdruck (7.) des Lehrsatzes giebt.

649.

Zusatz. Wenn zwei gerade Linien im Raume auf einander senkrecht stehen sollen, so muſs

1. $1 + \tang\varphi_1 \tang\varphi_2 + \cot\chi_1 \cot\chi_2 = 0$, *oder*
2. $1 + \tang\psi_1 \tang\psi_2 + \cot\varphi_1 \cot\varphi_2 = 0$, *oder*
3. $1 + \tang\chi_1 \tang\chi_2 + \cot\psi_1 \cot\psi_2 = 0$, *oder auch*
4. $a_1 \alpha_1 a_3 \alpha_3 + b_1 \beta_1 a_3 \alpha_3 + a_1 \alpha_1 c_3 \gamma_3 = 0$, *oder*
5. $b_2 \beta_2 b_1 \beta_1 + c_2 \gamma_2 b_1 \beta_1 + b_2 \beta_2 a_1 \alpha_1 = 0$, *oder*
6. $c_3 \gamma_3 c_2 \gamma_2 + a_3 \alpha_3 c_2 \gamma_2 + c_3 \gamma_3 b_2 \beta_2 = 0$, *oder auch*
7. $\cos P_1 \cos P_2 + \cos Q_1 \cos Q_2 + \cos R_1 \cos R_2 = 0$

seyn. Die Buchstaben in diesem Ausdrucke haben die nemliche Bedeutung wie in (§. 648.).

Es schlieſsen nemlich in diesem Falle die Linien D und E (§. 648.) einen rechten Winkel ein. Also ist $D^2 + E^2 = H^2$ oder $D^2 + E^2 - H^2 = 0$, folglich, vermöge (§. 648. 8. und 9.):

$$8. \quad x_1 x_2 + y_1 y_2 + z_1 z_2 = 0.$$

Setzt man hierin die Ausdrücke (§. 648. 12. 14. und 16.) von x_1, x_2; y_1, y_2; z_1, z_2 und von $\tang\varphi_1$, $\tang\varphi_2$ etc., so findet man die obigen Gleichungen (1. 4. 7.), und durch Weiterrücken der Buchstaben die übrigen.

Von den Ebenen und den geraden Linien im Raume, in Verbindung.

650.

Lehrsatz. Wenn eine gerade Linie im Raume, deren Projectionen auf die Ebenen der x, y, *der* y, z *und der* z, x *die Axen der* x, *der* y *und der* z, *wie in* (§. 635.) *in den Entfernungen* a_1 *und* b_1, b_2 *und* c_2, c_3 *und* a_3 *vom Anfangspunct der Coordinaten schneiden, auf einer Ebene senkrecht steht, welche, wie in* (§. 614.), *die Axen der* x, *der* y *und der* z, *in den Entfer-*

nungen a, b, c vom Anfangspunct der Coordinaten schneidet, oder deren Durchschnitte mit den Coordinaten-Ebenen der x, y, der y, z und der z, x mit den Axen der x, der y und der z, wie in (§. 614.), die Winkel $\varkappa$, μ, ν machen, und deren Gleichung also

$$1.\quad \frac{x}{a}+\frac{y}{b}+\frac{z}{c}=1$$

ist, so sind ihre Gleichungen

$$2.\quad by-ax=bb_1,\ cz-by=cc_2,\ ax-cz=aa_3, \text{ oder}$$

$$3.\quad y-x\cot\varkappa=b_1,\ z-y\cot\mu=c_2,\ x-z\cot\nu=a_3,$$

und es ist

$$4.\quad aa_3+bb_1+cc_2=0.$$

Die Coordinaten des Durchschnittspuncts der geraden Linie im Raume und der gegebenen schiefen Ebene sind:

$$5.\quad \begin{cases} x_1=ab\cdot\dfrac{c^2(b-b_1)+aba_3}{a^2b^2+b^2c^2+c^2a^2}, \\ y_1=bc\cdot\dfrac{a^2(c-c_2)+bcb_1}{a^2b^2+b^2c^2+c^2a^2}, \\ z_1=ca\cdot\dfrac{b^2(a-a_3)+cac_2}{a^2b^2+b^2c^2+c^2a^2}, \end{cases}$$

oder

$$6.\quad \begin{cases} x_1=\dfrac{(b-b_1)\tang\mu\cot\nu+a_3}{1+\tang\mu^2+\cot\nu^2}, \\ y_1=\dfrac{(c-c_2)\tang\nu\cot\varkappa+b_1}{1+\tang\nu^2+\cot\varkappa^2}, \\ z_1=\dfrac{(a-a_3)\tang\varkappa\cot\mu+c_2}{1+\tang\varkappa^2+\cot\mu^2}. \end{cases}$$

Beweis. I. Wenn eine gerade Linie im Raume auf einer gegebenen schiefen Ebene senkrecht stehet, so stehet auch jede Ebene, in welcher sie sich befindet, auf der gegebenen schiefen Ebene senkrecht, also auch z. B. die auf der Ebene der x, y senkrechte Ebene, durch welche die Linie im Raume auf die Ebene der x, y projicirt wird. Die projicirende Ebene steht also auf der Ebene der x, y und auf der gegebenen Ebene selbst, zugleich senkrecht, folglich steht auch ihr Durchschnitt mit der Ebene der x, y, oder die Projection der Linie im Raume auf die Ebene der x, y, auf dem Durchschnitt der schiefen Ebene, mit der Ebene der x, y senkrecht.

Nun ist die Gleichung der Projection der gegebenen Linie im Raume auf die Ebene der x, y, zufolge (§. 635.),

$$7.\quad \frac{x}{a_1}+\frac{y}{b_1}=1,$$

hingegen die Gleichung des Durchschnitts der schiefen Ebene mit der Ebene der x, y ist entweder aus (§. 615. II.), oder, wenn man hier oben in die Gleichung der Ebene (1.) $z=0$ setzt,

$$8.\quad \frac{x}{a}+\frac{y}{b}=1.$$

Es müssen also die durch die Gleichungen (7. und 8.) ausgedrückten geraden Linien, die sich beide in der Ebene der x, y befinden, z. B. die Linien EF und AB (Fig. 307.), für welche $AD=a$, $DB=b$, $DE=a_1$, $DH=b_1$ ist, auf einander senkrecht seyn. Da die rechtwinkligen Dreiecke AFE, ADB, HDE ähnlich sind, und entweder $DE = a_1$, oder $DH = b_1$ immer negativ ist, wenn $AD = a$ und $DB = b$ positiv sind, so ist

$$9. \quad + \frac{b_1}{a_1} = - \frac{a}{b}.$$

Die Linie EF, deren Gleichung $\frac{x}{a_1} + \frac{y}{b_1} = 1$, oder $y + \frac{b_1}{a_1} = b_1$ ist, stehet also dann auf der Linie AB senkrecht, wenn ihre Gleichung $y - \frac{a}{b}x = b_1$, oder

$$10. \quad by - ax = bb_1$$

ist.

Aehnlicher Weise verhält es sich mit den Projectionen der gegebenen geraden Linie im Raume auf die anderen Coordinaten-Ebenen gegen die Durchschnitte der gegebenen schiefen Ebene und der Coordinaten-Ebenen. Die Gleichungen der Projectionen auf die Ebenen der y, z und z, x, wenn sie, wie es seyn mufs, auf den Durchschnitten der schiefen Ebene mit den Coordinaten-Ebenen senkrecht stehen sollen, sind, wie man aus der Gleichung (10.) durch Weiterrücken der Buchstaben findet,

$$11. \quad cz - by = cc_2 \text{ und } ax - cz = aa_3.$$

Die Gleichungen (10. und 11.) sind zusammengenommen die Gleichungen der geraden Linie im Raume, welche auf der gegebenen schiefen Ebene senkrecht steht. Sie sind die Gleichungen (2.) im Lehrsatz. Die Gleichung (4.) ist die Summe der Gleichungen (2.), und die Gleichungen (3.) findet man aus den Gleichungen (2.), weil, zufolge (§. 614.), $\frac{a}{b} = \cot \varkappa$, $\frac{b}{c} = \cot \mu$, $\frac{c}{a} = \cot \nu$ ist.

II. Die Coordinaten x_1, y_1, z_1 des Durchschnitts der geraden Linie im Raume und der gegebenen schiefen Ebene findet man daraus, dafs für diesen Punct die Gleichungen der Linie und der Ebene zugleich gelten. Es ist also für den Punct x_1, y_1, z_1, zufolge (1. und 2.), zugleich:

$$12. \quad bcx_1 + cay_1 + abz_1 = abc \text{ und}$$
$$13. \quad by_1 - ax_1 = bb_1,$$
$$14. \quad cz_1 - by_1 = cc_2,$$
$$15. \quad ax_1 - cz_1 = aa_3.$$

Setzt man aus (13.) $y_1 = b_1 + \frac{a}{b}x_1$, und aus (15.) $z_1 = \frac{a}{c}(x_1 - a_3)$ in (12.), so findet man

$$bcx_1 + ca\left(b_1 + \frac{a}{b}x_1\right) + \frac{a^2 b}{c}(x_1 - a_3) = abc, \text{ oder}$$
$$(b^2c^2 + a^2c^2 + a^2b^2)x_1 = ab^2c^2 - abc^2b_1 + a^2b^2a_3, \text{ oder}$$
$$16. \quad x_1 = ab \cdot \frac{c^2(b - b_1) + aba_3}{a^2b^2 + b^2c^2 + c^2a^2}.$$

Dieses ist die erste Gleichung (5.) des Lehrsatzes. Die anderen beiden findet man daraus durch Weiterrücken der Buchstaben.

Wenn man ferner z. B. die Gleichung (16.), oben und unten durch a^2b^2 dividirt, so findet man

$$17. \quad x_1 = \frac{\frac{c}{a} \cdot \frac{c}{b}(b - b_1) + a_3}{1 + \frac{c^2}{a^2} + \frac{c^2}{b^2}},$$

also, weil $\frac{c}{a} = \cot\nu$, und $\frac{c}{b} = \tang\mu$ (§. 614. 6.),

$$18.\quad x_1 = \frac{(b - b_1)\tang\mu\cot\nu + a_3}{1 + \tang\mu^2 + \cot\nu^2}.$$

Dieses ist die erste Gleichung (6.) im Lehrsatz. Die beiden anderen findet man durch Weiterrücken der Buchstaben.

651.

Zusätze. I. *Wenn eine schiefe Ebene durch den Anfangspunt der Coordinaten geht, so sind die Gleichungen einer darauf senkrechten geraden Linie aus* (§. 650. 3.)

$$1.\quad y - x\cot\varkappa = b_1,\ z - y\cot\mu = c_2 \text{ und } x - z\cot\nu = a_3$$

und die Coordinaten des Durchschnittspuncts der Ebene und der Linie aus (§. 650. 6.)

$$2.\quad \begin{cases} x_1 = \dfrac{a_3 - b_1\tang\mu.\cot\nu}{1 + \tang\mu^2 + \cot\nu^2}, \\ y_1 = \dfrac{b_1 - c_2\tang\nu\cot\varkappa}{1 + \tang\nu^2 + \cot\varkappa^2}, \\ z_1 = \dfrac{c_2 - a_3\tang\varkappa\cot\mu}{1 + \tang\varkappa^2 + \cot\mu^2}; \end{cases}$$

denn in diesem Falle sind in (§. 650.) $a = 0$, $b = 0$, $c = 0$.

II. *Wenn das Perpendikel auf eine schiefe Ebene durch den Anfangspunct der Coordinaten gehet, so sind seine Gleichungen aus* (§. 650. 2. *und* 3.)

$$3.\quad by = ax,\ cz = by \text{ und } ax = cz, \text{ oder}$$
$$4.\quad y = x\cot\varkappa,\ z = y\cot\mu,\ x = z\cot\nu,$$

und die Coordinaten seines Durchschnitts mit der Ebene aus (§. 650. 5. *und* 6.)

$$5.\quad \begin{cases} x_1 = a.\dfrac{b^2c^2}{a^2b^2 + b^2c^2 + c^2a^2} = \dfrac{b\tang\mu\cot\nu}{1 + \tang\mu^2 + \cot\nu^2}, \\ y_1 = b.\dfrac{c^2a^2}{a^2b^2 + b^2c^2 + c^2a^2} = \dfrac{c\tang\nu\cot\varkappa}{1 + \tang\nu^2 + \cot\varkappa^2}, \\ z_1 = c.\dfrac{a^2b^2}{a^2b^2 + b^2c^2 + c^2a^2} = \dfrac{a\tang\varkappa\cot\mu}{1 + \tang\varkappa^2 + \cot\mu^2}, \end{cases}$$

denn in diesem Falle sind in (§. 650.) a_1, b_1; b_2, c_2 und c_3, a_3 gleich Null.

III. *Wenn eine schiefe Ebene durch den Anfangspunct der Coordinaten gehet, und in eben diesem Punct eine gerade Linie im Raume darauf senkrecht stehet, so sind die Gleichungen dieser Linie aus* (§. 650. 3.)

$$6.\quad y = x\cot\varkappa,\ z = y\cot\mu,\ x = z\cot\nu.$$

Denn es sind in diesem Falle a, b, c und a_1, b_1; b_2, c_2; c_3, a_3 gleich Null.

652.

Lehrsatz. Wenn eine gerade Linie im Raume, deren Projectionen auf die Ebenen der x, y, *der* y, z *und der* z, x, *die Axen der* x, *der* y *und der* z, *wie in* (§. 635.), *in den Entfernungen*

a_1 *und* b_1, b_2 *und* c_2, c_3 *und* a_3 *vom Anfangspunct der Coordinaten schneiden, durch einen bestimmten Punct* p, q, r *geht, und zugleich auf einer Ebene senkrecht stehet, welche, wie in* (§. 614.), *die Axen der* x, *der* y *und der* z *in den Entfernungen* a, b, c *vom Anfangspunct der Coordinaten schneidet, oder deren Durchschnitte mit den Coordinaten-Ebenen der* x, y *der* y, z *und der* z, x *die Winkel* $\varkappa$, μ, ν *mit den Axen der* x, *der* y *und der* z *machen, und deren Gleichung also*

$$1.\quad \frac{x}{a}+\frac{y}{b}+\frac{z}{c}=1$$

ist, so sind ihre Gleichungen

$$2.\quad b(y-q)=a(x-p),\ c(z-r)=b(y-q),\ a(x-p)=c(z-r),$$

oder

$$3.\quad y-q=(x-p)\cot\varkappa,\ z-r=(y-q)\cot\mu,\ x-p=(z-r)\cot\nu,$$

so dafs also das Perpendikel durch die Ebene und durch die Coordinaten des Puncts, durch welchen es gehet, völlig bestimmt wird.

Die Coordinaten x_1, y_1, z_1 *des Durchschnittspuncts der Ebene und der, darauf senkrecht, durch den Punct* p, q, r *gehenden geraden Linie sind*

$$4.\quad \begin{cases} x_1 = a\,.\,\dfrac{b^2c^2+(b^2+c^2)ap-bc(cq+br)}{a^2b^2+b^2c^2+c^2a^2}, \\ y_1 = b\,.\,\dfrac{c^2a^2+(c^2+a^2)bq-ca(ar+cp)}{a^2b^2+b^2c^2+c^2a^2}, \\ z_1 = c\,.\,\dfrac{a^2b^2+(a^2+b^2)cr-ab(bp+aq)}{a^2b^2+b^2c^2+c^2a^2}, \end{cases}$$

oder

$$5.\quad \begin{cases} x_1 = \dfrac{a+p(\tang\nu^2+\cot\varkappa^2)-r\tang\nu-q\cot\varkappa}{1+\tang\nu^2+\cot\varkappa^2}, \\ y_1 = \dfrac{b+q(\tang\varkappa^2+\cot\mu^2)-p\tang\varkappa-r\cot\mu}{1+\tang\varkappa^2+\cot\mu^2}, \\ z_1 = \dfrac{c+r(\tang\mu^2+\cot\nu^2)-q\tang\mu-p\cot\nu}{1+\tang\mu^2+\cot\nu^2}, \end{cases}$$

Beweis. I. Die Gleichungen einer auf der schiefen Ebene senkrechten geraden Linie (§. 650. 2. 3.) gelten in diesem Falle auch für den Punct *p*, *q*, *r*. Also ist aus (§. 650. 2.)

$$6.\quad by-ax=bb_1,\ cz-by=cc_1 \text{ und } ax-cz=aa_1,$$

und zugleich

$$7.\quad bq-ap=bb_1,\ cr-bq=cc_1 \text{ und } ap-cr=aa_1.$$

Zieht man die Gleichungen (7.) von den Gleichungen (6.) ab, so erhält man die Gleichungen (1.) des Lehrsatzes.

Eben so ist aus (§. 650. 3.)

$$8.\quad y-x\cot\varkappa=b_1,\ z-y\cot\mu=c_1,\ x-z\cot\nu=a_1,$$

und zugleich

$$9.\quad q-p\cot\varkappa=b_1,\ r-q\cot\mu=c_1,\ p-r\cot\nu=a_1.$$

Zieht man die Gleichungen (9.) von den Gleichungen (8.) ab, so erhält man die Gleichungen (2.) des Lehrsatzes.

II. Die Coordinaten x_1, y_1, z_1 des Duchschnitts der geraden Linie im Raume und der gegebenen schiefen Ebene findet man daraus, dafs für diesen Punct die Gleichungen der Linie und der Ebene zugleich gelten. Es ist also für den Punct x_1, y_1, z_1, zufolge (1.) und (2.), zugleich

$$10.\quad bcx_1 + cay_1 + abz_1 = abc \text{ und}$$
$$11.\quad b(y_1 - q) = a(x_1 - p),$$
$$12.\quad c(z_1 - r) = b(y_1 - q),$$
$$13.\quad a(x_1 - p) = c(z_1 - r).$$

Setzt man aus (11.) $y_1 = \frac{a(x_1 - p)}{b} + q$, und aus (13.) $z_1 = \frac{a(x_1 - p)}{c} + r$ in (10.), so findet man

$bcx_1 + \frac{ca^2(x_1 - p)}{b} + caq + \frac{a^2 b(x_1 - p)}{c} + abr = abc$, oder
$(b^2c^2 + c^2a^2 + a^2b^2)x_1 = ab^2c^2 + c^2a^2p + a^2b^2p - abc^2q - ab^2cr$,
woraus folgt

$$14.\quad x_1 = a.\frac{b^2c^2 + (b^2 + c^2)ap - bc(cq + br)}{a^2b^2 + b^2c^2 + c^2a^2}.$$

Dieses ist der erste Ausdruck (4.) im Lehrsatz. Die anderen findet man durch Weiterrücken der Buchstaben.

Wenn man ferner, z. B. die Gleichung (14.), oben und unten durch b^2c^2 dividirt, so findet man

$$15.\quad x_1 = \frac{a + \left(\frac{a^2}{c^2} + \frac{a^2}{b^2}\right)p - \left(\frac{a}{b}q + \frac{a}{c}r\right)}{\frac{a^2}{c^2} + 1 + \frac{a^2}{b^2}},$$

also, weil $\frac{a}{c} = tang\,\nu$, $\frac{a}{b} = cot\,\varkappa$ (§. 614. 6.),

$$16.\quad x_1 = \frac{a + (tang\,\nu^2 + cot\,\varkappa^2)p - r\,tang\,\nu - q\,cot\,\varkappa}{1 + tang\,\nu^2 + cot\,\varkappa^2}.$$

Dieses ist die erste Gleichung (5.) im Lehrsatz. Die beiden anderen findet man durch Weiterrücken der Buchstaben.

653.

Zusätze. Wenn eine schiefe Ebene durch den Anfangspunct der Coordinaten geht, so sind die Gleichungen einer darauf senkrechten geraden Linie, in welcher zugleich ein bestimmter Punct p, q, r *liegt, aus* (§. 652. 3.)

1. $y - q = (x - p)\cot\varkappa$, $z - r = (y - q)\cot\mu$ *und* $x - p = (z - r)\cot\nu$.

Die Coordinaten des Durchschnitts der Ebene und der Linie sind aus (§. 652. 5.)

$$2.\quad \begin{cases} x_1 = p - \dfrac{p + q\cot\varkappa + r\,\mathrm{tang}\,\nu}{1 + \mathrm{tang}\,\nu^2 + \cot\varkappa^2}, \\ y_1 = q - \dfrac{q + r\cot\mu + p\,\mathrm{tang}\,\varkappa}{1 + \mathrm{tang}\,\varkappa^2 + \cot\mu^2}, \\ z_1 = r - \dfrac{r + p\cot\nu + q\,\mathrm{tang}\,\mu}{1 + \mathrm{tang}\,\mu^2 + \cot\nu^2}, \end{cases}$$

Denn in diesem Falle ist in (§. 650.) $a = 0$, $b = 0$, $c = 0$.

654.

Lehrsatz. Wenn eine Ebene, die, wie in (§. 614.), *die Axen der* x, *der* y *und der* z *in den Entfernungen* a, b, c *vom Anfangspunct der Coordinaten schneidet, oder deren Durchschnitte mit* *den Ebenen der x, y, der y, z und der z, x, mit den Axen die Winkel $\varkappa$, μ, ν machen, auf einer gegebenen geraden Linie senkrecht stehet, deren Projectionen auf die Ebenen der x, y, der y, z und der z, x, wie in (§. 635.), die Axen der x, der y und der z in den Entfernungen a_1 und b_1, b_2 und c_2, c_3 und a_3 vom Anfangspunct der Coordinaten schneiden, oder mit denselben die Winkel φ, ψ, χ machen, und deren Gleichungen also, zufolge (§. 635.),*

$$1.\quad \begin{cases} \frac{x}{a_1}+\frac{y}{b_1}=1,\ \frac{y}{b_2}+\frac{z}{c_2}=1,\ \frac{z}{c_3}+\frac{x}{a_3}=1, \text{ oder} \\ x\tang\varphi+y=b_1,\ y\tang\psi+z=c_2,\ z\tang\chi+x=a_3 \end{cases}$$

sind, so ist die Gleichung der Ebene

$$2.\quad \begin{cases} a_1 a_3 x - a_3 b_1 y - a_1 c_3 z = a a_1 a_3, \text{ oder} \\ b_2 b_1 y - b_1 c_2 z - b_2 a_1 x = b b_2 b_1, \text{ oder} \\ c_3 c_2 z - c_2 a_3 x - c_3 b_2 y = c c_3 c_2, \text{ oder} \end{cases}$$

$$3.\quad \begin{cases} x - y\tang\varphi - z\cot\chi = a, \text{ oder} \\ y - z\tang\psi - x\cot\varphi = b, \text{ oder} \\ z - x\tang\chi - y\cot\psi = c. \end{cases}$$

Die Coordinaten x_1, y_1, z_1 des Durchschnitts der Linie und der Ebene sind

$$4.\quad \begin{cases} x_1 = a_1 a_3 \cdot \frac{a a_1 a_3 + a_3 b_1^2 + a_1 c_3^2}{a_1^2 a_3^2 + b_1^2 a_3^2 + c_3^2 a_1^2}, \\ y_1 = b_2 b_1 \cdot \frac{b b_2 b_1 + b_1 c_2^2 + b_2 a_1^2}{b_2^2 b_1^2 + c_2^2 b_1^2 + a_1^2 b_2^2}, \\ z_1 = c_3 c_2 \cdot \frac{c c_3 c_2 + c_2 a_3^2 + c_3 b_2^2}{c_3^2 c_2^2 + a_3^2 c_2^2 + b_2^2 c_3^2}. \end{cases}$$

oder

$$5.\quad \begin{cases} x_1 = \frac{a + b_1\tang\varphi + c_3\cot\chi}{1+\tang\varphi^2+\cot\chi^2}, \\ y_1 = \frac{b + c_2\tang\psi + a_1\cot\varphi}{1+\tang\psi^2+\cot\varphi^2}, \\ z_1 = \frac{c + a_3\tang\chi + b_2\cot\psi}{1+\tang\chi^2+\cot\psi^2}. \end{cases}$$

Beweis. I. Mit den Bedingungen der Perpendicularität der Linie und der Ebene verhält es sich, wie leicht zu sehen, ganz wie in (§. 650.). Es mufs also

$$6.\quad \frac{b_1}{a_1} = -\frac{a}{b}, \text{ folglich auch } \frac{c_2}{b_2} = -\frac{b}{c},\ \frac{a_3}{c_3} = -\frac{c}{a},$$

oder nach (§. 614. 6.) und (§. 635. 6.)

$$7.\quad \tang\varphi = -\cot\varkappa,\ \tang\psi = -\cot\mu,\ \tang\chi = -\cot\nu$$

seyn, welche Gleichungen, wenn man sie mit einander multiplicirt, wie gehörig, $a_3 b_2 c_1 = - a_1 b_2 c_3$, und

$$8.\quad \tang\varphi\tang\psi\tang\chi = -\cot\varkappa\cot\mu\cot\nu$$

geben, wie in (§. 650. 5., 614. 10. und 635. 9.).

Setzt man diese Ausdrücke in die Gleichung der Ebene, welche unter den vorausgesetzten Bedingungen, zufolge (§. 614.),

$$\frac{x}{a}+\frac{y}{b}+\frac{z}{c}=1, \text{ oder}$$

$$9.\quad x + y\cdot\frac{a}{b} + z\cdot\frac{a}{c} = a, \text{ oder}$$

$$10.\quad \begin{cases} x + y\cot\varkappa + z\,tang\,\nu = a, & \text{oder} \\ y + z\cot\mu + x\,tang\,\varkappa = b, & \text{oder} \\ z + x\cot\nu + y\,tang\,\mu = c \end{cases}$$

ist, so findet man

$$x - y\frac{b_1}{a_1} - z\frac{c_3}{a_3} = a, \text{ oder}$$

$$11.\quad a_1 a_3 x - a_3 b_1 y - a_1 c_3 z = a a_1 a_3,$$

welches die erste Gleichung (2.) im Lehrsatz ist, desgleichen

$$12.\quad x - y\,tang\,\varphi - z\cot\chi = a,$$

welches die erste Gleichung (3.) im Lehrsatz ist. Die übrigen Gleichungen (2. und 3.) findet man durch Weiterrücken der Buchstaben.

II. Die Coordinaten x_1, y_1, z_1 des Durchschnitts der Linie und der Ebene findet man daraus, daſs für diesen Punct die Gleichungen der Ebene und der Linie zugleich gelten. Es ist also für den Punct x_1, y_1, z_1, zufolge (1. und 2.), zugleich, z. B.

$$13.\quad \frac{x_1}{a_1} + \frac{y}{b_1} = 1,\ \frac{y_1}{b_2} + \frac{z}{c_2} = 1,\ \frac{z_1}{c_3} + \frac{x}{a_3} = 1 \text{ und}$$

$$14.\quad a_1 a_3 x_1 - a_3 b_1 y_1 - a_1 c_3 z_1 = a a_1 a_3.$$

Setzt man aus der ersten Gleichung (13.) $y_1 = \frac{b_1}{a_1}(a_1 - x_1)$, und aus der dritten Gleichung (13.) $z_1 = \frac{c_3}{a_3}(a_3 - x_1)$ in (14.), so findet man

$$a_1 a_3 x_1 - a_3 b_1 \frac{b_1}{a_1}(a_1 - x) - a_1 c_3 \frac{c_3}{a_3}(a_3 - x) = a a_1 a_3, \text{ oder}$$

$$x_1 (a_1^2 a_3^2 + b_1^2 a_3^2 + c_3^2 a_1^2) = a a_1^2 a_3^2 + a_3^2 b_1^2 a_1 + a_1^2 c_3^2 a_3, \text{ also}$$

$$15.\quad x_1 = a_1 a_3 \frac{a a_1 a_3 + a_3 b_1^2 + a_1 c_3^2}{a_1^2 a_3^2 + b_1^2 a_3^2 + c_3^2 a_1^2}.$$

Dieses ist die erste Gleichung (4.) im Lehrsatz. Die anderen beiden giebt das Weiterrücken der Buchstaben.

Eben so ist, zufolge (1. und 3.), zugleich:

$$16.\quad x_1\,tang\,\varphi + y_1 = b_1,\ y_1\,tang\,\psi + z_1 = c_2,\ z_1\,tang\,\chi + x_1 = a_3,$$

und z. B.

$$17.\quad x_1 - y_1\,tang\,\varphi - z_1\cot\chi = a.$$

Setzt man aus der ersten Gleichung (16.) $y_1 = b_1 - x_1\,tang\,\varphi$, und aus der dritten Gleichung (16.) $z_1 = (a_3 - x_1)\cot\chi$ in (17.), so findet man

$$x_1 - (b_1 - x_1\,tang\,\varphi)\,tang\,\varphi - (a_3 - x_1)\cot\chi^2 = a, \text{ oder}$$

$$x_1(1 + tang\,\varphi^2 + \cot\chi^2) = a + b_1\,tang\,\varphi + a_3\cot\chi^2,$$

oder, weil $\cot\chi = \frac{c_3}{a_3}$ (635. 6.):

$$x_1(1 + tang\,\varphi^2 + \cot\chi^2) = a + b_1\,tang\,\varphi + c_3\cot\chi, \text{ also}$$

$$18.\quad x_1 = \frac{a + b_1\,tang\,\varphi + c_3\cot\chi}{1 + tang\,\varphi^2 + \cot\chi^2}.$$

Dieses ist die erste Gleichung (5.) im Lehrsatz. Die anderen beiden geben sich durch Weiterrücken der Buchstaben.

655.

Zusätze. I. *Wenn die Ebene, die auf einer gegebenen geraden Linie im Raume senkrecht ist, durch den Anfangspunct der Coordinaten gehet, so ist aus* (§. 654. 3.) *ihre Gleichung*

$$1. \begin{cases} x - y \operatorname{tang} \varphi - z \cot \chi = o, \text{ oder} \\ y - z \operatorname{tang} \psi - x \cot \varphi = o, \text{ oder} \\ z - x \operatorname{tang} \chi - y \cot \psi = o, \end{cases}$$

und die Coordinaten ihres Durchschnitts mit der gegebenen Linie sind aus (§. 654. 5.)

$$2. \begin{cases} x_1 = \dfrac{b_1 \operatorname{tang} \varphi + c_3 \cot \chi}{1 + \operatorname{tang} \varphi^2 + \cot \chi^2}, \\ y_1 = \dfrac{c_2 \operatorname{tang} \psi + a_1 \cot \varphi}{1 + \operatorname{tang} \psi^2 + \cot \varphi^2}, \\ z_1 = \dfrac{a_3 \operatorname{tang} \chi + b_2 \cot \psi}{1 + \operatorname{tang} \chi^2 + \cot \psi^2}; \end{cases}$$

denn in diesem Falle ist $a = o$, $b = o$, $c = o$.

II. *Wenn eine Ebene auf einer gegebenen geraden Linie, die durch den Anfangspunct der Coordinaten gehet, senkrecht ist, so ist aus* (§. 654. 3.) *ihre Gleichung*

$$3. \begin{cases} x - y \operatorname{tang} \varphi - z \cot \chi = a, \text{ oder} \\ y - z \operatorname{tang} \psi - x \cot \varphi = b, \text{ oder} \\ z - x \operatorname{tang} \chi - y \cot \psi = c, \end{cases}$$

und die Coordinaten ihres Durchschnitts mit der gegebenen Linie sind aus (§. 654. 5.)

$$4. \begin{cases} x_1 = \dfrac{a}{1 + \operatorname{tang} \varphi^2 + \cot \chi^2}, \\ y_1 = \dfrac{b}{1 + \operatorname{tang} \psi^2 + \cot \varphi^2}, \\ z_1 = \dfrac{c}{1 + \operatorname{tang} \chi^2 + \cot \psi^2}; \end{cases}$$

denn es sind in diesem Falle a_1, b_1, b_2 etc. gleich Null.

III. *Wenn eine Ebene, die auf einer durch den Anfangspunct der Coordinaten gehenden, gegebenen geraden Linie im Raume senkrecht stehet, ebenfalls durch den Anfangspunct der Coordinaten gehet, so ist aus* (§. 654. 3.) *ihre Gleichung*

$$\begin{aligned} x - y \operatorname{tang} \varphi - z \cot \chi &= o, \\ y - z \operatorname{tang} \psi - x \cot \varphi &= o, \\ z - x \operatorname{tang} \chi - y \cot \psi &= o, \end{aligned}$$

denn es sind in diesem Falle a, b, c gleich Null.

656.

Lehrsatz. Wenn eine Ebene, die, wie in (§. 614.), *die Axen der* x, *der* y *und der* z, *in den Entfernungen* a, b, c *vom Anfangspunct der Coordinaten schneidet, oder deren Durchschnitte mit den Ebenen der* x, y, *der* y, z *und der* z, x, *die Winkel* $\varkappa$, μ, ν *mit den Axen machen, durch den bestimmten Punct* p, q, r *geht, und zugleich auf einer gegebenen geraden Linie im Raume senkrecht stehet, deren Projectionen auf die Ebenen der* x, y, *der* y, z *und der* z, x, *wie in* (§. 635.), *die Axen der* x, *der y und der z in den Entfernungen* a_1 *und* b_1, b_2 *und* c_2, c_3 *und* a_3 *vom Anfangspunct der Coordinaten schneiden, oder mit denselben die Winkel* φ, ψ, χ *machen, deren Gleichungen also, zufolge* (§. 635.):

$$1.\quad \begin{cases} \dfrac{x}{a_1} + \dfrac{y}{b_1} = 1,\ \dfrac{y}{b_2} + \dfrac{z}{c_2} = 1,\ \dfrac{z}{c_3} + \dfrac{x}{a_3} = 1, \text{ oder} \\ x \tan\varphi + y = b_1,\ y \tan\psi + z = c_2,\ z \tan\chi + x = a_3 \end{cases}$$

sind, so ist die Gleichung der Ebene:

$$2.\quad \begin{cases} a_1 a_3 (x-p) - a_3 b_1 (y-q) - a_1 c_3 (z-r) = 0, \text{ oder} \\ b_2 b_1 (y-q) - b_1 c_2 (z-r) - b_2 a_1 (x-p) = 0, \text{ oder} \\ c_3 c_2 (z-r) - c_2 a_3 (x-p) - c_3 b_2 (y-q) = 0, \text{ oder} \end{cases}$$

$$3.\quad \begin{cases} x - p - (y-q)\tan\varphi - (z-r)\cot\chi = 0, \\ y - q - (z-r)\tan\psi - (x-p)\cot\varphi = 0, \\ z - r - (x-p)\tan\chi - (y-q)\cot\psi = 0, \end{cases}$$

Die Coordinaten des Durchschnittspuncts der Linie und der Ebene sind:

$$4.\quad \begin{cases} x_1 = a_1 a_3 \dfrac{a_3 b_1^2 + a_1 c_3^2 + a_1 a_3 p - a_3 b_1 q - a_1 c_3 r}{a_1^2 a_3^2 + b_1^2 a_3^2 + c_3^2 a_1^2}, \\[2ex] y_1 = b_2 b_1 \dfrac{b_1 c_2^2 + b_2 a_1^2 + b_2 b_1 q - b_1 c_2 r - b_2 a_1 p}{b_2^2 b_1^2 + c_2^2 b_1^2 + a_1^2 b_2^2}, \\[2ex] z_1 = c_3 c_2 \dfrac{c_2 a_3^2 + c_3 b_2^2 + c_3 c_2 r - c_2 a_3 p - c_3 b_2 q}{c_3^2 c_2^2 + a_3^2 c_2^2 + b_2^2 c_3^2}, \end{cases}$$

oder

$$5.\quad \begin{cases} x_1 = \dfrac{p + (b_1 - q)\tan\varphi + (c_3 - r)\cot\chi}{1 + \tan\varphi^2 + \cot\chi^2}, \\[2ex] y_1 = \dfrac{q + (c_2 - r)\tan\psi + (a_1 - r)\cot\varphi}{1 + \tan\psi^2 + \cot\varphi^2}, \\[2ex] z_1 = \dfrac{r + (a_3 - p)\tan\chi + (b_2 - p)\cot\psi}{1 + \tan\chi^2 + \cot\psi^2}. \end{cases}$$

Beweis. I. Die Gleichungen einer auf einer gegebenen geraden Linie, wie hier, senkrechten Ebene (§. 654. 2. 3.), gelten in diesem Falle auch für $x = p$, $y = q$, $z = r$. Wenn man also in diesen Gleichungen $x = p$, $y = q$, $z = r$ setzt, und die entstehenden Gleichungen von denen (§. 654. 2. 3.) abziehet, so findet man, wie leicht zu sehen, die Gleichungen (2. und 3.) des Lahrsatzes.

II. Die Coordinaten x_1, y_1, z_1 des Durchschnitts der gegebenen geraden Linie im Raume mit der schiefen Ebene findet man daraus, daſs für diesen Punct die Gleichungen der Linie und der Ebene zugleich gelten. Es ist also für den Punct x_1, y_1, z_1, zufolge (1. und 2.), zugleich, z. B.

$$6.\quad a_1 a_3 (x_1 - p) - a_3 b_1 (y_1 - q) - a_1 c_3 (z_1 - r) = 0, \text{ und}$$

$$7.\quad \frac{x_1}{a_1} + \frac{y_1}{b_1} = 1,\ \frac{y_1}{b_2} + \frac{z_1}{c_2} = 1,\ \frac{z_1}{c_3} + \frac{x_1}{a_3} = 1.$$

Setzt man aus der ersten Gleichung (7.) $y_1 = \dfrac{b_1 (a_1 - x_1)}{a_1}$, und aus der dritten Gleichung (7.), $z_1 = \dfrac{c_3 (a_3 - x_3)}{a_3}$, in die Gleichung (6.), so erhält man

$$a_1 a_3 (x_1 - p) - a_3 b_1 \left(\frac{b_1(a_1 - x_1)}{a_1} - q\right) - a_1 c_3 \left(\frac{c_3(a_3 - x_1)}{a_3} - r\right) = 0,$$

oder

$$a_1^2 a_3^2 (x_1 - p) - a_3^2 b_1 (b_1(a_1 - x_1) - a_3 q) - a_1^2 c_3 (c_3(a_3 - x_1) - a_3 r) = 0,$$

oder

$$8.\quad (a_1^2 a_3^2 + a_3^2 b_1^2 + a_1^2 c_3^2) x_1$$

$$= a_3^2 b_1^2 a_1 + a_1^2 c_3^2 a_3 + a_1^2 a_3^2 p - a_3^2 b_1 a_1 q - a_1^2 a_3 c_3 r = 0,$$

welches die erste Gleichung (4.) im Lehrsatz, und durch Weiterrücken der Buchstaben die folgenden beiden giebt.

Eben so ist in (1. und 2.) zugleich, z. B.,

$$9.\quad x_1 - p - (y_1 - q) \operatorname{tang}\varphi - (z_1 - r)\cot\chi = 0, \text{ und}$$

$$10.\quad x_1 \operatorname{tang}\varphi + y_1 = b_1,\ y_1 \operatorname{tang}\psi + z_1 = c_2,\ z_1 \operatorname{tang}\chi + x_1 = a_3.$$

Also ist, wenn man aus der ersten Gleichung (10.) $y_1 = b_1 - x_1 \operatorname{tang}\varphi$, und aus der dritten Gleichung (10.) $z_1 = (a_3 - x_1)\cot\chi$ in (9.) setzt,

$$x_1 - p - (b_1 - x_1 \operatorname{tang}\varphi - q)\operatorname{tang}\varphi - ((a_3 - x_1)\cot\chi - r)\cot\chi = 0, \text{ oder}$$

$$x_1(1 + \operatorname{tang}\varphi^2 + \cot\chi^2) = b_1 \operatorname{tang}\varphi + a_3 \cot\chi^2 + p - q\operatorname{tang}\varphi - r\cot\chi,$$

oder, weil $\cot\chi = \frac{c_3}{a_3}$ (§. 635. 6.)

$$11.\quad x_1(1 + \operatorname{tang}\varphi^2 + \cot\chi^2) = p + (b_1 - q)\operatorname{tang}\varphi + (c_3 - r)\cot\chi,$$

welches die erste Gleichung (5.) im Lehrsatz, und durch Weiterrücken der Buchstaben, die beiden folgenden giebt.

657.

Zusätze. I. *Wenn der gegebene Punct* p, q, r, *durch welchen die auf einer gegebenen geraden Linie im Raume senkrechte Ebene gehet, der Anfangspunct der Coordinaten ist, so findet man die Gleichungen der Ebene und die Coordinaten ihres Durchschnitts mit der Linie, wenn man in* (§. 656. 3. und 5.) $p = 0$, $q = 0$, $r = 0$ *setzt.*

II. *Wenn die gegebene gerade Linie im Raume, auf welcher eine durch den bestimmten Punct* p, q, r *gehende Ebene senkrecht stehet, durch den Anfangspunct der Coordinaten gehet, so findet man die Gleichungen der Ebene und die Coordinaten ihres Durchschnitts mit der Linie, wenn man in* (§. 656. 3. u. 5.) a_1, b_1, b_2 *etc. gleich Null setzt.*

658.

Lehrsatz. Wenn eine Ebene, welche, wie in (§. 614.), *die Axen der* x, *der* y *und der* z, *in den Entfernungen* a, b, c, *vom Anfangspunct der Coordinaten schneidet, oder deren Durchschnitte mit den Ebenen der* x, y, *der* y, z *und der* z, x, *die Winkel* $\varkappa_1$, μ_1, ν_1 *mit den Axen der* x, *der* y *und der* z *machen, und deren Gleichung also*

$$1.\quad \frac{x}{a} + \frac{y}{b} + \frac{z}{c} = 1$$

ist, eine andere Ebene schneidet, die den Axen der x, *der* y *und der* z *in den Entfernungen* α, β, γ *vom Anfangspunct der Coordinaten begegnet, oder deren Durchschnitte mit den Ebenen der* x, y, *der* y, z *und der* z, x *die Winkel* $\varkappa_2$, μ_2, ν_2 *mit den Axen der* x, *der* y *und der* z *machen, und deren Gleichung also*

$$2.\quad \frac{x}{\alpha} + \frac{y}{\beta} + \frac{z}{\gamma} = 1$$

ist, und man bezeichnet den Winkel, welchen die beiden Ebenen mit einander machen, durch u, *so ist*

$$3.\quad \cos u = -\frac{ab\alpha\beta + bc\beta\gamma + ca\gamma\alpha}{\sqrt{(a^2b^2+b^2c^2+c^2a^2)}\sqrt{(\alpha^2\beta^2+\beta^2\gamma^2+\gamma^2\alpha^2)}},$$

oder

$$4.\quad \begin{cases} \cos u = -\dfrac{1+\cot\varkappa_1\cot\varkappa_2+\tang\nu_1\tang\nu_2}{\sqrt{(1+\cot\varkappa_1^2+\tang\nu_1^2)}\sqrt{(1+\cot\varkappa_2^2+\tang\nu_2^2)}}, \text{ oder} \\ \cos u = -\dfrac{1+\cot\mu_1\cot\mu_2+\tang\varkappa_1\tang\varkappa_2}{\sqrt{(1+\cot\mu_1^2+\tang\varkappa_1^2)}\sqrt{(1+\cot\mu_2^2+\tang\varkappa_2^2)}}, \text{ oder} \\ \cos u = -\dfrac{1+\cot\nu_1\cot\nu_2+\tang\mu_1\tang\mu_2}{\sqrt{(1+\cot\nu_1^2+\tang\mu_1^2)}\sqrt{(1+\cot\nu_2^2+\tang\mu_2^2)}}. \end{cases}$$

Beweis. Man stelle sich aus einem und demselben beliebigen Puncte im Raume, Perpendikel auf die beiden gegebenen Ebenen vor. Durch diese Perpendikel lege man eine Ebene, so steht dieselbe auf den beiden gegebenen Ebenen senkrecht, weil sich die Perpendikel auf die gegebenen Ebenen in ihr befinden. Diese Ebene durch die Perpendikel steht also auch auf dem Durchschnitt der beiden gegebenen schiefen Ebenen senkrecht. Folglich schliefsen ihre Durchschnitte mit den schiefen Ebenen den Winkel ein, welchen die schiefen Ebenen mit einander machen. Die Perpendikel schliefsen aber zusammen mit den Durchschnitten der Ebenen ein Viereck ein, welches an den Perpendikeln, einander gegenüber, zwei rechte Winkel hat. Die anderen beiden Winkel, einander gegenüber, sind diejenigen, welche die Perpendikel und die beiden schiefen Ebenen einschliefsen. Also sind diese beiden letzten Winkel zusammen gleich zwei rechten, und folglich ist der Winkel, welchen die beiden gegebenen schiefen Ebenen einschliefsen, das Supplement des Winkels, den die Perpendikel mit einander machen.

Nun ist derCosinus des Winkels v, welchen zwei beliebige, sich schneidende gerade Linien im Raume einschliefsen, zufolge (§. 648. 1. oder 15.),

$$5.\quad \cos v = \frac{1+\frac{b_1}{a_1}\cdot\frac{\beta_1}{\alpha_1}+\frac{c_3}{a_3}\cdot\frac{\gamma_3}{\alpha_3}}{\sqrt{\left(1+\frac{b_1^2}{a_1^2}+\frac{c_3^2}{a_3^2}\right)}\sqrt{\left(1+\frac{\beta_1^2}{\alpha_1^2}+\frac{\gamma_3^2}{\alpha_3^2}\right)}},$$

wo b_1, $a_1 \ldots \beta_1$, $\alpha_1 \ldots$ die Entfernungen vom Anfangspunct der Coordinaten bedeuten, in welchen die Projectionen der Linien im Raume auf die Coordinaten-Ebenen, die Axen schneiden. Wenn also diese Linien die Perpendikel auf die gegebenen schiefen Ebenen sind, so ist, dem Obigen zufolge, $u = 2\varrho - v$, und folglich

$$6.\quad \cos u = -\cos v,$$

mithin

$$7.\quad \cos u = -\frac{1+\frac{b_1}{a_1}\cdot\frac{\beta_1}{\alpha_1}+\frac{c_3}{a_3}\cdot\frac{\gamma_3}{\alpha_3}}{\sqrt{\left(1+\frac{b_1^2}{a_1^2}+\frac{c_3^2}{a_3^2}\right)}\sqrt{\left(1+\frac{\beta_1^2}{\alpha_1^2}+\frac{\gamma_3^2}{\alpha_3^2}\right)}}.$$

Da aber die beiden geraden Linien, welche den Winkel $v = 2\varrho - u$ einschliefsen, auf den gegebenen schiefen Ebenen senkrecht stehen müssen, so mufs, zufolge (§. 650. 9.),

8. $\frac{b_1}{a_1} = -\frac{a}{b}, \ \frac{c_2}{b_2} = -\frac{b}{c}, \ \frac{a_3}{c_3} = -\frac{c}{a},$

9. $\frac{\beta_1}{\alpha_1} = -\frac{\alpha}{\beta}, \ \frac{\gamma_2}{\beta_2} = -\frac{\beta}{\gamma}, \ \frac{\alpha_3}{\gamma_3} = -\frac{\gamma}{\alpha}$

seyn. Also ist in (7.)

10. $$\cos u = -\frac{1 + \frac{a}{b} \cdot \frac{\alpha}{\beta} + \frac{a}{c} \cdot \frac{\alpha}{\gamma}}{\sqrt{\left(1 + \frac{a^2}{b^2} + \frac{a^2}{c^2}\right)}\sqrt{\left(1 + \frac{\alpha^2}{\beta^2} + \frac{\alpha^2}{\gamma^2}\right)}},$$

woraus, wenn man oben und unten mit $b\beta c\gamma$ multiplicirt, die Gleichung (3.) im Lehrsatz folgt.

Setzt man in (10.), aus (§. 614. 6.),

11. $\frac{a}{b} = \cot x_1, \ \frac{a}{c} = \tang v_1, \ \frac{\alpha}{\beta} = \cot x_2, \ \frac{\alpha}{\gamma} = \tang v_2,$

so findet man

12. $$\cos u = -\frac{1 + \cot x_1 \cot x_2 + \tang v_1 \tang v_2}{\sqrt{(1 + \cot x_1^2 + \tang v_1^2)}\sqrt{(1 + \cot x_2^2 + \tang v_2^2)}},$$

welches die erste Gleichung (4.) im Lehrsatz ist. Die andern beiden findet man durch Weiterrücken der Buchstaben.

659.

Anmerkung. Der Raum gestattet nicht, die gegenwärtige algebraische Theorie der geraden Linien und Ebenen im Raume noch weiter fortzusetzen. Die Gegenstände, welche dahin gehören, sind noch sehr mannigfaltig. Es kommen z. B. in Betracht: Ebenen, in welchen eine gegebene gerade Linie oder zwei gegebene, sich schneidende gerade Linien im Raume liegen, oder welche mit einer, oder mit zwei beliebigen geraden Linien im Raume parallel sind; Ebenen, welche auf einander senkrecht sind, und zugleich durch gegebene gerade Linien gehen; der gröfste oder kleinste Winkel zwischen einer gegebenen geraden Linie und einer gegebenen Ebene; gerade Linien, welche auf zwei anderen gegebenen geraden Linien zugleich senkrecht stehen; Ebenen und gerade Linien im Raume, welche sich unter gegebenen Winkeln schneiden; die Veränderung der Coordinaten, u. s. w. Einiges von den eben berührten Gegenständen findet man noch im ersten Bande der „Sammlungen mathematischer Aufsätze und Bemerkungen des Verfassers. Berlin bei Maurer 1821," in dem ersten Aufsatze. Die Untersuchungen haben übrigens nach den obigen Principien keine Schwierigkeit, und gehen gewöhnlich von ganz einfachen geometrischen Betrachtungen aus.

Drittes Buch.

Von den Flächen und Körpern, die vom Kreise und von geraden Linien und Ebenen abhängen.

660.

Erklärung. Von den krummen Flächen und den damit umschlossenen Körpern, die unendlich verschiedene Gestalten haben können, kommen in den Elementen gewöhnlich nur diejenigen vor, die vom Kreise, und von geraden Linien und Ebenen abhängen. Es sind ihrer drei: Cylinder, Kegel und Kugel, welchen man auch die Gesammt-Benennung: runde Körper giebt.

Im Allgemeinen bezeichnen die Worte Cylinder und Kegel nicht blofs solche Körper, die, aufser von der geraden Linie und der Ebene, ausschliefslich vom Kreise abhängen, sondern auch Körper, die auf ähnliche Art von anderen krummen Linien abhängen, und diejenigen Körper, welche man in den Elementen unter Cylinder und Kegel verstehet, sind nur einzelne, besondere Arten davon. Diese einzelnen Arten werden nun zwar allerdings durch den Kreis allein bestimmt. Da indessen mehrere Sätze von solchen Körpern auch allgemein gelten, und selbst im kreisförmigen Cylinder und Kegel beliebige Schnitte mit Ebenen nicht mehr Kreise sind, so ist es gut, die Erklärung und einige Sätze von den beiden ersten runden Körpern sogleich allgemein aufzustellen. Die Erklärung ist folgende:

I. *Cylinder oder Walze heifst jeder Körper von zwei Ebenen und von einer krummen Fläche umschlossen, welche die Eigenschaft hat, dafs in ihr überall, aber nur nach einerlei Richtung, gerade Linien, welche sämmtlich die beiden Ebenen schneiden, gezogen werden können, und also sämmtlich mit einander parallel sind. Die beiden Ebenen heifsen Grund-Ebenen des Cylinders, die krumme Fläche heifst Mantel des Cylinders. Die krumme Linie, in welcher der Mantel des Cylinders die eine der beiden Grund-Ebenen schneidet, kann jede beliebige Gestalt haben, die Gestalt des Durchschnitts der anderen Grund-Ebene mit dem Mantel aber, hängt von der des ersten Durchschnitts ab, wie sich zeigen wird.*

Stehen die parallelen geraden Linien, welche in dem Mantel gezogen werden können, auf keiner Grund-Ebene senkrecht, so heifst der Cylinder schief, stehen sie auf einer der beiden Grund-Ebenen senkrecht, so heifst der Cylinder senkrecht. Sind die beiden Grund-Ebenen nicht parallel, so heifst der Cylinder schräg abgeschnitten, im Gegegentheil parallel abgeschnitten. Die Länge des Perpendikels zwischen parallelen Grund-Ebenen eines Cylinders, heifst dessen Höhe. Schneiden sich die beiden Grund-Ebenen, aber nur in einem Puncte, so heifst der schräg abgeschnittene Cylinder auch Klaue. Die Länge des Perpendikels aus dem, von der unteren Grund-Ebene am weitesten entfernten Puncte der oberen Grund-Ebene auf die untere, heifst Höhe der Klaue.

In denjenigen Cylindern, welche in den Elementen der Geometrie untersucht werden, ist eine der Grund-Ebenen ein Kreis. Diejenige gerade Linie durch den Mittelpunct dieses Kreises, welche mit den parallelen geraden Linien im Mantel parallel ist, heifst des Cylinders Axe.

II. *Kegel oder Conus heifst jeder Körper von einer Ebene und von einer krummen Fläche umschlossen, die aufserhalb der Ebene in eine Spitze zusammen läuft, und welche die Eigenschaft hat, dafs gerade Linien durch die Spitze und durch beliebige Puncte des Durchschnitts der Fläche und der Ebene ganz in der krummen Fläche liegen. Die Ebene heifst des Kegels Grund-Ebene, die krumme Fläche des Kegels Mantel. Das Perpendikel aus der Spitze auf die Grund-Ebene heifst des Kegels Höhe. Wird von einem Kegel, vermittelst einer Ebene, die den Kegel-Mantel in einer geschlossenen Linie schneidet, ein Theil abgeschnitten, der also ebenfalls ein Kegel ist, so heifst der übrig gebliebene Theil, abgekürzter Kegel. Der abgekürzte Kegel hat also zwei Grund-Ebenen, nemlich die des gegebenen Kegels, und die Ebene, in welcher er geschnitten wird. Er heifst parallel abgekürzt, wenn die beiden Grund-Ebenen parallel sind; im Gegentheil, schief abgekürzt.*

In denjenigen Kegeln, welche in den Elementen untersucht werden, ist die Grund-Ebene ein Kreis. Die gerade Linie durch den Mittelpunct dieses Kreises und durch die Spitze, heiſst des Kegels Axe. Stehet die Axe auf der Grund-Ebene senkrecht, so heiſst der Kegel senkrecht; im Gegentheil, schief *).

III. *Die Kugel ist ein Körper von einer krummen Fläche umschlossen, welche überall gleich weit von einem und demselben Puncte im Innern der Kugel entfernt ist. Die krumme Fläche heiſst Kugelfläche. Der von ihr überall gleich weit entfernte Punct heiſst Mittelpunct, und seine Entfernung von der Kugelfläche, Halbmesser*

---

*) Man pflegt auch den senkrechten Cylinder mit kreisförmiger Grundfläche, als durch die Bewegung eines Rechtecks um eine seiner Seiten, und den geraden Kegel mit kreisförmiger Grundfläche, als durch die Bewegung eines rechtwinkligen Dreiecks um eine seiner Catheten entstanden, zu definiren. Allein eines Theils läſst sich nicht eine ähnliche Definition von Cylindern und Kegeln, mit nicht kreisförmiger Grundfläche, und auch selbst nicht von nicht senkrechten, kreisförmigen Cylindern und Kegeln geben; anderntheils ist eine Definition durch Bewegung nicht geometrisch. Der Begriff von Bewegung ist der Geometrie fremd, da sie sich nicht mit der Entstehung der Figuren beschäftigt, sondern die Figuren vielmehr als vorhanden annimmt, und nur ihre räumlichen Eigenschaften untersucht. Die Bewegung, d. h. die Wirkung von Kräften, ist der Gegenstand der Mechanik, und die Mechanik setzt die Geometrie voraus, also kann nicht umgekehrt die Geometrie die Mechanik voraussetzen. Es scheint zwar, daſs sich, wenn man den Begriff von Bewegung in der Geometrie zu Hülfe nimmt, manche Schwierigkeiten in derselben heben lassen, z. B. schon bei der Erklärung der geraden Linie, wenn man sie als die Bahn eines nach einerlei Richtung bewegten Punctes betrachtet, oder in der Theorie der Parallelen, wenn man feste Winkel auf einem und demselben Schenkel über einander sich hinschieben läſst. Allein die Schwierigkeiten werden dadurch nicht gehoben, sondern nur versteckt: denn z. B. bei der geraden Linie ist der Begriff der Richtung die Hauptsache, und diese ist nichts Anderes, als der Begriff der geraden Linie selbst. Bei den Parallelen kommt man, wie sich nachweisen läſst, ebenfalls mit Hülfe der Bewegung nicht ohne die geometrische Schwierigkeit zu heben, auf den Grund. Bei den Körpern, und überhaupt bei Figuren, die man sich durch Bewegung entstehend vorstellt, kann man wenigstens fragen, ob auch das Resultat der Bewegung immer das nemliche sey, die Bewegung möge gleichförmig oder ungleichförmig, schnell oder langsam geschehen. Daſs die Art der Bewegung die Gestalt der beschriebenen Figur nicht ändert, kann nur geometrisch begriffen werden, und so ist die Hülfe des Begriffs von Bewegung nur scheinbar, und folglich überflüssig

der Kugel. Der doppelte Halbmesser, also jede gerade Linie von der Kugelfläche an, durch den Mittelpunct, bis wieder zur Kugelfläche, heifst Durchmesser der Kugel.

I. Vom Cylinder.

661.

Lehrsatz. Die Durchschnitte beliebiger, paralleler Ebenen mit dem Mantel eines beliebigen Cylinders sind einander gleich.

Z. B., wenn der Cylinder *ABCD* (Fig. 309.) von den parallelen Ebenen *GIHK* und *EMFL* geschnitten wird, so sind die Durchschnitte *GIHK* und *EMFL* einander gleich.

Beweis. Da überall im Cylinder-Mantel parallele gerade Linien gezogen werden können (§. 660. I.), und die Durchschnitte der parallelen Ebenen *GH* und *EF* mit dem Cylinder-Mantel in denselben liegen, so gehen auch durch beliebige Puncte dieser Durchschnitte, z. B. *G*, *I*, *K* etc., *E*, *M*, *L* etc. Parallelen *GE*, *IM*, *KL* etc. Von diesen Parallelen schneiden die parallelen Ebenen *GH* und *EF* gleich lange Stücke ab (§. 432.). Also ist $GE = IM = KL$ etc. Legt man durch die Parallelen *GE*, *IM*, *KL* etc., zu zweien, Ebenen *GIEM*, *IKML*, *KGLE*, so schneiden dieselben die Ebenen *GH* und *EF* in parallelen geraden Linien *GI* und *EM*, *IK* und *ML*, *KG* und *LE* etc. (§. 430.). Also sind *GIEM*, *IKML*, *KGLE* etc. Parallelogramme. Also ist $GI = EM$, $IK = ML$, $KG = LE$ etc. Legt man nun den Durchschnitt *EMFL* auf den Durchschnitt *GIHK*, und zwar so, dafs z. B. die beiden Puncte *E* und *L* in die Puncte *G* und *K* fallen, so wird auch der Punct *M* auf den Punct *I* treffen, weil die Dreiecke *MLE* und *IKG* einander gleich sind. Was nun aber vom Puncte *M* im Umfange des Durchschnitts *EMFL* gilt, gilt von jedem anderen Puncte in diesem Umfange. Also giebt es keinen Punct im Umfange des Durchschnitts *EMFL*, der nicht in irgend einen Punct im Umfange des Durchschnitts *GIHK* fiele, und umgekehrt; folglich sind die Durchschnitte *GIHK* und *EMFL* einander gleich.

662.

Zusatz. *Also sind die beiden Grund-Ebenen parallel abgeschnittener Cylinder einander gleich. Wenn z. B. die eine Grund-Ebene eines parallel abgeschnittenen Cylinders ein Kreis ist, so ist die andere Grund-Ebene ein gleicher Kreis.*

663.

Lehrsatz. *Beliebige Cylinder sind einander gleich, wenn eine Grund-Ebene des einen, einer Grund-Ebene des anderen gleich ist, und wenn beliebige Prismen, deren beide Grund-Ebenen, in denen des Cylinders, und deren Kanten von einer Grund-Ebene zur anderen in Parallelen des Cylinder-Mantels liegen, in einander fallen, sobald man die Grund-Ebenen der Cylinder in einander legt.*

Z. B. die Cylinder *ABCD* und *abcd* (Fig. 310.), sind einander gleich, wenn eine Grund-Ebene *AFBGE* des einen, der Grund-Ebene *afbge* des anderen, und ein beliebiges Prisma *EFGHIK*, dessen Kanten in den Cylinder-Mantel fallen, dem Prisma *efghik*, dessen Kanten in dem Mantel des anderen Cylinders liegen, gleich ist, auch seine Grundfläche *EFG* in *efg* fällt, wenn man die Grund-Ebene *afbge* des Cylinders *abcd* in die Grund-Ebene *AFBGE* des Cylinders *ABCD* legt.

Beweis. Man lege die Grund-Ebene *afbge* des Cylinders *abcd* in die, ihr nach der Voraussetzung gleiche Grund-Ebene *AFBGE* des Cylinders *ABCD*, so dafs auch die Grund-Ebene *efg* des Prisma *ei* in die Grund-Ebene *EFG* des Prism *EI* fällt, so fallen die Kanten *eh*, *fi* und *gk* und die Grund-Ebene *hik* des Prisma *ei* in die Kanten *EH*, *FI* und *GK* und in die Grund Ebene *HIK* des Prisma *EI*, weil die Prismen nach der Voraussetzung gleich sind. Da sich nun die obere Grund-Ebene *hik* des Prisma *ei* mit der Grund-Ebene *cidkh* des Cylinders *ad*, nach der Voraussetzung in einerlei Ebene befindet, so fallen auch die Ebenen, in welchen die oberen Grund-Ebenen der beiden Cylinder liegen, in einander. Nun sind ferner, den Eigenschaften der Cylinder gemäfs, alle geraden Linien in den krummen Flächen derselben mit einander, also auch mit den Kanten *eh*, *fi*, *gk* und *EH*, *FI*, *GK* der beiden Prismen *ei* und *EI*, welche, der Voraussetzung nach, gerade Linien in den krummen Flächen der Cylinder sind, parallel, mithin fallen alle geraden Linien in der krummen Fläche des Cylinders *ad* in diejenigen der Fläche des Cylinders *AD*, und folglich fällt der Mantel des Cylinders *ad* in den Mantel des Cylinders *AD*. Deshalb fallen ferner die Durchschnitte der Cylinder-Mäntel mit den oberen Grund-Ebenen, oder die Umfänge der oberen Grund-Ebenen in einander. Folglich decken sich sämmtliche Grenzen der beiden Cylinder, und folglich sind die beiden Körper gleich.

664.

Lehrsatz. Wenn ein beliebiger, parallel abgeschnittener Cylinder, dessen beide Grund-Ebenen also einander gleich sind (§. 662.), *von einer schrägen Ebene so geschnitten wird, dafs die, zufolge* (§. 430.), *parallelen geraden Linien, in welchen die schräge Ebene die parallelen Ebenen trifft, in denen sich die Grund-Ebenen des Cylinders befinden, Tangenten des Umfanges der Grund-Ebenen sind, desgleichen so, dafs durch die beiden Berührungspuncte zugleich, eine auf den Tangenten senkrechte Ebene gelegt werden kann, welche den Cylinder-Mantel in geraden Linien schneidet, auch die Grund-Ebenen des Cylinders von der Art sind, dafs sich ihre Umfänge auch dann noch decken, wenn man die Durchschnittspuncte derselben mit der schrägen Ebene, in einander legt, so sind die beiden Klauen* (§. 660. I.), *in welche die schräge Ebene den Cylinder theilt, einander gleich.*

Z. B. Wenn die Parallelen *EF*, *GH* (Fig. 511.), in welchen die den Cylinder *AD* schneidende Ebene *EFGH* die parallelen Ebenen trifft, in denen sich die parallelen, und folglich einander gleichen Grund-Ebenen des Cylinders, *AIBK* und *CLDM*, befinden, Tangenten an den Umfängen der Grund-Ebenen in *A* und *D* sind, und durch *A* und *D* zugleich eine auf den Parallelen senkrechte Ebene *ABCD* gelegt werden kann, welche den Cylinder-Mantel in geraden Linien *AC* und *BD* schneidet, auch die Grund-Ebenen des Cylinders von der Art sind, dafs sich ihre Umfänge auch dann noch decken, wenn man die Ebene *MDLC* auf die Ebene *KAIB* so legt, dafs der Punct *D* in den Punct *A* fällt, so sind die beiden Cylinder-Klauen *KAIBD* und *MDLCA* einander gleich.

Beweis. Da die Durchschnitte *AC* und *BD* der durch *A* und *D* auf den Parallelen *EF* und *GH* senkrechten Ebene *ABCD* mit dem Cylinder-Mantel, nach der Voraussetzung, gerade Linien sind, und in dem Mantel eines Cylinders nur parallele gerade Linien möglich sind (§. 660. I.), so ist das ebene Viereck *ABCD* ein Parallelogramm. Dieses Parallelogramm wird von der schrägen Ebene *EFGH* in der Diagonal *AD* geschnitten, also von derselben in zwei gleiche Dreiecke *ABD* und *DCA* getheilt, so dafs die Winkel *BAD* und *CDA* gleich sind. Diese Winkel sind, weil die Ebene *ABCD* auf den Durchschnitten *EF* und *GH* der schrägen Ebene mit den Grund-Ebenen des Cylinders, und folglich auf diesen drei Ebenen selbst senkrech stehet, diejenigen, welche die schräge Ebene mit den Grund-Ebenen des Cylinders einschliefst, das heifst also, die Winkel, welche die Grund-Ebenen der beiden Klauen einschliefsen, welche Winkel folglich einander gleich sind.

Nun lege man die Klaue *MDLCA* in die Klaue *KAIBD*, und zwar die Grund-Ebene *MDLC* so auf die Grund-Ebene *KAIB*, daſs der Punct *D* in den Punct *A* fällt. Nach der Voraussetzung fallen alsdann die Umfänge der Grund-Ebenen in einander. Aber auch die durch *D* auf *MDLC* senkrechte Ebene *DCA* fällt alsdann in die durch *A* auf *KAIB* senkrechte Ebene *ABD*, und folglich der Durchschnitt *CA* der Ebene *ABCD* mit dem Cylinder-Mantel in den damit parallelen Durchschnitt *BD*. Mit *CA* sind aber, den Eigenschaften des Cylinders gemäſs, alle gerade Linien in dem Mantel der Klaue *MDLCA* parallel, und mit *BD* alle gerade Linien in dem Mantel der Klaue *KAIBD*. Also fallen alle diese Linien, und folglich, weil sie sämmtlich durch die congruenten Umfänge der Grund-Ebenen gehen, die Mäntel der beiden Klauen selbst ganz in einander.

Endlich fällt die durch *D* und *A* gehende Ebene, in welcher sich die obere Grundfläche der Klaue *MDLCA* befindet, in die durch *A* und *D* gehende Ebene, in welcher die obere Grundfläche der Klaue *KAIBD* liegt, weil die Winkel zwischen den Ebenen *CD*, *DA* und *BA*, *AD*, wie vorhin bewiesen, gleich sind. Also fallen alle Grenzen der beiden Klauen in einander, und die beiden Körper sind gleich.

665.

Zusatz. Ein parallel abgeschnittener, senkrechter Cylinder mit kreisförmigen Grund-Ebenen wird also von jeder beliebigen, schrägen Ebene, die die Grund-Ebenen in Tangenten schneidet, in zwei einander gleiche Klauen getheilt.

Denn wenn z. B. *EF* und *GH* (Fig. 312.) die Parallelen sind, in welchen die schräge Ebene *AD* die parallelen Ebenen *CD* und *AB* schneidet, in welchen sich die Grund-Ebenen des Cylinders befinden, so schneidet eine auf der Ebene *CD* senkrechte Ebene durch *GH* die Ebene *AB* in einer Parallele mit *EF*, die die untere kreisförmige Grund-Ebene *AB* in *B* berührt. Parallele Tangenten an einem Kreis-Umfange aber stehen auf dem Durchmesser durch die Berührungspuncte senkrecht. Also kann durch die beiden Berührungspuncte *A* und *B* eine Ebene gelegt werden, die auf *EF* und *GH* zugleich senkrecht stehet, und da nun diese Ebene auch auf den Grund-Ebenen des Cylinders senkrecht stehet, sämmtliche gerade Linien im Cylinder-Mantel aber ebenfalls auf den Grund-Ebenen senkrecht sind, weil der Cylinder senkrecht vorausgesetzt wird, so schneidet die auf *EF* und *GH* senkrechte Ebene durch die Berührungspuncte *A* und *D* den Cylinder-Mantel in geraden Linien. Ferner deckt der Kreis *CD* den Kreis *AB*, mit welchem Puncte man ihn auch in letzteren legen mag. Also werden alle Bedingungen, unter welchen, nach (§. 664.), die Klauen *ACD* und *DBA* einander gleich sind, erfüllt; mithin sind die Klauen wirklich einander gleich.

666.

Lehrsatz. Der körperliche Inhalt eines beliebigen, parallel abgeschnittenen Cylinders mit kreisförmigen Grund-Ebenen ist gleich dem Producte aus der Grund-Ebene in die Höhe.

Z. B. der Inhalt des parallel abgeschnittenen Cylinders *ABCD* (Fig. 313.), mit gleichen kreisförmigen Grund-Ebenen *AB* und *CD*, ist, wenn der Halbmesser der Grund-Ebenen durch r und die Höhe *CP* durch h bezeichnet wird, gleich $r^2 h\pi$.

Beweis. Man kann um und in einen Kreis regelmäſsige Vielecke beschreiben, deren Flächen-Inhalte dem Flächen-Inhalte des Kreises so nahe kommen, als man will (§. 295.). Durch die Seiten dieser Vielecke und durch diejenigen geraden Linien des Cylinder-Mantels, welche durch die Puncte gehen, die die Vielecks-Seiten mit dem Umfange des Kreises gemein haben, kann man Ebenen legen. Diese Ebenen schneiden die Grund-Ebenen, und schlieſsen mit denselben Prismen ein, welche um und in den Cylinder beschrieben sind, und von welchen die umschriebenen den gegebenen Cylinder ganz umgeben, und folglich gröſser sind, als derselbe, die eingeschriebenen hingegen von demselben ganz umgeben werden, und folglich kleiner sind. Der Inhalt dieser Prismen ist gleich dem Product der Grundfläche in die Höhe (§. 586.).

Gesetzt nun, der Inhalt des gegebenen Cylinders wäre nicht gleich dem Product aus seiner Grundfläche *AB* in die Höhe, so wäre er gleich dem Product aus einer Kreisfläche *XY* von gröſserem, oder aus einer Kreisfläche *UV* von kleinerem Durchmesser in die Höhe.

Im ersten Falle würde man, weil man mit einem regelmäſsigen, umschriebenen Vielecke dem Kreise so nahe kommen kann, als man will, um die Grund-Ebene *AB* des gegebenen Cylinders ein regelmäſsiges Vieleck beschreiben können, welches ganz innerhalb des Kreises *XY* läge, wie in der Figur, und also kleiner wäre, als der Kreis *XY*. Der Inhalt des über diesem Vieleck errichteten Prisma, welcher gleich dem Product aus der Grundfläche in die Höhe ist, würde also kleiner seyn als das für den Inhalt des gegebenen Cylinders vorausgesetzte Product aus der Kreisfläche *XY* in die Höhe. Das Prisma ist aber gegentheils gröſser, weil es den gegebenen Cylinder ganz umgiebt. Also ist es nicht möglich, daſs der Inhalt des gegebenen Cylinders dem Producte aus der Höhe in eine gröſsere Kreisfläche als die Grund-Ebene gleich sey.

Im anderen Falle würde man, weil man mit einem regelmäſsigen eingeschriebenen Vieleck dem Kreise so nahe kommen kann, als man will, in die Grund-Ebene

AB des gegebenen Cylinders ein regelmäſsiges Vieleck beschreiben können, welches ganz den Kreis *UV* umgäbe, wie in der Figur, und also gröſser wäre, als der Kreis *UV*. Der Inhalt des über diesem Vieleck errichteten Prisma, welcher gleich dem Product aus der Grundfläche in die Höhe ist, würde also gröſser seyn als das für den Inhalt des gegebenen Cylinders vorausgesetzte Product aus der Kreisfläche *UV* in die Höhe. Das Prisma ist aber gegentheils kleiner als der gegebene Cylinder, weil es von demselben ganz umgeben wird. Also ist es auch nicht möglich, daſs der Inhalt des gegebenen Cylinders dem Producte aus der Höhe in eine kleinere Kreisfläche, als die Grund-Ebene, gleich sey.

Also kann der Inhalt des gegebenen Cylinders nur dem Producte aus seiner Grund-Ebene in die Höhe gleich seyn. Die Fläche der Grund-Ebene ist gleich $r^2\pi$ (§. 300. III.), die Höhe h: also ist der Inhalt des Cylinders gleich $r^2 h\pi$.

667.

Lehrsatz. *Der körperliche Inhalt jedes parallel abgeschnittenen Cylinders mit beliebiger Grundfläche ist gleich dem Producte aus der Grund-Ebene in die Höhe. Also wenn der Inhalt durch* C, *die Grundfläche durch* f *und die Höhe durch* h *bezeichnet wird, so ist* $C = fh$.

Beweis. Die Grund-Ebene sey *ACBD* (Fig. 314.), über welcher man sich, in beliebiger Richtung, den Cylinder-Mantel bis zur oberen Grund-Ebene vorstellen muſs. Man ziehe durch die Figur *ACBD*, in beliebigen, aber gleichen Entfernungen $a_1 c_2 = a_2 c_3 = a_3 c_4$ etc. $= k$, Parallelen, und auf dieselben, in den Puncten, wo sie die krumme Linie *ACBD* schneiden, Perpendikel, Ae_2, $a_1 e_3$, $a_2 e_4 \ldots\ldots b_1 f_3$, $b_2 f_4 \ldots\ldots$, so entsteht eine Reihe von Rechtecken $a_1 c_2 b_1 d_2$, $a_2 c_3 b_2 d_3$, $a_3 c_4 b_3 d_4$ etc., welche zusammengenommen die krummlinige Figur *ACBD* ganz umschlieſsen, und deren Inhalt also, welcher durch F bezeichnet werden mag, gröſser ist als der Flächen-Inhalt f der krummlinigen Figur *ACBD*; desgleichen eine Reihe von Rechtecken $c_2 e_3 d_2 f_3$, $c_3 e_4 d_3 f_4$ etc., welche zusammengenommen ganz in der krummlinigen Figur *ACBD* enthalten sind, und deren Inhalt also, welcher durch φ bezeichnet werden mag, kleiner ist, als der Inhalt der krummlinigen Figur f. Der Unterschied der Inhalte F und φ der beiden, auf diese Weise um und in *ACBD* beschriebenen geradlinigen Figuren $a_1 c_2 a_2 c_3 \ldots\ldots d_3 b_2 d_2 b_1$ und $c_2 e_3 c_3 e_4 \ldots\ldots f_4 d_3 f_3 d_2$ ist gleich der Summe der Rechtecke $A e_2 a_1 c_2$, $c_2 e_3 a_2 c_3 \ldots\ldots$, $d_3 b_2 f_3 d_2$, $d_2 b_1 e_2 A$, und diese Summe ist, wie leicht zu sehen, gleich einem Rechtecke, welches die längste von den Parallelen durch $ACBD$ zur Grundlinie und die doppelte Entfernung k der Parallelen von einander zur Höhe hat, also, wenn die längste Parallele durch p bezeichnet wird, gleich $2pk$. Folglich ist

$$1. \quad F - \varphi = 2pk.$$

Da nun die Figur mit dem Inhalte F, die krummlinige Figur $ACBD$ mit dem Inhalte f ganz umgiebt, und folglich F gröfser ist als f, hingegen die Figur mit dem Inhalte φ ganz in der krummlinigen Figur mit dem Inhalte f enthalten, und folglich φ kleiner ist als f, so ist nothwendig

$$F - f < 2pk \text{ und auch } f - \varphi < 2pk, \text{ oder}$$

$$2. \quad F < f + 2pk \text{ und } \quad \varphi > f - 2pk.$$

Nun stelle man sich sowohl durch die Parallelen $a_1 b_1$, $a_2 b_2$, $a_3 b_3$ etc., als durch die Perpendikel auf denselben $A e_2$, $a_1 e_3$, $a_2 e_4 \ldots\ldots b_1 f_3$, $b_2 f_4 \ldots\ldots$ Ebenen bis zur oberen Grund-Ebene des Cylinders vor, welche zugleich durch diejenigen geraden Linien des Cylinder-Mantels gehen, die die krumme Linie $ACBD$ in den Puncten A, c_2, $c_3 \ldots\ldots d_2$, $d_3 \ldots\ldots$ schneiden, welche sie mit den Parallelen und Perpendikeln gemein hat, so entstehen zwei Prismen von der Höhe h, eines mit der umschriebenen Figur F, das andere mit der eingeschriebenen Figur φ zur Grund-Ebene. Die Inhalte dieser Prismen, welche durch P und p bezeichnet werden mögen, sind also, zufolge (§. 586.),

$$3. \quad P = Fh \text{ und } p = \varphi h.$$

Das Prisma $P = Fh$ umgiebt aber den Cylinder gänzlich, und das Prisma $p = \varphi h$ wird gänzlich von ihm umgeben. Also ist

$$P > C \text{ und } \quad p < C, \text{ oder}$$

$$4. \quad Fh > C \text{ und } \varphi h < C.$$

Daraus folgt, vermöge (2.),

$$5. \quad (f + 2pk)h > C \text{ und } (f - 2pk)h < C.$$

Also ist der Inhalt des Cylinders C zwischen den Grenzen $fh + 2pkh$ und $fh - 2pkh$ enthalten.

Nun ist aber die Entfernung k der Parallelen in der Grund-Ebene $ACBD$ des Cylinders willkürlich, und kann so klein angenommen werden, als man will, also auch kleiner als jede beliebige Gröfse.

Folglich können die Grenzen

$$fh + 2pkh \text{ und } fh - 2pkh$$

so nahe zusammengerückt werden, als man will. Mithin kann C von fh nur um weniger als die kleinste Gröfse verschieden seyn, und folglich ist C gleich fh.

Der Umfang der Grund-Ebenen des Cylinders ist überall convex vorausgesetzt worden. Es ist aber leicht zu sehen, dafs der Beweis, mit den nöthigen Modificationen, auch auf Figuren von beliebiger Gestalt pafst.

668.

Lehrsatz. Der körperliche Inhalt einer Cylinder-Klaue, unter den Bedingungen (§. 664.), ist gleich der Hälfte des Products der Grundfläche in die Höhe.

Beweis. Die Klaue ist unter den vorausgesetzten Bedingungen, zufolge (§. 664.), die Hälfte eines parallel abgeschnittenen Cylinders, der mit der Klaue gleiche Grundfläche und Höhe hat.

669.

Zusatz. Der körperliche Inhalt eines Cylinders, welcher auf die Weise schräg abgeschnitten ist, dafs er als aus einem parallel abgeschnittenen Cylinder und aus einer, den Bedingungen (§. 664.) entsprechenden Klaue zusammengetetzt betrachtet werden kann, ist also, wie leicht zu sehen, gleich dem Product aus der Grundfläche des Cylinders in die halbe Summe seiner beiden Höhen.

670.

Erklärung. Eine krumme Fläche, von der Art, dafs wenn Ebenen in beliebigen Richtungen sie schneiden, die von den Durchschnitten umgebenen Theile der Ebenen nie auf verschiedenen Seiten, sondern immer nur auf einer und derselben Seite der Fläche liegen, heifst: gegen die schneidenden Ebenen convex.

671.

Lehrsatz. Wenn eine convexe krumme Fläche von einer Ebene geschnitten wird, so ist der von dem Durchschnitt begrenzte Theil der convexen Fläche, von welcher Art und Gestalt auch die Fläche seyn mag, gröfser als der von dem nemlichen Durchschnitt begrenzte Theil der Ebene.

Z. B., die convexe krumme Fläche $ABCDE$ (Fig. 315.) ist gröfser als die Ebene $ABCD$.

Beweis. α) Man lege in die krummlinige, ebene Figur $ABCD$ eine beliebige geradlinige Figur $AFBCGDH$, und theile dieselbe, wie in (Fig. 315.) in willkürliche

Dreiecke. Durch die geraden Linien, welche diese Dreiecke begrenzen, lege man Ebenen senkrecht auf die Grund-Ebene, welche die krumme Oberfläche *ABCDE* schneiden werden. Durch je drei Puncte, in welchen die Durchschnitte dieser senkrechten Ebenen die krumme Fläche treffen, lege man Dreiecke, so wird eine polyëdrische Oberfläche entstehen, deren Projection die Dreiecke in der geradlinigen Figur *AFBCGDH* sind. Diese polyëdrische Oberfläche ist nothwendig gröſser, als ihre Projection *AFBCGDH*. Denn sie kann nicht kleiner seyn, weil zwischen den Grenzen *AF*, *FB*, *BC* etc. keine kleinere Fläche möglich ist, als die Ebene *AFB....H*. Sie kann ihr auch nicht gleich seyn, weil sonst alle Dreiecke über *AFI*, *IFB....* in die Grund-Ebene selbst fallen müſsten, was nicht seyn soll. Sie ist also nothwendig gröſser.

β) Zwischen der polyëdrischen Oberfläche, zwischen den über dieselbe hervorragenden Ebenen durch die Grenzlinien *AF*, *FB*, *BC* etc., und zwischen dem von diesen Grenz-Ebenen abgeschnittenen Theile der krummen Fläche wird nun ein gewisser Raum bleiben. Dieser Raum wird verkleinert werden, wenn man die Dreiecke in der Grund-Ebene von Neuem, jedes in vier Dreiecke theilt, wie z. B. das Dreieck *KLM* in die Dreiecke *KPR*, *LPQ*, *MRQ* und *PQR*, durch die Seiten der neuen Dreiecke, wie vorhin, Ebenen bis an die krumme Fläche, und darunter eine neue polyëdrische Oberfläche legt. Zugleich aber wird die Gröſse der polyëdrischen Fläche zunehmen: denn z. B. die neue polyëdrische Oberfläche über den vier Dreiecken *KPR*, *LPQ*, *MRQ* und *PQR* ist nothwendig gröſser als die Ebene über *KLM*, aus demselben Grunde, aus welchem die polyëdrische Oberfläche über *AFB....H* gröſser ist als diese Ebene. So wird es sich aber, ohne Wechsel, immerfort verhalten, so weit man auch die Theilung in kleinere Dreiecke fortsetzen mag. Die polyëdrische Oberfläche über *AFB....H* und der Raum zwischen ihr, zwischen den Seiten-Ebenen und der krummen Fläche sind also zusammengehörige Gröſsen (§. 158.), und zwar entgegengesetzt zusammengehörige Gröſsen, von der Art, daſs die eine immerfort abnimmt, wenn die andere zunimmt. Die Grenze der polyëdrischen Oberfläche ist aber der, über der geradlinigen Figur *AFB....H* liegende Theil der krummen Fläche, die Grenze des Raumes zwischen ihr, zwischen den Seiten-Ebenen und der krummen Fläche ist Null. Also ist die krumme Fläche über *AFB....H* nothwendig gröſser, als irgend eine polyëdrische Oberfläche über der Ebene *AFB....H*, und folglich um so mehr gröſser als diese Ebene selbst.

γ) Wäre nun ferner die ganze krumme Fläche über der von dem krummlinigen Durchschnitt begrenzten Ebene *AFB....H*, nicht ebenfalls gröſser als diese Ebene, so wäre sie kleiner oder ihr gleich. Im ersten Falle wäre sie einem Theile dieser Ebene gleich. Welcher aber auch dieser Theil seyn mag, so ist eine geradlinige, ebene Figur *AFB....H* möglich, welche gröſser ist als dieser Theil, weil man mit der geradlinigen Figur *AFB....H*, durch Vervielfältigung der Zahl ihrer Seiten, der krummlinigen so nahe kommen kann, als man will. Der über der geradlinigen Figur liegende Theil der krummen Fläche ist aber, wie vorhin bewiesen, gröſser als die ebene geradlinige Figur, also wäre die ganze krumme Fläche kleiner als ihr Theil, welches nicht möglich ist. Mithin kann die ganze krumme Fläche über der krummlinig begrenzten Ebene *AFB....H* nicht kleiner seyn, als diese Ebene. Sie kann ihr aber auch nicht gleich seyn. Denn gesetzt, dieses wäre möglich, so nehme man irgend eines von denjenigen Dreiecken in der Polyëderfläche, welches mit seiner Projection in der Grund-Ebene, z. B. *KML*, nicht parallel ist. Dieses Dreieck ist nothwendig gröſser als *KML*, und da nun der über *KML* liegende Theil der krummen Fläche eben sowohl über dem Dreieck im Polyëder als über *KML* liegt, so müſste er nothwendig kleiner seyn, als das schräge Dreieck über *KML*, wenn die krumme Fläche der Ebene *AFB....H* gleich wäre. Da dieses, wie vorhin bewiesen, nicht möglich ist, so kann die über der krummlinig begrenzten Ebene *AFB....H* liegende krumme Fläche der Ebene auch nicht gleich seyn.

Mithin ist die von dem krummlinigen Durchschnitt *ABCD....* begrenzte krumme Fläche *ABCDE* nothwendig gröſser als die Ebene *ABCD*.

672.

Lehrsatz. *Wenn zwei, nach einerlei Seite convexe Flächen, sie mögen aus Ebenen zusammengesetzt, oder krumm seyn, einander umschlieſsen, so ist die umschlieſsende nothwendig gröſser als die umschlossene.*

Be-

Beweis. Man stelle sich außer der gegebenen umschließenden Fläche noch beliebige andere umschließende vor, so muß es unter diesen umschließenden Flächen nothwendig eine geben, die kleiner ist, als alle übrigen. Von jeder convexen Fläche, so lange sie noch eine umschließende ist, kann man aber durch eine, zwischen der umschließenden und umschlossenen hindurch gehende Ebene ein Stück abschneiden, und dadurch eine neue umschließende Fläche bilden, von welcher die Ebene ein Theil ist. Diese Ebene ist, zufolge (§. 671.), kleiner als das abgeschnittene Stück der umschließenden Fläche. Also ist die neue Fläche mit der Ebene kleiner als die vorige. Folglich ist keine kleinste umschließende Fläche möglich: mithin ist die kleinste Fläche unter denen, die von der umschlossenen nicht selbst umschlossen werden, nur die umschlossene Fläche selbst. Und folglich ist jede umschließende Fläche größer als die umschlossene.

673.

Lehrsatz. Der Flächen-Inhalt des Mantels eines beliebigen schiefen, aber parallel abgeschnittenen Cylinders, mit beliebigen, aber ganz convexen Grundflächen, ist gleich dem Product aus dem Umfange der auf die gleich langen geraden Linien des Cylinder-Mantels senkrechten Schnitte des Mantels, in die Länge der geraden Linien, oder des Mantels.

Beweis. α) Der Behauptung nach ist der Flächen-Inhalt des Cylinder-Mantels gleich dem Flächen-Inhalt der Seiten-Ebenen eines beliebigen Prisma zwischen den nemlichen parallelen Grund-Ebenen, zwischen welchen der Cylinder liegt, dessen von geraden Linien umschlossenen, auf den gleich langen Seiten-Kanten senkrechten Schnitte den nemlichen Umfang haben, wie die Schnitte des Cylinders. Denn der Flächen-Inhalt der sämmtlichen parallelogrammatischen Seiten-Ebenen eines solchen Prisma wäre zusammengenommen, wie leicht zu sehen, dem Product aus dem Umfange der senkrechten Schnitte in die Länge des Mantels gleich.

β) Verhielte es sich nun nicht so, so wäre der Flächen-Inhalt des Cylinder-Mantels dem Flächen-Inhalt der Seiten-Ebenen eines Prisma gleich, dessen senkrechten Schnitte entweder einen größeren oder einen kleineren Umfang hätten, als die senkrechten Schnitte des Cylinders.

γ) Im ersten Falle müſste aber ein ganz umschriebenes, im anderen Falle ein ganz eingeschriebenes Prisma existiren, dessen Seiten-Ebenen zusammen so viel Flächen-Inhalt hätten, als der Cylinder-Mantel, weil man mit um- und eingeschriebenen Figuren einer krummlinigen Figur, wie die der Schnitte des Cylinders, so nahe kommen kann als man will.

δ) Es sey erstlich $ABCD\ldots.$ (Fig. 316.) der senkrechte Schnitt eines dem Cylinder umschriebenen Prisma, von welchem vorausgesetzt wird, daſs die durch AB, BC, CD etc. gehenden Seiten-Ebenen, von einer Grund-Ebene bis zur anderen, zusammen so groſs sind, als der Cylinder-Mantel.

Wenn P, Q, R etc. die Puncte sind, in welchen die den senkrechten Schnitt des Prisma einschlieſsenden geraden Linien AB, BC, $CD\ldots.$ den krummlinigen Umfang des Cylinder-Schnitts berühren, so lege man Ebenen durch MN, UV etc., welche den Cylinder-Mantel in geraden Linien durch X, Y etc., zwischen P, Q, R etc., berühren. Diese Ebenen sind kleiner als die abgeschnittenen Theile über $MB+BN$, $UC+CV$ etc. der Ebenen durch AB, BC, CD etc., weil MN, UV etc. kürzer sind als $MB+BN$, $UC+CV$ etc., die Länge der Ebenen aber immer dieselbe ist. Also ist der Mantel des Prisma $AMNUVD\ldots.$ kleiner als der Mantel des Prisma $ABCD\ldots.$, dessen Fläche der Fläche des Cylinder-Mantels gleich vorausgesetzt wurde. Folglich wäre auch die umschriebene, aus Ebenen zusammengesetzte Fläche über $AMNUVD\ldots.$ kleiner als die Fläche des Cylinder-Mantels.

Man setze die Fläche durch $AMNUVD\ldots.$ gleich p, die Fläche des Cylinder-Mantels gleich c, und

$$1.\quad c = p + k,$$

so daſs k diejenige positive Gröſse ist, um welche der Cylinder-Mantel gröſser wäre, als die Fläche durch $AMNUVD\ldots.$

Nun stelle man sich vor, die Länge, sowohl des Cylinders als des Prisma, werde $n$mal vergröſsert, so wird auch offenbar sowohl die Fläche c des Cylinder-Mantels als die Fläche des Mantels des umschriebenen Prisma $AMNUVD\ldots.$ $n$mal so groſs werden, denn es entstehen alsdann n congruente Flächen p und c, über einander. Also wäre für den $n$mal so langen Cylinder, weil $c = p + k$ war,

$$2.\quad nc = np + nk,$$

das heifst, die Fläche des $n$mal so langen Cylinder-Mantels wäre um nk gröfser als der über $AMNUVD$.... liegende Mantel des umschriebenen, gleich langen Prisma.

Man bezeichne den Flächen-Inhalt der beiden Grund-Ebenen des gegebenen Cylinders durch C, und den Flächen-Inhalt der beiden gleichen Grund-Ebenen $AMNUVD$.... des umschriebenen Prisma durch P, und setze, weil die Grund-Ebenen des umschriebenen Prisma gröfser sind, als die Grund-Ebenen des Cylinders,

$$3.\quad P = C + K,$$

wo also K eine positive Gröfse ist. Da die Grund-Ebenen des Cylinders sowohl, als des umschriebenen Prisma immer die nemlichen bleiben, um wie viel auch die Länge dieser beiden Körper zunehmen mag, so findet man die ganze, den $n$mal so langen Cylinder und das $n$mal so lange Prisma umschliefsende Fläche, wenn man C und P zu nc und np addirt. Die ganze Fläche des Cylinders ist also $nc + C$, und die ganze Fläche des Prisma $np + P = np + C + K$ (3.).

Nun umschliefst das Prisma den Cylinder ganz, und die Flächen beider Körper sind convex; also ist, zufolge (§. 672.), nothwendig

$$np + C + K > nc + C, \text{ oder}$$
$$4.\quad np + K > nc.$$

Es soll aber nach (2.) $nc = np + nk$ seyn können: also müfste nothwendig

$$np + K > np + nk, \text{ oder}$$
$$5.\quad K > nk$$

seyn, das heifst: die Fläche k, um welche die Fläche des gegebenen Cylinder-Mantels gröfser vorausgesetzt wird, als der Mantel des Prisma durch $AMNUVD$...., müfste, $n$mal genommen, nie gröfser werden können als die Fläche K, um welche die beiden Grund-Ebenen des Prisma $AMNUVD$.... gröfser sind, als die beiden Grund-Ebenen des umschlossenen Cylinders. Dieses ist aber nicht der Fall; denn, was auch k seyn mag, so kann doch allemal nk gröfser seyn als K, weil n willkürlich ist, und folglich nk so grofs sein kann, als man will.

Also ist kein umschriebenes Prisma $AMNUVD$.... möglich, dessen Mantel kleiner wäre, als der Mantel des Cylinders, welchen es umgiebt, und daher ist, weiter, auch kein umschriebenes Prisma $ABCD$.... möglich, dessen Mantel dem Mantel des Cylinders gleich wäre, mithin auch, zufolge (β. und γ.), kein Prisma mit gröſserem Umfange als der der Grund-Ebenen der senkrechten Schnitte des Cylinders, dessen Mantel dem Mantel des Cylinders gleich wäre.

ε) Es sey zweitens $abcd$.... der auf dem Mantel senkrechte Schnitt eines dem Cylinder eingeschriebenen Prisma, von welchem vorausgesetzt wird, daſs die durch ab, bc, cd etc. gehenden Seiten-Ebenen, von einer Grund-Ebene bis zur anderen, zusammengenommen so groſs sind, als der Cylinder-Mantel.

Man lege durch die geraden Linien im Mantel, welche durch die Puncte a, b, c ..... gehen, neue Ebenen, deren Durchschnitte mit den senkrechten Schnitten des Cylinders aP, Pb, bQ, Qc etc. sind. Diese, den Mantel eines neuen, eingeschriebenen Prisma $aPbQc$.... bildenden Ebenen sind zusammen nothwendig gröſser, als die Ebenen im Mantel des vorigen Prisma $abcd$....., weil $aP + Pb$ gröſser ist als ab, $bQ + Qc$ gröſser als bc etc., die Länge der Ebenen aber, zwischen den parallelen Grund-Ebenen des Cylinders, immer die nemliche ist. Also ist der Mantel des Prisma $aPbQc$..... gröſser als der Mantel des Prisma $abcd$..... Er wäre also, weil die Fläche des Prisma $abcd$..... der Fläche des Cylinder-Mantels gleich vorausgesetzt wurde, gröſser als der Cylinder-Mantel.

Man setze die Fläche durch $aPbQc$..... gleich q, die Fläche des Cylinder-Mantels gleich c, und

$$6.\quad q = c + s,$$

so daſs s diejenige positive Gröſse ist, um welche die Fläche durch $aPbQc$..... gröſser wäre, als der Cylinder-Mantel. Wenn nun wiederum, wie in (δ.), der Cylinder sowohl als das Prisma, $n$mal verlängert wird, so ist auch, wie dort,

$$7.\quad nq = nc + ns,$$

das heiſst: die Fläche des $n$mal so langen Prisma durch $aPbQc$..... wäre um ns gröſser als der Mantel des $n$mal so langen Cylinders.

Man bezeichne den Flächen-Inhalt der beiden Grund-Ebenen des Cylinders, wie in (δ.), durch C, und den Flächen-Inhalt der beiden Grund-Ebenen des Prisma $aPbQc$.... durch Q, und setze, weil die Grund-Ebenen des Cylinders gröſser sind, als die Grund-Ebenen des Prisma,

$$8.\quad C = Q + S,$$

wo also S eine positive Gröſse ist. Da die Grund-

Ebenen des Cylinders sowohl als des eingeschriebenen Prisma immer die nemlichen bleiben, wie weit auch die Länge dieser beiden Körper zunehmen mag, so findet man die ganzen, den $n$mal so langen Cylinder und das $n$mal so lange Prisma umschliefsenden Flächen, wenn man C und Q zu nc und np addirt. Die ganze Fläche des Cylinders ist also $nc + C = nc + Q + S$, und die ganze Fläche des Prisma $nq + Q$.

Nun umschliefst der Cylinder das Prisma ganz, und die Flächen beider Körper sind convex, also ist, zufolge (§. 672.), nothwendig

$$nc + Q + S > nq + Q, \text{ oder}$$

$$9. \quad nc + S > nq.$$

Es soll aber nach (7.) $nq = nc + ns$ seyn können, also müfste nothwendig

$$nc + S > nc + ns, \text{ oder}$$

$$10. \quad S > ns$$

seyn, d. h. die Fläche s, um welche die Fläche des Prisma durch $aPbQc.....$ gröfser vorausgesetzt wird, als der Mantel des gegebenen Cylinders, müfste, $n$mal genommen, nie gröfser werden können, als die Fläche S, um welche die beiden Grund-Ebenen des Cylinders gröfser sind als die beiden Grund-Ebenen des umschlossenen Prisma. Dieses ist aber nicht der Fall; denn, was auch s seyn mag, so kann allemal ns gröfser seyn als S, weil n willkürlich ist, und folglich ns so grofs seyn kann, als man will.

Also ist kein eingeschriebenes Prisma $aPbQc.....$ möglich, dessen Mantel gröfser wäre als der Mantel des Cylinders, welcher es umgiebt, und daher ist, weiter, auch kein eingeschriebenes Prisma $abcd.....$ möglich, dessen Mantel dem Mantel des Cylinders gleich wäre, mithin auch, zufolge (β. und γ.), kein Prisma mit kleinerem Umfange als der des senkrechten Cylinder-Schnitts, dessen Mantel dem Mantel des Cylinders gleich wäre.

ζ) Da nun, vermöge (δ. und ε.), der Flächen-Inhalt des Mantels eines gegebenen Cylinders nicht dem Flächen-Inhalt eines Prismen-Mantels gleich seyn kann, dessen Umfang, im senkrechten Schnitt, gröfser oder kleiner wäre als der des Cylinder-Mantels, so ist die Fläche des Cylinder-Mantels nothwendig der Fläche eines Prismen-Mantels von gleicher Länge gleich, dessen Umfang, im senkrechten Schnitt, dem Umfange des Cylinder-Schnitts gleich ist, und folglich ist die Fläche des Cy-

linder-Mantels gleich dem Product aus dem Umfange seines senkrechten Schnittes in die Länge.

674.

Lehrsatz. Der Flächen-Inhalt des Mantels eines schief, aber parallel abgeschnittenen Cylinders mit beliebig gestalteten Grund-Ebenen, ist gleich dem Product aus dem Umfange senkrechter Schnitte des Cylinder-Mantels in die Länge des Mantels.

Beweis. $ABC \ldots K$ (Fig. 317.) sey die Gestalt des Umfanges senkrechter Schnitte des Cylinders. Dieser Umfang sey theils aus geraden, theils aus krummen, convexen und concaven Linien zusammengesetzt. Die Länge des Umfanges sey p, die Länge des Cylinder-Mantels h. Man verbinde diejenigen Puncte B, C, D, E ..... des Umfanges, in welchen die convexen Linien in gerade oder in concave Linien übergehen, durch gerade Linien BC, DE, EG etc., deren Länge zusammengenommen l seyn mag, und lege durch dieselben, Ebenen senkrecht auf die Schnitte des Mantels, so werden von diesen Ebenen und dem Mantel des gegebenen Cylinders, nebst den Grund-Ebenen, verlängert, wenn es nöthig ist, Cylinder ABK, BXC, DYE, EFG etc. eingeschlossen, deren Flächen sämmtlich convex sind. Der Flächen-Inhalt der Mäntel dieser Cylinder ist also, zufolge (§. 673.), zusammengenommen gleich dem Product aus der Summe ihrer Umfänge in die gemeinschaftliche Länge, also gleich $h(p+l)$. Die Mäntel der Cylinder zusammengenommen sind aber an Fläche um den Inhalt der Ebenen durch die geraden Linien BC, DE, EG etc., also um hl gröfser als der Mantel des gegebenen Cylinders; also ist letzterer gleich $h(p+l) - hl$, oder gleich hp, das heifst: gleich dem Product aus dem Umfange des senkrechten Schnittes in die Länge des Mantels.

675.

Zusatz. I. *Der Flächen-Inhalt des Mantels eines senkrechten Cylinders mit beliebigen Grund-Ebenen ist gleich dem Product aus dem Umfange der Grund-Ebenen in die Höhe des Cylinders.*

II. *Der Flächen-Inhalt des Mantels eines senkrechten Cylinders mit kreisförmigen Grund-Ebenen ist, wenn man den Halbmesser der Grund-Ebenen durch* r, *die Höhe des Cylinders durch* h *bezeichnet, gleich* $2\pi\mathrm{rh}$; **denn der Umfang der Grund-Ebene ist gleich $2r\pi$.**

676.

Lehrsatz. Der Flächen-Inhalt des Mantels eines beliebigen, schiefen und schräg-abgeschnittenen Cylinders ist dann, wenn die obere, mit der unteren nicht parallele Grund-Ebene den Cylinder zwischen zwei, mit der unteren Grund-Ebene parallele Ebenen durch den höchsten und niedrigsten Punct des schiefen Schnitts, nach (§. 664.) in zwei gleiche Theile theilt, gleich dem Product aus dem Umfange eines auf den Mantel senkrechten Schnitts des Cylinders, in die halbe Summe der gröfsten und kleinsten Länge des Mantels.

Beweis. Die Inhalte der Cylinder-Mäntel zwischen der unteren Grund-Ebene und zwei damit parallelen Ebenen, durch den höchsten und den tiefsten Punct der oberen schiefen Grund-Ebene, würde, nach (§. 674.), gleich dem Product aus dem Umfange des senkrechten Schnitts des Mantels, in seine gröfste und in seine kleinste Länge seyn. Der Inhalt des Cylinder-Mantels zwischen der unteren Grund-Ebene und der oberen, schiefen Grund-Ebene ist also gleich dem Product aus dem Umfange des senkrechten Schnitts des Mantels in die mittlere Länge, oder in die halbe Summe der gröfsten und kleinsten Länge, weil die obere schiefe Grund-Ebene den Cylinder, zwischen den beiden, mit der Grund-Ebene parallelen Ebenen, durch den höchsten und tiefsten Punct der oberen Grund-Ebene, nach der Voraussetzung in zwei congruente Klauen theilt.

677.

Lehrsatz. Wenn ein beliebiger Cylinder von einer Ebene so geschnitten wird, dafs beliebige, auf dem Durchschnitt der schneidenden schiefen Ebene und der Grund-Ebene senkrechte Ebenen, die durch den Cylinder gehen, den Mantel desselben in geraden Linien schneiden, so sind die Flächen-Inhalte der schneidenden schiefen Ebene, innerhalb des Cylinder-Mantels, und der Grund-Ebene, das nemliche Vielfache von einander, wie die Längen der geraden Linien, in welchen eine beliebige, auf dem Durchschnitte der schiefen Ebene und der Grund-Ebene senkrechte Ebene, die schiefe Ebene und die Grund-Ebene schneidet.

Z. B. Wenn IK (Fig. 318.) der Durchschnitt der Ebenen ist, in welchen sich die untere und die obere Grund-Ebene, $ABCD$ und $EFGH$ des Cylinders AH befinden, und eine beliebige, auf IK senkrechte Ebene FLA, welche durch den Cylinder gehet, schneidet den Mantel desselben in geraden Linien FA und HC, so sind die Inhalte der oberen und der unteren Grund-Ebene, $ABCD$ und $EFGH$, und die Längen der Durchschnitte AC und FH Gleichvielfache.

Beweis. Man stelle sich ein beliebiges, den Cylinder umschliefsendes Prisma vor, dessen Seiten-Ebenen die untere Grund-Ebene in $\alpha\beta\gamma\delta\ldots.$ und die obere in $abcd\ldots.$ schneiden. Durch die Ecken der geradlinigen Vielecke $\alpha\beta\gamma\delta\ldots.$ und $abcd\ldots$, welche das Prisma zu Grund-Ebenen hat, ziehe man auf die Ebene FLA senkrecht, also in der unteren und oberen Grund-Ebene, die geraden Linien $\beta(\beta)$, $\gamma(\gamma)$, $\delta(\delta)\ldots.$ und $b(b)$, $c(c)$, $d(d)\ldots.$, so wird $\beta(\beta) = b(b)$, $\gamma(\gamma) = c(c)$, $\delta(\delta) = d(d)$ etc. seyn, denn βb, $(\beta)(b)$, $c\gamma$, $(c)(\gamma)$ etc. sind, als Parallelen, mit den parallelen geraden Linien im Cylinder-Mantel, und $\beta(\beta)$, $b(b)$; $\gamma(\gamma)$, $c(c)$; $(\delta)\delta$, $(d)d$ etc. als Perpendikel auf die Ebene FLA, parallel, so dafs $\beta b(\beta)(b)$, $\gamma c(\gamma)(c)$ etc. Parallelogramme sind. Die Dreiecke und Trapeze $\alpha\beta(\beta)$ und $ab(b)$, $\beta\gamma(\beta)(\gamma)$ und $bc(b)(c)$, $\gamma(\delta)(\gamma)\delta$ und $c(d)(c)d$ etc. haben also gleiche parallele Seiten $\beta(\beta) = b(b)$, $\gamma(\gamma) = c(c)$, $(\delta)\delta = (d)d$ etc.; ihre Höhen, senkrecht auf diesen Seiten aber, sind die nemlichen Vielfachen von einander, wie AL von FL, oder weil AF und HC parallel sind, wie AC von FH ist. Also sind die Inhalte der von geraden Linien umschlossenen Grund-Ebenen $\alpha\beta\gamma\delta\ldots.$ und $abcd\ldots.$ der um den Cylinder beschriebenen Prismen von einander die nemlichen Vielfachen wie die AC von FH.

Eben so würde es sich mit dem Inhalte der, von geraden Linien umschlossenen Grund-Ebenen eines in den Cylinder beschriebenen Prisma verhalten.

Bezeichnet man daher die untere und obere Grund-Ebene eines beliebigen umschriebenen Prisma durch A und B, und die untere und die obere Grund-Ebene eines beliebigen eingeschriebenen Prisma durch a und b, desgleichen AC durch p und FH durch q, so wird immer

$$\frac{A}{B} = \frac{p}{q} = \frac{a}{b}$$

seyn, wo a nothwendig kleiner ist als A, und b kleiner als B. Diese Ausdrücke gelten für jedes beliebige umschriebene und eingeschriebene Prisma.

Man bezeichne die untere und die obere Grundfläche des Cylinders durch C und D, so daſs C immer gröſser ist als a und kleiner als A, und D immer gröſser als b und kleiner als B, und nehme an, es sey nicht $\frac{C}{D} = \frac{A}{B} = \frac{a}{b}$, so wird z.B. $\frac{C}{D} = \frac{A_1}{B}$ oder gleich $\frac{A}{B_1}$ seyn, wo A_1 kleiner als A, oder B_1 kleiner als B ist. Da man aber die Grundflächen der umschriebenen Prismen, denen des Cylinders, und folglich auch einander so nahe bringen kann, als man will, so wird immer ein a möglich seyn, welches gleich A_1, oder ein b, welches gleich B_1 ist. Es müſste also $\frac{C}{D} = \frac{a}{B}$, oder $\frac{C}{D} = \frac{A}{b}$ seyn können. Dieses aber ist nicht möglich, weil immer $C > a$ und $D < B$, und $C < A$ und $D > b$ ist. Also kann nicht $\frac{C}{D} = \frac{A_1}{B}$ oder $= \frac{A}{B_1}$ seyn, sondern es muſs nothwendig

$$\frac{C}{D} = \frac{A}{B} = \frac{a}{b} = \frac{p}{q}$$

seyn, das heiſst: die untere und obere Grundfläche des Cylinders und die Durchschnitte AC und FH müssen Gleichvielfache seyn.

678.

Zusatz. Wenn also ein senkrechter Cylinder ABCD (Fig. 319.) *mit kreisförmiger Grundfläche von einer schiefen Ebene* CD *geschnitten wird, welche, verlängert, der Grund-Ebene in* IK *begegnet, und* CEA *ist eine auf* IK *senkrechte Ebene, durch die Axe des Cylinders* MN, *die also die Grund-Ebene* AB *in einem Durchmesser schneidet, so sind die untere und die obere Grund-Ebene des Cylinders von einander das nemliche Vielfache, welches* AB *von* CD *ist. Bezeichnet man also die untere Grund-Ebene durch* A, *den Winkel* CEA *durch* α *und den Halbmesser der unteren Grund-Ebene durch* r, *so daſs* $A = r^2\pi$ *ist, desgleichen den Inhalt der oberen Grund-Ebene durch* B, *so ist* $\frac{B}{r^2\pi} = \frac{CD}{2r}$, *und weil* $CD = 2r\sec\alpha$, $\frac{B}{r^2\pi} = \frac{2r\sec\alpha}{2r} = \sec\alpha$. *Also ist* $B = r^2\pi\sec\alpha$. *Oder es ist auch, wenn* PQ *der auf* AB *senkrechte Durchmesser der unteren Grund-Ebene ist, welcher dem auf* CD *senkrechten Durchmesser* pq *der oberen Grund-Ebene gleich kommt,*

$$A = AM \cdot PM \cdot \pi \text{ und } B = CN \cdot pN \cdot \pi.$$

Die krumme Linie, in welcher der Mantel eines senkrechten Cylinders mit kreisförmiger Grund-Ebene geschnitten wird, heiſst Ellipse. *Der Flächen-Inhalt der Ellipse ist also gleich dem Product ihres gröſsten Halbmessers, in den darauf senkrechten Halbmesser und in π.*

II. Vom Kegel.

679.

Lehrsatz. *Beliebige Kegel sind einander gleich, wenn ihre Grund-Ebenen gleich sind, und wenn beliebige Pyramiden, deren Grund-Ebenen und Spitzen in denen des Kegels liegen, in einander fallen, wenn man die Grund-Ebenen der Kegel in einander legt.*

Z. B. die Kegel *ABCDP* und *abcdp* (Fig. 320.) sind einander gleich, wenn die Grund-Ebene *ABCD* des einen der Grund-Ebene *abcd* des anderen gleich ist, und wenn beliebige Pyramiden *EFGP* und *efgp*, deren Grund-Ebenen und Spitzen in denen der Kegel liegen, in einander fallen, wenn man die Grund-Ebenen der Kegel in einander legt.

Beweis. Man lege die Grund-Ebene *abcd* des Kegels *abcdp*, in die ihr nach der Voraussetzung gleiche Grund-Ebene *ABCD* des Kegels *ABCDP*, so daſs auch die Grund-Ebene *efg* und die Spitze *p* der Pyramide *efgp* nach der Voraussetzung in die Grund-Ebene *EFG*, und in die Spitze *P* der Pyramide *EFGP* fällt, so fallen nunmehr alle geraden Linien aus der Spitze *p*, die durch den Umfang *abcd* der Grund-Ebene des Kegels *abcdp* gehen, und die, den Eigenschaften des Kegels zufolge, sämmtlich im Kegel-Mantel liegen (§. 660. II.), in die geraden Linien aus der Spitze *P*, durch den Umfang *ABCD* der Grund-Ebene des Kegels *ABCDP*. Mithin fallen die Mäntel der Kegel in einander: folglich alle ihre Grenzen, und folglich sind die Kegel einander gleich.

680.

Lehrsatz. *Beliebige abgekürzte Kegel sind einander gleich, wenn eine Grund-Ebene des einen einer Grund-Ebene des anderen gleich ist, und wenn beliebige abgekürzte Pyramiden, deren Grund-Ebenen mit denen der abgekürzten Kegel in einerlei Ebenen, und deren übrige Kanten in den*

Mänteln der Kegel liegen, in einander fallen, wenn man die gleichen Grund-Ebenen der Kegel in einander legt.

Z. B., die abgekürzten Kegel *ABCDUVW* und *abcduvw* (Fig. 320.) sind einander gleich, wenn eine der Grund-Ebenen *ABCD* des einen der Grund-Ebene *abcd* des anderen gleich ist, und wenn beliebige abgekürzte Pyramiden *EFGHKL* und *efghkl*, deren Grund-Ebenen mit denen der Kegel in einerlei Ebenen, und deren übrige Kanten in denen der Kegel-Mäntel liegen, in einander fallen, wenn man die gleichen Grund-Ebenen der Kegel, *ABCD* und *abcd*, in einander legt.

Beweis. Man lege die Grund-Ebene *abcd* des abgekürzten Kegels *abcduvw* in die ihr nach der Voraussetzung gleiche Grund-Ebene *ABCD* des Kegels *ABCDUVW* so, daſs auch die Grund-Ebene *efg* der Pyramide *efghkl*, nach der Voraussetzung, in die Grund-Ebene *EFG* der Pyramide *EFGHKL* fällt, so fallen, nach der Voraussetzung, alle übrigen, die Pyramide *efghkl* begrenzenden Ebenen in die gleichnamigen Ebenen der Pyramide *EFGHKL*, weil die Pyramiden gleich sind, also auch die Ebenen, worin sich ihre oberen Grund-Ebenen, und zugleich, nach der Voraussetzung, die oberen Grund-Ebenen der Kegel befinden; desgleichen die in den Kegel-Mänteln liegenden Kanten der Pyramiden. Da nun die Pyramiden gleich sind, so fallen nothwendig auch ihre Spitzen *P* und *p* in einander, in welche die Kanten *EH*, *FK*, *GL* etc., *eh*, *fk*, *gl*, den Eigenschaften der Pyramide zufolge, zusammenlaufen. Diese Spitzen sind zugleich die Spitzen der Kegel, weil die Seiten-Kanten der Pyramiden, nach der Voraussetzung, in den Mänteln der Kegel liegen. Also fallen die Spitzen der Kegel *P* und *p*, und ihre unteren Grundflächen *ABCD* und *abcd* in einander. Folglich sind die Kegel *ABCDP* und *abcdp* gleich. Die Ebenen *UVW* und *uvw*, von welchen die Kegel geschnitten werden, fallen aber, wie vorhin bemerkt, ebenfalls in einander. Also fallen alle Grenzen der abgekürzten Kegel *ABCDUVW* und *abcduvw* in einander, und folglich sind sie einander gleich.

681.

Lehrsatz. *Wenn ein beliebiger Kegel von parallelen Ebenen geschnitten wird, so sind die Längen der Durchschnitte beliebiger, durch die Spitze gehender Ebenen mit den parallelen Ebenen, innerhalb des Kegel-Mantels, von* *einander Gleichvielfache, und das nemliche Vielfache wie die Entfernungen der parallelen Ebenen von der Spitze des Kegels.*

Beweis. Alle Ebenen durch die Spitze des Kegels schneiden den Kegel-Mantel in geraden Linien (§. 660. II.). Man stelle sich durch diese geraden Linien im Kegel-Mantel Ebenen vor, welche also ebenfalls durch die Spitze des Kegels gehen, so entstehet eine in den Kegel eingeschriebene Pyramide, in welcher die Ebenen durch die Spitze des Kegels Diagonal-Ebenen, und die geraden Linien, in welchen parallele Ebenen sie schneiden, ähnlich liegende Diagonalen sind. Nun schneiden parallele Ebenen eine Pyramide in ähnlichen Figuren, in welchen alle ähnlich liegenden Linien von einander Gleichvielfache und das nemliche Vielfache sind, wie die Perpendikel aus der Spitze der Pyramide auf die parallelen Ebenen (§. 534.). Also sind die Durchschnitte der Ebenen durch die Spitze des Kegels mit den parallelen Ebenen, innerhalb des Kegel-Mantels, von einander Gleichvielfache, und das nemliche Vielfache wie die Entfernungen der parallelen Ebenen von der Spitze des Kegels.

682.

Zusatz. Wenn also ein beliebiger Kegel mit kreisförmiger Grund-Ebene von einer beliebigen, mit der Grund-Ebene parallelen Ebene geschnitten wird, so ist der Durchschnitt dieser Ebene innerhalb des Kegel-Mantels ebenfalls ein Kreis, und von dem Durchmesser dieses Kreises ist der Durchmesser der Grund-Ebene das nemliche Vielfache, welches die Höhe der Pyramide von der Entferneng der schneidenden parallelen Ebene von der Spitze des Kegels ist.

Denn die Durchschnitte alle- durch die Axe des Kegels gehenden Ebenen mit der Grund-Ebene sind, als Durchmesser eines Kreises, einander gleich. Diese Durchschnitte sind von den Durchschnitten der nemlichen Ebenen mit der den Kegel schneidenden parallelen Ebene, zufolge (§. 681.), Gleichvielfache, und das nemliche Vielfache, wie die Höhe des Kegels von der Entfernung zwischen der parallelen Ebene und der Spitze des Kegels. Also sind auch die Durchschnitte der Ebenen durch die Axe des Kegels mit der, der Grund-Ebene parallelen Ebene von einander Gleichvielfache, und folglich ist der Durchschnitt der parallelen Ebene mit dem Kegel ein Kreis, von dessen Durchmesser der Durchmesser der Grund-Ebene das nemliche Vielfache ist, wie die Höhe des Kegels von der Entfernung zwischen der parallelen Ebene und der Spitze des Kegels.

683.

Lehrsatz. *Wenn ein beliebiger Kegel von beliebigen parallelen Ebenen geschnitten wird, so sind die Flächen-Inhalte der Durchschnitte innerhalb des Kegel-Mantels, und die Quadrate der Entfernungen der Durchschnitte von der Spitze des Kegels Gleichvielfache.*

Beweis. I. Die Grundfläche des Kegels sey zuerst eine ganz convexe Figur, wie (Fig. 321.). Die eine von den parallelen Ebenen, welche den Kegel schneiden, sey die Ebene des Papiers, die andere Ebene sey *abcd*.... Man lege um und in den Kegel Pyramiden *ABCD....S* und *TUV....S*, von einer beliebigen Zahl von Seiten, so werden die Seiten-Ebenen dieser Pyramiden von den parallelen Ebenen, die den Kegel schneiden, in ähnlichen geradlinigen Figuren *ABCD....* und *abcd....*, *TUVW....* und *tuvw....* geschnitten, deren Seiten von einander die nemlichen Vielfachen sind, wie die Entfernungen der parallelen Ebenen von der gemeinschaftlichen Spitze der Pyramiden und des Kegels (§. 534. und §. 681.), und von welchen erstere die krummlinigen Umfänge der Kegelschnitte von aufsen berühren, letztere in dieselben eingeschrieben sind. Die Flächen-Inhalte dieser um- und eingeschriebenen ähnlichen Figuren sind die nemlichen Vielfachen von einander, wie die Quadrate ihrer Seiten (§. 205.), und folglich wie die Quadrate der Entfernungen der Durchschnitte von der Spitze des Kegels (§. 534.). Bezeichnet man daher die Flächen-Inhalte der umschriebenen geradlinigen Figuren *ABCD....* und *abcd....* durch U^2 und u^2, die Flächen-Inhalte der eingeschriebenen geradlinigen Figuren *TUVW....* und *tuvw....* durch E^2 und e^2, und die Entfernungen *SK* und *Sk* der parallelen, schneidenden Ebenen von der Spitze des Kegels durch K und k, so wird seyn:

$$1.\quad \frac{U^2}{u^2}=\frac{K^2}{k^2} \text{ und } \frac{E^2}{e^2}=\frac{K^2}{k^2}.$$

Nun wird im Lehrsatz behauptet, dafs, wenn man die Flächen-Inhalte der von den krummlinigen Durchschnitten des Kegel-Mantels und den schneidenden parallelen Ebenen begrenzten Figuren durch C^2 und c^2

bezeichnet, auch $\frac{C^2}{c^2} = \frac{K^2}{k^2}$ ist. Wäre es nicht so, so wäre entweder

$$\frac{C^2}{c_1^2} = \frac{K^2}{k^2} \text{ oder } \frac{C^2}{c_2^2} = \frac{K^2}{k^2},$$

wo $c_1^2 > c^2$ oder $c_2^2 < c^2$, also, zufolge (1.),

$$2. \quad \frac{C^2}{c_1^2} = \frac{U^2}{u^2} \text{ oder } \frac{C^2}{c_2^2} = \frac{E^2}{e^2}.$$

Man kann aber mit ein- und umgeschriebenen Pyramiden dem Kegel, also auch mit den Durchschnitten der Pyramiden-Mäntel und der parallelen Ebenen, welche, den Kegelschnitten ein- und umgeschriebene Figuren sind, den Schnitten C^2 und c^2 so nahe kommen, als man will. Also wird es immer ein u^2 geben, welches noch kleiner ist als c_1^2, und ein e^2, welches noch größer ist als c_2^2. Da nun aber nothwendig $U^2 > C^2$ und $E^2 < C^2$ ist, so wäre in den Gleichungen (2.) $U^2 > C^2$, $u^2 < c_1^2$ und $E^2 < C^2$, $e^2 > c_2^2$, welchem die Gleichungen widersprechen. Also ist es nicht möglich, daſs $\frac{K^2}{k^2} = \frac{C^2}{c_1^2}$ oder $= \frac{C^2}{c_2^2}$ seyn kann, wo $c_1^2 > c^2$ oder $c_2^2 < c^2$ ist. Mithin kann nur, wie im Lehrsatz behauptet wird,

$$3. \quad \frac{C^2}{c^2} = \frac{K^2}{k^2}$$

seyn.

II. Ist die Grund-Ebene des Kegels nicht eine ganz convexe Figur, sondern hat vielleicht eine Gestalt, wie (Fig. 317.), so theile man sie, wie dort, vermittelst der geraden Linien *BK*, *BC*, *DE* etc. in convexe Figuren, und lege durch die geraden Linien *BK*, *BC*, *DE* etc. und durch die Spitze des Kegels, Ebenen. Dadurch entstehen mehrere Kegel, und vielleicht Pyramiden, deren Grund-Ebenen sämmtlich convex sind. Für jeden von diesen Kegeln und für jede Pyramide gilt also einzeln der Lehrsatz, folglich gilt er auch für den Kegel, der daraus, wie in der Figur, durch Summiren und Abziehen zusammengesetzt werden kann. Folglich gilt der Lehrsatz allgemein, für jeden beliebigen Kegel.

684.

Lehrsatz. *Der körperliche Inhalt eines beliebigen Kegels ist gleich einem Drittheil des Products aus seiner Grundfläche in die Höhe.*

Z. B. Wenn die Grundfläche des Kegels durch c^2, die Höhe durch h und der Inhalt durch v bezeichnet wird, so ist

$$1.\quad v = \tfrac{1}{3} c^2 h.$$

Beweis. I. Die Grund-Ebene des Kegels sey zuerst eine ganz convexe Figur, wie (Fig. 321.). Man beschreibe um den Kegel und in den Kegel beliebige Pyramiden $ABC\ldots S$ und $TUV\ldots S$, die also, mit dem Kegel gemeinschaftlich, S zur Spitze haben, und von deren ersterer die Seiten-Ebenen den Kegel-Mantel in geraden Linien berühren, von der anderen die geradlinigen Durchschnitte der Seiten-Ebenen im Kegel-Mantel liegen.

Der körperliche Inhalt dieser Pyramiden ist gleich einem Drittheil des Products aus der Grundfläche in die Höhe (§. 590.). Bezeichnet man also den Flächen-Inhalt der Grundfläche $ABCD\ldots$ irgend einer umschriebenen Pyramide durch u^2, ihren Inhalt durch M, den Flächen-Inhalt der Grundfläche $TUVW\ldots$ irgend einer eingeschriebenen Pyramide durch e^2, ihren Inhalt durch m, so ist, weil die Höhe der Pyramide oder des Kegels gleich h ist,

$$2.\quad M = \tfrac{1}{3} u^2 h \text{ und } m = \tfrac{1}{3} e^2 h,$$

und es ist nothwendig

$$3.\quad M > v,\ m < v,\ u^2 > c^2,\ e^2 < c^2,$$

weil der Kegel ganz von der umschriebenen Pyramide, und die eingeschriebene Pyramide ganz vom Kegel umgeben wird.

Wäre nun nicht, wie im Lehrsatz behauptet wird, $v = \frac{1}{3} c^2 h$, so wäre entweder

$$4.\quad v = \tfrac{1}{3} c_1^2 h \text{ oder } v = \tfrac{1}{3} c_2^2 h, \text{ wo}$$

$$5.\quad c_1^2 > c^2 \text{ oder } c_2^2 < c^2.$$

Man kann aber mit ein- und umschriebenen Pyramiden dem Kegel, und folglich mit den Durchschnitten der Pyramidenmäntel und der Ebene, worin sich die Grund-Ebene des Kegels befindet, dieser letzteren so nahe kommen, als man will; also wird immer ein u^2 möglich seyn, welches noch kleiner ist, als c_1^2, und ein e^2, welches noch grösser ist, als c_2^2. Folglich wäre für ein solches u^2 und e^2, $\frac{1}{3} c_1^2 h > \frac{1}{3} u^2 h$ und $\frac{1}{3} c_2^2 h < \frac{1}{3} e^2 h$, mithin, zufolge (4. und 2.), $v > M$ und $v < m$. Dieses aber ist, zufolge (3.), nicht möglich. Also kann auch nicht $v = \frac{1}{3} c_1^2 h$ oder $v = \frac{1}{3} c_2^2 h$ seyn, wo $c_1^2 > c^2$ oder $c_2^2 < c^2$ ist, sondern nur, wie behauptet wird, $v = \frac{1}{3} c^2 h$, wo c^2 die Grund-Ebene des Kegels ist.

II. Dafs der Lehrsatz auch für Kegel mit beliebigen Grund-Ebenen, wie z. B. in (Fig. 317.) gilt, folgt ganz auf die Weise, wie beim Lehrsatz (§. 683.).

685.

Zusatz. Der körperliche Inhalt eines Kegels mit kreisförmiger Grundfläche ist also, wenn der Halbmesser der Grundfläche durch r, *die Höhe des Kegels durch* h *und der Inhalt durch* v *bezeichnet wird,*

$$v = \tfrac{1}{3} r^2 h \pi;$$

denn der Flächen-Inhalt der Grundfläche c^2 (§. 684.) ist $r^2 \pi$.

686.

Anmerkung. Man kann auch den Satz (§. 684.) vom Inhalte eines beliebigen Kegels, für den besonderen Fall, wenn die Grund-Ebene des Kegels kreisförmig ist, auf die Art beweisen, wie beim Inhalt des Cylinders (§. 666.). Der Gang des Beweises ist leicht zu sehen.

687.

Lehrsatz. Der körperliche Inhalt v *eines parallel abgeschnittenen Kegels ist, wenn man den Flächen-Inhalt seiner unteren Grund-Ebene durch* C^2, *den Flächen-Inhalt der oberen Grund-Ebene durch* c^2, *und die Höhe von der unteren bis zur oberen Grund-Ebene durch* p *bezeichnet,*

$$2. \quad v = \tfrac{1}{3} p (C^2 + c^2 + Cc).$$

Beweis. Man bezeichne die Höhe *SK* (Fig. 321.) des ganzen Kegels, von welchem der Theil *TWYtwy* abgeschnitten ist, durch *H*, die Höhe *Sk* des abgeschnittenen Kegels *twyS* durch *h*, so ist, zufolge (§. 684.), der Inhalt des Kegels *TWYS* gleich $\frac{1}{3} C^2 H$, und der Inhalt des Kegels *twyS* gleich $\frac{1}{3} c^2 h$, also ist der Inhalt des abgeschnittenen Kegels *TWYtwy*

$$2. \quad v = \tfrac{1}{3} C^2 H - \tfrac{1}{3} c^2 h.$$

Nun sind, zufolge (§. 683.), die parallelen Schnitte *TWY* und *twy* des Kegels und die Quadrate ihrer Entfernungen *H* und *h* von der Spitze Gleichvielfache. Also ist

$$3. \quad \frac{C^2}{c^2} = \frac{H^2}{h^2} \text{ oder } \frac{H}{h} = \frac{C}{c}.$$

Desgleichen ist

$$4. \quad H - h = p.$$

Aus (3.) folgt $\frac{H-h}{h} = \frac{C}{c} - 1 = \frac{C-c}{c}$; also ist, vermöge (4.), $\frac{p}{h} = \frac{C-c}{c}$, also

$$5.\quad h = \frac{pc}{C-c},$$

folglich auch, weil, vermöge (3.), $H = h\frac{C}{c}$ war,

$$6.\quad H = \frac{pC}{C-c}.$$

Setzt man (5. und 6.) in (2.): so findet man

$$7.\quad v = \tfrac{1}{3}p.\frac{C^2.C - c^2.c}{C-c} = \tfrac{1}{3}\,p.\frac{C^3 - c^3}{C-c},$$

welches, wenn man dividirt,

$$v = \tfrac{1}{3}p(C^2 + c^2 + Cc),$$

das heifst: den Ausdruck (1.) des Lehrsatzes, giebt.

688.

Zusatz. *Der körperliche Inhalt* v *eines abgekürzten Kegels mit kreisförmiger Grund-Ebene ist also, wenn man die Halbmesser der unteren und der oberen Grund-Ebene durch* R *und* r, *und die Höhe des abgeschnittenen Kegelstückes, von der unteren bis zur oberen Grund-Ebene, durch* p *bezeichnet,*

$$\mathrm{v} = \tfrac{1}{3}\mathrm{p}\pi(\mathrm{R}^2 + \mathrm{r}^2 + \mathrm{R}\mathrm{r}),$$

denn der Flächen-Inhalt der unteren Grund-Ebene ist in diesem Falle $R^2\pi$, der Flächen-Inhalt der oberen Grund-Ebene $r^2\pi$, also ist für den gegenwärtigen Fall in (§. 687.) $C^2 = R^2\pi$, $c^2 = r^2\pi$, mithin, zufolge (§. 687.),

$$v = \tfrac{1}{3}p(R^2\pi + r^2\pi + Rr\pi),\ \text{oder}$$
$$v = \tfrac{1}{3}p\pi(R^2 + r^2 + Rr).$$

689.

Anmerkungen. I. Wenn die obere Grund-Ebene durch die Spitze eines abgekürzten Kegels gehet, welches der Fall eines nicht abgekürzten Kegels wäre, so ist in (§. 687.) $c = 0$, also $v = \frac{1}{3}pC^2$; welches mit (§. 684.) übereinstimmt.

II. Wenn die obere Grund-Ebene der unteren gleich ist, welches der Fall eines Cylinders wäre, so ist in (§. 687.) $C^2 = c^2$, also $v = pC$, das heifst: der körperliche Inhalt des Cylinders ist gleich dem Product aus der Grundfläche in die Höhe; welches mit (§. 667.) übereinstimmt.

690.

Lehrsatz. *Der Flächen-Inhalt des Mantels eines senkrechten Kegels mit kreisförmiger Grund-Ebene ist gleich der Hälfte des Products aus dem Umfange der Grund-Ebene in die gleichen Entfernungen beliebiger Puncte des Umfanges von der Spitze; oder auch, wenn man den Halbmesser der Grund-Ebene durch* r, *die Höhe des Kegels durch* h, *und den Flächen-Inhalt des Mantels durch* f *bezeichnet, so ist*

$$1. \quad f = r\pi\sqrt{(r^2 + h^2)}.$$

Beweis. Es wird behauptet, daſs der Flächen-Inhalt vom Mantel des senkrechten Kegels ABS (Fig. 322.) mit kreisförmiger Grund-Ebene, gleich ist der Hälfte des Products vom Umfange der Grund-Ebene AB in die Seite des Kegels $AS = SB$, oder gleich $r\pi . AS$.

Wäre es nicht so, so wäre das Product $r\pi . AS$ entweder gleich dem Flächen-Inhalt vom Mantel eines Kegels CSD, mit gröſserer kreisförmiger Grund-Ebene, oder gleich dem Flächen-Inhalt vom Mantel eines Kegels ESF, mit kleinerer kreisförmiger Grund-Ebene.

Im ersten Falle kann man um die Grund-Ebene AB des gegebenen Kegels, wie wenig auch dieselbe von der Grund-Ebene CD verschieden seyn mag, ein regelmäſsiges Vieleck legen, welches, wie in der Figur, ganz von CD umschlossen wird. Man lege durch die Seiten dieses Vielecks und durch die Spitze des Kegels Ebenen, die folglich den Mantel des gegebenen Kegels in geraden Linien berühren und ihn umschlieſsen. Der Flächen-Inhalt dieser Ebenen, welcher durch F bezeichnet werden mag, ist gleich der Hälfte des Products aus dem Umfange des Vielecks, in AS, denn z. B. der Inhalt der dreieckigen Ebene pSq ist gleich der Hälfte des Products aus pq in den Perpendikel aus S auf pq, welcher, wenn pq den Umfang AB in A berührt, AS ist, weil pq auf dem Halbmesser AB, und folglich auf der Ebene ASR durch die Axe, senkrecht steht: und so verhält es sich mit jeder anderen dreieckigen Seiten-Ebene. Bezeichnet man also den Umfang des Vielecks durch U, so ist

$$2. \quad F = \tfrac{1}{2}U . AS.$$

Nun lege man einen, dem gegebenen Kegel ASB gleichen Kegel $A\sigma B$ mit seiner Grund-Ebene auf die Grund-Ebene AB des gegebenen Kegels, mit der Spitze σ aber auf die entgegengesetzte Seite derselben, und eben so einen, dem Kegel *CSD* gleichen Kegel *CσD* an den Kegel *CSD*, desgleichen an den Kegel *AσB* durch die Seiten *pq* etc. des Vielecks und durch die Spitze σ, eben so Ebenen, wie an den gegebenen Kegel, welche Ebenen jenen gleich seyn werden. Alsdann wird der doppelte Kegel *ASσB* von den doppelten Ebenen durch die Seiten des umschriebenen Vielecks und durch die Spitzen *S* und σ umschlossen, hingegen wird die geschlossene Oberfläche, welche die doppelten Ebenen bilden, von der Oberfläche des doppelten Kegels *CSσD* ganz umfangen. Die aus Ebenen zusammengesetzte convexe Oberfläche, deren Inhalt, zufolge (2.),

$$3. \quad F = \tfrac{1}{2} U . AS$$

ist, ist also, vermöge (§. 672.), gröfser als die convexe Oberfläche des doppelten Kegels *ASσB*, und kleiner als die convexe Oberfläche des doppelten Kegels *CSσD*. Nun ist der Umfang *U* des umschriebenen geradlinigen Vielecks länger, als der Umfang $2r\pi$ des gegebenen Kegels *AB*, das heifst: es ist $U > 2r\pi$. Also ist, zufolge (3.),

$$4. \quad 2F > 2r\pi . AS.$$

Es ist aber die Oberfläche $2F$ der, dem gegebenen Kegel umschriebenen Ebenen, wie vorhin bemerkt, kleiner als die Oberfläche der sie umgebenden Mäntel des doppelten Kegels *CSσD*. Also können diese letzteren nicht gleich $2r\pi . AS$, oder der Mantel des Kegels *CSD*, mit gröfserer Grund-Ebene als des gegebenen, kann nicht gleich dem Product $r\pi . AS$ seyn. Das heifst: es ist nicht möglich, dafs das Product $r\pi . AS$ den Flächen-Inhalt des Mantels eines Kegels ausdrücke, dessen Grund-Ebene einen gröfseren Durchmesser hat, als die Grund-Ebene des gegebenen Kegels.

Im zweiten Falle lege man um die Grund-Ebene *EF* des Kegels *ESF*, mit kleinerer Grund-Ebene als des gegebenen *ASB*, von welchem Kegel vorausgesetzt wird, dafs der Flächen-Inhalt seines Mantels dem Product $r\pi . AS$ gleich sey, ein regelmäfsiges Vieleck mit so vielen und so kleinen Seiten, dafs es ganz von dem Umfange *AB* der Grund-Ebene des gegebenen Kegels umschlossen wird, welches allemal möglich ist. Man lege durch die Seiten dieses Vielecks und durch die Spitze des Kegels, Ebenen, und wiederum einen, dem gegebenen, gleichen Kegel *AσD*, mit der Grund-Ebene an die Grund-Ebene des gegebenen Kegels, und mit der Spitze σ auf die entgegengesetzte Seite der Ebene, desgleichen gegen den Kegel *ESF* eben so einen gleichen Kegel *EσF*, mit berührenden Ebenen, durch die Vielecks-Seiten, in der entgegengesetzten Lage: so umschliefst die convexe Oberfläche, welche die doppelten Ebenen durch die Vielecks-Seiten bilden, die Fläche des doppelten Kegels *ESσF*, und wird dagegen von der Fläche des doppelten Kegels *ASσB* umschlossen. Sie ist deshalb, zufolge (§. 672.), gröfser als jene, und kleiner als diese. Bezeichnet man den Umfang des um *EF* beschriebenen Vielecks durch u, den Flächen-Inhalt der doppelten Ebenen durch seine Seiten, durch 2φ, so ist, auf eine ähnliche Weise, wie oben, bei dem Vieleck um *AB*,

$$5.\quad \varphi = \tfrac{1}{2}u.ES.$$

Nun ist der Umfang u des, von dem Umfange $2r\pi$ des gegebenen Kegels ganz umgebenen Vielecks kleiner, als dieser Umfang, das heifst: es ist $u < 2r\pi$. Also ist vermöge (4.)

$$6.\quad 2\varphi < 2r\pi.ES.$$

Ferner ist $ES < AS$, weil $ER < AR$ ist. Also ist um so mehr

$$7.\quad 2\varphi < 2r\pi.AS.$$

Es müfste aber dagegen $2\varphi > 2r\pi.AS$, oder $\varphi > r\pi.AS$ seyn, wenn es möglich seyn sollte, dafs das Product $r\pi.AS$ den Flächen-Inhalt vom Mantel des Kegels *ESF* bezeichnete, weil die Ebenen, deren Inhalt 2φ ist, den Mantel des doppelten Kegels *ESσF* ganz umgeben, und folglich zusammen gröfser sind als der Kegel-Mantel. Es ist also nicht möglich, dafs das Product $r\pi.AS$ den Flächen-Inhalt eines Kegels *ESF* ausdrücke, dessen Grund-Ebene einen kleineren Durchmesser hat, als die Grund-Ebene des gegebenen Kegels.

Das Product $r\pi.AS$ kann daher, wenn es den Flächen-Inhalt eines senkrechten Kegel-Mantels mit kreisförmiger Grundfläche bezeichnen soll, dessen Spitze *S* ist, nur den Flächen-Inhalt vom Mantel des gegebenen Kegels *ASB* selbst ausdrücken.

Da $AS = \sqrt{(AR^2 + RS^2)} = \sqrt{(r^2 + h^2)}$, so ist auch das Product $r\pi.AS$ gleich $r\pi\sqrt{(r^2 + h^2)}$, und folglich auch dieses der Ausdruck des Flächen-Inhalts vom Mantel des gegebenen Kegels.

691.

Lehrsatz. *Der Flächen-Inhalt vom Mantel eines parallel abgekürzten, senkrechten Kegels mit kreisförmiger Grund-Ebene ist gleich dem Product aus dem*

Umfange einer, mit den beiden Grund-Ebenen parallelen, mitten zwischen ihnen liegenden Ebene in die Länge der einander gleichen, geraden Linien im Kegel-Mantel. Oder, wenn man die Halbmesser der unteren und oberen Grund-Ebene durch R *und* r, *die Höhe des abgekürzten Kegels von der unteren bis zur oberen Grund-Ebene durch* p, *und den Flächen-Inhalt des Kegel-Mantels durch* f *bezeichnet, so ist*

$$1.\quad f = \pi(R + r)\sqrt{[(R - r)^2 + p^2]}.$$

Beweis. Die Höhe des ganzen Kegels sey H, die Höhe des oben abgeschnittenen Kegels h, so sind die Flächen-Inhalte der Mäntel dieser beiden Kegel, zufolge (§. 690.), gleich $R\pi\sqrt{(R^2+H^2)}$ und $r\pi\sqrt{(r^2+h^2)}$, und die Differenz dieser Flächen ist der Inhalt des Mantels des abgekürzten Kegels f. Also ist

$$2.\quad f = \pi(R\sqrt{(R^2+H^2)} - r\sqrt{(r^2+h^2)}).$$

Nun ist, wie leicht zu sehen, $\frac{H}{h} = \frac{R}{r}$, woraus $\frac{H-h}{h} = \frac{R}{r} - 1 = \frac{R-r}{r}$, und weil $H - h = p$ ist, $\frac{p}{h} = \frac{R-r}{r}$, also

$$3.\quad h = \frac{pr}{R-r},$$

desgleichen, weil $H = h.\frac{R}{r}$ ist,

$$4.\quad H = \frac{pR}{R-r}$$

folgt. Setzt man (3. und 4.) in (2.), so findet man

$$f = \pi\left(R\sqrt{\left(R^2 + \frac{p^2R^2}{(R-r)^2}\right)} - r\sqrt{\left(r^2 + \frac{p^2r^2}{(R-r)^2}\right)}\right), \text{ oder}$$

$$f = \frac{\pi}{R-r}[R^2\sqrt{((R-r)^2+p^2)} - r^2\sqrt{((R-r)^2+p^2)}], \text{ oder}$$

$$f = \frac{\pi(R^2-r^2)\sqrt{((R-r)^2+p^2)}}{R-r}, \text{ oder}$$

$$5.\quad f = \pi(R+r)\sqrt{((R-r)^2+p^2)};$$

wie im Lehrsatz.

Es ist ferner, wenn z. B. $AMNB$ (Fig. 322.) den abgekürzten Kegel vorstellt, der Umfang einer mittleren, zwischen AB und MN liegenden, mit beiden parallelen Ebene PQ, wie leicht zu sehen, gleich $\frac{2R\pi + 2r\pi}{2} = \pi(R+r)$, hingegen die Länge der einander gleichen, geraden Linien im Kegel-Mantel, wie AM, ist, wenn MT auf AB senkrecht ist, gleich $\sqrt{(AT^2 + TM^2)}$, oder gleich

$\sqrt{((R-r)^2+p^2)}$. Der Flächen-Inhalt des Mantels vom abgekürzten Kegel aber war

$$f = \pi(R+r)\sqrt{((R-r)^2+p^2)},$$

also ist auch

$$6.\quad f = \text{Umfang } PQ \times AM;$$

wie im Lehrsatze behauptet wird.

692.

Anmerkung. I. Wenn die obere Grund-Ebene durch die Spitze eines abgekürzten Kegels geht, welches der Fall eines nicht abgekürzten Kegels wäre, so ist $r = 0$ und $p = h$, also alsdann in (§. 691.)

$$f = \pi R\sqrt{(R^2+h^2)};$$

welches mit (§. 690.) übereinstimmt.

II. Wenn die obere Grund-Ebene der unteren gleich ist, welches der Fall eines Cylinders wäre, so ist $r = R$, also alsdann in (§. 691.) $f = 2\pi Rp$, das heifst: der Inhalt des Kegel-Mantels wäre dann gleich dem Product aus dem Umfange seiner Grund-Ebene in die Höhe; welches mit (§. 666.) übereinstimmt.

693.

Anmerkung. Die Sätze vom Inhalt ganzer und abgekürzter Kegel können nicht, wie beim Cylinder, ohne andere Vordersätze auf schräg abgekürzte Kegel, und die Sätze von dem Flächen-Inhalt des Kegel-Mantels mit kreisförmiger Grund-Ebene nicht ohne Weiteres auf Kegel mit beliebiger Grundebene ausgedehnt werden. Denn im Kegel werden von einer schrägen Ebene nicht congruente Klauen abgeschnitten, und die geraden Linien im Kegel-Mantel sind, wenn die Grund-Ebene nicht kreisförmig ist, nicht gleich lang, so dafs die umschriebenen Pyramiden-Flächen nicht durch das Product aus den Umfängen in die Seite des Kegels ausgedrückt werden können. Der Kegel hat zuerst mit seinen schiefen Schnitten auf die krummen Linien zweiter Ordnung, Ellipse, Hyperbel und Parabel, geführt (von welcher ersterer der Kreis ein einzelner Fall ist), und welche Linien man deshalb auch Kegelschnitte zu nennen pflegt, wiewohl uneigentlich, weil der Körper, aus welchem sie geschnitten werden können, eine blofse Hülfs-Figur ist, und der Kegel nicht einmal ausschliefslich die Linien giebt, sondern jede Fläche zweiter Ordnung, von Ebenen geschnitten. Diese Linien und Flächen zweiter Ordnung gehören in einen zweiten Theil der Geometrie, der von den krummen Linien und Flächen überhaupt handelt, und folglich nicht hierher.

III. Von der Kugel.

694.

Lehrsatz. *Der Durchschnitt jeder beliebigen Ebene mit einer Kugel ist ein Kreis, dessen Mittelpunct in dem*

Perpendikel aus dem Mittelpunct der Kugel auf die schneidende Ebene liegt. Jeder von den beiden Puncten, in welchen dieses Perpendikel, verlängert, die Kugelfläche trifft, ist von allen Puncten des Durchschnitts und von allen Puncten jedes anderen, damit parallelen Durchschnitts gleich weit entfernt.

Beweis. Die schneidende Ebene sey $CEDF$ (Fig. 323.). Alle Puncte ihres Durchschnitts sind, wie alle andere Puncte der Kugelfläche, vom Mittelpunct M gleich weit entfernt. Also ist $CM = EM = DM = FM$ etc. Nun sey MN ein Perpendikel aus dem Mittelpuncte der Kugel M auf die schneidende Ebene, so sind die Dreiecke MNC, MNE etc. bei N rechtwinklig. Ihre Hypothenusen CM, EM etc., sind aber, wie vorhin bemerkt, gleich lang, und die Cathete MN ist allen gemein; also sind die Dreiecke einander gleich, und folglich ist $CN = EN = DN = FN$ etc. Mithin sind alle Puncte des Durchschnitts $CEDF$ der schneidenden Ebene mit der Kugelfläche, gleich weit von dem Puncte N entfernt. Also schneidet die Ebene die Kugel in einem Kreise, dessen Mittelpunct N, in dem Perpendikel MN aus dem Mittelpuncte der Kugel auf die schneidende Ebene liegt. Die beiden Puncte P und Q aber, in welchen das Perpendikel MN, verlängert, die Kugelfläche trifft, sind jeder von allen Puncten des Kreisumfanges $CEDF$ gleich weit entfernt, weil PN und NQ auf der Ebene des Kreises $CEDF$, durch den Mittelpunct desselben, senkrecht stehen, und also die rechtwinkligen Dreiecke PNC, PNE, PND etc., so wie QNC, QNE, QND etc. einander gleich sind. Aus demselben Grunde sind P und Q von den Umfängen aller mit CD parallelen Durchschnitte der Kugel, die alle ebenfalls Kreise sind, gleich weit entfernt.

695.

Lehrsatz. Der Kreis, in welchem, zufolge (§. 694), eine Ebene eine Kugel schneidet, ist um so gröfser, je näher die Ebene dem Mittelpunct der Kugel liegt, und also am gröfsten, wenn die Ebene durch den Mittelpunct gehet. Alsdann ist der Halbmesser des Durchschnitts dem Halbmesser der Kugel gleich.

Beweis. Wenn man den Halbmesser der Kugel CM (Fig. 323.) durch R, den Halbmesser CN des Durchschnitts der Ebene und der Kugel durch r, und den Abstand MN der Ebene vom Mittelpunct der Kugel durch p bezeichnet, so ist, weil in dem rechtwinkligen Dreiecke MNC, $CM^2 = MN^2 + CN^2$ ist, $R^2 = r^2 + p^2$, also

$$r = \sqrt{(R^2 - p^2)}.$$

Daraus folgt, dafs r um so gröfser ist, je kleiner p ist, und dafs $r = R$ ist, wenn $p = 0$, oder wenn die schneidende Ebene durch den Mittelpunct der Kugel gehet; wie behauptet wird.

696.

Erklärungen. I. *Der Kreis, in welchem eine, durch den Mittelpunct gehende Ebene eine Kugel schneidet, und dessen Halbmesser dem Halbmesser der Kugel gleich ist (§. 695.), heifst gröfster Kreis. Der Kreis, in welchen jede andere Ebene die Kugel schneidet, heifst, weil sein Halbmesser, zufolge (§. 695.), kleiner ist, als der Halbmesser der Kugel, kleinerer Kreis.*

II. *Die beiden Puncte, in welchen ein Perpendikel aus dem Mittelpuncte der Kugel auf einen kleineren Kreis, oder auf einen gröfsten Kreis, die Kugelfläche trifft, und welche, zufolge (§ 694.), von allen Puncten des Umfanges des Durchschnitts-Kreises und von allen Puncten der Umfänge beliebiger, damit paralleler Durchschnitte gleich weit entfernt sind, heifsen Pole des kleineren oder des gröfsten Kreises. Z. B.* P *und* Q (Fig. 323.) *sind die Pole des kleineren Kreises* CEDF *und der Kreise, in welchen beliebige, mit* CEDF *parallele Ebenen die Kugel schneiden.*

697.

Lehrsatz. Jede Ebene durch den Mittelpunct einer Kugel theilt dieselbe und die Kugelfläche in zwei gleiche Theile.

Beweis. Denn beide Theile haben die schneidende Ebene gemeinschaftlich zur Grund-Ebene. Legt man daher die Grund-Ebenen der beiden Theile in einander, so decken sie sich, und die Mittelpuncte fallen ebenfalls in einander. Von diesem gemeinschaftlichen Mittelpunct sind aber alle Puncte der krummen Fläche gleich weit entfernt. Also fallen auch die krummen Flächen, und folglich alle Grenzen der beiden Theile in einander; mithin sind die beiden Theile, in welche eine Ebene durch den Mittelpunct die Kugel und die Kugelfläche theilt, einander gleich.

698.

Erklärung. *Jede Ebene, die nur einen Punct mit der Kugelfläche gemein hat, heifst* **Berührende** *der Kugelfläche. Der Punct, welchen sie mit der Kugelfläche gemein hat, heifst* **Berührungspunct.**

699.

Lehrsatz. I. *Jede, eine Kugelfläche berührende Ebene stehet im Berührungspunct auf dem Durchmesser durch den Berührungspunct senkrecht.*

Beweis. Die berührende Ebene, weil sie nur einen Punct mit der Kugelfläche gemein hat, mufs nothwendig, rund um den Berührungspunct, ganz aufserhalb der Kugel liegen, denn läge sie zum Theil innerhalb der Kugelfläche, so müfste sie dieselbe nothwendig in einem Kreise, also in mehreren Puncten schneiden (§. 694.). Wäre nun der Durchmesser durch den Berührungspunct auf der berührenden Ebene nicht senkrecht, so fiele das Perpendikel aus dem Mittelpunct der Kugel auf die Ebene neben den Berührungspunct. Und da das Perpendikel aus einem bestimmten Punct auf eine Ebene kürzer ist, als jede andere gerade Linie aus dem nemlichen Punct nach der Ebene, so würde es neben dem Berührungspunct eine Stelle in der Ebene geben, die dem Mittelpunct der Kugel näher wäre, als der Berührungspunct. An dieser Stelle also würde die Ebene nothwendig innerhalb der Kugelfläche liegen, welches nicht seyn kann, weil sie vielmehr rund um den Berührungspunct ganz aufserhalb der Kugel liegt. Die berührende Ebene kann daher im Berührungspunct nur auf dem Durchmesser durch den Berührungspunct senkrecht stehen.

II. *Jede Ebene durch den Endpunct des Durchmessers einer Kugel,* **berührt**, *wenn sie auf dem Durchmesser senkrecht stehet, die Kugelfläche.*

Beweis. Wenn eine Ebene durch den Endpunct eines Durchmessers oder Halbmessers der Kugel auf dem Durchmesser oder Halbmesser senkrecht stehet, so sind alle schräge Linien aus dem Mittelpunct der Kugel nach der Ebene länger, als der auf der Ebene perpendiculaire Halbmesser. Alle Puncte, rund um den Durchschnittspunct der Ebene mit dem Halbmesser, liegen also aufserhalb der Kugelfläche, und die Ebene hat nur den einen Endpunct des Halbmessers mit der Kugelfläche gemein, in welchem sie auf dem Halbmesser senkrecht stehet. Daher berührt die Ebene die Kugelfläche.

700.

Erklärung. *Wenn zwei parallele Ebenen eine Kugel schneiden, so heifst der zwischen den Ebenen liegende Theil der Kugel, **Kugel-Abschnitt**, oder **Kugel-Segment**; der zwischen den Ebenen liegende Theil der Kugelfläche heifst **Kugel-Zone**. Die Entfernung der beiden Ebenen von einander heifst **Höhe** des Abschnitts oder der Zone. Die Durchschnitte der beiden Ebenen mit der Kugel, welche zufolge (§. 694.), Kreise sind, heifsen **Grund-Ebenen** des Abschnitts oder der Zone. Eine der Ebenen kann auch eine **berührende** seyn. Wenn in diesem Falle die andere durch den Mittelpunct gehet, so heifst der abgeschnittene Theil der Kugel, in Beziehung auf (§. 696.), **Halbkugel**, und der abgeschnittene Theil der Kugelfläche heifst **Halbkugel-Fläche**.*

701.

Lehrsatz. *Zwei gröfste Kreise einer Kugel schneiden sich allemal in einem Durchmesser, der auch ihr eigener ist, und der Winkel zwischen ihren Ebenen ist dem Winkel zwischen den Tangenten der Kreise im Endpuncte des gemeinschaftlichen Durchmessers gleich. Das Maafs dieses Winkels ist der zwischen den Ebenen der gröfsten Kreise liegende Bogen des auf dem gemeinschaftliche Durchmesser senkrechten gröfsten Kreises, von welchem die Endpuncte des gemeinschaftlichen Durchmessers gleich weit entfernte Pole sind.*

Z. B., die beiden gröfsten Kreise *CATB* und *DASB* (Fig. 324.) schneiden sich in einem Durchmesser *AMB*, der auch ihr eigener ist, und der Winkel zwischen ihren Ebenen ist gleich dem Winkel *HBK*, zwischen den Tangenten *HB* und *KB* an den beiden Kreisen, im Endpuncte des gemeinschaftlichen Durchmessers. Das Maafs dieses Winkels ist der Kreisbogen *CD* in dem auf *AB* senkrechten gröfsten Kreise *FCDGTS*. *A* und *B* sind zwei von dem Bogen *CD* gleich weit entfernte Pole desselben.

Beweis. I. Gröfste Kreise gehen durch den Mittelpunct der Kugel (§. 695.). Also liegt der Mittelpunct der Kugel auch in dem **Durchschnitt** zweier gröfsten Kreise, welcher, wie immer die Durchschnitte zweier

Ebenen, eine gerade Linie ist. Jede gerade Linie durch den Mittelpunct der Kugel ist aber ein Durchmesser (§. 660. III.). Also schneiden sich zwei gröfste Kreise in einem Durchmesser der Kugel, der auch ihr eigener ist (§. 695.); welches das Erste war.

II. Die Tangenten der gröfsten Kreise im Endpuncte ihres Durchschnittes, also im Endpunct ihres gemeinschaftlichen Durchmessers, stehen auf diesem Durchmesser senkrecht (§. 260. III.). Also schliefsen sie den Winkel ein, welchen die Ebenen der gröfsten Kreise mit einander machen (§. 440. II.); welches das Zweite war.

III. In dem, auf dem Durchschnitt zweier gröfsten Kreise *CATB* und *DASB* senkrechten gröfsten Kreise *FCDGTS* ist der Winkel *CMD* zwischen den Durchschnitten *MC* und *MD* der beiden Kreise mit dem senkrechten Kreise, dem Winkel zwischen den Ebenen der beiden gröfsten Kreise gleich (§. 441.). Also ist der Bogen *CD* das Maafs dieses Winkels; welches das Dritte war.

IV. Die Endpuncte *A* und *B* des Durchmessers *AB* sind die Pole des Kreises *FCDGTS*, weil *AB* auf der Ebene dieses Kreises senkrecht ist (§. 694. und 696. II.). Der Punct *A* ist also gleich weit von allen Puncten des Kreis-Umfanges *FCD*..... entfernt, und der Punct *B* ebenfalls. Nun ist z. B. in den rechtwinkligen Dreiecken *AMC* und *BMC*, $AM = BM$ und $CM = CM$. Also sind beide Pole *A* und *B* von dem Kreis-Umfange *FCD*..... gleich weit entfernt; welches das Vierte war.

702.

Erklärung. *Der von zwei halben gröfsten Kreisen ausgeschnittene Theil einer Kugel, soll Kugel-Ausschnitt (onglet sphérique) heifsen, der Winkel zwischen den gröfsten Kreisen, Winkel des Ausschnitts, der dem Kugel-Ausschnitt zugehörige Theil der Kugelfläche, Kugel-Zweieck (fuseau).*

Z. B. der Körper *ABCD* (Fig. 324.) ist ein Kugel-Ausschnitt, dessen Winkel *CMD* oder *HBK* ist (§. 701.), und der Theil *ACBD* der Kugel-Fläche ist das zugehörige Kugel-Zweieck.

703.

Lehrsatz. *Kugeln sind einander gleich, wenn ihre Durchmesser oder ihre Halbmesser einander gleich sind.*

Beweis. Wenn die Durchmesser oder Halbmesser zweier Kugeln gleich sind, so sind alle Puncte beider Kugeln von ihren Mittelpuncten gleich weit entfernt. Legt man also die Mittelpuncte in einander, so fallen auch alle Puncte der beiden Kugelflächen, und folglich die Grenzen beider Kugeln in einander, und folglich sind die Kugeln gleich.

704.

Lehrsatz. Kugel-Abschnitte und die zugehörigen Zonen sind gleich, wenn ihre Grund-Ebenen und Höhen gleich sind.

Z. B. die Kugel-Abschnitte *CDEF*, *cdef* (Fig. 325.) und die zugehörigen Zonen *CEFD*, *cefd* sind gleich, wenn die Grund-Ebenen *CD*, *cd* und *EF*, *ef* und die Höhen *HK* und *hk* gleich sind.

Beweis. Man lege die Grund-Ebene *cd* in die, nach der Voraussetzung gleiche Grund-Ebene *CD*, so fällt auch das durch den Mittelpunct *h* von *cd* gehende Perpendikel *kn* auf *cd*, in welchem der Mittelpunct *m* der Kugel liegt, zu der der Abschnitt *cdef* gehört (§. 694.), in das durch den Mittelpunct *H* von *CD* gehende Perpendikel *KN* auf *CD*, in welchem der Mittelpunct *M* der zu dem Abschnitt *CDEF* gehörigen Kugel liegt, und da in diesem Perpendikel auch der Mittelpunct *k* der Grund-Ebene *ef* liegt, und, nach der Voraussetzung, die Ebenen *ef* und *EF*, und die Abstände *hk* und *HK* gleich sind, so fällt auch die Grund-Ebene *ef* in die Grund-Ebene *EF*. Nun sey *efn* irgend ein gröfster Kreis, in dessen Durchmesser das Perpendikel *hk* auf *cd* und *ef* liegt, und der die Grund-Ebenen *cd* und *ef* des Abschnitts *cdef* in den geraden Linien *cd* und *ef* schneidet, so liegt der Mittelpunct *m* desselben, und folglich der Kugel, nothwendig in dem Durchschnitt des Perpendikels *pm* auf die Sehne *ce*, durch die Mitte derselben. Es sey ferner *EFN* ein gröfster Kreis, in dessen Durchmesser das Perpendikel *HK* auf *CD* und *EF* liegt, und der die Grund-Ebenen *CD* und *EF* in denselben Puncten schneidet, wie der Kreis *efn* die Grund-Ebenen *cd* und *ef*, so fällt, wenn man die Kugel-Abschnitte in einander legt, *e* in *E*, *c* in *C*, folglich das Perpendikel *pm* auf die Sehne *ce*, durch die Mitte derselben, in das Perpendikel *PM* auf die Sehne *CE*, durch die Mitte derselben. Mithin fällt der Mittelpunct *m* der Kugel, zu welcher der Abschnitt *cdef* gehört, in den Mittelpunct *M* der Kugel, von welcher *CDEF* ein Abschnitt ist, und zugleich sind die Halbmesser der beiden Kugeln, z. B. *cm* und *CM* einander gleich. Mithin fallen die Kugelflächen in einander, und folglich alle Grenzen der Abschnitte *cdef* und *CDEF*. Mithin sind die Abschnitte und die dazu gehörigen Zonen gleich.

705.

Lehrsatz. Kugel-Ausschnitte und die zugehörigen Zweiecke sind gleich, wenn ihre Winkel und Halbmesser gleich sind.

Z. B., die Kugel-Ausschnitte *STQN* und *stqn* (Fig. 325.) und die zugehörigen Zweiecke *SQTN* und *sqtn* sind gleich, wenn ihre Halbmesser *MS* und *ms*, und ihre Winkel *QMN* und *qmn* gleich sind.

Beweis. Wenn die Halbmesser gleich sind, so sind auch die Halbkreise gleich, welche die beiden Kugel-Ausschnitte begrenzen, desgleichen die Kugeln, zu welchen die Ausschnitte gehören (§. 703.). Legt man also den Halbkreis *snt* in den Halbkreis *SNT*, so decken sich ihre Umfänge und die Kugel-Flächen, von welchen die Zweiecke der Kugel-Ausschnitte Theile sind. Ferner fällt alsdann der Halbkreis *sqt* in den Halbkreis *SQT*, weil nach der Voraussetzung die Winkel gleich sind, welche die Ebenen der Halbkreise mit einander machen. Also fallen alle Grenzen der beiden Kugel-Ausschnitte in einander, und folglich sind die Ausschnitte und die zugehörigen Zweiecke einander gleich.

706.

Lehrsatz. Die körperlichen Inhalte von Kugel-Ausschnitten und die Flächen-Inhalte der zugehörigen Zweiecke sind die nemlichen Vielfachen von einander, wie die Winkel der Ausschnitte.

Z. B. die körperlichen Inhalte der Kugel-Ausschnitte *ABCD* und *ABCE* (Fig. 324.) und die Flächen-Inhalte der zugehörigen Zweiecke *ACBD* und *ACBE* sind die nemlichen Vielfachen von einander, wie die Winkel *CMD* und *CME*.

Beweis. Der Winkel *CMD* sey gleich α, der Winkel *CME* gleich β.

Ist β ein Vielfaches von α, so daſs z. B. $\beta = n\alpha$, wo n eine ganze Zahl ist, so lege man gröſste Kreise durch *AB*, die alle mit einander den Winkel α machen.

Dadurch wird der Ausschnitt *ABCE* in n Ausschnitte getheilt, die, vermöge (§. 705.), alle einander gleich sind, weil es ihre Winkel und Halbmesser sind. Also bestehet nunmehr der Ausschnitt *ABCE* aus n Ausschnitten, jeder gleich dem Ausschnitt *ABCD*; folglich sind auch sein körperlicher Inhalt und der Flächen-Inhalt des zugehörigen Zweiecks $n$mal so grofs als die des Ausschnitts *ABCD*. Der Inhalt und die Fläche sind also das nemliche Vielfache wie die Winkel.

Ist β ein Vielfaches irgend eines Winkels λ, von welchem α ebenfalls gerade ein Vielfaches ist, z. B. $\beta = n\lambda$, $\alpha = m\lambda$, wo m und n ganze Zahlen sind, so dafs also $\beta = \frac{n}{m}\alpha$, so lege man durch *AB* gröfste Kreise, die alle mit einander den Winkel λ machen. Dadurch wird der Ausschnitt *ABCD* in m und der Ausschnitt *ABCE* in n gleiche Ausschnitte getheilt. Der körperliche Inhalt von *ABCE* und der Flächen-Inhalt des zugehörigen Zweiecks sind also das $\frac{n}{m}$ fache von denen des Ausschnitts *ABCD*, also wiederum das nemliche Vielfache wie die Winkel.

Ist endlich α mit β incommensurabel, so wachsen immer noch die körperlichen Inhalte der Ausschnitte und die Flächen-Inhalte der zugehörigen Zweiecke mit den Winkeln der Ausschnitte zugleich, und nehmen damit zugleich ab, nie wächst der eine, wenn der andere abnimmt. Daraus folgt, dafs die Inhalte der Ausschnitte, nebst den Flächen der Zweiecke, und die Winkel, zusammengehörige Gröfsen sind (§. 158.), und da nun dieselben, wie vorhin bewiesen, Gleichvielfache sind, wenn die Zahl der Vielfachen rational ist, so sind sie es, zufolge (§. 159.), auch, wenn diese Zahl irrational, oder wenn α mit β incommensurabel ist.

Die Inhalte der Ausschnitte, nebst den Flächen der zugehörigen Zweiecke, und die Winkel der Ausschnitte sind also in allen Fällen Gleichvielfache.

707.

Zusatz. Die ganze Kugel kann als ein Ausschnitt betrachtet werden, dessen Winkel 4ϱ *ist. Bezeichnet man daher ihren körperlichen Inhalt durch* K *und ihre Oberfläche durch* F, *so ist der körperliche Inhalt eines Aus-*

schnitts, dessen Winkel α *ist, vermöge* (§. 706.), *gleich* $\frac{\alpha}{4\varrho}$K, *und die runde Oberfläche des zugehörigen Zweiecks ist gleich* $\frac{\alpha}{4\varrho}$ *F.*

708.

Anmerkung. *Die Kugelfläche kann, weil die Theile, welche Ebenen, die sich in Durchmessern schneiden, von ihr absondern, vermöge* (§. 706. und 707.), *die nemlichen Vielfachen sind, wie die Winkel oder die Winkel-Räume zwischen den Ebenen, eben so zum Maafs der Raum-Ecken, oder der Winkel, welche Ebenen einschliefsen, also des Raumes überhaupt dienen, wie der Kreis als Maafs der Winkel zwischen geraden Linien, oder des Raumes in der Ebene dient.*

709.

Anmerkung. *Wenn drei und mehrere gröfste Kreise einer Kugel einander, also alle im Mittelpunct der Kugel, schneiden, und folglich ein Raum-Dreieck oder Raum-Vieleck einschliefsen, dessen Spitze im Mittelpunct der Kugel liegt; dessen Seiten-Ebenen die Ebenen der gröfsten Kreise zwischen den Durchschnitten; dessen Kanten die Durchschnitte der gröfsten Kreise; dessen Winkel die Winkel, welche die Ebenen der gröfsten Kreise mit einander machen, und dessen Seiten die ebenen Winkel zwischen den Durchschnitten der gröfsten Kreise sind; so dienen die Theile der Umfänge der gröfsten Kreise zwischen ihren Durchschnitten zum Maafse der Seiten der Raum-Dreiecke oder Raum-Vielecke; denn die Schenkel der Winkel, welche die Seiten der Raum-Dreiecke oder Vielecke ausmachen, sind alle Halbmesser der Kugel, und also alle gleich lang. Die Kugelfläche hingegen dient zum Maafs der Winkel und der Gröfse der Raum-Dreiecke oder Vielecke, weil dieselben durch Winkel zwischen Ebenen gemessen werden.*

710.

Erklärung. *Der Körper, welchen ein Raum-Vieleck, dessen Spitze im Mittelpunct einer Kugel liegt, von der Kugel absondert, soll Kugel-Pyramide heifsen. Der Theil der Oberfläche der Kugel, welchen das Raum-Vieleck einschliefst, soll Grundfläche der Kugel-Pyramide, oder auch Kugel-Vieleck heifsen. Die Seiten-Ebenen, Kanten, Winkel und Seiten und die Spitze des Raum-Vielecks sind die Seiten-Ebenen, Kanten, Winkel und Seiten und die Spitze der* ***Kugel-Pyramide.*** *Die Theile der gröſsten Kreislinien, in welchen die Seiten der Kugel-Pyramide die Kugelfläche schneiden, und welche, vermöge (§. 709), das Maaſs der Seiten der Kugel-Pyramide sind, sind die* ***Seiten des Kugel-Vielecks****, und da man sich unter den Winkeln zwischen diesen kreisbogenförmigen Seiten die Winkel vorstellen kann, welche die Tangenten an den gröſsten Kreisen, in den die Kugelfläche in den Eckpuncten des Kugel-Vielecks berührenden Ebenen, mit einander machen, so hat das Kugel-Vieleck dieselben zu* ***Winkeln.*** *Sie sind, vermöge (§. 701.), den Winkeln der zugehörigen Kugel-Pyramiden gleich.*

711.

Anmerkung. *Da die Seiten eines Kugel-Dreiecks oder Vielecks das Maaſs der Seiten eines Raum-Dreiecks oder Vielecks, dessen Spitze im Mittelpunct der Kugel liegt, und die Winkel des Kugel-Vielecks den Winkeln des Raum-Vielecks gleich sind (§. 709. 710.), so gilt von den Kugel-Dreiecken und Vielecken Alles, was oben* (II. im 1sten Buche) *von Raum-Dreiecken und Vielecken abgehandelt ist, in sofern es dabei auf Seiten und Winkel ankommt. Man darf nur überall statt Seiten und Winkel der Raum-Dreiecke und Raum-Vielecke, Seiten und Winkel der Kugel-Dreiecke und Kugel-Vielecke lesen. Den* ***Polar-Raum-Dreiecken und Vielecken*** *correspondirende* ***Polar-Kugel-Dreiecke und Vielecke*** *entstehen, wenn man auf die Kanten der, zu den gegebenen Kugel-Dreiecken und Vielecken gehörigen Kugel-Pyramiden gröſste Kreise perpendiculair legt.*

712.

Lehrsatz. *Der* ***körperliche Inhalt*** P *einer* ***Kugel-Pyramide*** *von* n *Seiten, deren* n *Winkel* α, β, $\gamma \ldots\ldots \nu$ *sind, ist, wenn man den körperlichen Inhalt der Kugel, in welcher sich die Pyramide befindet, wie in* (§. 707.), *durch* K *bezeichnet,*

$$1.\quad P = \frac{\alpha+\beta+\gamma\ldots\ldots+\nu-2(n-2)\varrho}{8\varrho}K.$$

Der Flächen-Inhalt V *der Grundfläche dieser* ***Pyramide*** *oder des Kugel-Vielecks, welches dieselbe einschlieſst, ist, wenn man die Oberfläche der Kugel, in welcher sich die Pyramide befindet, wie* (§. 707.), *durch* F *bezeichnet,*

$$2.\quad V = \frac{\alpha+\beta+\gamma+\ldots\ldots+\nu-2(n-2)\varrho}{8\varrho}F.$$

Beweis. Der Inhalt des Raum-Vielecks, welches die nemlichen Winkel hat, wie die gegebene Kugel-Pyramide, ist, zufolge (§. 513.), gleich

$$3. \quad \frac{\alpha+\beta+\gamma+\ldots+\nu-2(n-2)\varrho}{2},$$

das heifst: der Theil des Raumes, welchen das Raum-Vieleck einschliefst, ist so grofs, als derjenige, welcher zwischen zwei sich schneidenden Ebenen liegt, die mit einander den Winkel $\frac{\alpha+\beta+\gamma+\ldots+\nu-2(n-2)\varrho}{2}$ machen. Die Kugel-Pyramide wird also, weil die Kugelfläche zum Maafs des Raum-Vielecks dient, ebenfalls von der Kugel einen Theil absondern, der so grofs ist, als ein Kugel-Ausschnitt, mit dem Winkel $\frac{\alpha+\beta+\gamma+\ldots+\nu-2(n-2)\varrho}{2}$. Die Gröfse dieses Kugel-Ausschnitts ist, vermöge (§. 707.), wenn man daselbst $\frac{\alpha+\beta+\gamma+\ldots+\nu-2(n-2)\varrho}{2}$ statt α setzt, derjenige von P (1.).

Eben so werden die Seiten-Ebenen der Kugel-Pyramide von der Kugelfläche einen Theil abschneiden, der so grofs ist, als die Oberfläche eines Zweiecks mit dem Winkel $\frac{\alpha+\beta+\gamma+\ldots+\nu-2(n-2)\varrho}{2}$. Die Gröfse dieser Oberfläche ist, vermöge (§. 707.), wenn man daselbst $\frac{\alpha+\beta+\gamma+\ldots+\nu-2(n-2)\varrho}{2}$ statt α setzt, derjenige von V (2.).

713.

Zusatz. *Der körperliche Inhalt und die krumme Oberfläche einer dreirechtwinkligen Kugel-Pyramide sind also, vermöge* (§. 712. 1. und 2.), *weil für dieselbe* $\alpha=\varrho$, $\beta=\varrho$, $\gamma=\varrho$, $n=3$ *ist,*

$$P=\frac{3\varrho-2\varrho}{8\varrho}K=\tfrac{1}{8}K \quad und \quad V=\frac{3\varrho-2\varrho}{8\varrho}F=\tfrac{1}{8}F;$$

also dem achten Theile vom Inhalt und der Oberfläche der ganzen Kugel gleich; wie gehörig.

714.

Lehrsatz. *Die Oberfläche einer Kugel ist gleich dem Product aus dem Umfange ihrer gröfsten Kreise in den Durchmesser.*

Z. B.

Z. B., wenn der Halbmesser BM der Kugel $ABCD$ (Fig. 326.) durch R bezeichnet wird, also $2R\pi$ der Umfang ihrer gröfsten Kreise ist, so ist die Oberfläche der Kugel

$$1.\quad F = 4R^2\pi.$$

Beweis. α) Die Ebene des Papiers sey die Ebene des gröfsten Kreises $ABCD$ der Kugel. AC und BD sind auf einander senkrechte Durchmesser; also DAB und DCB Halbkreise. Man theile die Halbkreise in eine beliebige Zahl gleicher Theile $Ba = ab \ldots = D\delta = \delta\gamma \ldots$, so werden die Winkel $aM\alpha$, $bM\beta$ etc. der gleichschenkligen Dreiecke $aM\alpha$, $bM\beta$ etc. von dem Durchmesser BD halbirt. Mithin stehet der Durchmesser BD auf den geraden Linien $a\alpha$, $b\beta$, $c\gamma$ etc. senkrecht. Nun stelle man sich durch die geraden Linien $a\alpha$, $b\beta$, $c\gamma$ etc. Ebenen, auf BD senkrecht, und durch die Kreise, in welchen diese Ebenen, vermöge (§. 694.), die Kugelfläche schneiden, Kegel-Mäntel gelegt vor, so sind $aB\alpha$ und $dD\delta$ ganze, und $a\alpha b\beta$, $b\beta AC$ etc., parallel abgeschnittene senkrechte Kegel mit kreisförmigen Grund-Ebenen. Die Flächen-Inhalte der Mäntel dieser Kegel werden, zufolge (§. 691.), gefunden, wenn man die Umfänge von Kreisen, die mitten zwischen den parallelen Grund-Ebenen liegen und mit ihnen parallel sind, mit der Länge der geraden Linien in den Kegel-Mänteln multiplicirt. Also ist z. B. der Inhalt des Kegel-Mantels $ab\alpha\beta$, wenn pr eine, mitten zwischen $a\alpha$ und $b\beta$, und parallel damit liegende Ebene ist, gleich

$$2.\quad \pi(pr).(ab).$$

Es sey ak auf $b\beta$ senkrecht, also mit BD parallel, so sind die Dreiecke abk und Mpq ähnlich, denn pq steht auf ak, qM auf bk und pM, als Mittellinie im gleichschenkligen Dreieck bMa, zwischen den gleichen Schenkeln, auf ab senkrecht. Also ist $\frac{ak}{ab} = \frac{pq}{pM}$, woraus $(ab)(pq) = (ak)(pM)$, oder, weil $(pr) = 2(pq)$ ist,

$$3.\quad (pr)(ab) = 2(ak)(pM)$$

folgt. Daher ist der Flächen-Inhalt des Kegel-Mantels $ab\alpha\beta$, vermöge (2.), gleich

$$4.\quad 2\pi(ak)(pM),$$

das heifst: der Flächen-Inhalt des Kegel-Mantels $ab\alpha\beta$ ist dem Product seiner Höhe ak in den Halbmesser pM des in die Kugel eingeschriebenen regelmäfsigen Vielecks $BabAc\ldots$ und in 2π gleich. Der Halbmesser pM ist aber für jeden anderen Kegel-Mantel $b\beta AC$, $ACc\gamma$

etc. immer der nemliche. Also ist die Summe der Flächen-Inhalte der sämmtlichen, in die Kugelfläche eingeschriebenen Kegel-Mäntel, gleich der Summe ihrer Höhen in den Seiten-Halbmesser des in den gröfsten Kreis der Kugel eingeschriebenen regelmäfsigen Vielecks, dessen Seiten den geraden Linien in den Kegel-Mänteln gleich sind, und in 2π. Die Summe der Höhen der Kegel ist aber der Durchmesser $BD = 2R$. Also ist der Flächen-Inhalt der sämmtlichen eingeschriebenen Kegel-Mäntel, der durch E bezeichnet werden mag,

$$5.\quad E = 4\pi R.(pM).$$

β) Nun wird im Lehrsatze behauptet, dafs die Oberfläche der Kugel $4\pi R.R$ sey. Gesetzt, dieses Product drücke nicht die Oberfläche der Kugel $ABCD$ vom Halbmesser R aus, so wird es die Oberfläche einer Kugel, entweder von kleinerem oder von gröfserem Halbmesser ausdrücken.

Gesetzt, es drücke erstlich die Oberfläche einer Kugel vom Halbmesser SM aus, der kleiner ist, als $uM = R$. In diesem Falle wird sich immer in den gröfsten Kreis der Kugel $ABCD$ ein regelmäfsiges Vieleck von einer geraden Seitenzahl $BabAc\ldots$ einschreiben lassen, dessen Halbmesser pM noch gröfser ist, als sM, und folglich in die Kugelfläche $ABCD$ eine Reihe von Kegel-Mänteln, für welche pM gröfser ist, als SM, und die also die Kugelfläche vom Halbmesser SM ganz umgeben, und deren Fläche folglich, vermöge (§. 672.), gröfser ist, als diese Kugelfläche. Der Flächen-Inhalt der Kegel-Mäntel ist, zufolge (5.), $E = 4\pi R(pM)$. Der Inhalt der Kugelfläche mit dem Halbmesser SM wird gleich $4\pi R.R$ vorausgesetzt. Es müfste also $4\pi R(pM)$ gröfser seyn als $4\pi R.R$, oder pM gröfser als R. Es ist aber im Gegentheil pM kleiner als $R = uM$. Also ist es nicht möglich, dafs das Product $4R^2\pi$ die Oberfläche einer Kugel ausdrückte, deren Halbmesser kleiner ist als R.

Das Product $4\pi R.R$ drücke zweitens die Oberfläche einer Kugel aus, deren Halbmesser TM gröfser ist als $BM = R$, so wird sich immer dem gröfsten Kreise der Kugel $ABCD$ ein regelmäfsiges Vieleck umschreiben lassen, das, wie in der Figur, den Kreis vom Halbmesser TM nirgend erreicht, also wenn man durch die Seiten des Vielecks Kegel-Mäntel legt, eine Reihe von parallel abgeschnittenen Kegeln, welche sämmtlich von der Kugel mit dem Halbmesser TM ganz umschlossen werden, und deren Oberfläche also, zufolge (§. 672), **kleiner** ist, als die Kugelfläche mit dem Halbmesser TM. Der Flächen-Inhalt der der Kugel $ABCD$ umschriebenen Kegel-Mäntel ist, weil sie als in eine Kugelfläche eingeschrieben betrachtet werden können, deren Halbmesser der Ecken-Halbmesser $(B)M$ des umschriebenen regelmäſsigen Vielecks ist, zufolge (5.), $E_1 = 4\pi((B)M).(uM)$, oder, weil $(uM) = R$ ist, $E_1 = 4\pi R((B)M)$. Der Inhalt der Kugelfläche mit dem Halbmesser TM wird gleich $4\pi R.R$ vorausgesetzt. Es müſste also $4\pi R((B)M)$ **kleiner** seyn als $4\pi R.R$, oder $(B)M$ **kleiner** als R. Es ist aber im Gegentheil $(B)M$ gröſser als $R = BM$. Also ist es nicht möglich, daſs das Product $4R^2\pi$ die Oberfläche einer Kugel ausdrücke, deren Halbmesser **gröſser** ist als R.

Das Product $4\pi R^2$ kann also weder die Oberfläche einer Kugel ausdrücken, deren Halbmesser kleiner ist als R, noch die Oberfläche einer Kugel, deren Halbmesser gröſser ist. Es kann also nur die Oberfläche einer Kugel ausdrücken, deren Halbmesser **gleich** R ist.

715.

Zusätze. I. *Der Inhalt der Fläche einer Kugel ist also viermal dem Flächen-Inhalte der gröſsten Kreise der Kugel gleich*; denn der Inhalt eines gröſsten Kreises ist $R^2\pi$.

II. *Der Inhalt der Kugelfläche ist ferner dem Inhalte des Mantels eines Cylinders gleich, der den Durchmesser der Kugel zum Durchmesser und zur Höhe hat*; denn der Umfang dieses Cylinder-Mantels ist $2R\pi$ und die Höhe $2R$, also der Flächen-Inhalt, zufolge (§. 675) $4R^2\pi$; welches auch der Inhalt der Oberfläche der Kugel ist.

III. *Die gesammte Oberfläche eines Cylinders, welche den Durchmesser einer Kugel zum Durchmesser der Grund-Ebenen, und zur Höhe hat, ist also $1\frac{1}{2}$ mal so groſs als die Kugelfläche.* Denn die beiden Grund-Ebenen des Cylinders sind **zwei** gröſsten Kreisen der Kugel, der Mantel des Cylinders ist **vier** gröſsten Kreisen gleich (I. und II.). Also ist die gesammte Oberfläche des Cylinders **sechs** gröſsten Kreisen gleich, die Oberfläche der Kugel hingegen nur **vier** solchen Kreisen (I.). Also ist die gesammte Oberfläche des Cylinders $1\frac{1}{2}$ mal so groſs als die der Kugel.

716.

Lehrsatz. *Der Flächen-Inhalt einer beliebigen Kugel-Zone ist gleich dem Product des Umfanges der gröfsten Kreise der Kugel in die Höhe der Zone*

Z. B. wenn der Halbmesser BM der Kugel $ABCD$ (Fig. 326.) durch R und die Höhe $K\varkappa$ der Kugelzone $a\alpha c\gamma$ durch p bezeichnet wird, so ist der Inhalt f der krummen Oberfläche $aAc\gamma C\alpha$ der Zone

$$1. \quad f = 2\pi Rp.$$

Beweis α) Die Ebene des Papiers sey, wie im (§. 714.), die Ebene des gröfsten Kreises $ABCD$ der Kugel; $c\gamma$ sey der Durchschnitt derselben mit einer darauf senkrechten Ebene, BD sey ein auf $c\gamma$ senkrechter Durchmesser, der also $c\gamma$ und den Bogen $cB\gamma$ halbirt. Man theile die gleichen Bogen cB und $B\gamma$, jeden in eine beliebige, aber gleiche Anzahl gleicher Theile, und schreibe das regelmäfsige Vieleck $cAb\ldots\ldots\beta C\gamma$ in den Kreis, und wie in (§. 714.) eine Reihe von Kegel-Mänteln in die Kugel-Abschnitte ein. Der Flächen-Inhalt e dieser Kegel-Mäntel ist, zufolge (§. 714. α.),

$$2. \quad e = 2\pi(pM)(B\varkappa).$$

β) Nun wird, dem Lehrsatz zufolge, behauptet, dafs der Inhalt der Kugel-Zone $cB\gamma$ gleich dem Product des Umfanges der gröfsten Kreise der Kugel in die Höhe der Zone, also gleich $2\pi R(B\varkappa)$ sey. Gesetzt, es sey nicht so, so wird der Inhalt der Zone kleiner oder gröfser als das Product $2\pi R(B\varkappa)$ seyn.

Man nehme erstlich an, er sey dem Product aus dem Umfange eines kleineren Kreises, z. B. des Kreises mit dem Halbmesser $SM = R_1$ in die Höhe der Zone, $B\varkappa$ gleich, also gleich $2\pi R_1(B\varkappa)$, wo $SM = R_1 < R$ ist. Wie wenig aber auch $SM = R_1$ von dem Halbmesser der gegebenen Kugel $uM = BM = R$ verschieden seyn mag, so wird sich doch in die gegebene Kugel immer, wie oben, eine Reihe von Kegel-Mänteln beschreiben lassen, deren Seiten ein regelmäfsiges Vieleck bilden, dessen Seiten-Halbmesser pM noch gröfser ist, als der Halbmesser $SM = R_1$. Der Inhalt dieser Kegel-Mäntel, welcher, gemäfs (2.), $e = 2\pi(pM)(B\varkappa)$ ist, wird also immer noch gröfser seyn, als das Product $2\pi R_1(B\varkappa)$, welches nach der Voraussetzung die Fläche der gegebenen Kugelzone ausdrückt. Der Flächen-Inhalt der Kegel-Mäntel müfste also g r ö f s e r seyn, als der Flächen-Inhalt der gegebenen Kugel-Zone $cB\gamma$. Er ist aber im

Gegentheil **kleiner**, weil die Kugel-Zone, die mit den Kegel-Mänteln eine und dieselbe Grund-Ebene $c\gamma$ hat, diese Mäntel ganz umgiebt. Also ist es nicht möglich, dafs der Inhalt der Kugel-Zone dem Product aus dem Umfange eines kleineren Kreises, als der gröfste Kreis der Zone, in die Höhe der Zone gleich, und folglich kleiner wäre, als das Product $2\pi R(B\varkappa)$ aus dem Umfange des gröfsten Kreises der Kugel in die Höhe der Zone.

Man nehme ferner an, der Inhalt der Zone $cB\gamma$ sey **gröfser** als das Product $2\pi R(B\varkappa)$, so müfste der Inhalt der Zone $cD\gamma$, welcher mit der Zone $cB\gamma$ zusammen die Fläche der ganzen Kugel ausmacht, nothwendig kleiner seyn, als das Product $2\pi R(D\varkappa)$: denn die Fläche der **ganzen** Kugel ist, zufolge (§. 714.), gleich $2\pi R((B\varkappa)+(D\varkappa))$. Wie vorhin bewiesen, kann aber die Fläche keiner Zone, also auch nicht die Fläche der Zone $cD\gamma$ **kleiner** seyn, als das Product aus dem Umfange des gröfsten Kreises der Kugel in die Höhe der Zone, oder kleiner als das Product $2\pi R(D\varkappa)$. Also kann auch der Inhalt der Zone $cB\gamma$ nicht **gröfser** seyn, als das Product $2\pi R(B\varkappa)$.

Der Inhalt der Zone $cB\gamma$ kann also weder kleiner noch gröfser seyn, als das Product $2\pi R(B\varkappa)$. Er ist daher diesem Producte nothwendig **gleich**.

γ) Da ferner der Inhalt der Zone $cB\gamma$ gleich $2\pi R(B\varkappa)$ ist, so ist auch der Inhalt der Zone $aB\alpha$ gleich $2\pi R(BK)$. Also ist der Inhalt f der Zone $a\alpha c\gamma$, die übrig bleibt, wenn man die Zone $aB\alpha$ von der Zone $cB\gamma$ abziehet, gleich $2\pi R(B\varkappa)-2\pi R(BK)$, oder gleich $2\pi R((B\varkappa)-(BK))$, oder $2\pi R(K\varkappa)$ oder $2\pi R.p$; wie es im Lehrsatz behauptet wird.

717.

Zusatz. *Zonen in einer und derselben oder in gleichen Kugeln sind also gleich grofs, wenn ihre Höhen gleich sind, wo sie auch liegen, oder welche auch ihre Grund-Ebenen seyn mögen.*

718.

Lehrsatz. *Der **körperliche Inhalt** einer Kugel ist gleich dem dritten Theile des Products aus der Oberfläche der Kugel in ihren Halbmesser.*

Z. B., wenn der Halbmesser einer Kugel durch R bezeichnet wird, so dafs ihre Oberfläche gleich $4R^2\pi$ ist (§. 714.), so ist ihr körperlicher Inhalt

$$1.\quad S=\tfrac{4}{3}R^3\pi.$$

Beweis. *ABCD* (Fig. 327.), in der Ebene des Papiers, sey ein gröſster Kreis einer Kugel. Um die Kugel sey ein Cylinder *EFGH* beschrieben, dessen, den gröſsten Kreisen der Kugel gleiche Grund-Ebenen auf der Ebene *ABCD* senkrecht stehen, und dieselbe in *EF* und *HG* schneiden. Ferner sey in dem Cylinder ein Kegel *EMF* beschrieben, dessen Grund-Ebene *EF* die eine Grund-Ebene des Cylinders ist, und dessen Spitze im Mittelpunct *M* der Kugel liegt.

Man lege durch Cylinder, Kegel und Kugel, in gleichen Entfernungen von einander, Ebenen $\alpha_1 \delta_1$, $\beta_1 \varepsilon_1$, $\gamma_1 \varphi_1$ etc., mit den Grund-Ebenen des Cylinders parallel. Durch die Kreise, in welchen diese Ebenen die Kugel und den Kegel schneiden, lege man, auf die Ebenen senkrecht, Cylinder-Mäntel, wie *abcdef*, $\alpha\beta\gamma\delta\varepsilon\varphi$. Diese Cylinder-Mäntel werden mit den parallelen Ebenen eine Reihe von Cylindern, wie *abde*, einschlieſsen, welche ganz in dem Kegel liegen, und eine andere Reihe von Cylindern, wie *bcef*, welche ganz den Kegel umfassen, ferner eine Reihe von Cylindern, wie $\beta\gamma\varepsilon\varphi$, welche ganz in der Kugel liegen, und eine Reihe von Cylindern, wie $\alpha\beta\delta\varepsilon$, welche ganz die Kugel umfassen; endlich aber eine Reihe von Cylindern, wie $\alpha_1 \beta_1 \delta_1 \varepsilon_1$, welche zusammen den Cylinder *EFGH* ausmachen.

Die Summe der inneren und äuſseren Cylinder, beim Kegel sowohl wie bei der Kugel, sind offenbar Grenzen, zwischen welchen die Volumina dieser Körper enthalten sind, und die Summe der Unterschiede dieser inneren und äuſseren Cylinder, welche cylindrische Ringe sind, wie *bcpqefrs* und $\beta\gamma\tau\chi\varepsilon\varphi\varrho\sigma$, ist sowohl bei dem Kegel als bei der Kugel gleish dem Inhalte des einen Cylinders *EFuv*; wie leicht zu sehen, wenn man sich die Ringe in einander gelegt vorstellt. Die Grenzen, zwischen welchen die Volumina des Kegels und der Kugel enthalten sind, können also nur um den Inhalt des Cylinders *EFuv* von einander entfernt seyn.

Nun ist z. B. der körperliche Inhalt des inneren Cylinders *pqrs* im Kegel gleich $\pi(qQ)^2.(PQ)$. Der Inhalt des correspondirenden äuſseren Cylinders $\tau\chi\varrho\sigma$ in der Kugel ist $\pi(\chi Q)^2.(PQ)$, und der Inhalt des correspondirenden Cylinders $\beta_1\gamma_1\varepsilon_1\varphi_1$ im umschriebenen Cylinder *EFGH* ist $\pi(\gamma_1 Q)^2(PQ)$. Es ist aber in dem gleichschenkligen rechtwinkligen Dreieck *MAE*, $Qq = QM$, und im Kreise AaD..... ist $\chi M = O\gamma_1 = R$. Also ist der Inhalt

$$2.\quad \begin{cases} \text{des Cylinders } pqrs = \pi(OM)^2(PQ), \\ \text{des Cylinders } \tau\chi\varrho\sigma = \pi(\chi O)^2(PQ), \\ \text{des Cylinders } \beta_1\gamma_1\varepsilon_1\varphi_1 = \pi . R^2(PQ). \end{cases}$$

Nun ist $(OM)^2 + (\chi O)^2 = \chi M^2 = R^2$. Also ist, vermöge (2.),

3. Cylinder $pqrs$ + Cylinder $\tau\chi\varrho\sigma$ = Cylinder $\beta_1\gamma_1\varepsilon_1\varphi_1$,

oder

4. Cylinder $pqrs$ = Cylinder $\beta_1\gamma_1\varepsilon_1\varphi_1$ — Cylinder $\tau\chi\varrho\sigma$.

Wenn man aber den Cylinder $\tau\chi\varrho\sigma$ von dem Cylinder $\beta_1\gamma_1\varepsilon_1\varphi_1$ abziehet, so bekommt man den Ring $\beta_1\gamma_1\tau\chi\varepsilon_1\varphi_1\varrho\sigma$, welcher ganz innerhalb des Körpers *EFDAB* liegt, der übrig bleibt, wenn man die Halbkugel von dem halben Cylinder *EFDB* wegnimmt. Folglich ist der innere Cylinder $pqrs$ im Kegel *EMF*, dem correspondirenden inneren Ringe im Körper *EFDAB* an Gröfse gleich.

Auf dieselbe Weise ist, wie leicht zu sehen, der äufsere Cylinder $bcef$ im Kegel *EMF* dem correspondirenden äufseren Ringe im Körper *EFDAB* an Gröfse gleich, denn die Durchmesser der äufseren Cylinder und äufseren Ringe sind den Durchmessern der inneren, um eine Stufe höher liegenden Cylinder und Ringe gleich.

Alles dieses gilt aber von jedem beliebigen inneren und äufseren Cylinder im Kegel *EMF* und von jedem correspondirenden inneren und äufseren Ringe im Körper *EFDAB*. Also ist auch die Summe der inneren Cylinder im Kegel *EMF*, der Summe der correspondirenden inneren Ringe im Körper *EFDAB*, und die Summe der äufseren Cylinder am Kegel *EMF*, der Summe der correspondirenden äufseren Ringe am Körper *EFDAB* gleich. Diese Summen sind nun die Grenzen, zwischen welchen die Volumina des Kegels *EMF* und des Körpers *EFDAB* liegen. Also liegen diese Volumina zwischen gleichen Grenzen. Der Unterschied der Grenzen ist der Cylinder *EFuv*, und der Inhalt dieses Cylinders kann kleiner angenommen werden als die kleinste Gröfse, weil die Entfernung *Eu* der parallelen Ebenen von einander, welche der Cylinder zur Höhe hat, willkürlich ist, und folglich kleiner angenommen werden kann, als die kleinste Gröfse. Also sind die gleichen Grenzen, zwischen welchen die Inhalte des Kegels *EMF* und des Körpers *EFDAB* liegen, um weniger als die kleinste Gröſse von einander verschieden. Folglich sind die Inhalte gleich. Mithin ist der Kegel *EMF* so groſs als der Körper *EFDAB*.

Der Inhalt des Kegels *EMF* ist aber gleich einem Drittheil des Products aus seiner Grund-Ebene *EF*, welche $R^2\pi$ ist, in seine Höhe R (§. 685.), also gleich $\frac{1}{3}R^3\pi$. Folglich ist auch der Inhalt des Körpers *EFDAB* gleich $\frac{1}{3}R^3\pi$.

Nimmt man nun den Körper *EFDAB* von dem Cylinder *EFDB* weg, dessen Inhalt gleich dem Product aus seiner Grund-Ebene $EF = R^2\pi$ in seine Höhe R, also gleich $R^3\pi$ ist (§. 666.): so bleibt die Halbkugel *DABM* übrig. Der Inhalt dieser Halbkugel ist also gleich $R^3\pi - \frac{1}{3}R^3\pi = \frac{2}{3}R^3\pi$. Folglich ist der Inhalt der ganzen Kugel gleich $\frac{4}{3}R^3\pi$; wie behauptet wird.

Man kann auch den gegenwärtigen Lehrsatz vom körperlichen Inhalt der Kugel auf die Art beweisen, daſs man in einen gröſsten Kreis der Kugel ein beliebiges regelmäſsiges Vieleck, und in die Kugel eine Reihe von abgekürzten Kegeln legt, wie (Fig. 326.), deren Seiten den Seiten des Vielecks entsprechen, alsdann den Inhalt der Körper, wie z. B. $abMa\beta$ (Fig. 326.), ausdrückt, die entstehen, wenn man z. B. zu dem Kegel $bM\beta$ den abgekürzten Kegel $baa\beta$ addirt, und von der Summe den Kegel aMa wieder wegnimmt, welcher Inhalt, wie sich zeigen läſst, gleich dem Product aus dem Flächen-Inhalt des Dreiecks abM in den Umfang des Kreises pr, durch den Punct p, in der Mitte zwischen a und b ist, hierauf diese Körper addirt, und nunmehr, wie in ähnlichen Fällen, nachweiset, daſs die Grenze des Inhalts der Körper, der Inhalt der Kugel ist. Der obige Beweis ist aber einfacher.

719.

Anmerkung. Da der Inhalt eines Cylinders, welcher den gröſsten Kreis einer Kugel, also $R^2\pi$, *zur Grund-Ebene, und den Durchmesser* 2R *der Kugel zur Höhe hat, nach (§. 666.),* $2R^3\pi$, *der Inhalt der Kugel, nach (§. 718.), gleich* $\frac{4}{3}R^3\pi$, *und der Inhalt eines Kegels, wie* HAG *(Fig. 327.), welcher den gröſsten Kreis der Kugel, also* $R^2\pi$ *zur Grund-Ebene und den Durchmesser* 2R *der Kugel zur Höhe hat, nach (§. 685.),* $\frac{2}{3}R^3\pi$ *ist, so ist der Cylinder 3 mal, und die Kugel 2 mal so groſs, als ein Kegel von gleicher Grund-Ebene und gleicher Höhe.*

720.

Lehrsatz. *Der körperliche Inhalt eines beliebigen Kugel-Abschnitts ist gleich dem Product aus der halben Summe der Grund-Ebene in die Höhe des Abschnitts, zusammen mit dem Inhalte einer Kugel, deren Durchmesser der Höhe des Abschnitts gleich ist.*

Z. B., wenn man die Durchmesser $\alpha_2\delta_2$ und $\chi\sigma$ des Kugel-Abschnitts $\alpha_2\delta_2\chi\sigma$ (Fig. 327.) durch r_1 und r_2, die Höhe des Abschnittes KQ durch a, und den Halbmesser der Kugel DM durch R bezeichnet, so dafs die Inhalte der Grund-Ebenen des Abschnitts $r_1^2\pi$ und $r_2^2\pi$ sind, und der Inhalt einer Kugel vom Durchmesser KQ gleich $\frac{4}{3}(\frac{1}{2}a)^3\pi = \frac{1}{6}a^3\pi$ ist, so ist der Inhalt des Abschnitts $\alpha_2\delta_2\chi\sigma$ gleich

$$A = \tfrac{1}{2}(r_1^2 + {}_2)^2 a\pi + \tfrac{1}{6}a^3\pi, \text{ oder}$$

$$1.\quad A = \tfrac{1}{2}a\pi(r_1^2 + r_2^2 + \tfrac{1}{3}a^2).$$

Beweis. Wenn man das nemliche Verfahren, auf welchem der Beweis von (§. 718.) beruhet, statt auf die ganze Kugel auf den Kugel-Abschnitt $\alpha\delta\chi\sigma$ anwendet, so findet man, wie leicht zu sehen, dafs der Inhalt des abgekürzten Kegels $a_1 d_1 q s$ dem ringförmigen Körper $\alpha_1\alpha_2\gamma_1\chi\delta_2\delta_1\varphi_1\sigma$ gleich ist. Nun ist der Inhalt des abgekürzten Kegels $a_1 d_1 q s$, dessen obere und untere Grund-Ebenen $a_1 K = MK$ und $qQ = MQ$ zu Halbmessern haben, und dessen Höhe a ist, zufolge (§. 688.), gleich $\frac{1}{3}a\pi(MK^2 + MQ^2 + MK.MQ)$. Dieses ist also auch der Inhalt des benannten ringförmigen Körpers. Nimmt man aber den ringförmigen Körper von dem Cylinder $\alpha_1\delta_1\gamma_1\varphi_1$ weg, dessen Inhalt, zufolge (§. 666.), $aR^2\pi$ ist, so bleibt der Inhalt des Kugel-Abschnitts $\alpha_2\delta_2\chi\sigma$ übrig. Der Inhalt des Kugel-Abschnitts ist also

$$A = aR^2\pi - \tfrac{1}{3}a\pi(MK^2 + MQ^2 + MK.MQ), \text{ oder}$$

$$2.\quad A = \tfrac{1}{2}a\pi(2R^2 - \tfrac{2}{3}MK^2 - \tfrac{2}{3}MQ^2 - \tfrac{2}{3}MK.MQ).$$

Man setze $MQ = x$, so ist $MK = a + x$, also, zufolge (2.),

$$A = \tfrac{1}{2}a\pi(2R^2 - \tfrac{2}{3}x^2 - \tfrac{2}{3}(a+x)^2 - \tfrac{2}{3}x(a+x)), \text{ oder}$$

$$A = \tfrac{1}{2}a\pi(2R^2 - \tfrac{2}{3}a^2 - 2ax - 2x^2), \text{ oder auch}$$

$$3.\quad A = \tfrac{1}{2}a\pi(R^2 - x^2 + R^2 - (a+x)^2 + \tfrac{1}{3}a^2).$$

Nun ist $MQ^2 + Q\chi^2 = R^2$ und $MK^2 + Qa^2 = R^2$, oder

$$4.\quad x^2 + r_2^2 = R^2 \text{ und } (a+x)^2 + r_1^2 = R^2.$$

Daraus folgt $R^2 - x^2 = r_2^2$ und $R^2 - (a+x)^2 = r_1^2$, also, vermöge (3.),

$$5.\quad A = \tfrac{1}{2}a\pi(r_1^2 + r_2^2 + \tfrac{1}{3}a^2);$$

wie behauptet wird (1.).

721.

Anmerkung. Wenn man die Höhe des Kugel-Abschnitts dem Durchmesser der Kugel gleich setzt, so ist der Abschnitt der *ganzen* Kugel gleich. Alsdann ist $r_1 = 0$, $r_2 = 0$ und $a = 2R$, also, zufolge (§. 720.), der Inhalt des Abschnitts A gleich

$$\tfrac{1}{2} . 2R\pi . \tfrac{1}{3}(2R)^2 = \tfrac{4}{3}R^3\pi;$$

welches mit (§. 718.) übereinstimmt.

722.

Erklärung. Wenn man einen Kegel, wie $\chi\sigma$M (Fig. 327.), *der einen kleinen Kreis* $\chi\sigma$ *einer Kugel zur Grund-Ebene hat, und dessen Spitze* M *im Mittelpunct der Kugel liegt, mit dem Kugel-Abschnitt* $\chi A\sigma$, *der den nemlichen kleinen Kreis zur Grund-Ebene hat, zusammennimmt, so soll der Körper* $\chi A\sigma$M, *der aus dem Kegel und dem Abschnitt besteht, Kugelkegel heifsen. Der Theil* $\chi A\sigma$ *der Kugelfläche, welcher zum Kegel gehört, soll Grundfläche des Kugel-Kegels, der Halbmesser der Kugel Höhe des Kugel-Kegels heifsen.*

723.

Lehrsatz. Der körperliche Inhalt eines Kugel-Kegels ist gleich einem Drittheil des Products aus seiner Grundfläche in seine Höhe.

Z. B., wenn die Grundfläche $\chi A\sigma$ des Kugel-Kegels $\chi A\sigma$M (Fig. 327.) durch f, seine Höhe AM durch R bezeichnet wird, so ist sein körperlicher Inhalt

$$1. \quad K = \tfrac{1}{3}Rf.$$

Beweis. Wenn man den Halbmesser χQ des kleinen Kreises $\chi\sigma$, welcher die gemeinschaftliche Grundfläche des Kegels und des Kugel-Abschnitts ist, aus welchen der Kugel-Kegel bestehet, durch r, und die Höhe AQ der Kugel-Zone $\chi A\sigma$, welche der Kugel-Kegel zur Grundfläche hat, durch b bezeichnet, so ist der Flächen-Inhalt der Kugel-Zone, also der Flächen-Inhalt f der Grundfläche des Kegels, zufolge (§. 716.),

$$2. \quad f = 2\pi Rb.$$

Ferner ist der körperliche Inhalt des Kugel-Abschnitts $\chi A\sigma$, zufolge (§. 720.),

$$3. \quad A = \tfrac{1}{2}b\pi(r^2 + \tfrac{1}{3}b^2),$$

und der körperliche Inhalt des Kegels $\chi\sigma M$, zufolge (§. 685.),

$$4. \quad C = \tfrac{1}{3}r^2\pi(R - b).$$

Also ist der körperliche Inhalt $K = A + C$ des Kugel-Kegels, zufolge (3. und 4.),

$$K = (\tfrac{1}{2}br^2 + \tfrac{1}{6}b^3 + \tfrac{1}{3}r^2R - \tfrac{1}{3}br^2)\pi, \text{ oder}$$

$$5. \quad K = \tfrac{1}{3}\pi(\tfrac{1}{2}r^2b + \tfrac{1}{2}b^3 + r^2R).$$

Nun ist $\chi Q^2 + QM^2 = R^2$, oder $(R - b)^2 + r^2 = R^2$, oder $R^2 - 2Rb + b^2 + r^2 = R^2$, oder

$$6. \quad r^2 + b^2 = 2Rb.$$

Also ist, vermöge (5.),

$$K = \tfrac{1}{3}\pi(\tfrac{1}{2}b . 2Rb + r^2R), \text{ oder}$$

$$7. \quad K = \tfrac{1}{3}\pi R(r^2 + b^2),$$

oder, vermöge (6.),

$$8. \quad K = \tfrac{2}{3}\pi R^2 b.$$

Es war aber $f = 2\pi R b$ (2.). Also ist auch

$$9. \quad K = \tfrac{1}{3} R f,$$

wie behauptet wird.

724.

Anmerkung. I. Der körperliche Inhalt eines Kugel-Kegels wird also eben so gefunden, wie der körperliche Inhalt eines Kegels mit ebener Grundfläche, nemlich wenn man die Grundfläche mit einem Drittheil der Höhe multiplicirt.

II. Wenn man die ganze Kugelfläche zur Grundfläche eines Kugel-Kegels nimmt, in welchem Falle der Kegel die ganze Kugel ist, so folgt, dafs der körperliche Inhalt der ganzen Kugel gleich ist einem Drittheil des Products aus ihrer Oberfläche in ihren Halbmesser, welches mit (§. 718.) übereinstimmt.

Von der Aehnlichkeit der runden Körper.

725.

Erläuterung. *Jede krumme Linie in der Ebene und im Raume und jede krumme Fläche, also auch jeder davon eingeschlossene Körper wird am Ende durch gerade Linien und Winkel bestimmt, z. B. durch rechtwinklige Coordinaten der verschiedenen Puncte der Linien und Flächen, und der davon eingeschlossenen Ebenen und Körper, und durch das Gesetz, nach welchem dieselben von einander abhängen. Z. B., Kreis und Kugel werden blofs durch den Durchmesser bestimmt, Cylinder durch Prismen und krumme Linien, Kegel durch Pyramiden und krumme Linien u. s. w. Es sind also am Ende Polyëder, welche die runden Körper bestimmen.*

Nun sind immer Polyëder möglich, deren ähnlich liegende Kanten und Diagonalen sämmtlich beliebige Gleichvielfache von einander, und in welchen die ähnlich liegenden Winkel einander gleich sind (§. 602.).

Es sind also auch runde Körper möglich, in welchen das Nemliche der Fall ist. Und so wie jene Polyëder ähnlich heifsen (§. 603.), so kann man die runden Körper, welche von ähnlichen Polyëdern bestimmt werden, **ähnlich** *nennen.*

726.

Lehrsatz. *Runde Körper sind ähnlich, wenn von den geraden Linien und Winkeln der sie bestimmenden*

Polyëder, von deren Gleichheit die Gleichheit der Polyëder abhängen würde, die Linien des einen Gleichvielfache von den ähnlich liegenden Linien des anderen, und die Winkel des einen den ähnlich liegenden Winkeln des anderen gleich sind.

Beweis. Denn alsdann sind die bestimmenden Polyëder, zufolge (§. 604.), ähnlich, und folglich die durch sie bestimmten runden Körper ebenfalls.

Der Raum gestattet kein weiteres Detail über diesen Gegenstand.

Die sogenannte sphärische Trigonometrie und Polyëdrometrie.

727.

Erklärung. *Raum-Dreiecke und Raum-Vielecke, das heifst Figuren von Ebenen eingeschlossen, die alle durch einen und denselben Punct gehen, werden blofs durch Winkel bestimmt, nemlich durch die Winkel, welche die Ebenen und ihre Durchschnitte mit einander machen, und welche Winkel und Seiten der Raum-Dreiecke und Vielecke heifsen. Und zwar bestimmen schon einige dieser Winkel die übrigen, z. B. im Raum-Dreieck schon drei beliebige Stücke die drei übrigen. Nun werden Winkel auch durch ihre goniometrischen Linien gemessen (§. 347.). Also können Raum-Dreiecke und Raum-Vielecke auch durch die goniometrischen Linien ihrer Seiten und Winkel bestimmt werden, und zwar werden die goniometrischen Linien der Seiten und Winkel von einander abhängen, weil die Winkel selbst von einander abhängen. Sie werden also aus einander gefunden werden können, nemlich aus drei Bestimmungsstücken die übrigen.*

Der Inbegriff der Sätze von den Verhältnissen zwischen den goniometrischen Linien der Seiten und Winkel von Raum-Dreiecken und Raum-Vielecken, und der Aufgaben, aus den bestimmenden Stücken dieser Figuren die übrigen, oder auch die Inhalte der Figuren, oder beliebige andere Gröfsen, die davon abhängen, zu finden, nennt man sphärische Trigonometrie für Raum-Dreiecke und sphärische Polygonometrie für Raum-Vielecke, oder auch, wenn die Anwendungen der Goniometrie auf Polyëder hinzukommen, Polyëdrometrie. Die Sätze sind, wie aus der obigen Erklärung zu sehen, sämmtlich Anwendungen der Goniometrie auf die Untersuchung der

Lage von Ebenen im Raume, eben wie die sogenannte Trigonometrie und Polygonometrie in der Ebene, Anwendungen der Goniometrie auf die Untersuchung der Lage gerader Linien in einer Ebene sind. Der Unterschied ist blofs, dafs bei der Trigonometrie und Polygonometrie in der Ebene, auch Linien an den Figuren selbst, z. B. Seiten und Diagonalen der Figuren, mit in Rechnung kommen, und mit den goniometrischen Linien der Winkel der Figuren in Verbindung gebracht und verglichen werden, bei der sphärischen Trigonometrie und sphärischen Polygonometrie hingegen keine Linien der Figur selbst, sondern blofs goniometrische Linien der Winkel vorkommen, welche allein die Figuren bestimmen. Bei der Polyëdrometrie hingegen kommen wiederum auch Linien, und die Ebenen, die davon begrenzt werden, mit in Rechnung.

Die Benennung: sphärische Trigonometrie und Polygonometrie ist daher genommen, dafs man sich gewöhnlich Raum-Dreiecke und Raum-Vielecke in Kugeln, deren Mittelpuncte in den Scheiteln der Dreiecke und Vielecke liegen, oder aus den Scheiteln der Dreiecke und Vielecke beliebige Kugelflächen beschrieben vorstellt, welche dann die Seiten-Ebenen der Figuren in Bogen gröfster Kreise, desgleichen die Kanten der Figuren schneiden, wodurch auf der Kugelfläche Dreiecke und Vielecke entstehen, die von Bogen gröfster Kreise eingeschlossen werden. Es geschiehet ungefähr auf die Weise, wie man den Kreis zu Hülfe nimmt, um Winkel zu messen. Allein einestheils ist eben sowohl, wie der Kreis zum Messen der Winkel, auch die Kugel zum Messen von Raum-Dreiecken und Raum-Vielecken nur eine willkürliche Hülfs-Figur, und nicht unvermeidlich nöthig; anderntheils mifst die Kugel auch nur die Seiten der Raum-Dreiecke und Raum-Vielecke unmittelbar durch Bogen gröfster Kreise, nicht die Winkel. Diese letzten durch Linien auszudrücken, mufs man erst noch wieder gerade Linien, z. B. die Tangenten von den Bogen der gröfsten Kreise, welche die Seiten bezeichnen, zu Hülfe nehmen. Die Kugel kann daher füglich bei der Theorie der Raum-Dreiecke und Raum-Vielecke, und folglich auch bei der Anwendung der goniometrischen Linien in derselben, entbehrt werden, wie sich auch schon oben überall zeigte. Und was aus der Theorie der Raum-Dreiecke und Raum-Vielecke für die Kugel folgt, gehört in die Lehre von der Kugel, nicht diese in jene. Jene geht dieser vorher, nicht umgekehrt.

Deshalb ist die Benennung: sphärische Trigonometrie und sphärische Polygonometrie nicht ganz dem Ge-

genstande angemessen. Besser nennt man das, was unter sphärische Trigonometrie und Polygonometrie verstanden wird, Trigonometrie und Polygonometrie des Raumes. Trigonometrie und Polygonometrie schlechthin, beschäftigt sich bloſs mit geradlinigen Figuren in der Ebene.

Polyëdrometrie ist die Anwendung der Goniometrie auf Polyëder.

I. Die sphärische Trigonometrie oder die Trigonometrie des Raumes.

728.

Erläuterung. Ein Raum-Dreieck hat sechs Stücke: drei Seiten und drei Winkel. Durch beliebige drei von diesen sechs Stücken wird das Dreieck theils unbedingt, theils bedingt völlig gegeben (§. 479. 480.). *Also hat das Raum-Dreieck drei bestimmende Stücke, und von drei solchen Stücken hängen die übrigen drei ab. Daher müssen auch aus drei Stücken die übrigen drei gefunden werden können. Es kommt also auf Gleichungen an, aus welchen, vermöge drei gegebener Stücke, ein viertes, und so, der Reihe nach, die übrigen gefunden werden können, also auf Gleichungen, welche vier Stücke des Dreiecks enthalten. Diese Gleichungen sollen, wie in* (§. 348.), *auflösende Gleichungen heiſsen. Es können ihrer folgende seyn:*

1) *zwischen drei Seiten und einem Winkel,*
2) *zwischen zwei Seiten und den beiden anliegenden Winkeln,*
3) *zwischen zwei Seiten, einem eingeschlossenen und einem anliegenden Winkel,*
4) *zwischen drei Winkeln und einer Seite.*

Mehr auflösende Gleichungen zwischen vier Stücken sind nicht möglich.

729.

Lehrsatz. Wenn die drei Seiten eines beliebigen Raum Dreiecks durch a, b, c, *und die gegenüberliegenden Winkel des Dreiecks durch* α, β, γ *bezeichnet werden, so sind die auflösenden Gleichungen zwischen vier Bestimmungs-Stücken des Raum-Dreiecks folgende:*

I. *zwischen drei Seiten und einem Winkel:*

1. $\cos a = \cos b \cos c + \sin b \sin c \cos \alpha$,
2. $\cos b = \cos c \cos a + \sin c \sin a \cos \beta$,
3. $\cos c = \cos a \cos b + \sin a \sin b \cos \gamma$.

II. *Zwischen zwei Seiten und den beiden anliegenden Winkeln:*

4. $\sin a \sin\beta = \sin\alpha \sin b$,
5. $\sin b \sin\gamma = \sin\beta \sin c$,
6. $\sin c \sin\alpha = \sin\gamma \sin a$.

III. *Zwischen zwei Seiten, einem eingeschlossenen und einem anliegenden Winkel:*

7. $\cot a \sin b = \cos b \cos\gamma + \sin\gamma \cot\alpha$,
8. $\cot b \sin c = \cos c \cos\alpha + \sin\alpha \cot\beta$,
9. $\cot c \sin a = \cos a \cos\beta + \sin\beta \cot\gamma$,
10. $\cot b \sin a = \cos a \cos\gamma + \sin\gamma \cot\beta$,
11. $\cot c \sin b = \cos b \cos\alpha + \sin\alpha \cot\gamma$,
12. $\cot a \sin c = \cos c \cos\beta + \sin\beta \cot\alpha$.

IV. *Zwischen drei Winkeln und einer Seite:*

13. $\cos a \sin\beta \sin\gamma = \cos\beta \cos\gamma + \cos\alpha$,
14. $\cos b \sin\gamma \sin\alpha = \cos\gamma \cos\alpha + \cos\beta$,
15. $\cos c \sin\alpha \sin\beta = \cos\alpha \cos\beta + \cos\gamma$.

Erster Beweis von I. In dem Raum-Dreieck *ABCP* (Fig. 328.) bezeichne man die Seiten *BPC*, *CPA* und *APB* durch a, b, c, und die gegenüberliegenden Winkel an den Kanten *AP*, *BP* und *CP* durch α, β, γ. Ferner sey *CE* in der Ebene *APC* auf *AP*, CC_1 aus C auf die Ebene *APB*, *EF* und CD_1 in der Ebene *APB* auf *BP*, und CG_1, ebenfalls in der Ebene *APB*, auf *EF* senkrecht, desgleichen sey $AP = BP = CP = 1$.

Alsdann ist

16. $PD = \cos a$,
17. $PE = \cos b$,
18. $CE = \sin b$,
19. $CE_1 = CE \cos\alpha = \sin b \cos\alpha$ (18.),
20. $PF = PE \cos c = \cos b \cos c$ (17.).

Ferner sind die rechtwinkligen Dreiecke *EGC* und *PFE* ähnlich, weil ihre Seiten auf einander senkrecht stehen. Also ist

21. GC_1 oder $FD = CE_1 \sin c = \sin c \sin b \cos\alpha$ (19.).

Nun ist $PD = PF + FD$, also ist, zufolge (16. 20. 21.),

22. $\cos a = \cos b \cos c + \sin b \sin c \cos\alpha$,

welches die erste Gleichung des Lehrsatzes ist. Die beiden folgenden findet man durch bloſses Weiterrücken der Buchstaben.

Zwei-

Zweiter Beweis von I. Es sey in der Ebene *APB*, *AL*, und in der Ebene *APC*, *AK* senkrecht auf *AP*, so ist

$$23.\quad AL = \tang c,$$
$$24.\quad AK = \tang b,$$
$$25.\quad PL = \sec c,$$
$$26.\quad PK = \sec b,$$

und *KAL* ist der Winkel α, *KPL* der Winkel a.

Nun ist in den Dreiecken *KAL* und *KPL*

$$27.\quad KL^2 = AL^2 + AK^2 - 2\,AL\,.\,AK \cos KAL \text{ und}$$
$$28.\quad KL^2 = PL^2 + PK^2 - 2\,PL\,.\,PK \cos KPL;$$

also ist, vermöge (27. und 28.),

$$29.\quad \begin{cases} AL^2 + AK^2 - 2\,AL\,.\,AK \cos KAL \\ = PL^2 + PK^2 - 2\,PL\,.\,PK \cos KPL, \end{cases}$$

das heifst, vermöge (23. 24. 25. 26.),

$$30.\quad \tang c^2 + \tang b^2 - 2 \tang c \tang b \cos \alpha$$
$$= \sec c^2 + \sec b^2 - 2 \sec c \sec b \cos a,$$

oder weil $\sec c^2 - \tang c^2 = 1$, $\sec b^2 - \tang b^2 = 1$,

$$2 \sec b \sec c \cos a = 2 \tang b \tang c \cos \alpha + 2, \text{ oder}$$

$$\frac{\cos a}{\cos b \cos c} = \frac{\sin b \sin c \cos \alpha}{\cos b \cos c} + 1, \text{ oder}$$

$$31.\quad \cos a = \cos b \cos c + \sin b \sin c \cos \alpha,$$

welches ebenfalls die erste Gleichung des Lehrsatzes ist, aus welcher weiter die beiden folgenden durch Fortrücken der Buchstaben folgen.

Der erste Beweis ist einfacher und besser als der zweite, bei welchem die Tangenten, wenn die Winkel b und c gröfser als rechte sind, weniger deutlich in der Figur gesehen werden. Die Sinus und Cosinus beim ersten Beweise sind immer in der Figur deutlich; die Cosinus sind blofs negativ, wenn die Winkel stumpf sind.

Beweis von II. Aus der Gleichung (1.) folgt

$$32.\quad \cos \alpha = \frac{\cos a - \cos b \cos c}{\sin b \sin c}.$$

Dieses giebt $1 - \cos \alpha^2$, oder

$$\sin \alpha^2 = 1 - \left(\frac{\cos a - \cos b \cos c}{\sin b \sin c}\right)^2, \text{ oder}$$

$$\sin \alpha^2 = \frac{\sin b^2 \sin c^2 - \cos a^2 + 2 \cos a \cos b \cos c - \cos b^2 \cos c^2}{\sin b^2 \sin c^2},$$

oder, weil $\sin b^2 \sin c^2 = (1 - \cos b^2)(1 - \cos c^2) = 1 - \cos b^2 - \cos c^2 + \cos b^2 \cos c^2$,

$$33.\quad \sin \alpha^2 = \frac{1 - \cos a^2 - \cos b^2 - \cos c^2 + 2 \cos a \cos b \cos c}{\sin b^2 \sin c^2},$$

oder auch

$$34.\quad \frac{\sin\alpha^2}{\sin a^2} = \frac{1 - \cos a^2 - \cos b^2 - \cos c^2 + 2\cos a \cos b \cos c}{\sin a^2 \sin b^2 \sin c^2}.$$

Der Ausdruck rechterhand in dieser Gleichung (34.) verändert sich nicht, wenn man die Buchstaben weiter rückt. Also ist

$$35.\quad \frac{\sin\alpha}{\sin a} = \frac{\sin\beta}{\sin b} = \frac{\sin\gamma}{\sin c}.$$

Daraus folgen die Gleichungen (4. 5. 6.) im Lehrsatze.

Diese Gleichungen (4. 5. 6.) kann man auch leicht aus der Figur nehmen; denn wenn z. B. CE in der Ebene APC auf AP, und CD in der Ebene BPC auf BP senkrecht sind, so dafs $CE = \sin b$, $CD = \sin a$ ist, so ist $CC_1 = CE \sin\alpha = CD \sin\beta$, also ist $\sin b \sin\alpha = \sin a \sin\beta$, welches die Gleichung (4.) ist, woraus (5. und 6.) durch Weiterrücken der Buchstaben folgen.

Beweis von III. α) Man setze den Ausdruck von $\cos c$ aus der Gleichung (3.) in die Gleichung (1.), so findet man

$$\cos a = \cos b(\cos a \cos b + \sin a \sin b \cos\gamma) + \sin b \sin c \cos\alpha,$$

oder,

$$\cos a(1 - \cos b^2) = \sin a \sin b \cos b \cos\gamma + \sin b \sin c \cos\alpha,$$

oder

$$\cos a \sin b^2 = \sin a \sin b \cos b \cos\gamma + \sin b \sin c \cos\alpha,$$

oder, wenn man mit $\sin a \sin b$ dividirt,

$$\cot a \sin b = \cos b \cos\gamma + \frac{\sin c}{\sin a}\cos\alpha,$$

oder, weil zufolge der Gleichung (6.), $\frac{\sin c}{\sin a} = \frac{\sin\gamma}{\sin\alpha}$,

$$36.\quad \cot a \sin b = \cos b \cos\gamma + \sin\gamma \cot\alpha.$$

Dieses ist die Gleichung (7.) im Lehrsatz. Die beiden folgenden findet man durch Weiterrücken der Buchstaben.

β) Man setze den Ausdruck von $\cos c$ aus der Gleichung (3.) in die Gleichung (2.), so findet man

$$\cos b = \cos a(\cos a \cos b + \sin a \sin b \cos\gamma) + \sin c \sin a \cos\beta,$$

oder

$$\cos b(1 - \cos a^2) = \sin a \cos a \sin b \cos\gamma + \sin c \sin a \cos\beta,$$

oder

$$\cos b \sin a^2 = \sin a \cos a \sin b \cos\gamma + \sin c \sin a \cos\beta,$$

oder, wenn man mit $\sin b \sin a$ dividirt,

$$\cot b \sin a = \cos a \cos\gamma + \frac{\sin c}{\sin b}\cos\beta,$$

oder, weil zufolge der Gleichung (5.), $\frac{\sin c}{\sin b} = \frac{\sin\gamma}{\sin\beta}$,

37. $\cot b \sin a = \cos a \cos\gamma + \sin\gamma \cot\beta.$

Dieses ist die Gleichung (10.) im Lehrsatz. Die beiden folgenden findet man durch Weiterrücken der Buchstaben.

Beweis von IV. Man verbinde die Gleichungen (1. 2. 3.) mit einander, indem man den Ausdruck von $\cos c$ aus der dritten in die beiden ersten setzt. Dieses giebt

$\cos a = \cos a \cos b^2 + \sin a \sin b \cos b \cos\gamma + \sin b \sin c \cos\alpha$ und

$\cos b = \cos a^2 \cos b + \sin a \sin b \cos a \cos\gamma + \sin c \sin a \cos\beta$,

oder

$\cos a \sin b^2 = \sin a \sin b \cos b \cos\gamma + \sin b \sin c \cos\alpha$ und

$\cos b \sin a^2 = \sin a \sin b \cos a \cos\gamma + \sin a \sin c \cos\beta$,

oder, wenn man die erste Gleichung durch $\sin b$, die zweite durch $\sin a$ dividirt,

38. $\cos a \sin b = \sin a \cos b . \cos\gamma + \sin c \cos\alpha$ und

39. $\sin a \cos b = \cos a \sin b \cos\gamma + \sin c \cos\beta.$

Man setze ferner (39.) in (38.), so findet man

$\cos a \sin b = \cos a \sin b \cos\gamma^2 + \sin c \cos\beta \cos\gamma + \sin c \cos\alpha$,

oder $\cos a \sin b \sin\gamma^2 = \sin c (\cos\beta \cos\gamma + \cos\alpha)$,

oder, weil $\sin b \sin\gamma = \sin\beta \sin c$ (5.),

$\cos a \sin\beta \sin c \sin\gamma = \sin c (\cos\beta \cos\gamma + \cos\alpha)$,

oder, wenn man mit $\sin c$ dividirt,

40. $\cos a \sin\beta \sin\gamma = \cos\beta \cos\gamma + \cos\alpha.$

Dieses ist die Gleichung (13.) im Lehrsatz. Die beiden folgenden findet man durch Weiterrücken der Buchstaben.

730.

Anmerkung. Es ist in (§. 729.) nur ein einziger Ausdruck aus der Figur genommen. Die anderen folgen daraus alle durch bloſses Weiterrücken der Buchstaben und durch Verbindung mit einander. Und da sich aus den auflösenden Gleichungen, wie sich weiter unten zeigen wird, auch alle übrigen Ausdrücke der Trigonometrie des Raumes hernehmen lassen, so bedarf diese ganze Trigonometrie nur bei einem einzigen, ersten Satze, einer Figur. Diese Entwickelungs-Methode ist besser, als wenn man mehrere oder alle Sätze (was freilich ebenfalls angehet) aus der Figur nimmt; denn der Zusammenhang der Sätze zeigt sich auf diese Art deutlicher, und die Entwickelung selbst ist leichter.

731.

Anmerkung. Wenn man zu dem obigen Raum-Dreieck, dessen Seiten a, b, c, *und dessen Winkel* α, β, γ *sind, irgend ein* **Polar-Dreieck** *nimmt, und dessen Seiten und Winkel durch* a_1, b_1, c_1, α_1, β_1, γ_1 *bezeichnet, so ist, zufolge* (§. 463.),

$$a = 2\varrho - \alpha_1,\quad b = 2\varrho - \beta_1,\quad c = 2\varrho - \gamma_1,$$
$$\alpha = 2\varrho - a_1,\quad \beta = 2\varrho - b_1,\quad \gamma = 2\varrho - c_1.$$

Setzt man dieses in die auflösenden Gleichungen (§. 729.), *so findet man, weil alsdann*

z. B. $\sin a = \sin \alpha_1$, $\cos a = -\cos \alpha_1$, $\cot a = -\cot \alpha_1$,
$\sin \alpha = \sin a_1$, $\cos \alpha = -\cos a_1$, $\cot \alpha = -\cot a_1$

ist, der Reihe nach, folgende Gleichungen:

1. $\cos a_1 \sin \beta_1 \sin \gamma_1 = \cos \beta_1 \cos \gamma_1 + \cos \alpha_1$,
2. $\cos b_1 \sin \gamma_1 \sin \alpha_1 = \cos \gamma_1 \cos \alpha_1 + \cos \beta_1$,
3. $\cos c_1 \sin \alpha_1 \sin \beta_1 = \cos \alpha_1 \cos \beta_1 + \cos \gamma_1$,
4. $\sin \alpha_1 \sin b_1 = \sin a_1 \sin \beta_1$,
5. $\sin \beta_1 \sin c_1 = \sin b_1 \sin \gamma_1$,
6. $\sin \gamma_1 \sin a_1 = \sin c_1 \sin \alpha_1$,
7. $\cot a_1 \sin c_1 = \cos c_1 \cos \beta_1 + \sin \beta_1 \cot \alpha_1$,
8. $\cot b_1 \sin a_1 = \cos a_1 \cos \gamma_1 + \sin \gamma_1 \cot \beta_1$,
9. $\cot c_1 \sin b_1 = \cos b_1 \cos \alpha_1 + \sin \alpha_1 \cot \gamma_1$,
10. $\cot b_1 \sin c_1 = \cos c_1 \cos \alpha_1 + \sin \alpha_1 \cot \beta_1$,
11. $\cot c_1 \sin a_1 = \cos a_1 \cos \beta_1 + \sin \beta_1 \cot \gamma_1$,
12. $\cot a_1 \sin b_1 = \cos b_1 \cos \gamma_1 + \sin \gamma_1 \cot \alpha_1$,
13. $\cos a_1 = \cos b_1 \cos c_1 + \sin b_1 \sin c_1 \cos \alpha_1$,
14. $\cos b_1 = \cos c_1 \cos a_1 + \sin c_1 \sin a_1 \cos \beta_1$,
15. $\cos c_1 = \cos a_1 \cos b_1 + \sin a_1 \sin b_1 \cos \gamma_1$.

Da nun das Polar-Dreieck eben sowohl ein Raum-Dreieck ist, als das gegebene, so müssen die für dasselbe gefundenen Gleichungen mit denen für das gegebene Dreieck übereinstimmen, wenn man die Seiten und Winkel des einen für die Seiten und Winkel des anderen, das heiſst,

$$a,\ b,\ c,\ \alpha,\ \beta,\ \gamma$$
für $a_1,\ b_1,\ c_1,\ \alpha_1,\ \beta_1,\ \gamma_1$

nimmt; desgleichen können die Gleichungen für das Polar-Dreieck nicht mehr Ausdrücke geben, als die für das gegebene Dreieck, weil diese letzteren alle Fälle bei einem Raum-Dreiecke umfassen. Beides ist auch in der That der Fall, denn es stimmen, wie man siehet, die Gleichungen

1, 2, 3, 4, 5, 6, 7, 8, 9, 10, 11, 12, 13, 14, 15, *in* (§. 731.)

mit 13, 14, 15, 4, 5, 6, 12, 10, 11, 8, 9, 7, 1, 2, 3, *in* (§. 729.) *völlig überein.*

Es folgt auch hieraus, daſs man in (§. 729.), mit Hülfe des Polar-Dreiecks, aus (1, 2, 3) unmittelbar (13, 14, 15), und aus (7, 8, 9) unmittelbar (12, 10, 11) hätte finden können, ohne eine besondere Verbindung der Gleichungen.

732.

Anmerkung. Wenn einer von den drei Winkeln eines Raum-Dreiecks, z. B. der Winkel α, ein rechter, folglich das Raum-Dreieck einrechtwinklig ist, so ist in allen auflösenden Gleichungen (§. 729.) eines von den vier Stücken bestimmt, und folglich können die Gleichungen alsdann nur drei Stücke enthalten, nemlich folgende:

I. die drei Seiten;
II. die Hypothenuse, eine Cathete und den derselben gegenüberliegenden Winkel;
III. die Hypothenuse, eine Cathete und den eingeschlossenen Winkel;
IV. die beiden Catheten und einen anliegenden Winkel;
V. die beiden nicht bestimmten Winkel und eine Cathete;
VI. die beiden nicht bestimmten Winkel und die Hypothenuse.

Man findet die Gleichungen aus den für alle Fälle, also auch für diesen besonderen Fall geltenden auflösenden Gleichungen (§. 729.), wenn man darin $\sin\alpha = 1$, $\cos\alpha = 0$, $\cot\alpha = 0$ setzt. Dadurch gehen dieselben in folgende über:

1. $\cos a = \cos b \cos c$,
2. $\cos b = \cos c \cos a + \sin c \sin a \cos\beta$,
3. $\cos c = \cos a \cos b + \sin a \sin b \cos\gamma$,
4. $\sin a \sin\beta = \sin b$,
5. $\sin b \sin\gamma = \sin\beta \sin c$,
6. $\sin c = \sin\gamma \sin a$,
7. $\cot a \sin b = \cos b \cos\gamma$,
8. $\cot b \sin c = \cot\beta$,
9. $\cot c \sin a = \cos a \cos\beta + \sin\beta \cot\gamma$,
10. $\cot b \sin a = \cos a \cos\gamma + \sin\gamma \cot\beta$,
11. $\cot c \sin b = \cot\gamma$,
12. $\cot a \sin c = \cos c \cos\beta$,
13. $\cos a \sin\beta \sin\gamma = \cos\beta \cos\gamma$,
14. $\cos b \sin\gamma = \cos\beta$,
15. $\cos c \sin\beta = \cos\gamma$.

I. Die Gleichung (1.) ist die auflösende Gleichung zwischen den drei Seiten.

II. Die Gleichungen (4. und 6.), welche, wie leicht zu sehen, die Gleichung (5.) einschliefslich enthalten, sind die auflösenden Gleichungen zwischen der Hypothenuse a, einer Cathete b oder c, und dem derselben gegenüberliegenden Winkel β oder γ.

III. Die Gleichungen (7. u. 12.), die auch, wie leicht zu sehen, $\tang b = \tang a \cos\gamma$ und $\tang c = \tang a \cos\beta$ sind, sind die beiden Gleichungen zwischen der Hypothenuse, einer Cathete und dem eingeschlossenen Winkel, nemlich zwischen a, b und γ, und a, c, β.

IV. Die Gleichungen (8. und 11.), welche auch $\tang b = \sin c \tang\beta$ und $\tang c = \sin b \tang\gamma$ sind, sind die Gleichungen zwischen den beiden Catheten und einem anliegenden Winkel, nemlich zwischen b, c und β, und zwischen b, c und γ.

V. Die Gleichungen (14. und 15.) sind die Gleichungen zwischen den beiden nicht bestimmten Winkeln β und γ, und eine Cathete b oder c.

VI. Die Gleichung (13.), welche auch $\cos a = \cot\beta \cot\gamma$ ist, ist die Gleichung zwischen den beiden, nicht bestimmten Winkeln und der Hypothenuse.

Zusammengenommen also sind die auflösenden Gleichungen für ein einrechtwinkliges Raum-Dreieck folgende:

I. *zwischen den drei Seiten:*

16. $\cos a = \cos b \cos c$ (I. 1.).

II. *Zwischen der Hypothenuse* a, *einer Cathete* b *oder* c, *und dem derselben gegenüberliegenden Winkel* β *oder* γ:

$$\left.\begin{array}{ll} 17. & \sin b = \sin a \sin\beta \\ 18. & \sin c = \sin a \sin\gamma \end{array}\right\} \text{(II. 4. 6.)}.$$

III. *Zwischen der Hypothenuse* a, *einer Cathete* b *oder* c, *und dem eingeschlossenen Winkel* β *oder* γ:

$$\left.\begin{array}{ll} 19. & \tang b = \tang a \cos\gamma \\ 20. & \tang c = \tang a \cos\beta \end{array}\right\} \text{(III. 7. 12.)}.$$

IV. *Zwischen den beiden Catheten* b *und* c, *und einem anliegenden Winkel* β *oder* γ:

$$\left.\begin{array}{ll} 21. & \tang b = \sin c \tang\beta \\ 22. & \tang c = \sin b \tang\gamma \end{array}\right\} \text{(IV. 8. 11.)}.$$

V. *Zwischen den beiden nicht bestimmten Winkeln* β *und* γ, *und einer Cathete* b *oder* c:

$$\left.\begin{array}{ll}23. & \cos\beta = \sin\gamma\cos b\\ 24. & \cos\gamma = \sin\beta\cos c\end{array}\right\}\text{(V. 14. 15.)}.$$

VI. *Zwischen den beiden nicht bestimmten Winkeln β und γ, und der Hypothenuse* a:

$$25.\quad \cos a = \cot\beta\cot\gamma \text{ (VI. 13.)}.$$

Man könnte auch, wenn man wollte, alle diese Gleichungen aus einer Figur nehmen. Aber es ist besser und leichter, sie, wie hier, aus den allgemeinen Gleichungen abzuleiten.

733.

Anmerkung. Wenn eine von den drei Seiten eines Raum-Dreiecks, z. B. die Seite *a*, rechtwinklig, folglich das Raum-Dreieck einrechtseitig ist, so ist ebenfalls in allen auflösenden Gleichungen (§. 729.) eines von den vier Stücken bestimmt, und folglich können die Gleichungen wiederum nur drei Stücke enthalten, nemlich folgende:

I. die drei Winkel;

II. den, der rechtwinkligen Seite gegenüberliegenden Winkel, einen zweiten Winkel und die demselben gegenüberliegende Seite;

III. den, der rechtwinkligen Seite gegenüberliegenden Winkel, einen zweiten Winkel und die zwischen beiden liegende Seite;

IV. die beiden, an der rechtwinkligen Seite liegenden Winkel und eine daran liegende Seite;

V. die beiden nicht bestimmten Seiten und einen anliegenden Winkel;

VI. die beiden nicht bestimmten Seiten und den von ihnen eingeschlossenen Winkel.

Es ist nicht nöthig, diese Gleichungen auf die Weise, wie in (§. 732.), aus den allgemeinen Gleichungen (§. 729.) besonders abzuleiten, sondern man findet sie näher aus denen für das einrechtwinklige Dreieck (§. 732.), wenn man darin, wie in (§. 731.), z. B.

$$\sin a = \sin\alpha_1,\quad \cos a = -\cos\alpha_1,$$
$$\tan g\, a = -\cot\alpha_1,\quad \cot a = -\cot\alpha_1,$$
$$\sin\alpha = \sin a_1,\quad \cos\alpha = -\cos a_1,$$
$$\tan g\,\alpha = -\tan g\, a_1,\ \cot\alpha = -\cot a_1,$$

setzt; denn das Polar-Dreieck eines einrechtwinkligen Raum-Dreiecks, wie (§. 732.), ist ein einrechtseitiges Raum-Dreieck, wie es hier vorausgesetzt wird.

Die auflösenden Gleichungen für das einrechtseitige Raum-Dreieck sind also aus (§. 732.) folgende:

I. *zwischen den drei Winkeln:*

1. $\cos\alpha = -\cos\beta\cos\gamma$ (aus §. 732. 16.).

II. *zwischen dem der rechtwinkligen Seite genüberliegenden Winkel, einem zweiten Winkel, und der demselben gegenüberliegenden Seite:*

2. $\sin\beta = \sin\alpha\sin b$
3. $\sin\gamma = \sin\alpha\sin c$ } (*aus* §. 732. 17. 18.),

III. *zwischen dem der rechtwinkligen Seite gegenüberliegenden Winkel, einem zweiten Winkel und der zwischen beiden liegenden Seite:*

4. $\operatorname{tang}\beta = -\operatorname{tang}\alpha\cos c$
5. $\operatorname{tang}\gamma = -\operatorname{tang}\alpha\cos b$ } (*aus* §. 732. 19. 20.),

IV. *zwischen den beiden, an der rechtwinkligen Seite liegenden Winkeln und einer daran liegenden Seite:*

6. $\operatorname{tang}\beta = \sin\gamma\operatorname{tang} b$
7. $\operatorname{tang}\gamma = \sin\beta\operatorname{tang} c$ } (*aus* §. 732. 21. 22.),

V. *zwischen den beiden nicht bestimmten Seiten und einem anliegenden Winkel:*

8. $\cos b = \sin c\cos\beta$
9. $\cos c = \sin b\cos\gamma$ } (*aus* §. 732. 23. 24.),

VI. *zwischen den beiden nicht bestimmten Seiten und dem von ihnen eingeschlossenen Winkel:*

10. $\cos\alpha = -\cot b\cot c$ (*aus* §. 732. 25.).

Auch diese Gleichungen könnte man, wenn man wollte, aus einer Figur nehmen; allein es ist wieder besser und leichter, sie, wie hier, aus den allgemeinen Gleichungen zu nehmen.

Gewöhnlich pflegt nur das einrechtwinklige Raum-Dreieck (§. 732.) besonders untersucht zu werden, nicht das einrechtseitige (§. 733.). Letzteres ist aber ebenfalls eine besonders zu bemerkende einzelne Art von Raum-Dreiecken.

734.

Anmerkungen. I. *Wenn zwei Winkel eines Raum-Dreiecks rechte sind, z. B. α und β, so findet nur eine Gleichung zwischen dem dritten Winkel γ und der ihm gegenüberliegenden Seite c Statt, nemlich*

$$1. \quad \gamma = c.$$

Denn wenn zwei Seiten-Ebenen eines Raum-Dreiecks auf der dritten senkrecht stehen, so steht auch ihr Durchschnitt auf derselben senkrecht, folglich sind auch die, den beiden rechten Winkeln des Raum-Dreiecks gegenüberliegenden Seiten rechtwinklig. Folglich sind alsdann vier von den sechs Bestimmungsstücken des Dreiecks gegeben, und folglich nur noch die beiden übrigen unbestimmt. Und da nun der Durchschnitt der beiden rechtwinkligen Seiten auf der dritten Seite senkrecht stehet, so mifst die dritte Seite unmittelbar den ihr gegenüberliegenden Winkel, und folglich ist $\gamma = c$.

II. *Wenn zwei Seiten eines Raum-Dreiecks rechtwinklig sind, z. B.* a *und* b, *so findet ebenfalls nur eine Gleichung zwischen der dritten Seite* c *und dem ihr gegenüberliegenden Winkel* γ *Statt, nemlich*

$$2. \quad c = \gamma;$$

denn alsdann macht der Durchschnitt der beiden rechtwinkligen Seiten mit der dritten Seite rechte Winkel, und steht also auf ihr senkrecht. Folglich stehen auch die rechtwinkligen Seiten-Ebenen selbst auf der dritten Seiten-Ebene senkrecht, und mithin sind auch die beiden, den rechtwinkligen Seiten gegenüberliegenden Winkel des Dreiecks rechte; mithin ist, wie in (I.), $c = \gamma$.

735.

Anmerkung. Man kann auch noch mehrere einzelne Arten von Raum-Dreiecken besonders merken: z. B. gleichschenklige Raum-Dreiecke oder gröfste Raum-Dreiecke, in welchen ein Winkel so grofs ist, als die beiden anderen zusammengenommen (§. 495.), u. s. w. Für alle diese besonderen Arten von Dreiecken finden sich aber die auflösenden Gleichungen immer aus den allgemeinen Gleichungen (§. 729.).

736.

Erläuterung. *Die allgemeinen, auflösenden Gleichungen (§. 729.), zwischen vier Stücken eines Raum-Dreiecks, dienen, irgend ein Stück des Dreiecks unmittelbar zu finden, denn drei Stücke bestimmen ein Raum-Dreieck, also kann das vierte aus dreien unmittelbar vollständig gefunden werden. Es ist aber in einigen Fällen bequemer, die gesuchten Seiten und Winkel nicht unmittelbar zu suchen, sondern nur Vergleichungen, etwa zwischen zwei un-*

bekannten Stücken, aus welchen sich dann dieselben leichter finden lassen, wie es auch zuweilen bei Dreiecken in der Ebene der Fall ist, z. B., wenn man aus zwei Seiten und dem eingeschlossenen Winkel einen der beiden übrigen Winkel sucht (§. 360. Aufgabe IV. zweite und dritte Auflösung.), wo man besser Summe und Unterschied der beiden unbekannten Winkel, und daraus die verlangten Winkel, als diese unmittelbar sucht.

Es ist also bei Raum-Dreiecken auch gut, nicht allein zwischen vier Stücken, sondern auch, z. B. zwischen fünf Stücken auflösende Gleichungen zu haben, welche dann zwar die unbekannten Stücke nicht unmittelbar, aber Vergleichungen zwischen denselben geben.

Dergleichen auflösende Gleichungen sind offenbar nur zwei verschiedene Arten möglich, denn fünf Stücke können nur drei Winkel und zwei Seiten oder drei Seiten und zwei Winkel seyn. Man benennt diese Gleichungen nach ihrem Erfinder Neper, und zwar Analogieen von Neper. *Sie werden leicht aus den eigentlichen auflösenden Gleichungen (§. 729.) abgeleitet, dienen bloſs zur Bequemlichkeit der Rechnung, und sind in folgendem Lehrsatze enthalten.*

737.

Lehrsatz. *Wenn die drei Seiten eines beliebigen Raum-Dreiecks durch* a, b, c, *und seine gegenüberliegenden Winkel durch* α, β, γ *bezeichnet werden, so sind die auflösenden Gleichungen zwischen fünf Bestimmungs-Stücken des Dreiecks (Nepersche Analogieen genannt) folgende:*

I. *zwischen den drei Winkeln und zwei Seiten:*

1. $\cos\frac{1}{2}(a-b)\cot\frac{1}{2}\gamma = \cos\frac{1}{2}(a+b)\tang\frac{1}{2}(\alpha+\beta)$,
2. $\cos\frac{1}{2}(b-c)\cot\frac{1}{2}\alpha = \cos\frac{1}{2}(b+c)\tang\frac{1}{2}(\beta+\gamma)$,
3. $\cos\frac{1}{2}(c-a)\cot\frac{1}{2}\beta = \cos\frac{1}{2}(c+a)\tang\frac{1}{2}(\gamma+\alpha)$,
4. $\sin\frac{1}{2}(a-b)\cot\frac{1}{2}\gamma = \sin\frac{1}{2}(a+b)\tang\frac{1}{2}(\alpha-\beta)$,
5. $\sin\frac{1}{2}(b-c)\cot\frac{1}{2}\alpha = \sin\frac{1}{2}(b+c)\tang\frac{1}{2}(\beta-\gamma)$,
6. $\sin\frac{1}{2}(c-a)\cot\frac{1}{2}\beta = \sin\frac{1}{2}(c+a)\tang\frac{1}{2}(\gamma-\alpha)$.

II. *zwischen den drei Seiten und zwei Winkeln:*

7. $\cos\frac{1}{2}(\alpha-\beta)\tang\frac{1}{2}c = \cos\frac{1}{2}(\alpha+\beta)\tang\frac{1}{2}(a+b)$,
8. $\cos\frac{1}{2}(\beta-\gamma)\tang\frac{1}{2}a = \cos\frac{1}{2}(\beta+\gamma)\tang\frac{1}{2}(b+c)$,
9. $\cos\frac{1}{2}(\gamma-\alpha)\tang\frac{1}{2}b = \cos\frac{1}{2}(\gamma+\alpha)\tang\frac{1}{2}(c+a)$,
10. $\sin\frac{1}{2}(\alpha-\beta)\tang\frac{1}{2}c = \sin\frac{1}{2}(\alpha+\beta)\tang\frac{1}{2}(a-b)$,
11. $\sin\frac{1}{2}(\beta-\gamma)\tang\frac{1}{2}a = \sin\frac{1}{2}(\beta+\gamma)\tang\frac{1}{2}(b-c)$,
12. $\sin\frac{1}{2}(\gamma-\alpha)\tang\frac{1}{2}b = \sin\frac{1}{2}(\gamma+\alpha)\tang\frac{1}{2}(c-a)$.

Beweis. I. Man setze in (§. 729.), den Ausdruck von $\cos c$ (3.) in (1. und 2.), so findet man

$$\cos a = \cos b(\cos a \cos b + \sin a \sin b \cos\gamma) + \sin b \sin c \cos\alpha$$

und

$$\cos b = \cos a(\cos a \cos b + \sin a \sin b \cos\gamma) + \sin c \sin a \cos\beta,$$

oder

$$\cos a(1 - \cos b^2) = \sin a \sin b \cos b \cos\gamma + \sin b \sin c \cos\alpha \text{ und}$$
$$\cos b(1 - \cos a^2) = \sin a \sin b \cos a \cos\gamma + \sin a \sin c \cos\beta,$$

oder

$$\cos a \sin b^2 = \sin a \sin b \cos b \cos\gamma + \sin b \sin c \cos\alpha \text{ und}$$
$$\cos b \sin a^2 = \sin a \sin b \cos a \cos\gamma + \sin a \sin c \cos\beta,$$

oder, wenn man die erste Gleichung durch $\sin b$, die zweite durch $\sin a$ dividirt:

13. $\cos a \sin b = \sin a \cos b \cos\gamma + \sin c \cos\alpha$ und
14. $\cos b \sin a = \sin b \cos a \cos\gamma + \sin c \cos\beta.$

Die Summe der Gleichungen (13. und 14.) ist

$$(\sin a \cos b + \cos a \sin b)(1 - \cos\gamma) = \sin c(\cos\alpha + \cos\beta),$$

oder, weil $\sin a \cos b + \cos a \sin b = \sin(a + b)$,

15. $\sin(a + b)(1 - \cos\gamma) = \sin c \cos(\alpha + \cos\beta).$

Nun ist, zufolge (§. 729. 5. und 6.),

16. $\sin\gamma \sin a = \sin c \sin\alpha,$
17. $\sin\gamma \sin b = \sin c \sin\beta,$

also, wenn man die Summe und den Unterschied von (16. und 17.) nimmt:

18. $\sin\gamma(\sin a + \sin b) = \sin c(\sin\alpha + \sin\beta)$ und
19. $\sin\gamma(\sin a - \sin b) = \sin c(\sin\alpha - \sin\beta).$

Man dividire (18. und 19.) durch (15.), so findet man

20. $\dfrac{\sin\gamma}{1 - \cos\gamma} \times \dfrac{\sin a + \sin b}{\sin(a + b)} = \dfrac{\sin\alpha + \sin\beta}{\cos\alpha + \cos\beta}$ und

21. $\dfrac{\sin\gamma}{1 - \cos\gamma} \times \dfrac{\sin a - \sin b}{\sin(a + b)} = \dfrac{\sin\alpha - \sin\beta}{\cos\alpha + \cos\beta}.$

Es ist aber

22. $\dfrac{\sin\gamma}{1 - \cos\gamma} = \cot\frac{1}{2}\gamma$ (§. 345. 45.)

23. $\dfrac{\sin a + \sin b}{\sin(a + b)} = \dfrac{\cos\frac{1}{2}(a - b)}{\cos\frac{1}{2}(a + b)}$ (§. 345. 90.)

24. $\dfrac{\sin a - \sin b}{\sin(a + b)} = \dfrac{\sin\frac{1}{2}(a - b)}{\sin\frac{1}{2}(a + b)}$ (§. 345. 91),

25. $\dfrac{\sin\alpha + \sin\beta}{\cos\alpha + \cos\beta} = \tang\frac{1}{2}(\alpha + \beta)$ (§. 345. 87.),

26. $\dfrac{\sin\alpha - \sin\beta}{\cos\alpha + \cos\beta} = \tang\frac{1}{2}(\alpha - \beta)$ (§. 345. 87.).

Setzt man die Gleichungen (22. bis 26.) in (20. und 21.), so findet man

$$27. \quad \cot\tfrac{1}{2}\gamma \cdot \frac{\cos\frac{1}{2}(a-b)}{\cos\frac{1}{2}(a+b)} = \tang\tfrac{1}{2}(\alpha+\beta) \text{ und}$$

$$28. \quad \cot\tfrac{1}{2}\gamma \cdot \frac{\sin\frac{1}{2}(a-b)}{\sin\frac{1}{2}(a+b)} = \tang\tfrac{1}{2}(\alpha-\beta),$$

welches die Gleichungen (1. und 4.) im Lehrsatz giebt. Die Gleichungen (2. 3. und 5. 6.) findet man durch bloſses Weiterrücken der Buchstaben.

II. Man bezeichne die Seiten und Winkel irgend eines zu dem gegebenen gehörigen Polar-Dreiecks durch a_1, b_1, c_1, α_1, β_1, γ_1, so ist

$$29. \quad \begin{cases} a = 2\varrho - \alpha_1, & b = 2\varrho - \beta_1, & c = 2\varrho - \gamma_1, \\ \alpha = 2\varrho - a_1, & \beta = 2\varrho - b_1, & \gamma = 2\varrho - c_1, \end{cases}$$

also z. B.

$$30. \quad \begin{cases} \cot\frac{1}{2}\gamma = \cot(\varrho - \frac{1}{2}c_1) = \tang\frac{1}{2}c_1, \\ \cos\frac{1}{2}(a-b) = \cos\frac{1}{2}(\beta_1-\alpha_1) = \cos\frac{1}{2}(\alpha_1-\beta_1), \\ \cos\frac{1}{2}(a+b) = \cos(2\varrho - \frac{1}{2}(\alpha_1+\beta_1)) = -\cos\frac{1}{2}(\alpha_1+\beta_1), \\ \sin\frac{1}{2}(a-b) = \sin\frac{1}{2}(\beta_1-\alpha_1) = -\sin\frac{1}{2}(\alpha_1-\beta_1), \\ \sin\frac{1}{2}(a+b) = \sin(2\varrho - \frac{1}{2}(\alpha_1+\beta_1)) = \sin\frac{1}{2}(\alpha_1+\beta_1), \\ \tang\frac{1}{2}(\alpha+\beta) = \tang(2\varrho - \frac{1}{2}(a_1+b_1)) = -\tang\frac{1}{2}(a_1+b_1), \\ \tang\frac{1}{2}(\alpha-\beta) = \tang\frac{1}{2}(b_1-a_1) = -\tang\frac{1}{2}(a_1-b_1). \end{cases}$$

Setzt man die Gleichungen (30.) in (27. und 28.), so findet man

$$\tang\tfrac{1}{2}c_1 \times -\frac{\cos\frac{1}{2}(\alpha_1-\beta_1)}{\cos\frac{1}{2}(\alpha_1+\beta_1)} = -\tang\tfrac{1}{2}(a_1+b_1) \text{ und}$$

$$\tang\tfrac{1}{2}c_1 \times \frac{-\sin\frac{1}{2}(\alpha_1-\beta_1)}{\sin\frac{1}{2}(\alpha_1+\beta_1)} = -\tang\tfrac{1}{2}(a_1-b_1), \text{ oder}$$

$$31. \quad \tang\tfrac{1}{2}c_1 \times \frac{\cos\frac{1}{2}(\alpha_1-\beta_1)}{\cos\frac{1}{2}(\alpha_1+\beta_1)} = \tang\tfrac{1}{2}(a_1+b_1) \text{ und}$$

$$32. \quad \tang\tfrac{1}{2}c_1 \times \frac{\sin\frac{1}{2}(\alpha_1-\beta_1)}{\sin\frac{1}{2}(\alpha_1+\beta_1)} = \tang\tfrac{1}{2}(a_1-b_1).$$

Da nun das Polar-Dreieck eben sowohl ein Raum-Dreieck ist, als das gegebene, so ist auch für dieses letztere, vermöge (31. und 32.),

$$33. \quad \tang\tfrac{1}{2}c \cdot \frac{\cos\frac{1}{2}(\alpha-\beta)}{\cos\frac{1}{2}(\alpha+\beta)} = \tang\tfrac{1}{2}(a+b) \text{ und}$$

$$34. \quad \tang\tfrac{1}{2}c \cdot \frac{\sin\frac{1}{2}(\alpha-\beta)}{\sin\frac{1}{2}(\alpha+\beta)} = \tang\tfrac{1}{2}(a-b),$$

welches die Gleichungen (7. und 10.) im Lehrsatz giebt. Die Gleichungen (8. 9. und 11. 12.) findet man durch bloſses Weiterrücken der Buchstaben.

738.

Erläuterung. *Vermittelst der auflösenden Gleichungen zwischen vier Bestimmungs-Stücken eines Raum-Dreiecks (§. 729.) und derjenigen zwischen fünf Bestimmungs-Stücken (§. 737.) kann man nun die verschiedenen Aufgaben: aus drei gegebenen Bestimmungs-Stücken die übrigen zu finden, auflösen.*

Es sind folgende:

Gegeben:	*Gesucht:*
Drei Seiten,	1. *Ein Winkel;*
Zwei Seiten und ein anliegender Winkel,	2. *Der andere anliegende Winkel,*
	3. *Der eingeschlossene Winkel,*
	4. *Die dritte Seite;*
Zwei Seiten und der eingeschlossene Winkel,	5. *Ein zweiter Winkel;*
	6. *Die dritte Seite;*
Eine Seite und die beiden anliegenden Winkel,	7. *Der dritte Winkel,*
	8. *Eine zweite Seite;*
Eine Seite, ein anliegender und ein abliegender Winkel,	9. *Der dritte Winkel;*
	10. *Die zwischen den beiden Winkeln liegende Seite;*
	11. *Die dritte Seite;*
Drei Winkel,	12. *Eine Seite.*

Nur die sechs ersten Aufgaben darf man unmittelbar auflösen. Die Auflösung der sechs anderen folgt daraus, wie sich weiterhin zeigen wird, mit Hülfe eines Polar-Dreiecks, ohne Rechnung. Der folgende Paragraph enthält daher zunächst nur die Auflösung der sechs ersten Aufgaben.

739.

Aufgabe. I. *Aus den gegebenen drei Seiten* a, b, c *eines beliebigen Raum-Dreiecks einen seiner Winkel* α, β, γ *zu finden.*

Erste Auflösung. *A.* Die auflösende Gleichung (1. §. 729.) giebt z. B. unmittelbar

$$1.\quad \cos\alpha = \frac{\cos a - \cos b \cos c}{\sin b \sin c},$$

also einen Winkel aus den drei Seiten.

Zweite Auflösung. *B.* Die Gleichung (1.) ist, wenn man mit Logarithmen rechnen will, nicht bequem. Man findet bequemere, wie folgt:

Die Winkel eines Raum-Dreiecks sind immer grösser als Null und kleiner als 2ϱ oder π, d. h., sie liegen zwischen 0 und π. Es ist daher für jeden beliebigen Winkel eines Raum-Dreiecks, z. B. für den Winkel α, gemäfs (§. 345. 40.),

2. $\sin\frac{1}{2}\alpha = +\sqrt{\left(\frac{1-\cos\alpha}{2}\right)}$ und folglich,

$$\operatorname{cosec}\tfrac{1}{2}\alpha = +\frac{\sqrt{(2(1+\cos\alpha))}}{\sin\alpha},$$ oder auch, weil

$$\sin\alpha = 2\sin\tfrac{1}{2}\alpha\cos\tfrac{1}{2}\alpha \text{ und } \operatorname{cosec}\tfrac{1}{2}\alpha = \frac{1}{\sin\frac{1}{2}\alpha},$$

$$\frac{1}{\sin\frac{1}{2}\alpha} = +\frac{\sqrt{(2(1+\cos\alpha))}}{2\sin\frac{1}{2}\alpha\cos\frac{1}{2}\alpha},$$ also

$$2\cos\tfrac{1}{2}\alpha = +\sqrt{(2(1+\cos\alpha))},$$ oder

3. $\cos\frac{1}{2}\alpha = +\sqrt{\left(\frac{1+\cos\alpha}{2}\right)}$.

Setzt man in (2. und 3.) den Ausdruck (1.) von $\cos\alpha$, so findet man

4. $\sin\frac{1}{2}\alpha = +\sqrt{\left(\frac{\sin b\sin c - \cos a + \cos b\cos c}{2\sin b\sin c}\right)}$ und

5 $\cos\frac{1}{2}\alpha = +\sqrt{\left(\frac{\sin b\sin c + \cos a - \cos b\cos c}{2\sin b\sin c}\right)}$,

oder, weil $\cos b\cos c + \sin b\sin c = \cos(b-c)$ und $\cos b\cos c - \sin b\sin c = \cos(b+c)$,

6. $\sin\frac{1}{2}\alpha = +\sqrt{\left(\frac{\cos(b-c) - \cos a}{2\sin b\sin c}\right)}$ und

7. $\cos\frac{1}{2}\alpha = +\sqrt{\left(\frac{\cos a - \cos(b+c)}{2\sin b\sin c}\right)}$.

Es ist aber

8. $\cos x - \cos y = 2\sin\frac{1}{2}(y+x)\sin\frac{1}{2}(y-x)$ (§. 345. 76.),

also ist

9. $\begin{cases}\cos(b-c) - \cos a = 2\sin\frac{1}{2}(a+b-c)\sin\frac{1}{2}(a-b+c) \text{ und}\\ \cos a - \cos(b+c) = 2\sin\frac{1}{2}(a+b+c)\sin\frac{1}{2}(b+c-a),\end{cases}$

und folglich in (6. und 7.)

10. $\sin\frac{1}{2}\alpha = +\sqrt{\left(\frac{\sin\frac{1}{2}(a+b-c)\sin\frac{1}{2}(a-b+c)}{\sin b\sin c}\right)}$,

11. $\cos\frac{1}{2}\alpha = +\sqrt{\left(\frac{\sin\frac{1}{2}(a+b+c)\sin\frac{1}{2}(b+c-a)}{\sin b\sin c}\right)}$.

Da $\frac{\sin\frac{1}{2}\alpha}{\cos\frac{1}{2}\alpha} = \operatorname{tang}\frac{1}{2}\alpha$, so ist auch

12. $\operatorname{tang}\frac{1}{2}\alpha = +\sqrt{\left[\frac{\sin\frac{1}{2}(a+b-c)\sin\frac{1}{2}(a-b+c)}{\sin\frac{1}{2}(a+b+c)\sin\frac{1}{2}(b+c-a)}\right]}$.

Desgleichen ist, weil $2\sin\frac{1}{2}\alpha\cos\frac{1}{2}\alpha = \sin\alpha$,

$$13.\quad \sin\alpha = \frac{+2\sqrt{[\sin\frac{1}{2}(a+b+c)\sin\frac{1}{2}(a+b-c)\sin\frac{1}{2}(a-b+c)\sin(b+c-a)]}}{\sin b\sin c}.$$

Dieses Letztere stimmt mit (§. 729. 33.) überein, denn es ist daselbst

$$14.\quad 1-\cos a^2-\cos b^2-\cos c^2+2\cos a\cos b\cos c = 4\sin\tfrac{1}{2}(a+b+c)\sin\tfrac{1}{2}(a+b-c)\sin\tfrac{1}{2}(a-b+c)\sin\tfrac{1}{2}(b+c-a)$$

(§. 345. 131.). Bezeichnet man also, der Kürze wegen,

$$15.\quad \begin{cases}\sin\frac{1}{2}(a+b+c) \text{ durch } p,\\ \sin\frac{1}{2}(a+b-c) \text{ durch } q,\\ \sin\frac{1}{2}(b+c-a) \text{ durch } r,\\ \sin\frac{1}{2}(c+a-b) \text{ durch } s,\end{cases}$$

so ist

$$16.\quad \sin\tfrac{1}{2}\alpha = +\sqrt{\left(\frac{qs}{\sin b\sin c}\right)},$$

$$17.\quad \cos\tfrac{1}{2}\alpha = +\sqrt{\left(\frac{pr}{\sin b\sin c}\right)},$$

$$18.\quad \tang\tfrac{1}{2}\alpha = +\sqrt{\left(\frac{qs}{pr}\right)},$$

$$19.\quad \sin\alpha = \frac{+2\sqrt{(pqrs)}}{\sin b\sin c}.$$

Nach diesen Ausdrücken (16. 17. 18. 19.) läſst sich, weil sie nur Producte und Wurzelgröſsen enthalten, bequemer als nach (1.), aus den drei Seiten eines Raum-Dreiecks, einer seiner Winkel, vermittelst Logarithmen berechnen.

Dritte Auflösung. C. Wenn die Seiten a, b, c eines Raum-Dreiecks sehr klein sind, so kann man

α) die Bogen a, b, c näherungsweise für ihre Sinus, also p, q, r, s (15.) für $\frac{1}{2}(a+b+c)$, $\frac{1}{2}(a+b-c)$, $\frac{1}{2}(b+c-a)$, $\frac{1}{2}(c+a-b)$ nehmen, das heiſst: man kann das dem Raum-Dreieck zugehörige Kugel-Dreieck als ein geradliniges betrachten, dessen Seiten a, b, c sind. Die Ausdrücke (16. 17. 18. 19.) müssen also in diejenigen für ein geradliniges Dreieck in der Ebene (§. 360. 81. 82. 83. und 80.) übergehen, welches auch, wie leicht zu sehen, der Fall ist.

β) Will man eine stärkere Näherung haben, so muſs man nicht genau die Sinus ihren Bogen gleich setzen, sondern von den Reihen, welche die Sinus und Cosinus durch die Bogen ausdrücken, noch eins oder einige Glieder mehr beibehalten.

Es ist, für den Halbmesser 1 und für einen beliebigen Winkel x,

$$20.\quad \begin{cases}\sin x = x-\dfrac{x^3}{2.3}+\dfrac{x^5}{2.3.4.5}-\dfrac{x^7}{2.3\ldots7}+\ldots \text{ (§. 345. 146.)},\\[2ex] \cos x = 1-\dfrac{x^2}{2}+\dfrac{x^4}{2.3.4}-\dfrac{x^6}{2.3\ldots6}+\ldots \text{ (§. 345. 147.)},\end{cases}$$

also für den Halbmesser r, den die Kugel haben mag, in welcher man sich das gegebene Raum-Dreieck, mit den Winkeln *a*, *b*, *c* zu Seiten, vorstellt,

$$21. \begin{cases} \sin\frac{x}{r} = \frac{x}{r} - \frac{x^3}{2.3r^3} + \frac{x^5}{2.3.4.5.r^5} - \frac{x^7}{2.3\ldots.7.r^7}\ldots\ldots \\ \cos\frac{x}{r} = 1 - \frac{x^2}{2r^2} + \frac{x^4}{2.3.4.r^4} - \frac{x^6}{2.3.4\ldots6.r^6} + \frac{x^8}{2.3\ldots.8r^8}\ldots\ldots \end{cases}$$

Wenn nun die Seiten des gegebenen Kugel-Dreiecks sehr klein sind, so ist x, welches die Bogen der Seiten des Dreiecks ausdrückt, gegen r sehr klein, und folglich convergiren die Reihen (21.) sehr stark. Man wird also, wenn man dieselben, statt der Sinus und Cosinus der Seiten des Dreiecks, z. B. in den Ausdruck (1.) setzt, schon eine starke Näherung erhalten, wenn man z. B. von $\sin\frac{x}{r}$ die beiden ersten, und von $\cos\frac{x}{r}$ die drei ersten Glieder der Reihen beibehält, und nur die übrigen, noch kleineren Glieder der Reihen wegläſst.

Man findet, wenn man auf diese Weise die Reihe (21.) z. B. in den Ausdruck von $\cos\alpha$ (1.) setzt:

$$\cos\alpha = \frac{1-\frac{a^2}{2r^2}+\frac{a^4}{2.3.4r^4}-\left(1-\frac{b^2}{2r^2}+\frac{b^4}{2.3.4.r^4}\right)\left(1-\frac{c^2}{2r^2}+\frac{c^4}{2.3.4.r^4}\right)}{\left(\frac{b}{r}-\frac{b^3}{2.3.r^3}\right)\left(\frac{c}{r}-\frac{c^3}{2.3r^3}\right)},$$

oder

$$\cos\alpha = \frac{1-\frac{a^2}{2r^2}+\frac{a^4}{2.3.4.r^4}-1+\frac{c^2}{2r^2}-\frac{c^4}{2.3.4.r^4}+\frac{b^2}{2r^2}-\frac{b^2c^2}{4r^4}+\frac{b^2c^4}{4.3.4r^6} - \frac{b^4}{2.3.4r^4}+\frac{b^4c^2}{4.3.4.r^6}-\frac{b^4c^4}{2^2.3^2.4^2r^8}}{\frac{bc}{r^2}\left(1-\frac{c^2}{2.3.r^2}-\frac{b^2}{2.3.r^2}+\frac{b^2c^2}{2^2 3^2 r^4}\right)},$$

oder, wenn man die Glieder, welche eine höhere Potenz von r, als die vierte, im Divisor haben, als sehr klein gegen die übrigen, oben und unten wegläſst,

$$\cos\alpha = \frac{\frac{b^2+c^2-a^2}{2r^2}+\frac{a^4-b^4-c^4}{24r^4}-\frac{b^2c^2}{4r^4}}{\frac{bc}{r^2}\left(1-\frac{b^2+c^2}{6r^2}\right)}.$$

Man multiplicire den Bruch rechterhand oben und unten mit $1+\frac{b^2+c^2}{6r^2}$, so findet man

$$\cos\alpha = \frac{\frac{b^2+c^2-a^2}{2r^2}+\frac{a^4-b^4-c^4}{24r^4}-\frac{b^2c^2}{4r^4}+\frac{b^4+b^2c^2-b^2a^2+b^2c^2+c^4-a^2c^2}{12r^4} + \left(\frac{a^4-b^4-c^4}{24r^4}-\frac{b^2c^2}{4r^4}\right)\left(\frac{b^2+c^2}{6r^2}\right)}{\frac{bc}{r^2}\left(1-\left(\frac{b^2+c^2}{6r^2}\right)^2\right)},$$

oder, wenn man im Zähler und Nenner die Glieder, welche eine hö-

höre

here Potenz von r als die vierte enthalten, als sehr klein gegen die übrigen wegläfst, und den Zähler zugleich reducirt,

$$\cos\alpha = \frac{\frac{b^2+c^2-a^2}{2r^2} + \frac{a^4+b^4+c^4-2a^2b^2-2b^2c^2-2c^2a^2}{24r^4}}{\frac{bc}{r^2}}, \text{ oder}$$

$$22.\quad \cos\alpha = \frac{b^2+c^2-a^2}{2bc} + \frac{a^4+b^4+c^4-2a^2b^2-2b^2c^2-2c^2a^2}{24bcr^2}.$$

Nun stelle man sich ein Dreieck in der Ebene vor, dessen Seiten so lang sind, als die Bogen a, b, c, und bezeichne die, den Seiten a, b, c gegenüberliegenden Winkel dieses Dreiecks durch A, B, C, so ist z. B.

$$23.\quad \cos A = \frac{b^2+c^2-a^2}{2bc} \quad (\S.\ 369.\ 79.),$$

und folglich ist $1 - \cos A^2$, oder

$$\sin A^2 = \frac{4b^2c^2-(b^2+c^2-a^2)^2}{4b^2c^2}, \text{ oder}$$

$$\sin A^2 = \frac{4b^2c^2-b^4-c^4-a^4-2b^2c^2+2b^2a^2+2c^2a^2}{4b^2c^2}, \text{ oder}$$

$$24.\quad \sin A^2 = \frac{2a^2b^2+2b^2c^2+2c^2a^2-a^4-b^4-c^4}{4b^2c^2}.$$

Also kann, vermöge (22.), $\cos\alpha$, wie folgt, ausgedrückt werden:

$$25.\quad \cos\alpha = \cos A - \sin A^2.\frac{bc}{6r^2}.$$

Man setze

$$26.\quad \alpha = A + x,$$

so ist

$$\cos\alpha = \cos A\cos x - \sin A\sin x, \text{ oder}$$

$$27.\quad \cos\alpha = \cos A\left(1-\frac{x^2}{2}+\frac{x^4}{2.3.4}\ldots\right) - \sin A\left(x-\frac{x^3}{2.3}\ldots\right)\ (20.).$$

Da nun x oder die Differenz zwischen dem Winkel α des Kugel-Dreiecks mit den sehr kleinen Seiten a, b, c und dem Winkel A eines geradlinigen Dreiecks, dessen Seiten eben so lang sind, nur sehr klein seyn kann, weil sich, wenn man bei dem ersten Grade der Näherung (α.) stehen bleibt, sogar das eine Dreieck für das andere selbst nehmen läfst, so kann man die Potenzen von x, welche höher sind als die erste, in (27.) weglassen. Mithin ist näherungsweise:

$$28.\quad \cos\alpha = \cos A - x\sin A.$$

Ziehet man diese Gleichung von der Gleichung (25.) ab, so findet man

$$o = -\sin A^2\frac{bc}{6r^2} + x\sin A,$$

woraus folgt:

$$29.\quad x = \frac{bc}{6r^2}.\sin A.$$

Nun ist der Inhalt des geradlinigen Dreiecks, dessen Seiten so lang sind als die Seiten des gegebenen Kugel-Dreiecks, und der durch Δ bezeichnet werden mag,

$$30.\quad \Delta = \tfrac{1}{2}bc\sin A.$$

Es ist also, vermöge (29.),

$$31.\quad x = \frac{\Delta}{3r^2},$$

mithin, zufolge (26.),

$$32. \quad \alpha = A + \frac{\Delta}{3r^2}.$$

Hieraus folgt, dafs man die Bogen der Winkel eines Kugel-Dreiecks mit sehr kleinen Seiten, für den Halbmesser 1, schon viel genauer findet, wenn man, nachdem man das Kugel-Dreieck, wie bei der ersten Näherung (α.), als ein ebenes, dessen Seiten so lang, als die Kreisbogen des Kugel-Dreiecks sind, betrachtet, und die Winkel dieses Dreiecks berechnet hat, nunmehr noch den Quotienten des Inhalts des ebenen Dreiecks durch das dreifache Quadrat des Halbmessers der Kugel, den Bogen, welche die Winkel des ebenen Dreiecks messen, zulegt. Dieser Satz ist von Legendre.

D. Wenn zwei Seiten eines Raum-Dreiecks, jede zwei rechten Winkeln sehr nahe kommen, die dritte Seite also sehr klein ist, so sind alle drei Seiten des Neben-Raum-Dreiecks (§. 485.), welches die sehr kleine Seite mit dem gegebenen Dreieck gemein hat, sehr klein. Also können die Winkel des Neben-Raum-Dreiecks nach *C* (α. und β.) gefunden werden, folglich auch die Winkel des gegebenen Dreiecks.

Vierte Auflösung. E. Wenn zwei von den gegebenen drei Seiten eines Raum-Dreiecks, z. B. a und b, rechten Winkeln sehr nahe kommen, und man sucht aus denselben und der dritten beliebigen Seite c den von a und b eingeschlossenen Winkel γ, so kann man näherungsweise auch, wie folgt, verfahren:

Es ist im Allgemeinen, zufolge (1.),

$$33. \quad \cos\gamma = \frac{\cos c - \cos a \cos b}{\sin a \sin b}.$$

Man setze

$$34. \quad a = \varrho + a_1, \quad b = \varrho + b_1, \quad \gamma = c + \nu,$$

so ist

$$35. \quad \begin{cases} \cos a = -\sin a_1, & \cos b = -\sin b_1, \\ \sin a = \cos a_1, & \sin b = \cos b_1, \end{cases}$$

also in (33.)

$$36. \quad \cos(c+\nu) = \frac{\cos c - \sin a_1 \sin b_1}{\cos a_1 \cos b_1}.$$

Bedient man sich nun der Reihen (20.), so kann man, weil a und b von ϱ wenig verschieden sind, und folglich a_1 und b_1 sehr klein vorausgesetzt werden, die Glieder mit höheren Potenzen von a_1 und b_1, z. B. mit höheren Potenzen als die vierte, weglassen, und blofs setzen:

$$37. \quad \begin{cases} \sin a_1 = a_1 - \dfrac{a_1^3}{2.3}, & \cos a_1 = 1 - \dfrac{a_1^2}{2}, \\ \sin b_1 = b_1 - \dfrac{b_1^3}{2.3}, & \cos b_1 = 1 - \dfrac{b_1^2}{2}. \end{cases}$$

Dieses giebt in (36.)

$$38. \quad \cos(c+\nu) = \frac{\cos c - \left(a_1 - \dfrac{a_1^3}{2.3}\right)\left(b_1 - \dfrac{b_1^3}{2.3}\right)}{\left(1 - \dfrac{a_1^2}{2}\right)\left(1 - \dfrac{b_1^2}{2}\right)},$$

und, wenn man multiplicirt und wiederum die Glieder mit vier und mehr Abmessungen von a_1 und b_1, als sehr klein gegen die übrigen, wegläſst,

$$39. \quad \cos(c+v) = \frac{\cos c - a_1 b_1}{1 - \frac{a_1^2}{2} - \frac{b_1^2}{2}},$$

und, wenn man oben und unten mit $1 + \frac{a_1^2}{2} + \frac{b_1^2}{2}$ multiplicirt,

$$\cos(c+v) = \frac{\cos c\left(1 + \frac{a_1^2}{2} + \frac{b_1^2}{2}\right) - a_1 b_1 \left(1 + \frac{a_1^2}{2} + \frac{b_1^2}{2}\right)}{1 - \left(\frac{a_1^2}{2} + \frac{b_1^2}{2}\right)^2},$$

also, wenn man abermals die Glieder mit vier und mehr Abmessungen von a_1 und b_1 wegläſst,

$$40. \quad \cos(c+v) = \cos c\left(1 + \frac{a_1^2}{2} + \frac{b_1^2}{2}\right) - a_1 b_1.$$

Nun ist

$$\cos(c+v) = \cos c \cos v - \sin c \sin v, \text{ oder}$$

$$41. \quad \cos(c+v) = \cos c\left(1 - \frac{v^2}{2} + \frac{v^4}{2.3.4} \ldots\right) - \sin c\left(v - \frac{v^3}{2.3} \ldots\right).$$

Es wird aber auch γ von c sehr wenig verschieden, also v sehr klein seyn. Also kann man die höheren Potenzen von v, als die erste, gegen diese und gegen 1 weglassen. Dieses giebt in (41.)

$$42. \quad \cos(c+v) = \cos c - v \sin c, \text{ also in (40.)}$$

$$\cos c - v \sin c = \cos c . \left(1 + \frac{a_1^2}{2} + \frac{b_1^2}{2}\right) - a_1 b_1, \text{ oder}$$

$$43. \quad v \sin c = a_1 b_1 - \cos c . \left(\frac{a_1^2 + b_1^2}{2}\right), \text{ oder}$$

$$v \sin c = \tfrac{1}{4}(a_1 + b_1)^2 - \tfrac{1}{4}(a_1 - b_1)^2 - \cos c\left(\tfrac{1}{4}(a_1 + b_1)^2 + \tfrac{1}{4}(a_1 + b_1)^2\right),$$

oder

$$v = \tfrac{1}{4}(a_1 + b_1)^2 . \frac{1 - \cos c}{\sin c} - \tfrac{1}{4}(a_1 - b_1)^2 . \frac{1 + \cos c}{\sin c},$$

oder, vermöge (§. 345. 45.),

$$v = \tfrac{1}{4}(a_1 + b_1)^2 \tang \tfrac{1}{2} c - \tfrac{1}{4}(a_1 - b_1)^2 \cot \tfrac{1}{2} c,$$

oder, vermöge (34.),

$$44. \quad \gamma = c + \tfrac{1}{4}(a + b - 2\varrho)^2 \tang \tfrac{1}{2} c - \tfrac{1}{4}(a - b)^2 \cot \tfrac{1}{2} c.$$

Dieser Ausdruck giebt aus den positiven oder negativen Ueberschüssen der beiden Raum-Dreiecks-Seiten über rechte Winkel, im Fall diese Abweichungen sehr klein sind, und aus der dritten beliebigen Seite c, näherungsweise, den Ueberschuſs v des gesuchten Winkels γ, zwischen den Seiten a und b, über die Seite c.

Anmerkung. Die Aufgabe: aus den drei Seiten eines Kugel-Dreiecks einen seiner Winkel zu finden, kommt unter anderen in der Erdmessung, bei Reduction schiefliegender Winkel auf den Horizont, vor. Es sey nemlich BAC (Fig. 329.) ein nicht im Horizont liegender Winkel, und BA_1C der Horizont, so wird der schiefliegende Winkel BAC, nebst den Neigungen seiner

Schenkel CA und BA gegen horizontale Linien durch A, wovon die Complemente die Winkel BAA_1 und CAA_1 der schiefen Schenkel gegen eine senkrechte Linie AA_1 durch A sind, gemessen. Gesucht wird die Projection CA_1B des schiefliegenden Winkels auf den Horizont, welche nichts Anderes ist als der Winkel zwischen den auf den Horizont senkrechten Ebenen CAA_1 und BAA_1. Es sind also in dem Raum-Dreieck BAA_1C, dessen Scheitel in A liegt, die drei Seiten BAC, BAA_1 und CAA_1 gegeben, und der Winkel CA_1B wird gesucht. Man findet denselben durch die obigen Ausdrücke (*A.* oder *B.*). Sind die Neigungen der Schenkel des schiefliegenden Winkels gegen den Horizont sehr klein, oder die Seiten BAA_1 und CAA_1 des Raum-Dreiecks BAA_1C sehr wenig von rechten Winkeln unterschieden, so kann man nach dem Ausdruck (*E.* 44.) rechnen.

Aufgabe II. *Aus zwei Seiten und einem anliegenden Winkel eines Raum-Dreiecks den anderen anliegenden Winkel zu finden.*

Auflösung. Die auflösende Gleichung (§. 729. 4.) giebt z. B. unmittelbar

$$45. \quad \sin\beta = \frac{\sin\alpha \sin b}{\sin a} \text{ und } \sin\alpha = \frac{\sin\beta \sin a}{\sin b},$$

wonach auch bequem mit Logarithmen zu rechnen ist.

Aufgabe III. *Aus zwei Seiten und einem anliegenden Winkel eines Raum-Dreiecks, den von den beiden gegebenen Seiten eingeschlossenen Winkel zu finden*, z. B. γ aus a, b und α.

Erste Auflösung. *A.* Die auflösende Gleichung (§. 729. 7.) giebt

$$46. \quad \cos\gamma \cos b = \cot a \sin b - \sin\gamma \cot\alpha, \text{ oder}$$

$$(1 - \sin\gamma^2) \cos b^2$$
$$= \cot a^2 \sin b^2 - 2 \cot a \sin b \sin\gamma \cot\alpha + \sin\gamma^2 \cot\alpha^2, \text{ oder}$$
$$\sin\gamma^2 (\cot\alpha^2 + \cos b^2) - 2 \cot\alpha \cot a \sin b \sin\gamma + \cot a^2 \sin b^2 + \sin b^2 - 1 = 0, \text{ oder}$$
$$\sin\gamma^2 - \frac{2 \cot\alpha \cot a \sin b}{\cot\alpha^2 + \cos b^2} \sin\gamma + \frac{\sin b^2 \operatorname{cosec} a^2 - 1}{\cot\alpha^2 + \cos b^2} = 0, \text{ also}$$

$$47.\quad \sin\gamma = \frac{\left\{\begin{matrix}\cot\alpha\cot a\sin b \pm \sqrt{[\cot\alpha^2\cot a^2\sin b^2} \\ + (1-\sin b^2\,\mathrm{cosec}\,a^2)(\cot\alpha^2+\cos b^2)]\end{matrix}\right\}}{\cot\alpha^2+\cos b^2}.$$

Die Gröſse unter dem Wurzelzeichen ist

$$\cot\alpha^2\cot a^2\sin b^2+\cot\alpha^2+\cos b^2-\sin b^2\,\mathrm{cosec}\,a^2(\cot\alpha^2+\cos b^2)$$
$$= \cot\alpha^2\cot a^2\sin b^2 - \cot\alpha^2\,\mathrm{cosec}\,a^2\sin b^2$$
$$+\cos b^2(1-\sin b^2\,\mathrm{cosec}\,a^2)+\cot\alpha^2$$
$$= -\cot\alpha^2\sin b^2 + \cos b^2(1-\sin b^2-\sin b^2\cot a^2)+\cot\alpha^2$$
$$= \cot\alpha^2\cos b^2+\cos b^4-\cot\alpha^2\cos b^2\sin b^2,$$
$$= \cot\alpha^2\cos b^4+\cos b^4,$$
$$= \cos b^4\,\mathrm{cosec}\,\alpha^2.$$

Also ist in (47.)

$$\sin\gamma = \frac{\cot\alpha\cot a\sin b \pm \cos b^2\,\mathrm{cosec}\,\alpha}{\cot\alpha^2+\cos b^2},\text{ oder}$$

$$\sin\gamma = \frac{\cos\alpha\cot a\sin b \pm \cos b^2}{\sin\alpha(\cot\alpha^2+\cos b^2)}.$$

Da nun, wie aus den Gleichungen (§. 729. 7. und 10.) zu sehen, a und b, α und β, verwechselt werden können, so ist auch, vermöge der letzten Gleichung, durch Verwechselung von a und b, α und β:

$$\sin\gamma = \frac{\cos\beta\cot b\sin a \pm \cos a^2}{\sin\beta(\cot\beta^2+\cos a^2)},$$

also zusammengenommen

$$48.\quad \sin\gamma = \frac{\cos\alpha\cot a\sin b \pm \cos b^2}{\sin\alpha(\cot\alpha^2+\cos b^2)} = \frac{\cos\beta\cot b\sin a \pm \cos a^2}{\sin\beta(\cot\beta^2+\cos a^2)}.$$

Diese Gleichungen geben das Verlangte. Das doppelte Zeichen kommt daher, daſs in diesem Falle mit den gegebenen Stücken zwei Dreiecke möglich sind (§. 480. III.).

Zweite Auflösung. *B.* Die Gleichung (48.) ist, wenn man mit Logarithmen rechnen will, nicht bequem. Bequemere findet man, wie folgt:

Man setze:

$$49.\quad \cos b\,\mathrm{tang}\,\alpha = \mathrm{tang}\,x,$$

wo x ein Hülfswinkel ist, der sich, vermöge der Voraussetzung (49.), und zwar aus den gegebenen Stücken leicht durch Logarithmen berechnen läſst.

Die Gleichung (49.) giebt

$$\mathrm{tang}\,\alpha = \frac{\mathrm{tang}\,x}{\cos b},\text{ oder}$$

$$50.\quad \cot\alpha = \cos b\cot x = \cos b\frac{\cos x}{\sin x}.$$

Setzt man dieses statt $\cot\alpha$ in die auflösende Gleichung (§. 729. 7.), so findet man

$$\cot a \sin b = \cos b \cos\gamma + \sin\gamma \cos b \frac{\cos\varkappa}{\sin\varkappa}, \text{ oder}$$

$$\cot a \sin b = \frac{\cos b}{\sin\varkappa}(\cos\gamma \sin\varkappa + \cos\varkappa \sin\gamma),$$

und, weil $\cos\gamma \sin\varkappa + \cos\varkappa \sin\gamma = \sin(\gamma + \varkappa)$ ist,

$$\sin(\gamma+\varkappa)\frac{\cos b}{\sin\varkappa} = \cot a \sin b, \text{ oder}$$

$$51. \quad \sin(\gamma+\varkappa) = \sin\varkappa \,.\, \frac{\tang b}{\tang a}.$$

Da nun der Hülfswinkel $\varkappa$ aus den gegebenen Stükken, vermöge (49.), berechnet werden kann, so wird aus der Gleichung (51.), und zwar wiederum bequem durch Logarithmen, $\gamma + \varkappa$, und wenn man davon $\varkappa$ abziehet, der gesuchte Winkel γ gefunden,

Wenn man a und b, α und β verwechselt, so findet man γ aus a, b und β.

Aufgabe IV. *Aus zwei Seiten und einem anliegenden Winkel eines Raum-Dreiecks die dritte Seite zu finden*, z. B. c aus a, b und α, oder aus a, b und β.

Erste Auflösung. A. Die auflösende Gleichung (§. 729. 1.) giebt

$$\cos b \cos c = \cos a - \sin b \sin c \cos\alpha, \text{ oder}$$

$$(1 - \sin c^2)\cos b^2$$
$$= \cos a^2 - 2\cos a \sin b \sin c \cos\alpha + \sin b^2 \sin c^2 \cos\alpha^2, \text{ oder}$$
$$\sin c^2(\sin b^2 \cos\alpha^2 + \cos b^2) - 2\sin c \cos a \sin b \cos\alpha$$
$$+ \cos a^2 - \cos b^2 = 0, \text{ oder}$$

$$\sin c^2 - 2\sin c\frac{\cos a \sin b \cos\alpha}{\cos b^2 + \sin b^2 \cos\alpha^2} + \frac{\cos a^2 - \cos b^2}{\cos b^2 + \sin b^2 \cos\alpha^2} = 0,$$

also

$$52. \quad \sin c = \frac{\left\{\begin{matrix}\cos a \sin b \cos\alpha \pm \sqrt{[\cos a^2 \sin b^2 \cos\alpha^2} \\ + (\cos b^2 - \cos a^2)(\cos b^2 + \sin b^2 \cos\alpha^2)]\end{matrix}\right\}}{\cos b^2 \sin b^2 \cos\alpha^2}.$$

Die Gröſse unter dem Wurzelzeichen ist

$$\cos a^2 \sin b^2 \cos\alpha^2 + \cos b^4 + \cos b^2 \sin b^2 \cos\alpha^2 - \cos a^2 \cos b^2$$
$$- \cos a^2 \sin b^2 \cos\alpha^2$$
$$= \cos b^2(\cos b^2 + \sin b^2 \cos\alpha^2 - \cos a^2)$$
$$= \cos b^2(1 - \sin b^2 + \sin b^2 \cos\alpha^2 - 1 + \sin a^2)$$
$$= \cos b^2(\sin a^2 - \sin b^2 + \sin b^2 \cos\alpha^2)$$
$$= \cos b^2(\sin a^2 - \sin b^2 \sin\alpha^2),$$

also ist in (52.)

$$\sin c = \frac{\cos a \sin b \cos\alpha \pm \cos b\sqrt{(\sin a^2 - \sin b^2 \sin\alpha^2)}}{\cos b^2 + \sin b^2 \cos\alpha^2},$$

oder, weil der Nenner auch $1 - \sin b^2 + \sin b^2 \cos \alpha^2 = 1 - \sin b^2 \sin \alpha^2$ ist,

$$53.\quad \sin c = \frac{\cos a \sin b \cos \alpha \pm \cos b \sqrt{(\sin a^2 - \sin b^2 \sin \alpha^2)}}{1 - \sin b^2 \sin \alpha^2}.$$

Das doppelte Zeichen kommt daher, daſs in diesem Falle mit den gegebenen Stücken zwei Dreiecke möglich sind (§. 480. III.). Man kann wieder a, b, α und β verwechseln, und findet dann c aus a, b und β.

Zweite Auflösung. B. Will man sich der Logarithmen bedienen, für welche der Ausdruck (53.) nicht bequem ist, so kann man aus den gegebenen Stücken erst, wie in der dritten Aufgabe (*B.*), den zwischen den gegebenen Seiten eingeschlossenen Winkel berechnen, und dann geben die auflösenden Gleichungen (§. 729. II.) die gesuchte Seite, wie folgt:

$$54.\quad \sin c = \frac{\sin a}{\sin \alpha} \sin \gamma = \frac{\sin b}{\sin \beta} \sin \gamma.$$

Dritte Auflösung. C. Oder man kann auch das Verlangte vermittelst eines Hülfs-Winkels, ohne die dritte Aufgabe zu Hülfe zu nehmen, unmittelbar finden.

Man setze z. B.

$$55.\quad \cos \alpha \tang b = \tang k,$$

wo k, wie in der dritten Aufgabe, ein Hülfswinkel ist. Aus der Gleichung (55.) folgt, $\cos \alpha \sin b = \frac{\sin k}{\cos k} \cos b$.

Dieses setze man in die auflösende Gleichung (§. 729. 1.), nemlich in

$$56.\quad \cos a = \cos b \cos c + \sin b \sin c \cos \alpha,$$

so findet man

$$\cos a = \cos b \cos c + \sin c \cos b \frac{\sin k}{\cos k}, \text{ oder}$$

$$\cos a = \frac{\cos b}{\cos k}(\cos c \cos k + \sin c \sin k),$$

oder, weil $\cos c \cos k + \sin c \sin k = \cos(c - k)$ ist,

$$\cos a = \frac{\cos b \cos(c - k)}{\cos k}, \text{ also}$$

$$57.\quad \cos(c - k) = \frac{\cos a}{\cos b} \cos k.$$

Da nun der Hülfswinkel k aus den gegebenen Stükken, vermöge (55.), berechnet werden kann, so wird aus der Gleichung (57.), und zwar bequem durch Logarithmen, $c - k$, und wenn man dazu k thut, die gesuchte Seite c gefunden.

Für den anderen Fall der Aufgabe verwechselt man a und b, α und β.

Aufgabe V. *Aus zwei Seiten und dem eingeschlossenen Winkel eines Raum-Dreiecks einen der beiden anderen Winkel zu finden,* z. B. α oder β aus a, b und γ.

Erste Auflösung. A. Aus den auflösenden Gleichungen (§. 729. 7 und 10.) folgt unmittelbar

$$58.\quad \cot\alpha = \frac{\cot a \sin b - \cos b \cos\gamma}{\sin\gamma} \text{ und}$$

$$\cot\beta = \frac{\cot b \sin a - \cos a \cos\gamma}{\sin\gamma}.$$

Zweite Auflösung. B. Ausdrücke, nach welchen mit Logarithmen bequemer zu rechnen ist, findet man wie folgt:

Man setze

$$59.\quad \cos\gamma \tang a = \tang k,$$

wo k, wie in der vorigen Aufgabe, ein Hülfswinkel ist, der, vermöge (59.), durch die gegebenen Gröfsen bestimmt wird. Aus der Gleichung (59.) folgt

$$60.\quad \cos\gamma \sin a = \cos a . \frac{\sin k}{\cos k}.$$

Nun ist, vermöge (58.),

$$61.\quad \cot\alpha \sin\gamma \sin a = \cos a \sin b - \cos b \sin a \cos\gamma.$$

Setzt man (60.) in (61.), so findet man

$$\cot\alpha \sin\gamma \sin a = \cos a \sin b - \cos b \cos a \frac{\sin k}{\cos k}, \text{ oder}$$

$$\cot\alpha \sin\gamma \sin a \cos k = \cos a (\cos k \sin b - \cos b \sin k),$$

oder, weil $\cos k \sin b - \cos b \sin k = \sin(b-k)$ ist,

$$\cot\alpha \sin\gamma \sin a \cos k = \cos a \sin(b-k), \text{ also}$$

$$62.\quad \cot\alpha = \frac{\cot a \sin(b-k)}{\sin\gamma \cos k}.$$

Da nun der Hülfswinkel, vermöge (59.), aus den gegebenen Stücken berechnet werden kann, so findet man aus der Gleichung (62.), und zwar bequem vermittelst Logarithmen, den Winkel α. Eben so findet man aus der zweiten Gleichung (58.), wenn man a und b, α und β verwechselt, und z. B.

$$63.\quad \cos\gamma \tang b = \tang k_1$$

setzt,

$$64.\quad \cot\beta = \frac{\cot b \sin(a-k_1)}{\sin\gamma \cos k_1}.$$

Dritte Auflösung. C. Andere Ausdrücke, nach welchen ebenfalls, und noch kürzer, mit Logarithmen zu rechnen ist, geben die **Neperschen Analogieen** (§. 737.).

Es ist nemlich z. B., zufolge (§. 737. 1. und 4.),

$$65.\quad \begin{cases} \tang \tfrac{1}{2}(\alpha+\beta) = \dfrac{\cos\frac{1}{2}(a-b)}{\cos\frac{1}{2}(a+b)}\cot\tfrac{1}{2}\gamma \text{ und} \\ \tang \tfrac{1}{2}(\alpha-\beta) = \dfrac{\sin\frac{1}{2}(a-b)}{\sin\frac{1}{2}(a+b)}\cot\tfrac{1}{2}\gamma. \end{cases}$$

Nach diesen Ausdrücken berechnet man z. B. aus den gegebenen Stücken a, b und γ die halbe Summe $\frac{1}{2}(\alpha+\beta)$ und den halben Unterschied $\frac{1}{2}(\alpha-\beta)$ der beiden gesuchten Winkel α und β, und alsdann ist

$$\alpha = \tfrac{1}{2}(\alpha+\beta) + \tfrac{1}{2}(\alpha-\beta) \text{ und}$$
$$\beta = \tfrac{1}{2}(\alpha+\beta) - \tfrac{1}{2}(\alpha-\beta).$$

Vierte Auflösung. *D.* Für den Fall, wenn eine von den gegebenen Seiten gegen die andere sehr klein ist.

Man setze folgenden Ausdruck:

$$66.\quad \tang x = \frac{m+n}{m-n}\tang z, \text{ oder}$$

$$67.\quad \frac{\sin x}{\cos x} = \frac{m+n}{m-n}\cdot\frac{\sin z}{\cos z}.$$

Es ist

$$68.\quad \sin x = \frac{e^{+ix}-e^{-ix}}{2i} \text{ und } \cos x = \frac{e^{+ix}+e^{-ix}}{2}$$

(Rechenkunst §. 260. 3. 2.), wo $i=\sqrt{-1}$ ist, und e die Zahl bedeutet, deren natürlicher Logarithme 1 ist. Man setze, der Kürze wegen,

$$69.\quad e^{+ix} = p,\quad e^{+iz} = q,$$

so ist

$$70.\quad e^{-ix} = \frac{1}{p},\quad e^{-iz} = \frac{1}{q},$$

denn $e^{+ix}.e^{-ix}$ und $e^{+iz}.e^{-iz}$ sind gleich 1. Also ist, zufolge (68.),

$$71.\quad \begin{cases} \sin x = \dfrac{p-\frac{1}{p}}{2i} \text{ und } \cos x = \dfrac{p+\frac{1}{p}}{2}, \\ \sin z = \dfrac{q-\frac{1}{q}}{2i} \text{ und } \cos z = \dfrac{q+\frac{1}{q}}{2}, \end{cases}$$

und folglich in (67.)

$$72.\quad \frac{p-\frac{1}{p}}{p+\frac{1}{p}} = \frac{m+n}{m-n}\cdot\frac{q-\frac{1}{q}}{q+\frac{1}{q}}.$$

Daraus folgt

$$\frac{p^2-1}{p^2+1} = \frac{m+n}{m-n}\cdot\frac{q^2-1}{q^2+1}, \text{ oder}$$

$$p^2-1 = (p^2+1)\frac{m+n}{m-n}\cdot\frac{q^2-1}{q^2+1}, \text{ oder}$$

$$p^2\left(1-\frac{m+n}{m-n}\cdot\frac{q^2-1}{q^2+1}\right)=1+\frac{m+n}{m-n}\cdot\frac{q^2-1}{q^2+1},\ \text{oder}$$

$$p^2(mq^2+m-nq^2-n-mq^2+m-nq^2+n)$$
$$=mq^2+m-nq^2-n+mq^2-m+nq^2-n,\ \text{oder}$$
$$p^2(m-nq^2)=mq^2-n,\ \text{oder}$$

$$73.\quad p^2\left(1-\frac{n}{m}q^2\right)=q^2\left(1-\frac{n}{m}\cdot\frac{1}{q^2}\right),$$

und wenn man die Werthe von p, q und $\frac{1}{q}$ aus (69. und 70.) setzt,

$$74.\quad e^{+2ix}\left(1-\frac{n}{m}e^{+2iz}\right)=e^{+2iz}\left(1-\frac{n}{m}e^{-2iz}\right).$$

Man nehme hiervon die natürlichen Logarithmen, so findet man

$$75.\quad 2ix+{}^{e}\!\left(1-\frac{n}{m}e^{+2iz}\right)=2iz+{}^{e}\!\left(1-\frac{n}{m}e^{-2iz}\right).$$

Nun ist, zufolge (Rechenkunst § 229. 4.),

$$76.\ \begin{cases}{}^{e}\!\left(1-\frac{n}{m}e^{+2iz}\right)=-\left(\frac{n}{m}e^{+2iz}+\frac{n^2}{2m^2}e^{+4iz}+\frac{n^3}{3m^3}e^{+6iz}\dots\dots\right),\\ {}^{e}\!\left(1-\frac{n}{m}e^{-2iz}\right)=-\left(\frac{n}{m}e^{-2iz}+\frac{n^2}{2m^2}e^{-4iz}+\frac{n^3}{3m^3}e^{-6iz}\dots\dots\right),\end{cases}$$

also, zufolge (75.),

$$\begin{aligned}77.\quad 2ix=2iz&+\frac{n}{m}\left(e^{+2iz}-e^{-2iz}\right)\\ &+\frac{n^2}{2m^2}\left(e^{+4iz}-e^{-4iz}\right)\\ &+\frac{n^3}{3m^3}\left(e^{+6iz}-e^{-6iz}\right)\\ &\dots\dots\dots\dots,\end{aligned}$$

oder, wenn man mit $2i$ dividirt,

$$\begin{aligned}78.\quad x=z&+\frac{n}{m}\cdot\frac{e^{+2iz}-e^{-2iz}}{2i}\\ &+\frac{n^2}{2m^2}\cdot\frac{e^{+4iz}-e^{-4iz}}{2i}\\ &+\frac{n^3}{3m^3}\cdot\frac{e^{+6iz}-e^{-6iz}}{2i}\\ &\dots\dots\dots\dots,\end{aligned}$$

welches, vermöge (68.), wie leicht zu sehen, so viel ist als

$$79.\quad x=z+\frac{n}{m}\sin 2z+\frac{n^2}{2m^2}\sin 4z+\frac{n^3}{3m^3}\sin 6z+\dots\dots$$

Nun ist, zufolge der Neperschen Analogieen (§. 737. 1. 4.),

$$80.\quad \cot\tfrac{1}{2}(\alpha+\beta)=\frac{\cos\frac{1}{2}(a+b)}{\cos\frac{1}{2}(a-b)}\tang\tfrac{1}{2}\gamma\ \text{und}$$

$$81.\quad \cot\tfrac{1}{2}(\alpha-\beta)=\frac{\sin\frac{1}{2}(a+b)}{\sin\frac{1}{2}(a-b)}\tang\tfrac{1}{2}\gamma,$$

oder

$$82.\ \begin{cases}\tang\left(\varrho-\frac{1}{2}(\alpha+\beta)\right)=\dfrac{\cos\frac{1}{2}a\cos\frac{1}{2}b-\sin\frac{1}{2}a\cdot\sin\frac{1}{2}b}{\cos\frac{1}{2}a\cos\frac{1}{2}b+\sin\frac{1}{2}a\sin\frac{1}{2}b}\tang\tfrac{1}{2}\gamma,\ \text{und}\\ \tang\left(\varrho-\frac{1}{2}(\alpha-\beta)\right)=\dfrac{\sin\frac{1}{2}a\cos\frac{1}{2}b+\cos\frac{1}{2}a\sin\frac{1}{2}b}{\sin\frac{1}{2}a\cos\frac{1}{2}b-\cos\frac{1}{2}a\sin\frac{1}{2}b}\tang\tfrac{1}{2}\gamma.\end{cases}$$

Setzt man daher in (66.)

$$83.\quad \begin{cases} z = \tfrac{1}{2}\gamma \text{ und zuerst} \\ x = \varrho - \tfrac{1}{2}(\alpha+\beta), \\ m = \cos\tfrac{1}{2}a\cos\tfrac{1}{2}b, \\ n = -\sin\tfrac{1}{2}a\sin\tfrac{1}{2}b; \text{ hernach} \\ x = \varrho - \tfrac{1}{2}(\alpha-\beta), \\ m = \sin\tfrac{1}{2}a\cos\tfrac{1}{2}b, \\ n = \cos\tfrac{1}{2}a\sin\tfrac{1}{2}b, \end{cases}$$

so ist, gemäfs (79.),

$$\varrho-\tfrac{1}{2}(\alpha+\beta)=\tfrac{1}{2}\gamma-\frac{tang\tfrac{1}{2}b}{cot\tfrac{1}{2}a}\sin\gamma+\frac{tang\tfrac{1}{2}b^2}{2\,cot\tfrac{1}{2}a^2}\sin 2\gamma-\frac{tang\tfrac{1}{2}b^3}{3\,cot\tfrac{1}{2}a^3}\sin 3\gamma\ldots,$$

und $\varrho-\tfrac{1}{2}(\alpha-\beta)=\tfrac{1}{2}\gamma+\frac{tang\tfrac{1}{2}b}{tang\tfrac{1}{2}a}\sin\gamma+\frac{tang\tfrac{1}{2}b^2}{2tang\tfrac{1}{2}a^2}\sin 2\gamma+\frac{tang\tfrac{1}{2}b^3}{3tang\tfrac{1}{2}a^3}\sin 3\gamma\ldots$

also ist

$$84.\quad \begin{cases} \tfrac{1}{2}(\alpha+\beta)=\varrho-\tfrac{1}{2}\gamma+\frac{tang\tfrac{1}{2}b}{cot\tfrac{1}{2}a}\sin\gamma-\frac{tang\tfrac{1}{2}b^2}{2\,cot\tfrac{1}{2}a^2}\sin 2\gamma+\frac{tang\tfrac{1}{2}b^3}{3\,cot\tfrac{1}{2}a^3}\sin 3\gamma\ldots \\ \tfrac{1}{2}(\alpha-\beta)=\varrho-\tfrac{1}{2}\gamma-\frac{tang\tfrac{1}{2}b}{tang\tfrac{1}{2}a}\sin\gamma-\frac{tang\tfrac{1}{2}b^2}{2tang\tfrac{1}{2}a^2}\sin 2\gamma-\frac{tang\tfrac{1}{2}b^3}{3tang\tfrac{1}{2}a^3}\sin 3\gamma\ldots \end{cases}$$

So findet man aus zwei gegebenen Seiten des Dreiecks, z. B. a und b, und dem Winkel γ, den sie einschliefsen, die Summe und den Unterschied der beiden übrigen Winkel α und β, also auch, wie in (*C.*), den Winkel selbst.

Da in (80.) a und b mit α und β zugleich verwechselt werden können, so ist auch

$$85.\quad \begin{cases} \tfrac{1}{2}(\beta+\alpha)=\varrho-\tfrac{1}{2}\gamma+\frac{tang\tfrac{1}{2}a}{cot\tfrac{1}{2}b}\sin\gamma-\frac{tang\tfrac{1}{2}a^2}{2\,cot\tfrac{1}{2}b^2}\sin 2\gamma+\frac{tang\tfrac{1}{2}a^3}{3\,cot\tfrac{1}{2}b^3}\sin 3\gamma\ldots \\ \tfrac{1}{2}(\beta-\alpha)=\varrho-\tfrac{1}{2}\gamma-\frac{tang\tfrac{1}{2}a}{tang\tfrac{1}{2}b}\sin\gamma-\frac{tang\tfrac{1}{2}a^2}{2tang\tfrac{1}{2}b^2}\sin 2\gamma-\frac{tang\tfrac{1}{2}a^3}{3tang\tfrac{1}{2}b^3}\sin 3\gamma\ldots \end{cases}$$

So lange $a+b<2\varrho$, oder $\tfrac{1}{2}a+\tfrac{1}{2}b<\varrho$ ist, ist z. B. $tang\tfrac{1}{2}b<tang\tfrac{1}{2}a$, wenn $b<a$, desgleichen ist $tang\tfrac{1}{2}a<cot\tfrac{1}{2}b$; also convergiren die erste Reihe (85.) und die zweite (84.) zugleich. Wenn $b<a$, so convergiren die erste Reihe (84.) und die zweite (85.) zugleich. Ist $a+b>2\varrho$, so darf man nur ein Raum-Dreieck nehmen, dessen Seiten die Supplemente von a und b sind, und welche den nemlichen Winkel γ einschliefsen. Also passen die Reihen in allen Fällen.

Aufgabe VI. *Aus zwei Seiten und dem eingeschlossenen Winkel eines Raum-Dreiecks die dritte Seite zu finden,* z. B. c aus a, b und γ.

Erste Auflösung. A. Die auflösende Gleichung (§. 729. 3.), giebt unmittelbar

$$86.\quad \cos c = \cos a\cos b + \sin a\sin b\cos\gamma.$$

Zweite Auflösung. B. Um Ausdrücke zu finden, nach welchen sich bequemer mit Logarithmen rechnen läfst, setze man z. B.

$$87.\quad \cos\gamma\, tang\, b = tang\, k,$$

wo k ein Hülfswinkel ist, der, wie man siehet, durch die gegebenen Stücke bestimmt wird.

Aus der Gleichung (87.) folgt

$$\cos\gamma \sin b = \cos b \frac{\sin k}{\cos k}.$$

Dieses setze man in (86.), so findet man

$$\cos c = \cos a \cos b + \sin a \cos b \frac{\sin k}{\cos k}, \text{ oder}$$
$$\cos c \cos k = \cos b (\cos a \cos k + \sin a \sin k), \text{ oder}$$
$$\cos c \cos k = \cos b \cos (a - k), \text{ also}$$

$$88. \quad \cos c = \frac{\cos b \cos (a-k)}{\cos k}.$$

Da nun der Hülfswinkel k, vermöge (87.), aus den gegebenen Stücken berechnet werden kann, so findet man aus den Gleichungen (88.), und zwar bequem vermittelst Logarithmen, die gesuchte dritte Seite c.

Dritte Auflösung. Man berechne nach der Vten Aufgabe die beiden nicht gegebenen Winkel; so findet man die dritte Seite aus der auflösenden Gleichung (§. 729. 6.), nemlich:

$$89. \quad \sin c = \sin a \frac{\sin\gamma}{\sin\alpha}.$$

Dieser Ausdruck ist ebenfalls für Logarithmen bequem.

Vierte Auflösung. Nach der dritten Auflösung mufs man z. B., wenn a, b und γ gegeben sind, erst $\frac{1}{2}(\alpha+\beta)$ und $\frac{1}{2}(\alpha-\beta)$, und daraus α und dann c berechnen. Man kann aber auch, wenn man nicht sonst die beiden nicht gegebenen Winkel, sondern blofs die dritte Seite wissen will, dieselbe auf folgende Weise kürzer, blofs mit Hülfe der Differenz der beiden nicht gegebenen Winkel finden.

Es ist z. B.

$$90. \quad 1 - \cos a \cos b$$
$$= 1 - (\cos\tfrac{1}{2}a^2 - \sin\tfrac{1}{2}a^2)(\cos\tfrac{1}{2}b^2 - \sin\tfrac{1}{2}b^2)$$
$$= 1 - \cos\tfrac{1}{2}a^2 \cos\tfrac{1}{2}b^2 + \cos\tfrac{1}{2}a^2 \sin\tfrac{1}{2}b^2 + \sin\tfrac{1}{2}a^2 \cos\tfrac{1}{2}b^2 - \sin\tfrac{1}{2}a^2 \sin\tfrac{1}{2}b^2$$
$$= 1 - \cos\tfrac{1}{2}a^2 (1 - \sin\tfrac{1}{2}b^2) - \sin\tfrac{1}{2}a^2 (1 - \cos\tfrac{1}{2}b^2) + \cos\tfrac{1}{2}a^2 \sin\tfrac{1}{2}b^2 + \sin\tfrac{1}{2}a^2 \cos\tfrac{1}{2}b^2$$
$$= 1 - \cos\tfrac{1}{2}a^2 - \sin\tfrac{1}{2}a^2 + \cos\tfrac{1}{2}a^2 \sin\tfrac{1}{2}b^2 + \sin\tfrac{1}{2}a^2 \cos\tfrac{1}{2}b^2 + \cos\tfrac{1}{2}a^2 \sin\tfrac{1}{2}b^2 + \sin\tfrac{1}{2}a^2 \cos\tfrac{1}{2}b^2, \text{ also}$$
$$= 2(\cos\tfrac{1}{2}a^2 \sin\tfrac{1}{2}b^2 + \sin\tfrac{1}{2}a^2 \cos\tfrac{1}{2}b^2)$$
$$= (\cos\tfrac{1}{2}a \sin\tfrac{1}{2}b + \sin\tfrac{1}{2}a \cos\tfrac{1}{2}b)^2 + (\cos\tfrac{1}{2}a \sin\tfrac{1}{2}b - \sin\tfrac{1}{2}a \cos\tfrac{1}{2}b)^2,$$

also

$$= \sin\tfrac{1}{2}(a+b)^2 + \sin\tfrac{1}{2}(a-b)^2;$$

Ferner ist

91. $\sin a \sin b$
$= 4 \sin\frac{1}{2}a \cos\frac{1}{2}a \sin\frac{1}{2}b \cos\frac{1}{2}b$
$= (\cos\frac{1}{2}a \sin\frac{1}{2}b + \sin\frac{1}{2}a \cos\frac{1}{2}b)^2$
$- (\cos\frac{1}{2}a \sin\frac{1}{2}b - \sin\frac{1}{2}a \cos\frac{1}{2}b)^2$, also
$= \sin\frac{1}{2}(a+b)^2 - \sin\frac{1}{2}(a-b)^2$.

Nun ist

92. $1 - \cos a \cos b - \sin a \sin b \cos\gamma = 1 - \cos c$ (90.)
$= 2\sin\frac{1}{2}c^2$ (§. 345. 40.).

Setzt man hierin (90. und 91.), so findet man

$$2\sin\tfrac{1}{2}c^2 = \sin\tfrac{1}{2}(a+b)^2 + \sin\tfrac{1}{2}(a-b)^2 - (\sin\tfrac{1}{2}(a+b)^2 - \sin\tfrac{1}{2}(a-b)^2)\cos\gamma,$$ oder

$$2\sin\tfrac{1}{2}c^2 = \sin\tfrac{1}{2}(a+b)^2(1-\cos\gamma) + \sin\tfrac{1}{2}(a-b)^2(1+\cos\gamma),$$

oder, vermöge (§. 345. 40. 42.),

$$2\sin\tfrac{1}{2}c^2 = 2\sin\tfrac{1}{2}(a+b)^2 \sin\tfrac{1}{2}\gamma^2 + 2\sin\tfrac{1}{2}(a-b)^2 \cos\tfrac{1}{2}\gamma^2,$$

oder

93. $\sin\frac{1}{2}c^2 = \sin\frac{1}{2}(a+b)^2 \sin\frac{1}{2}\gamma^2 + \sin\frac{1}{2}(a-b)^2 \cos\frac{1}{2}\gamma^2$.

Daraus folgt:

$$\frac{\sin\frac{1}{2}c^2}{\sin\frac{1}{2}(a+b)^2\sin\frac{1}{2}\gamma^2} = \frac{\sin\frac{1}{2}(a+b)^2\sin\frac{1}{2}\gamma^2 + \sin\frac{1}{2}(a-b)^2\cos\frac{1}{2}\gamma^2}{\sin\frac{1}{2}(a+b)^2\sin\frac{1}{2}\gamma^2},$$

oder

94. $$\frac{\sin\frac{1}{2}c^2}{\sin\frac{1}{2}(a+b)^2\sin\frac{1}{2}\gamma^2} = 1 + \frac{\sin\frac{1}{2}(a-b)^2}{\sin\frac{1}{2}(a+b)^2}\cot\tfrac{1}{2}\gamma^2.$$

Es ist aber $\dfrac{\sin\frac{1}{2}(a-b)}{\sin\frac{1}{2}(a+b)}\cot\frac{1}{2}\gamma = \tang\frac{1}{2}(\alpha-\beta)$ (65.),

also ist

$$\frac{\sin\frac{1}{2}c^2}{\sin\frac{1}{2}(a+b)^2\sin\frac{1}{2}\gamma^2} = 1 + \tang\tfrac{1}{2}(\alpha-\beta)^2 = \sec\tfrac{1}{2}(\alpha-\beta)^2,$$

und hieraus folgt:

95. $$\sin\tfrac{1}{2}c = \sin\tfrac{1}{2}(a+b)\sin\tfrac{1}{2}\gamma\sec\tfrac{1}{2}(\alpha-\beta) = \frac{\sin\frac{1}{2}(a+b)\sin\frac{1}{2}\gamma}{\cos\frac{1}{2}(\alpha-\beta)},$$

desgleichen, wenn man diese Gleichung mit der Gleichung

$$\frac{\sin\frac{1}{2}(a-b)}{\sin\frac{1}{2}(a+b)}\cdot\frac{\cos\frac{1}{2}\gamma}{\sin\frac{1}{2}\gamma} = \frac{\sin\frac{1}{2}(\alpha-\beta)}{\cos\frac{1}{2}(\alpha-\beta)}$$ (65.) dividirt,

$$\frac{\sin\frac{1}{2}c\sin\frac{1}{2}(a+b)\sin\frac{1}{2}\gamma}{\sin\frac{1}{2}(a-b)\cos\frac{1}{2}\gamma} = \frac{\sin\frac{1}{2}(a+b)\sin\frac{1}{2}\gamma}{\sin\frac{1}{2}(\alpha-\beta)},$$ oder

96. $$\sin\tfrac{1}{2}c = \frac{\sin\frac{1}{2}(a-b)\cos\frac{1}{2}\gamma}{\sin\frac{1}{2}(\alpha-\beta)}.$$

Es ist also zusammengenommen, aus (95. und 96.)

97. $$\sin\tfrac{1}{2}c = \frac{\sin\frac{1}{2}(a+b)\sin\frac{1}{2}\gamma}{\cos\frac{1}{2}(\alpha-\beta)} = \frac{\sin\frac{1}{2}(a-b)\cos\frac{1}{2}\gamma}{\sin\frac{1}{2}(\alpha-\beta)}.$$

Bedient man sich dieser Ausdrücke, so darf, wie man siehet, um die dritte Seite zu finden, wenn a, b und α gegeben sind, blofs $tang\frac{1}{2}(\alpha-\beta)$ nach (65.) berechnet werden, so dafs also die Auflösung kürzer ist, wie die dritte, und selbst noch kürzer, wie die zweite.

Fünfte Auflösung. Für den Fall, wenn eine der gegebenen Seiten gegen die andere sehr klein ist.

Die auflösende Gleichung zwischen drei Seiten und einem Winkel (§. 729. 3.), nemlich

$$\cos c = \cos a \cos b + \sin a \sin b \cos\gamma,$$

giebt, wie aus der vierten Auflösung (90. 91.) zu sehen, $1-\cos c$ oder

$$2\sin\tfrac{1}{2}c^2 = 2(\cos\tfrac{1}{2}a^2 \sin\tfrac{1}{2}b^2 + \sin\tfrac{1}{2}a^2\cos\tfrac{1}{2}b^2) - 4\sin\tfrac{1}{2}a\sin\tfrac{1}{2}b\cos\tfrac{1}{2}a\cos\tfrac{1}{2}b\cos\gamma,$$

oder

98. $$\sin\tfrac{1}{2}c^2 = \cos\tfrac{1}{2}a^2\sin\tfrac{1}{2}b^2 - 2\sin\tfrac{1}{2}b\cos\tfrac{1}{2}a\sin\tfrac{1}{2}a\cos\tfrac{1}{2}b\cos\gamma + \sin\tfrac{1}{2}a^2\cos\tfrac{1}{2}b^2.$$

Eben so ist $1+\cos c$ oder

$$2\cos\tfrac{1}{2}c^2 = 1+\cos a\cos b + \sin a \sin b \cos\gamma$$
$$= 1+(\cos\tfrac{1}{2}a^2-\sin\tfrac{1}{2}a^2)(\cos\tfrac{1}{2}b^2-\sin\tfrac{1}{2}b^2)+\sin a\sin b\cos\gamma$$
$$= 1+\cos\tfrac{1}{2}a^2\cos\tfrac{1}{2}b^2-\cos\tfrac{1}{2}a^2\sin\tfrac{1}{2}b^2-\sin\tfrac{1}{2}a^2\cos\tfrac{1}{2}b^2+\sin\tfrac{1}{2}a^2\sin\tfrac{1}{2}b^2 + \sin a\sin b\cos\gamma$$
$$= 1+\cos\tfrac{1}{2}a^2\cos\tfrac{1}{2}b^2-\cos\tfrac{1}{2}a^2(1-\cos\tfrac{1}{2}b^2)-\sin\tfrac{1}{2}a^2(1-\sin\tfrac{1}{2}b^2) + \sin\tfrac{1}{2}a^2\sin\tfrac{1}{2}b^2+\sin a\sin b\cos\gamma$$
$$= 1-\cos\tfrac{1}{2}a^2-\sin\tfrac{1}{2}a^2+2\cos\tfrac{1}{2}a^2\cos\tfrac{1}{2}b^2+2\sin\tfrac{1}{2}a^2\sin\tfrac{1}{2}b^2 + \sin a\sin b\cos\gamma$$
$$= 2\cos\tfrac{1}{2}a^2\cos\tfrac{1}{2}b^2+2\sin\tfrac{1}{2}a^2\sin\tfrac{1}{2}b^2+4\sin\tfrac{1}{2}a\sin\tfrac{1}{2}b\cos\tfrac{1}{2}a\cos\tfrac{1}{2}b\cos\gamma,$$

also

99. $$\cos\tfrac{1}{2}c^2 = \cos\tfrac{1}{2}a^2\cos\tfrac{1}{2}b^2 + 2\sin\tfrac{1}{2}b^2\cos\tfrac{1}{2}a\sin\tfrac{1}{2}a\cos\tfrac{1}{2}b\cos\gamma + \sin\tfrac{1}{2}a^2\sin\tfrac{1}{2}b^2.$$

Man setze

100. $$\begin{cases}\cos\tfrac{1}{2}a\sin\tfrac{1}{2}b = n, & \sin\tfrac{1}{2}a\cos\tfrac{1}{2}b = m,\\ \sin\tfrac{1}{2}a\sin\tfrac{1}{2}b = \nu, & \cos\tfrac{1}{2}a\cos\tfrac{1}{2}b = \mu,\end{cases}$$

so ist, zufolge (98. und 99.),

101. $$\sin\tfrac{1}{2}c^2 = m^2+n^2-2mn\cos\gamma \text{ und}$$

102. $$\cos\tfrac{1}{2}c^2 = \mu^2+\nu^2-2\mu\nu\cos(2\varrho-\gamma).$$

Nun ist z. B.

103. $$m^2+n^2-2mn\cos\gamma = (m-ne^{+i\gamma})(m-ne^{-i\gamma}),$$

denn wenn man multiplicirt, so findet man

$$m^2+n^2-2mn\cos\gamma = m^2+n^2-mn(e^{+i\gamma}+e^{-i\gamma})$$

und $e^{+i\gamma}+e^{-i\gamma}$ ist gleich $2\cos\gamma$ (68.). Aus (103.) folgt

104. $$m^2+n^2-2mn\cos\gamma = m^2\left(1-\frac{n}{m}e^{+i\gamma}\right)\left(1-\frac{n}{m}e^{-i\gamma}\right).$$

Nimmt man hiervon die natürlichen Logarithmen, so findet man

$$^e(m^2+n^2-2mn\cos\gamma) = 2\,^e m + {}^e\left(1-\frac{n}{m}e^{+i\gamma}\right) + {}^e\left(1-\frac{n}{m}e^{-i\gamma}\right),$$

welches, zufolge (Rechenkunst §. 229. 4.), so viel ist, als

$$^e(m^2+n^2-2mn\cos\gamma) = 2.\,^e m$$
$$-\left(\frac{n}{m}e^{+i\gamma}+\frac{n^2}{2m^2}e^{+2i\gamma}+\frac{n^3}{3m^3}e^{+3i\gamma}\ldots\ldots\right)$$
$$-\left(\frac{n}{m}e^{-i\gamma}+\frac{n^2}{2m^2}e^{-2i\gamma}+\frac{n^3}{3m^3}e^{-3i\gamma}\ldots\ldots\right),$$

oder, zufolge (68.),

$$105.\quad \tfrac{1}{2}\,{}^{e}(m^2+n^2-2mn\cos\gamma)$$
$$= {}^{e}m - \frac{n}{m}\cos\gamma - \frac{n^2}{2m^2}\cos 2\gamma - \frac{n^3}{3m^3}\cos 3\gamma \ldots\ldots$$

Setzt man hierin nach (101.) $m^2+n^2-2mn\cos\gamma = \sin\frac{1}{2}c^2$, und aus (100.) die Werthe von m und n, so findet man

$$106.\quad {}^{e}(\sin\tfrac{1}{2}c) = {}^{e}(\sin\tfrac{1}{2}a) + {}^{e}(\cos\tfrac{1}{2}b)$$
$$-\frac{\tang\frac{1}{2}b}{\tang\frac{1}{2}a}\cos\gamma - \frac{\tang\frac{1}{2}b^2}{2\tang\frac{1}{2}a^2}\cos 2\gamma - \frac{\tang\frac{1}{2}b^3}{3\tang\frac{1}{2}a^3}\cos 3\gamma \ldots\ldots$$

Auf eben die Weise folgt aus (105.), vermöge (102. und 100.),

$$107.\quad {}^{e}(\cos\tfrac{1}{2}c) = {}^{e}(\cos\tfrac{1}{2}a) + {}^{e}(\cos\tfrac{1}{2}b)$$
$$+\frac{\tang\frac{1}{2}b}{\cot\frac{1}{2}a}\cos\gamma - \frac{\tang\frac{1}{2}b^2}{2\cot\frac{1}{2}a^2}\cos 2\gamma + \frac{\tang\frac{1}{2}b^3}{3\cot\frac{1}{2}a^3}\cos 3\gamma \ldots\ldots$$

Dieses giebt, wie in der vierten Auflösung der fünften Aufgabe, aus zwei Seiten und dem eingeschlossenen Winkel eines Raum-Dreiecks die dritte Seite, wenn die eine von den beiden gegebenen Seiten gegen die andere sehr klein ist, unter denselben Umständen, wie dort.

740.

Anmerkung. Die Auflösungen der Aufgaben des vorigen Paragraphen: aus drei Stücken eines Raum-Dreiecks die übrigen zu finden, beruhen auf den auflösenden Gleichungen (§. 729.). In (§. 731.) aber ist gezeigt, daſs die eine Hälfte der auflösenden Gleichungen unmittelbar aus der anderen Hälfte gefunden werden kann, wenn man irgend ein Polar-Dreieck des gegebenen Raum-Dreiecks zu Hülfe nimmt. Also müssen auch die Resultate der Auflösungen der gegenwärtigen Aufgabe, zur Hälfte unmittelbar aus der anderen Hälfte folgen, wenn man sie auf ein Polar-Dreieck anwendet. In der That ist z. B. die Aufgabe: aus drei Seiten eines Raum-Dreiecks einen Winkel zu finden, auf das Polar-Dreieck angewendet, für das gegebene nichts Anderes, als die Aufgabe: aus drei Winkeln eine Seite zu finden; denn wenn die drei Seiten eines Polar-Dreiecks gegeben sind, und ein Winkel desselben gesucht wird, so ist es soviel, als wenn die drei Winkel des gegebenen Dreiecks gegeben sind, und es wird eine Seite desselben gesucht, weil die Seiten des einen Dreiecks die Supplemente der Winkel des anderen, und die Winkel des einen die Supplemente der Seiten des anderen sind; und so bei den übrigen.

Man darf also nur, um aus den bis hierher abgehandelten Auflösungen der ersten sechs Aufgaben, die Auflösungen der sechs anderen zu finden, jene auf irgend ein Polar-Dreieck des gegebenen Raum-Dreiecks anwenden.

Dadurch gehen die sechs ersten Aufgaben, nebst ihren Auflösungen in die sechs anderen mit ihren Auflösungen über.

Die Anwendungen geschehen aber offenbar dadurch, dafs man statt der, in den sechs ersten Aufgaben vorkommenden, jetzt von einem P o l a r - D r e i e c k *verstandenen Stücke, die correspondirenden, oder vielmehr ihnen gleichen Stücke vom* g e g e b e n e n *Dreieck substituirt, nemlich statt der Winkel die Supplemente der correspondirenden Seiten, und statt der Seiten die Supplemente der correspondirenden Winkel. Man darf also nur in den obigen Aufgaben und Auflösungen setzen:*

$$1.\begin{cases} 2\varrho - \alpha \text{ statt } a, & 2\varrho - a \text{ statt } \alpha, \\ 2\varrho - \beta \text{ statt } b, & 2\varrho - b \text{ statt } \beta, \\ 2\varrho - \gamma \text{ statt } c, & 2\varrho - c \text{ statt } \gamma, \end{cases}$$

und folglich z. B.

$$2.\begin{cases} +\sin\alpha \text{ statt } \sin a, & +\sin a \text{ statt } \sin\alpha, \\ -\cos\alpha \text{ statt } \cos a, & -\cos a \text{ statt } \cos\alpha, \\ -\tan\alpha \text{ statt } \tan a, & -\tan a \text{ statt } \tan\alpha, \\ -\cot\alpha \text{ statt } \cot a, & -\cot a \text{ statt } \cot\alpha, \end{cases}$$

ferner z. B.

$$3.\begin{cases} \cos\tfrac{1}{2}\alpha \text{ statt } \sin\tfrac{1}{2}a, & \cos\tfrac{1}{2}a \text{ statt } \sin\tfrac{1}{2}\alpha, \\ \sin\tfrac{1}{2}\alpha \text{ statt } \cos\tfrac{1}{2}a, & \sin\tfrac{1}{2}a \text{ statt } \cos\tfrac{1}{2}\alpha, \\ \cot\tfrac{1}{2}\alpha \text{ statt } \tan\tfrac{1}{2}a, & \cot\tfrac{1}{2}a \text{ statt } \tan\tfrac{1}{2}\alpha, \\ \tan\tfrac{1}{2}\alpha \text{ statt } \cot\tfrac{1}{2}a, & \tan\tfrac{1}{2}a \text{ statt } \cot\tfrac{1}{2}\alpha, \end{cases}$$

$$4.\begin{cases} +\sin\tfrac{1}{2}(\alpha+\beta) \text{ st. } \sin\tfrac{1}{2}(a+b), & +\sin\tfrac{1}{2}(a+b) \text{ st. } \sin\tfrac{1}{2}(\alpha+\beta), \\ -\cos\tfrac{1}{2}(\alpha+\beta) \text{ st. } \cos\tfrac{1}{2}(a+b), & -\cos\tfrac{1}{2}(a+b) \text{ st. } \cos\tfrac{1}{2}(\alpha+\beta), \\ -\operatorname{tg}\tfrac{1}{2}(\alpha+\beta) \text{ st. } \operatorname{tg}\tfrac{1}{2}(a+b), & -\operatorname{tg}\tfrac{1}{2}(a+b) \text{ st. } \operatorname{tg}\tfrac{1}{2}(\alpha+\beta), \\ -\cot\tfrac{1}{2}(\alpha+\beta) \text{ st. } \cot\tfrac{1}{2}(a+b), & -\cot\tfrac{1}{2}(a+b) \text{ st. } \cot\tfrac{1}{2}(\alpha+\beta), \end{cases}$$

$$5.\begin{cases} -\sin\tfrac{1}{2}(\alpha-\beta) \text{ statt } \sin\tfrac{1}{2}(a-b), \\ \quad -\sin\tfrac{1}{2}(a-b) \text{ statt } \sin\tfrac{1}{2}(\alpha-\beta), \\ +\cos\tfrac{1}{2}(\alpha-\beta) \text{ statt } \cos\tfrac{1}{2}(a-b), \\ \quad +\cos\tfrac{1}{2}(a-b) \text{ statt } \cos\tfrac{1}{2}(\alpha-\beta), \\ -\tan\tfrac{1}{2}(\alpha-\beta) \text{ statt } \tan\tfrac{1}{2}(a-b), \\ \quad -\tan\tfrac{1}{2}(a-b) \text{ statt } \tan\tfrac{1}{2}(\alpha-\beta), \\ -\cot\tfrac{1}{2}(\alpha-\beta) \text{ statt } \cot\tfrac{1}{2}(a-b), \\ \quad -\cot\tfrac{1}{2}(a-b) \text{ statt } \cot\tfrac{1}{2}(\alpha-\beta). \end{cases}$$

$$6.\begin{cases} -\cos\tfrac{1}{2}(\alpha+\beta+\gamma) \text{ statt } \sin\tfrac{1}{2}(a+b+c), \\ \quad -\cos\tfrac{1}{2}(a+b+c) \text{ statt } \sin\tfrac{1}{2}(\alpha+\beta+\gamma), \\ -\sin\tfrac{1}{2}(\alpha+\beta+\gamma) \text{ statt } \cos\tfrac{1}{2}(a+b+c), \\ \quad -\sin\tfrac{1}{2}(a+b+c) \text{ statt } \cos\tfrac{1}{2}(\alpha+\beta+\gamma), \\ +\cot\tfrac{1}{2}(\alpha+\beta+\gamma) \text{ statt } \tan\tfrac{1}{2}(a+b+c), \\ \quad +\cot\tfrac{1}{2}(a+b+c) \text{ statt } \tan\tfrac{1}{2}(\alpha+\beta+\gamma), \\ +\tan\tfrac{1}{2}(\alpha+\beta+\gamma) \text{ statt } \cot\tfrac{1}{2}(a+b+c), \\ \quad +\tan\tfrac{1}{2}(a+b+c) \text{ statt } \cot\tfrac{1}{2}(\alpha+\beta+\gamma), \end{cases}$$

$$7.\ \begin{cases} \cos\tfrac{1}{2}(\alpha+\beta-\gamma) \text{ statt } \sin\tfrac{1}{2}(a+b-c), \\ \quad\cos\tfrac{1}{2}(a+b-c) \text{ statt } \sin\tfrac{1}{2}(\alpha+\beta-\gamma), \\ \sin\tfrac{1}{2}(\alpha+\beta-\gamma) \text{ statt } \cos\tfrac{1}{2}(a+b-c), \\ \quad\sin\tfrac{1}{2}(a+b-c) \text{ statt } \cos\tfrac{1}{2}(\alpha+\beta-\gamma), \\ \cot\tfrac{1}{2}(\alpha+\beta-\gamma) \text{ statt } \text{tang}\tfrac{1}{2}(a+b-c), \\ \quad\cot\tfrac{1}{2}(a+b-c) \text{ statt } \text{tang}\tfrac{1}{2}(\alpha+\beta-\gamma), \\ \text{tang}\tfrac{1}{2}(\alpha+\beta-\gamma) \text{ statt } \cot\tfrac{1}{2}(a+b-c), \\ \quad\text{tang}\tfrac{1}{2}(a+b-c) \text{ statt } \cot\tfrac{1}{2}(\alpha+\beta-\gamma), \end{cases}$$

Dadurch findet man die sechs übrigen Aufgaben mit ihren Auflösungen. Um die sämmtlichen Aufgaben und ihre Auflösungen beisammen zu haben, sollen auch die ersten sechs recapitulirt, und alle zugleich, durch Weiterrücken der Buchstaben, auf alle Fälle, die vorkommen können, ausgedehnt werden. Dieses giebt folgende Resultate.

741.

Aufgabe I. *Aus den gegebenen drei Seiten eines Raum-Dreiecks einen Winkel zu finden*, also

α, β oder γ, aus a, b und c.

Erste Auflösung, ohne Rücksicht auf den Gebrauch der Logarithmen.

$$1.\ \begin{cases} \cos\alpha = \dfrac{\cos a - \cos b \cos c}{\sin b \sin c}, \ (\S.\ 739.\ 1.) \\ \cos\beta = \dfrac{\cos b - \cos c \cos a}{\sin c \sin a}, \\ \cos\gamma = \dfrac{\cos c - \cos a \cos b}{\sin a \sin b}. \end{cases}$$

Zweite Auflösung, mit Rücksicht auf den Gebrauch der Logarithmen.

$$2.\ \begin{cases} \sin\tfrac{1}{2}\alpha = \sqrt{\left(\dfrac{\sin\frac{1}{2}(a+b-c)\sin\frac{1}{2}(a-b+c)}{\sin b \sin c}\right)} \ (\S.\ 739.\ 10.), \\ \cos\tfrac{1}{2}\alpha = \sqrt{\left(\dfrac{\sin\frac{1}{2}(a+b+c)\sin\frac{1}{2}(b+c-a)}{\sin b \sin c}\right)} \ (\S.\ 739.\ 11.), \\ \text{tang}\tfrac{1}{2}\alpha = \sqrt{\left(\dfrac{\sin\frac{1}{2}(a+b-c)\sin\frac{1}{2}(a-b+c)}{\sin\frac{1}{2}(a+b+c)\sin\frac{1}{2}(b+c-a)}\right)} \ (\S.\ 739.\ 12.), \\ \sin\alpha = \dfrac{+2\sqrt{[\sin\frac{1}{2}(a+b+c)\sin\frac{1}{2}(a+b-c)\sin\frac{1}{2}(a-b+c)\sin\frac{1}{2}(b+c-a)]}}{\sin b \sin c} \\ \qquad (\S.\ 739.\ 13.). \end{cases}$$

$$3.\ \begin{cases} \sin\frac{1}{2}\beta = \sqrt{\left(\frac{\sin\frac{1}{2}(b+c-a)\sin\frac{1}{2}(b-c+a)}{\sin c \sin a}\right)}, \\ \cos\frac{1}{2}\beta = \sqrt{\left(\frac{\sin\frac{1}{2}(b+c+a)\sin\frac{1}{2}(c+a-b)}{\sin c \sin a}\right)}, \\ \tang\frac{1}{2}\beta = \sqrt{\left(\frac{\sin\frac{1}{2}(b+c-a)\sin\frac{1}{2}(b-c+a)}{\sin\frac{1}{2}(b+c+a)\sin\frac{1}{2}(c+a-b)}\right)}, \\ \sin\beta = \frac{+2\sqrt{[\sin\frac{1}{2}(b+c+a)\sin\frac{1}{2}(b+c-a)\sin\frac{1}{2}(b-c+a)\sin\frac{1}{2}(c+a-b)]}}{\sin c \sin a} \end{cases}$$

$$4.\ \begin{cases} \sin\frac{1}{2}\gamma = \sqrt{\left(\frac{\sin\frac{1}{2}(c+a-b)\sin\frac{1}{2}(c-a+b)}{\sin a \sin b}\right)}, \\ \cos\frac{1}{2}\gamma = \sqrt{\left(\frac{\sin\frac{1}{2}(c+a+b)\sin\frac{1}{2}(a+b-c)}{\sin a \sin b}\right)}, \\ \tang\frac{1}{2}\gamma = \sqrt{\left(\frac{\sin\frac{1}{2}(c+a-b)\sin\frac{1}{2}(c-a+b)}{\sin\frac{1}{2}(c+a+b)\sin\frac{1}{2}(a+b-c)}\right)}, \\ \sin\gamma = \frac{+2\sqrt{[\sin\frac{1}{2}(c+a+b)\sin\frac{1}{2}(c+a-b)\sin\frac{1}{2}(c-a+b)\sin\frac{1}{2}(a+b-c)]}}{\sin a \sin b}. \end{cases}$$

Dritte Auflösung. Wenn die Seiten a, b, c **sehr klein** sind, so findet man:

α) die Winkel näherungsweise, wenn man die Bogen a, b, c, für den Halbmesser 1, als die Seiten eines geradlinigen Dreiecks betrachtet, nach den Ausdrücken (§. 360. 81. 82. 83. und 80.) (I. *C.*).

β) Genauer findet man sie, wenn die nach (α.) berechneten, den Seiten a, b, c gegenüberliegenden Winkel durch A, B, C bezeichnet werden, nach den Ausdrücken:

$$5.\ \begin{cases} \alpha = A + \frac{1}{3}\triangle \text{ (§. 739. 32.)}, \\ \beta = B + \frac{1}{3}\triangle, \\ \gamma = C + \frac{1}{3}\triangle, \end{cases}$$

wo $\triangle$ der Inhalt des von den Bogen a, b, c für den Halbmesser 1 eingeschlossenen Dreiecks ist, und A, B, C ebenfalls Bogen für den Halbmesser 1 sind.

Kommen zwei Seiten des gegebenen Dreiecks jede **zwei rechten** Winkeln sehr nahe, so sucht man im Neben-Raum-Dreieck (§. 485.), welches die dritte Seite mit dem gegebenen gemein hat, und dessen Seiten dann alle drei sehr klein sind, die Winkel nach der gegenwärtigen dritten Auflösung.

Vierte Auflösung. Wenn zwei Seiten des gegebenen Raum-Dreiecks jede **einem rechten Winkel sehr nahe** kommen, nemlich die Seiten

a und b, oder b und c, oder c und a,

so ist

$$6.\ \begin{cases} \gamma = c + \frac{1}{4}(a+b-2\varrho)^2 \tang\frac{1}{2}c - \frac{1}{4}(a-b)^2 \cot\frac{1}{2}c \text{ (739. 44.)}, \\ \alpha = a + \frac{1}{4}(b+c-2\varrho)^2 \tang\frac{1}{2}a - \frac{1}{4}(b-c)^2 \cot\frac{1}{2}a, \\ \beta = b + \frac{1}{4}(c+a-2\varrho)^2 \tang\frac{1}{2}b - \frac{1}{4}(c-a)^2 \cot\frac{1}{2}b. \end{cases}$$

Aufgabe II. *Aus zwei Seiten und einem anliegenden Winkel eines Raum-Dreiecks den anderen anliegenden Winkel zu finden,* also

β aus a, b und α; oder α aus a, b und β;
γ aus b, c und β; oder β aus b, c und γ;
α aus c, a und γ; oder γ aus c, a und α.

Auflösung.

7. $$\begin{cases} \sin\beta = \dfrac{\sin\alpha \sin b}{\sin a} \text{ und } \sin\alpha = \dfrac{\sin\beta \sin a}{\sin b}, \text{ (§. 739. 45)} \\ \sin\gamma = \dfrac{\sin\beta \sin c}{\sin b} \text{ und } \sin\beta = \dfrac{\sin\gamma \sin b}{\sin c}, \\ \sin\alpha = \dfrac{\sin\gamma \sin a}{\sin c} \text{ und } \sin\gamma = \dfrac{\sin\alpha \sin c}{\sin a}. \end{cases}$$

Aufgabe III. *Aus zwei Seiten und einem anliegenden Winkel eines Raum-Dreiecks den von den beiden gegebenen Seiten eingeschlossenen Winkel zu finden,* also

γ aus a, b und α, oder aus a, b und β,
α aus b, c und β, oder aus b, c und γ,
β aus c, a und γ, oder aus c, a und α.

Erste Auflösung. Ohne Rücksicht auf den Gebrauch der Logarithmen.

8. $$\begin{cases} \sin\gamma = \dfrac{\cos\alpha \cot a \sin b \pm \cos b^2}{\sin\alpha(\cot\alpha^2 + \cos b^2)} = \dfrac{\cos\beta \cot b \sin a \pm \cos a^2}{\sin\beta(\cot\beta^2 + \cos a^2)}, \\ \sin\alpha = \dfrac{\cos\beta \cot b \sin c \pm \cos c^2}{\sin\beta(\cot\beta^2 + \cos c^2)} = \dfrac{\cos\gamma \cot c \sin b \pm \cos b^2}{\sin\gamma(\cot\gamma^2 + \cos b^2)}, \\ \sin\beta = \dfrac{\cos\gamma \cot c \sin a \pm \cos a^2}{\sin\gamma(\cot\gamma^2 + \cos a^2)} = \dfrac{\cos\alpha \cot a \sin c \pm \cos c^2}{\sin\alpha(\cot\alpha^2 + \cos c^2)}. \end{cases}$$

Zweite Auflösung. Mit Rücksicht auf den Gebrauch der Logarithmen.

Man setze

9. $$\begin{cases} \cos b \tang\alpha = \tang\varkappa; \quad \cos c \tang\beta = \tang\mu; \\ \qquad \cos a \tang\gamma = \tang\nu \text{ (§. 739. 49.)} \\ \cos a \tang\beta = \tang\varkappa_1; \quad \cos b \tang\gamma = \tang\mu_1; \\ \qquad \cos c \tang\alpha = \tang\nu_1. \end{cases}$$

Alsdann ist

10. $$\begin{cases} \sin(\gamma+\varkappa) = \sin\varkappa \dfrac{\tang b}{\tang a} \text{ und } \sin(\gamma+\varkappa_1) = \sin\varkappa_1 \dfrac{\tang a}{\tang b} \\ \qquad \text{(§. 739. 51.)}, \\ \sin(\alpha+\mu) = \sin\mu \dfrac{\tang c}{\tang b} \text{ und } \sin(\alpha+\mu_1) = \sin\mu_1 \dfrac{\tang b}{\tang c}, \\ \sin(\beta+\nu) = \sin\nu \dfrac{\tang a}{\tang c} \text{ und } \sin(\beta+\nu_1) = \sin\nu_1 \dfrac{\tang c}{\tang a}. \end{cases}$$

11. $$\begin{cases} \gamma = (\gamma+\varkappa) - \varkappa; \quad \alpha = (\alpha+\mu) - \mu, \quad \beta = (\beta+\nu) - \nu, \\ \gamma = (\gamma+\varkappa_1) - \varkappa_1; \quad \alpha = (\alpha+\mu_1) - \mu_1, \quad \beta = (\beta+\nu_1) - \nu_1. \end{cases}$$

Aufgabe IV. *Aus zwei Seiten und einem anliegenden Winkel eines Raum-Dreiecks die dritte Seite zu finden,* also

c aus a, b und α, oder aus a, b und β,
a aus b, c und β, oder aus b, c und γ,
b aus c, a und γ, oder aus c, a und α.

Erste Auflösung, ohne Rücksicht auf den Gebrauch der Logarithmen.

12.
$$\sin c = \begin{cases} \dfrac{\cos a \sin b \cos\alpha \pm \cos b \sqrt{(\sin a^2 - \sin b^2 \sin\alpha^2)}}{1 - \sin b^2 \sin\alpha^2} \quad (\S.\ 739.\ 53.), \\ \dfrac{\cos b \sin a \cos\beta \pm \cos a \sqrt{(\sin b^2 - \sin a^2 \sin\beta^2)}}{1 - \sin a^2 \sin\beta^2}, \end{cases}$$
$$\sin a = \begin{cases} \dfrac{\cos b \sin c \cos\beta \pm \cos c \sqrt{(\sin b^2 - \sin c^2 \sin\beta^2)}}{1 - \sin c^2 \sin\beta^2}, \\ \dfrac{\cos c \sin b \cos\gamma \pm \cos b \sqrt{(\sin c^2 - \sin b^2 \sin\gamma^2)}}{1 - \sin b^2 \sin\gamma^2}, \end{cases}$$
$$\sin b = \begin{cases} \dfrac{\cos c \sin a \cos\gamma \pm \cos a \sqrt{(\sin c^2 - \sin a^2 \sin\gamma^2)}}{1 - \sin a^2 \sin\gamma^2}, \\ \dfrac{\cos a \sin c \cos\alpha \pm \cos c \sqrt{(\sin a^2 - \sin c^2 \sin\alpha^2)}}{1 - \sin c^2 \sin\alpha^2}. \end{cases}$$

Zweite Auflösung, mit Rücksicht auf den Gebrauch der Logarithmen.

Man berechne erst

13. γ aus a, b und α oder aus a, b und β,
α aus b, c und β oder aus b, c und γ,
β aus c, a und γ oder aus c, a und α,

nach (9. und 10.). Dann ist

14.
$$\begin{cases} \sin c = \dfrac{\sin a \sin\gamma}{\sin\alpha} = \dfrac{\sin b}{\sin\beta}\sin\gamma, \quad (\S.\ 739.\ 54.) \\ \sin a = \dfrac{\sin b \sin\alpha}{\sin\beta} = \dfrac{\sin c}{\sin\gamma}\sin\alpha, \\ \sin b = \dfrac{\sin c \sin\beta}{\sin\gamma} = \dfrac{\sin a}{\sin\alpha}\sin\beta. \end{cases}$$

Dritte Auflösung, ebenfalls für Logarithmen.

Man setze

15.
$$\begin{cases} \cos\alpha \tang b = \tang k, \quad \cos\beta \tang c = \tang m, \\ \qquad \cos\gamma \tang a = \tang n \quad (\S.\ 739.\ 55.), \\ \cos\beta \tang a = \tang k_1, \quad \cos\gamma \tang b = \tang m_1, \\ \qquad \cos\alpha \tang c = \tang n_1. \end{cases}$$

Alsdann ist

16.
$$\begin{cases} \cos(c-k) = \cos k \dfrac{\cos a}{\cos b} \text{ und } \cos(c-k_1) = \cos k_1 \dfrac{\cos b}{\cos a} \\ \qquad\qquad\qquad\qquad\qquad\qquad\qquad (\S.\ 739.\ 57.), \\ \cos(a-m) = \cos m \dfrac{\cos b}{\cos c} \text{ und } \cos(a-m_1) = \cos m_1 \dfrac{\cos c}{\cos b}, \\ \cos(b-n) = \cos n \dfrac{\cos c}{\cos a} \text{ und } \cos(b-n_1) = \cos n_1 \dfrac{\cos a}{\cos c}, \end{cases}$$

und

17.
$$\begin{cases} c = (c-k) + k, \quad a = (a-m) + m, \quad b = (b-n) + n, \\ c = (c-k_1) + k_1, \quad a = (a-m_1) + m_1, \quad b = (b-n_1) + n_1. \end{cases}$$

Aufgabe V. Aus zwei Seiten und dem eingeschlossenen Winkel eines Raum-Dreiecks einen der beiden anderen Winkel zu finden, nemlich

α oder β aus a, b und γ,
β oder γ aus b, c und α,
γ oder α aus c, a und β.

Erste Auflösung, ohne Rücksicht auf den Gebrauch der Logarithmen.

18.
$$\begin{cases} \cot\alpha = \dfrac{\cot a \sin b - \cos b \cos\gamma}{\sin\gamma}, \ (\S.\ 739.\ 58.) \\ \qquad \cot\beta = \dfrac{\cot b \sin a - \cos a \cos\gamma}{\sin\gamma}, \\ \cot\beta = \dfrac{\cot b \sin c - \cos c \cos\alpha}{\sin\alpha}, \\ \qquad \cot\gamma = \dfrac{\cot c \sin b - \cos b \cos\alpha}{\sin\alpha}, \\ \cot\gamma = \dfrac{\cot c \sin a - \cos a \cos\beta}{\sin\beta}, \\ \qquad \cot\alpha = \dfrac{\cot a \sin c - \cos c \cos\beta}{\sin\beta}. \end{cases}$$

Zweite Auflösung, mit Rücksicht auf den Gebrauch der Logarithmen.

Man setze

19.
$$\begin{cases} \cos\gamma \operatorname{tang} a = \operatorname{tang} k, \quad \cos\alpha \operatorname{tang} b = \operatorname{tang} m, \\ \qquad \cos\beta \operatorname{tang} c = \operatorname{tang} n, \\ \cos\gamma \operatorname{tang} b = \operatorname{tang} k_1, \quad \cos\alpha \operatorname{tang} c = \operatorname{tang} m_1, \\ \qquad \cos\beta \operatorname{tang} a = \operatorname{tang} n_1 \end{cases}$$

Alsdann ist

20.
$$\begin{cases} \cot\alpha = \dfrac{\cot a \sin(b-k)}{\sin\gamma \cos k}, \quad (\S.\ 739.\ 62.) \\ \cot\beta = \dfrac{\cot b \sin(a-k_1)}{\sin\gamma \cos k_1}, \quad (\S.\ 739.\ 64.) \\ \cot\beta = \dfrac{\cot b \sin(c-m)}{\sin\alpha \cos m}, \\ \cot\gamma = \dfrac{\cot c \sin(b-m_1)}{\sin\alpha \cos m_1}, \\ \cot\gamma = \dfrac{\cot c \sin(a-n)}{\sin\beta \cos n}, \\ \cot\alpha = \dfrac{\cot a \sin(c-n_1)}{\sin\beta \cos n_1}. \end{cases}$$

Dritte Auflösung, ebenfalls mit Rücksicht auf Logarithmen.

21.
$$\begin{cases} \tang\tfrac{1}{2}(\alpha+\beta) = \dfrac{\cos\frac{1}{2}(a-b)}{\cos\frac{1}{2}(a+b)} \cot\tfrac{1}{2}\gamma, \quad (\S.\ 739.\ 65.) \\ \tang\tfrac{1}{2}(\alpha-\beta) = \dfrac{\sin\frac{1}{2}(a-b)}{\sin\frac{1}{2}(a+b)} \cot\tfrac{1}{2}\gamma, \\ \tang\tfrac{1}{2}(\beta+\gamma) = \dfrac{\cos\frac{1}{2}(b-c)}{\cos\frac{1}{2}(b+c)} \cot\tfrac{1}{2}\alpha, \\ \tang\tfrac{1}{2}(\beta-\gamma) = \dfrac{\sin\frac{1}{2}(b-c)}{\sin\frac{1}{2}(b+c)} \cot\tfrac{1}{2}\alpha, \\ \tang\tfrac{1}{2}(\gamma+\alpha) = \dfrac{\cos\frac{1}{2}(c-a)}{\cos\frac{1}{2}(c+a)} \cot\tfrac{1}{2}\beta, \\ \tang\tfrac{1}{2}(\gamma-\alpha) = \dfrac{\sin\frac{1}{2}(c-a)}{\sin\frac{1}{2}(c+a)} \cot\tfrac{1}{2}\beta, \end{cases}$$

und

22.
$$\begin{cases} \alpha = \tfrac{1}{2}(\alpha+\beta) + \tfrac{1}{2}(\alpha-\beta), \quad \beta = \tfrac{1}{2}(\alpha+\beta) - \tfrac{1}{2}(\alpha-\beta), \\ \beta = \tfrac{1}{2}(\beta+\gamma) + \tfrac{1}{2}(\beta-\gamma), \quad \gamma = \tfrac{1}{2}(\beta+\gamma) - \tfrac{1}{2}(\beta-\gamma), \\ \gamma = \tfrac{1}{2}(\gamma+\alpha) + \tfrac{1}{2}(\gamma-\alpha), \quad \alpha = \tfrac{1}{2}(\gamma+\alpha) - \tfrac{1}{2}(\gamma-\alpha). \end{cases}$$

Vierte Auflösung, für den Fall, wenn eine von den beiden gegebenen Seiten gegen die andere sehr klein ist, nach (§. 739. 84. und 85.):

23.
$$\begin{cases} \tfrac{1}{2}(\alpha+\beta) = \varrho - \tfrac{1}{2}\gamma + \dfrac{\tang\frac{1}{2}b}{\cot\frac{1}{2}a}\sin\gamma - \dfrac{\tang\frac{1}{2}b^2}{2\cot\frac{1}{2}a^2}\sin 2\gamma + \dfrac{\tang\frac{1}{2}b^3}{3\cot\frac{1}{2}a^3}\sin 3\gamma \ldots \\ \tfrac{1}{2}(\alpha-\beta) = \varrho - \tfrac{1}{2}\gamma - \dfrac{\tang\frac{1}{2}b}{\tang\frac{1}{2}a}\sin\gamma - \dfrac{\tang\frac{1}{2}b^2}{2\tang\frac{1}{2}a^2}\sin 2\gamma - \dfrac{\tang\frac{1}{2}b^3}{3\tang\frac{1}{2}a^3}\sin 3\gamma \ldots \\ \tfrac{1}{2}(\beta+\alpha) = \varrho - \tfrac{1}{2}\gamma + \dfrac{\tang\frac{1}{2}a}{\cot\frac{1}{2}b}\sin\gamma - \dfrac{\tang\frac{1}{2}a^2}{2\cot\frac{1}{2}b^2}\sin 2\gamma + \dfrac{\tang\frac{1}{2}a^3}{3\cot\frac{1}{2}b^3}\sin 3\gamma \ldots \\ \tfrac{1}{2}(\beta-\alpha) = \varrho - \tfrac{1}{2}\gamma - \dfrac{\tang\frac{1}{2}a}{\tang\frac{1}{2}b}\sin\gamma - \dfrac{\tang\frac{1}{2}a^2}{2\tang\frac{1}{2}b^2}\sin 2\gamma - \dfrac{\tang\frac{1}{2}a^3}{3\tang\frac{1}{2}b^3}\sin 3\gamma \ldots \end{cases}$$

und hieraus α und β nach (22.). Um den Raum zu sparen, sind die Reihen für die beiden anderen Fälle der Aufgabe, nemlich β und γ aus b, c und α oder γ und α aus c, a und β zu finden, nicht hingeschrieben.

Aufgabe VI. *Aus zwei Seiten und dem eingeschlossenen Winkel eines Raum-Dreiecks die dritte Seite zu finden,* also

c aus a, b und γ,
a aus b, c und α,
b aus c, a und β.

Erste Auflösung, ohne Rücksicht auf den Gebrauch der Logarithmen.

$$24.\quad \begin{cases} \cos c = \cos a \cos b + \sin a \sin b \cos\gamma, & (\S.\ 739.\ 86.) \\ \cos a = \cos b \cos c + \sin b \sin c \cos\alpha, \\ \cos b = \cos c \cos a + \sin c \sin a \cos\beta. \end{cases}$$

Zweite Auflösung, mit Rücksicht auf den Gebrauch der Logarithmen.

Man setze

$$25.\quad \cos\gamma \tang b = \tang k,\quad \cos\alpha \tang c = \tang m,\quad \cos\beta \tang a = \tang n\ (\S.\ 739.\ 87.).$$

Alsdann ist

$$26.\quad \begin{cases} \cos c = \dfrac{\cos b \cos(a-k)}{\cos k}, & (\S.\ 739.\ 88.) \\ \cos a = \dfrac{\cos c \cos(b-m)}{\cos m}, \\ \cos b = \dfrac{\cos a \cos(c-n)}{\cos n}. \end{cases}$$

Dritte Auflösung, ebenfalls mit Rücksicht auf Logarithmen.

Man berechne erst

$$27.\quad \begin{cases} \alpha \text{ und } \beta \text{ aus } a,\ b \text{ und } \gamma, \\ \beta \text{ und } \gamma \text{ aus } b,\ c \text{ und } \alpha, \\ \gamma \text{ und } \alpha \text{ aus } c,\ a \text{ und } \beta, \end{cases}$$

nach (19. und 20.), oder nach (21. und 22.). Alsdann ist

$$28.\quad \begin{cases} \sin c = \sin a \dfrac{\sin\gamma}{\sin\alpha}, & (\S.\ 739.\ 89.) \\ \sin a = \sin b \dfrac{\sin\alpha}{\sin\beta}, \\ \sin b = \sin c \dfrac{\sin\beta}{\sin\gamma}. \end{cases}$$

Vierte Auflösung, ebenfalls mit Rücksicht auf Logarithmen.

Man berechne erst

$$29.\quad \begin{cases} \tfrac{1}{2}(\alpha-\beta) \text{ aus } a, b \text{ und } \gamma, \\ \tfrac{1}{2}(\beta-\gamma) \text{ aus } b, c \text{ und } \alpha, \\ \tfrac{1}{2}(\gamma-\alpha) \text{ aus } c, a \text{ und } \beta, \end{cases}$$

nach (21.). Alsdann ist

$$30.\quad \begin{cases} \sin\tfrac{1}{2}c = \dfrac{\sin\tfrac{1}{2}(a+b)\sin\tfrac{1}{2}\gamma}{\cos\tfrac{1}{2}(\alpha-\beta)} = \dfrac{\sin\tfrac{1}{2}(a-b)\cos\tfrac{1}{2}\gamma}{\sin\tfrac{1}{2}(\alpha-\beta)} \text{ (§. 739. 97.)}, \\ \sin\tfrac{1}{2}a = \dfrac{\sin\tfrac{1}{2}(b+c)\sin\tfrac{1}{2}\alpha}{\cos\tfrac{1}{2}(\beta-\gamma)} = \dfrac{\sin\tfrac{1}{2}(b-c)\cos\tfrac{1}{2}\alpha}{\sin\tfrac{1}{2}(\beta-\gamma)}, \\ \sin\tfrac{1}{2}b = \dfrac{\sin\tfrac{1}{2}(c+a)\sin\tfrac{1}{2}\beta}{\cos\tfrac{1}{2}(\gamma-\alpha)} = \dfrac{\sin\tfrac{1}{2}(c-a)\cos\tfrac{1}{2}\beta}{\sin\tfrac{1}{2}(\gamma-\alpha)}. \end{cases}$$

Fünfte Auflösung, für den Fall, wenn eine der gegebenen Seiten gegen die andere sehr klein ist:

$$31.\quad \begin{cases} {}^{e}(\sin\tfrac{1}{2}c) = {}^{e}(\sin\tfrac{1}{2}a) + {}^{e}(\cos\tfrac{1}{2}b) \\ -\dfrac{\operatorname{tang}\tfrac{1}{2}b}{\operatorname{tang}\tfrac{1}{2}a}\cos\gamma - \dfrac{\operatorname{tang}\tfrac{1}{2}b^2}{2\operatorname{tang}\tfrac{1}{2}a^2}\cos 2\gamma - \dfrac{\operatorname{tang}\tfrac{1}{2}b^3}{3\operatorname{tang}\tfrac{1}{2}a^3}\cos 3\gamma \ldots\ldots \\ {}^{e}(\cos\tfrac{1}{2}c) = {}^{e}(\cos\tfrac{1}{2}a) + {}^{e}(\cos\tfrac{1}{2}b) \\ +\dfrac{\operatorname{tang}\tfrac{1}{2}b}{\cot\tfrac{1}{2}a}\cos\gamma - \dfrac{\operatorname{tang}\tfrac{1}{2}b^2}{2\cot\tfrac{1}{2}a^2}\cos 2\gamma + \dfrac{\operatorname{tang}\tfrac{1}{2}b^3}{3\cot\tfrac{1}{2}a^3}\cos 3\gamma \ldots\ldots \end{cases}$$

(§. 739. 106. und 107.). Um den Raum zu sparen, sind die Reihen für die beiden anderen Fälle der Aufgabe, nemlich a aus b, c und α, und b aus c, a und β zu finden, nicht hingeschrieben.

Aufgabe VII. *Aus zwei Winkeln und der dazwischen liegenden Seite eines Raum-Dreiecks den dritten Winkel zu finden,* also

$$\gamma \text{ aus } \alpha, \beta \text{ und } c,$$
$$\alpha \text{ aus } \beta, \gamma \text{ und } a,$$
$$\beta \text{ aus } \gamma, \alpha \text{ und } b.$$

Erste Auflösung, ohne Rücksicht auf den Gebrauch der Logarithmen.

$$32.\quad \begin{cases} \cos\gamma = \sin\alpha\sin\beta\cos c - \cos\alpha\cos\beta, \\ \cos\alpha = \sin\beta\sin\gamma\cos a - \cos\beta\cos\gamma, \\ \cos\beta = \sin\gamma\sin\alpha\cos b - \cos\gamma\cos\alpha, \end{cases}$$

(24. und §. 740. 2.) oder auch (§. 729. IV.).

Zweite Auflösung, mit Rücksicht auf den Gebrauch der Logarithmen.

Man setze

$$33.\quad \cos c \operatorname{tang}\beta = -\operatorname{tang}\varkappa,\quad \cos a \operatorname{tang}\gamma = -\operatorname{tang}\mu,$$
$$\cos b \operatorname{tang}\alpha = -\operatorname{tang}\nu \text{ (25.)}.$$

Alsdann ist

$$34.\ \begin{cases} \cos\gamma = -\dfrac{\cos\beta\cos(\alpha-\varkappa)}{\cos\varkappa}, & \text{(26. und §. 740. 2.)} \\ \cos\alpha = -\dfrac{\cos\gamma\cos(\beta-\mu)}{\cos\mu}, & \\ \cos\beta = -\dfrac{\cos\alpha\cos(\gamma-\nu)}{\cos\nu}. & \end{cases}$$

Dritte Auflösung, ebenfalls mit Rücksicht auf Logarithmen.

Man berechne erst

$$35.\ \begin{cases} a \text{ und } b \text{ aus } \alpha, \beta \text{ und } c, \\ b \text{ und } c \text{ aus } \beta, \gamma \text{ und } a, \\ c \text{ und } a \text{ aus } \gamma, \alpha \text{ und } b, \end{cases}$$

nach (42. weiter unten), oder nach (43. weiter unten). Alsdann ist

$$36.\ \begin{cases} \sin\gamma = \sin\alpha\dfrac{\sin c}{\sin a}, & \text{(28. und §. 740. 2,) oder (§. 729. II.)} \\ \sin\alpha = \sin\beta\dfrac{\sin a}{\sin b}, & \\ \sin\beta = \sin\gamma\dfrac{\sin b}{\sin c}. & \end{cases}$$

Vierte Auflösung, ebenfalls mit Rücksicht auf Logarithmen.

Man berechne erst

$$37.\ \begin{cases} \tfrac{1}{2}(b-a) \text{ aus } \alpha, \beta \text{ und } c, \\ \tfrac{1}{2}(c-b) \text{ aus } \beta, \gamma \text{ und } a, \\ \tfrac{1}{2}(a-c) \text{ aus } \gamma, \alpha \text{ und } b, \end{cases}$$

nach (43. weiter unten). Alsdann ist

$$38.\ \begin{cases} \cos\tfrac{1}{2}\gamma = \dfrac{\sin\tfrac{1}{2}(\alpha+\beta)\cos\tfrac{1}{2}c}{\cos\tfrac{1}{2}(a-b)} = \dfrac{\sin\tfrac{1}{2}(\alpha-\beta)\sin\tfrac{1}{2}c}{\sin\tfrac{1}{2}(a-b)}, \\ \cos\tfrac{1}{2}\alpha = \dfrac{\sin\tfrac{1}{2}(\beta+\gamma)\cos\tfrac{1}{2}a}{\cos\tfrac{1}{2}(b-c)} = \dfrac{\sin\tfrac{1}{2}(\beta-\gamma)\sin\tfrac{1}{2}b}{\sin\tfrac{1}{2}(b-c)}, \\ \cos\tfrac{1}{2}\beta = \dfrac{\sin\tfrac{1}{2}(\gamma+\alpha)\cos\tfrac{1}{2}b}{\cos\tfrac{1}{2}(c-a)} = \dfrac{\sin\tfrac{1}{2}(\gamma-\alpha)\sin\tfrac{1}{2}a}{\sin\tfrac{1}{2}(c-a)}, \end{cases}$$

(30. und §. 740. 3. und 4.).

Fünfte Auflösung, für den Fall, wenn einer der gegebenen Winkel gegen den anderen sehr klein ist:

$$39\ \begin{cases} {}^{e}(\cos\tfrac{1}{2}\gamma) = {}^{e}(\cos\tfrac{1}{2}\alpha) + {}^{e}(\sin\tfrac{1}{2}\beta) \\ + \dfrac{\tang\tfrac{1}{2}\alpha}{\tang\tfrac{1}{2}\beta}\cos c - \dfrac{\tang\tfrac{1}{2}\alpha^2}{2\tang\tfrac{1}{2}\beta^2}\cos 2c + \dfrac{\tang\tfrac{1}{2}\alpha^3}{3\tang\tfrac{1}{2}\beta^3}\cos 3c \ldots\ldots \\ {}^{e}(\sin\tfrac{1}{2}\gamma) = {}^{e}(\sin\tfrac{1}{2}\alpha) + {}^{e}(\sin\tfrac{1}{2}\beta) \\ - \dfrac{\cot\tfrac{1}{2}\beta}{\tang\tfrac{1}{2}\alpha}\cos c - \dfrac{\cot\tfrac{1}{2}\beta^2}{2\tang\tfrac{1}{2}\alpha^2}\cos 2c - \dfrac{\cot\tfrac{1}{2}\beta^3}{3\tang\tfrac{1}{2}\alpha^3}\cos 3c \ldots\ldots \end{cases}$$

(31. und §. 740. 2. und 3.). Um den Raum zu sparen, sind die Reihen für die beiden anderen Fälle der Aufgabe, nemlich α aus β, γ und a, und β aus γ, α und b zu finden, nicht hingeschrieben.

Aufgabe VIII. *Aus zwei Winkeln und der dazwischen liegenden Seite eines Raum-Dreiecks eine der beiden anderen Seiten zu finden,* also

a und b aus α, β und c,
b und c aus β, γ und a,
c und a aus γ, α und b.

Erste Auflösung, ohne Rücksicht auf den Gebrauch der Logarithmen.

$$40.\quad \begin{cases} \cot a = \dfrac{\cot\alpha \sin\beta + \cos\beta \cos c}{\sin c}, \\ \qquad \cot b = \dfrac{\cot\beta \sin\alpha + \cos\alpha \cos c}{\sin c}, \\ \cot b = \dfrac{\cot\beta \sin\gamma + \cos\gamma \cos a}{\sin a}, \\ \qquad \cot c = \dfrac{\cot\gamma \sin\beta + \cos\beta \cos a}{\sin a}, \\ \cot c = \dfrac{\cot\gamma \sin\alpha + \cos\alpha \cos b}{\sin b}, \\ \qquad \cot a = \dfrac{\cot\alpha \sin\gamma + \cos\gamma \cos b}{\sin b}, \end{cases}$$

(18. und §. 740. 2. oder §. 729. 10. 11. 12.).

Zweite Auflösung, mit Rücksicht auf den Gebrauch der Logarithmen.

Man setze

$$41.\quad \begin{cases} \cos c \,\mathrm{tang}\,\alpha = -\,\mathrm{tang}\,\varkappa, \quad \cos a \,\mathrm{tang}\,\beta = -\,\mathrm{tang}\,\mu, \\ \qquad \cos b \,\mathrm{tang}\,\gamma = -\,\mathrm{tang}\,\nu, \\ \cos c \,\mathrm{tang}\,\beta = -\,\mathrm{tang}\,\varkappa_1, \quad \cos a \,\mathrm{tang}\,\gamma = -\,\mathrm{tang}\,\mu_1, \\ \qquad \cos b \,\mathrm{tang}\,\alpha = -\,\mathrm{tang}\,\nu_1. \end{cases}$$

Alsdann ist

$$42.\quad \begin{cases} \cot a = \dfrac{\cot\alpha \sin(\beta-\varkappa)}{\sin c \cos\varkappa}, \quad \cot b = \dfrac{\cot\beta \sin(\alpha-\varkappa_1)}{\sin c \cos\varkappa_1}, \\ \cot b = \dfrac{\cot\beta \sin(\gamma-\mu)}{\sin a \cos\mu}, \quad \cot c = \dfrac{\cot\gamma \sin(\beta-\mu_1)}{\sin a \cos\mu_1)}, \\ \cot c = \dfrac{\cot\gamma \sin(\alpha-\nu)}{\sin b \cos\nu}, \quad \cot a = \dfrac{\cos\alpha \sin(\gamma-\nu_1)}{\sin b \cos\nu_1}, \end{cases}$$

(20. und §. 740. 2.).

Dritte Auflösung, ebenfalls mit Rücksicht auf den Gebrauch der Logarithmen.

$$43.\left\{\begin{aligned}
tang\,\tfrac{1}{2}(a+b) &= \frac{\cos\frac{1}{2}(\alpha-\beta)}{\cos\frac{1}{2}(\alpha+\beta)}\,tang\,\tfrac{1}{2}c,\\
tang\,\tfrac{1}{2}(a-b) &= \frac{\sin\frac{1}{2}(\alpha-\beta)}{\sin\frac{1}{2}(\alpha+\beta)}\,tang\,\tfrac{1}{2}(a-b),\\
tang\,\tfrac{1}{2}(b+c) &= \frac{\cos\frac{1}{2}(\beta-\gamma)}{\cos\frac{1}{2}(\beta+\gamma)}\,tang\,\tfrac{1}{2}a,\\
tang\,\tfrac{1}{2}(b-c) &= \frac{\sin\frac{1}{2}(\beta-\gamma)}{\sin\frac{1}{2}(\beta+\gamma)}\,tang\,\tfrac{1}{2}(b-c),\\
tang\,\tfrac{1}{2}(c+a) &= \frac{\cos\frac{1}{2}(\gamma-\alpha)}{\cos\frac{1}{2}(\gamma+\alpha)}\,tang\,\tfrac{1}{2}b,\\
tang\,\tfrac{1}{2}(c-a) &= \frac{\sin\frac{1}{2}(\gamma-\alpha)}{\sin\frac{1}{2}(\gamma+\alpha)}\,tang\,\tfrac{1}{2}(c-a),
\end{aligned}\right.$$

(21. und §. 740. 3. 4. 5., oder auch §. 737. II.), und hieraus

$$44.\left\{\begin{aligned}
a &= \tfrac{1}{2}(a+b)+\tfrac{1}{2}(a-b), & b &= \tfrac{1}{2}(a+b)-\tfrac{1}{2}(a-b),\\
b &= \tfrac{1}{2}(b+c)+\tfrac{1}{2}(b-c), & c &= \tfrac{1}{2}(b+c)-\tfrac{1}{2}(b-c),\\
c &= \tfrac{1}{2}(c+a)+\tfrac{1}{2}(c-a), & a &= \tfrac{1}{2}(c+a)-\tfrac{1}{2}(c-a).
\end{aligned}\right.$$

Vierte Auflösung, für den Fall, wenn einer von den beiden gegebenen Winkeln gegen den anderen sehr klein ist:

$$45.\left\{\begin{aligned}
\tfrac{1}{2}(b+a) &= 2\varrho-\tfrac{1}{2}c-\frac{\cot\frac{1}{2}\beta}{tang\frac{1}{2}\alpha}\sin c-\frac{\cot\frac{1}{2}\beta^2}{2tang\frac{1}{2}\alpha^2}\sin 2c-\frac{\cot\frac{1}{2}\beta^3}{3tang\frac{1}{2}\alpha^3}\sin 3c\ldots\\
\tfrac{1}{2}(b-a) &= \tfrac{1}{2}c-\frac{tang\frac{1}{2}\alpha}{tang\frac{1}{2}\beta}\sin c+\frac{tang\frac{1}{2}\alpha^2}{2tang\frac{1}{2}\beta^2}\sin 2c-\frac{tang\frac{1}{2}\alpha^3}{3tang\frac{1}{2}\beta^3}\sin 3c\ldots\\
\tfrac{1}{2}(a+b) &= 2\varrho-\tfrac{1}{2}c-\frac{\cot\frac{1}{2}\alpha}{tang\frac{1}{2}\beta}\sin c-\frac{\cot\frac{1}{2}\alpha^2}{2tang\frac{1}{2}\beta^2}\sin 2c-\frac{\cot\frac{1}{2}\alpha^3}{3tang\frac{1}{2}\beta^3}\sin 3c\ldots\\
\tfrac{1}{2}(a-b) &= \tfrac{1}{2}c-\frac{tang\frac{1}{2}\beta}{tang\frac{1}{2}\alpha}\sin c+\frac{tang\frac{1}{2}\beta^2}{2tang\frac{1}{2}\alpha^2}\sin 2c-\frac{tang\frac{1}{2}\beta^3}{3tang\frac{1}{2}\alpha^3}\sin 3c\ldots
\end{aligned}\right.$$

(23. und §. 740. 2. 3.), und hieraus a und b nach (44.). Um den Raum zu sparen, sind die Reihen für die beiden anderen Fälle der Aufgabe, nemlich b, c aus β, γ und a und c, a aus γ, α und b zu finden, nicht hergesetzt.

Aufgabe IX. *Aus zwei Winkeln und einer anliegenden Seite eines Raum-Dreiecks den dritten Winkel zu finden*, also

γ aus α, β und a, oder aus α, β und b,
α aus β, γ und b, oder aus β, γ und c,
β aus γ, α und c, oder aus γ, α und a.

Erste Auflösung, ohne Rücksicht auf den Gebrauch der Logarithmen.

46. $$\begin{cases} \sin\gamma \begin{cases} = \dfrac{\cos\alpha \sin\beta \cos a \mp \cos\beta \sqrt{(\sin\alpha^2 - \sin\beta^2 \sin a^2)}}{1 - \sin\beta^2 \sin a^2}, \\ = \dfrac{\cos\beta \sin\alpha \cos b \mp \cos\alpha \sqrt{(\sin\beta^2 - \sin\alpha^2 \sin b^2)}}{1 - \sin\alpha^2 \sin b^2}, \end{cases} \\ \sin\alpha \begin{cases} = \dfrac{\cos\beta \sin\gamma \cos b \mp \cos\gamma \sqrt{(\sin\beta^2 - \sin\gamma^2 \sin b^2)}}{1 - \sin\gamma^2 \sin b^2}, \\ = \dfrac{\cos\gamma \sin\beta \cos c \mp \cos\beta \sqrt{(\sin\gamma^2 - \sin\beta^2 \sin c^2)}}{1 - \sin\beta^2 \sin c^2}, \end{cases} \\ \sin\beta \begin{cases} = \dfrac{\cos\gamma \sin\alpha \cos c \mp \cos\alpha \sqrt{(\sin\gamma^2 - \sin\alpha^2 \sin c^2)}}{1 - \sin\alpha^2 \sin c^2}, \\ = \dfrac{\cos\alpha \sin\gamma \cos a \mp \cos\gamma \sqrt{(\sin\alpha^2 - \sin\gamma^2 \sin a^2)}}{1 - \sin\gamma^2 \sin a^2}, \end{cases} \end{cases}$$

(12. und §. 740. 2.).

Zweite Auflösung, mit Rücksicht auf den Gebrauch der Logarithmen.

Man berechne erst

47. $\begin{cases} c \text{ aus } \alpha,\ \beta \text{ und } a, \text{ oder aus } \alpha,\ \beta \text{ und } b, \\ a \text{ aus } \beta,\ \gamma \text{ und } b, \text{ oder aus } \beta,\ \gamma \text{ und } c, \\ b \text{ aus } \gamma,\ \alpha \text{ und } c, \text{ oder aus } \gamma,\ \alpha \text{ und } a; \end{cases}$

nach (52., 53. und 54., weiter unten). Alsdann ist

48. $$\begin{cases} \sin\gamma = \dfrac{\sin\alpha \sin c}{\sin a} = \dfrac{\sin\beta \sin c}{\sin b}, \\ \sin\alpha = \dfrac{\sin\beta \sin a}{\sin b} = \dfrac{\sin\gamma \sin a}{\sin c}, \\ \sin\beta = \dfrac{\sin\gamma \sin b}{\sin c} = \dfrac{\sin\alpha \sin b}{\sin a}. \end{cases}$$ (14. und §. 740. 2., oder §. 729. II.)

Dritte Auflösung, ebenfalls für Logarithmen.

Man setze

$$\cos a \tang\beta = -\tang\varkappa, \quad \cos b \tang\gamma = -\tang\mu,$$
$$\cos c \tang\alpha = -\tang\nu,$$
$$\cos b \tang\alpha = -\tang\varkappa_1, \quad \cos c \tang\beta = -\tang\mu_1,$$
$$\cos a \tang\gamma = -\tang\nu_1.$$

Alsdann ist

$$\cos(\gamma-\varkappa) = -\cos\varkappa \frac{\cos\alpha}{\cos\beta} \text{ und } \cos(\gamma-\varkappa_1) = -\cos\varkappa_1 \frac{\cos\beta}{\cos\alpha},$$
$$\cos(\alpha-\mu) = -\cos\mu \frac{\cos\beta}{\cos\gamma} \text{ und } \cos(\alpha-\mu_1) = -\cos\mu_1 \frac{\cos\gamma}{\cos\beta},$$
$$\cos(\beta-\nu) = -\cos\nu \frac{\cos\gamma}{\cos\alpha} \text{ und } \cos(\beta-\nu_1) = -\cos\nu_1 \frac{\cos\alpha}{\cos\gamma},$$

(16. und §. 740. 2), und hernach

50. $\begin{cases} \gamma = (\gamma-\varkappa) + \varkappa, \quad \alpha = (\alpha-\mu) + \mu, \quad \beta = (\beta-\nu) + \nu, \\ \gamma = (\gamma-\varkappa_1) + \varkappa_1, \quad \alpha = (\alpha-\mu_1) + \mu_1, \quad \beta = (\beta-\nu_1) + \nu_1. \end{cases}$

Aufgabe X. *Aus zwei Winkeln und einer anliegenden Seite eines Raum-Dreiecks die zwischen den gegebenen Winkeln liegende Seite zu finden*, **also**

c aus α, β und a, oder aus α, β und b,
a aus β, γ und b, oder aus β, γ und c,
b aus γ, α und c, oder aus γ, α und a.

Erste Auflösung, ohne Rücksicht auf den Gebrauch der Logarithmen.

51. $$\begin{cases} \sin c = \dfrac{\cos a \cot \alpha \sin\beta \mp \cos\beta^2}{\sin a(\cot a^2 + \cos\beta^2)} = \dfrac{\cos b \cot\beta \sin\alpha \mp \cos\alpha^2}{\sin b(\cot b^2 + \cos\alpha^2)}, \\ \sin a = \dfrac{\cos b \cot\beta \sin\gamma \mp \cos\gamma^2}{\sin b(\cot b^2 + \cos\gamma^2)} = \dfrac{\cos c \cot\gamma \sin\beta \mp \cos\beta^2}{\sin c(\cot c^2 + \cos\beta^2)}, \\ \sin b = \dfrac{\cos c \cot\gamma \sin\alpha \mp \cos\alpha^2}{\sin c(\cot c^2 + \cos\alpha^2)} = \dfrac{\cos a \cot\alpha \sin\gamma \mp \cos\gamma^2}{\sin a(\cot a^2 + \cos\gamma^2)}, \end{cases}$$

(8. und §. 740. 2.).

Zweite Auflösung. **Mit Rücksicht auf den Gebrauch der Logarithmen.**

Man setze

52. $$\begin{cases} \cos\beta \tang a = -\tang k, \quad \cos\gamma \tang b = -\tang m, \\ \qquad \cos\alpha \tang c = -\tang n, \\ \cos\alpha \tang b = -\tang k_1, \quad \cos\beta \tang c = -\tang m_1, \\ \qquad \cos\gamma \tang a = -\tang n_1. \end{cases}$$

Alsdann ist

53. $$\begin{cases} \sin(c+k) = \sin k \dfrac{\tang\beta}{\tang\alpha} \text{ und } \sin(c+k_1) = \sin k_1 \dfrac{\tang\alpha}{\tang\beta}, \\ \sin(a+m) = \sin m \dfrac{\tang\gamma}{\tang\beta} \text{ und } \sin(a+m_1) = \sin m_1 \dfrac{\tang\beta}{\tang\gamma}, \\ \sin(b+n) = \sin n \dfrac{\tang\alpha}{\tang\gamma} \text{ und } \sin(b+n_1) = \sin n_1 \dfrac{\tang\gamma}{\tang\alpha}, \end{cases}$$

(9. und §. 740. 2.), und

54. $$\begin{cases} c = (c+k) - k, \quad a = (a+m) - m, \quad b = (b+n) - n, \\ c = (c+k_1) - k_1, \quad a = (a+m_1) - m_1, \quad b = (b+n_1) - n_1. \end{cases}$$

Aufgabe XI. *Aus zwei Winkeln und einer anliegenden Seite eines Raum-Dreiecks die andere anliegende Seite zu finden*, also

b aus α, β und a, oder a aus α, β und b,
c aus β, γ und b, oder b aus β, γ und c,
a aus γ, α, und c, oder c aus γ, α und a.

Auflösung.

$$55.\begin{cases} \sin b = \dfrac{\sin a \sin \beta}{\sin \alpha} \text{ und } \sin a = \dfrac{\sin b \sin \alpha}{\sin \beta}, \\ \sin c = \dfrac{\sin b \sin \gamma}{\sin \beta} \text{ und } \sin b = \dfrac{\sin c \sin \beta}{\sin \gamma}, \\ \sin a = \dfrac{\sin c \sin \alpha}{\sin \gamma} \text{ und } \sin c = \dfrac{\sin a \sin \gamma}{\sin \alpha}, \end{cases}$$

(7. und §. 740. 2.).

Aufgabe XII. *Aus den drei Winkeln eines Raum-Dreiecks eine Seite zu finden*, also

a, b oder c aus α, β und γ.

Erste Auflösung, ohne Rücksicht auf den Gebrauch der Logarithmen.

$$56.\begin{cases} \cos a = \dfrac{\cos \alpha + \cos \beta \cos \gamma}{\sin \beta \sin \gamma}, & \text{(1. und §. 740. 2. oder §. 729. IV.)} \\ \cos b = \dfrac{\cos \beta + \cos \gamma \cos \alpha}{\sin \gamma \sin \alpha}, \\ \cos c = \dfrac{\cos \gamma + \cos \alpha \cos \beta}{\sin \alpha \sin \beta}. \end{cases}$$

Zweite Auflösung, mit Rücksicht auf den Gebrauch der Logarithmen.

$$57.\begin{cases} \cos \tfrac{1}{2} a = \sqrt{\left(\dfrac{\cos \frac{1}{2}(\alpha+\beta-\gamma) \cos \frac{1}{2}(\alpha-\beta+\gamma)}{\sin \beta \sin \gamma}\right)}, \\ \sin \tfrac{1}{2} a = \sqrt{\left(\dfrac{-\cos \frac{1}{2}(\alpha+\beta+\gamma) \cos \frac{1}{2}(\beta+\gamma-\alpha)}{\sin \beta \sin \gamma}\right)}, \\ \tang \tfrac{1}{2} a = \sqrt{\left(\dfrac{-\cos \frac{1}{2}(\alpha+\beta+\gamma) \cos \frac{1}{2}(\beta+\gamma-\alpha)}{\cos \frac{1}{2}(\alpha+\beta-\gamma) \cos \frac{1}{2}(\alpha-\beta+\gamma)}\right)}, \\ \sin a = \dfrac{+2\sqrt{(-\cos\frac{1}{2}(\alpha+\beta+\gamma)\cos\frac{1}{2}(\alpha+\beta-\gamma)\cos\frac{1}{2}(\alpha-\beta+\gamma)\cos\frac{1}{2}(\beta+\gamma-\alpha))}}{\sin \beta \sin \gamma}. \end{cases}$$

$$58.\begin{cases} \cos \tfrac{1}{2} b = \sqrt{\left(\dfrac{\cos \frac{1}{2}(\beta+\gamma-\alpha) \cos \frac{1}{2}(\beta-\gamma+\alpha)}{\sin \gamma \sin \alpha}\right)}, \\ \sin \tfrac{1}{2} b = \sqrt{\left(\dfrac{-\cos \frac{1}{2}(\beta+\gamma+\alpha) \cos \frac{1}{2}(\gamma+\alpha-\beta)}{\sin \gamma \sin \alpha}\right)}, \\ \tang \tfrac{1}{2} b = \sqrt{\left(\dfrac{-\cos \frac{1}{2}(\beta+\gamma+\alpha) \cos \frac{1}{2}(\gamma+\alpha-\beta)}{\cos \frac{1}{2}(\beta+\gamma-\alpha) \cos \frac{1}{2}(\beta-\gamma+\alpha)}\right)}, \\ \sin b = \dfrac{2\sqrt{(-\cos\frac{1}{2}(\beta+\gamma+\alpha)\cos\frac{1}{2}(\beta+\gamma-\alpha)\cos\frac{1}{2}(\beta-\gamma+\alpha)\cos\frac{1}{2}(\gamma+\alpha-\beta))}}{\sin \gamma \sin \alpha}. \end{cases}$$

$$59.\begin{cases} \cos\frac{1}{2}c = \sqrt{\left(\frac{\cos\frac{1}{2}(\gamma+\alpha-\beta)\cos\frac{1}{2}(\gamma-\alpha+\beta)}{\sin\alpha\sin\beta}\right)}, \\ \sin\frac{1}{2}c = \sqrt{\left(\frac{-\cos\frac{1}{2}(\gamma+\alpha+\beta)\cos\frac{1}{2}(\alpha+\beta-\gamma)}{\sin\alpha\sin\beta}\right)}, \\ \tang\frac{1}{2}c = \sqrt{\left(\frac{-\cos\frac{1}{2}(\gamma+\alpha+\beta)\cos\frac{1}{2}(\alpha+\beta-\gamma)}{\cos\frac{1}{2}(\gamma+\alpha-\beta)\cos\frac{1}{2}(\gamma-\alpha+\beta)}\right)}, \\ \sin c = \frac{+2\sqrt{(-\cos\frac{1}{2}(\gamma+\alpha+\beta)\cos\frac{1}{2}(\gamma+\alpha-\beta)\cos\frac{1}{2}(\gamma-\alpha+\beta)\cos\frac{1}{2}(\alpha+\beta-\gamma))}}{\sin\alpha\sin\beta}, \end{cases}$$

(2. und §. 740. 6. 7.).

Dritte Auflösung. Wenn zwei Winkel des Dreiecks, jeder einem rechten sehr nahe kommen, nemlich die Winkel

α und β, oder β und γ, oder γ und α,

so ist

$$60.\begin{cases} c = \gamma - \frac{1}{4}(\alpha+\beta-2\varrho)^2\cot\frac{1}{2}\gamma + \frac{1}{4}(\alpha-\beta)^2\tang\frac{1}{2}\gamma, \\ b = \alpha - \frac{1}{4}(\beta+\gamma-2\varrho)^2\cot\frac{1}{2}\alpha + \frac{1}{4}(\beta-\gamma)^2\tang\frac{1}{2}\alpha, \\ a = \beta - \frac{1}{4}(\gamma+\alpha-2\varrho)^2\cot\frac{1}{2}\beta + \frac{1}{4}(\gamma-\alpha)^2\tang\frac{1}{2}\beta. \end{cases}$$

(6. und §. 740. 1. und 3.).

742.

Anmerkung. Die Aufgaben des vorigen Paragraphs, aus drei bestimmenden Stücken eines Raum-Dreiecks die drei übrigen zu finden, kommen überall vor, wo Winkel zu vergleichen sind, welche Ebenen, die sich schneiden, und ihre Durchschnitte mit einander machen. Z. B. Oben bei den Sätzen vom Parallelepipedo, von der Pyramide, u. s. w., waren einige dergleichen Vergleichungen zu machen (§. 525., 529. etc.). Die Sätze, worauf sie beruhen, mufsten dort einzeln entwickelt werden.

Unter den mannigfaltigen anderen Anwendungen hat auch die Berechnung der Winkel, welche die Seiten-Ebenen regelmäfsiger Polyëder einschliefsen, auf das Vorhergehende Beziehung.

Es sey ACB (Fig. 292.) eine Kante irgend eines regelmäfsigen Polyëders, C die Mitte derselben, so dafs $AC = BC$ ist, P der Mittelpunct der Ecken und Seiten des Polyëders (§. 568.), so dafs die Ebene PCN auf den in AB zusammenstofsenden Seiten-Ebenen des Polyëders, und also auch auf der Ebene PCB senkrecht steht. Alsdann machen in dem Raum-Dreieck $BNCP$, dessen Scheitel P ist, die Seiten-Ebenen NCP und BCP, an der Kante CP, mit einander einen rechten Winkel, hingegen der Winkel an der Kante NP, welchen die Ebenen CNP und BNP mit einander machen, ist, wenn die Seiten-Ebenen des Polyëders n Seiten haben, wie leicht zu sehen, der $2n$te Theil von vier rechten, und der Winkel an der Kante BP, welchen die Ebenen CNP und BNP mit einander machen, ist, wenn m Seiten-Ebenen in jeder Polyëder-Ecke, wie B, zusammenstofsen, der $2m$te Theil von vier rechten. Also sind die drei Winkel des Raum-Dreiecks $BNCP$

an der Kante CP gleich ϱ,

an der Kante NP gleich $\frac{2\varrho}{n}$,

an der Kante BP gleich $\frac{2\varrho}{m}$.

Daraus findet man, wenn man z. B.

$$1.\quad \alpha = \frac{2\varrho}{m},\ \beta = \varrho,\ \gamma = \frac{2\varrho}{n}$$

setzt, die dem Wiukel α, also dem Winkel an der Kante BP gegenüberliegende Seite $a = CPN$, vermöge (§. 741. 56.),

$$2.\quad \cos a = \frac{\cos\frac{2\varrho}{m} + \cos\varrho\cos\frac{2\varrho}{n}}{\sin\varrho\sin\frac{2\varrho}{n}},\ \text{oder}$$

$$3.\quad \cos a = \frac{\cos\frac{2\varrho}{m}}{\sin\frac{2\varrho}{n}} = \cos CPN.$$

Da nun PNC ein rechter Winkel ist, so ist $\cos CPN = \sin PCN$, also ist

$$4.\quad \sin PCN = \frac{\cos\frac{2\varrho}{m}}{\sin\frac{2\varrho}{n}}.$$

Der Winkel PCN aber ist die Hälfte des Winkels MCN, unter welchem die Seiten-Ebenen des Polyëders zusammenstofsen, und welcher durch k bezeichnet werden mag. Also ist, vermöge (4.),

$$5.\quad \sin\tfrac{1}{2}k = \frac{\cos\frac{2\varrho}{m}}{\sin\frac{2\varrho}{n}},$$

oder auch, weil $\cos k = \cos\frac{1}{2}k^2 - \sin\frac{1}{2}k^2 = 1 - 2\sin\frac{1}{2}k^2$,

$$6.\quad \cos k = 1 - 2\left(\frac{\cos\frac{2\varrho}{m}}{\sin\frac{2\varrho}{n}}\right)^2.$$

Im Tetraëder ist $m = 3$, $n = 3$,
im Hexaëder ist $m = 3$, $n = 4$,
im Octaëder ist $m = 4$, $n = 3$,
im Dodecaëder ist $m = 3$, $n = 5$,
im Icosaëder ist $m = 5$, $n = 3$.

Bezeichnet man also den Winkel k, welchen die Seiten eines regelmäfsigen Polyëders einschliefsen, im Tetraëder durch k_1, im Hexaëder durch k_2, im Octaëder durch k_3, im Dodecaëder durch k_4 und im Icosaëder durch k_5, so ist

im Tetraëder $\cos k_1 = 1 - 2\left(\frac{\cos\frac{2}{3}\varrho}{\sin\frac{2}{3}\varrho}\right)^2 = 1 - 2\cdot\frac{\sin\frac{1}{3}\varrho^2}{\cos\frac{1}{3}\varrho^2}$

$$= 1 - 2\cdot\frac{\frac{1}{4}}{\frac{3}{4}} = 1 - \tfrac{2}{3} = \tfrac{1}{3},\ \text{also}$$

$$7.\quad \cos k_1 = \tfrac{1}{3},\ k_1 = 70^0,\ 32'.$$

Im Hexaëder ist $\cos k_2 = 1 - 2\cdot\frac{\cos\frac{2}{3}\varrho^2}{\sin\frac{1}{2}\varrho^2} = 1 - 2\cdot\frac{\frac{1}{4}}{\frac{1}{2}}$

$$= 1 - 1 = 0,$$

also

$$8.\quad \cos k_2 = 0,\ k_2 = 90^0.$$

Im

Im **Octaëder** ist $\cos k_3 = 1 - 2\frac{\cos \frac{1}{2}\varrho^2}{\sin \frac{2}{3}\varrho^2} = 1 - 2 \cdot \frac{\frac{1}{2}}{\frac{3}{4}} = 1 - \frac{4}{3}$,

also

$$9.\quad \cos k_3 = -\tfrac{1}{3},\quad k_3 = 109^0,\ 28'.$$

Im **Dodecaëder** ist $\cos k_4 = 1 - \frac{2\cos\frac{2}{3}\varrho^2}{\sin\frac{2}{5}\varrho^2} = 1 - \frac{1}{2\sin\frac{2}{5}\varrho^2}$

$$= 1 - \frac{1}{2(1-\cos\frac{2}{5}\varrho^2)} = 1 - \frac{1}{2 - 2\sin\frac{3}{5}\varrho^2}$$

$$= \frac{2 - 2\sin\frac{3}{5}\varrho^2 - 1}{2 - 2\sin\frac{3}{5}\varrho^2} = \frac{1 - 2\sin\frac{3}{5}\varrho^2}{2 - 2\sin\frac{3}{5}\varrho^2}.$$

Nun ist $\sin\frac{3}{5}\varrho^2 = (\frac{1}{4}(1+\sqrt{5}))^2$ (§. 321. 3.)

$$= \frac{1 + 2\sqrt{5} + 5}{16} = \frac{3+\sqrt{5}}{8}.$$ Also ist

$$\cos k_4 = \frac{1 - \frac{3+\sqrt{5}}{4}}{2 - \frac{3+\sqrt{5}}{4}} = \frac{1-\sqrt{5}}{5-\sqrt{5}} = \frac{(1-\sqrt{5})(5+\sqrt{5})}{(5-\sqrt{5})(5+\sqrt{5})}$$

$$= \frac{5 - 5\sqrt{5} + \sqrt{5} - 5}{25 - 5} = -\frac{4\sqrt{5}}{20} = -\frac{\sqrt{5}}{5} = -\frac{1}{\sqrt{5}},$$ folglich

$$\sin k_4 = \sqrt{(1 - \tfrac{1}{5})} = \sqrt{\tfrac{4}{5}} = \frac{2}{\sqrt{5}},$$ und

$$\tang k_4 = \frac{\sin k_4}{\cos k_4} = \frac{2}{\sqrt{5}} : -\frac{1}{\sqrt{5}},$$ also

$$10.\quad \tang k_4 = -2,\quad k_4 = 116^0\ 34'.$$

Im **Icosaëder** ist $\cos k_5 = 1 - \frac{2\cos\frac{2}{5}\varrho^2}{\sin\frac{2}{3}\varrho^2}$

$$= 1 - \frac{2\sin\frac{3}{5}\varrho^2}{\frac{3}{4}} = 1 - \frac{8\sin\frac{3}{5}\varrho^2}{3},$$

und, weil $\sin\frac{3}{5}\varrho^2$, wie vorhin, gleich $\frac{3+\sqrt{5}}{8}$ ist,

$\cos k_5 = 1 - \frac{3+\sqrt{5}}{3} = \frac{-\sqrt{5}}{3}$, also $\sin k_5 = \sqrt{(1 - \frac{5}{9})} = \sqrt{\frac{4}{9}}$, also

$$11.\quad \sin k_5 = \tfrac{2}{3},\quad k_5 = 131^0\ 48'.$$

743.

Erläuterung. *Eine der nächsten Aufgaben für die Trigonometrie des Raumes ist: den Inhalt eines beliebigen Raum-Dreiecks durch die verschiedenen Seiten und Winkel, welche das Dreieck bestimmen, auszudrücken. Da das Dreieck auf sechs verschiedene Arten, durch drei von seinen sechs Seiten und Winkeln, theils bedingt, theils unbedingt, bestimmt wird (§. 479. 480.): so mufs auch sein Inhalt auf sechs verschiedene Arten ausgedrückt werden können, nemlich*

1. *durch die drei Seiten;*
2. *durch zwei Seiten und den eingeschlossenen Winkel;*
3. *durch zwei Seiten und einen anliegenden Winkel;*
4. *durch zwei Winkel und eine anliegende Seite;*

5. *durch zwei Winkel und die eingeschlossene Seite;*
6. *durch die drei Winkel.*

Diese Ausdrücke des Inhalts, und zwar in der Ordnung, wie sie am leichtesten aus einander abgeleitet werden, sind in folgendem Lehrsatze enthalten.

744.

Lehrsatz. Wenn man von einem beliebigen Raum-Dreieck, dessen Seiten a, b, c, *und dessen Winkel, den benannten Seiten gegenüber,* α, β, γ *sind, den Inhalt, das heifst, den Winkel einer Raum-Ecke, die von dem ganzen Raum den nemlichen Theil einnimmt, wie das Raum-Dreieck, durch* $\triangle$ *bezeichnet, so ist:*

I. *Der Inhalt* $\triangle$*, durch die drei Winkel ausgedrückt:*

$$1.\quad \triangle = \tfrac{1}{2}(\alpha+\beta+\gamma) - \varrho.$$

II. *Der Inhalt* $\triangle$*, durch zwei Seiten und den eingeschlossenen Winkel ausgedrückt:*

$$2.\quad \begin{cases} \cot\triangle = \dfrac{\cot\frac{1}{2}a\cot\frac{1}{2}b + \cos\gamma}{\sin\gamma}, \\[2ex] \cot\triangle = \dfrac{\cot\frac{1}{2}b\cot\frac{1}{2}c + \cos\alpha}{\sin\alpha}, \\[2ex] \cot\triangle = \dfrac{\cot\frac{1}{2}c\cot\frac{1}{2}a + \cos\beta}{\sin\beta}, \end{cases}$$

III. *Der Inhalt* $\triangle$*, durch die drei Seiten ausgedrückt:*

$$3.\quad \sin\triangle = \frac{\sqrt{[\sin\frac{1}{2}(a+b+c)\sin\frac{1}{2}(a+b-c)\sin\frac{1}{2}(a-b+c)\sin\frac{1}{2}(b+c-a)]}}{2\cos\frac{1}{2}a\cos\frac{1}{2}b\cos\frac{1}{2}c},$$

$$4.\quad \cos\triangle = \frac{1+\cos a+\cos b+\cos c}{4\cos\frac{1}{2}a\cos\frac{1}{2}b\cos\frac{1}{2}c},$$

$$5.\quad \cos\triangle = \frac{\cos\frac{1}{2}a^2+\cos\frac{1}{2}b^2+\cos\frac{1}{2}c^2-1}{2\cos\frac{1}{2}a\cos\frac{1}{2}b\cos\frac{1}{2}c},$$

$$6.\quad \mathrm{tg}\,\tfrac{1}{2}\triangle = \sqrt{[\mathrm{tg}\,\tfrac{1}{4}(a+b+c)\,\mathrm{tg}\,\tfrac{1}{4}(a+b-c)\,\mathrm{tg}\,\tfrac{1}{4}(a-b+c)\,\mathrm{tg}\,\tfrac{1}{4}(b+c-a)]},$$

$$7.\quad \cot\tfrac{1}{2}\triangle = \sqrt{[\cot\tfrac{1}{4}(a+b+c)\cot\tfrac{1}{4}(a+b-c)\cot\tfrac{1}{4}(a-b+c)\cot\tfrac{1}{4}(b+c-a)]}.$$

IV. *Der Inhalt* $\triangle$*, durch zwei Seiten und einen anliegenden Winkel, z. B. durch* a, b *und* α *ausgedrückt:*

$$8.\quad \cot\triangle = \frac{\sin\alpha(1+\cos a+\cos b+\cos a\cos b)(\cot\alpha^2+\cos b^2) + \sin a\sin b\sqrt{[\cot\alpha^2-\cos\alpha^2\sin b^2(\sin b^2+\cot a^2)\mp 2\cos x\cot a\sin b\cos b^2]}}{\sin a\sin b(\cos\alpha\cot a\sin b+\cos b^2)}.$$

Wenn man a *und* b, α *und* β *verwechselt, findet man den Inhalt durch* a, b *und* β *ausgedrückt, und durch Weiterrücken der Buchstaben die Ausdrücke von* $\triangle$ *durch die anderen Seiten-Paare, nebst einem anliegenden Winkel.*

V. *Der Inhalt* $\triangle$, *durch zwei Winkel und die dazwischen liegende Seite, z. B. durch* α, β *und* c *ausgedrückt:*

$$9.\quad \cos 2\triangle = \sin(\alpha+\beta)\sqrt{(1-(\sin\alpha\sin\beta\cos c-\cos\alpha\cos\beta)^2)} - \cos(\alpha+\beta)(\sin\alpha\sin\beta\cos c-\cos\alpha\cos\beta).$$

Durch Weiterrücken der Buchstaben findet man die Ausdrücke von $\triangle$ *durch die anderen Winkel-Paare und die dazwischen liegende Seite.*

VI. *Der Inhalt* $\triangle$, *durch zwei Winkel und eine anliegende Seite, z. B. durch* α, β *und* a *ausgedrückt:*

$$10.\quad \cos 2\triangle = \frac{\sin(\alpha+\beta)\left[\cos\alpha\sin\beta\cos a\mp\cos\beta\sqrt{(\sin\alpha^2-\sin\beta^2\sin a^2)}\right] - \cos(\alpha+\beta)\sqrt{\left[\begin{array}{c}\cos\beta^2\cos\alpha^2-\sin\beta^4\sin a^2\cos a^2+\sin\beta^2\sin\alpha^2\cos a^2\\ \pm 2\cos\alpha\sin\beta\cos\beta\cos a\sqrt{(\sin\alpha^2-\sin\beta^2\sin a^2)}\end{array}\right]}}{1-\sin\beta^2\sin a^2}.$$

Wenn man α *und* β, *und* a *und* b *verwechselt, so findet man den Inhalt durch* α, β *und* b *ausgedrückt, und durch Weiterrücken der Buchstaben, die Ausdrücke von* $\triangle$, *durch die anderen Winkel-Paare und eine anliegende Seite.*

Beweis von **I.** **Derselbe befindet sich in (§. 492.). Der Satz ist von Cavalleri.**

Beweis von **II. Aus (1.) folgt:**

$$\cot\triangle = -\operatorname{tang}\tfrac{1}{2}(\alpha+\beta+\gamma),$$

oder, vermöge (§. 345. 24.)

$$11.\quad \cot\triangle = -\frac{\operatorname{tang}\frac{1}{2}(\alpha+\beta)+\operatorname{tang}\frac{1}{2}\gamma}{1-\operatorname{tang}\frac{1}{2}(\alpha+\beta)\operatorname{tang}\frac{1}{2}\gamma}.$$

Nun ist, vermöge der Neper'schen Analogieen (§. 737. 1.),

$$12.\quad \frac{\operatorname{tang}\frac{1}{2}(\alpha+\beta)}{\cot\frac{1}{2}\gamma} = \frac{\cos\frac{1}{2}(a-b)}{\cos\frac{1}{2}(a+b)}.$$

Also ist, vermöge (11.)

$$\cot\triangle = -\frac{\cot\frac{1}{2}\gamma\dfrac{\cos\frac{1}{2}(a-b)}{\cos\frac{1}{2}(a+b)}+\operatorname{tang}\frac{1}{2}\gamma}{1-\dfrac{\cos\frac{1}{2}(a-b)}{\cos\frac{1}{2}(a+b)}},\ \text{oder}$$

$$\cot\triangle = \frac{\dfrac{\cos\frac{1}{2}\gamma}{\sin\frac{1}{2}\gamma}\cos\frac{1}{2}(a-b)+\dfrac{\sin\frac{1}{2}\gamma}{\cos\frac{1}{2}\gamma}\cos\frac{1}{2}(a+b)}{\cos\frac{1}{2}(a-b)-\cos\frac{1}{2}(a+b)},\ \text{oder}$$

$$13.\quad \cot\triangle = \frac{\cos\tfrac{1}{2}\gamma^2\cos\tfrac{1}{2}(a-b)+\sin\tfrac{1}{2}\gamma^2\cos\tfrac{1}{2}(a+b)}{\sin\tfrac{1}{2}\gamma\cos\tfrac{1}{2}\gamma(\cos\tfrac{1}{2}(a-b)-\cos\tfrac{1}{2}(a+b))},$$

oder weil

$$14.\quad \begin{cases}\cos\tfrac{1}{2}(a-b)=\cos\tfrac{1}{2}a\cos\tfrac{1}{2}b+\sin\tfrac{1}{2}a\sin\tfrac{1}{2}b,\\ \cos\tfrac{1}{2}(a+b)=\cos\tfrac{1}{2}a\cos\tfrac{1}{2}b-\sin\tfrac{1}{2}a\sin\tfrac{1}{2}b,\end{cases}$$

$$\cot\triangle = \frac{\left\{\begin{matrix}(\cos\tfrac{1}{2}\gamma^2+\sin\tfrac{1}{2}\gamma^2)\cos\tfrac{1}{2}a\cos\tfrac{1}{2}b\\ +(\cos\tfrac{1}{2}\gamma^2-\sin\tfrac{1}{2}\gamma^2)\sin\tfrac{1}{2}a\sin\tfrac{1}{2}b\end{matrix}\right\}}{2\sin\tfrac{1}{2}\gamma\cos\tfrac{1}{2}\gamma\sin\tfrac{1}{2}a\sin\tfrac{1}{2}b},\ \text{oder}$$

$$15.\quad \cot\triangle = \frac{\cot\tfrac{1}{2}a\cot\tfrac{1}{2}b+\cos\gamma}{\sin\gamma},$$

welches der erste Ausdruck (2.) ist. Die anderen beiden findet man durch Weiterrücken der Buchstaben.

Beweis von III. α) Der Ausdruck (15.) oder (2.) giebt

$$16.\quad \cot\triangle\sin\gamma = \cot\tfrac{1}{2}a\cot\tfrac{1}{2}b+\cos\gamma.$$

Nun ist

$$17.\quad \cot\tfrac{1}{2}a = \frac{1+\cos a}{\sin a}\ \text{und}\ \cot\tfrac{1}{2}b = \frac{1+\cos b}{\sin b}$$

(§. 345. 45.) und

$$18.\quad \cos\gamma = \frac{\cos c-\cos a\cos b}{\sin a\sin b}\ (\text{§. 729. 3.}),$$

also in (16.)

$$\cot\triangle\sin\gamma = \frac{1+\cos a}{\sin a}\cdot\frac{1+\cos b}{\sin b}+\frac{\cos c-\cos a\cos b}{\sin a\sin b},\ \text{oder}$$

$$\cot\triangle\sin\gamma = \frac{1+\cos a+\cos b+\cos a\cos b+\cos c-\cos a\cos b}{\sin a\sin b},$$

oder

$$19.\quad \cot\triangle = \frac{1+\cos a+\cos b+\cos c}{\sin a\sin b\sin\gamma}.$$

β) Ferner giebt der Ausdruck (15. oder 2.) $\cot\triangle^2+1$, oder $\operatorname{cosec}\triangle^2$, oder

$$\frac{1}{\sin\triangle^2} = 1+\frac{(\cot\tfrac{1}{2}a\cot\tfrac{1}{2}b+\cos\gamma)^2}{\sin\gamma^2},\ \text{oder}$$

$$\frac{1}{\sin\triangle^2} = \frac{\sin\gamma^2+\cos\gamma^2+2\cos\gamma\cot\tfrac{1}{2}a\cot\tfrac{1}{2}b+\cot\tfrac{1}{2}a^2\cot\tfrac{1}{2}b^2}{\sin\gamma^2},$$

oder

$$20.\quad \frac{1}{\sin\triangle^2} = \frac{1+2\cos\gamma\cot\tfrac{1}{2}a\cot\tfrac{1}{2}b+\cot\tfrac{1}{2}a^2\cot\tfrac{1}{2}b^2}{\sin\gamma^2}.$$

Nun ist, vermöge (18.), weil

$\sin a = 2\sin\tfrac{1}{2}a\cos\tfrac{1}{2}a,$

$\sin b = 2\sin\tfrac{1}{2}b\cos\tfrac{1}{2}b,\ \cos c = 1-2\sin\tfrac{1}{2}c^2,$

$\cos a = 1-2\sin\tfrac{1}{2}a^2,\ \cos b = 1-2\sin\tfrac{1}{2}b^2,$

$$\cos\gamma = \frac{1-2\sin\tfrac{1}{2}c^2-(1-2\sin\tfrac{1}{2}a^2)(1-2\sin\tfrac{1}{2}b^2)}{4\sin\tfrac{1}{2}a\sin\tfrac{1}{2}b\cos\tfrac{1}{2}a\cos\tfrac{1}{2}b}, \text{ oder}$$

$$\cos\gamma = 1-2\sin\tfrac{1}{2}c^2-1+2\sin\tfrac{1}{2}a^2+2\sin\tfrac{1}{2}b^2-4\sin\tfrac{1}{2}a^2\sin\tfrac{1}{2}b^2,$$

oder

$$2\cos\gamma = \frac{\sin\tfrac{1}{2}a^2+\sin\tfrac{1}{2}b^2-\sin\tfrac{1}{2}c^2-2\sin\tfrac{1}{2}a^2\sin\tfrac{1}{2}b^2}{\sin\tfrac{1}{2}a\sin\tfrac{1}{2}b\cos\tfrac{1}{2}a\cos\tfrac{1}{2}b} \text{ und}$$

$$2\cos\gamma\cot\tfrac{1}{2}a\cot\tfrac{1}{2}b = \frac{\sin\tfrac{1}{2}a^2+\sin\tfrac{1}{2}b^2-\sin\tfrac{1}{2}c^2-2\sin\tfrac{1}{2}a^2\sin\tfrac{1}{2}b^2}{\sin\tfrac{1}{2}a\sin\tfrac{1}{2}b\cos\tfrac{1}{2}a\cos\tfrac{1}{2}b\tan\tfrac{1}{2}a\tan\tfrac{1}{2}b},$$

oder

21. $$2\cos\gamma\cot\tfrac{1}{2}a\cot\tfrac{1}{2}b = \frac{\sin\tfrac{1}{2}a^2+\sin\tfrac{1}{2}b^2-\sin\tfrac{1}{2}c^2}{\sin\tfrac{1}{2}a^2\sin\tfrac{1}{2}b^2}-2.$$

γ) Ferner ist

$$\cot\tfrac{1}{2}a^2\cot\tfrac{1}{2}b^2 = \frac{\cos\tfrac{1}{2}a^2\cos\tfrac{1}{2}b^2}{\sin\tfrac{1}{2}a^2\sin\tfrac{1}{2}b^2}$$

$$= \frac{1-\sin\tfrac{1}{2}a^2-\sin\tfrac{1}{2}b^2+\sin\tfrac{1}{2}a^2\sin\tfrac{1}{2}b^2}{\sin\tfrac{1}{2}a^2\sin\tfrac{1}{2}b^2}, \text{ oder}$$

22. $$\cot\tfrac{1}{2}a^2\cot\tfrac{1}{2}b^2 = \frac{1-\sin\tfrac{1}{2}a^2-\sin\tfrac{1}{2}b^2}{\sin\tfrac{1}{2}a^2\sin\tfrac{1}{2}b^2}+1.$$

Setzt man (21. und 22. in 20.), so findet man

$$\frac{1}{\sin\triangle^2} = \frac{1+\dfrac{\sin\tfrac{1}{2}a^2+\sin\tfrac{1}{2}b^2-\sin\tfrac{1}{2}c^2}{\sin\tfrac{1}{2}a^2\sin\tfrac{1}{2}b^2}-2+\dfrac{1-\sin\tfrac{1}{2}a^2-\sin\tfrac{1}{2}b^2}{\sin\tfrac{1}{2}a^2+\sin\tfrac{1}{2}b^2}+1}{\sin\gamma^2},$$

oder

$$\frac{1}{\sin\triangle^2} = \frac{1-\sin\tfrac{1}{2}c^2}{\sin\tfrac{1}{2}a^2\sin\tfrac{1}{2}b^2\sin\gamma^2} = \frac{\cos\tfrac{1}{2}c^2}{\sin\tfrac{1}{2}a^2\sin\tfrac{1}{2}b^2\sin\gamma^2}, \text{ also}$$

23. $$\sin\triangle = \frac{\sin\gamma\sin\tfrac{1}{2}a\sin\tfrac{1}{2}b}{\cos\tfrac{1}{2}c}.$$

Nun ist, zufolge (§. 741. 4.), weil
$\sin a\sin b = 4\sin\tfrac{1}{2}a\sin\tfrac{1}{2}b\cos\tfrac{1}{2}a\cos\tfrac{1}{2}b$,

24. $$\sin\gamma = \frac{+\sqrt{[\sin\tfrac{1}{2}(a+b+c)\sin\tfrac{1}{2}(a+b-c)\sin\tfrac{1}{2}(a-b+c)\sin\tfrac{1}{2}(b+c-a)]}}{2\sin\tfrac{1}{2}a\sin\tfrac{1}{2}b\cos\tfrac{1}{2}a\cos\tfrac{1}{2}b}.$$

Setzt man (24. in 23.), so findet man den Ausdruck (3.) im Lehrsatze. Dieser Ausdruck ist von Cagnoli.

δ) Multiplicirt man (23.) mit (19.), so findet man

$$\cos\triangle = \frac{(1+\cos a+\cos b+\cos c)\sin\tfrac{1}{2}a\sin\tfrac{1}{2}b}{\sin a\sin b\cos\tfrac{1}{2}c},$$

oder, weil $\sin a\sin b = 4\sin\tfrac{1}{2}a\sin\tfrac{1}{2}b\cos\tfrac{1}{2}a\cos\tfrac{1}{2}b$,

25. $$\cos\triangle = \frac{1+\cos a+\cos b+\cos c}{4\cos\tfrac{1}{2}a\cos\tfrac{1}{2}b\cos\tfrac{1}{2}c},$$

welches der Ausdruck (4.) im Lehrsatz ist. Der Ausdruck ist von De Gua.

ε) Da $\cos a = 2\cos\frac{1}{2}a^2 - 1$, $\cos b = 2\cos\frac{1}{2}b^2 - 1$, $\cos c = 2\cos\frac{1}{2}c^2 - 1$, so folgt auch aus (25.)

$$\cos\triangle = \frac{1 + 2\cos\frac{1}{2}a^2 - 1 + 2\cos\frac{1}{2}b^2 - 1 + 2\cos\frac{1}{2}c^2 - 1}{4\cos\frac{1}{2}a\cos\frac{1}{2}b\cos\frac{1}{2}c}, \text{ oder}$$

$$26.\quad \cos\triangle = \frac{\cos\frac{1}{2}a^2 + \cos\frac{1}{2}b^2 + \cos\frac{1}{2}c^2 - 1}{2\cos\frac{1}{2}a\cos\frac{1}{2}b\cos\frac{1}{2}c},$$

welches der Ausdruck (5.) im Lehrsatze ist.

ζ) Aus (26.) und (5.) folgt

$$27.\quad 1 - \cos\triangle = \frac{2\cos\frac{1}{2}a\cos\frac{1}{2}b\cos\frac{1}{2}c - \cos\frac{1}{2}a^2 - \cos\frac{1}{2}b^2 - \cos\frac{1}{2}c^2 + 1}{2\cos\frac{1}{2}a\cos\frac{1}{2}b\cos\frac{1}{2}c},$$

welches, vermöge (§. 345. 131.), so viel ist, als

$$28.\quad 1 - \cos\triangle = \frac{4\sin\frac{1}{4}(a+b+c)\sin\frac{1}{4}(a+b-c)\sin\frac{1}{4}(a-b+c)\sin\frac{1}{4}(b+c-a)}{2\cos\frac{1}{2}a\cos\frac{1}{2}b\cos\frac{1}{2}c},$$

Nun ist

$$29.\quad \frac{1-\cos\triangle}{\sin\triangle} = \operatorname{tang}\tfrac{1}{2}\triangle \text{ (§. 345. 45.).}$$

Setzt man in (29.) die Ausdrücke von $1-\cos\triangle$ und von $\sin\triangle$ (28. und 3.), so findet man

$$30.\quad \operatorname{tang}\tfrac{1}{2}\triangle = \frac{4\sin\frac{1}{4}(a+b+c)\sin\frac{1}{4}(a+b-c)\sin\frac{1}{4}(a-b+c)\sin\frac{1}{4}(b+c-a)}{\sqrt{[\sin\frac{1}{2}(a+b+c)\sin\frac{1}{2}(a+b-c)\sin\frac{1}{2}(a-b+c)\sin\frac{1}{2}(b+c-a)]}},$$

oder auch

$$31.\quad \operatorname{tang}\tfrac{1}{2}\triangle = 4\sqrt{\left(\frac{\sin\frac{1}{4}(a+b+c)^2}{\sin\frac{1}{2}(a+b+c)}\right)}\sqrt{\left(\frac{\sin\frac{1}{4}(a+b-c)^2}{\sin\frac{1}{2}(a+b-c)}\right)}\sqrt{\left(\frac{\sin\frac{1}{4}(a-b+c)^2}{\sin\frac{1}{2}(a-b+c)}\right)}\sqrt{\left(\frac{\sin\frac{1}{4}(b+c-a)^2}{\sin\frac{1}{2}(b+c-a)}\right)}.$$

Nun ist z. B.

$$\frac{\sin\frac{1}{4}(a+b+c)^2}{\sin\frac{1}{2}(a+b+c)} = \frac{\sin\frac{1}{4}(a+b+c)^2}{2\sin\frac{1}{4}(a+b+c)\cos\frac{1}{4}(a+b+c)} = \frac{\sin\frac{1}{4}(a+b+c)}{2\cos\frac{1}{4}(a+b+c)}$$

$= \frac{1}{2}\operatorname{tang}\frac{1}{4}(a+b+c)$. Eben so verhält es sich mit den anderen Factoren in (31.). Also ist, vermöge (31.),

$$32.\quad \operatorname{tang}\tfrac{1}{2}\triangle = \sqrt{[\operatorname{tang}\tfrac{1}{4}(a+b+c)\operatorname{tang}\tfrac{1}{4}(a+b-c)\operatorname{tang}\tfrac{1}{4}(a-b+c)\operatorname{tang}\tfrac{1}{4}(b+c-a)]};$$

wie im Lehrsatz (6.). Dieser Ausdruck ist von L'Huilier.

Aus (32.) folgt auch $\frac{1}{\operatorname{tang}\frac{1}{2}\triangle}$, oder

$$33.\quad \cot\tfrac{1}{2}\triangle = \sqrt{\left[\frac{1}{tg\frac{1}{4}(a+b+c)}\cdot\frac{1}{tg\frac{1}{4}(a+b-c)}\cdot\frac{1}{tg\frac{1}{4}(a-b+c)}\cdot\frac{1}{tg\frac{1}{4}(b+c-a)}\right]},$$

welches den Ausdruck (7.) im Lehrsatze giebt. Das Nemliche folgt aus (26. oder 5.), wenn man

34. $1+\cos\triangle=$
$$\frac{2\cos\tfrac{1}{2}a\cos\tfrac{1}{2}b\cos\tfrac{1}{2}c+\cos\tfrac{1}{2}a^2+\cos\tfrac{1}{2}b^2+\cos\tfrac{1}{2}c^2-1}{2\cos\tfrac{1}{2}a\cos\tfrac{1}{2}b\cos\tfrac{1}{2}c}$$
nimmt, welches, zufolge (§. 345. 132.), so viel ist als

35. $1+\cos\triangle=$
$$\frac{4\cos\tfrac{1}{4}(a+b+c)\cos\tfrac{1}{4}(a+b-c)\cos\tfrac{1}{4}(a-b+c)\cos\tfrac{1}{4}(b+c-a)}{2\cos\tfrac{1}{2}a\cos\tfrac{1}{2}b\cos\tfrac{1}{2}c};$$
denn dieses giebt $\frac{1+\cos\triangle}{\sin\triangle}$, oder (§. 345. 45.)

36. $\cot\tfrac{1}{2}\triangle=$
$$\frac{4\cos\tfrac{1}{4}(a+b+c)\cos\tfrac{1}{4}(a+b-c)\cos\tfrac{1}{4}(a-b+c)\cos\tfrac{1}{4}(b+c-a)}{\sqrt{[\sin\tfrac{1}{2}(a+b+c)\sin\tfrac{1}{2}(a+b-c)\sin\tfrac{1}{2}(a-b+c)\sin\tfrac{1}{2}(b+c-a)]}},$$
oder

$\cot\tfrac{1}{2}\triangle=$
$$4\sqrt{\left(\frac{\cos\tfrac{1}{4}(a+b+c)^2}{\sin\tfrac{1}{2}(a+b+c)}\right)}\sqrt{\left(\frac{\cos^1(a+b-c)^2}{\sin\tfrac{1}{2}(a+b-c)}\right)}\sqrt{\left(\frac{\cos\tfrac{1}{4}(a-b+c)^2}{\sin\tfrac{1}{2}(a-b+c)}\right)}\sqrt{\left(\frac{\cos\tfrac{1}{4}(b+c-a)^2}{\sin\tfrac{1}{2}(b+c-a)}\right)},$$
woraus, weil z. B.
$\sin\tfrac{1}{2}(a+b+c)=2\sin\tfrac{1}{4}(a+b+c)\cos\tfrac{1}{4}(a+b+c)$ ist, der Ausdruck (7.), wie im Lehrsatze, folgt.

Beweis von IV. Die erste Gleichung in (2.) giebt, vermöge (17.),
$$\cot\triangle=\frac{\frac{1+\cos a}{\sin a}\cdot\frac{1+\cos b}{\sin b}+\cos\gamma}{\sin\gamma}, \text{ oder}$$

37. $$\cot\triangle=\frac{1+\cos a+\cos b+\cos a\cos b+\sin a\sin b\cos\gamma}{\sin a\sin b\sin\gamma}.$$

Nun ist, zufolge (§ 741. 8.)

38. $$\sin\gamma=\frac{\cos\alpha\cot a\sin b\pm\cos b^2}{\sin\alpha(\cot\alpha^2+\cos b^2)}.$$

Dieses giebt
$$\cos\gamma=\sqrt{\left(1-\left(\frac{\cos\alpha\cot a\sin b\pm\cos b^2}{\sin\alpha(\cot\alpha^2+\cos b^2)}\right)^2\right)}, \text{ oder}$$

39 $$\cos\gamma=\frac{\sqrt{[\sin\alpha^2(\cot\alpha^4+2\cot\alpha^2\cos b^2+\cos b^4)-\cos\alpha^2\cot a^2\sin b^2\mp 2\cos\alpha\cot a\sin b\cos b^2-\cos b^4]}}{\sin\alpha(\cot\alpha^2+\cos b^2}.$$

Die Gröfse unter dem Wurzelzeichen ist
$$\cos\alpha^2\cot\alpha^2+2\cos\alpha^2\cos b^2+\sin\alpha^2\cos b^4$$
$$-\cos\alpha^2\cot a^2\sin b^2\mp 2\cos\alpha\cot a\sin b\cos b^2-\cos b^4$$
$$=\cos\alpha^2(\cot\alpha^2+2\cos b^2-\cos b^4-\cot a^2\sin b^2)$$
$$\mp 2\cos\alpha\cot a\sin b\cos b^2$$
$$=\cos\alpha^2(\cot\alpha^2+1-\sin b^2+\cos b^2(1-\cos b^2)-\cot a^2\sin b^2)$$
$$\mp 2\cos\alpha\cot a\sin b\cos b^2$$

$$= \cos\alpha^2 (\operatorname{cosec}\alpha^2 - \sin b^2 + \cos b^2 \sin b^2 - \cot a^2 \sin b^2)$$
$$\mp 2\cos\alpha \cot a \sin b \cos b^2$$
$$= \cos\alpha^2 (\operatorname{cosec}\alpha^2 - \sin b^2 (\sin b^2 + \cot a^2))$$
$$\mp 2\cos\alpha \cot a \sin b \cos b^2$$
$$= \cot\alpha^2 - \cos\alpha^2 \sin b^2 (\sin b^2 + \cot a^2)$$
$$\mp 2\cos\alpha \cot a \sin b \cos b^2,$$

also in (39.)

40. $$\cos\gamma = \frac{\sqrt{[\cot\alpha^2 - \cos\alpha^2 \sin b^2 (\sin b^2 + \cot a^2) \pm 2\cos\alpha \cot a \sin b \cos b^2]}}{\sin\alpha (\cot\alpha^2 + \cos b^2)}.$$

Setzt man dieses nebst (38.) in (37.): so findet man

41. $$\cot\triangle = \frac{\left\{\begin{array}{l}(1+\cos a+\cos b+\cos a \cos b)\sin\alpha(\cot\alpha^2+\cos b^2) \\ +\sin a \sin b\sqrt{[\cot\alpha^2-\cos\alpha^2\sin b^2(\sin b^2+\cot a^2)} \\ \mp 2\cos\alpha\cot a\sin b\cos b^2]\end{array}\right\}}{\sin a \sin b(\cos\alpha \cot a \sin b + \cos b^2)}.$$

Beweis von V. Aus der Gleichung (1.) folgt

42. $\cos 2\triangle = -\cos(\alpha+\beta+\gamma)$, oder

43. $\cos 2\triangle = \sin(\alpha+\beta)\sin\gamma - \cos(\alpha+\beta)\cos\gamma.$

Nun ist aus (§. 729. 15.)

44. $\cos\gamma = \sin\alpha \sin\beta \cos c - \cos\alpha\cos\beta$, welches

45. $\sin\gamma = \sqrt{(1-(\sin\alpha\sin\beta\cos c - \cos\alpha\cos\beta)^2)}$

giebt. Setzt man (44. und 45.) in (43.), so findet man den Ausdruck (9.) des Lehrsatzes.

Beweis von VI. Nach (§. 741. 46.) ist

46. $$\sin\gamma = \frac{\cos\alpha\sin\beta\cos a \mp \cos\beta\sqrt{(\sin\alpha^2 - \sin\beta^2\sin a^2)}}{1-\sin\beta^2\sin a^2}.$$

Daraus folgt

$$\cos\gamma^2 = 1 - \left(\frac{\cos\alpha\sin\beta\cos a \mp \cos\beta\sqrt{(\sin\alpha^2 - \sin\beta^2\sin a^2)}}{1-\sin\beta^2\sin a^2}\right)^2,$$

oder

47. $$\cos\gamma^2 = \frac{\left\{\begin{array}{l}1-2\sin\beta^2\sin a^2+\sin\beta^4\sin a^4-\cos\alpha^2\sin\beta^2\cos a^2 \\ -\cos\beta^2(\sin\alpha^2-\sin\beta^2\sin a^2) \\ \pm 2\cos\alpha\sin\beta\cos\beta\cos a\sqrt{(\sin\alpha^2-\sin\beta^2\sin a^2)}\end{array}\right\}}{(1-\sin\beta^2\sin a^2)^2}.$$

Der Theil des Zählers, welcher keine Wurzelgröfse enthält, ist

$$1 - 2\sin\beta^2\sin a^2 + \sin\beta^4\sin a^4 - \cos\alpha^2\cos a^2\sin\beta^2$$
$$-\cos\beta^2\sin\alpha^2 + \sin\beta^2\sin a^2\cos\beta^2$$
$$= 1 - \sin\beta^2\sin a^2 - \sin\beta^4\sin a^2 + \sin\beta^4\sin a^4$$
$$-\cos\alpha^2\sin\beta^2\cos a^2 - \cos\beta^2\sin\alpha^2$$
$$= 1 - \sin\beta^2\sin a^2 - \sin\beta^4\sin a^2\cos a^2$$
$$-\sin\beta^2\cos a^2 + \sin\beta^2\cos a^2\sin\alpha^2 - \cos\beta^2\sin\alpha^2$$
$$= 1 - \sin\beta^2 - \sin\beta^4\sin a^2\cos a^2 + \sin\alpha^2(\sin\beta^2\cos a^2 - \cos\beta^2)$$
$$= \cos\beta^2 - \sin\beta^4\sin a^2\cos a^2 + \sin\alpha^2(\sin\beta^2\cos a^2 - \cos\beta^2)$$
$$= \cos\beta^2\cos\alpha^2 - \sin\beta^4\sin a^2\cos a^2 + \sin\alpha^2\sin\beta^2\cos a^2,$$

also ist in (47.)

48. $\cos\gamma =$

$$\frac{\sqrt{\begin{pmatrix}\cos\beta^2\cos\alpha^2 - \sin\beta^4\sin\alpha^2\cos\alpha^2 + \sin\beta^2\sin\alpha^2\cos\alpha^2 \\ \pm 2\cos\alpha\sin\beta\cos\beta\cos\alpha\sqrt{(\sin\alpha^2 - \sin\beta^2\sin\alpha^2)}\end{pmatrix}}}{1 - \sin\beta^2\sin\alpha^2}.$$

Setzt man (46. und 48.) in (43.), so ndet man den Ausdruck des Lehrsatzes (10.).

745.

Anmerkung. Vermittelst des Ausdrucks des Inhalts eines Raum-Dreiecks durch zwei Seiten und den eingeschlossenen Winkel, z. B.

1. $\cot\triangle = \frac{\cot\frac{1}{2}a\cot\frac{1}{2}b + \cos\gamma}{\sin\gamma}$ (§. 744. 2.)

läfst sich der Satz (§. 495.): dafs ein Raum-Dreieck mit zwei gegebenen Seiten dann am gröfsten ist, wenn der Winkel, den die gegebenen Seiten einschliefsen, so grofs ist, als die beiden anderen Winkel zusammengenommen, und dafs es nur dann ein gröfstes Raum-Dreieck giebt, wenn die beiden gegebenen Seiten zusammen kleiner sind, als zwei rechte, sehr einfach, wie folgt, beweisen.

Man setze in dem Halbkreise *ADEB* (Fig. 330.) den Halbmesser *AC* gleich 1, und mache den Winkel

2. $ECB = \gamma$, desgleichen $CF = \cot\frac{1}{2}a\cot\frac{1}{2}b$,

so ist, wenn *EG* auf *FB* senkrecht stehet, $CG = \cos\gamma$ und $EG = \sin\gamma$, also

3. $FG = \cot\frac{1}{2}a\cot\frac{1}{2}b + \cos\gamma$ und $EG = \sin\gamma$,

folglich

4. $\frac{FG}{EG}$, oder $\cot EFG = \frac{\cot\frac{1}{2}a\cot\frac{1}{2}b + \cos\gamma}{\sin\gamma}$.

Es war aber $\frac{\cot\frac{1}{2}a\cot\frac{1}{2}b + \cos\gamma}{\sin\gamma} = \cot\triangle$ (1.). Also ist

$\cot EFG = \cot\triangle$, und folglich

5. $\triangle = EFG$.

Nun ist offenbar der Winkel *EFG* dann am gröfsten, wenn *FE* den Kreis berührt, wie *FD*. Dann aber ist *DC* auf *FD* senkrecht, und folglich *DFC* oder $\triangle$ gleich $\varrho - DCF = \varrho - (2\varrho - DCB) = \varrho - (2\varrho - \gamma) = \gamma - \varrho$. Das Raum-Dreieck ist also dann am gröfsten, wenn sein Inhalt

6. $\triangle = \gamma - \varrho$

ist. Nun ist

7. $\triangle = \frac{1}{2}(\alpha + \beta + \gamma) - \varrho$ (§. 744. 1.).

Also ist das Raum-Dreieck mit den Winkeln α, β und γ dann am gröfsten, wenn

$\frac{1}{2}(\alpha + \beta + \gamma) - \varrho = \gamma - \varrho$, oder

$\frac{1}{2}\alpha + \frac{1}{2}\beta + \frac{1}{2}\gamma = \gamma$, oder

8. $\alpha + \beta = \gamma$,

das heifst: wenn der von den beiden gegebenen Seiten eingeschlossene Winkel γ so grofs ist als die anderen beiden Winkel α und β zusammengenommen; wie es in (§. 495.) behauptet wird.

Ferner ist klar, dafs, wenn *F* zwischen *A* und *C* fiele, kein gröfster Winkel $EFC = \triangle$ Statt finden würde. Alsdann wäre aber *CF* oder $\cot\frac{1}{2}a\cot\frac{1}{2}b < 1$, oder $\cot\frac{1}{2}a < \tang\frac{1}{2}b$, oder

$$tang(\varrho - \tfrac{1}{2}a) < tang\,\tfrac{1}{2}b, \text{ oder } \varrho - \tfrac{1}{2}a < \tfrac{1}{2}b, \text{ oder}$$

$$9.\quad 2\varrho < a + b.$$

Daraus folgt, dafs, wenn die beiden, an der gegebenen Seite anliegenden Winkel a und b gröfser sind, als zwei rechte, so findet kein gröfstes Dreieck Statt; ebenfalls, wie in (§. 495) behauptet wird.

Weiter unten (§. 750.) findet man einen noch einfacheren Beweis des Satzes (§. 495.).

746.

Erklärung. Man kann die gleichen Winkel, welche die Kanten Mittel-Linie eines beliebigen Raum-Dreiecks mit den Kanten, und die gleichen Winkel, welche die Seiten-Mittel-Linie mit den Seiten-Ebenen des Dreiecks einschliefst (§. 489.), Halbmesser-Winkel der Kanten und der Seiten *des Raum-Dreiecks nennen.*

747.

Lehrsatz. Wenn die Seiten eines beliebigen Raum-Dreiecks durch a, b, c, *die denselben gegenüberliegenden Winkel durch* α, β, γ, *der Inhalt des Dreiecks durch* $\triangle$, *und die Halbmesser-Winkel der Kanten und der Seiten durch* $\varkappa$ *und* σ *bezeichnet werden, so ist*

I. *für den Halbmesser-Winkel der Kanten:*

$$1.\quad \tang \varkappa = \sqrt{\left[-\frac{\cos\frac{1}{2}(\alpha+\beta+\gamma)}{\cos\frac{1}{2}(\alpha+\beta-\gamma)\cos\frac{1}{2}(\alpha-\beta+\gamma)\cos\frac{1}{2}(\beta+\gamma-\alpha)}\right]},$$

$$2.\quad \tang \varkappa = \frac{\tang\frac{1}{2}a\,\tang\frac{1}{2}b\,\tang\frac{1}{2}c}{\sin\triangle},$$

$$3.\quad \tang \varkappa = \frac{2\sin\frac{1}{2}a\sin\frac{1}{2}b\sin\frac{1}{2}c}{\sqrt{[\sin\frac{1}{2}(a+b+c)\sin\frac{1}{2}(a+b-c)\sin\frac{1}{2}(a-b+c)\sin\frac{1}{2}(b+c-a)]}}.$$

II. *Für den Halbmesser-Winkel der Seiten:*

$$4.\quad \tang \sigma = \sqrt{\left[\frac{\sin\frac{1}{2}(a+b-c)\sin\frac{1}{2}(a-b+c)\sin\frac{1}{2}(b+c-a)}{\sin\frac{1}{2}(a+b+c)}\right]}.$$

$$5.\quad \tang \sigma = \frac{2\sin\triangle\cos\frac{1}{2}a\cos\frac{1}{2}b\cos\frac{1}{2}c}{\sin\frac{1}{2}(a+b+c)}.$$

$$6.\quad \tang \sigma = \frac{\sqrt{[-\cos\frac{1}{2}(\alpha+\beta+\gamma)\cos\frac{1}{2}(\alpha+\beta-\gamma)\cos\frac{1}{2}(\alpha-\beta+\gamma)\cos\frac{1}{2}(\beta+\gamma-\alpha)]}}{4\cos\frac{1}{2}\alpha\cos\frac{1}{2}\beta\cos\frac{1}{2}\gamma}.$$

Beweis von I. α) *ABCP* (Fig. 331.) sey ein beliebiges Raum-Dreieck, dessen Scheitel in *P* liegt; *PK* sey die Kanten-Mittel-Linie, so dafs also die Winkel *APK*, *BPK* und *CPK* gleich grofs und gleich $\varkappa$ sind. Die Seite *BPC* sey gleich a, die Seite $CPA = b$ und die Seite *APB* gleich c, der Winkel an der Kante *AP* sey gleich α, der Winkel an der Kante *BP* gleich β, und der Winkel an der Kante *CP* gleich γ.

Wenn man nun durch die Kanten des gegebenen Raum-Dreiecks und durch die Kanten-Mittel-Linie, Ebenen *APK*, *BPK*, *CPK* legt, so entstehen gleichschenklige Raum-Dreiecke *AKCP*, *BKAP* und *CKBP*, denn es ist nach der Voraussetzung $APK = BPK = CPK$. Die den gleichen Schenkeln gegenüberliegenden Winkel, nemlich die Winkel, welche die Ebenen *APK*, *BPK* und *CPK* mit den Seiten-Ebenen des gegebenen Dreiecks machen, sind also ebenfalls paarweise gleich grofs (§. 470.). Wenn daher diese gleichen Winkel im Dreieck *AKCP* durch x und x_1, im Dreieck

BKAP durch y und y_1, im Dreieck *CKBP* durch z und z_1 bezeichnet werden, so ist

$$7.\quad x = x_1,\quad y = y_1,\quad z = z_1.$$

Es ist aber, wie leicht zu sehen,

$$8.\quad x_1 + y = \alpha,\quad y_1 + z = \beta \text{ und } z_1 + x = \gamma,$$

oder auch, vermöge (7.),

$$9.\quad x + y = \alpha,\quad y + z = \beta \text{ und } z + x = \gamma.$$

Daraus folgt $\alpha + \gamma - \beta = 2x$, also

$$10.\quad \begin{cases} x = \tfrac{1}{2}(\alpha + \gamma - \beta), \text{ und eben so} \\ y = \tfrac{1}{2}(\beta + \alpha - \gamma), \\ z = \tfrac{1}{2}(\gamma + \beta - \alpha). \end{cases}$$

Legt man nun ferner durch die Kanten-Mittel-Linie *KP* Ebenen *KPD*, *KPE* und *KPF* auf die Seiten-Ebenen des gegebenen Dreiecks senkrecht, so werden sie, als perpendiculaire Ebenen in gleichschenkligen Dreiecken, die Grund-Ebenen derselben, also die Seiten-Ebenen des gegebenen Dreiecks halbiren. Es wird also

$$11.\quad CPD = \tfrac{1}{2}a,\quad APE = \tfrac{1}{2}b,\quad BPF = \tfrac{1}{2}c$$

seyn.

In dem rechtwinkligen Raum-Dreieck *AEKP* z. B. ist folglich

12. die Cathete *APE* gleich . . . . $\tfrac{1}{2}b$,
die Hypothenuse *APK* gleich . . . . $\varkappa$,
und der von beiden eingeschlossene Winkel
an der Kante *AP* gleich . . . . x,
oder gleich . . . . $\tfrac{1}{2}(\alpha+\gamma-\beta)$ (8.).

Nun ist die Tangente einer beliebigen Cathete eines rechtwinkligen Raum-Dreiecks gleich dem Product aus der Tangente der Hypothenuse in den Cosinus des von beiden eingeschlossenen Winkels (§. 732. 20.). Also ist, vermöge (12.),

$$13.\quad \tang \tfrac{1}{2}b = \tang \varkappa \cos \tfrac{1}{2}(\alpha + \gamma - \beta), \text{ woraus}$$

$$14.\quad \tang \varkappa = \frac{\tang \tfrac{1}{2}b}{\cos \tfrac{1}{2}(\alpha + \gamma - \beta)}$$

folgt. Es ist aber, zufolge (§. 741. 58.),

$$15.\quad \tang \tfrac{1}{2}b = \sqrt{\left(-\frac{\cos \tfrac{1}{2}(\alpha + \beta + \gamma) \cos \tfrac{1}{2}(\gamma + \alpha - \beta)}{\cos \tfrac{1}{2}(\beta + \gamma - \alpha) \cos \tfrac{1}{2}(\beta - \gamma + \alpha)}\right)},$$

also in (14.)

$$16.\quad \tang \varkappa = \sqrt{\left[-\frac{\cos \tfrac{1}{2}(\alpha + \beta + \gamma)}{\cos \tfrac{1}{2}(\alpha+\beta-\gamma) \cos \tfrac{1}{2}(\alpha-\beta+\gamma) \cos \tfrac{1}{2}(\beta+\gamma-\alpha)}\right]},$$

welches der Ausdruck (1.) im Lehrsatz ist.

β) Nach (§. 741. 58.) ist

$$17.\quad \sin b \sin \gamma \sin \alpha = \\ + 2\sqrt{[-\cos \tfrac{1}{2}(\alpha+\beta+\gamma) \cos \tfrac{1}{2}(\alpha+\beta-\gamma) \cos \tfrac{1}{2}(\alpha-\beta+\gamma) \cos \tfrac{1}{2}(\beta+\gamma-\alpha)]}.$$

Multiplicirt man (16. und 17.), so findet man

$$18.\quad \tang \varkappa \sin b \sin \gamma \sin \alpha = -2 \cos \tfrac{1}{2}(\alpha + \beta + \gamma).$$

Es ist aber, zufolge (§. 744. 23.),

$$19.\quad \sin \triangle = \frac{\sin \gamma \sin \tfrac{1}{2}a \sin \tfrac{1}{2}b}{\cos \tfrac{1}{2}c} = \frac{\sin \alpha \sin \tfrac{1}{2}b \sin \tfrac{1}{2}c}{\cos \tfrac{1}{2}a} = \frac{\sin \beta \sin \tfrac{1}{2}c \sin \tfrac{1}{2}a}{\cos \tfrac{1}{2}b}.$$

Also ist z. B.

$$20.\quad \sin \triangle^2 = \frac{\sin \gamma \sin \alpha \sin \tfrac{1}{2}a \sin \tfrac{1}{2}b^2 \sin \tfrac{1}{2}c}{\cos \tfrac{1}{2}c \cos \tfrac{1}{2}a},$$

und hieraus

$$21.\quad \sin \gamma \sin \alpha = \frac{\cos \tfrac{1}{2}c \cos \tfrac{1}{2}a \sin \triangle^2}{\sin \tfrac{1}{2}a \sin \tfrac{1}{2}b^2 \sin \tfrac{1}{2}c}.$$

Ferner ist, vermöge (§. 744. 1.),

$$22.\quad \cos\tfrac{1}{2}(\alpha+\beta+\gamma) = -\sin\triangle.$$

Setzt man nun (21. und 22.) in (18.), so findet man

$$\frac{\tan x \cos\frac{1}{2}c \cos\frac{1}{2}a \sin\triangle^2 \sin b}{\sin\frac{1}{2}a \sin\frac{1}{2}b^2 \sin\frac{1}{2}c} = 2\sin\triangle, \text{ oder}$$

$$\frac{2\tan x \cos\frac{1}{2}a \cos\frac{1}{2}b \cos\frac{1}{2}c \sin\triangle^2}{\sin\frac{1}{2}a \sin\frac{1}{2}b \sin\frac{1}{2}c} = 2\sin\triangle, \text{ und hieraus}$$

$$23.\quad \tan x = \frac{\sin\frac{1}{2}a \sin\frac{1}{2}b \sin\frac{1}{2}c}{\sin\triangle \cos\frac{1}{2}a \cos\frac{1}{2}b \cos\frac{1}{2}c} = \frac{\tan\frac{1}{2}a \tan\frac{1}{2}b \tan\frac{1}{2}c}{\sin\triangle},$$

welches der Ausdruck (2.) im Lehrsatz ist.

Ferner ist, zufolge (§. 744. 3),

$$24.\quad \sin\triangle \cos\tfrac{1}{2}a \cos\tfrac{1}{2}b \cos\tfrac{1}{2}c =$$
$$\tfrac{1}{2}\sqrt{(\sin\tfrac{1}{2}(a+b+c)\sin\tfrac{1}{2}(a+b-c)\sin\tfrac{1}{2}(a-b+c)\sin\tfrac{1}{2}(b+c-a))}.$$

Also ist

$$25.\quad \tan x = \frac{2\sin\frac{1}{2}a \sin\frac{1}{2}b \sin\frac{1}{2}c}{\sqrt{(\sin\frac{1}{2}(a+b+c)\sin\frac{1}{2}(a+b-c)\sin\frac{1}{2}(a-b+c)\sin\frac{1}{2}(b+c-a))}}.$$

Dieses ist der Ausdruck (3.) im Lehrsatze.

Beweis von II. α) Es sey jetzt PK die Seiten-Mittellinie des Raum-Dreiecks $ABCP$ (Fig. 331.), so dafs, wenn die Ebenen DPK, EPK und FPK, durch PK, auf den Seiten-Ebenen des gegebenen Dreiecks senkrecht stehen, die Winkel DPK, EPK, FPK gleich grofs sind. Auf diese Weise sind z. B. in den rechtwinkligen Raum-Dreiecken $BFKP$ und $BDKP$ die Catheten FPK und DPK einander gleich, und die Hypothenuse BPK ist beiden gemein. Also sind die Dreiecke einander gleich (§. 480. III. Zweitens. B.), folglich ist der Winkel FPB gleich dem Winkel DPB. Auf dieselbe Weise ist $DPC = EPC$ und $EPA = FPA$. Wenn man also $BPD = x$, $CPE = y$ und $APF = z$ setzt, so ist

$$26.\quad x + y = a,\quad y + z = b \text{ und } z + x = c.$$

Daraus folgt z. B. $a + c - b = 2x$, oder

$$27.\quad \begin{cases} x = \frac{1}{2}(a+c-b), \text{ und ebenso} \\ y = \frac{1}{2}(b+a-c), \\ z = \frac{1}{2}(c+b-a). \end{cases}$$

Desgleichen sind die Winkel $FBPK$ und $DBPK$, die Winkel $DCPK$ und $ECPK$ und die Winkel $EAPK$ und $FAPK$ einander gleich, und folglich gleich $\frac{1}{2}\beta$, $\frac{1}{2}\gamma$ und $\frac{1}{2}\alpha$.

Es ist also z. B. in dem rechtwinkligen Raum-Dreieck $BDKP$

$$28.\quad \begin{cases} \text{die Cathete } BPD \text{ gleich } x = \frac{1}{2}(a+c-b) \text{ (25.),} \\ \text{die andere Cathete } DPK \text{ gleich } \sigma, \text{ und} \\ \text{der Winkel } DBPK \text{ gleich } \frac{1}{2}\beta. \end{cases}$$

Nun ist die Tangente einer beliebigen Cathete eines rechtwinkligen Raum-Dreiecks gleich dem Product aus der Tangente des gegenüberliegenden Winkels in den Sinus der anderen Cathete (§. 732. 21. oder 22.). Also ist hier, vermöge (28.),

$$29.\quad \tan\sigma = \tan\tfrac{1}{2}\beta \sin\tfrac{1}{2}(a+c-b).$$

Es ist aber, zufolge (§. 741. 3.),

$$30.\quad \tan\tfrac{1}{2}\beta = \sqrt{\left(\frac{\sin\frac{1}{2}(b+c-a)\sin\frac{1}{2}(a+b-c)}{\sin\frac{1}{2}(a+b+c)\sin\frac{1}{2}(a-b+c)}\right)}.$$

Also ist in (29.)

$$31.\quad \tan\sigma = \sqrt{\left[\frac{\sin\frac{1}{2}(a+b-c)\sin\frac{1}{2}(a-b+c)\sin\frac{1}{2}(b+c-a)}{\sin\frac{1}{2}(a+b+c)}\right]},$$

welches der Ausdruck (4.) im Lehrsatz ist.

Da

32. $2 \sin\triangle \cos\frac{1}{2}a \cos\frac{1}{2}b \cos\frac{1}{2}c$
$= \sqrt{[\sin\frac{1}{2}(a+b+c)\sin\frac{1}{2}(a+b-c)\sin\frac{1}{2}(a-b+c)\sin\frac{1}{2}(b+c-a)]}$,
so ist in (31.)
$\tang\sigma \sin\frac{1}{2}(a+b+c) = 2\sin\triangle \cos\frac{1}{2}a\cos\frac{1}{2}b\cos\frac{1}{2}c$, also

$$33.\quad \tang\sigma = 2\sin\triangle\,.\frac{\cos\frac{1}{2}a\cos\frac{1}{2}b\cos\frac{1}{2}c}{\sin\frac{1}{2}(a+b+c)}.$$

Dieses ist der Ausdruck (5.) im Lehrsatz.

β) Aus (14.) folgt

$$34.\quad \cos\tfrac{1}{2}(\alpha+\gamma-\beta) = \frac{\tang\frac{1}{2}b}{\tang x},$$

und, wenn man den Werth von $\tang x$ (2.) setzt,

$$35.\quad \begin{cases} \cos\frac{1}{2}(\alpha+\gamma-\beta) = \dfrac{\sin\triangle}{\tang\frac{1}{2}a\tang\frac{1}{2}c}, \text{ also auch}\\ \cos\frac{1}{2}(\beta+\alpha-\gamma) = \dfrac{\sin\triangle}{\tang\frac{1}{2}b\tang\frac{1}{2}a},\\ \cos\frac{1}{2}(\gamma+\beta-\alpha) = \dfrac{\sin\triangle}{\tang\frac{1}{2}c\tang\frac{1}{2}b}, \text{ wozu noch}\\ \cos\frac{1}{2}(\alpha+\beta+\gamma) = -\sin\triangle \quad (\text{§. 744. 1.}) \end{cases}$$

kommt. Dieses giebt, wenn man multiplicirt, und die Quadratwurzel vom Product nimmt:

$$36.\quad \sqrt{[-\cos\tfrac{1}{2}(\alpha+\beta+\gamma)\cos\tfrac{1}{2}(\alpha+\beta-\gamma)\cos\tfrac{1}{2}(\alpha-\beta+\gamma)\cos\tfrac{1}{2}(\beta+\gamma-\alpha)]} = \frac{\sin\triangle^2}{\tang\frac{1}{2}a\tang\frac{1}{2}b\tang\frac{1}{2}c}.$$

Es ist ferner, vermöge (§. 741. 2. 3. 4.),

$$37.\quad \cos\tfrac{1}{2}\alpha\cos\tfrac{1}{2}\beta\cos\tfrac{1}{2}\gamma = \frac{\sin\frac{1}{2}(a+b+c)}{\sin a\sin b\sin c}$$
$$\times\sqrt{[\sin\tfrac{1}{2}(a+b+c)\sin\tfrac{1}{2}(a+b-c)\sin\tfrac{1}{2}(a-b+c)\sin\tfrac{1}{2}(b+c-a)]},$$

oder, weil

$$38.\quad \sqrt{[\sin\tfrac{1}{2}(a+b+c)\sin\tfrac{1}{2}(a+b-c)\sin\tfrac{1}{2}(a-b+c)\sin\tfrac{1}{2}(b+c-a)]} = 2\sin\triangle\cos\tfrac{1}{2}a\cos\tfrac{1}{2}b\cos\tfrac{1}{2}c \quad (\text{§. 744. 3.}),$$

$$\cos\tfrac{1}{2}\alpha\cos\tfrac{1}{2}\beta\cos\tfrac{1}{2}\gamma = 2\sin\triangle\sin\tfrac{1}{2}(a+b+c)\frac{\cos\frac{1}{2}a\cos\frac{1}{2}b\cos\frac{1}{2}c}{\sin a\sin b\sin c}, \text{ oder}$$

$$39.\quad 2\cos\tfrac{1}{2}\alpha\cos\tfrac{1}{2}\beta\cos\tfrac{1}{2}\gamma = \frac{\sin\triangle\sin\frac{1}{2}(a+b+c)}{2\sin\frac{1}{2}a\sin\frac{1}{2}b\sin\frac{1}{2}c}.$$

Man dividire (36.) durch (39.), so findet man

$$40.\quad \frac{\sqrt{[-\cos\frac{1}{2}(\alpha+\beta+\gamma)\cos\frac{1}{2}(\alpha+\beta-\gamma)\cos\frac{1}{2}(\alpha-\beta+\gamma)\cos\frac{1}{2}(\beta+\gamma-\alpha)]}}{2\cos\frac{1}{2}\alpha\cos\frac{1}{2}\beta\cos\frac{1}{2}\gamma}$$
$$= \frac{2\sin\triangle\sin\frac{1}{2}a\sin\frac{1}{2}b\sin\frac{1}{2}c}{\sin\frac{1}{2}(a+b+c)\tang\frac{1}{2}a\tang\frac{1}{2}b\tang\frac{1}{2}c} = \frac{2\sin\triangle\cos\frac{1}{2}a\cos\frac{1}{2}b\cos\frac{1}{2}c}{\sin\frac{1}{2}(a+b+c)}$$
$$= \frac{\sqrt{[\sin\frac{1}{2}(a+b+c)\sin\frac{1}{2}(a+b-c)\sin\frac{1}{2}(a-b+c)\sin\frac{1}{2}(b+c-a)]}}{\sin\frac{1}{2}(a+b+c)} \quad (\text{§. 744. 3.})$$
$$= \sqrt{\left[\frac{\sin\frac{1}{2}(a+b-c)\sin\frac{1}{2}(a-b+c)\sin\frac{1}{2}(b+c-a)}{\sin\frac{1}{2}(a+b+c)}\right]}$$
$$= \tang\sigma \quad (4.),$$

welches der Ausdruck (6.) im Lehrsatz ist.

748.

Zusatz. *Das Product der Tangenten der Halbmesser-Winkel x und σ der Kanten und der Seiten eines Raum-Dreiecks ist, zufolge* (§. 747. 1. *und* 6., 2. *und* 5., 3. *und* 4.):

$$1.\quad \operatorname{tang} x \operatorname{tang} \sigma = \frac{-\cos\frac{1}{2}(\alpha+\beta+\gamma)}{4\cos\frac{1}{2}\alpha\cos\frac{1}{2}\beta\cos\frac{1}{2}\gamma}, \text{ oder}$$

$$2.\quad \operatorname{tang} x \operatorname{tang} \sigma = \frac{2\sin\frac{1}{2}a\sin\frac{1}{2}b\sin\frac{1}{2}c}{\sin\frac{1}{2}(a+b+c)}, \text{ oder}$$

$$3.\quad \operatorname{tang} x \operatorname{tang} \sigma = \frac{\sin\triangle}{4\cos\frac{1}{2}\alpha\cos\frac{1}{2}\beta\cos\frac{1}{2}\gamma},$$

das Letztere wegen $-\cos\frac{1}{2}(\alpha+\beta+\gamma) = \sin\triangle$ (§. 744. 1).

749.

Anmerkung. Aus (§. 747. 35.) *sind auch noch folgende Ausdrücke vom Raum-Dreieck zu merken, nemlich:*

$$1.\quad \cos\tfrac{1}{2}(\alpha+\beta-\gamma) = \frac{\sin\triangle}{\operatorname{tang}\frac{1}{2}a\operatorname{tang}\frac{1}{2}b},$$

$$2.\quad \cos\tfrac{1}{2}(\beta+\gamma-\alpha) = \frac{\sin\triangle}{\operatorname{tang}\frac{1}{2}b\operatorname{tang}\frac{1}{2}c},$$

$$3.\quad \cos\tfrac{1}{2}(\gamma+\alpha-\beta) = \frac{\sin\triangle}{\operatorname{tang}\frac{1}{2}c\operatorname{tang}\frac{1}{2}a},$$

$$4.\quad \cos\tfrac{1}{2}(\alpha+\beta+\gamma) = -\sin\triangle,$$

woraus auch folgt:

$$5.\quad \frac{\cos\frac{1}{2}(\alpha+\beta-\gamma)}{\cos\frac{1}{2}(\beta+\gamma-\alpha)} = \frac{\operatorname{tang}\frac{1}{2}c}{\operatorname{tang}\frac{1}{2}a},\quad \frac{\cos\frac{1}{2}(\beta+\gamma-\alpha)}{\cos\frac{1}{2}(\gamma+\alpha-\beta)} = \frac{\operatorname{tang}\frac{1}{2}a}{\operatorname{tang}\frac{1}{2}b},$$

$$\frac{\cos\frac{1}{2}(\gamma+\alpha-\beta)}{\cos\frac{1}{2}(\alpha+\beta-\gamma)} = \frac{\operatorname{tang}\frac{1}{2}b}{\operatorname{tang}\frac{1}{2}c},$$

$$6.\quad \frac{\cos\frac{1}{2}(\alpha+\beta+\gamma)}{\cos\frac{1}{2}(\alpha+\beta-\gamma)} = -\operatorname{tang}\tfrac{1}{2}a\operatorname{tang}\tfrac{1}{2}b,\quad \frac{\cos\frac{1}{2}(\alpha+\beta+\gamma)}{\cos\frac{1}{2}(\beta+\gamma-\alpha)} = -\operatorname{tang}\tfrac{1}{2}b\operatorname{tang}\tfrac{1}{2}c,$$

$$\frac{\cos\frac{1}{2}(\alpha+\beta+\gamma)}{\cos\frac{1}{2}(\gamma+\alpha-\beta)} = -\operatorname{tang}\tfrac{1}{2}c\operatorname{tang}\tfrac{1}{2}a.$$

Da die Gleichungen (5.) *für jedes Raum-Dreieck, also auch für das Polar-Dreieck gelten, so ist auch, zufolge* (§. 740. 3. 6. *und* 7.),

$$7.\quad \frac{\sin\frac{1}{2}(a+b-c)}{\sin\frac{1}{2}(b+c-a)} = \frac{\operatorname{tang}\frac{1}{2}\alpha}{\operatorname{tang}\frac{1}{2}\gamma},\quad \frac{\sin\frac{1}{2}(b+c-a)}{\sin\frac{1}{2}(c+a-b)} = \frac{\operatorname{tang}\frac{1}{2}\beta}{\operatorname{tang}\frac{1}{2}\alpha},$$

$$\frac{\sin\frac{1}{2}(c+a-b)}{\sin\frac{1}{2}(a+b-c)} = \frac{\operatorname{tang}\frac{1}{2}\gamma}{\operatorname{tang}\frac{1}{2}\beta},$$

$$8.\quad \frac{\sin\frac{1}{2}(a+b-c)}{\sin\frac{1}{2}(a+b+c)} = \operatorname{tang}\tfrac{1}{2}\alpha\operatorname{tang}\tfrac{1}{2}\beta,\quad \frac{\sin\frac{1}{2}(b+c-a)}{\sin\frac{1}{2}(a+b+c)} = \operatorname{tang}\tfrac{1}{2}\beta\operatorname{tang}\tfrac{1}{2}\gamma,$$

$$\frac{\sin\frac{1}{2}(c+a-b)}{\sin\frac{1}{2}(a+b+c)} = \operatorname{tang}\tfrac{1}{2}\gamma\operatorname{tang}\tfrac{1}{2}\alpha;$$

welches ebenfalls Gleichungen zwischen fünf Stücken eines Raum-Dreiecks sind, wie die Neperschen Analogieen (§. 737.).

750.

Anmerkung. Aus den Ausdrücken (1. 2. 3. §. 749.) *folgt ebenfalls der Satz* (§. 495.), *daſs ein Raum-Dreieck mit zwei gegebenen Seiten dann am gröſsten ist, wenn der von den gegebenen Seiten eingeschlossene Winkel so groſs ist, als die beiden anderen zusammengenommen, und daſs es nur dann ein gröſstes Dreieck giebt, wenn die beiden gegebenen Seiten zusammen kleiner sind, als zwei rechte Winkel. Denn, z. B. dem Ausdruck* (1. §. 749.) *zufolge, ist*

$$1.\quad \sin\triangle = \operatorname{tang}\tfrac{1}{2}a\operatorname{tang}\tfrac{1}{2}b\cos\tfrac{1}{2}(\alpha+\beta-\gamma),$$

also ist, wenn die beiden Seiten a *und* b *die nemlichen bleiben,* $\sin\triangle$ *dann am gröfsten, wenn* $\cos\frac{1}{2}(\alpha+\beta-\gamma) = 1$, *oder* $\frac{1}{2}(\alpha+\beta-\gamma) = 0$, *also*

$$2.\quad \alpha + \beta = \gamma$$

ist, das heifst: wenn der Winkel γ, *den die beiden gleichbleibenden Seiten einschliefsen, so grofs ist, als die beiden anderen Winkel* α *und* β *zusammengenommen.*

Es findet aber nur dann ein gröfster Sinus von $\triangle$ *Statt, wenn*

$$3.\quad \tang\tfrac{1}{2}a \tang\tfrac{1}{2}b < 1$$

ist, denn wäre $\tang\frac{1}{2}a\tang\frac{1}{2}b > 1$, so würde, wenn $\alpha + \beta = \gamma$ *oder* $\cos\frac{1}{2}(\alpha+\beta-\gamma) = 1$ *ist,* $\sin\triangle > 1$ *seyn, welches nicht möglich ist. Aus* $\tang\frac{1}{2}a\tang\frac{1}{2}b < 1$ *folgt aber* $\tang\frac{1}{2}a < \cot\frac{1}{2}b < \tang(\varrho - \frac{1}{2}b)$, *also* $\frac{1}{2}a < \varrho - \frac{1}{2}b$, *oder*

$$4.\quad a + b < 2\varrho,$$

das heifst: ein gröfster Sinus von $\triangle$ *findet nur dann Statt, wenn die beiden gleichbleibenden Seiten zusammen kleiner sind, als zwei rechte Winkel.*

Wenn nun $a + b < 2\varrho$, *so ist für die beiden äufsersten Werthe von* γ, *nemlich für* $\gamma = 2\varrho$ *und* $\gamma = 0$, *der Inhalt des Dreiecks* $\triangle = 0$; *also giebt es nothwendig für irgend ein* γ, *welches zwischen* 2ϱ *und* 0 *liegt, wenigstens einen gröfsten Werth von* $\triangle$. *Dieser Werth von* γ *ist, wie vorhin gezeigt,* $\alpha + \beta$; *denn für* $\alpha + \beta = \gamma$ *ist* $\sin\triangle$ *am gröfsten, nemlich* $= 1$.

Ist hingegen $\alpha + \beta > 2\varrho$, *so ist für den einen äufsersten Werth* 2ϱ *von* γ, $\triangle = 2\varrho$ *und für den anderen äufsersten Werth* 0 *von* γ, $\triangle = 0$, *und da nun* $\triangle$ *nie gröfser seyn kann, als* 2ϱ, *so giebt es keinen gröfsten Werth von* $\triangle$.

Zugleich folgt noch aus (1.), *dafs, wenn* $\alpha + \beta < 2\varrho$ *ist, und also ein gröfstes Raum-Dreieck mit zwei gegebenen Seiten, nemlich für* $\gamma = \alpha+\beta$, *Statt findet, dafs dann für dieses gröfste Dreieck* $\triangle$

$$5.\quad \sin\triangle = \tang\tfrac{1}{2}a \tang\tfrac{1}{2}b$$

ist.

Und da für $\gamma = \alpha + \beta$, $\triangle$ *oder* $\frac{1}{2}(\alpha+\beta+\gamma) - \varrho = \gamma - \varrho$ *ist, so ist* $\varrho - \gamma = -\triangle$, *also* $\sin(\varrho - \gamma) = -\sin\triangle$, *oder* $-\cos\gamma = \sin\triangle$, also, vermöge (5.),

$$6.\quad \cos\gamma = -\tang\tfrac{1}{2}a \tang\tfrac{1}{2}b.$$

II. Von der sphärischen Polygonometrie oder der Polygonometrie des Raumes.

751.

Anmerkung. Die sphärische Polygonometrie oder die Polygonometrie des Raumes bestehet in Anwendungen der Goniometrie auf Raum Vielecke (§. 727.), *und hat also, in Beziehung auf diese Figuren, ähnliche Aufgaben zum Gegenstande, wie die sphärische Trigonometrie oder die Trigonometrie des Raumes, in Beziehung auf Raum-Dreiecke, also z. B. die Aufgaben: aus den bestimmenden Seiten und Winkeln eines Raum-Vielecks die übrigen Seiten und Winkel zu finden, oder den Inhalt der Figuren,* *oder ihre **Halbmesser-Winkel der Kanten und der Seiten**, wenn sie centrisch sind, und so weiter.*

Die Aufgabe: aus den bestimmenden Seiten und Winkeln eines Raum-Vielecks die übrigen Seiten und Winkel zu finden, hat keine Schwierigkeit, wenn man das Vieleck in Dreiecke theilt, und vermittelst der Ausdrücke der Trigonometrie des Raumes, von einem Dreieck zum anderen fortschreitet. Z. B., wenn in dem Raum-Vieleck ABC.....G (Fig. 274.) *die Seiten* AB, BC, CD, DE, EF *und* FG, *nebst den Winkeln* B, C, D, E, F, *welche sie einschliefsen, gegeben wären, wodurch das Vieleck bestimmt wird, und es würde die Seite* AG *gesucht, so dürfte man nur aus den beiden Seiten* AB *und* BC *und dem Winkel* B, *welchen sie einschliefsen, nach* (§. 741. *Aufgabe* V. *und* VI.), *den Winkel* BCA *und die Diagonal* AC *suchen. Dadurch wären in dem Dreieck* ACD *die beiden Seiten* AC *und* CD *und der Winkel* ACD *bekannt, also könnte man, wie vorhin, die Diagonal* AD *und den Winkel* CDA *finden. So würde man fortfahren, und die gesuchte Seite* AG *wäre die **letzte Diagonal**, welche man berechnet. Eben so würde man in anderen Aufgaben dieser Art immer stufenweise, zuletzt bis zur gesuchten Seite oder dem gesuchten Winkel gelangen.*

*Allein **allgemeine** Ausdrücke, die das Gesuchte aus den bestimmenden Stücken **unmittelbar** geben, wie in der Polygonometrie der Ebene, sind hier, dem Anschein nach, sehr verwickelt, und es fehlt viel, dafs die Polygonometrie des Raumes eben so vollständig vorhanden wäre, wie die Trigonometrie des Raumes, oder auch nur wie die Polygonometrie der Ebene. Die weitere Entwickelung dieses Gegenstandes ist noch zu erwarten.*

III. Von der Polyëdrometrie.

752.

***Anmerkung.** Auch von der **Polyëdrometrie**, oder der Anwendung der Goniometrie auf **Polyëder** sind bis jetzt nicht viel mehr als einzelne Sätze vorhanden. Die vorzüglichsten sind folgende:*

753.

***Lehrsatz.** In einem beliebigen Polyëder ist jede Seiten-Ebene gleich der Summe der Producte der übrigen Seiten-Ebenen in die Cosinus der Winkel, welche sie mit der ersten Ebene, welche **Grund-Ebene** heifsen mag, einschliefsen.*

Z. B.

Z. B., wenn man die Seiten-Ebenen eines beliebigen Polyëders durch $a, b, c \ldots n$ und die Winkel, welche sie mit einander einschliefsen, durch (ab), $(ac) \ldots (bc)$ etc. bezeichnet, so ist

$$a = b\cos(ab) + c\cos(ac) + d\cos(ad) \ldots + n\cos(an)$$
$$b = a\cos(ba) + c\cos(bc) + d\cos(bd) \ldots + n\cos(bn)$$
$$c = a\cos(ca) + b\cos(cb) + d\cos(cd) \ldots + n\cos(cn)$$
$$\ldots\ldots\ldots\ldots\ldots\ldots\ldots\ldots$$

Beweis. Wenn man sich z. B. auf die Ebene a, als Grund-Ebene, sämmtliche übrigen Ebenen $b, c, d \ldots n$ senkrecht projicirt vorstellt, so sind die Inhalte der Projectionen, zufolge (§. 626.), der Reihe nach,

$$b\cos(ab),\ c\cos(ac),\ d\cos(ad) \ldots n\cos(an).$$

Da nun die Summe der Inhalte der Projectionen offenbar dem Inhalte der Grund-Ebene gleich ist, so ist

$$a = b\cos(ab) + c\cos(ac) + d\cos(ad) \ldots + n\cos(an),$$

welches der erste Ausdruck im Lehrsatz ist. Auf gleiche Weise findet man die übrigen.

754.

Lehrsatz. Die Summe der Quadrate der Inhalte der Seiten-Ebenen eines beliebigen Polyëders ist gleich der doppelten Summe aller Producte der Seiten-Ebenen zu zweien, jedes noch mit dem Cosinus des Winkels multiplicirt, den die beiden, mit einander multiplicirten Seiten-Ebenen einschliefsen.

Z. B., mit der Bezeichnung (§. 753.) ist

$$a^2 + b^2 + c^2 + d^2 \ldots + n^2$$
$$= 2ab\cos(ab) + 2ac\cos(ac) + 2ad\cos(ad) \ldots + 2an\cos(an)$$
$$+ 2bc\cos(bc) + 2bd\cos(bd) \ldots + 2bn\cos(bn)$$
$$+ 2cd\cos(cd) \ldots + 2cn\cos(cn)$$
$$\ldots\ldots\ldots\ldots$$
$$+ 2mn\cos(mn).$$

Beweis. Man multiplicire die Gleichungen in (§. 753.), der Reihe nach, mit $a, b, c \ldots n$, und nehme die Summe der Producte, so findet man, wie leicht zu sehen, die Gleichungen des gegenwärtigen Lehrsatzes.

755.

Lehrsatz. In jedem Polyëder ist das Quadrat des Inhalts einer beliebigen Seiten-Ebene, gleich der Summe der Quadrate der übrigen Seiten-Ebenen, weniger der doppelten Summe aller ihrer Producte zu zweien, jedes noch mit dem

Cosinus des Winkels multiplicirt, den die beiden mit einander multiplicirten Seiten einschliefsen.

Z. B., mit der Bezeichnung (§. 753.) ist

$$\begin{aligned}a^2 = b^2 + c^2 + d^2 \ldots\ldots + n^2 \\ -2bc\cos(bc) - 2bd\cos(bd) - 2be\cos(be) \ldots - 2bn\cos(bn) \\ -2cd\cos(cd) - 2ce\cos(ce) \ldots - 2cn\cos(cn) \\ -2de\cos(de) \ldots - 2dn\cos(dn) \\ \ldots\ldots\ldots \\ -2mn\cos(mn),\end{aligned}$$

und so, ähnlich, b^2, c^2 etc.

Beweis. Die erste Gleichung (§. 753.) giebt, wenn man sie mit $2a$ multiplicirt,

$$2a^2 = 2ab\cos(ab) + 2ac\cos(ac) + 2ad\cos(ad) \ldots + 2an\cos(an).$$

Der rechtseitige Theil dieser Gleichung ist der ersten Reihe im rechtseitigen Theil der Gleichung (§. 754.) gleich. Also ist daselbst

$$\begin{aligned}a^2 + b^2 + c^2 + d^2 \ldots\ldots + n^2 \\ = 2a^2 + 2bc\cos(bc) + 2bd\cos(bd) \ldots + 2bn\cos(bn) \\ + 2cd\cos(cd) \ldots + 2cn\cos(cn) \\ \ldots\ldots\ldots \\ + 2mn\cos(mn),\end{aligned}$$

woraus unmittelbar die Gleichung des gegenwärtigen Lehrsatzes folgt.

756.

Lehrsatz. Man nehme in einem beliebigen Polyëder irgend eine Seiten-Ebene zur Grund-Ebene an: so ist des Product jeder beliebigen anderen Seiten-Ebene mit dem Sinus des Winkels, den sie mit der Grund-Ebene einschliefst, gleich der Summe der Producte der übrigen Seiten-Ebenen, jede in den Sinus ihrer Neigung gegen die Grund-Ebene, und in den Cosinus des Winkels, welchen die Durchschnitte der Grund-Ebene, verlängert wenn es nöthig ist, mit der einen bestimmten Ebene und jeder anderen Seiten-Ebene, zwischen sich einschliefsen.

Z. B., wenn man, wie in (§. 753.), die Seiten-Ebenen eines beliebigen Polyëders durch a, b, $c \ldots n$, die Winkel, welche sie mit einander einschliefsen, durch (ab), $(ac) \ldots (bc) \ldots$, und die Winkel, welche die Durchschnitte der Grund-Ebene, z. B. a, und zweier beliebiger anderer Ebenen, z. B. b und c, e und g etc., verlängert wenn es nöthig ist, einschliefsen, durch (abc), (aeg) etc. bezeichnet, so ist, z. B. für die Grund-Ebene a,

$$b \sin(ab) = c \sin(ac) \cos(abc) + d \sin(ad) \cos(abd) \ldots \ldots + n \sin(an) \cos(abn)$$
$$c \sin(ac) = b \sin(ab) \cos(acb) + d \sin(ad) \cos(acd) \ldots \ldots + n \sin(an) \cos(acn)$$
$$d \sin(ad) = b \sin(ab) \cos(adb) + c \sin(ac) \cos(adc) \ldots \ldots + n \sin(an) \cos(adn)$$
$$\ldots\ldots\ldots\ldots\ldots\ldots$$

Beweis. Man multiplicire z. B. die erste Gleichung (§. 753.) mit $\cos(ab)$, so findet man

$$1. \quad a \cos(ab) = b \cos(ab)^2 + c \cos(ac) \cos(ab) + d \cos(ad) \cos(ab) \ldots + n \cos(an) \cos(ab).$$

Addirt man dieses zur zweiten Gleichung (§. 753.), so findet man

$$2. \quad b + a \cos(ab) = a \cos(ab) + c \cos(bc) + d \cos(bd) \ldots + n \cos(bn) + b \cos(ab)^2 + c \cos(ac) \cos(ab) + d \cos(ad) \cos(ab) \ldots \ldots + n \cos(an) \cos(ab),$$

oder

$$3. \quad b \sin(ab)^2 = c(\cos(bc) + \cos(ac)\cos(ab)) + d(\cos(bd) + \cos(ad)\cos(ab)) \ldots\ldots + n(\cos(bn) + \cos(an)\cos(ab)).$$

Nun schliefsen z. B. die drei Ebenen a, b und c ein Raum-Dreieck ein, dessen Winkel (ab) und (ac) die Seite (abc) zwischen sich haben, denn die Seite (abc) ist nichts anderes, als der Winkel zwischen den Durchschnitten der Ebene a mit den Ebenen b und c. Also ist, zufolge (§. 729. IV.),

$$4. \quad \cos(bc) + \cos(ac)\cos(ab) = \sin(ac)\sin(ab)\cos(abc).$$

Eben so ist für die drei Ebenen a, b, d; $a, b, e \ldots \ldots a, b, n$,

$$5. \quad \begin{cases} \cos(bd) + \cos(ad)\cos(ab) = \sin(ad)\sin(ab)\cos(abd) \\ \cos(be) + \cos(ae)\cos(ab) = \sin(ae)\sin(ab)\cos(abe) \\ \ldots\ldots\ldots\ldots \\ \cos(bn) + \cos(an)\cos(ab) = \sin(an)\sin(ab)\cos(abn). \end{cases}$$

Dieses in (4.) gesetzt, giebt

$$6. \quad b \sin(ab)^2 = c \sin(ac)\sin(ab)\cos(abc) + d \sin(ad)\sin(ab)\cos(abd) + e \sin(ae)\sin(ab)\cos(abe) \ldots\ldots + n \sin(an)\sin(ab)\cos(abn),$$

und, wenn man mit $\sin(ab)$ dividirt, die erste Gleichung des Lehrsatzes. Auf gleiche Weise findet man die übrigen.

757.

Lehrsatz. *In jedem Polyëder ist die Summe der Producte der Seiten-Ebenen in die Sinus der Winkel, welche sie mit einer und derselben, zur Grund-Ebene angenommenen Seiten-Ebene einschliefsen, und in die Sinus der Winkel, welche die Durchschnitte der Grund-Ebene mit einer und derselben zweiten Ebene und jeder anderen einschliefsen, gleich Null.*

Z. B., mit der Bezeichnung (§. 756.) ist

für die Grund-Ebene a und irgend eine zweite Ebene b,

$$c\sin(ac)\sin(abc)+d\sin(ad)\sin(abd)\ldots.+n\sin(an)\sin(abn)=0,$$

für die Grund-Ebene a und irgend eine zweite Ebene c,

$$b\sin(ab)\sin(acb)+d\sin(ad)\sin(acd)\ldots.+n\sin(an)\sin(acn)=0,$$

für die Grund-Ebene a und irgend eine zweite Ebene d,

$$b\sin(ab)\sin(adb)+c\sin(ac)\sin(adc)+e\sin(ae)\sin(ade)\ldots.n\sin(an)\sin(adn)=0,$$

u. s. w.

Beweis. Man multiplicire z. B. die erste Gleichung (§. 756.) mit $\cos(acb)$, und addire das Product zur zweiten, so findet man

$$1.\quad b\sin(ab)\cos(acb)+c\sin(ac)$$
$$=c\sin(ac)\cos(abc)\cos(acb)+d\sin(ad)\cos(abd)\cos(acb)\ldots.+n\sin(an)\cos(abn)\cos(acb)$$
$$+b\sin(ab)\cos(acb)+d\sin(ad)\cos(acd)\ldots.+n\sin(an)\cos(acn),$$

oder, weil acb und abc einerlei ist,

$$2.\quad 0=c\sin(ac)\sin(abc)^2$$
$$-d\sin(ad)[\cos(acd)+\cos(abc)\cos(abd)]$$
$$-e\sin(ae)[\cos(ace)+\cos(abc)\cos(abe)]$$
$$\ldots\ldots\ldots\ldots\ldots\ldots$$
$$-n\sin(an)[\cos(acn)+\cos(abc)\cos(abn)].$$

Nun stelle z. B., (Fig. 332.), die Ebene des Papiers die Ebene a vor, und

AB sey der Durchschnitt der Ebene b mit der Ebene a,
AC der Durchschnitt der Ebene c mit der Ebene a,
BC der Durchschnitt der Ebene d mit der Ebene a,

so ist

$$3.\begin{cases}BAC=(abc),\\ DBC=(abd),\\ BCE=(acd).\end{cases}$$

Aber

$$BAC+2\varrho-DBC+2\varrho-BCE=2\varrho,\ \text{also}$$

$$4.\quad BAC-DBC=BCE-2\varrho,$$

oder, vermöge (3.),

$$5.\quad (abc)-(abd)=(acd)-2\varrho.$$

Daraus folgt

$$\cos(abc)\cos(abd)+\sin(abc)\sin(abd)=-\cos(acd),$$

oder

$$6.\quad \cos(acd)+\cos(abc)\cos(abd)=-\sin(abc)\sin(abd).$$

Auf dieselbe Weise findet man

$$7.\begin{cases}\cos(ace)+\cos(abc)\cos(abd)=-\sin(abc)\sin(abe),\\ \ldots\ldots\ldots\ldots\ldots\ldots\ldots\ldots\\ \cos(acn)+\cos(abc)\cos(abn)=-\sin(abc)\sin(abn).\end{cases}$$

Setzt man (6. und 7.) in (2.), so findet man

$$8.\quad o=\sin(ac)\sin(abc)^2$$
$$+d\sin(ad)\sin(abc)\sin(abd)$$
$$+e\sin(ae)\sin(abc)\sin(abe)$$
$$\ldots\ldots\ldots\ldots\ldots\ldots$$
$$+n\sin(an)\sin(abc)\sin(abn),$$

und, wenn man mit $\sin(abc)$ dividirt, die erste Gleichung im Lehrsatze.

Auf ähnliche Weise findet man die übrigen Gleichungen des Lehrsatzes.

758.

Lehrsatz. *Die Summe der Producte der Quadrate der Seiten-Ebenen eines beliebigen Polyëders in die Quadrate der Sinus der Neigungen einer unter ihnen, die zur Grund-Ebene angenommen wird, gegen die übrigen, ist gleich der doppelten Summe der Producte der Seiten-Ebenen, zu zweien, in die Sinus ihrer Neigungen gegen die Grund-Ebene, und in die Cosinus des Winkels, der zwischen ihren Durchschnitten mit der Grund-Ebene liegt.*

Z. B., mit der obigen Bezeichnung (§. 756.), ist für die Grund-Ebene a,

$$b^2\sin(ab)^2+c^2\sin(ac)^2+d^2\sin(ad)^2\ldots.+n^2\sin(an)^2$$
$$=2bc\sin(ab)\sin(ac)\cos(abc)+2bd\sin(ab)\sin(ad)\cos(abd)\ldots$$
$$\ldots.+2bn\sin(ab)\sin(an)\cos(abn)$$
$$+2cd\sin(ac)\sin(ad)\cos(acd)\ldots.+2cn\sin(ac)\sin(an)\cos(acn)$$
$$\ldots\ldots\ldots\ldots\ldots\ldots\ldots\ldots$$
$$\ldots.+2mn\sin(am)\sin(an)\cos(amn),$$

für die Grund-Ebene b

$$a^2\sin(ba)^2+c^2\sin(bc)^2+d^2\sin(bd)^2\ldots.+n^2\sin(bn)^2$$
$$=2ac\sin(ac)\sin(bc)\sin(bac)+2ad\sin(ba)\sin(bd)\sin(bad)\ldots$$
$$\ldots+2an\sin(ba)\sin(bn)\cos ban)$$
$$+2cd\sin(bc)\sin(bd)\sin(bcd)\ldots.+2cn\sin(bc)\sin(bn)\cos(bcn)$$
$$\ldots\ldots\ldots\ldots\ldots\ldots\ldots\ldots$$
$$+2mn\sin(bm)\sin(bn)\cos(bmn)$$

u. s. w.

Beweis. Man nehme z. B. das Quadrat von a aus der ersten Gleichung (§. 753.), und setze es dem Ausdruck von a^2 (§. 755.) gleich, so findet man

$$b^2 \cos(ab)^2 + c^2 \cos(ac)^2 + d^2 \cos(ad)^2 \ldots + n^2 \cos(an)^2$$
$$+ 2bc \cos(ab)\cos(ac) + 2bd \cos(ab)\cos(ad) + 2be \cos(ab)\cos(ae)$$
$$\ldots + 2bn \cos(ab)\cos(an)$$
$$+ 2cd \cos(ac)\cos(ad) + 2ce \cos(ac)\cos(ae) \ldots + 2cn \cos(ac)\cos(an)$$
$$\ldots\ldots\ldots\ldots$$
$$+ 2mn \cos(am)\cos(an)$$
$$= b^2 + c^2 + d^2 \ldots + n^2$$
$$- 2bc \cos(bc) - 2bd \cos(bd) - 2be \cos(be) \ldots - 2bn \cos(bn)$$
$$- 2cd \cos(cd) - 2ce \cos(ce) \ldots - 2cn \cos(cn)$$
$$\ldots\ldots\ldots\ldots$$
$$- 2mn \cos(mn),$$

oder

$$b^2 \sin(ab)^2 + c^2 \sin(ac)^2 + d^2 \sin(ad)^2 \ldots + n^2 \sin(an)^2$$
$$= 2bc(\cos(bc) + \cos(ab)\cos(ac))$$
$$+ 2bd(\cos(bd) + \cos(ab)\cos(ad))$$
$$\ldots\ldots\ldots\ldots$$
$$+ 2bn(\cos(bn) + \cos(ab)\cos(an))$$
$$+ 2cd(\cos(cd) + \cos(ac)\cos(ad))$$
$$\ldots\ldots\ldots\ldots$$
$$+ 2cn(\cos(cn) + \cos(ac)\cos(an))$$
$$\ldots\ldots\ldots\ldots$$
$$\ldots\ldots\ldots\ldots$$
$$+ 2mn(\cos(mn) + \cos(am)\cos(an)).$$

Dieses giebt, vermöge (§. 756. 4. 5.), die erste Gleichung des Lehrsatzes. Auf ähnliche Art findet man die übrigen.

759.

Lehrsatz. Das Quadrat der gesammten Oberfläche eines beliebigen Polyëders ist gleich der vierfachen Summe der Producte seiner Seiten-Ebenen, zu zweien, in die Quadrate der Cosinus der halben Winkel, welche sie einschließsen.

Z. B., mit der Bezeichnung (§. 753.) ist

$$(a + b + c + d \ldots + n)^2$$
$$= 4ab \cos\tfrac{1}{2}(ab)^2 + 4ac \cos\tfrac{1}{2}(ac)^2 \ldots + 4an \cos\tfrac{1}{2}(an)^2$$
$$+ 4bc \cos\tfrac{1}{2}(bc)^2 \ldots + 4bn \cos\tfrac{1}{2}(bn)^2$$
$$\ldots\ldots\ldots\ldots$$
$$+ 4mn \cos\tfrac{1}{2}(mn)^2.$$

Beweis. Man addire zu der Gleichung (§. 754.), auf beiden Seiten, die doppelte Summe der Producte von a, b, $c \ldots n$, zu zweien, so findet man

$$\begin{aligned} &a^2 + b^2 + c^2 + d^2 \ldots\ldots + n^2 \\ &\quad + 2ab + 2ac + 2ad \ldots\ldots + 2an \\ &\qquad\quad + 2bc + 2bd \ldots\ldots + 2bn \\ &\qquad\qquad \ldots\ldots\ldots \\ &\qquad\qquad\qquad + 2mn \end{aligned}$$

$$\begin{aligned} = 2ab(1+\cos(ab)) + 2ac(1+\cos(ac)) \ldots\ldots + 2an(1+\cos(an)) \\ + 2bc(1+\cos(bc)) \ldots\ldots + 2bn(1+\cos(bn)) \\ \ldots\ldots\ldots\ldots\ldots \\ + 2mn(1+\cos(mn)), \end{aligned}$$

welches, weil der linkseitige Theil dieser Gleichung das Quadrat von $a+b+c\ldots+n$, und zufolge (§. 345. 42.)

$$1 + \cos(ab) = 2\cos\tfrac{1}{2}(ab)^2$$
$$1 + \cos(ac) = 2\cos\tfrac{1}{2}(ac)^2$$
$$\ldots\ldots\ldots\ldots$$

ist, die Gleichung im Lehrsatze giebt.

225. §. 409.

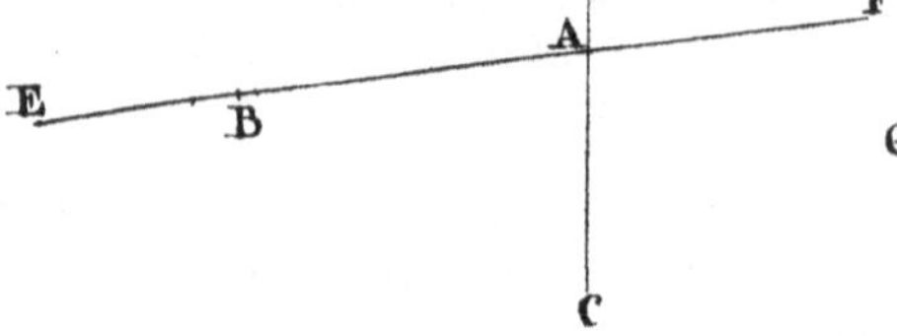

226.

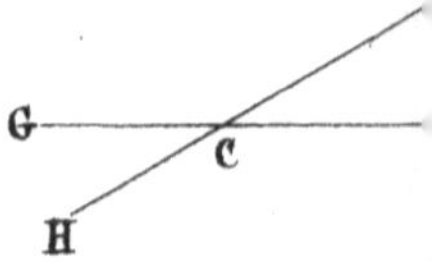

227. §. 416.

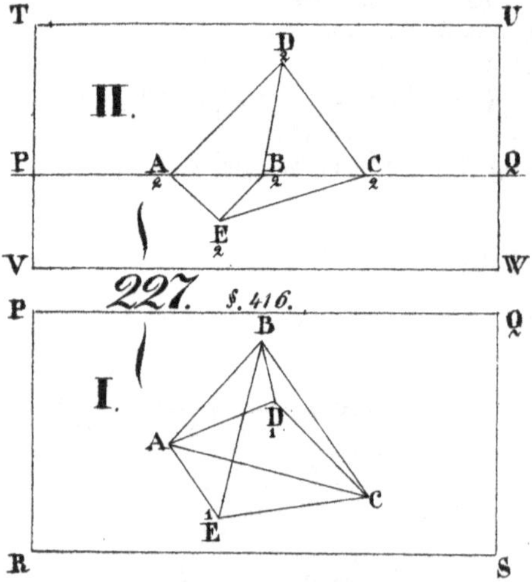

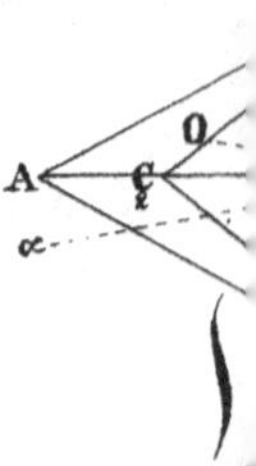

22

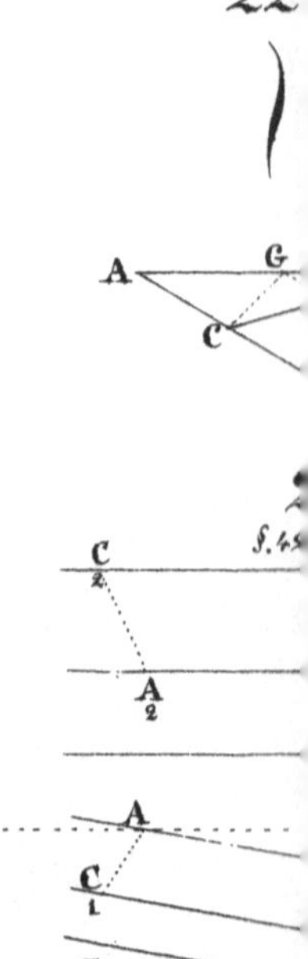

230. §. 423. 424.

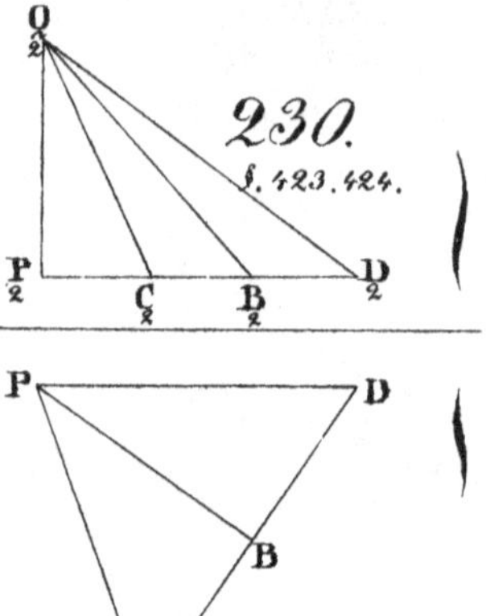

Taf. 19.

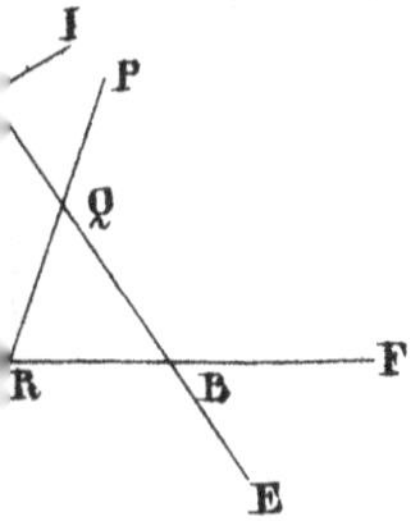

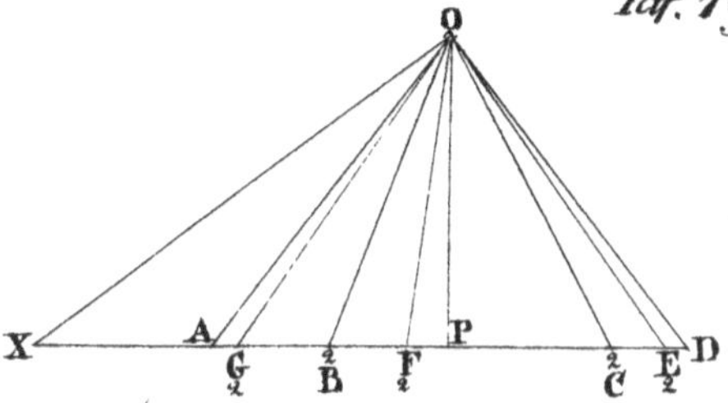

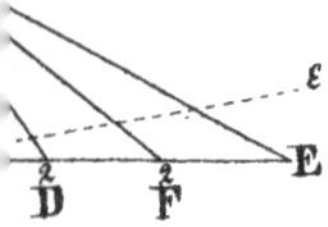

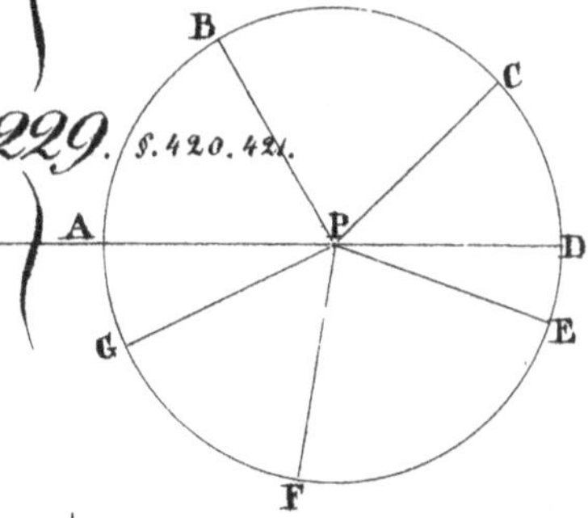

229. §. 420. 421.

. 419.

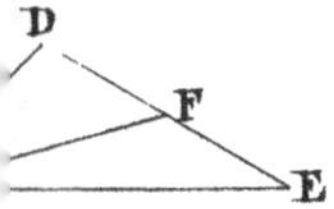

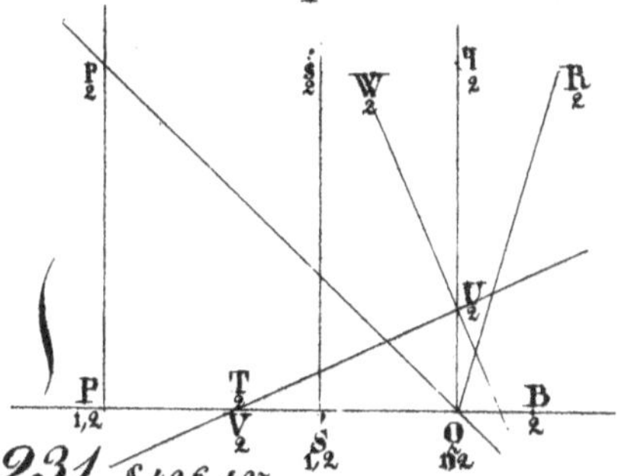

231. §. 426. 427.

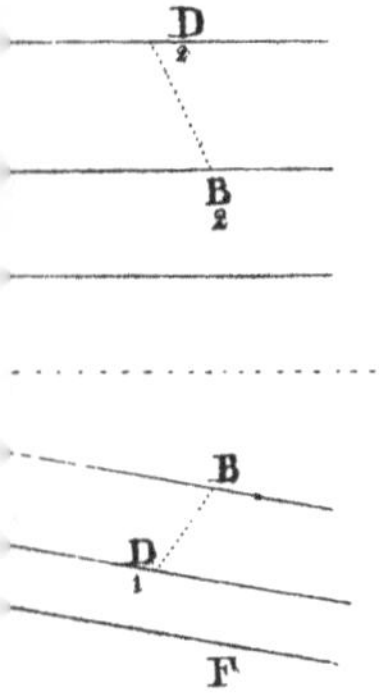

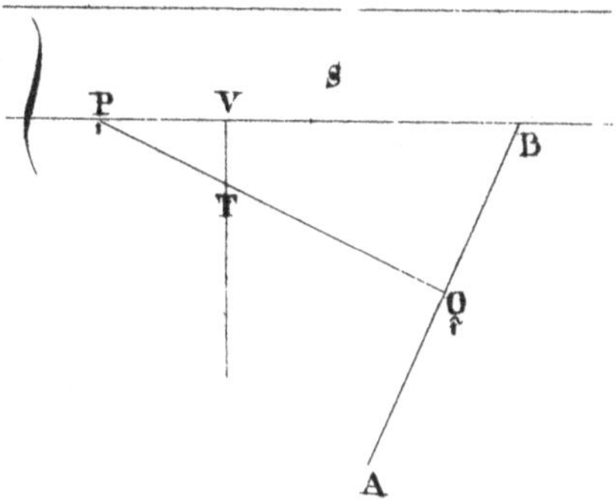

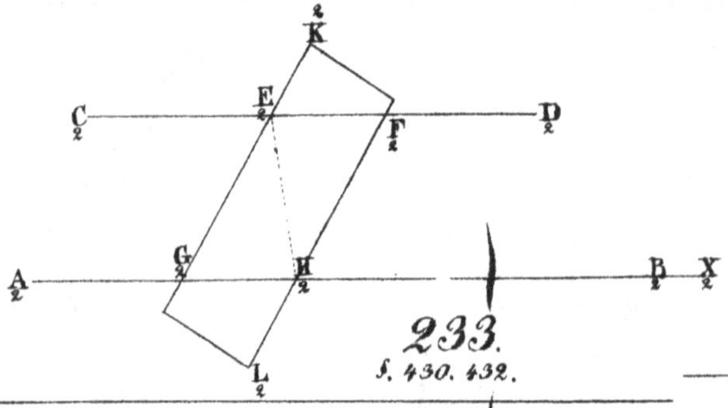

233.
§. 430. 432.

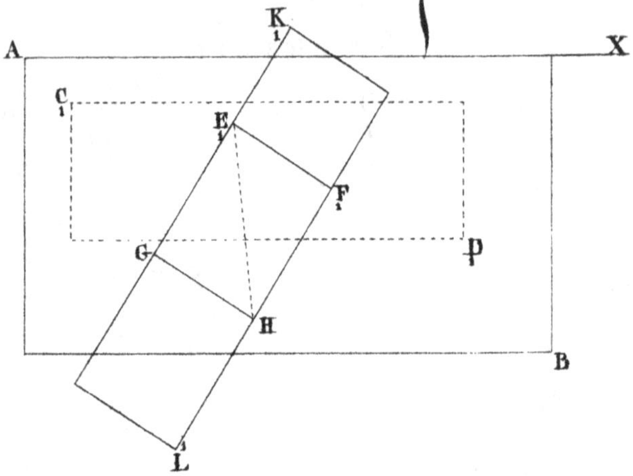

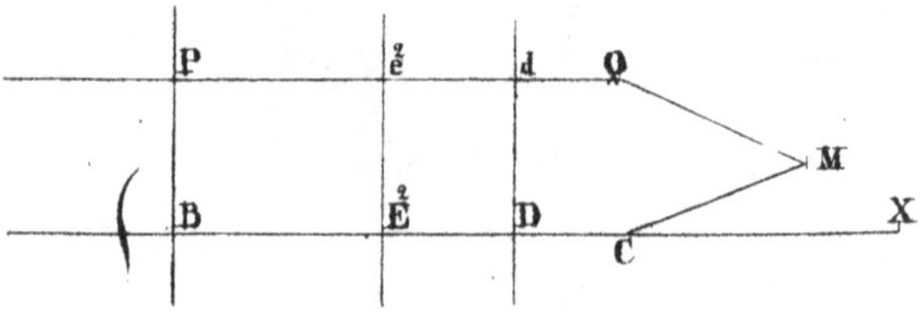

234. §. 431.

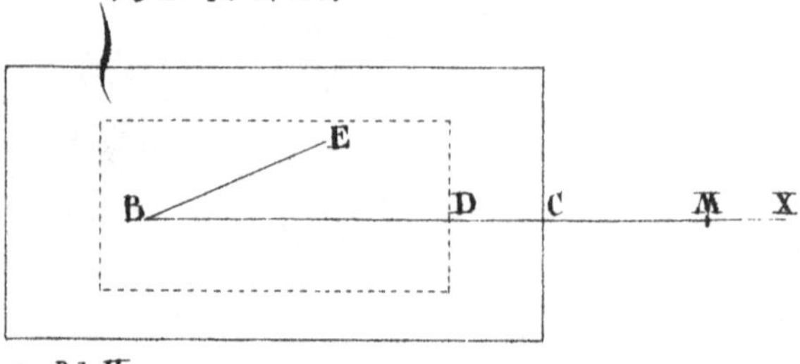

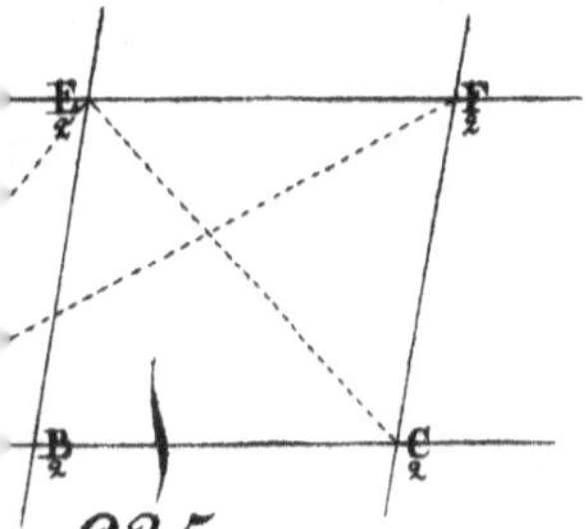

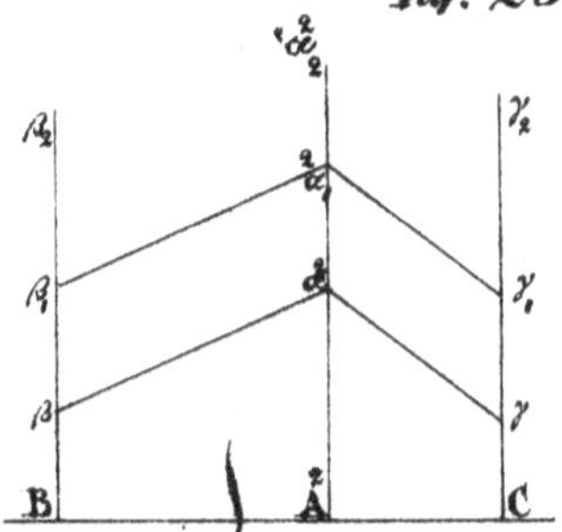

235.

§. 434. 436. 437.

236. §. 435.

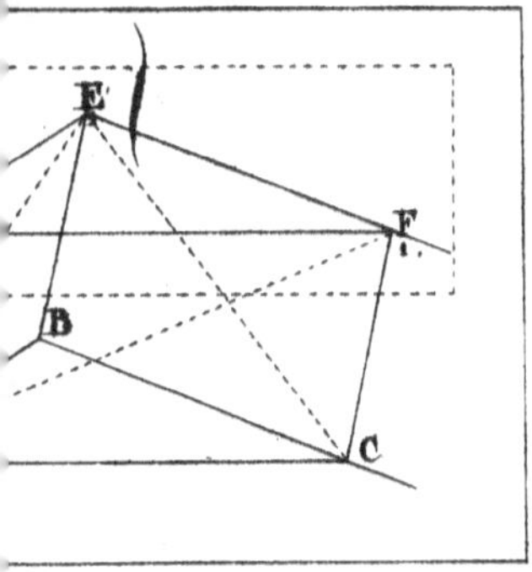

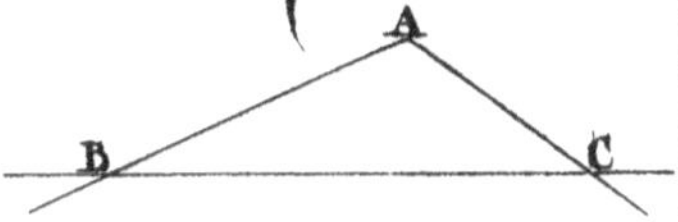

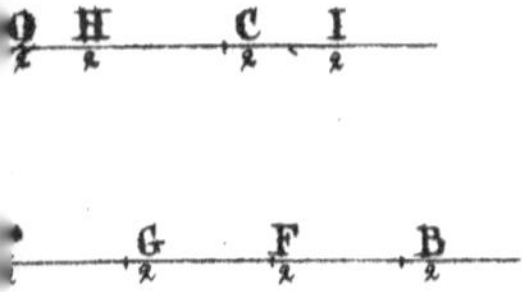

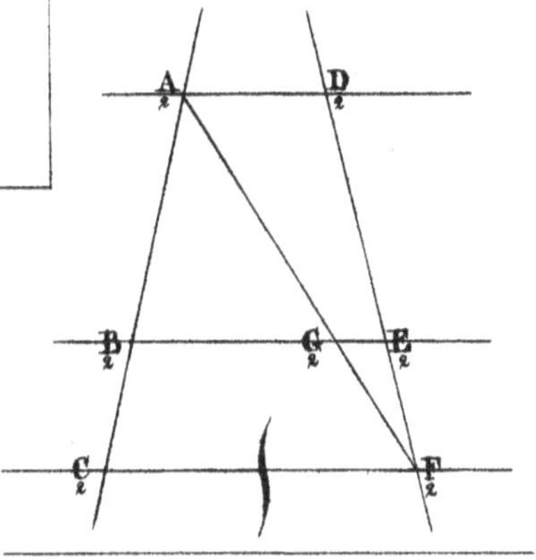

7. §. 438.

238. §. 439.

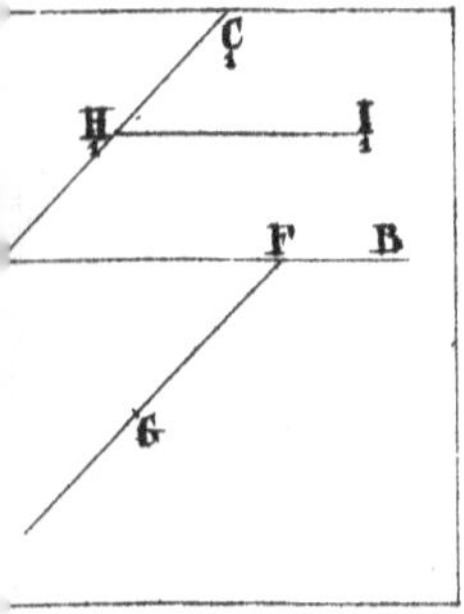

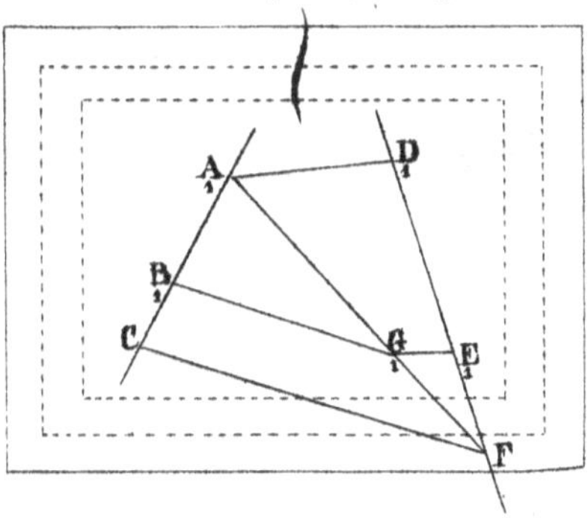

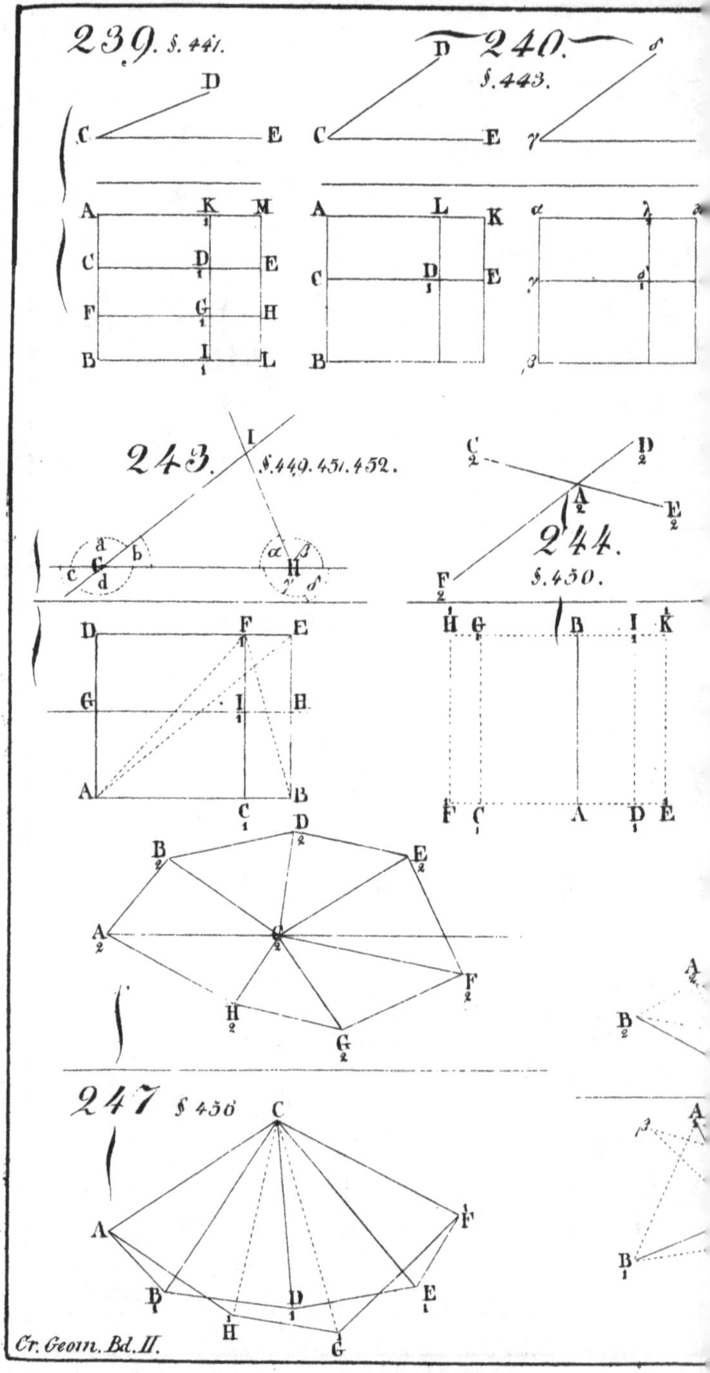

239. §. 441.
240. §. 443.
243. §. 449. 451. 452.
244. §. 450.
247 § 456

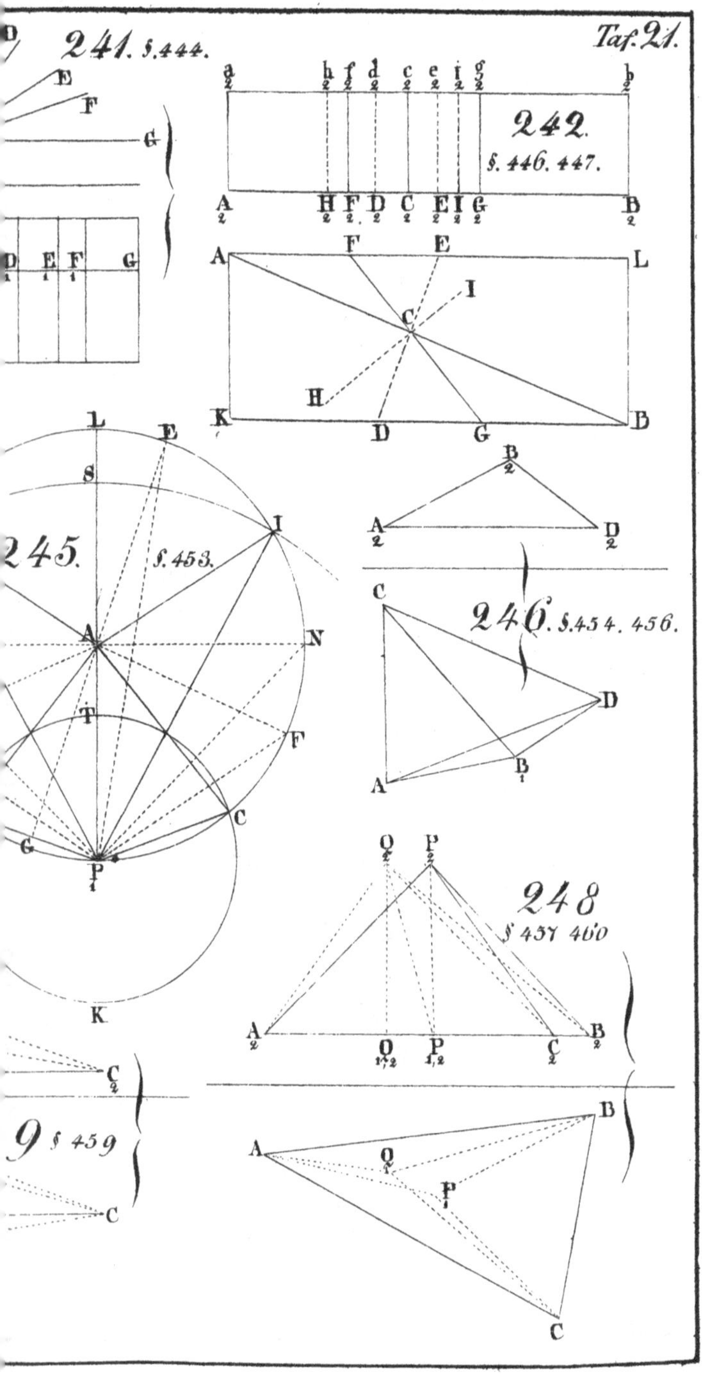
Taf. 21.
241. §. 444.
242.
§. 446. 447.
245.
§. 453.
246. §. 454. 456.
248
§ 457 460
9 § 459

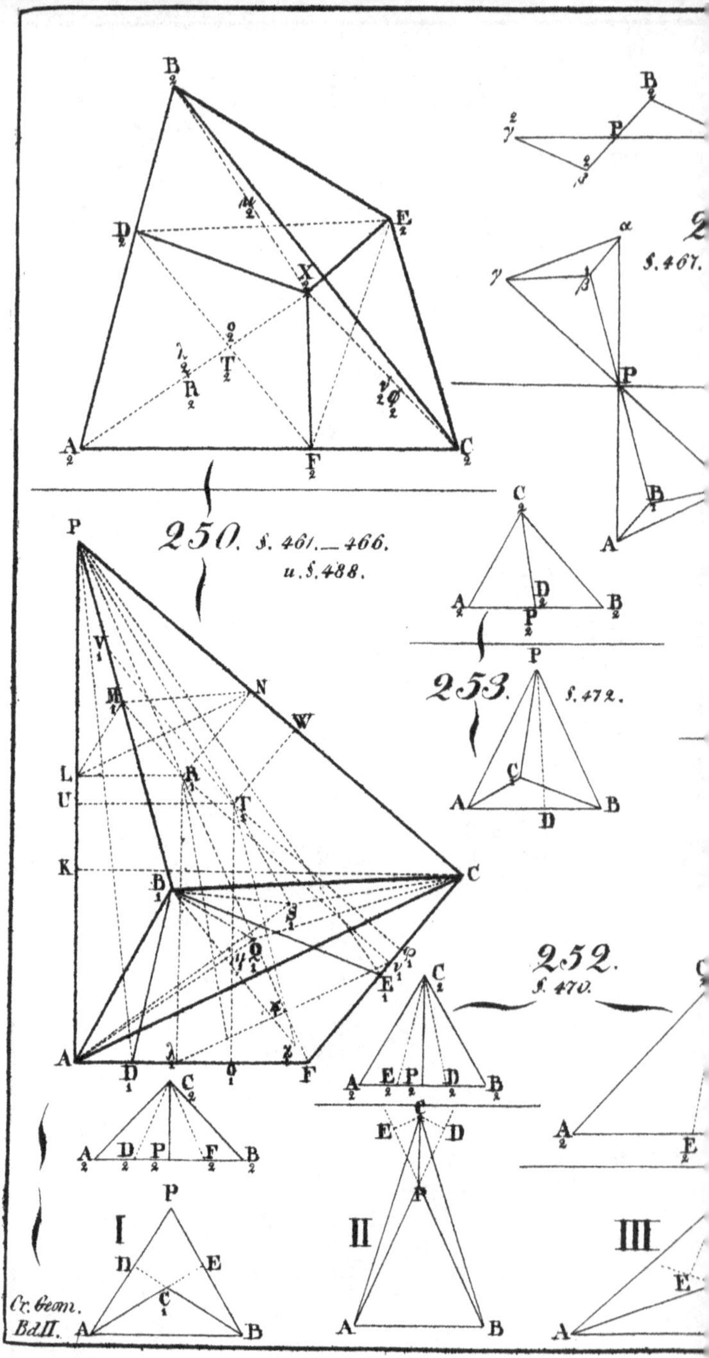

250. §. 461.—466. u. §. 488.

253. §. 472.

252. §. 470.

2… §. 467.

I II III

Cr. Geom. Bd. II.

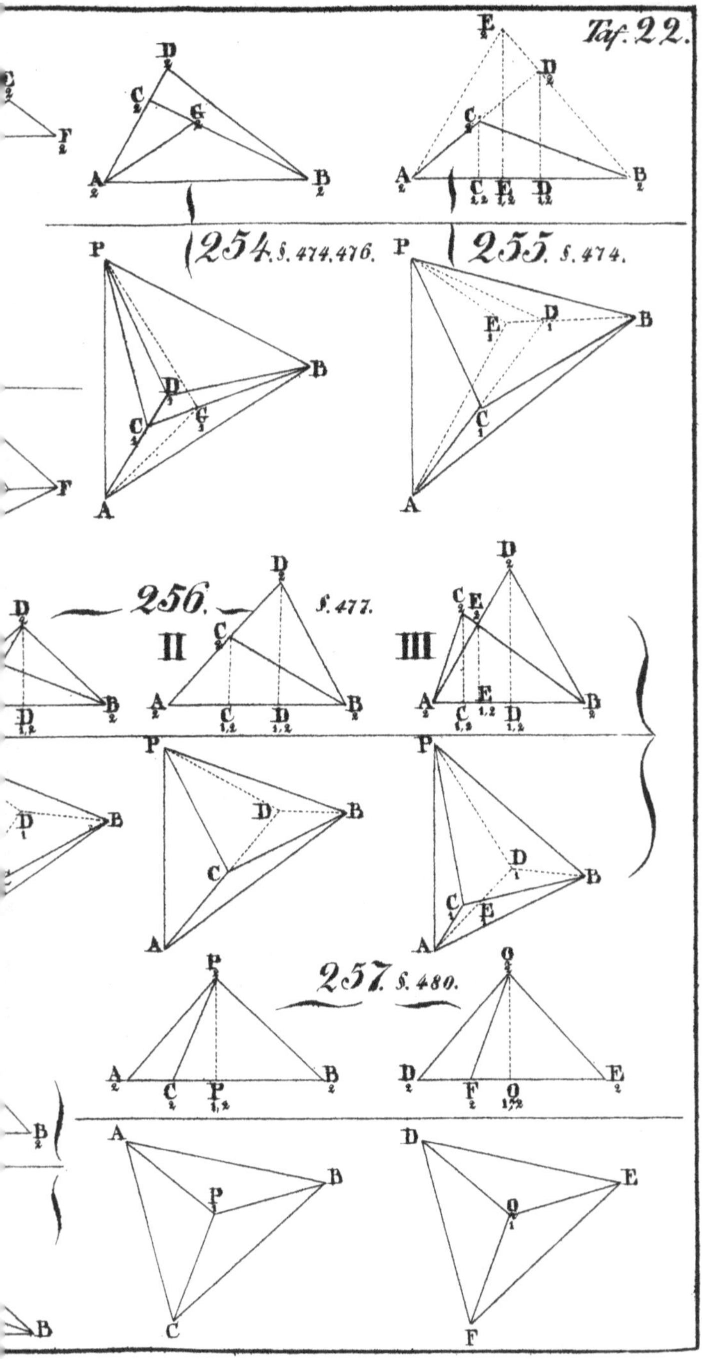
Taf. 22.
254. §. 474. 476.
255. §. 474.
256. §. 477.
II
III
257. §. 480.

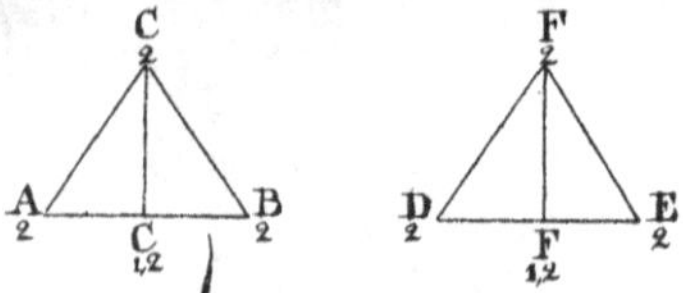

258. §. 480.

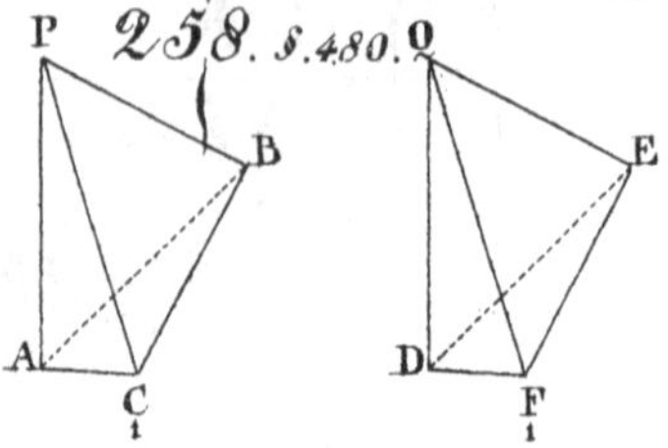

260. I. §. 480.

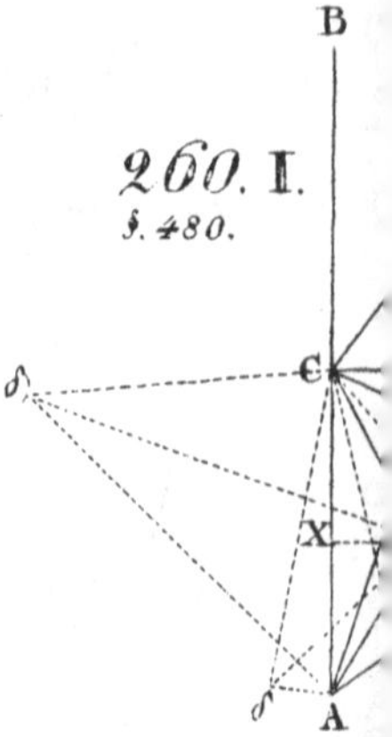

259. §. 480.

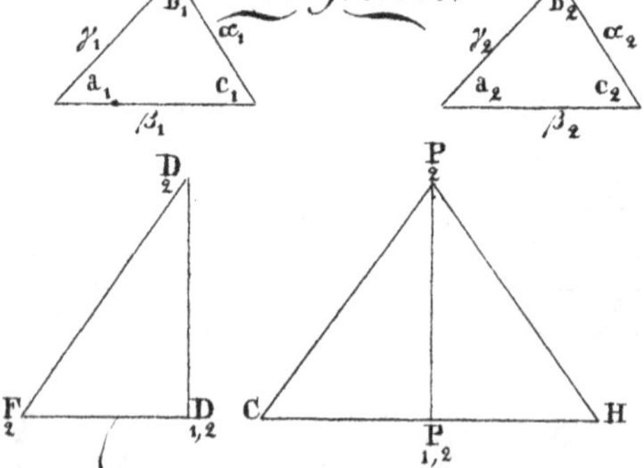

260. II. §. 480.

262. §. 480.

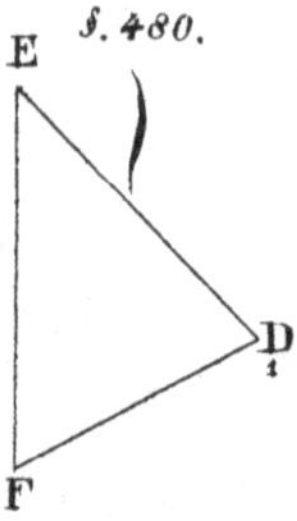

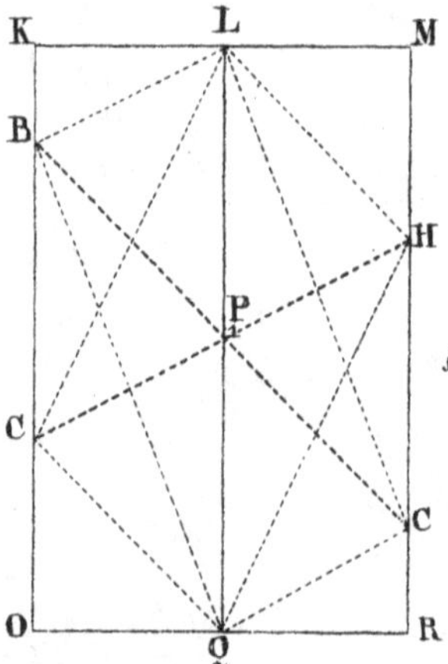

263. §. 482. 483.

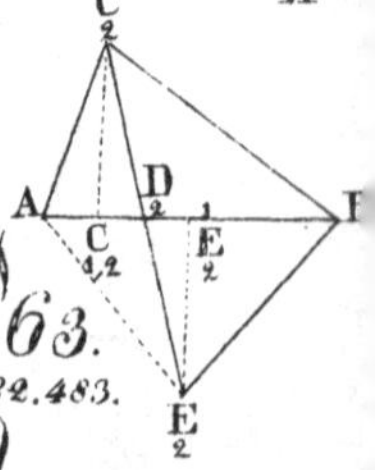

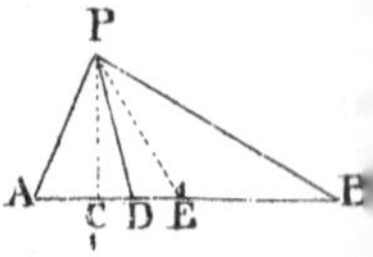

260. III.
§. 480.

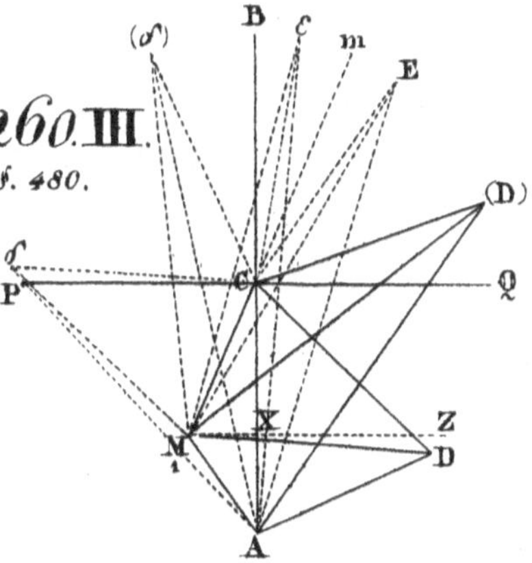

261.
§. 480.

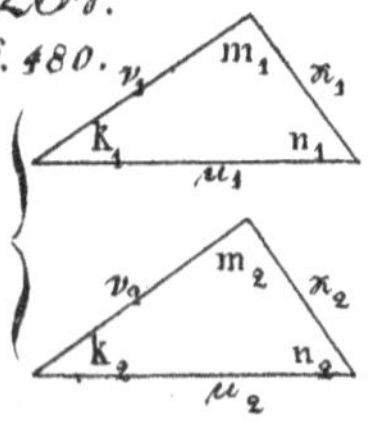

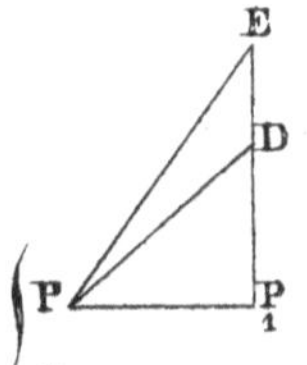

264. a.
§. 484.

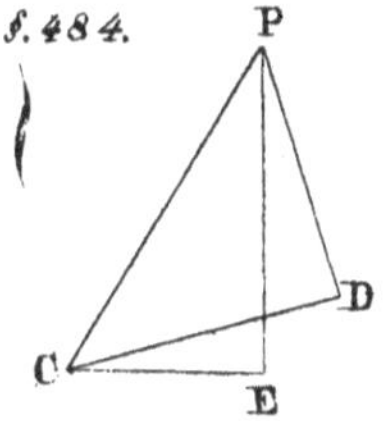

260. IV.
§. 480.

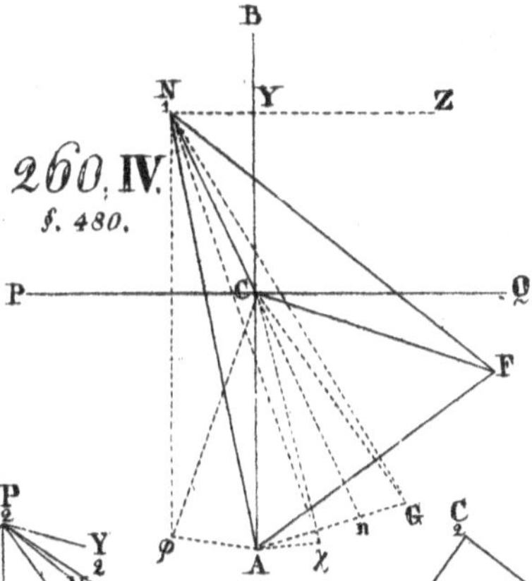

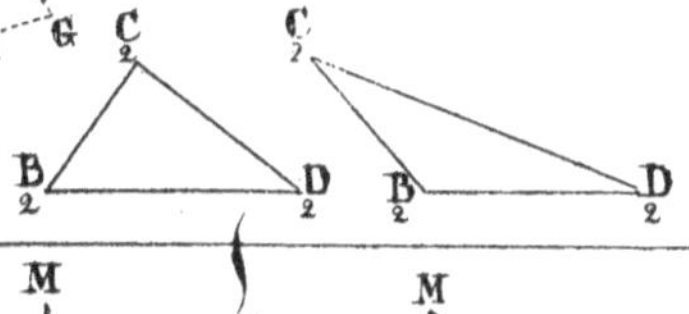

265.
§. 485–487.

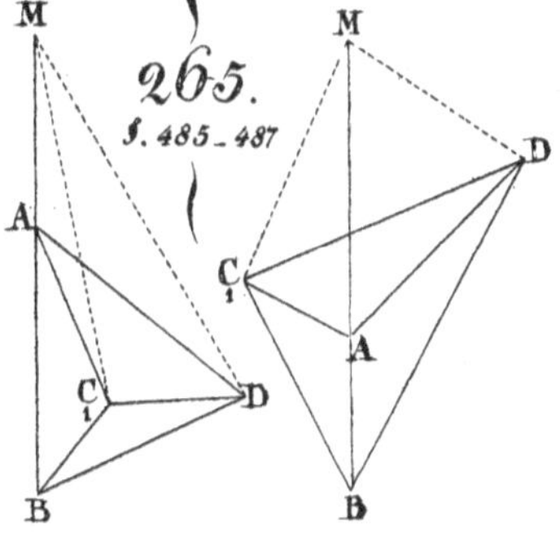

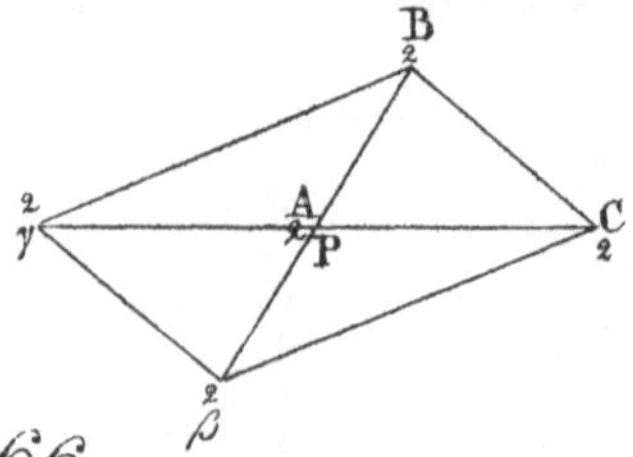

266. §. 492.

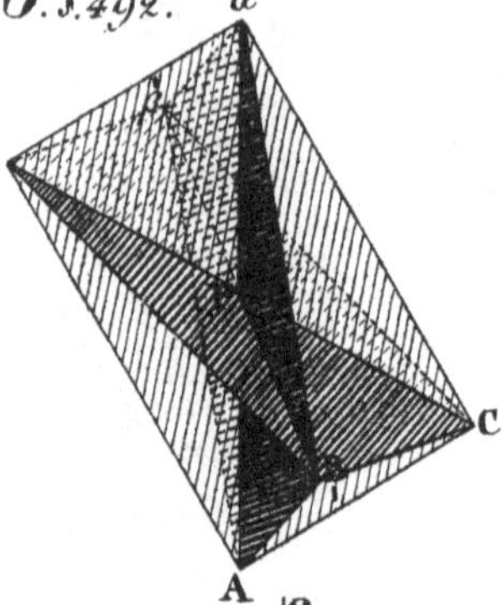

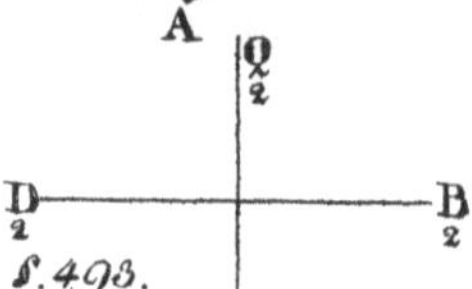

267. §. 493.

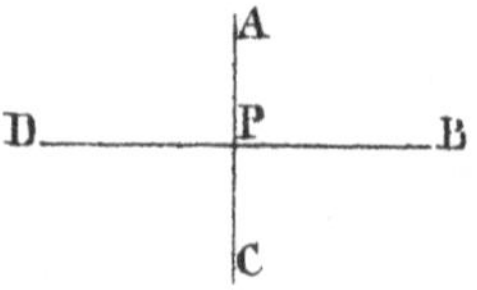

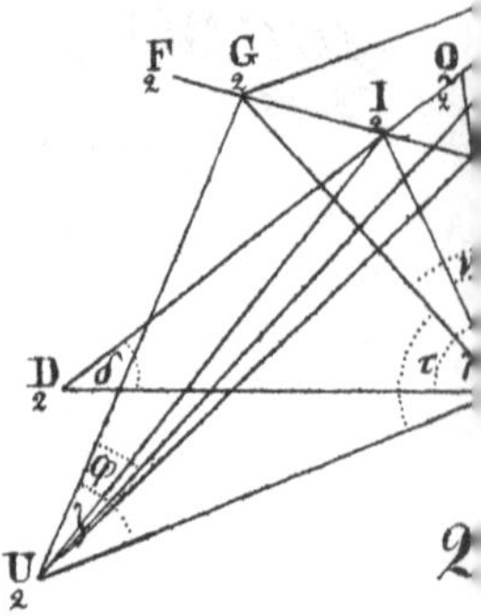

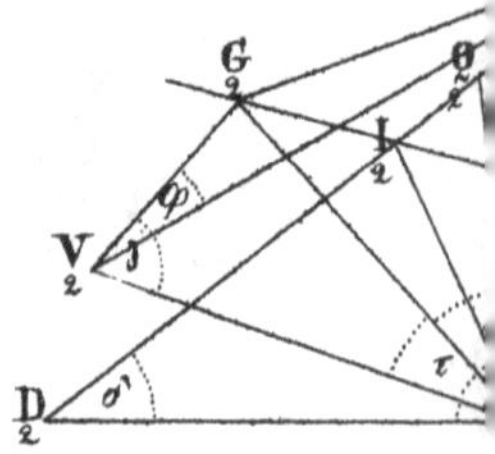

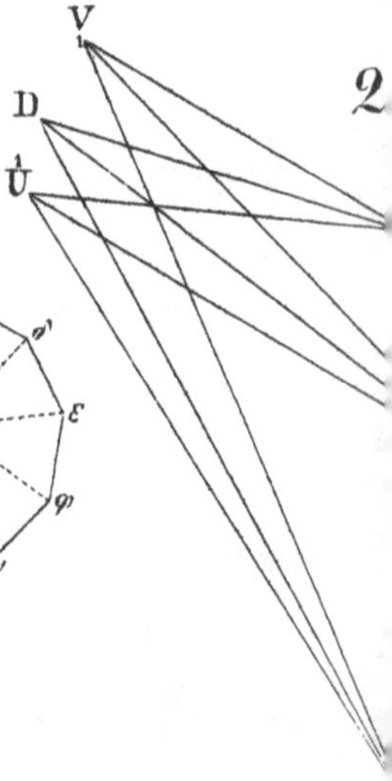

271. §. 506.

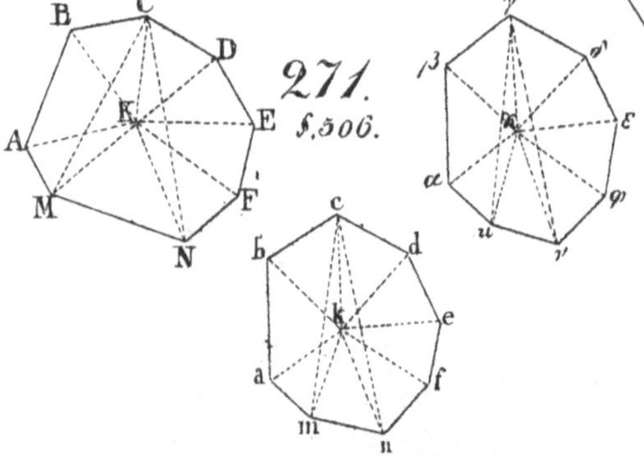

. 495. 496. 497.

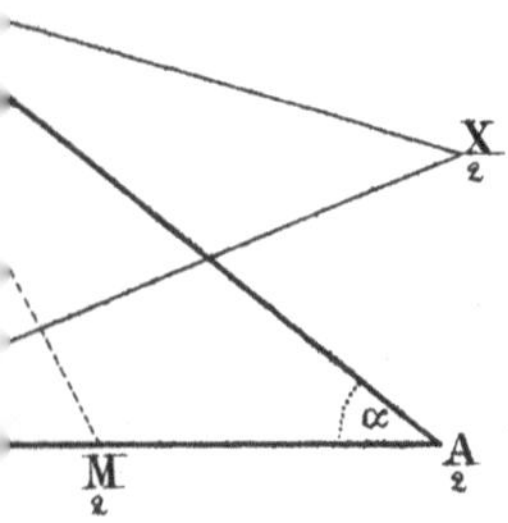

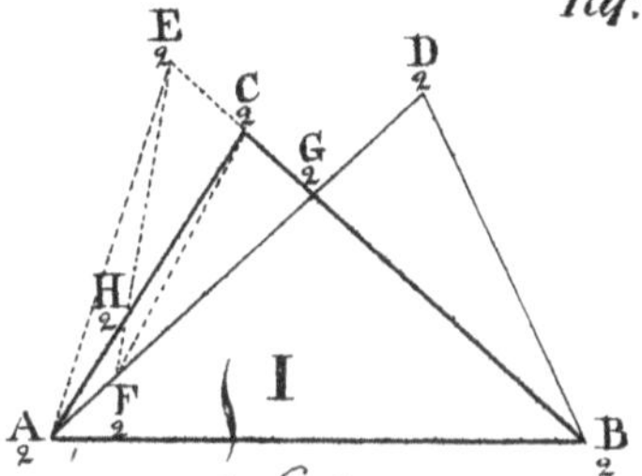

269. §. 498.

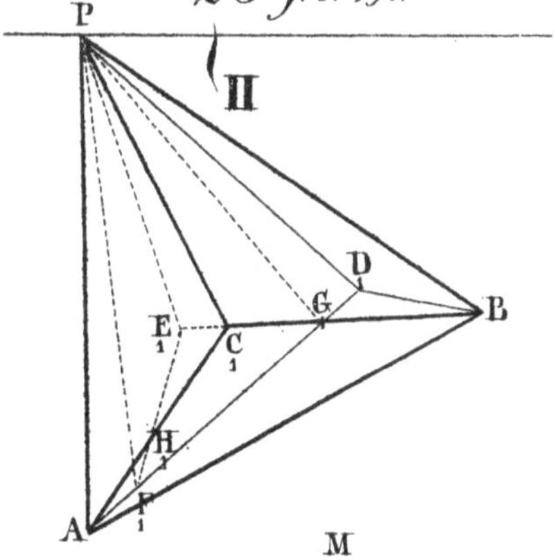

495.496.497.

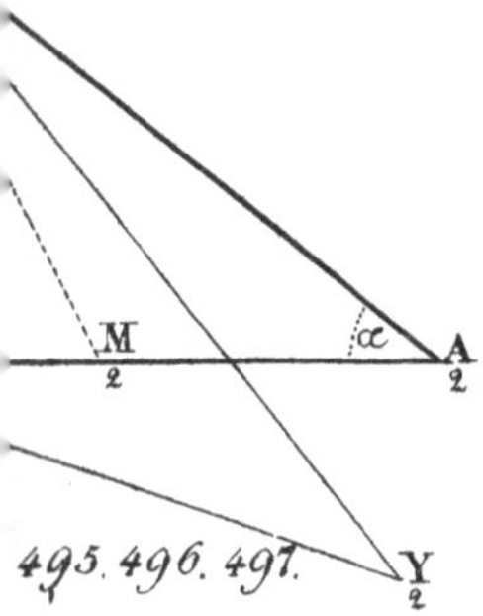

495. 496. 497.

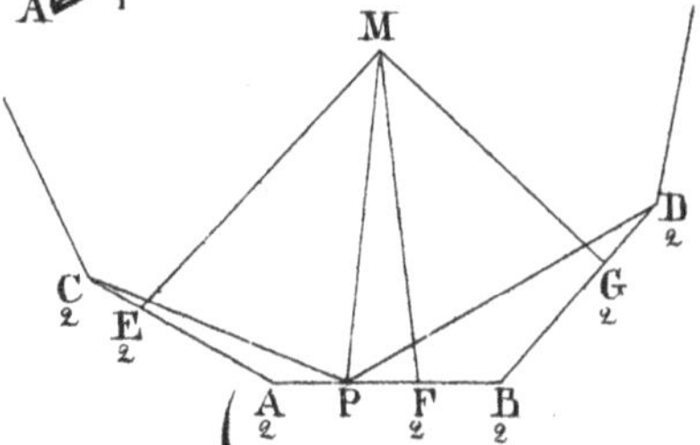

270. §. 504. 505.

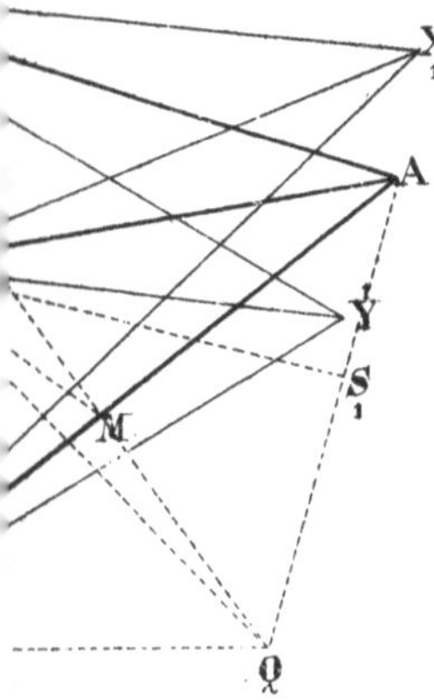

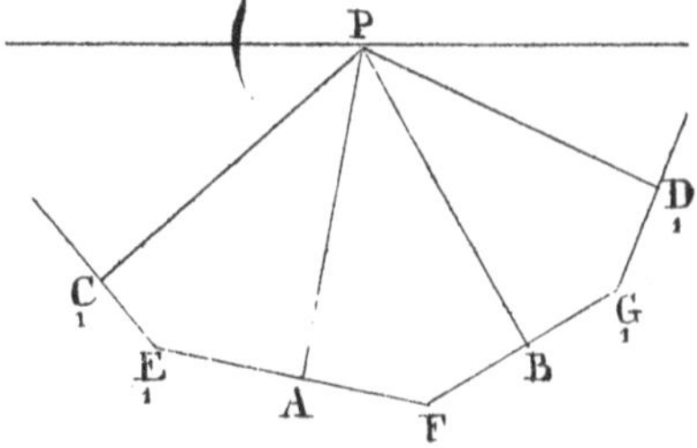

272.
§. 507.

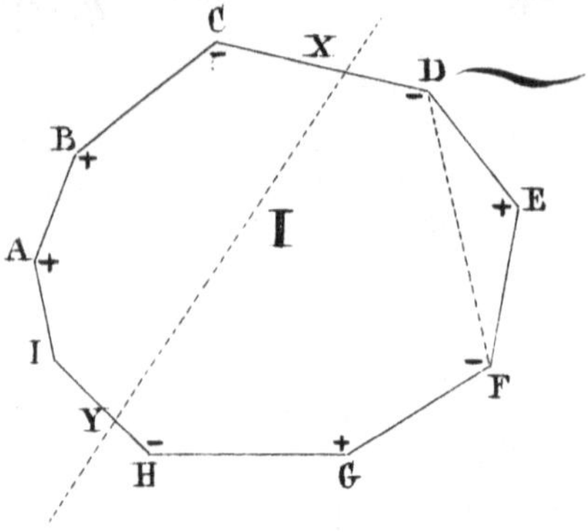

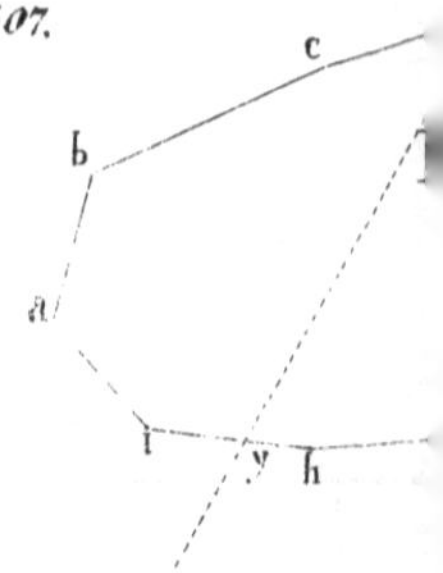

276. §. 516.

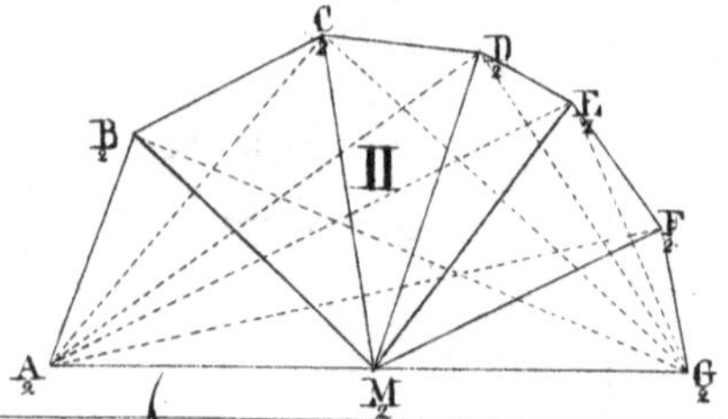

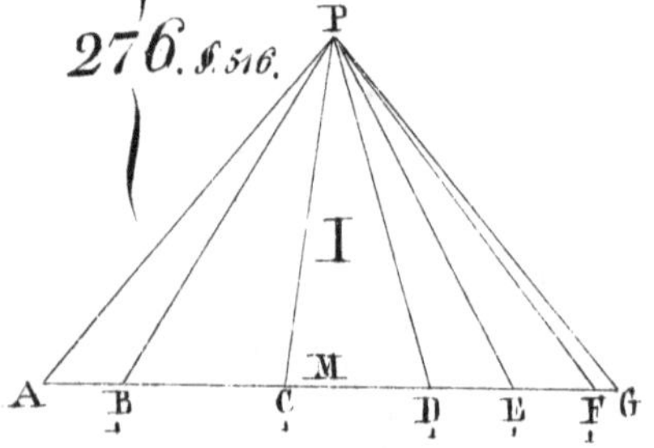

27
§. 52

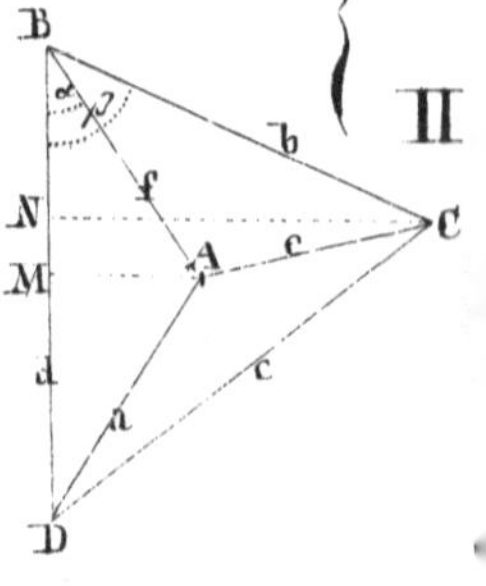

277.
§. 517.

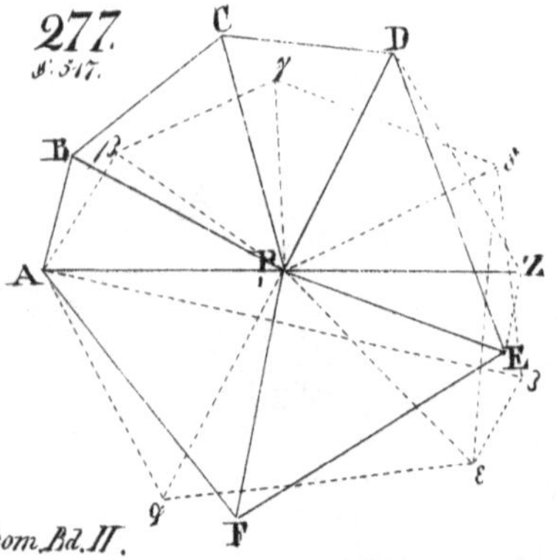

275. §. 5

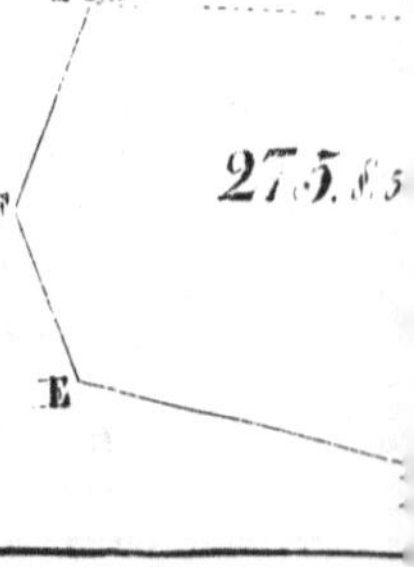

Cr. Geom. Bd. II.

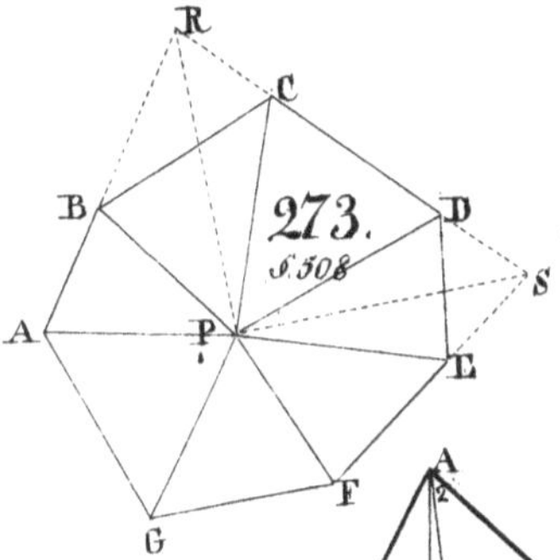
273.
§. 508
R
C
B
D
S
A
P
E
F
G

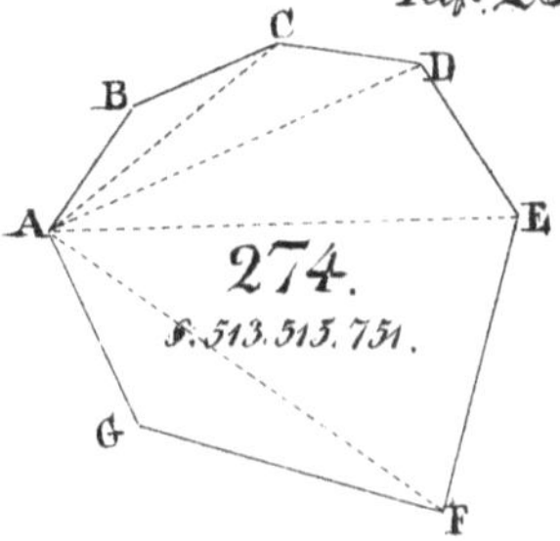
274.
§. 513. 515. 751.
C
B
D
A
E
G
F

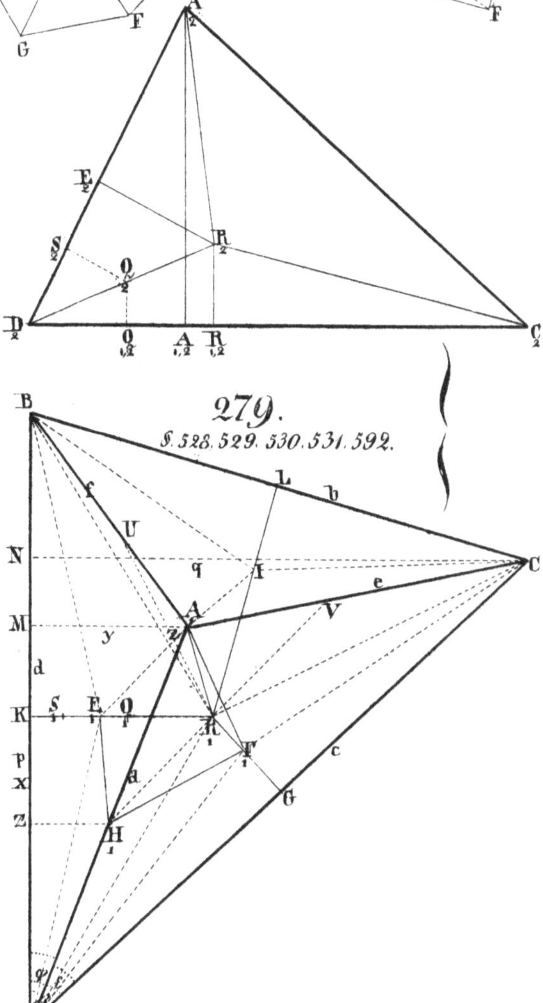
279.
§. 528. 529. 530. 531. 592.
A
E
S
R
O
D
O
A
R
C
B
L
b
f
U
N
q
I
C
e
A
V
M
y
z
d
K
S
E
O
R
F
c
p
X
d
G
Z
H
D

280. §. 527. 533. 534 597.

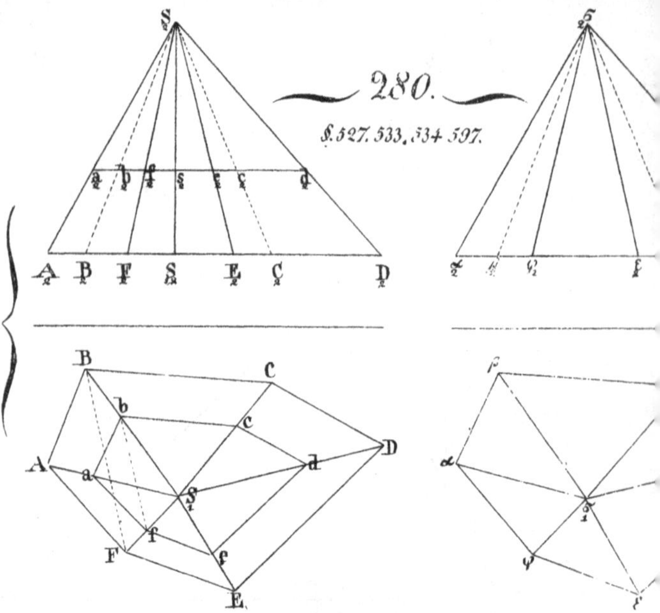

281. §. 535. 536.

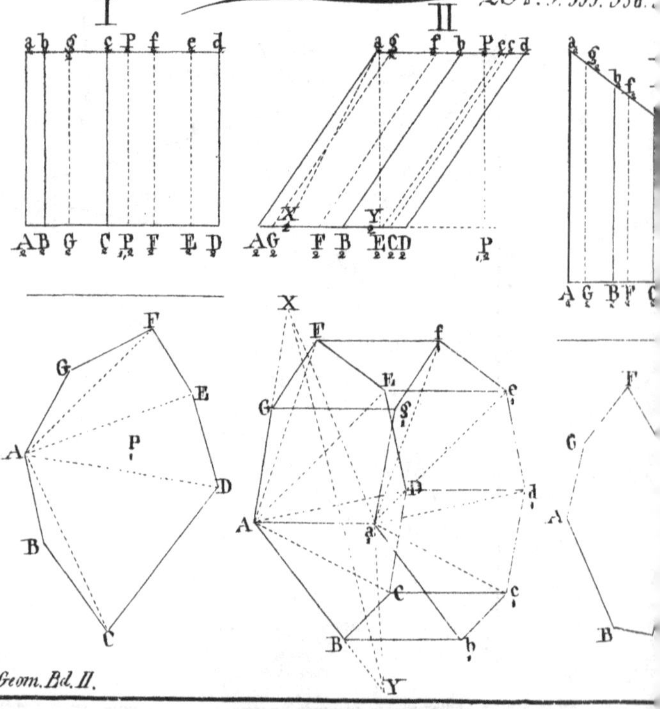

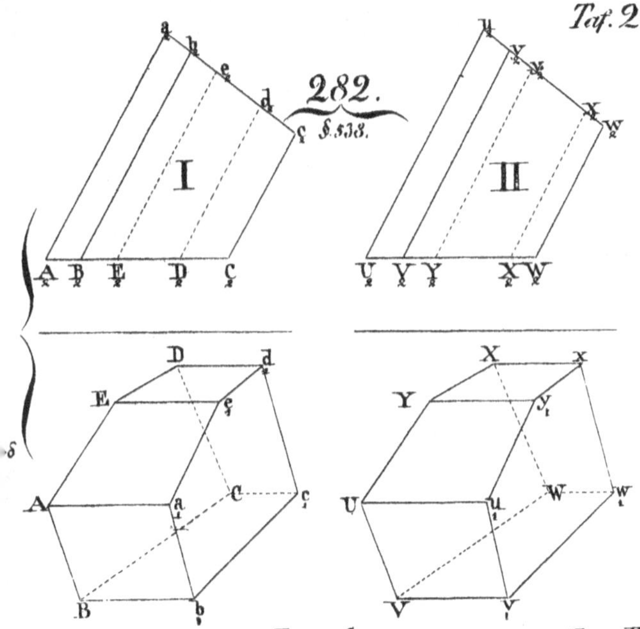

282.
§. 538.

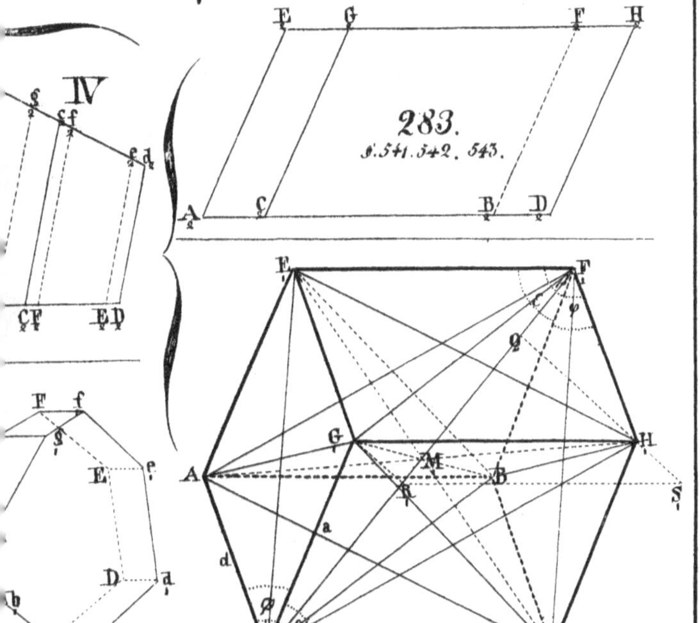

283.
§. 541. 542. 543.

284. §. 563.

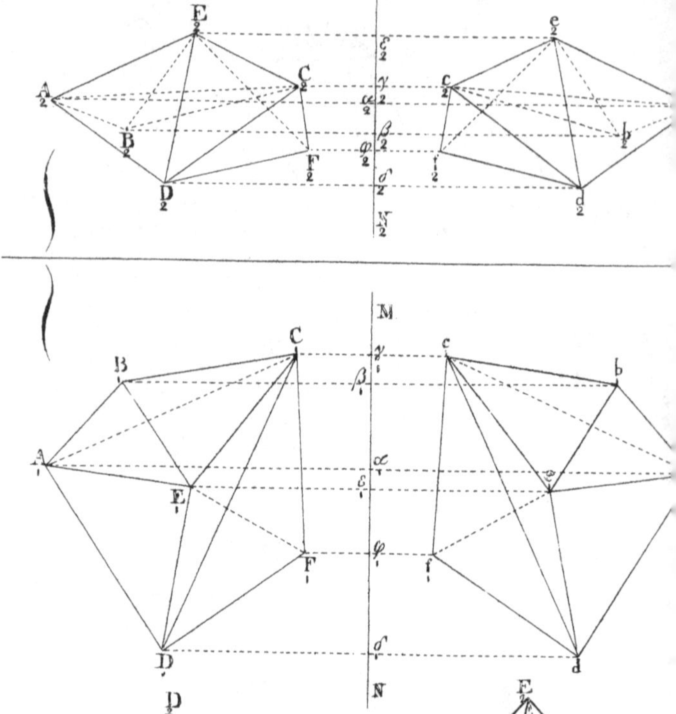

285. §. 566.

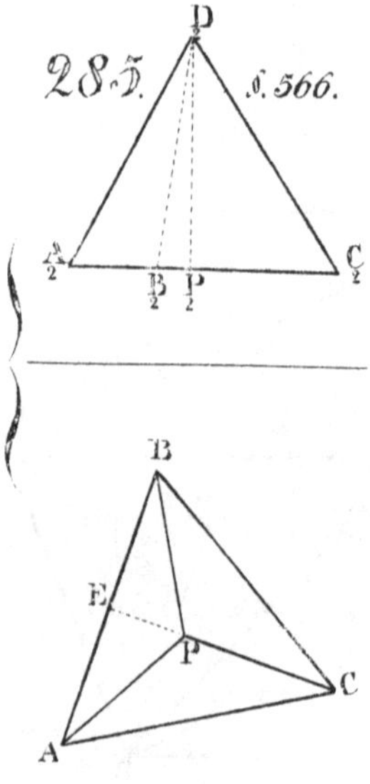

286. §. 566.

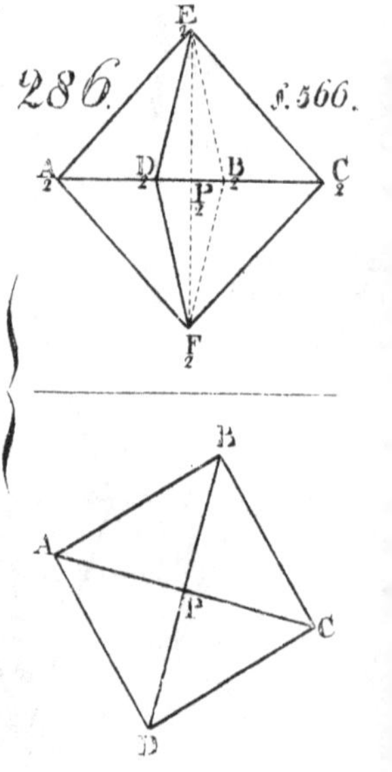

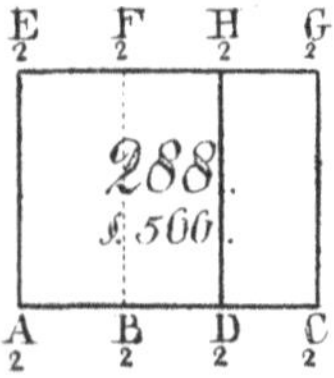

288. §. 566.

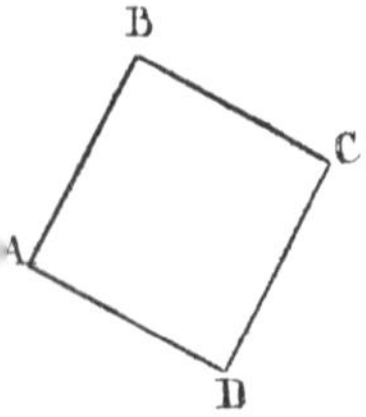

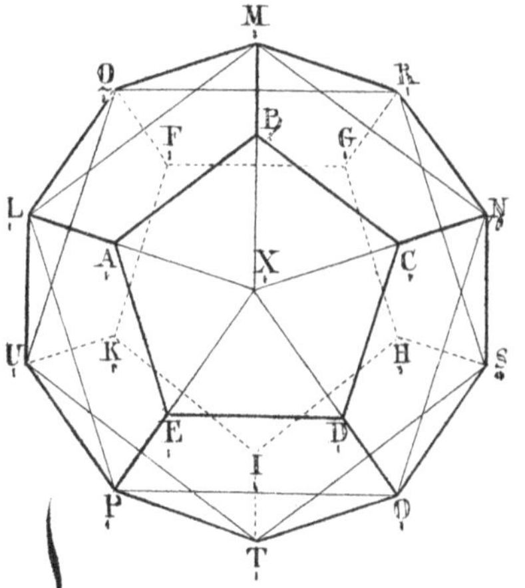

289. §. 566.

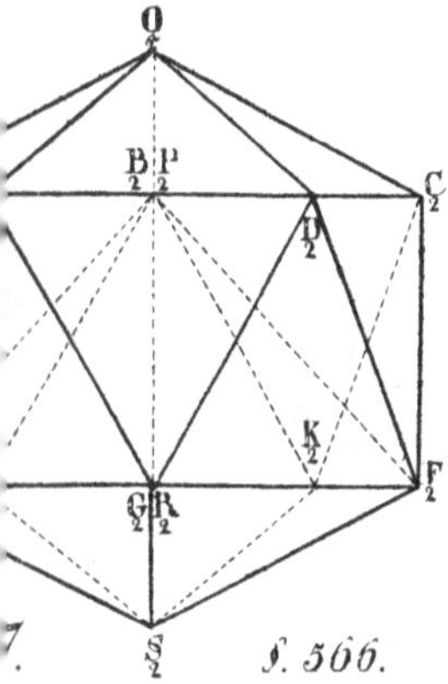

7. §. 566.

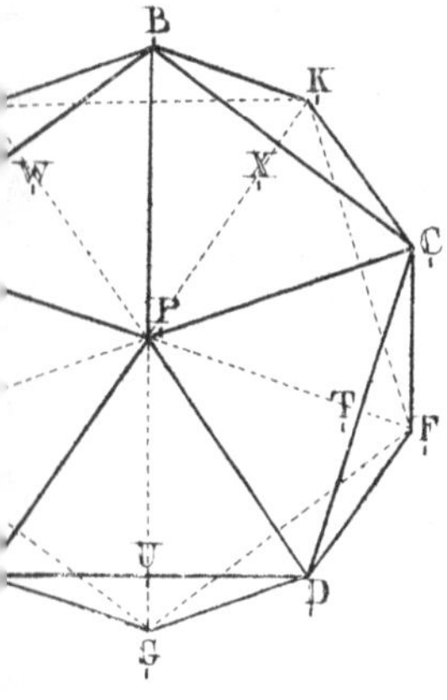

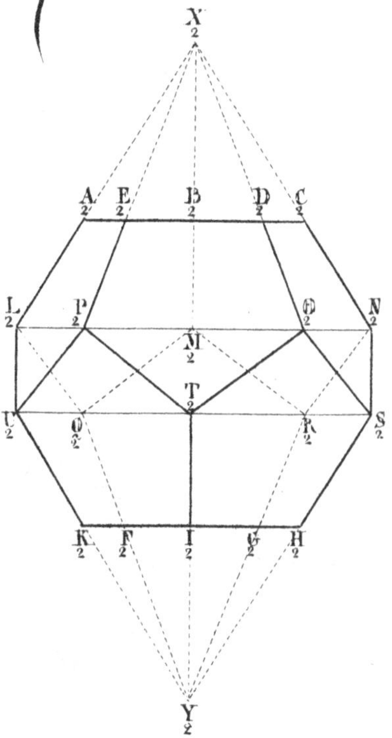

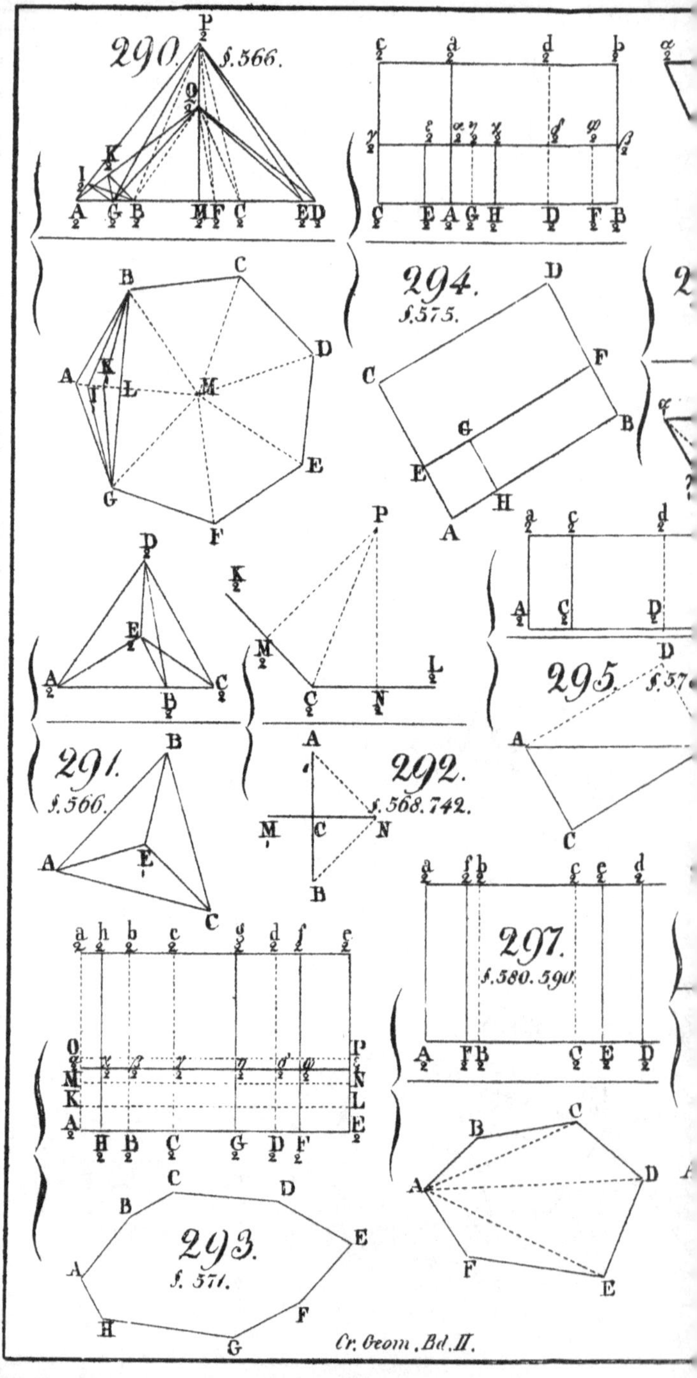

Cr. Geom. Bd. II.

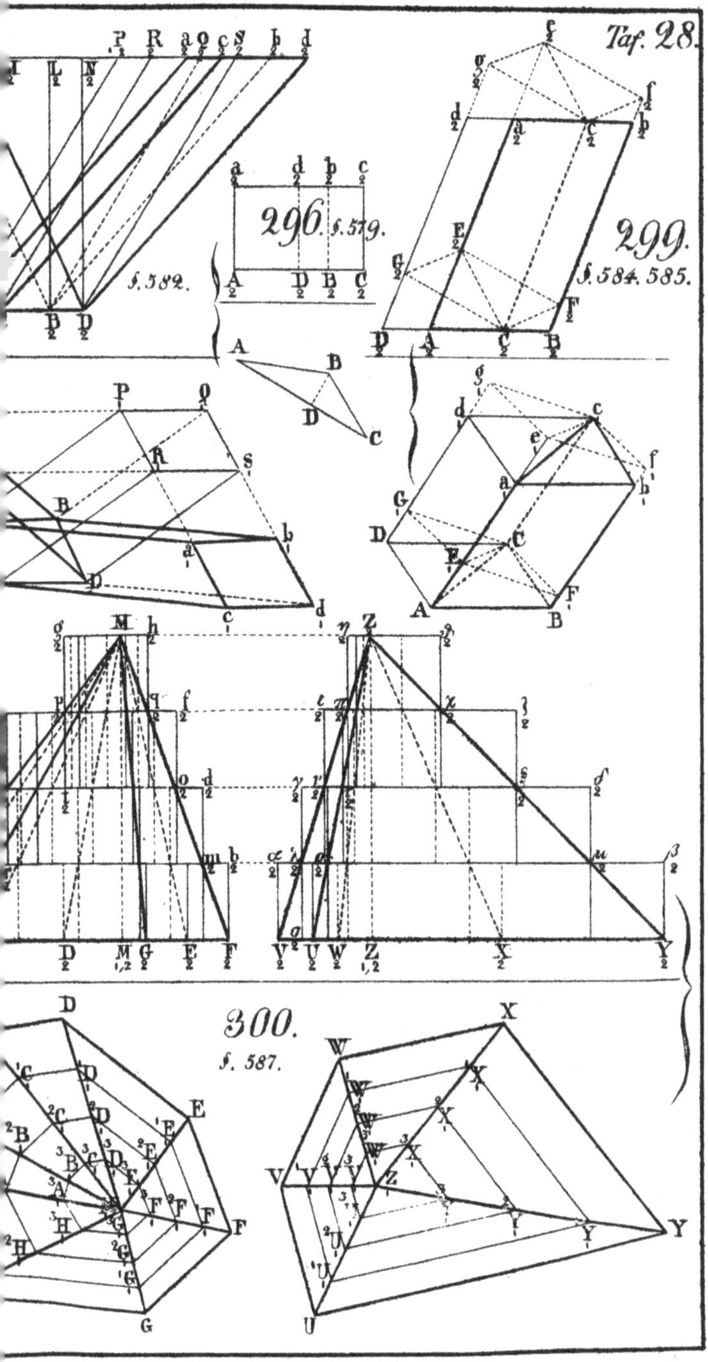
Taf. 28.
296. §. 579.
§. 582.
299. §. 584. 585.
300. §. 587.

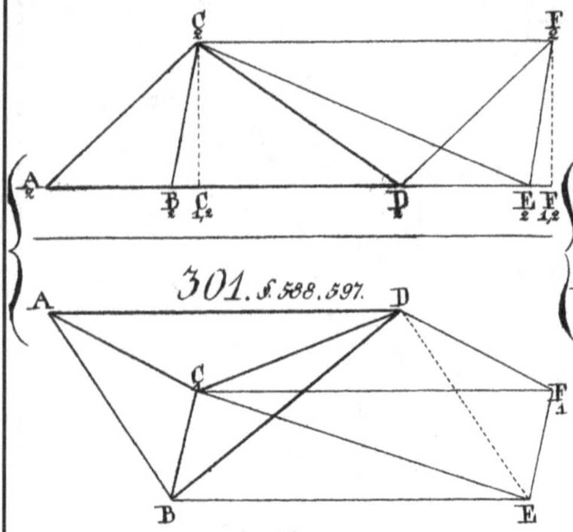

301. §. 588. 597.

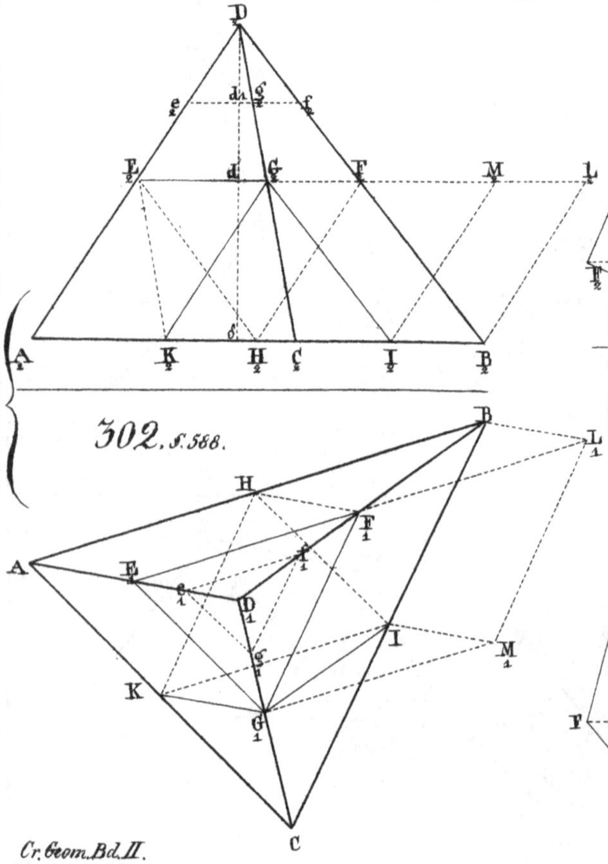

302. §. 588.

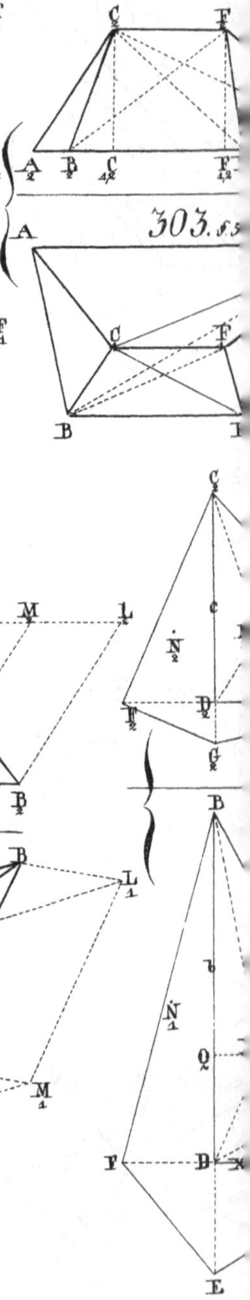

303. §. 5

Cr. Geom. Bd. II.

304. §. 598.

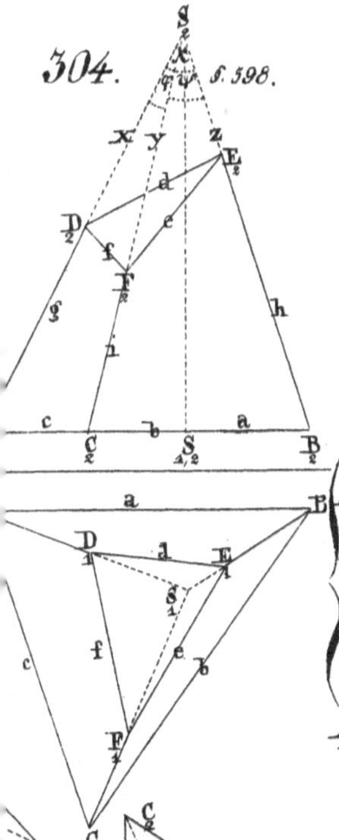

305. §. 602.

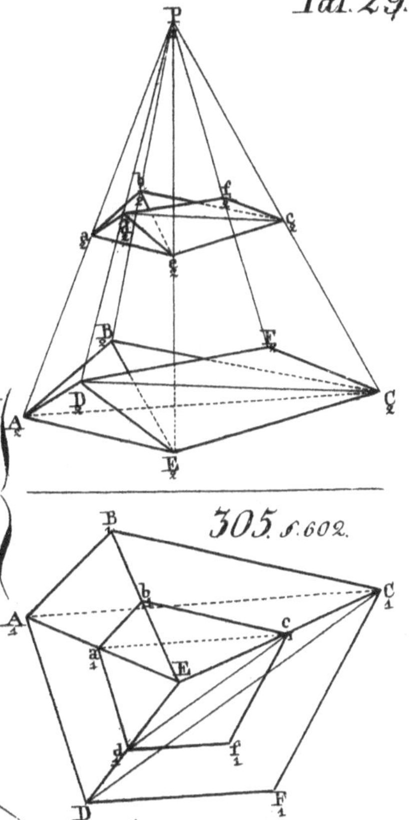

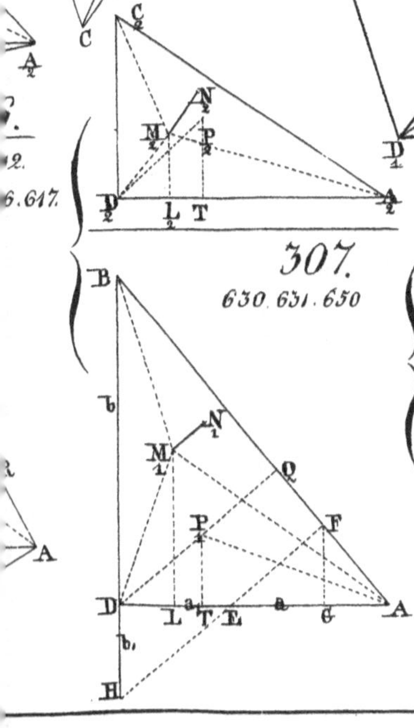

2.

6.617.

307.

630. 631. 650

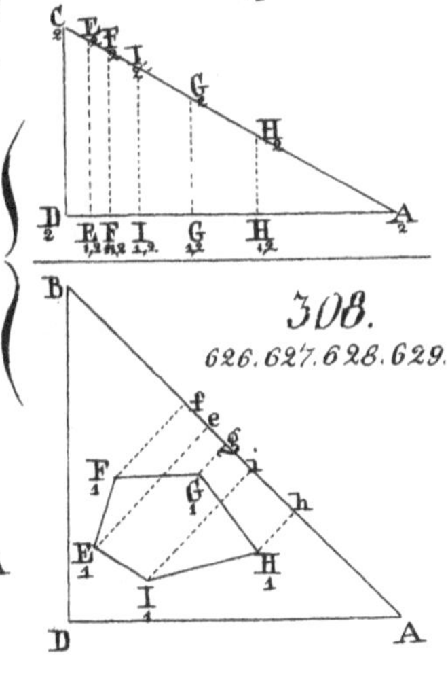

308.

626. 627. 628. 629.

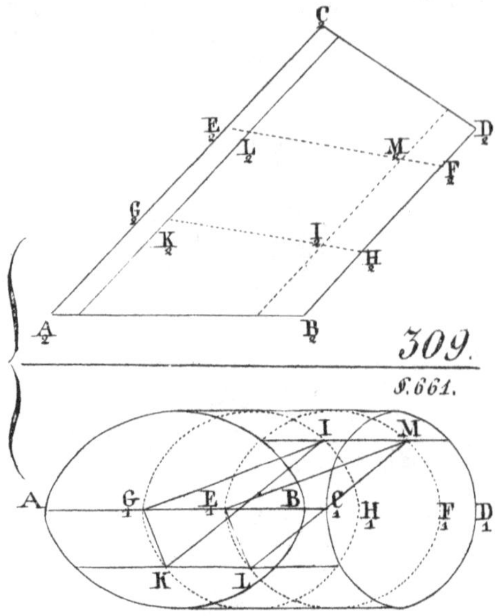

309. §. 661.

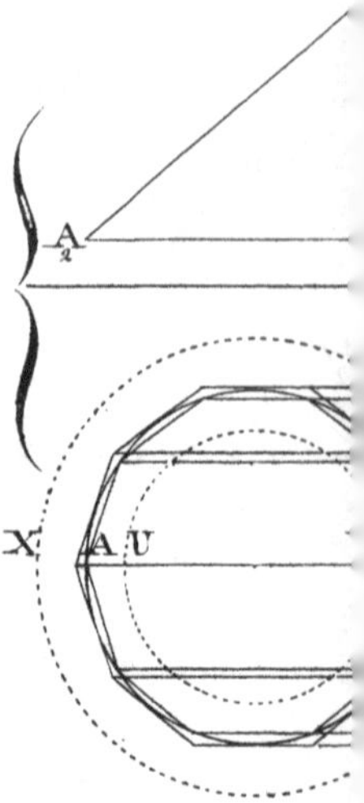

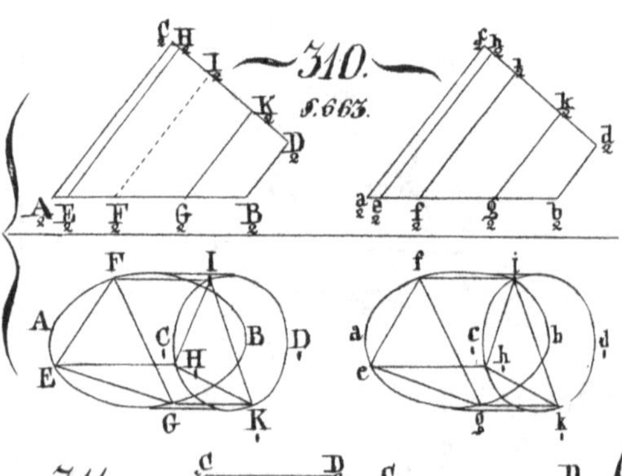

310. §. 663.

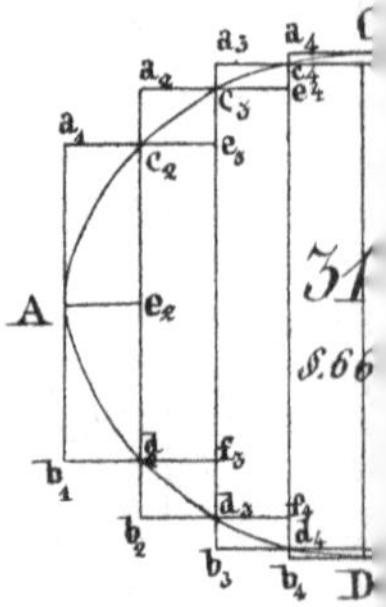

31
§. 66

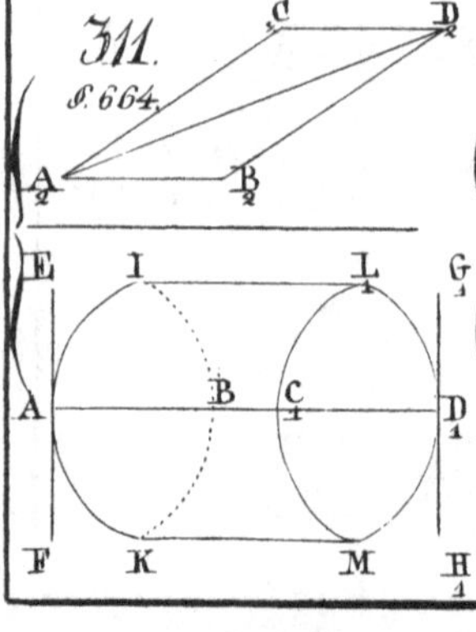

311. §. 664.

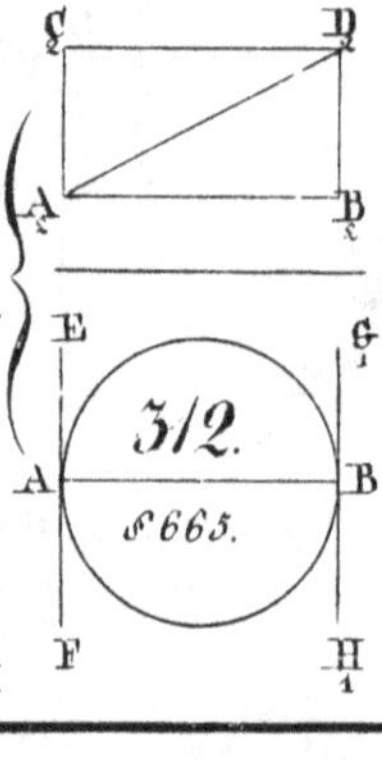

312. §. 665.

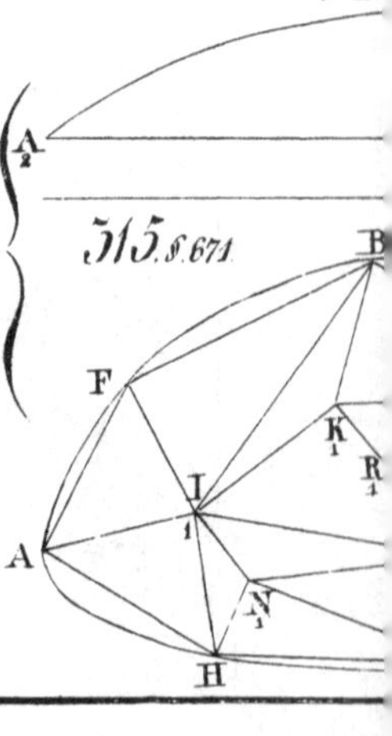

315. §. 671.

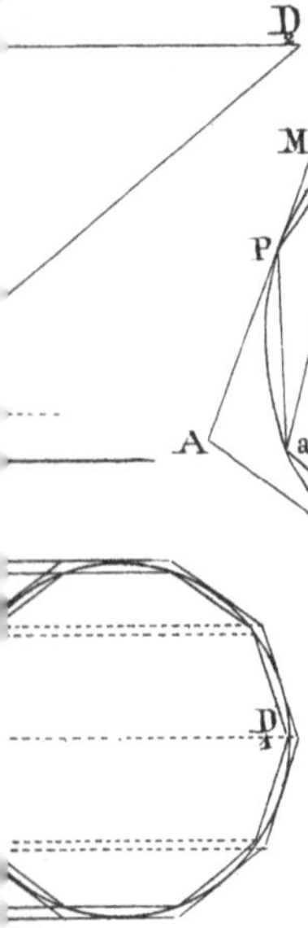

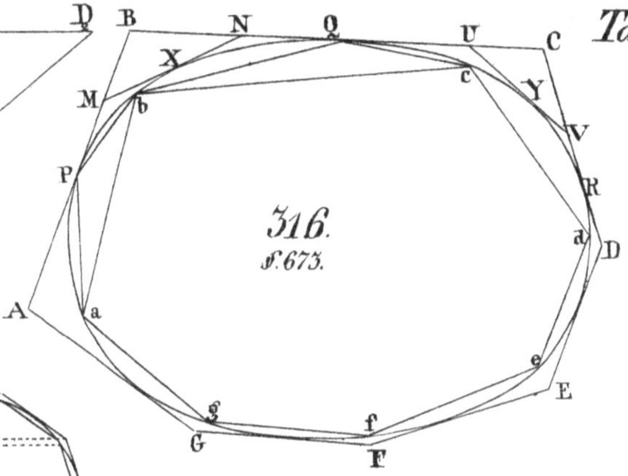

316.
§. 673.

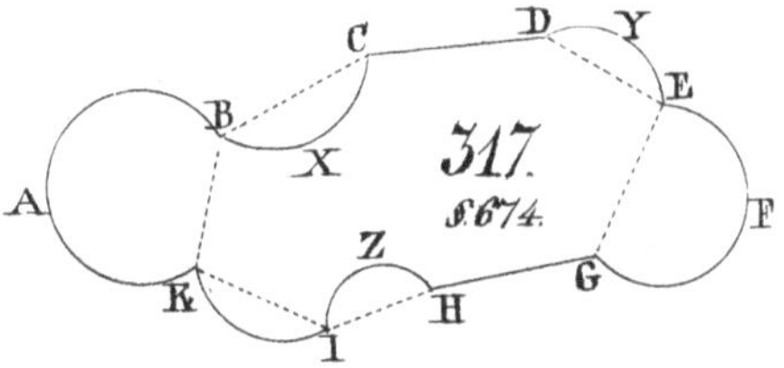

317.
§. 674.

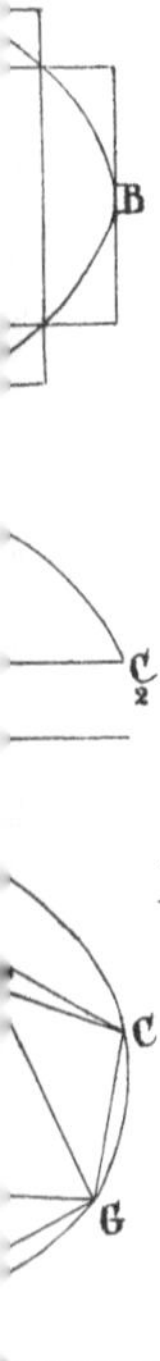

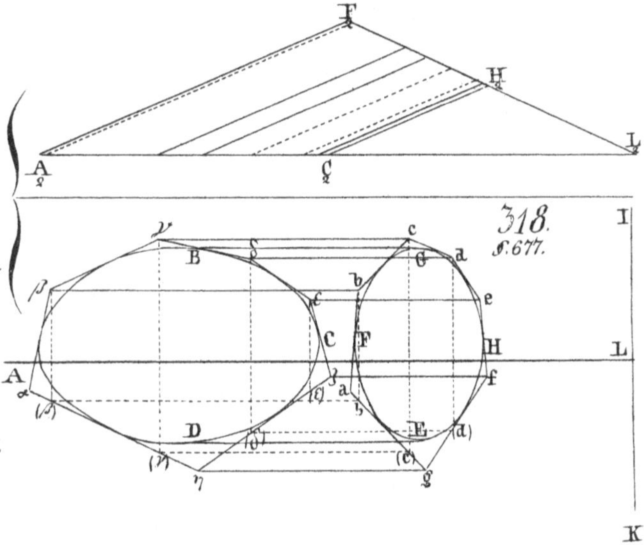

318.
§. 677.

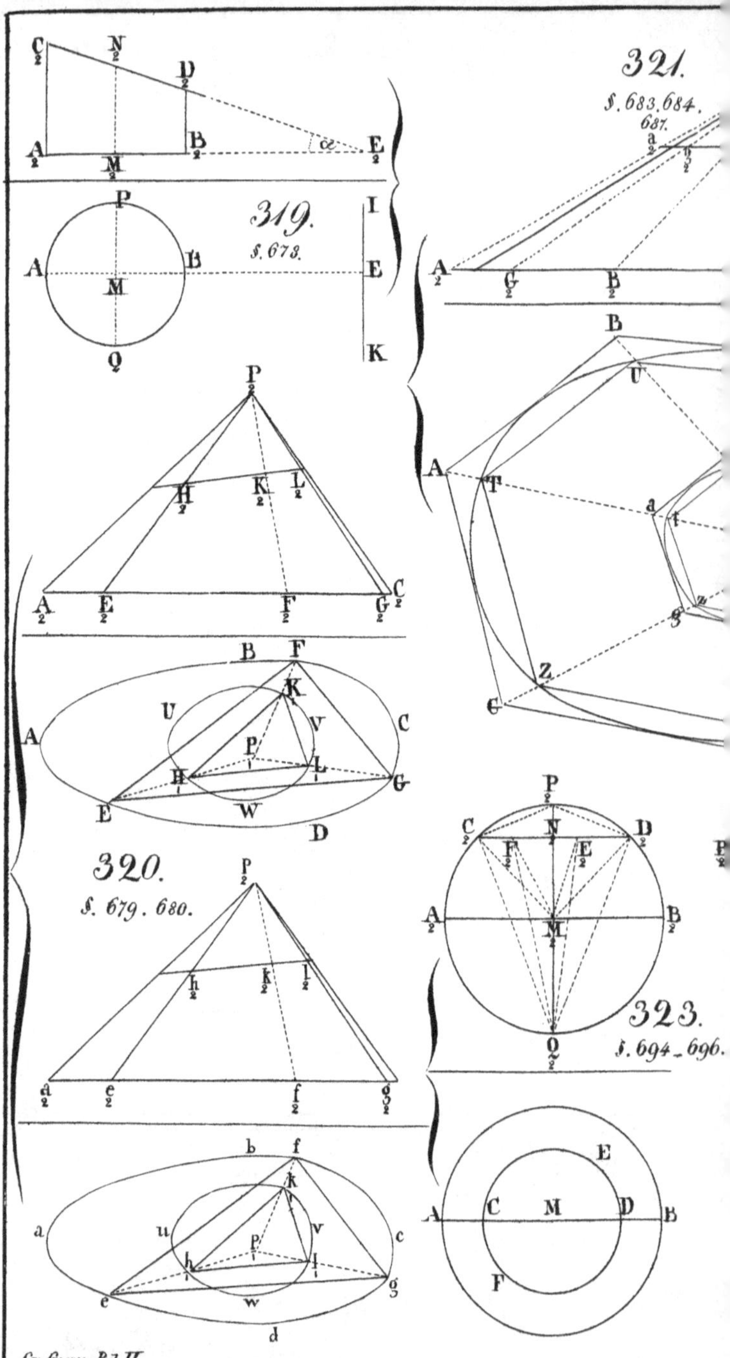
319.
§. 673.
320.
§. 679. 680.
321.
§. 683. 684. 687.
323.
§. 694_696.

Taf. 31.

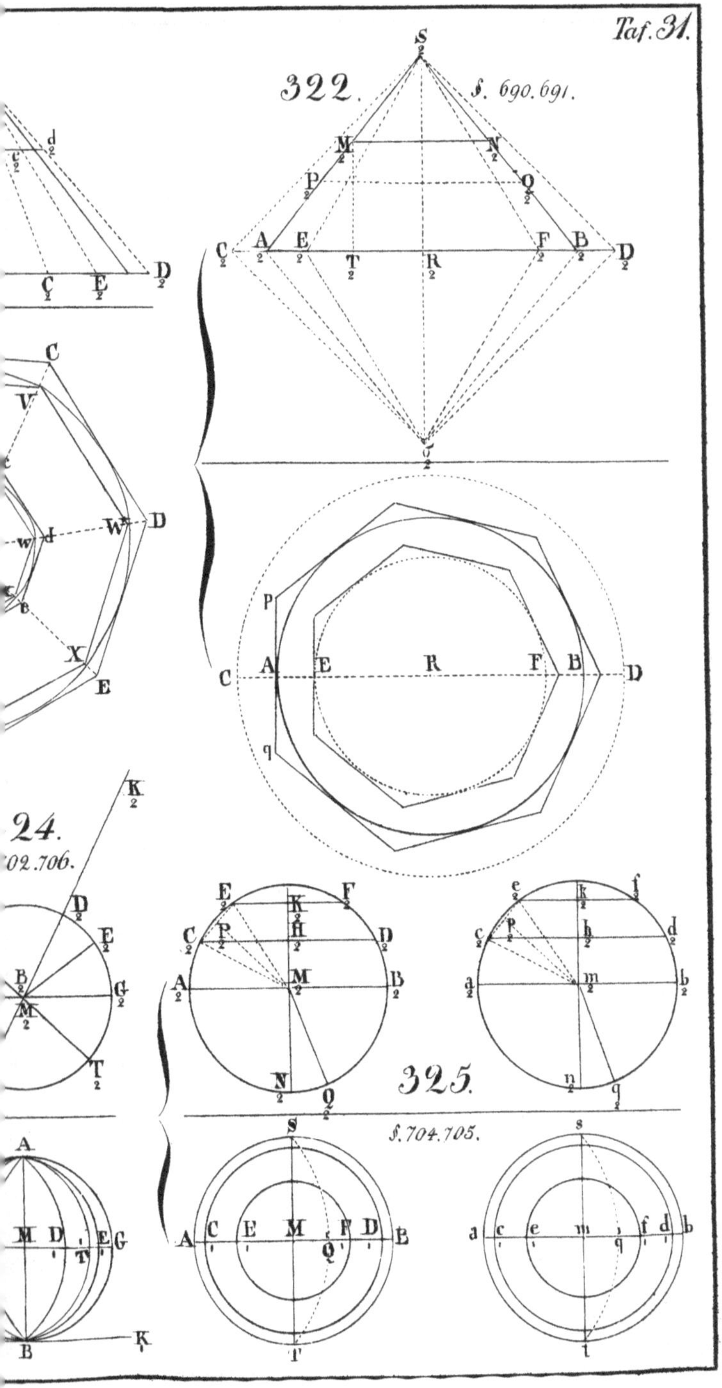

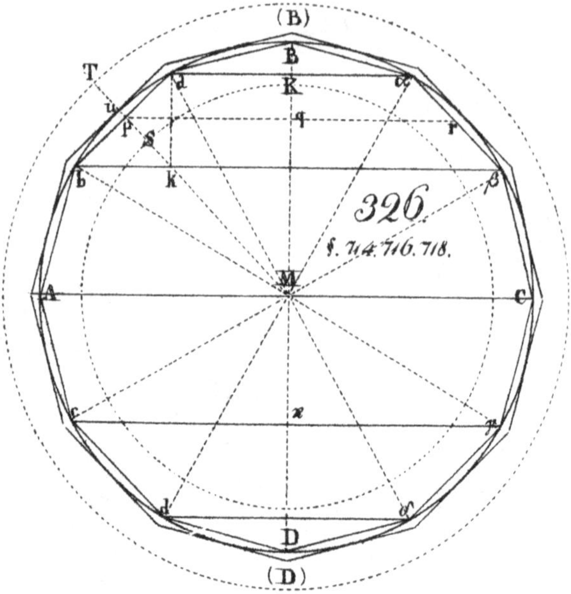

326.
§. 714. 716. 718.

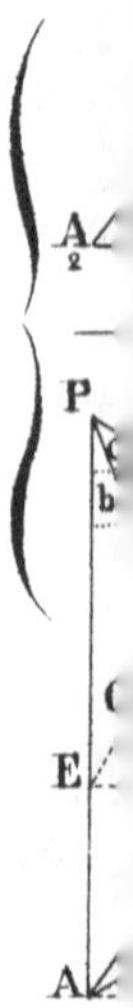

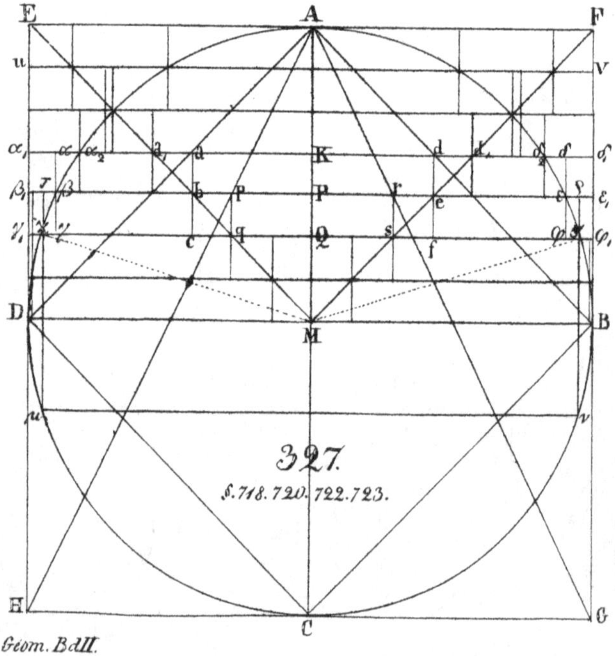

327.
§. 718. 720. 722. 723.

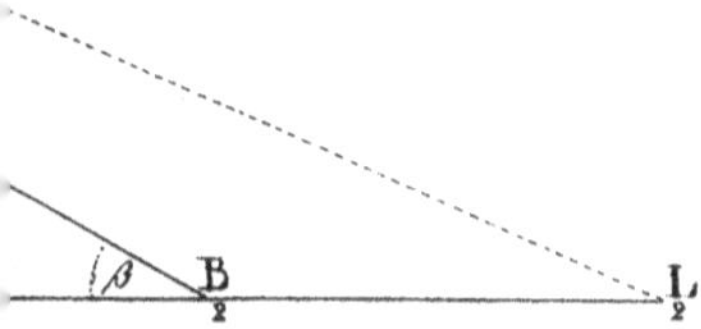

328.

§. 729.

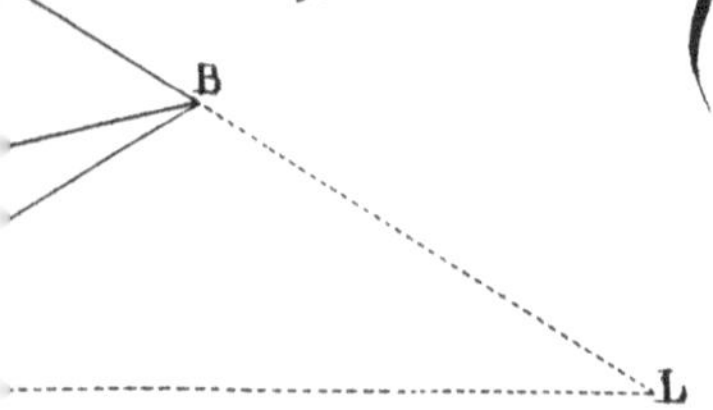

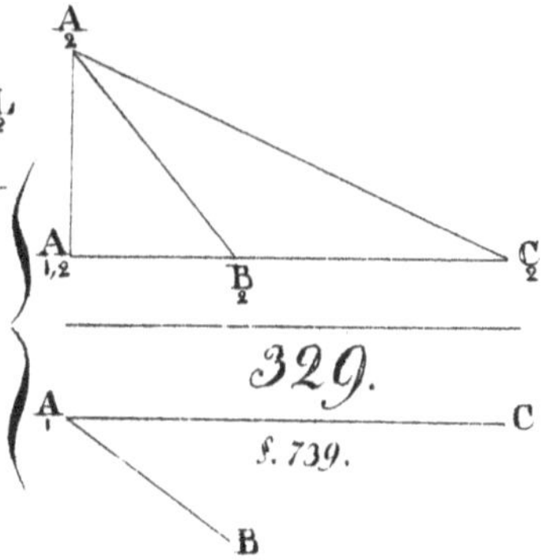

329.

§. 739.

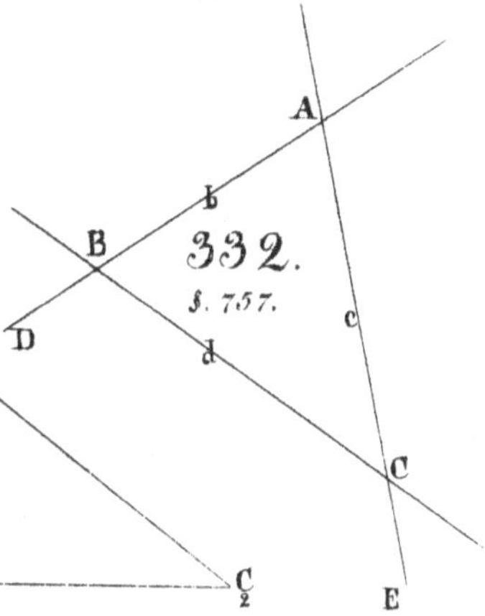

332.

§. 757.

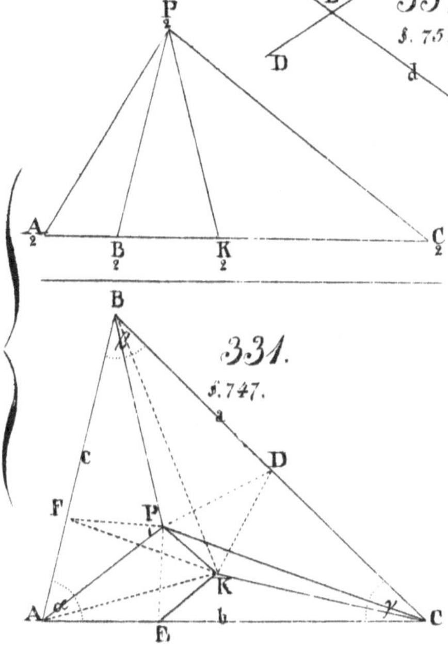

331.

§. 747.

FSC
www.fsc.org
MIX
Papier | Fördert
gute Waldnutzung
FSC® C083411

Kolibri 360 GmbH
Ferdinand-Jühlke-Straße 7
99095 Erfurt, Deutschland
produktsicherheit@kolibri360.de